PHYSICS WORK BOOK

물리학 길라잡이

개정판 워크북

남철주 저

청범출판사
Always in my heart

PREFACE

대부분의 학생들이 「물리」하면 먼저 수학만큼 '어렵다 재미없다'라는 생각을 떠올리는 것이 보통이다. 이것은 물리가 다른 과목보다 더 어렵거나 재미가 없기 때문이라기보다는 학교에서 가르치는 방식과 학생들의 학습 방법, 딱딱하게 쓰여진 교과서 등에 기인하는 경우가 많다고 본다.

물리 공부를 제대로 하려면 수학과 같은 공식을 많이 써야만 한다는 것이 통념이지만, 사실은 수학으로 이해한 물리는 껍데기요 형식에 불과하다. 제대로 물리를 이해하려면 개념들을 확고하고 명료하게 정리할 수 있어야 한다.

개념이 명확해지면 수학은 저절로 따라오거나 필요 없게 된다. 대부분의 학생들은 개념을 익히지 않은 채 물리공식을 외워서 문제들에 먼저 손을 대기 때문에 물리 공부가 싫어지고 어렵게 느끼게 된다고 생각한다.

이 책은 물리학 길라잡이를 통해서 얻은 물리에 대한 기본 개념과 심화된 물리 지식을 문제를 통해 확인하고 연습함으로써 학생들의 물리 실력을 확실하게 발전시킬 수 있도록 구성되어 있다. 물론 다른 물리 서적을 통해 얻은 물리 지식도 확인할 수 있는 문제집이다.

이 책은 먼저 물리의 기본 개념을 확인할 있는 개념 익히기, 두 번째로 기본 개념을 다질 수 있는 개념 응용하기, 세 번째로 물리 개념을 논술식으로 서술할 수 있는 개념 서술하기, 네 번째로 물리의 기본 개념과 심화 개념을 확인할 수 있는 개념 심화하기로 구성되어 있다.

개념 익히기 문제를 통해서 물리에 대한 오개념을 해결할 수 있으며, 개념 응용하기 문제를 통해서 중고등학생들은 내신과 수능 관련 공부를, 대학생이나 직장인들은 공무원 시험이나 DEET, MEET 관련 공부를 해결할 수 있으며, 개념 서술하기 문제를 통해서 고등학생들의 서술형 문제나 대학입시에서 구술 또는 논술 문제를 해결할 수 있으며, 개념 심화하기 문제를 통해서 영재교육 관련 공부 또는 경시 및 올림피아드 관련 공부를 해결할 수 있다고 본다.

아무쪼록 많은 학생들이 이 책을 통하여 물리의 깊은 맛을 느끼며, 물리 문제를 해결하면서 자연을 이해하는 통찰력을 기를 수 있게 되기를 바란다.

2009. 9

저자

CONTENTS

CONTENTS

Chapter 13 ▌ 축전기

Chapter 14 ▌ 전 류

Chapter 15 ▌ 자 기

Chapter 16 ▌ 전자기 유도

CHAPTER 01

운 동

1.1 개념 익히기

❖ 중력가속도는 $10m/s^2$으로 계산한다.

01 평균 속력을 계산하기 위해 측정해야 할 두 가지 물리량은?

① 가속도와 시간 ② 속도와 시간
③ 거리와 시간 ④ 거리와 가속도
⑤ 속도와 거리

평균 속력(속도)이란 주어진 시간 동안 일정한 속력(속도)으로 운동했다고 보는 속력(속도)이며, 이동거리를 걸린 시간으로 나눈 값과 같다. 평균속력(속도)은 시간-거리(위치)의 그래프에서 두 점을 잇는 직선의 기울기와도 같다. 가속도가 일정한 운동 즉 속도가 일정하게 변하는 등가속도 운동에서 평균속도는 처음속도에 나중속도를 더한 다음 2로 나누면 된다. (평균속도 $\bar{v} = \frac{v_o + v}{2}$) 등가속도 운동에서 이동거리를 구할 때 (평균속도×시간)을 이용하면 쉽게 계산할 수 있다.

02 30분 동안 10km를 달리는 물체의 평균 속력은?

① 3km/h ② 10km/h
③ 20km/h ④ 30km/h
⑤ 40km/h

30분 동안 10km를 달리는 물체의 평균속력은 $\frac{이동거리}{걸린시간} = \frac{10km}{0.5h}$ = 20km/h이고, 초속으로는 20,000m/3,600s = 약 5.56m/s이다.

03 진공 중에서 물체가 자유낙하할 때 속도와 가속도의 변화는?

① 속도만 증가한다.
② 가속도만 증가한다.
③ 속도, 가속도 모두 증가한다.
④ 속도는 증가하고, 가속도는 감소한다.
⑤ 속도, 가속도 모두 변하지 않는다.

Answers 01. ③ 02. ③ 03. ①

진공이란 공기가 없는 상태를 말하는데, 학생들이 무중력 상태와 혼동을 하는 경우가 많다. 자유낙하란 정지 상태에 있던 물체가 중력만을 받아 운동하는 경우를 말하는데, 지표면 근처에서는 물체에 작용하는 중력이 일정하므로 가속도가 일정한 등가속도 운동 즉 속도가 일정하게 증가하는 운동을 한다. 힘은 가속도의 원인이며 물체에 힘이 작용하면 물체의 속도는 변하게 된다.

04 자유낙하하는 물체에 속도계를 장착하였다면 속도계의 눈금은 매초 약 얼마씩 증가하는가?(단, 공기의 저항은 무시한다)

① 5m/s
② 10m/s
③ 15m/s
④ 일정하지 않다.
⑤ 초속도에 따라 다르다.

일반적으로 중력가속도는 대략 $10m/s^2$이므로 자유 낙하하는 물체는 속도가 매초 10m/s씩 증가하는 운동을 한다.

05 속도계가 장착된 물체가 중력가속도가 $20m/s^2$인 행성에서 자유낙하할 때 속도계의 눈금은 매초 얼마씩 증가하는가?(단 행성에 대기가 없다고 가정한다)

① 10m/s
② 20m/s
③ 30m/s
④ 40m/s
⑤ 초속도에 따라 다르다.

가속도는 1초동안 속도의 변화량이므로 가속도가 $20m/s^2$이면 속도는 매초 20m/s씩 증가한다.

06 이동 거리를 측정하는 주행거리계가 장착된 물체가 자유낙하한다면 매초당 낙하하는 거리는?(단 공기의 저항은 무시한다)

① 일정하다. ② 점점 감소한다.
③ 점점 증가한다.

자유 낙하하는 물체의 속도와 낙하거리, 매초당 낙하거리를 표로 나타내면 다음과 같다.

시간	낙하 속도	시간에 따른 낙하거리	매초당 낙하거리
$t=0$	0		
$t=1s$	10m/s	$\frac{0+10}{2}\times1=5m$	$\frac{0+10}{2}\times1=5m$
$t=2s$	20m/s	$\frac{0+20}{2}\times2=20m$	$\frac{10+20}{2}\times1=15m$
$t=3s$	30m/s	$\frac{0+30}{2}\times3=45m$	$\frac{20+30}{2}\times1=25m$
$t=4s$	40m/s	$\frac{0+40}{2}\times4=80m$	$\frac{30+40}{2}\times1=35m$

07 진공 중에서 물체가 낙하하기 시작하여 10초가 경과하는 순간 물체의 속력은?

① 10m/s
② 50m/s
③ 100m/s
④ 100m/s 이상

Answers 04. ② 05. ② 06. ③ 07. ③

매초 10m/s씩 속력이 증가하므로 속력은 $v = gt = 10 \times 10 = 100$m/s이다. (속도는 속력과 방향을 함께 나타내지만 일반적으로는 속력과 속도를 혼용해서 사용한다.)

08 물체가 일정한 가속도로 낙하한다면 물체의 속도는?

① 항상 일정하다.
② 연속적으로 감소한다.
③ 매초 일정한 양씩 연속적으로 증가한다.
④ 물체의 속력에 따라서 크고 작은 변화를 겪는다.

물체에 (알짜)힘이 작용하면 속도가 변하며, 힘이 일정하면 가속도가 일정한 등가속도 운동을 한다. 가속도는 1초 동안 속도의 변화량이므로 가속도가 일정하면 매초 일정한 양씩 연속적으로 속도가 변한다.

09 가벼운 물체와 무거운 물체가 진공 중에서 동시에 자유낙하할 때 일어나는 현상을 바르게 설명한 것은?

① 무거운 물체가 가벼운 물체보다 먼저 지면에 도달한다.
② 무거운 물체와 가벼운 물체가 동시에 도달한다.
③ 무거운 물체가 가벼운 물체보다 나중에 도달한다.
④ 진공 상태이므로 낙하하지 않고 공중에 떠 있다.

무거운 물체가 받는 중력(무게)은 가벼운 물체보다 크지만 무게는 질량에 비례하므로 진공 중에서 무거운 물체와 가벼운 물체의 가속도는 같다.$\left(a = \dfrac{F}{m} = \dfrac{mg}{m} = g\right)$ 따라서 두 물체는 바닥에 동시에 도달한다.

10 투수가 던진 야구공의 속력이 정지 상태에서 0.1초만에 30m/s가 되었다. 공의 가속도는?

① 3m/s^2
② 30m/s^2
③ 300m/s^2
④ 3000m/s^2

가속도는 1초 동안 속도의 변화량이므로

$$a = \frac{30\text{m/s}}{0.1\text{s}} = 300\text{m/s}^2$$

11 물체를 5m 높이에서 떨어뜨릴때 가속도는 10m/s^{2}이고 1초 후에 지면에 도달한다. 같은 물체를 2.5m 높이에서 떨어뜨릴 때 물체의 가속도는?

① 5m/s^2
② 10m/s^2
③ 15m/s^2

자유낙하하거나 연직(지면에 수직) 위로 던진 물체가 공기 중에서 운동할 때 공기의 저항을 무시한다면 물체가 받는 힘은 중력뿐이며 이 힘은 일정하므로 물체는 가속도가 중력가속도(=10m/s^2)인 등가속도 운동을 한다.

Answers 08. ③ 09. ② 10. ③ 11. ②

12 공을 연직 위로 던져 올리면 최고점에 도달하였다가 다시 제자리로 떨어진다. 운동하는 동안 공의 가속도의 방향은?

① 운동 방향
② 속도와 반대 방향
③ 위 방향
④ 아래 방향

가속도의 원인은 (알짜)힘이므로 가속도의 방향은 힘의 방향과 같다. 힘과 가속도의 법칙에서 $F = ma$이므로 이 식에서 힘의 방향은 가속도의 방향(=속도의 변화방향)과 같음을 알 수 있다. 공중에 있는 물체는 지구중심방향 즉 연직 아래 방향으로 중력을 받으므로 가속도의 방향은 연직 아래 방향이 된다.

13 한 자동차가 원형의 트랙 위를 일정한 빠르기로 운동하고 있다. 다음 중 옳은 것은?

① 가속도만 0 이다.
② 속도만 0 이다.
③ 속도와 가속도가 모두 0 이다.
④ 속도와 가속도가 모두 0 이 아니다.

원형 트랙 위를 일정한 속력으로 운동하는 자동차의 경우 자동차가 계속 운동하고 있으므로 속도(속력)는 0이 아니며, 자동차의 운동방향이 변하고 있으므로 속도가 계속 변하고 있다. 따라서 자동차의 가속도도 0이 아니다. 몰론 한바퀴를 돌았을 때 평균속도는 0이다.

14 공을 위로 던져 올렸다가 다시 내려오는 것을 받을 때, 공기 저항을 무시하면 공을 받는 순간 공의 속력은?

① 위로 던질 때의 속력보다 빠르다.
② 위로 던질 때의 속력보다 느리다.
③ 위로 던질 때의 속력과 같다.

연직 위로 운동하는 물체의 경우 위로 올라갈 때는 매초 10m/s씩 속도가 감소하고, 내려올 때는 매초 10m/s씩 속도가 증가한다. 따라서 같은 지점에서 올라갈 때나 내려올 때의 속력은 둘다 같다.

15 물체가 처음 1초 동안 8m를 운동한 후 다음 1초 동안 8m를 운동하였다. 또 그 다음 1초 동안 8m를 운동하였다면 물체의 가속도는?

① 0 ② 4m/s^2
③ 8m/s^2 ④ 8m/s^2 이상

매초 같은 거리를 이동하므로 물체는 등속도 운동을 한다. 따라서 가속도는 0이다. 문제에서 직선 운동한다는 조건이 제시되어야 답을 명확하게 구할 수 있다.

16 공기의 저항을 무시하면 자유 낙하하는 물체의 경우 다음 중 어떤 값이 일정하게 유지되는가?

① 속도
② 속력
③ 가속도
④ 매초당 낙하거리

자유 낙하하는 물체는 중력 즉 일정한 힘을 받아 운동하므로 가속도가 일정한 등가속도 운동을 한다.

Answers 12. ④ 13. ④ 14. ③ 15. ① 16. ③

17 공을 위로 던져 올렸다가 다시 내려오는 것을 받을 때, 공기 저항을 고려하면 공을 받는 순간의 공의 속력은?

① 위로 던질 때의 속력보다 빠르다.
② 위로 던질 때의 속력보다 느리다.
③ 위로 던질 때의 속력과 같다.

공기 저항에 의한 운동 에너지의 손실이 있으므로 처음 속력보다 느려진다. 최고점에서 내려오는 경우만을 생각할 때 공기 저항 때문에 물체에 작용하는 알짜힘이 중력보다 작으므로 즉 가속도 또는 속도의 증가량이 중력가속도보다 작으므로 공기 저항을 무시할 때보다 느린 속력으로 운동하게 된다.

18 정지 상태로부터 자유낙하하는 물체가 0.5초 동안 낙하한 거리는?(단, 공기의 저항은 무시한다.)

① 0.5m ② 1m
③ 1.25m ④ 5m

평균속도는 $\bar{v} = \frac{v_o + v}{2}$이고 낙하거리 = (평균속도×시간)이다. 물체는 매초 10m/s씩 증가하므로 0.5초후 물체의 속도는 5m/s이므로 $s = \frac{0+5}{2} \times 0.5 = 1.25\text{m}$ 이다.

19 중력가속도가 20m/s^{2}인 행성에서 물체가 정지 상태로부터 낙하하여 5초가 지나는 순간 물체의 속력은?

① 20m/s ② 40m/s
③ 50m/s ④ 100m/s

가속도가 20m/s^{2}이므로 매초 20m/s씩 증가한다. 따라서 5초후 물체의 속력은 100m/s이다.

20 사과가 나무에서 떨어져 5m 아래의 땅바닥에 부딪칠 때의 속력은?

① 5m/s
② 10m/s
③ 15m/s
④ 20m/s

공기 저항을 무시하면 낙하하는 사과의 가속도는 10m/s^{2}이고 낙하거리가 주어져 있으므로 낙하거리 = (평균속도×시간)를 이용하면 $s = \frac{0+10t}{2} \times t = 5\text{m}$ (매초 10m/s씩 속도가 증가하며 t초후 사과가 땅바닥에 도달했다면 사과의 나중속도는 $10t$이다.)에서 $5t^2 = 5$이므로 $t = 1$초이다. 따라서 물체의 속도는 10m/s이다.

21 수직으로 뚫려있는 터널의 입구에서 돌멩이를 떨어뜨리면 바닥에 도달하는데 6초가 걸린다. 터널의 깊이는?

① 60m
② 120m
③ 180m
④ 200m 이상

공기의 저항을 무시한다면 낙하거리 = 평균속도×시간 $= \frac{0+10\times6}{2} \times 6 = 180\text{m}$ 이다.

Answers 17. ② 18. ③ 19. ④ 20. ② 21. ③

22 자유낙하하는 물체가 매초당 낙하하는 거리는?

① 5m
② 10m
③ 항상 같다.
그러나 5m도 10m도 아니다.
④ 점점 증가한다.
⑤ 점점 감소한다.

6번 해설의 표를 참조하면 자유 낙하하는 물체의 시간에 따른 속도는 1 : 2 : 3…의 비율로 증가하고, 시간에 따른 낙하거리는 1 : 4 : 9…의 비율로 증가한다. 또한 매초당 낙하거리는 1 : 3 : 5…의 비율로 증가한다.

23 물체를 10m/s의 속력으로 연직 위로 던져 올린 후, 출발점으로 되돌아오는데 걸리는 시간은?

① 1초 ② 2초
③ 10초 ④ 20초

물체를 10m/s의 속도로 연직 위로 던지면 중력 때문에 물체의 속도는 매초 10m/s씩 감소하므로 최고점에 도달하는데 1초 걸리고, 출발점으로 다시 내려오는데 1초 걸리므로 되돌아오는데 걸린 시간은 2초이다.

24 수도꼭지에서 물방울이 방울방울 떨어지고 있다. 물방울들이 떨어지는 동안 물방울 사이의 간격은?

① 점점 가까워진다.
② 점점 멀어진다.
③ 서로 일정한 거리를 유지하면서 떨어진다.

물방울이 방울방울 떨어지고 있다는 것은 떨어지는 물방울 사이의 시간 간격이 일정하다는 것을 의미한다. 22번 해설을 참조하면 매초당 또는 일정한 시간간격마다 낙하거리의 비는 1 : 3 : 5…이므로 물방울이 떨어지는 동안 물방울 사이의 간격도 1 : 3 : 5…의 비율로 점점 멀어지게 된다.

25 로켓이 10초 동안 50m/s^{2}로 일정하게 가속된다면 이 시간 동안 이동한 거리는?

① 250m
② 500m
③ 2500m
④ 5000m

가속도가 50m/s^{2}이므로 로켓의 속도는 매초 50m/s씩 증가한다. 10초후 로켓의 속도는 500m/s, 처음속도 0, 나중속도 500m/s, 평균속도 250m/s, 시간 10초이므로 이동거리는 2500m이다. 식으로 나타내면 이동거리=평균속도×시간= $\frac{0+10\times50}{2}\times10=2500$m이다. (시간-속도의 그래프에서 그래프 아래의 면적은 이동거리 또는 변위이므로 그래프를 이용하여 이동거리를 계산해도 편리하다.)

26 돌멩이를 연직 위로 던져 올려 최고점에 도달하는 순간에 대한 설명으로 옳은 것은?

① 속도와 가속도가 0이다.
② 속도는 0이고 가속도는 10m/s^{2}이다.
③ 속도는 10m/s이고 가속도는 0이다.
④ 속도는 10m/s이고 가속도는 10m/s^{2}이다.

Answers 22. ④ 23. ② 24. ② 25. ③ 26. ②

지상에서 운동하는 모든 물체는 항상 중력을 받는다. 최고점에서 순간 속도는 0이지만 항상 중력을 받고 있으므로 속도가 연속적으로 변하는 등가속도 운동을 한다. 따라서 가속도는 $10m/s^2$이다.

27 벼랑 위에서 연직 아래 방향으로 총을 쏘았다. 공기 저항을 무시할 때 총알의 가속도는?

① $10m/s^2$보다 작다.
② $10m/s^2$
③ $10m/s^2$보다 크다.

26번과 마찬가지로 지상에서 운동하는 모든 물체는 항상 중력을 받는다. 항상 중력을 받고 있으므로 속도가 연속적으로 변하는 등가속도 운동을 한다. 따라서 가속도는 $10m/s^2$이다.

28 63빌딩의 꼭대기에서 총알 하나는 가만히 떨어뜨리고 다른 총알은 아래 방향으로 쏘았다. 공기저항을 무시한다면 떨어지는 동안 두 총알의 가속도를 비교하면?

① 쏜 총알의 가속도가 더 크다.
② 떨어뜨린 총알의 가속도가 더 크다.
③ 두 총알의 가속도가 모두 $10m/s^2$이다.

가속도는 (알짜)힘과 관계가 있다. 물체에 힘이 작용하면 물체는 가속도 운동을 한다. 이때 가속도는 알짜힘에 비례하고 질량에 반비례한다. 두 총알 모두 질량이 같고 크기가 같은 중력만을 받고 있으므로 가속도는 $10m/s^2$이다.

29 총구를 빠져나오는 순간 총알의 속도가 100m/s인 총을 이용하여 연직 위로 총알을 쏘았을 때 1초 후 총알이 올라간 높이는?(단, 공기의 저항은 무시한다.)

① 95m　② 105m
③ 100m　④ 5m

자유 낙하하는 물체의 경우 중력(힘)의 방향과 운동 방향이 같으므로 매초 속도 10m/s씩 증가하지만 연직 위로 운동하는 물체의 경우 중력이 물체의 운동방향과 반대 방향으로 작용하므로 속도는 매초 10m/s씩 감소한다. 따라서 총알의 처음 속도는 100m/s, 1초후 속도는 90m/s이므로 평균속도는 95m/s, 1초 동안 이동한 거리이므로 총알이 올라간 높이는 95m이다. 이동거리=평균속도×시간=$\frac{100+90}{2}\times 1$=95m

30 높은 다리 위에서 강으로 한 총알을 떨어뜨리고, 동시에 다른 총알은 아래 방향으로 쏘았다. 공기 저항을 무시할 때 물에 입사하기 직전의 두 총알의 가속도를 비교하면?

① 떨어뜨린 총알이 더 크다.
② 쏜 총알이 더 크다.
③ 서로 같다.
④ 출발점의 높이에 따라 다르다.

물체를 던지거나 총에서 총알이 발사될 때 그 순간부터 물체나 총알은 중력만을 받으면서 운동을 한다. 물체를 던지는 순간을 생각하면서 물체가 손을 떠난 후에도 계속적으로 물체에 힘이 작용하고 있다고 생각하는 학생들이 많다. 총알을 가만히 놓거나 총알이 총에서 발사되거나 두 총알 모두 중력만이 작용하므로 가속도는 $10m/s^2$이다.

Answers 27. ② 28. ③ 29. ① 30. ③

31 한 사람이 벼랑 끝에 서서 하나의 공은 위 방향으로 던지고, 다른 공은 아래 방향으로 던진다. 공기의 저항을 무시할 때 벼랑 아래의 바닥에 부딪치는 순간의 속력이 빠른 것은?(단, 공기의 저항을 무시한다.)

① 위로 던진 것
② 아래로 던진 것
③ 둘다 같은 속력으로 부딪친다.

연직 위로 물체를 던졌을 때 공기 저항을 무시한다면 물체가 올라갔다가 다시 던진 지점으로 내려왔을 때의 속력은 연직 위로 던진 순간의 처음 속력과 같다. 따라서 연직 위로 물체를 던졌을 때 연직 위로 던진 물체는 던진 지점에서 연직 아래로 던진 물체의 속력과 같으므로 바닥에 도달하는 순간의 속력은 같다.

32 공이 125m까지 올라갔다가 다시 내려온다. 이 공이 공중에 머무는 시간은?(단, 공기의 저항은 무시한다.)

① 5초 ② 10초
③ 15초 ④ 20초 이상

연직 위로 던진 물체의 체공시간(공중에 머무는 시간)을 구할 때 올라가는 데 걸린 시간이나 내려오는 데 걸린 시간이 같으므로 어느 한 쪽만 구해서 2를 곱하면 된다. 최고점에 내려오는 상황은 물체가 자유 낙하하는 경우이므로 좀 더 쉽게 계산할 수 있다. 최고점으로부터 이동거리가 125m이므로 낙하거리=평균속도×시간=$\frac{0+10\times t}{2}\times t$=125m에서 t=5초이다. 따라서 공중에 머무는 시간은 10초이다.

33 농구 선수가 슛을 하는 동작에서 수직으로 뛰어 올라 1초 동안 공중에 머물렀다면 이 선수가 뛰어오른 최고 높이는 얼마인가?

① 0.8m ② 1m
③ 1.25m ④ 2.5m
⑤ 2.5m 이상

1초 동안 공중에 머물렀으므로 최고점에서 바닥에 도달하는데 걸린 시간은 0.5초이다. 따라서 높이=평균속도×시간=$\frac{0+10\times 0.5}{2}\times 0.5$ =1.25m이다.

Answers 31. ③ 32. ② 33. ③

1.2 개념 응용하기

01 다음 설명 중 가능하지 않은 상황은?

① 동쪽으로 운동하는 물체가 동쪽 방향의 가속도를 갖고 있다.
② 동쪽으로 운동하는 물체가 서쪽 방향의 가속도를 갖고 있다.
③ 물체의 속도가 0일지라도 가속도는 0이 아니다.
④ 물체의 가속도가 일정할 때 속도가 증가하고 있다.
⑤ 물체의 속도가 일정할 때 가속도가 변하고 있다.

- 동쪽으로 운동하는 물체가 동쪽 방향의 가속도를 가지면 속도가 증가하고 서쪽 방향의 가속도를 가지면 속도가 감소한다. 가속도는 단위시간당 속도가 변하는 정도를 나타내는 양이므로, 속도가 일정할 때 가속도는 0이다.

02 다음 그래프는 어떤 자동차의 시간에 따른 위치의 변화를 나타낸 것이다.

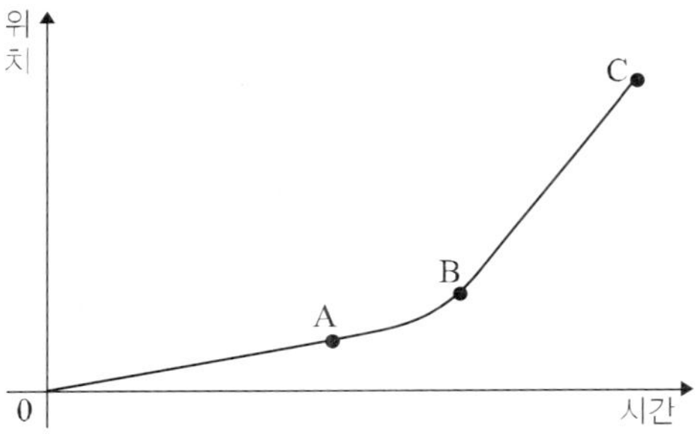

이 자동차의 운동에 대한 다음 설명 중에서 옳은 것은?

① 자동차는 운동하지 않았다.
② 가속도는 OA에서 보다 BC에서 크다.
③ 자동차는 등속도 운동을 하였다.
④ 자동차가 가속된 구간은 AB이다.
⑤ 자동차는 등가속도 운동을 하였다.

- OA구간과 BC구간은 기울기가 일정하므로 등속도 운동을 하였으며 BC의 기울기가 OA보다 크므로 속도 역시 크다. AB구간에서는 기울기 즉 속도가 변하므로 가속도 운동을 하였다.

Answers 01. ⑤ 02. ④

03 그림과 같이 가속도가 일정하게 감소하는 운동이 있다. $t=0$와 $t=t_1$사이에서 속도에 대한 다음 설명 중 옳은 것은?

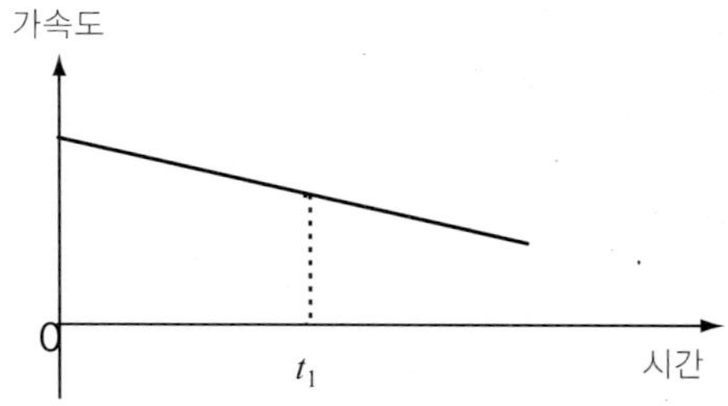

① 속도가 점점 증가한다.
② 속도가 점점 감소한다.
③ 속도의 방향이 바뀌고 속력은 증가한다.
④ 속도의 방향이 바뀌고 속력은 감소한다.
⑤ 속도의 방향이 바뀌고 속력은 변함없다.

⋯› • 가속도-시간 그래프에서 그래프 아래의 면적은 속도의 변화량을 나타낸다. $t=0$에서 $t=t_1$까지 그래프 아래의 면적이 시간에 따라 증가하므로 속도도 계속 증가한다.

04 그림은 물체의 운동 상태를 기록 타이머로 타점을 찍어 낸 종이 테이프이다. 다음 중 종이테이프와 타점 간격의 시간을 이용하여 계산 가능한 물리량은?

① 물체의 크기
② 물체가 받은 힘의 크기
③ 물체의 질량
④ 물체의 평균 속도
⑤ 물체의 운동량

⋯› • 일정한 개수의 타점간의 거리를 재서, 그 동안 타점이 찍히는 시간으로 나누면 평균속도를 구할 수 있다.

Answers 03. ① 04. ④

05 그림은 일직선상에서 운동하는 물체 A, B의 위치를 시간에 따라 나타낸 것이다. 이에 대한 설명으로 옳은 것만을 〈보기〉에서 있는 대로 고른 것은?

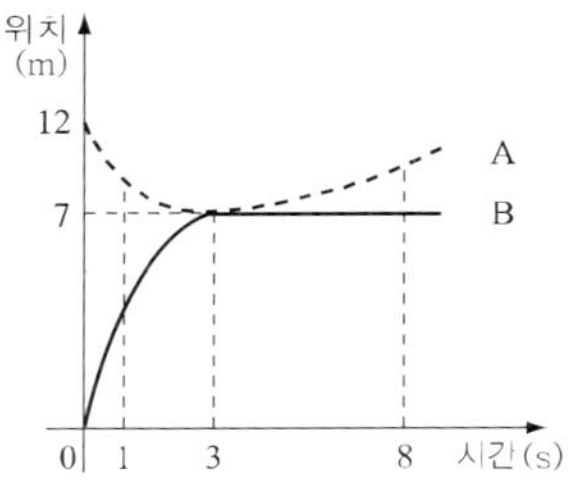

보기

ㄱ. A의 운동 방향은 1초일 때와 8초일 때가 같다.
ㄴ. 5초일 때 B의 속력은 0이다.
ㄷ. 0초에서 3초까지 A와 B의 이동거리는 같다.

① ㄴ
② ㄷ
③ ㄱ, ㄴ
④ ㄱ, ㄷ
⑤ ㄱ, ㄴ, ㄷ

• 위치와 시간의 그래프에서 기울기는 속도를 나타내며 속도의 방향은 물체의 운동방향을 나타낸다. A의 운동 방향은 1초일 때 (−)방향이고 8초일 때 (+)방향이다. 따라서 운동 방향이 서로 반대이다. 3초부터 8초까지 B의 위치가 변하지 않는다. 따라서 5초일 때 B의 속력은 0이다. 0초부터 3초까지 A의 이동거리는 12−7=5(m)이고 B의 이동거리는 7m이다. 따라서 이동거리가 같지 않다.

06 마라톤 선수가 15km/h의 일정한 속력으로 달리고 있다. 마라톤 선수가 결승점으로부터 7.5km 지점을 달리고 있을 때, 그림과 같이 새 한 마리가 30km/h의 일정한 속력으로 마라톤 선수의 머리 위를 날아가고 있었다.
새가 결승점에 도달하면 새는 다시 마라톤 선수를 향해 날아가고, 새가 마라톤 선수에게 도달하면 새는 다시 결승점을 향해 날아간다. 마라톤 선수가 결승점에 도달할 때까지 새는 이와 같은 동작을 계속 반복한다. 새가 날아간 총거리는 얼마인가?

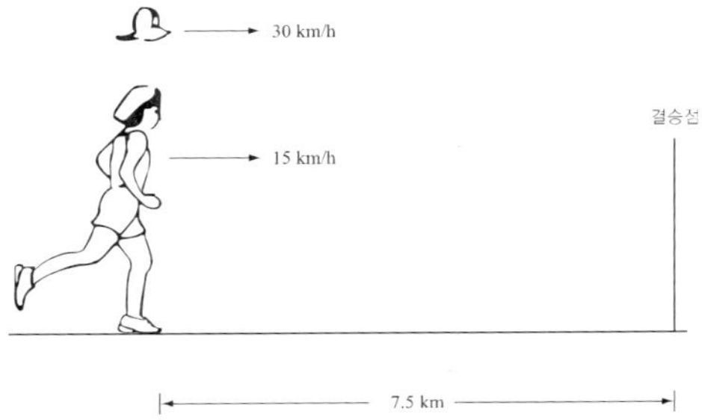

① 10km
② 15km
③ 20km
④ 25km
⑤ 30km

• 마라톤 선수가 결승점에 도달하는 시간(7.5/15=30분=0.5h) 동안 새가 날아다닐 수 있으므로 S=30km/h×0.5h=15km

Answers 05. ① 06. ②

07 다음 그림은 시속 72km/h의 속력으로 자동차를 운전하던 사람이 전방의 장애물을 발견하고 브레이크를 밟아 정지하는 동안 자동차의 운동을 나타내는 그래프이다.

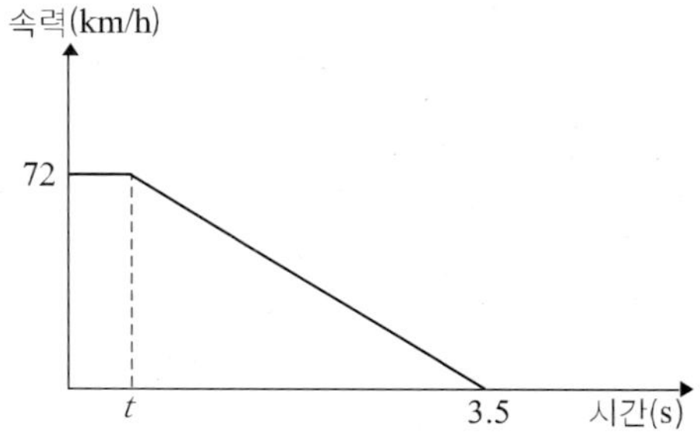

장애물을 발견한 시각부터 자동차가 정지할 때까지 걸린 시간은 3.5초이고, 그 동안 이동한 거리는 40m이다. 운전자의 반응 시간 t로 가장 알맞은 것은?

① 0.1초 ② 0.5초
③ 1초 ④ 3초
⑤ 3.5초

- 반응시간은 운전자가 장애물을 발견한 후 브레이크를 밟는 순간까지 걸리는 시간을 말하며 이 동안 자동차는 거의 등속도 운동을 한다. 속력-시간 그래프에서 그래프 아래의 면적은 이동 거리를 나타내므로 이를 이용하여 계산하면(시속을 초속으로 나타내면 72km/h =20m/s) $20t+\frac{1}{2}\cdot 20\cdot(3.5-t)=40$에서 $t=0.5\text{s}$이다.

08 한 소년이 자전거를 타고 비탈길을 내려가고 있다. 자전거의 속도가 점점 빨라져서 A점을 지나면서 브레이크를 잡기 시작했다. 다음 중 비탈길을 내려가고 있는 자전거가 B점을 통과할 때까지의 운동 상태를 나타내는 그래프로 볼 수 없는 것은?

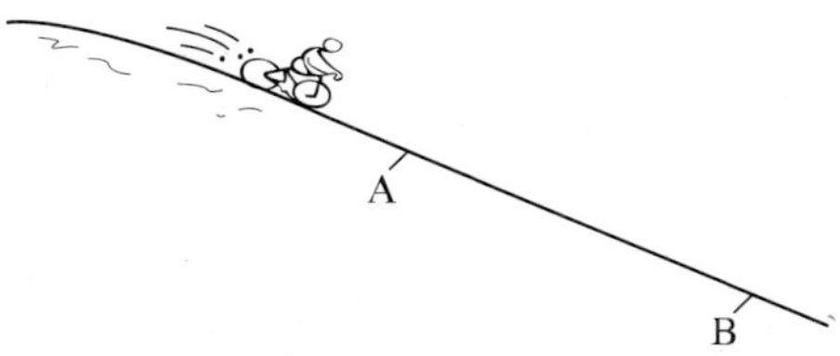

①
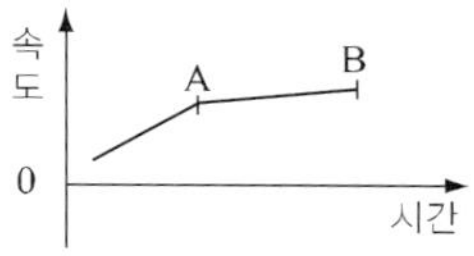

②
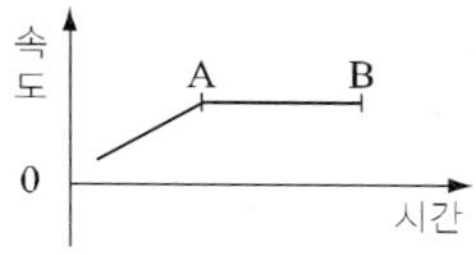

③
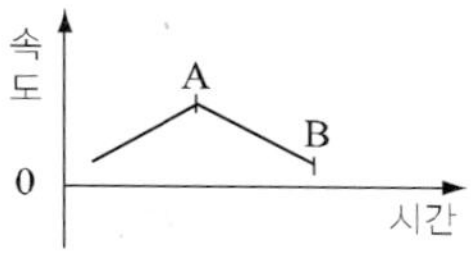

④
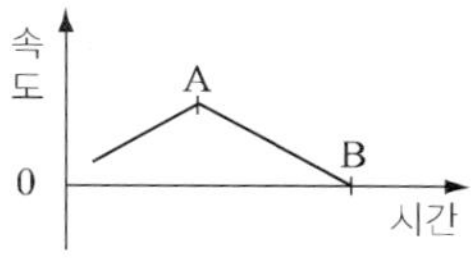

⑤
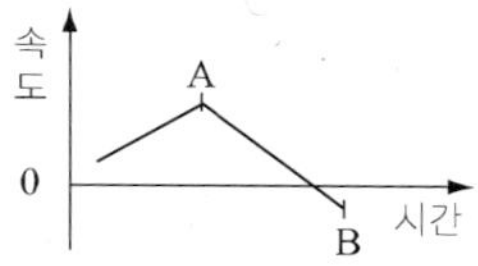

Answers 07. ② 08. ⑤

···› • 속도의 부호는 운동방향을 나타내며, 속도의 부호가 (+)일 때의 운동방향은 (−)일 때의 운동방향과 반대이다.

09 오른쪽 그림은 정지 상태에서 출발한 후 직선 운동을 하고 있는 어떤 모형 보트의 시간에 따른 가속도 변화를 나타낸 그래프이다. 다음 중 이 모형 보트의 출발 후 운동 상태에 대한 올바른 해석은?

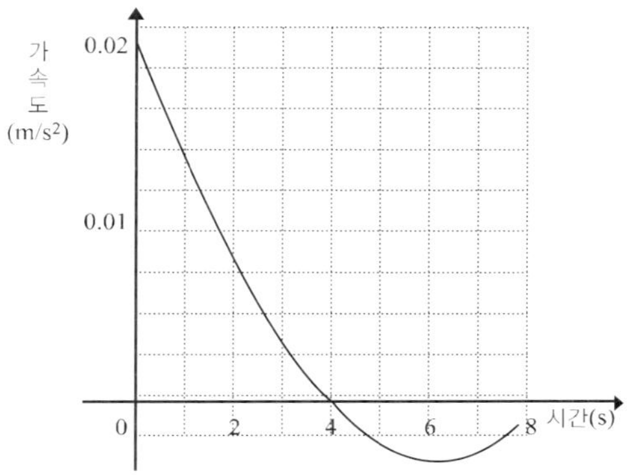

① 처음 4초 동안 보트의 속력은 감소하였다.
② 4초 때 보트가 잠시 멈추었다.
③ 4초가 지난 후 보트의 속력은 감소하였다.
④ 6초 때 보트의 운동 에너지가 최소였다.
⑤ 6초 때 보트의 이동 거리는 최대였다.

···› • 가속도-시간 그래프에서 그래프 아래의 면적은 속도의 변화량을 나타낸다. 가속도의 부호가 양(+)일 때 속도가 증가하고, 음(−)일 때 속도는 감소한다. 4초때까지 가속도가 양(+)이므로 속도는 계속 증가하지만 가속도의 크기가 감소하므로 속도의 증가량은 감소한다. 속도가 감소한다고 해서 이동거리가 줄어드는 경우는 있을 수 없으며 속도가 0이 될 때까지 보트의 이동거리는 항상 증가한다.

10 다음 그림은 직선 위에서 움직이는 어떤 물체의 운동을 관찰하여 얻은 속도-시간 그래프이다. 관찰은 시각 0부터 시각 t까지 진행되었으며, 물체는 정지한 상태에서 오른쪽으로 움직이기 시작하였다.

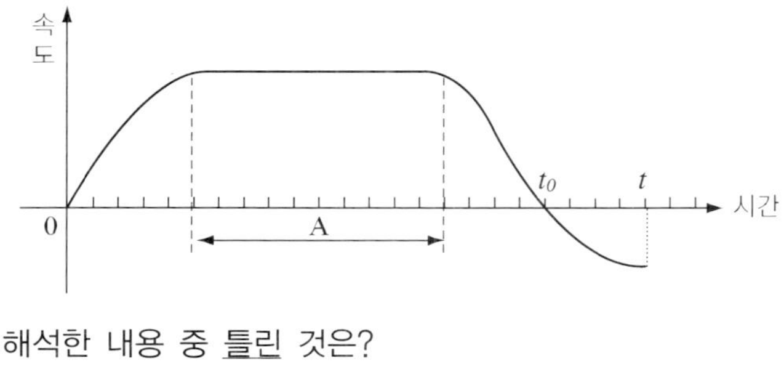

이 그래프를 해석한 내용 중 틀린 것은?

Answers 09. ③ 10. ②

① 시각 t_0 직전과 직후의 물체의 진행방향은 서로 반대이다.
② 시각 t에서의 이 물체의 위치는 처음 위치의 왼쪽이다.
③ 구간 A 동안 물체가 받는 알짜 힘은 거의 없다.
④ 구간 A 이후 물체가 받는 알짜 힘은 왼쪽으로 향한다.
⑤ 구간 A 동안 물체의 순간속도와 평균속도는 거의 같다.

→ • 속도의 방향은 운동방향을 나타내며, 속도가 (+)이면 오른쪽 방향을 속도가 (−)이면 왼쪽방향으로 운동하고 있는 것이다. 속도−시간의 그래프에서 그래프 아래의 면적은 변위를, 기울기는 가속도를 나타낸다. 물체가 등속도 운동하는 경우 가속도가 0이므로 알짜힘도 0이다.

11 그래프는 수평 직선 도로를 달린 어느 자동차에 대한 시간과 속도 사이의 관계를 나타낸 것이다.

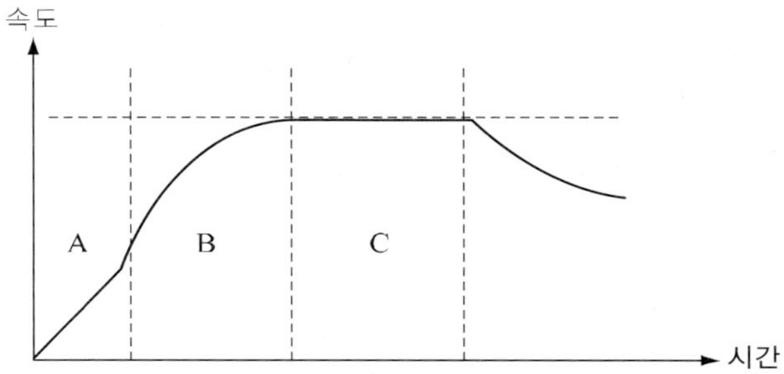

이 그래프에 관한 설명으로 옳은 것을 [보기]에서 모두 고른 것은?

보기
ㄱ. A 구간에서 자동차는 등가속도 운동을 하였다.
ㄴ. B 구간에서 자동차에 작용한 알짜힘(합력)이 일정하였다.
ㄷ. C 구간에서 자동차에 작용한 알짜힘(합력)이 0이었다.

① ㄱ
② ㄴ
③ ㄱ, ㄴ
④ ㄱ, ㄷ
⑤ ㄴ, ㄷ

→ • 속도−시간의 그래프에서 기울기는 가속도를 나타내며, 기울기가 일정하면 등가속도운동을, 기울기가 감소하면 가속도가 감소하는 운동을, 기울기가 0이면 가속도가 0인 등속도 운동을 한다. 가속도는 물체에 작용하는 알짜힘에 비례한다.

Answers 11. ④

12 오른쪽 그림과 같이 분수탑에서 물이 두 개의 물줄기를 이루면서 떨어지고 있다. 왼쪽의 물줄기는 바닥으로 그대로 떨어지고, 오른쪽 물줄기는 일정한 간격으로 뻗어 있는 나뭇가지에 부딪치면서 떨어진다. 이 때 나뭇가지에 부딪치면서 떨어지는 물은 나뭇가지에 부딪칠 때마다 순간적으로 정지한 상태가 되었다가 다시 떨어진다고 한다. 나무의 키가 분수대의 높이 H와 같고, 그 사이에 n개의 나뭇가지가 일정한 간격으로 있다고 할 때 처음 두 물줄기가 지면에 떨어지는 시간 차이는 얼마인가?(단, 중력가속도는 g이다. 분수대와 첫 번째 나뭇가지 사이의 거리, 마지막 나뭇가지와 바닥 사이의 거리는 둘다 나뭇가지 사이의 간격과 같다.)

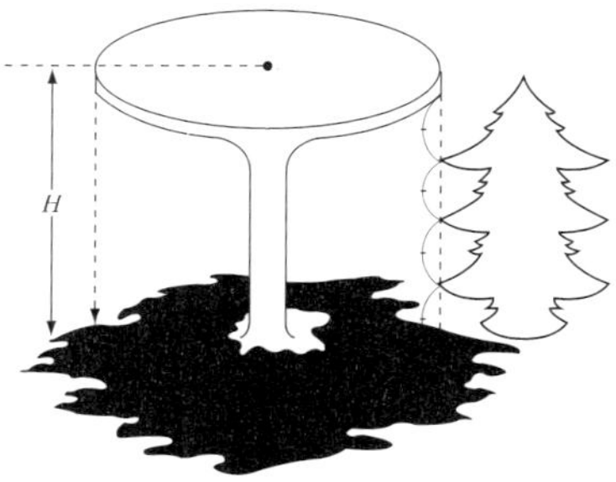

① $(\sqrt{n+1}-1)\sqrt{\dfrac{2H}{g}}$

② $(\sqrt{n+1}-1)\dfrac{2H}{g}$

③ $(\sqrt{n-1}-1)\sqrt{\dfrac{2H}{g}}$

④ $(n+1)\sqrt{\dfrac{2H}{g}}$

⑤ $(n+1)\dfrac{2H}{g}$

⋯ • 왼쪽 물줄기는 자유낙하하여 곧바로 지면에 떨어지므로 $t=\sqrt{\dfrac{2H}{g}}$ 이고, 오른쪽 물줄기는 $\dfrac{H}{n+1}$의 거리를 $(n+1)$회 자유낙하하므로 $t'=(n+1)\sqrt{\dfrac{2H}{(n+1)g}}=\sqrt{n+1}\sqrt{\dfrac{2H}{g}}$ 이다.

13 그림은 동일 직선상에서 운동하는 물체 A, B의 속력을 시간에 따라 나타낸 것이다. A가 B를 향해 출발하여 2초가 지난 후 B가 A를 향해 운동을 시작하였다. A와 B는 8초일 때 충돌하였다. A, B의 운동에 대한 설명으로 옳은 것만을 〈보기〉에서 있는 대로 고른 것은? (단, 물체의 크기는 무시한다.)

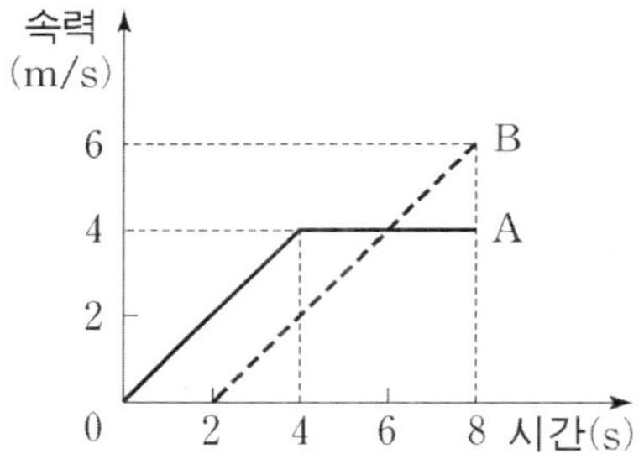

Answers 12. ① 13. ⑤

보기

ㄱ. 2초부터 8초까지 평균속력은 A가 B보다 크다.
ㄴ. 2초일 때 A와 B 사이의 거리는 40 m 이다.
ㄷ. 3초일 때 가속도의 크기는 A와 B가 같다.

① ㄱ ② ㄴ
③ ㄱ, ㄷ ④ ㄴ, ㄷ
⑤ ㄱ, ㄴ, ㄷ

• 그래프에서 2~8초까지 A의 이동거리는 22m이고, B의 이동거리는 18m이다. 같은 시간동안 A의 이동거리가 크므로 평균속력도 A가 크다. A와 B가 서로 반대방향으로 운동하여 8초 때 충돌 하였으므로 2~8초 동안 A의 이동거리는 12m이고 B의 이동거리는 18m이므로 A와 B사이의 거리는 40m이다. 3초일 때 가속도의 크기는 $a_A = a_B = \frac{2}{2} = 1\,\text{m/s}^2$으로 같다.

14 그림과 같이 영희가 사과와 낙하산에 매달린 인형을 같은 높이에서 동시에 가만히 놓았더니, t초 후 사과가 지면에 먼저 도달하였다. 점선은 각각 사과와 인형이 일직선을 따라 운동한 경로이다. 이에 대한 설명으로 옳은 것만을 〈보기〉에서 있는 대로 고른 것은?

보기

ㄱ. t초 동안 평균속력은 사과가 인형보다 크다.
ㄴ. t초 동안 사과는 등속도 운동을 한다.
ㄷ. 인형에는 중력이 작용하지 않는다.

① ㄱ ② ㄷ
③ ㄱ, ㄴ ④ ㄱ, ㄷ
⑤ ㄴ, ㄷ

• 같은 높이에서 동시에 낙하했을 때 사과가 지면에 먼저 도착했다면 시간은 $t_{사과} < t_{인형}$이다.
평균속력 $= \frac{낙하거리}{시간}$이며 낙하거리가 같으므로 평균속력은 사과가 크다. 정지 물체인 사과가 낙하할 때는 속도가 증가하고 공기의 저항이 있으므로 알짜 힘은 $ma = F - R$이다. 따라서 낙하할수록 R이 커지므로 가속도가 감소하는 가속도 운동을 한다. 질량이 있는 물체는 항상 중력이 작용한다.

Answers 14. ①

1.3 개념 서술하기

01 한 육상선수가 일정한 거리 S를 달리고자 한다. 이 선수는 계속적으로 피로가 누적되어 처음 1시간 동안은 $\frac{S}{2}$, 다음 1시간 동안은 $\frac{S}{4}$, 다음 1시간 동안은 $\frac{S}{8}$, ……와 같이 매 시간 남은 거리의 절반을 달리게 된다. 이 선수는 완주가 가능한가?

풀이

완주가 불가능하다. n시간 후 남아있는 거리는 $\frac{S}{2^n}$이며, 완주하기 위해서는 무한대의 시간이 필요하다.

02 물체가 가속도 운동하는 경우를 설명하고, 그 경우는 자동차의 엑셀러레이터, 브레이크, 핸들(운전대)의 기능과 관련지어 보라.

풀이

가속도 운동을 하는 경우는 속력이 증가하거나 감소하거나 운동방향이 변할 때이다.
액셀러레이터 – 속력 증가, 브레이크 – 속력 감소, 핸들 – 방향 변화

03 수도꼭지로부터 나오는 물줄기가 아래로 내려올수록 가늘어지는 이유는 무엇인지 설명해 보라.

풀이

위와 아래의 어떤 지점이라도 시간동안 통과하는 물의 양은 같다. 한 지점에 1초 동안 통과하는 물의 양은 (단면적×속도)로 나타낼 수 있는데 이 양은 일정하다. 따라서 물줄기가 아래로 내려올수록 속도가 빨라지므로 단면적은 줄어든다.

04 다음은 물체의 운동과 관련된 여러 가지 상황을 나타낸 것이다. 예를 들어 설명하라.

(1) 물체의 가속도가 일정하면서 운동 방향이 변한다.

(2) 물체의 가속도가 감소하면서 속력은 증가한다.

(3) 일정한 속력으로 운동하는 물체의 가속도가 0이 아니다.

풀이

(1) 연직상방운동이나 포물선 운동의 경우처럼 가속도가 중력가속도로 일정하지만 운동 방향이 변할 수 있다.

(2) 단진동하는 물체의 경우 최대로 압축되거나 늘어난 지점에서 평형점으로 되돌아갈 때 복원력 즉 힘이 감소하여 가속도가 감소하지만 운동 방향으로 힘이 작용하므로 속력은 평형점에 이를 때가지 계속 증가한다.

(3) 등속 원운동의 경우 운동 방향이 계속 변하므로 가속도가 0이 아니다.

1.4 개념 심화하기

01 그림과 같이 매끄러운 수평면 위에서 일정한 속력 v로 반지름 r인 원둘레 위를 운동하는 물체가 있다. 원둘레 위를 한 바퀴 도는 데 t초 걸릴 때 다음 물음에 답하여라.

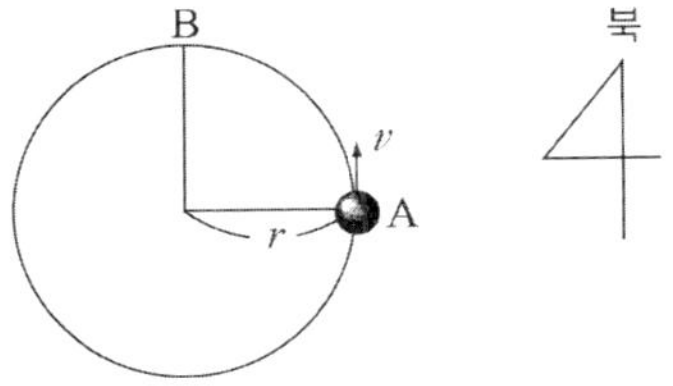

(1) 점 A에서 출발하여 점 B에 도달했을 때 물체의 평균 속도의 크기는 얼마인가?

(2) 점 A에서 출발하여 $\frac{t}{2}$초가 지났을 때 순간 속도의 크기와 방향은?(단, 점 A에서 물체의 운동 방향은 북쪽이다.)

풀이

(1) 평균 속도는 $\frac{\text{변위}}{\text{걸린 시간}}$ 이므로 $\frac{\sqrt{2}\,r}{t/4} = \frac{4\sqrt{2}\,r}{t}$

(2) 순간 속도의 크기는 변함이 없으므로 v, 방향은 남쪽

02 정지한 물에 대한 배의 속도가 4m/s인 배로 강물의 속도가 3m/s인 강을 건너려고 한다.

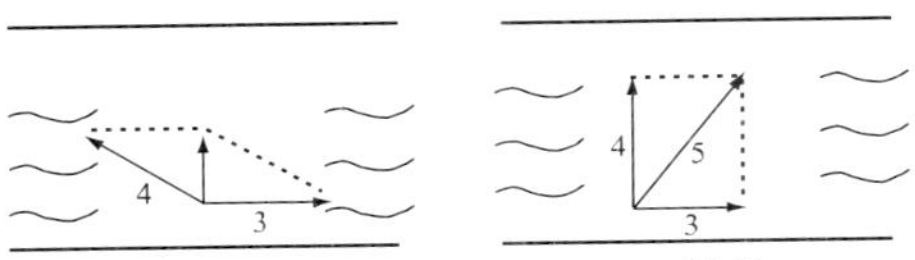

그림 1) 그림 2)

(1) 배가 최단 거리로 건너갈 때 강둑에서 본 배의 속도는 얼마인가?

(2) 배가 최단 시간으로 건너갈 때 강둑에서 본 배의 속도는 얼마인가?

풀이

(1) 배가 최단 거리로 건너기 위해서는 그림 1)과 같이 뱃머리를 비스듬히 강의 위쪽을 향했을 때 배의 속도와 강물의 속도를 합성하면 배는 강물이 흐르는 방향과 수직하게 된다.

$v=\sqrt{4^2-3^2}=\sqrt{7}\,(\mathrm{m/s})$

(2) 배가 최단 시간에 건너가려면 그림 2)와 같이 강물이 흐르는 방향과 수직한 성분의 속도가 가장 커야 하므로 뱃머리를 강물이 흐르는 방향과 수직한 방향으로 향해야 한다.

$v=\sqrt{3^2+4^2}=5\,(\mathrm{m/s})$

03 평면 위에서 곡선을 따라 운동하는 물체가 있다. 그림과 같이 A점에서 20m/s의 속력으로 출발할 물체가 4초 후 B점을 지날 때 처음과 다른 방향으로 20m/s의 속력으로 운동하고 있었다. 두 점 A, B 사이의 평균 가속도의 크기는 얼마인가?

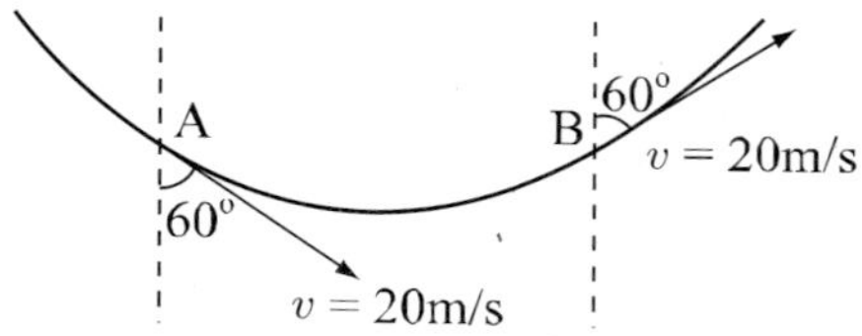

풀이

평균 가속도 $\vec{a}=\dfrac{\vec{v_2}-\vec{v_1}}{t_2-t_1}=\dfrac{\Delta\vec{v}}{\Delta t}=\dfrac{\text{속도의 변화량}}{\text{시간의 변화량}}$ 이다.

속도의 변화량을 벡터적으로 계산하면 $\Delta v=\sqrt{20^2+20^2-2\cdot 20\cdot 20\cdot \cos 60^\circ}=20\,(\mathrm{m/s})$ 이다.

$\because$ 평균 가속도 $=\dfrac{20}{4}=5\,(\mathrm{m/s^2})$

04 $t=0$인 시각에 $v(t)=98-2t^2$의 속도로 출발한 물체가 있다. 물체가 순간적으로 정지할 때의 가속도를 구하여라.

풀이

$v(t)=98-2t^2=0,\ t=7(s),\ \ a(t)=\dfrac{dv(t)}{dt}=-4t=-4\times 7=-28\,(\mathrm{m/s^2})$

05 정지한 강물에서 최대 속력 V를 낼 수 있는 보트가 있다. v의 속력으로 흐르는 강물에서 $V>v$일 때 강물을 따라 거리 d만큼 올라갔다가 같은 거리만큼 다시 내려오려고 한다.

(1) 배가 거리 d를 왕복하는 데 걸리는 시간은 얼마인가?

(2) 강물의 속력 $v=0$일 때와 비교했을 때 어느 경우가 더 많은 시간이 걸리는가?

풀이

(1) $t=\dfrac{d}{V+v}+\dfrac{d}{V-v}=\dfrac{2dV}{V^2-v^2}$

(2) $v=0$일 때 $t_1=\dfrac{2d}{V}$, $v>0$ 일 때 $t_2=\dfrac{2dV}{V^2-v^2}$

$t_1-t_2=\dfrac{2d}{V}-\dfrac{2dV}{V^2-v^2}=-\dfrac{2dv^2}{V(V^2-v^2)}<0$ $\therefore t_1<t_2$, $v>0$일 경우가 더 많은 시간이 걸린다.

06 원판의 중심에서 각각 다른 세 방향으로 동시에 운동하는 입자 A, B, C가 있다. 입자 A는 속력 v_1으로 등속도 운동을, 입자 B는 처음에 정지 상태에서 가속도 a로 등가속도 운동을, 입자 C는 처음에 속력 v_2로 운동하다가 가속도 −a로 등가속도 운동을 하였다. 세 입자 A, B, C가 동시에 원판의 가장자리에 도달했을 때 v_1과 v_2의 관계를 구하여라.

풀이

$R=v_1t,\ R=\dfrac{1}{2}at^2,\ R=v_2t-\dfrac{1}{2}at^2$ 에서 $v_2=2v_1$

07 10m/s로 달리는 두 자동차가 직선 도로 위에서 마주 보고 달려 오고 있다. 두 자동차가 20m 떨어져 있을 때 20m/s로 날 수 있는 새가 한 쪽 자동차에서 맞은 편 자동차로 날아갔다가 바로 되돌아오곤 한다.

(1) 두 자동차가 충돌하기 전까지 새가 왕복할 수 있는 횟수는?

(2) 두 자동차가 충돌하기 전까지 새가 날아간 전체 거리는?

풀이

(1) 첫 번째 맞은 편 자동차로 날아갔을 때 걸린 시간을 t_1, 두 번째 걸린 시간을 $t_2, \ldots, n$번째 걸린 시간을 t_n이라 하면

$(20+10)t_1=20$ 에서 $t_1=\dfrac{2}{3}(\mathrm{s})$

$(20+10)t_2=20-20\times\dfrac{2}{3}=\dfrac{20}{3}$, $t_2=\dfrac{2}{3}\times\dfrac{1}{3}$

$\vdots$

$t_n=\dfrac{2}{3}\times\left(\dfrac{1}{3}\right)^{n-1}$

$$\sum_{n-1}^{\infty} t_n = \frac{\frac{2}{3}}{1-\frac{1}{3}} = 1(\text{s})$$

∴ 자동차가 충돌하기 전까지 무한히 왕복할 수 있다.

(2) 자동차가 충돌하는 데 걸리는 시간이 1초이므로 새의 이동 거리는 20m/s로 1초 동안 날아간 거리가 된다.

∴ $20 \times 1 = 20(\text{m})$

08 그림과 같이 A는 x축 방향으로 3m/s로 등속도 운동을 하고, 입자 B는 입자 A가 y축을 통과하는 순간 y축과 θ의 각을 이루면서 0.4m/s^{2}의 일정한 가속도로 출발했다. 입자 A와 B가 y축상에서 30m 떨어져 있을 때 두 입자가 만나기 위한 θ를 구하여라.

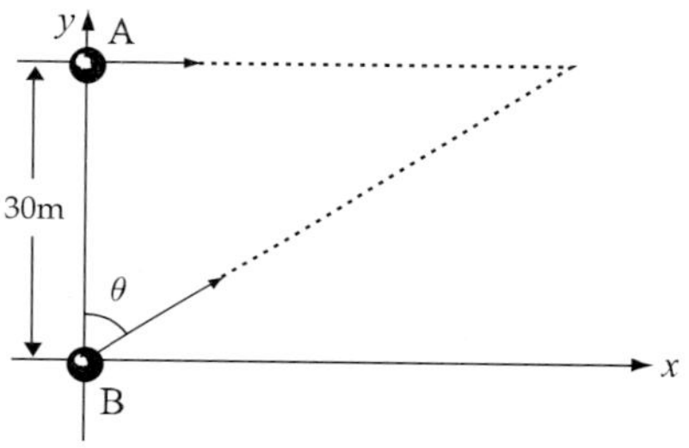

풀이

두 입자가 만난 시간을 t라 하면

x성분 : $3t = \frac{1}{2}a\sin\theta t^2 = \frac{1}{2} \cdot 0.4 \cdot \sin\theta t^2$ … ①

y성분 : $30 = \frac{1}{2}a\cos\theta t^2 = \frac{1}{2} \cdot 0.4 \cdot \cos\theta t^2$ … ②

①^2 + ②^2

$(3t)^2 + 30^2 = (\frac{0.4}{2}t^2)^2$, $t = 10\sqrt{3}$

① ÷ ②

$\tan\theta = \frac{3t}{30} = \frac{3 \cdot 10\sqrt{3}}{30} = \sqrt{3}$

$\therefore \theta = 60^\circ$

09 아래 그림은 초속도가 0인 어떤 물체의 가속도와 시간과의 관계를 나타낸 것이다.

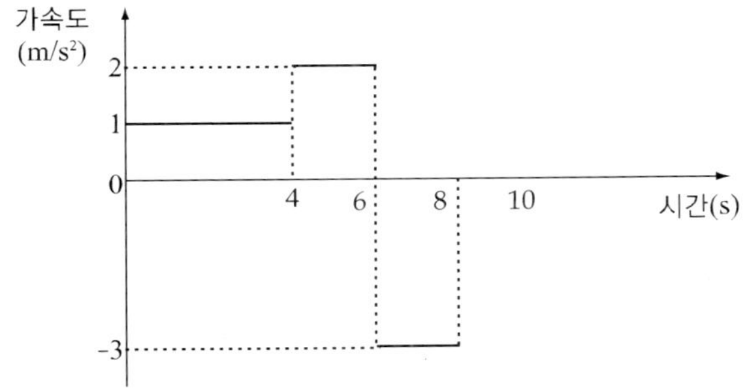

(1) 이 물체의 속도와 시간 관계의 그래프를 그려라.

(2) 이 물체의 거리와 시간 관계의 그래프를 그려라.

풀이

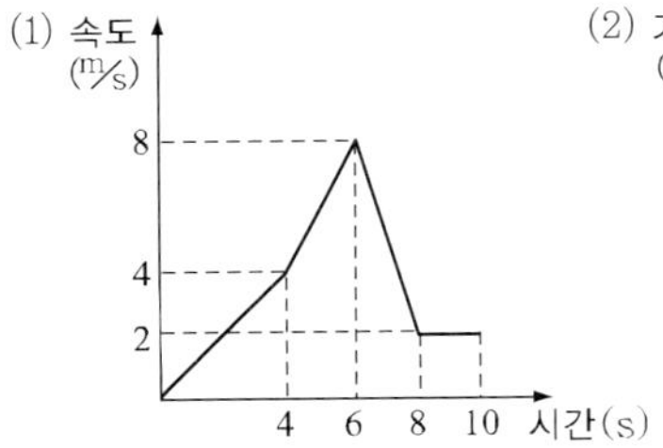

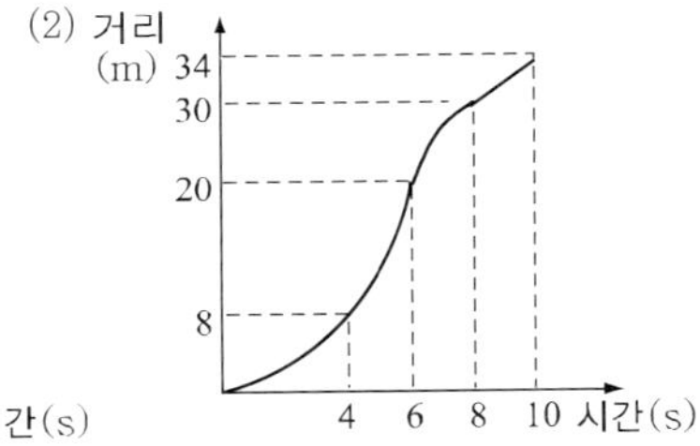

10 그림과 같이 한 소년이 줄에 연결된 질량 m인 물체를 수평 방향으로 v_o의 일정한 속력으로 끌어당기고 있다. 물체로부터 수평거리가 x일 때 물체의 속도와 가속도를 구하라.

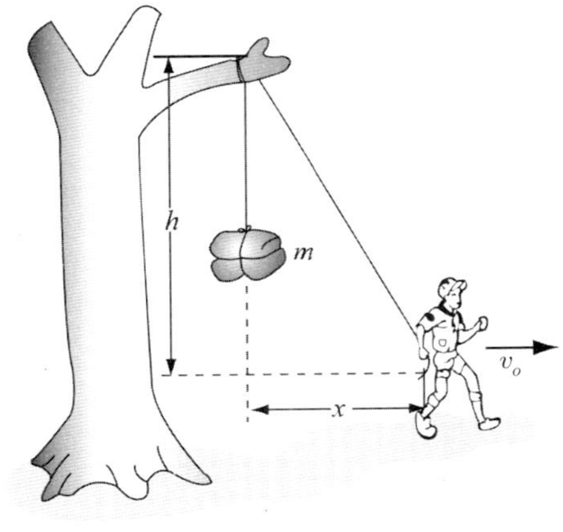

풀이

줄의 총 길이는 일정하므로 물체의 속도는 빗변길이의 변화율과 같다.

빗변의 길이 $s=\sqrt{h^2+x^2}$

$$v=\frac{ds}{dt}=\frac{ds}{dx}\cdot\frac{dx}{dt}=\frac{x}{\sqrt{h^2+x^2}}\cdot v_0$$

$$a=\frac{dv}{dt}=\frac{h^2v_0^2}{(h^2+x^2)^{\frac{3}{2}}}$$

11 땅벌은 연직 위로는 최대 v_1의 속력으로, 연직 아래로는 최대 v_2의 속력으로 날 수 있다고 한다. 땅벌의 추진력은 날아가는 방향과 관계가 없고, 공기 저항은 땅벌의 속력에 비례한다고 가정한다. 땅벌이 수평 방향과 α 의 각을 이루고 날아갈 때 최대 속력을 구하라.

풀이

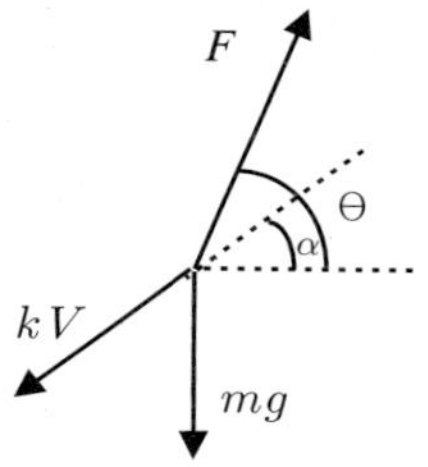

벌의 추진력을 F라 하면

위로 날아 갈 때 $F-mg-kv_1=0$

아래로 날아 갈 때 $F+mg-kv_2=0$이 된다

두 식에서 $F=\frac{(v_1+v_2)k}{2}$, $mg=\frac{(v_2-v_1)k}{2}$

일반적인 경우 오른쪽 그림과 같이 $\vec{F}+\overrightarrow{mg}-\overrightarrow{kv}=0$

각 성분으로 나누어 생각하면

수평 성분 $F\cos\theta=kV\cos\alpha$, 수직 성분 $F\sin\theta=kV\sin\alpha+mg$

따라서 $F^2=(mg)^2+(kV)^2+2mgkV\sin\alpha$이므로

$$V=\frac{\sqrt{(v_2-v_1)^2\sin^2\alpha+4v_1v_2}-(v_2-v_1)\sin\alpha}{2}$$

12 개미 한 마리가 직선으로 된 개미 언덕(집) 위로 달리고 있다. 이때 개미의 속력은 개미집의 중심으로부터의 거리에 반비례한다. 개미집의 중심으로부터 1m 떨어진 점 A에서의 속력은 2cm/s라면 개미가 개미집의 중심으로부터 2m 떨어진 점 B까지 달리는데 걸리는 시간은 얼마인가?

풀이

개미의 속력이 거리에 반비례하므로 개미의 $\frac{1}{속력}(\frac{1}{v})$은 거리($l$)에 비례한다. 이 들의 관계는 오른쪽 그래프와 같다.

그래프에서 직선 아래의 면적이 걸린 시간이다.

$t=\frac{1}{2}(\frac{1}{v_1}+\frac{1}{v_2})(l_2-l_1)$

여기서 $v_1=2\text{cm/s}$, $v_2=1\text{cm/s}$,

$l_1=1\text{m}=100\text{cm}$, $l_2=2\text{m}=200\text{cm}$ 이다.

$\therefore t=75\text{s}$

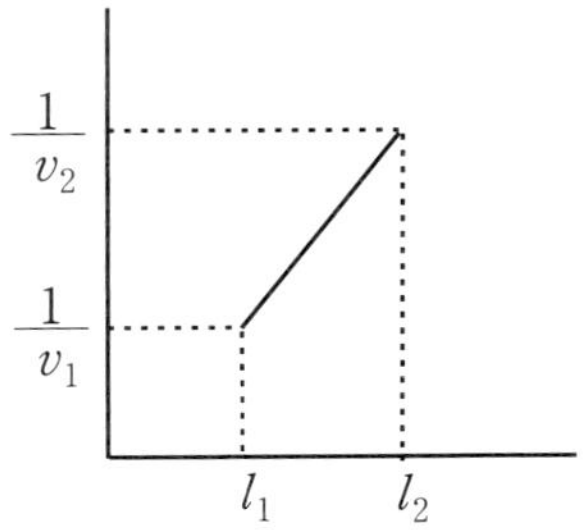

13 질량이 같은 추 A, B, C, D를 그림과 같이 연결하고 추 A가 바닥에 닿은 상태에서 자유 낙하시켰다. 추 B, C, D가 일정한 시간 간격으로 떨어졌다면 추와 추 사이의 거리 L_0, L_1, L_2의 비는 얼마인가?(단, 추의 크기는 무시한다.)

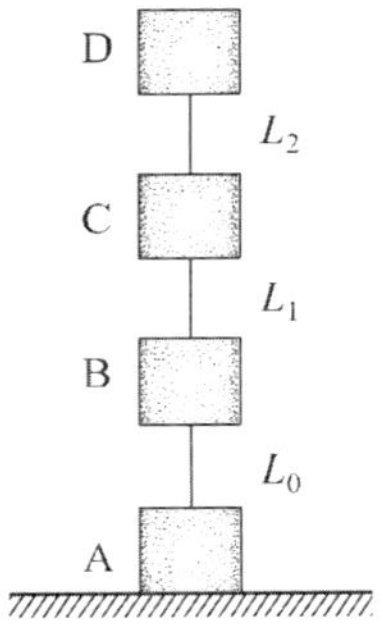

풀이

시간 간격을 t라 하면 추 B, C, D가 낙하한 거리는 각각 $\frac{1}{2}gt^2$, $\frac{1}{2}g(2t)^2$, $\frac{1}{2}g(3t)^2$이므로

$L_0=\frac{1}{2}gt^2$, $L_1=\frac{1}{2}g(2t)^2-\frac{1}{2}gt^2$, $L_2=\frac{1}{2}g(3t)^2-\frac{1}{2}g(2t)^2$이다.

$\therefore L_0 : L_1 : L_2 = 1 : 3 : 5$

14 그림과 같이 높이 5m되는 곳에서 연못을 향하여 돌맹이를 자유 낙하시켰다. 돌맹이가 연못의 표면에 닿는 순간부터 연못의 바닥에 닿을 때까지 돌멩이의 속력이 같고, 돌멩이의 낙하 시간이 5초일 때 다음 물음에 답하여라.(단, $g=10\text{m/s}^2$이다.)

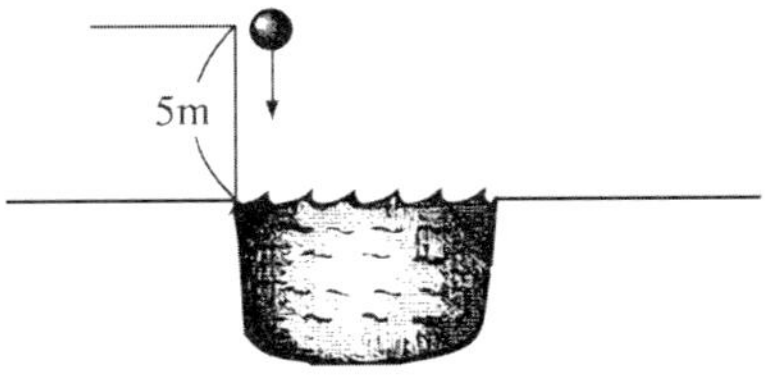

(1) 연못의 깊이는 얼마인가?

(2) 돌멩이의 평균 속도는 얼마인가?

(3) 연못의 물이 없다고 가정할 때 연직 위로 던진 돌멩이가 5초만에 연못의 바닥에 닿기 위한 돌멩이의 초속도는 얼마인가?

풀이

(1) 돌멩이가 연못의 표면에 닿을 때까지 걸린 시간은 $S=\frac{1}{2}at^2$에서 $5=\frac{1}{2}\cdot 10 \cdot t^2$이므로 $t=1(\mathrm{s})$, $v=gt$에서 $v=10\cdot 1=10(\mathrm{m/s})$, 연못에서 4초 동안 10m/s로 등속 운동을 하였으므로 연못의 깊이는 40m

(2) 평균 속도 $=\frac{5+40}{5}=9(\mathrm{m/s})$

(3) 돌멩이의 변위가 -45m이므로 $S=v_0t-\frac{1}{2}gt^2$에서

$-45=v_0\cdot 5-\frac{1}{2}\cdot 10\cdot 5^2$, $v_0=16(\mathrm{m/s})$

15 로켓이 수직하게 발사되어 $2\mathrm{m/s^2}$의 일정한 가속도로 30초간 상승한 후 연료가 떨어진 상태로 운동을 하였다. 다음 물음에 답하여라.(단, $g=10\mathrm{m/s^2}$이다.)

(1) 로켓이 지면으로부터 올라갈 수 있는 최고 높이는 얼마인가?

(2) 로켓이 발사된 후 지면으로 되돌아오는 데 걸리는 시간은?

풀이

(1) 30초 후에 로켓의 속도는 $v=at$에서 $v=2\cdot 30=60(\mathrm{m/s})$이다.

$H=\frac{1}{2}at^2+\frac{v^2}{2g}$, $H=\frac{1}{2\cdot 2\cdot 30^2}+\frac{60^2}{2\cdot 10}=1080(\mathrm{m})$

(2) 로켓이 최고점에서 지면에 도달하는 데 걸리는 시간은 $H=\frac{1}{2}gt^2$에서

$1080=\frac{1}{2\cdot 10\cdot t^2}$ $\qquad t=\sqrt{216}=6\sqrt{6}(\mathrm{s})$

로켓이 최고점에 도달하는 데 걸린 시간은 $30+\frac{v}{g}$(s)이다. $30+\frac{60}{10}=36$s이므로 총 시간은 $(36+6\sqrt{6})$s이다.

CHAPTER 02

포물선 운동

2.1 개념 익히기

01 버스가 10m/s로 운동하고 있다. 철수가 버스 안에서 버스의 진행방향으로 1m/s로 걸어간다면 지면에 대한 철수의 속력은 얼마인가?

① 0
② 9m/s
③ 10m/s
④ 11m/s

상대속도는 관찰자의 속도를 0이 되게 하는 속도라고 생각하면 된다. 버스에 대해 1m/s로 운동한다면 버스의 지면에 대한 속도가 10m/s이므로 철수의 지면에 대한 속도는 11m/s이다.

02 다음 중 벡터량이 아닌 것은?

① 속도
② 속력
③ 가속도

벡터량은 크기와 방향을 함께 갖고 있는 물리량이며, 변위, 속도, 가속도, 힘, 운동량, 충격량, 중력장, 전기장, 자기장 등이 있다.

03 시속 100km로 날아가고 있는 비행기가 있다. 시속 10km의 바람이 비행기의 진행방향과 같은 방향으로 불 때 지면에 대한 비행기의 속력은 시속 110km이다. 시속 10km의 바람이 비행기의 진행방향과 반대 방향으로 불어온다면 지면에 대한 비행기의 속력은 얼마인가?

① 90km/h ② 100km/h
③ 110km/h ④ 120km/h

속도는 힘과 같이 크기와 방향을 갖고 있으므로 같은 방향인 두 속도는 그냥 더하면 되며, 반대 방향인 두 속도는 어느 한쪽에 빼 주면 된다. 100km/h−10km/h=90km/h이다.

Answers 01. ④ 02. ② 03. ①

04 시속 100km로 날아가고 있는 비행기에 진행 방향과 수직인 방향으로 시속 100km의 태풍이 불고있다. 지면에 대한 비행기의 속도는?

① 0　　② 100km/h
③ 141km/h　　④ 200km/h

방향이 서로 다른 두 속도는 벡터적으로 합성하면 된다.

$\sqrt{100^2+100^2}=100\sqrt{2}$ =141km/h이다.

05 비행기가 시속 141km로 북동쪽으로 날아가고 있다. 이 비행기의 북쪽 방향 성분은?

① 41km/h　　② 100km/h
③ 110km/h　　④ 141km/h

하나의 벡터를 같은 효과를 갖는 두 벡터로 나누는 것을 벡터의 분해라 하며, 직각분해법이 가장 많이 사용된다.

$100\sqrt{2}\sin 45°$ =100km/h이다.

06 돌멩이를 수평면과 50°의 각을 이루고 던졌다. 돌멩이가 상승하는 동안 연직 방향의 속도 성분은?

① 증가한다.
② 변함이 없다.
③ 감소한다.

연직아래 방향으로 중력이 작용하므로 물체의 수직성분의 속도는 일정하게 감소한다.

07 6번 문제에서 돌멩이가 상승하는 동안 수평 방향의 속도 성분은?

① 증가한다.
② 변함이 없다.
③ 감소한다.

수평방향으로 작용하는 힘이 없으므로 물체는 등속도 운동을 한다.

08 일정한 높이에서 수평 방향으로 물체를 던졌다. 공기의 저항을 무시할 때 1초 후 물체가 연직 방향으로 낙하한 거리는? 단, 중력가속도는 10m/s^{2}이다.

① 5m
② 10m
③ 15m

1초후 물체의 속도는 10m/s이므로 낙하거리 =평균속도×시간=$\frac{0+10}{2}\times 1$=5m이다.

09 물체를 비스듬히 던져 올렸을 때 중력이 없다면 물체는 직선운동을 하게 된다. 중력을 고려했을 때 물체는 포물선 운동을 하게 되는데 1초 후 물체의 위치는? 단, 공기의 저항은 무시한다.

① 중력이 없을 때의 직선 경로로부터 5m 아래
② 중력이 없을 때의 직선 경로로부터 10m 아래
③ 중력이 없을 때의 직선 경로로부터 15m 아래

Answers 04. ③ 05. ② 06. ③ 07. ② 08. ① 09. ①

연직 방향의 처음 속도를 v라 할 때 중력이 없을 때 t초후 물체의 이동거리는 vt이지만 중력이 작용할 때 t초후 물체의 이동거리는 $vt-\frac{1}{2}gt^2$이므로 t초후 두 물체 사이의 거리는 $\frac{1}{2}gt^2$이다.

10 책상 위 한 끝에서 공을 굴려 떨어뜨릴 때 공의 수평 방향의 속도 성분은?

① 증가한다.
② 변함이 없다.
③ 감소한다.

수평방향으로 작용하는 힘이 없으므로 수평방향의 속도는 변함이 없다.

11 총으로부터 발사된 총알이 낙하하기 시작하는 순간은?

① 총구를 빠져나오는 순간
② 공기의 저항이 총알의 속력을 감소시킬 때
③ 둘다 틀리다.

총구 내부에서는 총알을 떠받쳐주지만 총알이 총구를 빠져나오는 순간 중력 때문에 총알은 낙하하기 시작한다.

12 물체를 연직 위로 50m/s로 던졌다. 공기의 저항을 무시할 때 이 물체가 다시 출발점에 도달하는 순간의 속력은?

① 50m/s보다 작다.
② 50m/s 이다.
③ 50m/s보다 크다.

공기저항을 무시하면 올라갈 때 일정한 양만큼씩 감소했다가 내려올 때 다시 같은 양만큼씩 증가했으므로 두 속력은 같다.

13 지구 위성은 지구 둘레로 떨어지는 포물체의 운동이라 할 수 있는가?

① 포물체 운동이라 할 수 있다.
② 포물체 운동이라 할 수 없다.

지구 위성은 중력이 구심력 역할을 하여 원운동하므로 중력만을 받아 운동하는 포물체 운동이라 할 수 있다.

14 지구 위성이 지표면으로부터 100km보다 더 높은 곳에서 공전하는 이유는?

① 지구의 대기층을 벗어나기 위해
② 중력장을 벗어나기 위해
③ 지구의 대기층과 중력장을 벗어나기 위해

지구 대기권과 우주의 경계선에 관해 여러 정의가 엇갈리고 있으며 아직도 많은 논란의 여지가 남아있지만 우주선을 예로 들면 지상에서 80km만 벗어나면 우주 공간이라고 말할 수 있으며 우주산업에서 인정하는 우주는 약 100 km 상공이다.

Answers 10. ② 11. ① 12. ② 13. ① 14. ①

15 수평 방향으로 던진 물체의 운동에서 공기의 저항을 무시할 때 다음 중 물체의 수평 방향의 속도 성분이 변하지 않는 이유로 타당한 것은?

① 물체에 작용하는 어떤 힘도 없기 때문
② 수평 방향으로 작용하는 힘이 없기 때문
③ 물체를 던진 순간 수직 성분의 속도가 0이므로
④ 물체에 작용하는 힘의 합력이 0이므로
⑤ 모두 틀리다.

공기저항을 무시한다면 중력장내에서 운동하는 모든 물체는 수평방향으로 작용하는 힘이 없기 때문에 수평성분의 속도는 항상 일정하다.

16 수평 방향과 10°의 각을 이루면서 위쪽으로 총을 쏘고 동시에 총구에서 다른 총알을 떨어뜨렸다. 어느 쪽이 먼저 지면에 떨어지는가?

① 쏜 총알 ② 떨어뜨린 총알
③ 동시에 떨어진다.

비스듬히 위쪽으로 쏜 총알은 올라갔다 내려오지만 떨어뜨린 총알은 바로 자유낙하하므로 먼저 지면에 도달한다.

17 수평 방향과 10°의 각을 이루면서 아래쪽으로 총을 쏘고 동시에 총구에서 다른 총알을 떨어뜨렸다. 어느 쪽이 먼저 지면에 떨어지는가?

① 쏜 총알
② 떨어뜨린 총알
③ 동시에 떨어진다.

비스듬히 아래쪽으로 쏜 총알은 아랫방향으로 초속도가 0이 아니지만 떨어드린 총알은 초속도가 0이므로 나중에 지면에 도달한다.

18 수평 방향으로 쏜 총알이 지면에 도달하는 데 걸린 시간이 0.5초였다. 같은 높이에서 수평 방향으로 2배의 속도로 쏘았다면 총알이 지면에 도달하는 데 걸린 시간은? 단, 공기의 저항은 무시한다.

① 0.5초보다 작다.
② 0.5초보다 크다.
③ 0.5초이다.

지면에 도달하는데 걸리는 시간은 중력가속도와 높이에 의해서만 결정($t=\sqrt{\frac{2h}{g}}$)되므로 수평방향의 속도를 변화시키더라도 항상 동시에 지면에 도달한다.

19 물체를 자유낙하시키면 물체는 가속도 g로 지면에 떨어진다. 같은 물체를 연직 위로 던져 올렸을 때 이 물체의 가속도는 얼마인가? 단, 공기의 저항은 무시한다.

① 0
② 아래 방향으로 g
③ 윗 방향으로 g
④ g보다 크다.

Answers 15. ② 16. ② 17. ① 18. ③ 19. ②

물체를 어느 방향으로 운동시키더라도 항상 중력만을 받아 운동하므로 가속도는 아랫방향을 향하는 중력가속도이다.

20 수평면과 15°의 각도로 비스듬히 던져 올린 물체가 있다. 이 물체와 수평도달거리를 같게 하기 위한 다른 각도는 얼마인가?

① 30° ② 45°
③ 50° ④ 75°

비스듬히 던져올린 물체의 수평도달거리는 $R = \dfrac{v_0^2 \sin 2\theta}{g}$ 이므로 두 각도의 합이 90°가 되면 항상 수평도달거리가 같다.

21 수평면과 50°의 각도로 비스듬히 던져올린 물체가 있다. 이 물체와 수평도달거리가 같기 위한 다른 각도는 얼마인가?

① 40° ② 45°
③ 55° ④ 60°

20번과 마찬가지로 두 각도의 합이 90°가 되는 다른 각도를 찾으면 된다.

22 총구에서 수평방향으로 발사된 총알의 속도가 100m/s이다. 공기의 저항을 무시할 때 1초 후 총알의 위치는?

① 수평 방향으로 50m 떨어진 지점의 아래쪽
② 수평 방향으로 98m 떨어진 지점의 아래쪽
③ 수평 방향으로 100m 떨어진 지점의 아래쪽
④ 수평 방향으로 490m 떨어진 지점의 아래쪽

수평방향으로 등속도 운동을 하므로 수평방향의 위치는 100m이고 수직방향으로 자유낙하하므로 수직방향의 위치는 $\dfrac{1}{2}gt^2$=5m이다.

23 수평면과 각각 30°, 60°의 각도를 이루고 던진 두 물체 A, B가 있다. 두 물체의 속력이 같다면 어느 쪽이 빨리 지면에 떨어지겠는가?

① A
② B
③ 동시에 떨어진다.

물체의 체공시간($t = \dfrac{2v_0 \sin\theta}{g}$)은 수직성분의 속도에 의해 결정된다. 30°인 경우 수직성분의 속도가 더 작기 때문에 체공시간도 더 짧다.

24 연직 위로 던진 물체가 있다. 물체가 최고점에 도달한 후 다시 내려올 때 가속도에 대한 다음 설명 중 옳은 것은?(공기의 저항은 무시한다.)

① 내려올 때보다 최고점에서 가속도가 더 크다.
② 내려올 때보다 최고점에서 가속도가 더 작다.
③ 내려올 때와 최고점에서의 가속도는 같다.

Answers 20. ④ 21. ① 22. ③ 23. ① 24. ③

공기저항을 무시할 때 물체는 일정한 중력을 받아 운동하므로 가속도 역시 중력가속도로 항상 일정하다. 가속도의 원인은 항상 알짜힘이다.

25 지표면에서 연직 위로 8km/s로 쏘아 올린 물체가 있다. 이 물체는 어떤 운동을 하는가?

① 지표면 주위를 돌게 된다.
② 올라갔다가 다시 지표면으로 내려오게 된다.
③ 미지의 경로를 따라 운동하게 될 것이다.

지구표면은 수평거리 8km에 대해 5m정도 휘어져 있다. 따라서 일정한 높이에서 수평방향으로 물체를 던졌을 때 5m 자유낙하하는데 걸리는 시간이 1초이므로 초속 8km로 물체를 운동시키면 1초후 물체는 8km 지점에서 같은 높이에 위치하게 된다. 따라서 물체는 지표면 주위를 돌게 된다.

26 산꼭대기에서 수평 방향으로 8km/s의 속력으로 물체를 운동시켰다. 공기의 저항을 무시할 때 이 물체의 운동에 대한 설명 중 옳은 것은?

① 수평방향으로 운동하면서 동시에 연직 방향으로 가속도 g로 낙하한다.
② 지표면의 휘어진 정도와 같게 곡선 궤도를 따라 운동한다.
③ 충분한 시간이 지난 후 출발점으로 되돌아오며 계속적으로 같은 운동을 반복한다.
④ 모두 맞다.
⑤ 모두 틀리다.

25번 해설과 마찬가지로 지구표면은 수평거리 8km에 대해 5m 휘어져 있으므로 물체를 수평방향으로 초속 8km로 던지면 물체는 지구주위를 계속 원운동하게 된다.

27 지면으로부터 5m 높이에 있는 사람이 수평방향으로 20m 떨어져 있는 지면으로 던질 공의 속도를 결정하려고 한다. 공기의 저항을 무시할 때 이 사람이 수평방향으로 던져야 할 공의 속도는?

① 5m/s ② 10m/s
③ 20m/s ④ 25m/s

5m 자유낙하하는데 걸리는 시간이 1초이므로 1초후 수평거리 20m 지점에 도달하려면 초속 20m로 던져야 한다.

28 고도 50m인 곳에서 40m/s의 속도로 날아가고 있는 비행기가 있다. 이 비행기에서 무거운 화물을 떨어뜨렸을 때 이 화물의 대략적인 위치는?

① 비행기 바로 아래쪽
② 비행기 뒤 400m 되는 곳
③ 비행기 뒤 500m 되는 곳
④ 비행기 뒤 500m 이상 떨어진 곳

공기저항을 무시할 때 화물과 비행기는 수평방향으로 등속도 운동을 하고 있으므로 화물의 위치는 비행기 바로 아래쪽이 된다.

Answers 25. ② 26. ④ 27. ③ 28. ①

29 높이 20m되는 곳에서 초속도 300m/s로 수평 방향으로 던진 물체가 있다. 이 물체가 지면에 도달했을 때 수평방향으로 이동한 거리는? 단, 공기의 저항은 무시한다.

① 200m ② 300m
③ 400m ④ 500m
⑤ 600m

높이 20m인 곳에서 자유낙하하는 동안 즉 2초($h=\frac{1}{2}gt^2$)동안 물체는 수평방향으로 300m/s로 등속도 운동을 하므로 수평거리=300m/s×2s=600m이다.

Answers 29. ⑤

2.2 개념 응용하기

01 일정한 높이에서 물체를 수평 방향으로 던질 때 매 초마다의 속도 벡터를 바르게 나타낸 것은?

① 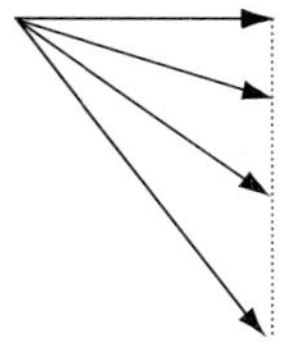

② 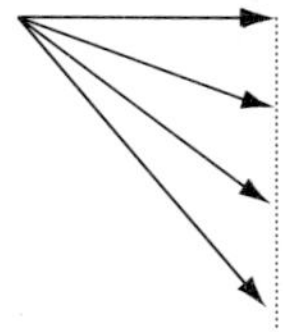

③ 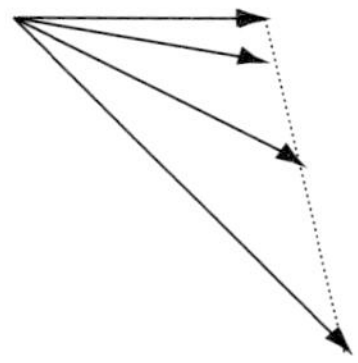

④ 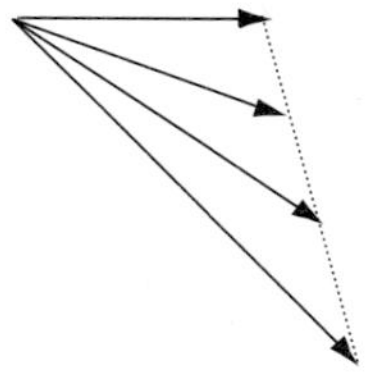

⋯▸ • 물체가 중력을 받으면서 운동하므로 물체의 가속도는 지구중심(아래 방향)으로 향하는 중력가속도와 같다. 가속도는 1초동안 속도의 변화량이므로 매초마다의 속도 벡터의 변화량 역시 아래 방향을 향해야 하며, 또 중력가속도는 일정하므로 크기 즉 두 속도 벡터의 차이도 일정해야 한다. 수평방향은 등속도 운동을 하므로 매초마다 수직성분의 속도벡터의 변화량만을 계산하면 된다.

02 그림과 같이 속도 10m/s로 수평 방향으로 던진 물체가 땅에 떨어지기까지 2초가 걸렸다. 수평 거리 x와 물체를 던진 지점의 높이를 y의 비 $x : y$의 값은? 단, 중력가속도는 10m/s^2이며 공기의 저항은 무시한다.

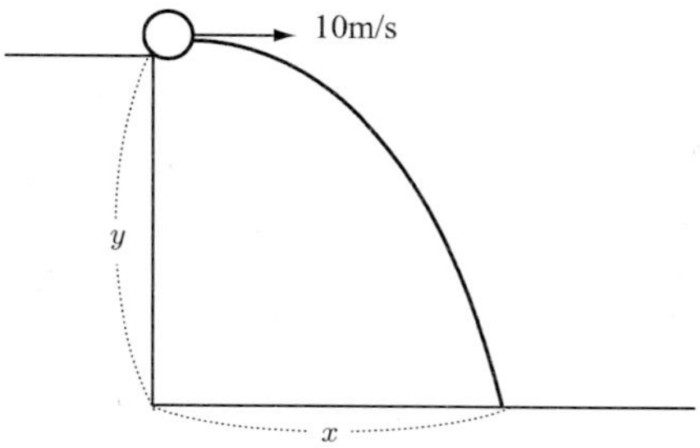

① 1:1
② 1:2
③ 2:1
④ 1:3
⑤ 3:1

Answers 01. ② 02. ①

⋯▸ • 수평방향으로 던진 물체의 경우, 수평방향으로는 등속도 운동을 하며 수직방향으로는 자유낙하운동을 한다. 수평방향으로 이동한 거리는 10m/2×2s=20m, 수직방향으로 이동한 거리는 $\frac{0+20}{2}\times 2 = 20$m이다.

---

03 수평 방향으로 20m/s의 속도로 쏘아진 화살이 0.1초 후에 과녁의 한 점 Y를 맞추었다. 거리 XY는 얼마인가?(단, 중력 가속도는 10m/s^{2}이며 공기의 저항은 무시한다.)

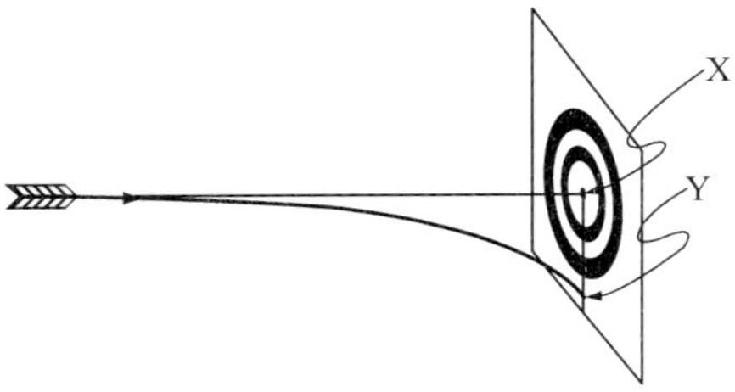

① 0.05m
② 0.25m
③ 0.5m
④ 2m
⑤ 5m

⋯▸ • 화살은 연직 아래 방향으로 0.1초동안 자유낙하하므로 거리 XY=평균속력×시간=$\frac{1}{2}\times 1 \times 0.1 = 0.05$m이다.

---

04 다음 그림은 비스듬히 던져올린 물체의 운동 궤도와 매 초마다의 속도 벡터를 나타낸 것이다. 매 초마다의 속도 변화량 벡터를 가장 잘 나타낸 것은?

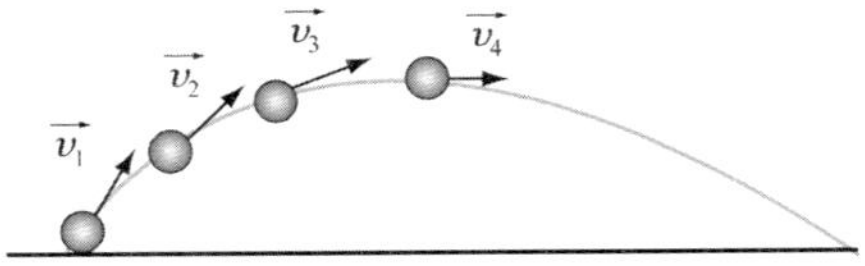

① 

② 

③ 

④ 

Answers 03. ① 04. ③

···› • 중력장 내에서 운동하는 물체는 공기저항을 무시할 때 항상 중력만을 받으면서 운동하므로 물체의 가속도는 지구중심(아래 방향)으로 향하는 중력가속도와 같다. 가속도는 1초동안 속도의 변화량이므로 매초마다의 속도 벡터의 변화량 역시 아래 방향을 향해야 하며, 또 중력가속도는 일정하므로 크기 즉 두 속도 벡터의 차이도 일정해야 한다. 수평방향은 등속도 운동을 하므로 매초마다 수직성분의 속도벡터의 변화량을 계산하면 된다. 수평성분은 등속도 운동을, 수직성분은 등가속도 운동을 할 때 물체는 항상 포물선 경로를 따라 운동하게 된다.

05 공을 수평면과 θ의 경사각으로 던졌더니 4초 후 60m 떨어진 지점에 도달했다. 최고점에서 공의 속력은 얼마인가?

① $15\cos\theta$ m/s ② $15\sin\theta$ m/s
③ 15m/s ④ 20m/s
⑤ 60m/s

···› • 물체를 어떤 경사각으로 던지든 간에 수평방향으로는 항상 등속도 운동을 하므로 공의 속력은 $\frac{60\text{m}}{4\text{s}} = 15$m/s이다.

06 높은 절벽 위에서 한 물체 A는 연직 위로 던지고, 또 다른 물체 B는 동시에 자유낙하시켰다. 물체 B와 같은 운동을 하는 사람이 A를 바라볼 때 A의 운동을 바르게 설명한 것은?

① 일정한 속도로 상승한다.
② 가속도 $2g$로 윗방향으로 등가속도 운동한다.
③ 가속도 g로 윗방향으로 등가속도 운동한다.
④ 가속도 g로 아랫방향으로 등가속도 운동한다.
⑤ 윗방향으로 가속도 g로 운동하다가 아랫방향으로 가속도 g로 운동한다.

···› • 상대속도란 관찰자의 속도를 0으로 하여 속도를 측정하는 것이므로 상대방의 속도에서 관찰자의 속도를 빼면 된다. 따라서 B에 대한 A의 상대속도는 A의 속도에서 B의 속도를 뺀 것과 같다. $v_A = v - gt$, $v_B = -gt$(B의 경우 A와 방향이 반대이므로 음의 값을 갖게 된다. 위 방향을 양(+)으로 하면 아랫방향은 음(−)이다)이므로 $v_{BA} = v_A - v_B = v - gt - (-gt) = v$이다.

Answers 05. ③ 06. ①

07 그림은 두 물체 A, B가 동시에 던져지는 것을 나타낸 것이다. 수평면 위의 점 O로부터 높이 h 인 지점에서 수평 방향으로 v_A의 속력으로 던져진 A가 O로부터 수평 방향으로 거리 $\frac{h}{2}$ 만큼 떨어진 지점에서 연직 위로 v_B의 속력으로 던져진 B와 충돌한다. $v_A : v_B$는? (단, 중력가속도는 일정하고, 공기 저항과 물체의 크기는 무시한다.)

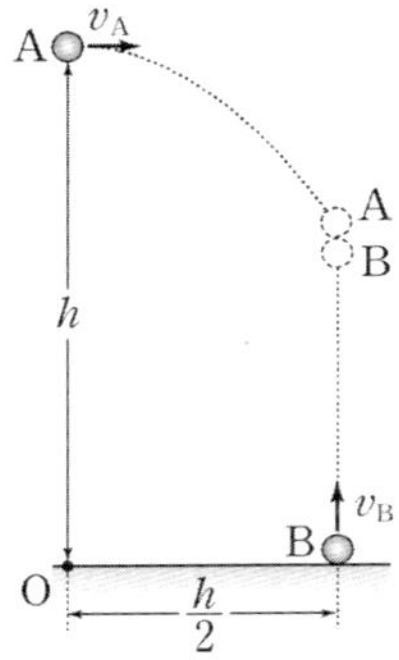

① 1 : 2
② 1 : 3
③ 2 : 1
④ 3 : 1
⑤ 3 : 2

• A와 B가 충돌할 때 까지 걸린 시간은 같다. A의 포물선 운동에서 수평 이동거리 $R = v_A \cdot t$ 이므로 $\frac{1}{2}h = v_A \cdot t$에 의해서 A의 속력은 $v_A = \frac{h}{2t}$이다. 또한, A와 B의 이동거리는 $h = h_A + h_B$이다. $h_A = \frac{1}{2}gt^2$이고, $h_B = v_B t - \frac{1}{2}gt^2$이므로 $h = \frac{1}{2}gt^2 + v_B t - \frac{1}{2}gt^2$ 에 의해서 B의 속력은 $v_B = \frac{h}{t}$이다. 따라서 두 물체의 처음속력 비는 $v_A : v_B = \frac{h}{2t} : \frac{h}{t} = 1:2$이다.

08 수평면과 45°방향으로 비스듬히 던져 올려진 물체가 있다. 이 물체의 연직 방향의 속도와 시간 관계를 옳게 나타낸 그래프는?

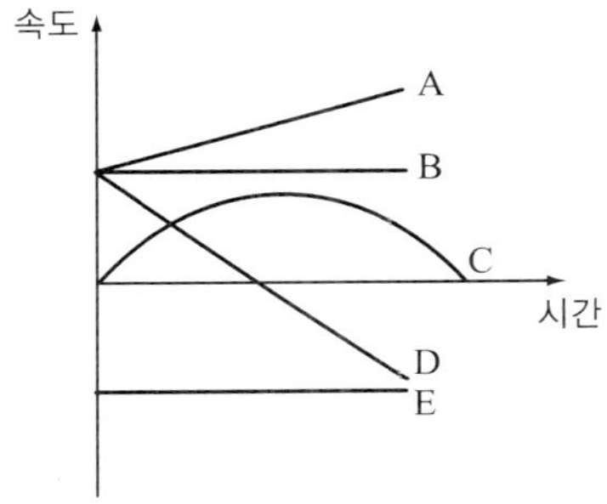

① A
② B
③ C
④ D
⑤ E

• 비스듬히 던져올린 물체는 수평방향으로 작용하는 힘이 없으므로 등속도 운동을, 수직방향으로 중력만 작용하므로 연직 위로 던진 물체와 같이 가속도가 중력가속도인 등가속도 운동을 한다. 따라서 수직 성분은 속도와 시간의 그래프에서 속도가 일정하게 감소하는 즉 기울기가 일정한 직선으로 나타난다.

Answers 07. ① 08. ④

09 수평테이블 위에서 마루로 굴러 떨어지는 강철공의 운동을 기록하기 위해 섬광사진을 찍었다. 다음은 주파수가 10Hz인 섬광사진을 나타낸 그림이다.

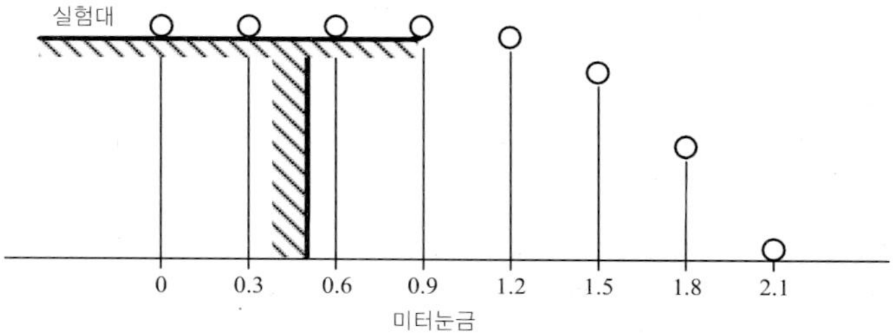

다음 설명 중에서 옳지 않은 것은?

① 강철공 사이의 시간 간격은 0.1초이다.
② 강철공이 테이블 끝에서 마룻바닥에 도달하는 동안 걸린 시간은 0.4초이다.
③ 강철공이 테이블 위를 구르는 속력은 3m/s이다.
④ 중력 가속도가 $10m/s^2$이라면, 강철공이 마룻바닥에 부딪치는 순간의 속력은 4m/s이다.
⑤ 강철공이 테이블 끝에서 마룻바닥에 도달하는 동안 그리는 궤적은 포물선이다.

• 테이블 끝에서 떨어지는 강철공은 수평으로 던진 물체의 경우처럼 수평방향으로 등속도 운동을, 수직방향으로는 자유낙하운동을 한다. 주파수가 10Hz이므로 섬광사진이 찍힌 시간간격은 0.1초이고, 수평방향으로 0.1초 동안 0.3m를 운동했으므로 수평방향의 속도는 3m/s이다. 바닥에 도달하는 순간 수평방향의 속도는 3m/s, 수직방향의 속도는 가속도가 $10m/s^2$이므로 $10\times0.4=4m/s$이다. 따라서 강철공의 속도는 $\sqrt{3^2+4^2}=5m/s$이다.

10 다음 그림과 같은 경로를 따라 운동하는 세 물체가 있다.

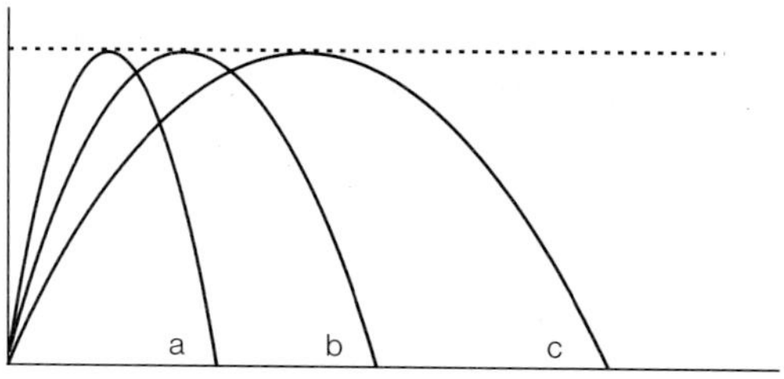

[보기]의 설명 중 옳은 내용을 모두 고른 것은?

Answers 09. ④ 10. ③

보기

ㄱ. 세 물체의 처음 속력은 모두 같다.
ㄴ. 체공 시간이 가장 긴 물체는 c이다.
ㄷ. 최고점에서의 속력이 가장 큰 물체는 c이다.

① ㄱ ② ㄴ
③ ㄷ ④ ㄱ, ㄴ
⑤ ㄴ, ㄷ

- 포물선 운동하는 물체의 경우 수평방향의 운동은 수평성분의 속도에 의해, 수직방향의 운동은 수직성분에 의해서만 결정된다. 수평방향으로 등속도 운동을 하므로 수평방향의 속도는 항상 일정하다. 수평거리가 가장 긴 c의 경우 수평성분의 속도가 가장 크므로 최고점에서의 속력(=수평방향의 속도) 역시 c가 가장 크다. 최고점의 높이가 같다는 것은 수직성분이 모두 같다는 것을 의미하며 체공시간 역시 모두 같다. 따라서 수직성분은 같고 수평성분은 c가 가장 크므로 c의 처음 속력이 가장 크다.

11 그림과 같이 10kg의 물체 A를 높이 20m인 곳에서 오른쪽으로 30m/s의 속력으로, 20kg의 물체 B를 높이 80m인 곳에서 왼쪽으로 10m/s의 속력으로 던졌다.
처음에 두 물체 A와 B사이의 수평 거리는 100m였다면 두 물체 A와 B에 대한 [보기] 설명 중 옳은 것을 모두 고른 것은?(단, 중력 가속도는 $10m/s^2$이고 공기 저항은 무시한다.)

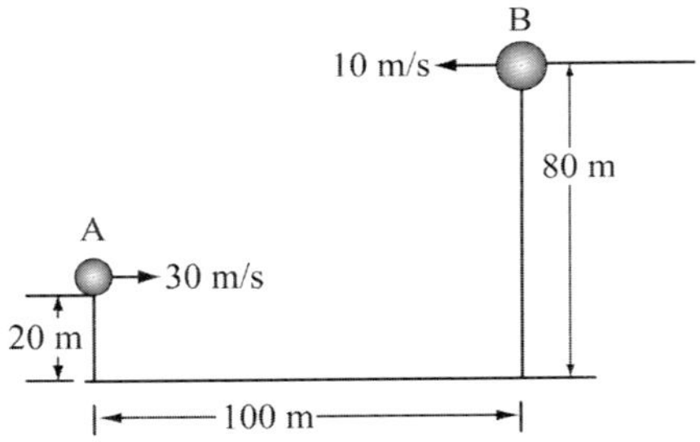

보기

ㄱ. 1초 후 물체 B의 가속도는 물체 A의 두 배이다.
ㄴ. 1.5초 후 물체 B에 작용하는 힘의 크기는 물체 A의 두 배이다.
ㄷ. 두 물체 A, B는 같은 지점에 떨어진다.

① ㄴ ② ㄱ, ㄴ
③ ㄱ, ㄷ ④ ㄴ, ㄷ
⑤ ㄱ, ㄴ, ㄷ

- 중력장 내에서 운동하는 물체는 공기저항이 없다면 질량과 관계없이 항상 가속도가 중력가속도인 등가속도 운동을 한다. 물체의 무게는 물체가 지구로부터 받는 중력과 같으므로 질량이 2배인 물체 B가 받는 힘은 A의 2배이다. 물체 A는 20m를 자유낙하하는 2초동안($S=\frac{1}{2}gt^2$ 이용) 수평방향으로 30m/s의 속도로 등속도 운동을 하며, 물체 B는 80m를 자유낙하하는 4초

Answers 11. ④

동안 수평방향으로 10m/s의 속력으로 등속도 운동을 하므로 수평도달거리의 합이 100m이다. 따라서 두 물체는 같은 지점에 떨어지게 된다.

12 점 A에서 수평면과 α의 각을 이루면서 속도 v로 발사된 물체가 수평면 위의 점 R에 떨어졌다.

날아가는 동안 속도의 수평 성분과 연직성분이 각각 아래의 그래프와 같았다.

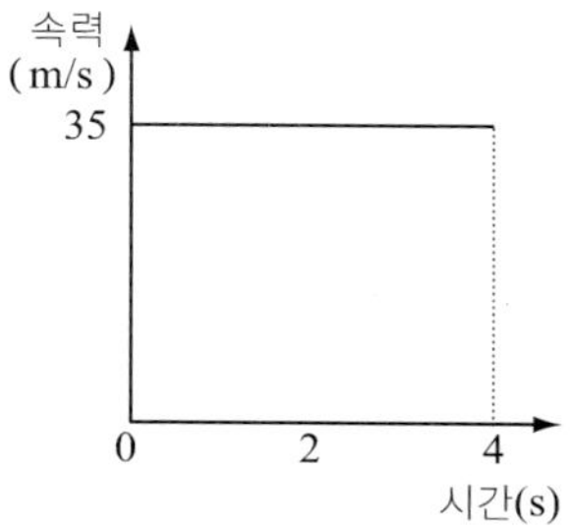

(수평성분)

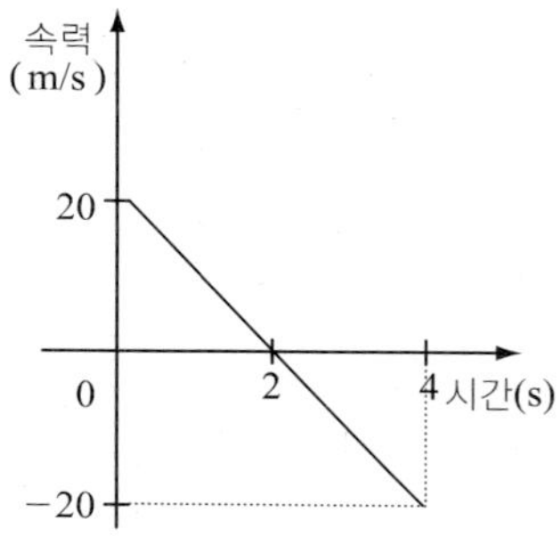

(수직성분)

다음 [보기]의 설명 중에서 옳은 것을 모두 고른 것은?

보기

ㄱ. 물체가 공중에 떠 있는 시간은 2초 동안이다.
ㄴ. 물체가 올라갈 수 있는 최고점의 높이는 20m이다.
ㄷ. AR사이의 거리는 40m이다.
ㄹ. 물체의 운동은 등가속도 운동이다.

① ㄱ, ㄴ ② ㄱ, ㄷ
③ ㄴ, ㄷ ④ ㄴ, ㄹ
⑤ ㄷ, ㄹ

• 수평성분의 속력과 시간의 그래프에서 수평방향의 속도와 수평도달거리를 알 수 있고, 수직성분의 속력과 시간의 그래프에서 수직성분의 속도와 최고점 도달 시간 및 거리를 알 수 있다. 연직성분의 그래프에서 공중에 떠 있는 시간은 올라갔다 다시 내려오는데 걸린 시간이므로 4초이고, 최고점의 높이는 2초때까지 그래프 아래의 면적 즉 $\frac{1}{2} \times 20 \times 2 = 20$m이다. 수평도달거리는 수평성분의 그래프에서 그래프 아래의 면적 즉 $35 \times 4 = 140$m이고, 물체는 중력만을 받아 운동하므로 등가속도 운동을 한다.

Answers 12. ④

2.3 개념 서술하기

01 수직으로 내리는 비는 정지해 있는 자동차의 창문에 수직의 줄무늬를 만들게 된다. 그러나 자동차가 달리면 줄무늬는 경사지게 된다. 수직으로 떨어지는 비가 자동차의 창문에 45° 경사진 줄무늬를 만들었을 때 자동차의 속력과 빗방울의 속력을 비교하라.

풀이

줄무늬를 만드는 비의 속도는 자동차(관찰자)에 대한 비의 상대속도이다.

$\frac{v_{차}}{v_{비}} = \tan 45° = 1$이므로 둘다 같다.

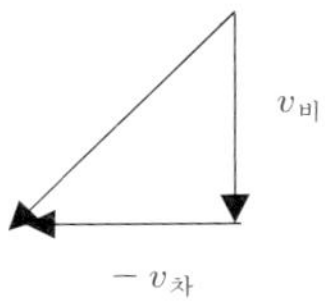

02 지구가 둥글다는 증거로 수평선 너머로 사라지는 배를 종종 볼 수 있다. 지구 표면은 매 8km마다 5m 휘어져 있다고 한다. 다음 물음에 답하라. 단 공기의 저항은 무시한다.

(1) 지상 5m 높이에서 물체를 수평방향으로 8km/s의 속력으로 던진다면 물체는 어떤 운동을 하겠는가?

(2) 비행기가 인천을 떠나 하와이로 향하고 있다. 순항 고도에 올라간 후 4시간 동안 비행기의 속도계가 지상 속력으로 시속 700km를 가리키고 있고, 비행기의 기수를 바꾸지 않았다면 비행기의 속도는 일정한 것인가?

(3) 수평면과 θ의 각을 이루면서 초속도 v로 던져 올려진 물체가 있다. 속도의 방향과 가속도의 방향이 서로 나란한 경우와 서로 수직인 경우가 있는가, 있다면 그 위치를 말하라.

(4) 같은 속력으로 멀리뛰기를 할 때 얼마나 높이 뛰는가와 관계가 있는가? 멀리뛰기 한 거리는 어떤 물리량에 의해 결정되는가?

(5) 비스듬히 위로 던진 물체의 운동에 대해 철수는 '물체의 가속도의 방향이 아래일 때 물체는 떨어진다.', 영희는 '물체의 속도의 방향이 아래일 때 물체는 떨어진다.' 라고 말하였다. 물체가 지면에 도달할 때까지 두 학생의 의견이 일치하는 부분과 일치하지 않는 부분에 대해 설명하라.

풀이

(1) 원운동의 중심이 지구중심이 되는 등속 원운동

(2) 아니다. 원운동하고 있다.

(3) 수직인 경우 - 최고점, 나란한 경우 - 없다. 속도의 수평성분이 0이어야 속도의 방향이 수직이 되어 가속도의 방향과 나란하게 되는데, 속도의 수평성분은 항상 일정하므로 속도의 방향은 수직 방향이 될 수 없다.

(4) 있다. 초속도와 뛰는 각도

(5) 최고점에서 내려올 때는 일치하고, 올라갈 때는 일치하지 않는다. 일반적으로 영희의 생각이 옳다.

2.4 개념 심화하기

01 어떤 공을 지면으로부터 높이 20m인 곳에서 속도 v로 수평 방향으로 던졌다.

(1) 이 공이 지면에 도달하는 순간의 속력이 $3v$라면 속도 v의 크기는 얼마인가?(단, 중력가속도는 9.8m/s^2이다.)

(2) 이 공의 수평 도달 거리는 얼마인가?

풀이

(1) $3v=\sqrt{v^2+(gt)^2}$ 과 $t=\sqrt{\frac{2h}{g}}=\sqrt{\frac{40}{g}}$ 을 이용하면 $9v^2=v^2+40g$이므로 $v=7\text{m/s}$

[별해] 에너지 보존 법칙을 이용하면 $\frac{1}{2}mv^2+mg\cdot 20=\frac{1}{2}m(3v)^2$에서 $v=7\text{m/s}$

(2) $R=v\sqrt{\frac{2h}{g}}=7\cdot\sqrt{\frac{40}{9.8}}=10\sqrt{2}\,(\text{m})$

02 어떤 물체를 수평면과 θ의 각을 이루면서 비스듬히 던져 올렸을 때 이 물체의 수평 도달 거리와 최고점의 높이가 같았다면 $\tan\theta$의 값은?

풀이

물체의 초속도를 v_0, 중력 가속도를 g라 하면 수평 도달 거리는 $R=\frac{v_0^2\sin 2\theta}{g}$

최고점의 높이 $H=\frac{(v_0\sin\theta)^2}{2g}$ 이므로 $R=H$에서 $\tan\theta=4$

03 $t=0$인 시각에 수평면에서 비스듬히 던진 공이 그림과 같이 $t=1\text{s}$인 시각에 수평 방향으로 10m 떨어진 곳에 있는 막대의 위끝을 스치고 지나갔고, $t=4\text{s}$인 시각에 지면에 도달했다. 다음 물음에 답하여라.(단, 중력 가속도는 10m/s^2이다.)

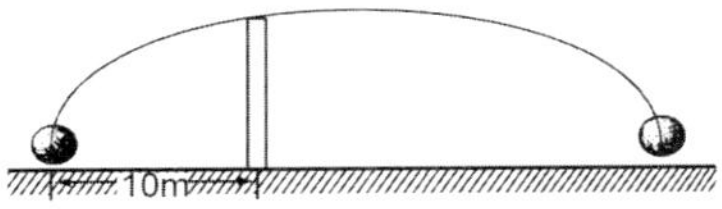

(1) 공이 수평 방향으로 이동한거리는 얼마인가?

(2) 막대의 높이는 얼마인가?

풀이

(1) 공이 1초 동안 수평 방향으로 10m 이동했고 수평 방향으로는 등속도 운동이므로 4초 동안 이동한 거리는 40m이다.

(2) 공이 지면에 도달하는 데 걸리는 시간은 최고점에 도달하는 데 걸리는 시간의 2배와 같으므로 최고점에 도달하는 데 걸리는 시간은 2초이다. 막대의 높이는 최고점 높이에서 1초 동안 자유 낙하한 거리를 뺀 값과 같다.

$h=\frac{1}{2}g(2^2-1^2)=\frac{1}{2}\cdot 10\cdot(2^2-1^2)=15(\text{m})$

04 그림과 같이 포물선 운동을 하는 포탄이 있다. 점선은 중력이 없을 때 포탄이 날아가는 직선궤도이고 N, O, P는 M에서 발사된 포탄의 매초마다의 위치를 나타낸 것이다. 거리 x, y, z를 구하여라.(단, 중력 가속도는 10m/s^{2}이다.)

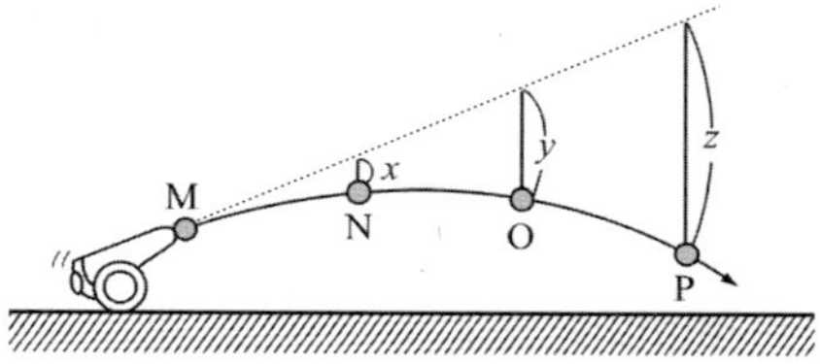

풀이

중력이 없을 때 연직 방향의 변위$=v_0\sin\theta t$,

중력이 있을 때 연직 방향의 변위$=v_0\sin\theta t-\frac{1}{2}gt^2$

두 변위의 차$=\frac{1}{2}gt^2$ $\therefore x=\frac{1}{2}\cdot 10\cdot 1^2=5(\text{m})$, $y=\frac{1}{2}\cdot 10\cdot 2^2=20(\text{m})$,

$z=\frac{1}{2}\cdot 10\cdot 3^2=45(\text{m})$

05 대포의 포신이 최대 수평 도달 거리 R에 도달하도록 조정된 대포가 있다. 이 대포에서 발사된 포탄이 수평 도달 거리 $\frac{3}{4}R$인 곳에 도달했을 때 포탄의 높이 h는 얼마인가? (R로 나타내어라.)

풀이

수평 도달거리가 최대일 때 $\theta=45°$이므로 $v_{0x}=v_0\sin 45°$, $v_{0y}=v_0\cos 45°$

$\therefore v_{0x}=v_{0y}=\frac{v_0}{\sqrt{2}}$

포탄이 $R'=\frac{3}{4}R$인 곳에 도달하는 데 걸린 시간은 $t=\frac{3}{4}\cdot\frac{R}{v_{0x}}$,

$R=\frac{v_0^2\sin 2\theta}{g}=\frac{v_0^2}{g}=\frac{2v_{0x}^2}{g}$, $h=v_{0y}t-\frac{1}{2}gt^2=\frac{3}{16}R$

06 높이 20m 되는 곳에서 수평 방향으로 물체를 던졌더니 지면에 충돌하는 순간 물체의 운동 방향이 지면과 45°의 각을 이루었다. 물체를 던진 순간의 속도는?(단, 중력 가속도는 $10m/s^2$이다.)

풀이

$\frac{v_x}{v_y} = \tan 45°$, $v_x = v_y = \sqrt{2gh} = 20(\mathrm{m/s})$

07 한 학생이 그림과 같이 4m 떨어진 선반 위에 동전을 넣으려고 한다. 동전을 수평면과 60°의 각을 이루면서 8m/s의 속도로 던졌을 때 높이 h는 얼마인가?(단, 중력가속도는 g이다.)

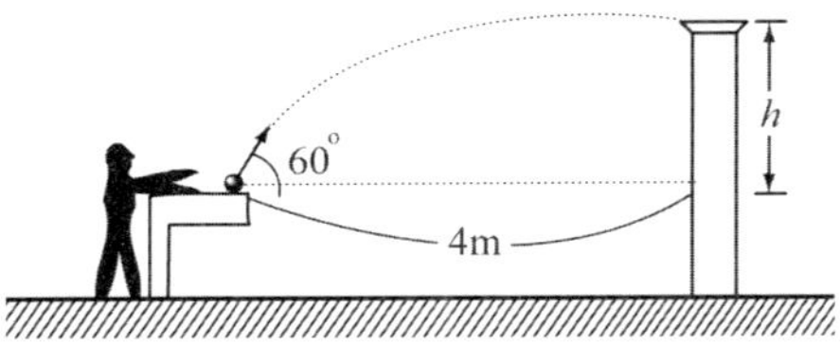

풀이

동전이 선반에 도달하는 데 걸리는 시간은 $v_0\cos 60° \cdot t = 4$에서 $t = 1\mathrm{s}$

$h = v_0 \sin 60° \cdot t - \frac{1}{2}gt^2 = 4\sqrt{3} - 5(\mathrm{m})$

08 그림과 같이 수평면과 θ의 각을 이루고 있는 빗면의 끝에서 수평면과 α의 각을 이루고 V의 속도로 물체를 비스듬히 던졌다. 빗면 위에 도달하는 데 걸리는 시간은?(단, 중력 가속도는 g이다.)

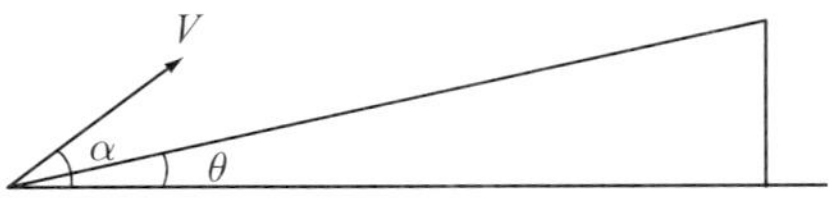

풀이

그림에서 t초 후 각 성분의 속도는 $v_x = V\cos\beta - g\sin\theta t$, $v_y = V\sin\beta - g\cos\theta t$

최고점에 도달했을 때 $v_y = 0$이므로 $t = \frac{V\sin\beta}{g\cos\theta} = \frac{V\sin(\alpha - \theta)}{g\cos\theta}$, $\therefore \frac{2V\sin(\alpha-\theta)}{g\cos\theta}$

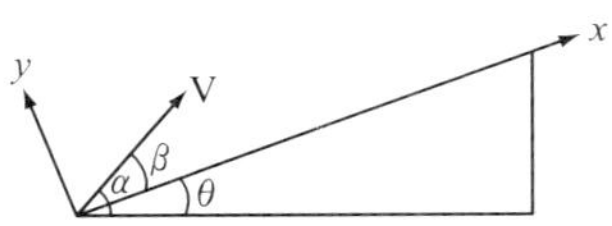

09 철수는 질량 3kg인 가방을 그림과 같이 자동차 위의 앞쪽에 올려놓았다. 차 위에 가방이 있다는 것을 깜박 잊고 자동차를 가속시켰더니 가방은 미끄러지기 시작했다. 다음 물음에 답하여라.
(단, 가방과 자동차의 윗면 사이의 운동 마찰 계수는 0.1, 중력 가속도는 10m/s^2이다.)

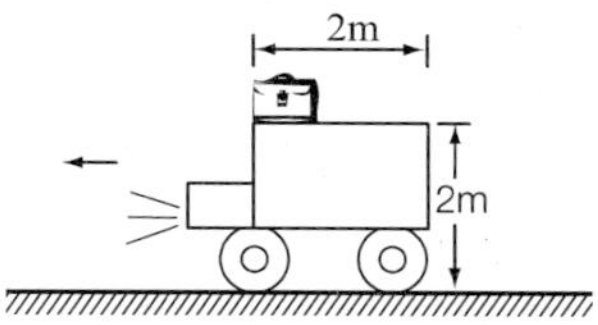

(1) 가방이 차 위에서 미끄러지는 동안 가방에 작용하고 있는 힘들을 그림으로 나타내어라.

(2) 지면에 대한 가방의 가속도를 구하여라.

(3) 자동차의 가속도가 5m/s^2일 때 가방이 자동차에서 떨어질 때까지 걸리는 시간은?

(4) 자동차가 직선 도로를 따라 운동하며 가방이 회전하지 않는다고 가정할 때, 가방이 지면에 닿는 순간 가방은 원래 있던 위치로부터 수평 방향으로 얼마만큼 떨어진 곳에 도달하겠는가?(오른쪽이면 −, 왼쪽이면 +로 나타내어라.)

풀이

(1)

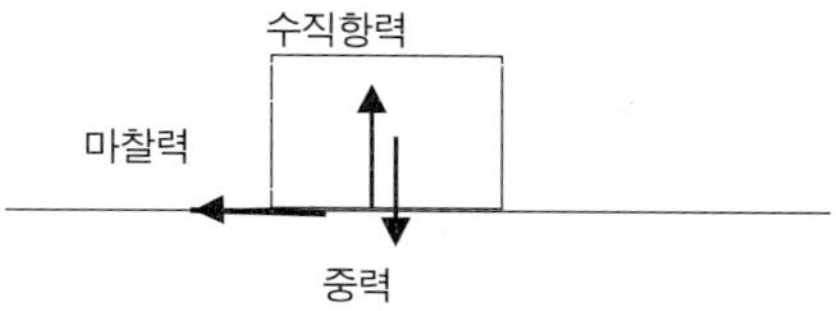

(2) $f = \mu mg = ma, \quad a = \mu g = 1(\text{m/s}^2)$

(3) $2 = \frac{1}{2} \cdot 4t^2, \ t = 1(\text{s})$

(4) $s = s_1 + s_2 = \frac{1}{2}at_1^2 + vt_2 = \frac{1}{2} \cdot 1 \cdot 1^2 + 1 \cdot \sqrt{\frac{2 \times 2}{10}} = 0.5 + \sqrt{0.4}\,(\text{m})$

10 영희로부터 수평 거리 L만큼 떨어진 나뭇가지에 질량 M의 원숭이(점P)가 매달려 있다. 영희(점O)는 그림과 같이 원숭이에게 질량 m의 바나나를 던졌더니 바나나가 도달한 최고점(점Q)의 높이는 원숭이와 같고 최고점에 도달할 때까지 바나나가 이동한 수평 거리는 영희로부터 $D(D < L < 2D)$만큼 떨어진 곳이었다. 원숭이는 적당한 기회를 노려 자유 낙하하여 공중에서 바나나를 잡아 바나나와 함께 땅에 떨어졌다. 중력 가속도는 g 이고 바나나를 던진 시각을 $t = 0$으로 한다. 다음 물음에 답하여라.

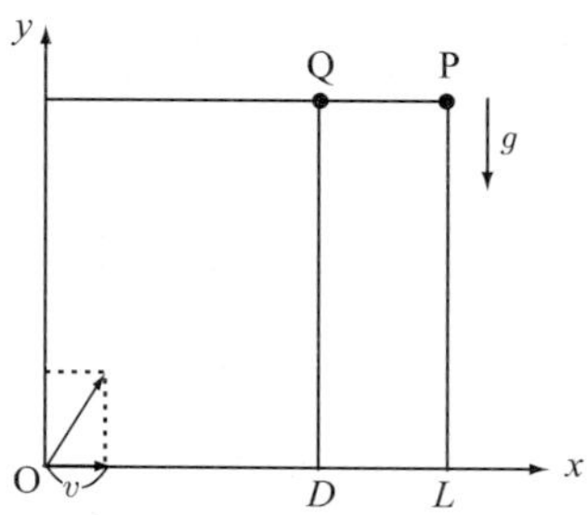

(1) 수평 방향의 초속도가 v라면 최고점에 도달할 때의 시각은?

(2) 연직 방향의 초속도와 점 Q의 높이를 구하여라.

(3) 원숭이가 바나나를 잡은 지점의 높이를 구하여라.

(4) 원숭이가 바나나를 잡은 후의 속도의 각 성분을 구하여라.

(5) 원숭이와 바나나가 땅에 도달하는 순간의 시각과 수평 도달 거리는?

풀이

(1) $\dfrac{D}{v}$ (2) $\dfrac{D}{v}g$, $\dfrac{D^2}{2v^2}g$

(3) $h = H - \dfrac{1}{2}gt^2 = \dfrac{D^2 g}{2v^2} - \dfrac{1}{2}g\left(\dfrac{L-D}{v}\right)^2 = \dfrac{D^2 g}{2v^2} - \dfrac{g}{2v^2}(L^2 - 2LD + D^2) = \dfrac{2LD - L^2}{2v^2}g$

(4) x성분 : $mv = (M+m)v_x'$ $\therefore v_x' = \dfrac{mv}{M+m}$, y성분 : $v_y' = v_y = \dfrac{L-D}{v}g$

속도$= \sqrt{v_x'^2 + v_y'^2} = \sqrt{(\dfrac{mv}{M+m})^2 + (\dfrac{L-D}{v}g)^2}$

(5) 상승 시간=하강 시간, $t = \dfrac{2D}{v}$, $R = L + v_x'\left(\dfrac{2D}{v} - \dfrac{L}{v}\right) = L + \dfrac{m(2D-L)}{M+m}$

11 한 자동차가 고장이 나서 높이 h, 수평면에 대해 θ의 각을 가지는 제방을 미끄러져 내려오다가 떨어져 제방 바로 밑으로부터 수평거리 R만큼 떨어진 개천에 떨어진다. 자동차가 제방을 떠나는 순간의 속력을 구하라. 단, 중력가속도는 g이다.

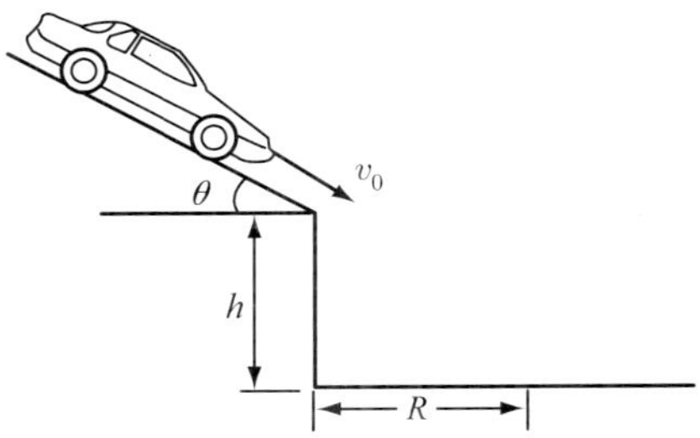

풀이

제방 끝점을 원점으로 하고 수평방향을 x축, 수직 위 방향을 y축으로 잡을 때 떨어지는 점의 x, y좌표는 $R = v_0\cos\theta \cdot t$, $-h = -v_0\sin\theta \cdot t - \dfrac{1}{2}gt^2$

두 식에서 t를 소거 하면 $v_0 = \dfrac{R}{\cos\theta}\sqrt{\dfrac{g}{2(h - R\tan\theta)}}$

CHAPTER 03

뉴턴의 운동법칙

3.1 개념 익히기

(1) 운동 제 1법칙

01 다음 중 질량이 더 큰 것은?

① 큰 베개
② 자동차 배터리
③ 둘 다 같다.

승용차에 이용되는 차량용 배터리의 질량은 대략 13kg 내외이지만 일반적인 베개의 질량은 수백 그램 정도이다.

02 킬로그램이란 물체의 어떤 성질을 나타내는 단위인가?

① 무게　　② 힘
③ 질량　　④ 중력
⑤ 질량중심

물체의 운동을 나타내기 위한 세 가지 기본 물리량인 질량, 길이(거리), 시간의 단위는 kg(킬로그램), m(미터), s(초)이다. 물체가 갖는 관성의 크기는 물체의 질량과 관계가 있는데 질량은 물체를 구성하는 물질의 양을 측정하는 척도이며, 물체를 구성하는 원자의 종류와 수에만 관계있는 고유한 것(성질)이다. 반면에 무게는 물체에 작용하는 중력의 척도이며 물체의 위치와 관계있다.

03 2kg의 강철 블록은 1kg의 강철 블록보다 다음 중 어떤 양이 2배가 되는가?

① 관성　　② 질량
③ 부피　　④ 앞의 모든 것

동일한 물질의 경우 질량이 두 배이면 부피도 두 배가 되며, 관성도 두 배가 된다.

Answers (1) 01. ② 02. ③ 03. ④

04 돌멩이를 실의 끝에 매달고 회전시킨다. 실이 끊어진다면 돌멩이는 어떤 운동을 하는가?

① 원운동한다.
② 직선 경로를 따라 운동한다.

실에 매달린 돌멩이가 계속 원운동하려면 원의 중심 방향으로 돌멩이를 잡아당기는 힘이 원의 중심 방향으로 작용해야하는데 실이 끊어진다면 돌멩이에 작용하는 힘이 없어지므로 돌멩이는 등속도 운동을 하게 된다.

05 우유를 담은 용기 밑에 놓인 종이를 급하게 잡아당기면 용기가 쓰러지지 않고 종이만 빠져나온다. 이것은 무엇을 나타내는가?

① 우유 상자는 가속되지 않는다.
② 작용과 반작용이 나타난다.
③ 중력은 우유 상자를 안전하게 잡아두는 역할을 한다.
④ 우유 상자는 관성을 지닌다.

우유를 담은 용기 대신 아주 가벼운 솜뭉치를 종이 위에 올려놓고 종이를 급하게 잡아당긴다면 솜뭉치는 거의 종이와 함께 운동하게 된다. 이는 솜뭉치의 질량 즉 관성이 작기 때문이다.

06 물체가 운동 상태를 유지하는 것은 무엇 때문인가?

① 질량 ② 무게
③ 속력 ④ 가속도
⑤ 위의 모든 것

물체가 정지 상태나 운동 상태를 계속 유지하려는 성질을 관성이라 하며, 관성의 크기는 질량과 관계가 있다. 나중에 배우겠지만 운동하는 물체의 관성은 질량뿐만 아니라 속도와도 관계가 있다.

07 무게는 무엇을 의미하는가?

① 질량을 의미한다.
② 물체와 지구 사이의 만유인력이다.
③ 역학적 평형의 성질이다.
④ 위의 모든 것이다.
⑤ 어느 것도 아니다.

무게는 물체에 작용하는 중력을 나타내며, 중력은 지구가 물체를 끄는 힘 즉 만유인력이다.

08 한 물체의 질량은 다른 물체의 2배이다. 다음 중 어떤 양이 두 배인가?

① 관성 ② 속력
③ 중력가속도 ④ 부피
⑤ 앞의 모든 것

질량은 관성의 크기를 나타내므로 질량이 2배이면 관성도 2배라 할 수 있다. 밀도가 같은 동일한 물질이 아니면 질량이 2배라도 부피가 2배가 되지 않는다.

09 지구에서 측정한 어떤 물체의 질량은 달에서 측정한 질량에 비해 어떠한가?

① 작다 ② 크다
③ 서로 같다

Answers 04. ② 05. ④ 06. ① 07. ② 08. ① 09. ③

질량은 고유한 양이므로 위치에 따라 달라지지 않는다.

10 이상하게 들리겠지만 자동차를 달에서 가속시키는 것은 지상에서 가속시키는 것과 똑같이 힘들다. 그 이유는 무엇인가?

① 자동차의 질량은 중력과 관계가 없기 때문이다.

② 자동차의 무게는 중력과 관계가 없기 때문이다.

③ 말도 안 되는 소리다. 자동차를 가속시키는 것은 지구에서보다 달에서 더 쉽다.

지구나 달에서 마찰이 없는 수평면을 가정했을 때 물체의 가속도는 뉴턴의 운동 제2법칙과 같이 작용한 힘에 비례하고 질량에 반비례한다. 문항에 주어진 표현이 조금 어색하지만 물체를 가속시키는데 중력 즉 무게와는 관계가 없다는 뜻이다. 중력으로 인해 물체가 수평면을 누르는 힘은 마찰력과 관계가 있다.

11 뉴턴의 관성의 법칙에 따르면 하루 종일 걸어다닌 결과는 망치의 자루를 단단한 면에 부딪쳐 망치머리를 고정하는 것과 같다. 그렇다면 사람의 키는 언제 가장 작은가?

① 아침

② 저녁

③ 항상 같다

우리 몸의 관절 부분은 탄성체와 같은 연골로 이루어져 있는데, 우리가 걸을 때 지면을 향해 아래 방향으로 계속 힘(중력)을 가하게 되므로 연골부분이 압축하게 된다. 따라서 저녁 때 가장 작고 자고 나면 원래 상태로 되돌아와서 아침에 가장 크다.

12 30m/s의 속력으로 달리는 트럭에서 짐상자가 떨어졌다. 공기의 저항을 무시할 때 지면에 닿기 전 짐상자의 수평 속도는?

① 0

② 0보다 크고 30m/s보다 작다.

③ 30m/s보다 크다.

④ 약 30m/s

수평방향으로 작용하는 힘이 없으므로 바닥에 떨어질 때까지 수평방향의 속도는 30m/s로 일정하다.

13 하키 퍽이 얼어붙은 연못을 가로질러 운동하고 있다. 얼음면의 마찰과 공기 저항을 무시할 때 하키 퍽을 일정한 속도로 운동시키기 위해 필요한 힘은?

① 0

② 하키 퍽의 무게

③ 하키 퍽의 무게를 질량으로 나눈 값

④ 하키 퍽의 질량에 중력가속도를 곱한 값

물체에 작용하는 알짜힘이 0일 때 물체는 정지해 있거나 등속도 운동을 한다. 따라서 일정한 속도로 운동시키기 위해 필요한 힘은 0이다.

Answers 10. ① 11. ② 12. ④ 13. ①

14 화물차가 일정한 속도로 달리고 있다. 짐칸에 있는 높은 선반의 중앙에서 물건이 바닥으로 떨어졌다. 물건이 떨어지는 지점은 어느 곳인가?

① 정확히 선반의 중앙 아래쪽
② 선반 중앙의 앞쪽
③ 선반 중앙의 뒤쪽
④ 더 많은 정보가 필요하다.

좌우로 물건이 흔들리다가 아래로 떨어졌다고 가정하자. 물건이 떨어지기 전에 화물차와 물건은 일정한 속도로 운동하고 있었고, 수평방향으로 작용하는 힘이 없으므로 물건의 수평방향 속도는 화물차와 항상 같다. 따라서 물건은 정확히 선반의 중앙 아래쪽에 떨어진다.

15 새가 나뭇가지에 앉아있을 때 새와 나무는 태양에 대해 약 30km/s의 속력으로 운동한다. 약 400년 전에 사람들은 새가 땅에 있는 벌레를 잡아먹기 위해 1초 동안 날아서 내려온다면 벌레는 새로부터 30km의 거리를 이동하게 될 것이라고 생각하였다. 따라서 실제로 이러한 현상은 일어나지 않으므로 지구는 태양 주위를 공전하지 않는다고 주장하였다. 이 주장을 가장 잘 반박하는 뉴턴의 운동 법칙은?

① 제 1법칙
② 제 2법칙
③ 제 3법칙
④ 만유인력의 법칙

새와 벌레는 처음에 똑같은 공전 속도로 운동하고 있었으므로 상대속도는 0이다. 옛날 사람들은 관성의 개념을 이해하지 못했으며 물체는 반드시 힘을 가해야만 운동을 한다고 생각했다. 예를 들어 여러분은 헬리콥터를 타고 지상 위로 높이 올라가면 지구를 한 바퀴 돌 수 있다고 생각하는가? 아니다. 처음에 헬리콥터와 지면은 똑같은 속도로 자전하고 있었으므로 헬리콥터는 항상 제자리에 있게 된다.

16 무거운 물체를 손에 들고 벽에 손을 부딪쳤을 때 다치게 되는 현상을 설명하는 개념은?

① 관성
② 중력
③ 가속도
④ 저항

무거운 물체를 손에 들고 벽에 부딪치게 되면 물체는 계속 운동하려는 관성 때문에 손에 힘을 가하게 되어 손을 다치게 된다.

17 각 행성에서 금의 무게가 1N일 때 다음 중 어느 곳에서 금의 질량이 가장 큰가?

① 달에서
② 지구에서
③ 목성에서

무게는 물체의 질량에 중력가속도를 곱한 값이며 중력과 같다. 각 행성에 무게 1N인 세 종류의 금이 있다면 중력가속도가 가장 작은 행성의 경우 금의 질량이 가장 크다. 지구의 중력가속도를 g라 하면 달은 약 $\frac{1}{6}g$, 목성은 약 $3g$이다.

Answers 14. ① 15. ① 16. ① 17. ①

(2) 운동 제 2법칙

01 힘이 벡터량인 이유는?

① 크기와 방향이 있다.
② 질량과 가속도가 있다.
③ 작용과 반작용이 있다.

변위, 속도, 가속도, 힘과 같은 물리량은 크기뿐만 아니라 방향도 있다. 예를 들어 물체에 동쪽으로 힘을 가하면 물체는 동쪽으로 운동하고, 북쪽으로 힘을 가하면 북쪽으로 운동하게 되므로 힘의 방향에 따라 물체의 운동이 달라진다. 대부분의 학생들은 힘을 작용하는 방향이 물체의 운동방향으로 생각하는데 이 부분이 좀처럼 고쳐지지 않는 것 같다. 물체의 운동방향은 항상 속도의 방향과 같다. 속도가 증가할 때 물체의 운동방향은 힘의 방향과 같고, 속도가 감소할 때 물체의 운동방향은 힘의 방향과 반대가 된다. 또한 원과 같은 커브길을 돌 때 운동방향은 힘의 방향과 서로 수직이다.

02 진공에서 10kg의 벽돌과 1kg의 책을 낙하시켰다. 10kg의 벽돌이 받는 중력은 얼마인가?

① 1kg의 책이 받는 힘과 같다.
② 1kg의 책이 받는 힘의 10배이다.
③ 0

진공은 아무것도(공기조차) 없는 상태를 의미하므로 중력과는 무관하다. 중력은 $W = mg$ 이므로 질량에 비례한다. 질량이 10kg인 벽돌은 질량이 1kg인 책보다 10배의 중력을 받는다.

03 한 물체가 직선 경로를 따라 힘을 받고 있다. 알짜힘을 2배로 할 때 물체의 가속도는?

① 4배가 된다. ② 2배가 된다.
③ 같다. ④ 절반이 된다.

힘과 가속도의 법칙에 따라 물체의 가속도는 알짜힘에 비례하고 질량에 반비례한다. ($F = ma$) 힘이 2배이면 가속도도 2배가 된다.

04 물체에 가하는 힘이 일정할 때 질량이 감소하고 있다면 물체의 가속도는?

① 감소한다. ② 증가한다.
③ 일정하다.

$F = ma$에서 힘은 일정하고 질량이 감소하면 가속도는 증가한다.

05 물체에 북쪽 방향으로 10N, 남쪽 방향으로 15N의 힘을 가할 때 물체가 받는 알짜힘의 크기는?

① 0 ② 5N
③ 10N ④ 15N

힘은 크기뿐만 아니라 방향도 갖고 있는 물리량이므로 남쪽을 양(+)으로 하면 북쪽은 음(-)이 된다. 따라서 두 힘의 합력 즉 알짜힘은 15N-10N = 5N이 된다.

06 미끄러지는 물체에 작용하는 마찰력이 10N이다. 이 물체를 일정한 속도로 운동시키기 위해 가해야 하는 힘은 얼마인가?

① 10N 이상 ② 10N 이하
③ 10N

Answers (2) 01. ① 02. ② 03. ② 04. ② 05. ② 06. ③

물체에 작용하는 알짜힘이 0일 때 물체는 일정한 속도로 운동한다. 마찰력이 10N이므로 작용해야할 힘은 10N이다.

07 낙하하고 있는 무게 10N의 물체가 4N의 공기 저항을 받고 있다면 물체가 받는 알짜힘은?

① 0 ② 4N
③ 6N ④ 10N
⑤ 답이 없다

알짜힘은 힘들의 합력이므로 10N−4N=6N이다.

08 무게 1N인 사과가 있다. 사과를 머리 위에 가만히 들고 있을 때 사과가 받는 알짜힘은?

① 0 ② 0.1N
③ 1N ④ 9.8N
⑤ 답이 없다

사과가 정지 상태이므로 알짜힘은 0이다. 사과가 받는 중력과 사과를 드는 힘이 서로 평형을 이루고 있다.

09 무게 1N인 사과가 있다. 이 사과가 자유낙하하고 있을 때 사과가 받는 알짜힘은?

① 0 ② 0.1N
③ 1N ④ 10N
⑤ 답이 없다.

사과의 무게 즉 중력이 1N이므로 사과가 받는 알짜힘은 1N이다. 무게와 질량을 혼동해서는 안 된다.

10 다음 중 어느 경우에 물체의 가속도가 0인가?

① 정지해 있을 때
② 일정한 속도로 운동하고 있을 때
③ 역학적 평형 상태에 있을 때
④ 모두 맞다
⑤ 답이 없다

역학적 평형 상태란 물체가 힘의 평형 상태를 이루고 있다고 생각하면 된다.

11 자동차가 자신의 질량의 2배되는 또다른 자동차를 견인할 때의 최대 가속도는 견인하지 않을 때의 몇 배인가?

① $\frac{1}{2}$ 배
② $\frac{1}{3}$ 배
③ $\frac{1}{4}$ 배
④ 같다.

자동차의 질량과 최대추진력을 각각 M, F 라 하면 견인할 자동차의 질량과 추진력은 각각 $2M$, F 이다. 따라서 자동차만의 최대가속도는 $a=\frac{F}{M}$, 자동차를 견인할 때의 최대가속도는 $a' = \frac{F}{3M} = \frac{1}{3}a$이다.

Answers 07. ③ 08. ① 09. ③ 10. ④ 11. ②

12 자동차가 60km/h의 속력으로 달리고 있을 때 브레이크를 밟아 40km/h의 속력이 되었다. 다시 갑자기 브레이크 페달을 놓아주면 자동차의 속력은?

① 순간적으로 원래의 속도로 회복된다.
② 다른 힘이 없으면 40km/h의 속력으로 계속 운동한다.
③ 다른 힘이 없더라도 점점 속력이 줄어든다.

자동차에 작용하는 알짜힘이 0이면 그 순간의 속도로 등속 운동을 한다.

13 지표면에 놓인 질량 1kg의 물체의 무게는?

① 1N　　② 5N
③ 약 10N　　④ 11N

무게는 $W = mg$ = 약 10N이다.

14 어떤 사람이 두 개의 체중계에 한 발씩을 올려 놓고 있을때 두 체중계의 눈금은?

① 각각의 눈금은 몸무게의 반이다.
② 각각의 눈금은 몸무게와 같다.
③ 두 체중계의 눈금의 합이 몸무게이다.

두 발이 체중계를 누르면 체중계는 두 발을 떠받친다. 이 두 힘과 몸무게가 평형을 이루게 되므로 두 체중계의 눈금의 합이 몸무게와 같다. 사람이 좌우 대칭이라면 ①번도 답이 될 수 있다.

15 견인차가 자동차에 3000N의 힘을 작용하여 $2m/s^2$의 가속도로 끌고 있다. 이 자동차의 질량은?

① 500kg
② 1000kg
③ 1500kg
④ 3000kg

$F = ma$에서 $m = \frac{F}{a} = \frac{3000}{2}$ =1500kg이다.

16 물체의 질량이 변하지 않는다면 일정한 힘을 가할 때 다음 중 일정한 값을 유지하는 것은?

① 속도
② 가속도
③ 두 가지 모두

힘이 일정하면 가속도가 일정하므로 등가속도 운동을 한다. 일부 학생들은 아직도 힘이 일정하면 속도가 일정하다는 생각을 많이 한다. 이는 일상적인 생활에서 마찰을 고려하지 않고 일정한 힘을 가해야만 물체는 일정한 속도로 운동한다고 생각하기 때문이며 이러한 운동관을 아리스토텔레스적인 운동관이라고 한다.

17 1N의 힘은 1kg의 물체를 $1m/s^2$의 가속도로 운동하게 한다. 질량 2kg의 물체에 2N의 힘을 가하면 가속도는?

① $0.5m/s^2$
② $1m/s^2$
③ $2m/s^2$
④ 위의 어느 것도 아니다.

Answers 12. ② 13. ③ 14. ③ 15. ③ 16. ② 17. ②

$F = ma$를 이용하면 $m = \frac{F}{a} = \frac{2N}{2kg}$ =1m/s² 이다.

18 외력이 작용하지 않는 우주 공간에서 물체의 속도를 일정하게 유지하기 위해 필요한 힘은?

① 0
② 물체의 질량
③ 물체의 무게
④ 물체를 정지시키는데 필요한 힘과 같다.

물체의 속도를 일정하게 유지하는데 힘이 필요치 않으므로 0이다.

19 직선 경로를 따라 일정한 속력으로 운동하는 물체에 대한 설명 중 옳은 것은?

① 운동 방향으로 알짜힘을 받는다.
② 가속도가 0 이다.
③ 진공이거나 공기 저항을 받지 않는 운동이다.
④ 물체에 작용하는 힘들이 전혀없다.

속도의 변화가 없는 등속도 운동의 경우 가속도는 0이다. 직선 경로를 따라 일정한 속력으로 운동하므로 물체는 등속도 운동을 하고 있다. 속도가 일정하면 속력뿐만 아니라 방향도 같다.

20 큰 얼음덩어리와 작은 얼음덩어리가 같은 경사면을 미끄러져 내려간다. 마찰을 무시할 때 큰 얼음덩어리가 바닥에 도달하는 시간은?

① 작은 덩어리보다 먼저 바닥에 도달한다.
② 작은 덩어리보다 나중에 바닥에 도달한다.
③ 작은 덩어리와 동시에 도달한다.

경사각 θ인 빗면에 놓인 물체는 빗면을 따라 $mg\sin\theta$의 힘을 받게 되므로 $ma = mg\sin\theta$에서 $a = g\sin\theta$로 일정하며 질량과 관계가 없다. 따라서 두 얼음덩어리는 동시에 도달한다.

21 한 사람이 저울 위에 두 발로 지탱하여 서 있을 때 저울의 눈금은 500N 이었다. 천천히 한 발을 들어 올리면 저울의 눈금은?

① 500N보다 작다.
② 500N보다 크다.
③ 500N

두 발로 서 있으나 한 발로 서 있으나 저울에 작용하는 힘은 사람의 몸무게와 같은 500N이다.

22 1kg의 벽돌을 어떤 힘으로 밀었더니 가속도 운동을 하였다. 마찰을 무시할 때 10kg의 벽돌을 같은 가속도로 운동시키려면?

① 같은 힘으로 민다.
② 10배의 힘으로 민다.
③ 100배의 힘으로 민다.
④ 1/10배의 힘으로 민다.

Answers 18. ① 19. ② 20. ③ 21. ③ 22. ②

힘과 가속도의 법칙 즉 $F=ma$를 이용하면 질량이 10배일 때 10배의 힘을 가해야만 가속도가 같다.

23 10N의 블록과 1N의 블록이 미끄러운 수평면 위에 놓여 있다. 이들을 같은 가속도로 운동시키려면?

① 두 블록을 같은 힘으로 민다.
② 무거운 블록에 10배의 힘을 가한다.
③ 무거운 블록에 100배의 힘을 가한다.
④ 무거운 블록에 1/10 배의 힘을 가한다.

무게가 10배이면 물체의 질량이 10배이므로 같은 가속도로 운동하기 위해서는 무거운 물체에 10배의 힘을 가해야 한다.

24 로켓은 지면에서 위로 올라갈수록 가속시키기가 더 쉽다. 이에 대한 가장 적절한 이유는?

① 올라갈수록 중력이 작아지기 때문이다.
② 연료가 연소됨에 따라 로켓에 가하는 힘이 증가한다.
③ 연료가 연소됨에 따라 로켓의 질량이 작아진다.

로켓을 빠른 속도로 상승시키기 위해 엄청난 양의 연료(비행체의 약 20배정도)를 싣고 발사된다. 위로 올라갈수록 연료의 양이 줄어들어 전체적으로 로켓의 질량이 감소되므로 가속시키기가 더 쉽다. 올라갈수록 중력의 크기도 작아지지만 로켓의 질량과 비교하면 무시할 수 있다.

25 돌멩이를 연직 위로 던져 올릴 때 최고점에서 돌멩이가 받는 알짜힘은?

① 무게보다 작다.
② 무게보다 크다.
③ 무게와 같다.

최고점에서 물체는 순간적으로 정지 상태에 있으므로 물체가 받는 알짜힘은 중력(무게) 뿐이다.

26 돌멩이를 연직 위로 던져 올릴 때 최고점에서 돌멩이의 가속도는 몇 m/s^2인가?

① 0
② 약 $10m/s^2$
③ 0과 $10m/s^2$사이
④ $10m/s^2$ 이상

최고점에서 물체가 받는 힘이 중력이므로 가속도는 중력가속도인 약 $10m/s^2$이다. 최고점에서 순간적으로 속도가 0이므로 가속도도 0으로 착각하는 학생이 많이 있는데 공기 저항을 무시하면 물체는 계속적으로 일정한 힘을 받고 있으므로 물체는 등가속도 운동을 한다.

27 수평면 위에서 수평방향으로 6N의 힘을 받는 블록이 직선 경로를 따라 일정한 속력으로 운동하고 있다. 블록과 면 사이의 마찰력의 크기는?

① 6N보다 작다.
② 6N보다 크다.
③ 6N이다.
④ 더 많은 자료가 필요하다.

Answers 23. ② 24. ③ 25. ③ 26. ② 27. ③

등속도로 운동하므로 알짜힘은 0이다. 따라서 마찰력은 작용한 힘과 크기가 같은 6N이다.

28 물체가 10N의 힘을 받으면서 운동하고 있다. 갑자기 이 물체에 작용하던 힘의 방향과 반대 방향으로 10N의 힘이 가해진다면, 물체가 이 두 힘을 받을 때의 운동은?

① 급하게 멈추게 된다.
② 점점 느려져 멈추게 된다.
③ 반대 방향으로 힘을 받는 순간의 속도로 계속 운동한다.
④ 빛의 속도가 될 때까지 계속 가속된다.

알짜힘이 0이면 물체는 순간의 속도로 등속도 운동을 한다.

29 질량이 100,000kg인 점보제트 비행기의 4개의 엔진은 각각 50,000N의 추진력을 낼 수 있다. 이 점보기가 이륙할 때 가속도는 얼마인가?

① $0.25 m/s^2$
② $1 m/s^2$
③ $2 m/s^2$
④ $4 m/s^2$

엔진이 4개이므로 추진력은 200,000N이고, 질량은 100,000kg이므로

$a = \frac{F}{m} = \frac{200{,}000N}{100{,}000kg} = 2m/s^2$이다.

30 무게가 10N이고 질량이 1kg인 돌멩이를 20m/s의 속력으로 연직 위로 던져 올렸다. 공기 저항을 무시할 때 던진 곳과 최고점의 중간에서 물체가 받는 알짜힘은?

① 10N보다 작다.
② 10N보다 크다.
③ 10N이다.

공기저항을 무시할 때 물체가 받는 힘은 중력(무게)뿐이다. 10N

31 달리는 트럭의 브레이크를 급히 밟으면 트럭은 미끄러지다가 정지한다. 트럭에 짐을 실어 전체 질량의 2배가 되게 하면 미끄러지는 거리는 몇 배가 되는가?

① $\frac{1}{2}$배 ② $\frac{3}{2}$배
③ 2배 ④ 4배
⑤ 같다

직관적으로 생각하면 트럭의 질량이 2배이면 관성도 2배이므로 미끄러지는 거리가 2배라고 생각할 수 있다. 그러나 트럭의 질량이 2배이면 트럭이 바닥을 누르는 힘 즉 수직항력이 2배이므로 마찰력도 2배가 된다. 따라서 트럭의 가속도는 질량과 관계가 없으므로 미끄러지는 거리는 같다. $f = \mu mg = ma$에서 $a = \mu g$이다. 가속도가 같으므로 움직인 거리도 같다.

32 질량 100kg의 스카이다이버가 500N의 공기 저항력을 받을 때 가속도는 얼마인가?

① $2m/s^2$ ② $3m/s^2$
③ $4m/s^2$ ④ $5m/s^2$

Answers 28. ③ 29. ③ 30. ③ 31. ⑤ 32. ④

질량이 100kg이므로 스카이다이버의 무게는 1000N, 공기 저항력이 500N이므로 알짜힘은 500N이다.

$a=\dfrac{F}{m}=\dfrac{500\text{N}}{100\text{kg}}=5\text{m/s}^2$

33 22m/s로 달리던 자동차가 나무에 부딪쳐 0.1초만에 정지하였다. 자동차의 가속도의 크기는?

① 110m/s^2
② 220m/s^2
③ 800m/s^2
④ 880m/s^2
⑤ 자동차의 질량을 알아야만 한다.

가속도는 1초 동안 속도의 변화량이다. 처음 속도 22m/s, 나중 속도 0이므로 속도의 변화량은 0−22m/s = −22m/s, 걸린 시간은 0.1초이므로 가속도는 $a=\dfrac{\Delta v}{t}=\dfrac{-22\text{m/s}}{0.1\text{s}}=$ -220m/s^2이다.

34 10m/s로 수평면 위를 운동하던 10kg의 물체가 10m를 운동한 후 정지하였다. 정지하는데 걸린 시간이 2초라면 이 물체가 받은 힘은 얼마인가?

① 5N ② 10N
③ 25N ④ 50N

힘을 구하기 위해 힘과 가속도의 법칙을 이용하면 물체의 질량과 가속도를 알면 된다. 처음 속도 10m/s, 나중 속도 0, 걸린 시간 2초이므로 $a=\dfrac{\Delta v}{t}=\dfrac{0-10\text{m/s}}{2\text{s}}=-5\text{m/s}^2$이다.

$F=ma=10\text{kg}\times 5\text{m/s}^2=50\text{N}$

35 10N의 일정한 마찰력이 작용하는 수평면에서 질량 10kg의 물체에 20N의 힘을 작용하여 운동시킬 때 이 물체의 가속도는?

① 1m/s^2 ② 2m/s^2
③ 5m/s^2 ④ 10m/s^2

알짜힘은 $20\text{N}-10\text{N}=10\text{N}=ma=10a$에서 $a=1\text{m/s}^2$이다.

36 20m/s의 속도로 고속도로에 진입한 자동차가 일정하게 가속되어 10초만에 40m/s의 속도가 되었다. 10초 동안 이 자동차가 진행한 거리는?

① 100m ② 200m
③ 300m ④ 400m

처음 속도 20m/s, 나중 속도 40m/s이므로 평균 속도는 30m/s이고 시간은 10초이므로 이동거리는 30m/s×10s = 300m이다.

37 질량 2000kg의 자동차가 10000N의 마찰력을 작용하는 브레이크에 의해 6초만에 정지하였다. 브레이크에 의해 감속되기 직전 자동차의 속도는?

① 1.2m/s
② 15m/s
③ 30m/s
④ 45m/s

Answers 33. ② 34. ④ 35. ① 36. ③ 37. ③

힘과 가속도의 법칙을 이용하면 $a=\frac{F}{m}=\frac{-10000\text{N}}{2000\text{kg}}=-5\text{m/s}^2$이므로 자동차의 속도는 매초 5m/s씩 감소한다. 6초만에 정지했으므로 감속되기 직전의 속도는 30m/s이다.

38 한 행성에서 질량 1kg의 물체를 자유낙하 시켰더니 1초만에 연직으로 2.5m를 낙하하였다. 이 행성에서 물체의 무게는?

① 1N ② 2N
③ 3N ④ 4N
⑤ 5N

$s=\bar{v}t=\frac{v_o+v}{2}t=\frac{0+a\cdot 1}{2}\cdot 1=2.5\text{m}$를 이용하면 가속도는 $a=5\text{m/s}^2$이다. 따라서 물체의 무게는 $W=mg=ma=1\text{kg}\times 5\text{m/s}^2=$ 5N이다. 1초만에 이동거리가 2.5m이므로 평균속도는 2.5m/s이다. 처음 속도가 0이므로 나중 속도는 5m/s이다. 1초만에 속도가 5m/s 증가했으므로 가속도는 5m/s^2이다. 따라서 무게는 5N이다. 이런 식으로 기본 개념을 이용하여 간단히 계산할 수도 있다.

39 마찰력이 물체 무게의 절반과 같은 크기로 작용하는 수평면이 있다. 이 수평면에서 질량 400kg의 물체가 1m/s^2의 가속도를 얻기 위해 수평 방향으로 작용해야 할 힘의 크기는?

① 600N ② 1600N
③ 2000N ④ 2400N

400kg의 물체가 1m/s^2의 가속도로 운동하려면 400N의 힘이 필요한데 마찰력이 2000N이므로 필요한 힘은 2400N이다. 식을 이용하면 $F-\text{마찰력}=F-2000=ma=400\times 1$에서 $F=2400\text{N}$이다.

(3) 공기저항과 낙하운동

01 낙하하는 물체가 종단 속도로 운동할 때 물체의 가속도는?

① 일정한 값을 갖는다.
② 0
③ 중력가속도와 같다.

낙하하는 물체의 속도가 증가할수록 공기의 저항도 증가하여 물체에 작용하는 알짜힘이 0이 되어 결국 물체는 등속도로 운동하게 되는데 이때의 속도를 종단속도라 한다. 알짜힘이 0이므로 가속도도 0이다.

02 크기는 같지만 무게가 다른 두 물체가 높은 탑에서 낙하하고 있다. 공기의 저항을 고려할 때 지면에 먼저 떨어지는 것은?

① 가벼운 물체 ② 무거운 물체
③ 동시에 떨어진다.

크기와 모양이 같으면 공기 저항도 거의 같다고 할 수 있다. 질량이 작은 물체의 경우 무게 즉 중력도 작으므로 알짜힘이 작다. 따라서 무거운 물체가 먼저 떨어진다. 예를 들어 물체의 질량을 m, 중력가속도를 g, 공기 저항력을 f라 하면 물체의 가속도는 $ma=mg-f$에서 $a=g-\frac{f}{m}$이므로 질량 m이 클수록 가속도가 크다.

Answers 38. ⑤ 39. ④ / (3) 01. ② 02. ②

03 가벼운 여자와 무거운 남자가 같은 크기의 낙하산을 타고 비행기로부터 떨어지고 있다. 어느 쪽이 가속도가 0인 상태로 되는데 짧은 시간이 걸리는가?

① 가벼운 여자
② 무거운 남자
③ 동시에 떨어진다.
④ 알 수 없다.

질량 m이 아주 작으면 가속도 a도 매우 작아 공기저항 때문에 질량이 큰 물체보다 먼저 가속도가 0인 상태로 되는데, 수식적으로 계산하기에 상당히 복잡하므로 극단적인 예를 들어 비교해 보자. 깃털과 쇠구슬을 공기 중에서 떨어뜨렸을 때 어느 쪽이 먼저 가속도가 0인 즉 종단속도에 이르는가? 질량이 작은 깃털이 먼저 종단속도에 이른다. 이 경우에도 가벼운 여자가 먼저 가속도가 0인 상태에 이르게 된다.

04 체중이 무거운 사람과 체중이 가벼운 사람이 낙하산을 타고 내려올 때 같은 종단 속도로 운동하려고 한다. 다음 중 옳은 것은?

① 무거운 사람은 더 큰 낙하산으로 낙하해야 한다.
② 무거운 사람이 먼저 낙하해야 한다.
③ 무거운 사람은 가볍게 점프해야 한다.
④ 아래쪽으로 향하는 알짜힘을 감소시키기 위해 낙하산 줄을 위로 잡아당긴다.

일반적으로 공기 저항력은 속도에 비례하므로 $f = kv$로 나타낼 수 있으며, 종단속도는 $mg = kv$에서 $v = \dfrac{mg}{k}$이다. 스카이다이버의 질량이 다를 때, 낙하산의 크기를 다르게 하거나 몸의 모양과 방향을 조절하여 종단속도를 같게 할 수 있다.

05 무게가 500N인 스카이다이버가 시속 90km의 종단 속도로 낙하하고 있다. 스카이다이버가 받는 공기 저항은 얼마인가?

① 90N ② 250N
③ 410N ④ 500N

종단속도로 낙하할 때 알짜힘이 0이므로 공기저항은 무게와 같은 500N이다.

06 비행기에서 무게 200N인 화물을 떨어뜨렸다. 화물의 낙하속도가 증가함에 따라 공기 저항도 증가한다. 공기의 저항이 200N일 때 화물의 가속도의 크기는?

① 0 ② 5m/s^2
③ 10m/s^2 ④ 무한대

알짜힘이 0이므로 가속도는 0이다.

07 코끼리와 깃털이 나무에서 떨어지고 있다. 어느 쪽이 공기의 저항을 더 크게 받는가?

① 코끼리 ② 깃털
③ 같다.

깃털이 천천히 내려온다고 해서 공기저항이 큰 것은 아니다. 코끼리가 빨리 떨어지는 것은 공기저항이 작아서가 아니라 코끼리가 받는 중력에 비해 공기저항이 매우 작기 때문이다.

Answers 03. ① 04. ① 05. ④ 06. ① 07. ①

코끼리의 표면적이 매우 크기 때문에 깃털보다는 매우 큰 공기 저항력을 받는다.

08 물체가 공기 속을 낙하할 때 물체의 속도는 증가하고 가속도는?

① 증가한다.
② 감소한다.
③ 진공에서와 같다.

물체가 공기 중에서 낙하할 때 종단속도에 이를 때까지 알짜힘이 점점 감소하다가 0이 되므로 가속도로 점점 감소하다가 0이 된다. 가속도가 감소한다고 속도가 감소하는 것이 아니고 속도의 증가량이 감소하는 것이므로 속도는 종단속도에 이를 때까지 계속 증가한다.

09 스카이다이버가 비행기에서 낙하할 때 낙하 속도는 증가하고 낙하 가속도는?

① 증가한다.
② 감소한다.
③ 공기의 저항과 관계없이 일정하다.

공기저항력이 점점 증가하고 중력은 일정하므로 알짜힘은 점점 감소하여 가속도 역시 감소한다.

10 스카이다이버가 비행기에서 낙하하여 종단 속도에 도달하는데 5초 걸렸다. 5초 동안 스카이다이버의 가속도는?

① 일정하다. ② 증가한다.
③ 감소한다. ④ 0

9번과 마찬가지로 알짜힘이 점점 감소하므로 종단속도에 이를 때까지 가속도는 계속 감소한다.

11 무게가 500N인 낙하산병의 낙하산이 펴지는 순간 800N의 공기 저항력을 받았다. 이 순간 낙하산병에게 작용하는 알짜힘은?

① 아래쪽으로 300N
② 아래쪽으로 500N
③ 아래쪽으로 800N
④ 윗쪽으로 300N
⑤ 윗쪽으로 500N

800N−500N = 300N

12 공을 지면에 직각을 이루면서 공기 중으로 던졌다. 공이 출발점으로 되돌아왔을 때의 속도를 처음 속도와 비교하면?

① 작다.
② 같다.
③ 크다.

공기 저항에 의한 역학적 에너지 손실이 있으므로 속도는 감소한다. 공기의 저항이나 마찰을 무시할 때 역학적 에너지(운동에너지와 위치에너지의 합)는 보존된다. 최고점에서 내려올 때만 생각하더라도 같은 거리를 낙하하는 동안 공기 저항 때문에 중력만 작용할 때보다 속도가 더 빨라지지 못한다.

Answers 08. ② 09. ② 10. ③ 11. ④ 12. ①

13 같은 높이(어느 정도 높은 곳)에서 두 개의 테니스 공이 공기 중으로 낙하하고 있다. 하나는 정상적인 테니스 공이고 다른 하나는 납으로 가득 채운 테니스 공이다. 지면에 먼저 도달하는 공은?

① 정상적인 공
② 납으로 가득 채운 공
③ 같다.

공기 중을 낙하할 때 두 물체가 같은 속도로 떨어질 때 공기 저항이 같다면 질량이 작은 쪽보다 질량이 큰 쪽의 알짜힘($mg-f$)이 더 크므로 무거운 물체가 더 빨리 떨어진다.

14 같은 높이(어느 정도 높은 곳)에서 두 개의 테니스 공이 공기 중으로 낙하하고 있다. 하나는 정상적인 테니스 공이고 다른 하나는 납으로 가득 채운 테니스 공이다. 지면에 충돌하기 직전에 받는 공기 저항력은 어느 쪽이 큰 가?

① 정상적인 공
② 납으로 가득 채운 공
③ 같다.

공기 저항은 속도가 클수록 더 크므로 지면에 도달하기 직전에 속도가 더 빠른 무거운 공이 받는 공기 저항이 더 크다.

15 공을 연직 위로 공기 중으로 던졌다. 공기 저항을 고려했을 때 공이 내려오는데 걸린 시간은 올라가는데 걸린 시간보다 ________.

① 길다.
② 같다.
③ 짧다.

물체가 연직 위로 올라갈 때는 운동 방향과 반대 방향으로 중력과 공기 저항을 받으므로 최고점에 도달하는데 중력만 작용할 때보다 더 짧은 시간이 걸린다. 물체가 내려올 때는 중력은 운동 방향으로, 공기 저항력은 운동하는 반대 방향으로 작용하므로 중력만 작용할 때보다 알짜힘이 더 작으므로 더 긴 시간이 걸린다. 다르게 생각하면, 올라갈 때는 중력보다 더 큰 힘을 받아 가속도가 더 크므로 평균속도도 더 크며, 내려올 때는 중력보다 더 작은 힘을 받아 가속도가 더 작으므로 평균속도도 더 작다. 따라서 내려올 때 걸린 시간이 더 길다. 물론 공기 저항이 없다면 올라갈 때의 평균속도와 내려올 때의 평균속도가 같으므로 걸린 시간은 둘다 같다.
이 문제에 대해 많은 학생들은 연직 위로 올라가는 물체에 운동 방향과 반대 방향으로 공기 저항력 때문에 중력보다 더 큰 힘이 작용하므로 올라가는 데 걸린 시간이 길다고 생각하는 학생이 많다. 이는 아직도 운동하는 물체에 힘이 계속 작용해야만 운동을 하고, 힘의 방향과 운동 방향이 같다고 생각하기 때문이다. 이는 혼동해서는 안 될 오개념이다. 물체에 작용하는 알짜힘이 0이면 물체는 정지 상태를 유지하거나 등속도 운동을 하며, 운동방향은 속도의 방향이며, 좀 어려운 개념이지만 힘의 방향은 가속도의 방향 즉 속도의 변화의 방향과 같다.
다른 관점에서 설명하면 올라갈 때 최고점에 도달할 때까지 중력과 공기 저항력이라는 두 힘에 의해 정지했다면 내려올 때 똑같이 중력과 공기 저항력이라는 두 힘이 같은 방향으로 작용해야만 같은 거리를 이동하는데 같은 시간이 걸린다. 그러나 내려올 때 공기 저항력이 운동방향과 반대방향으로 작용하므로 알짜힘이 올라갈 때보다 작아서 가속도가 작다. 따라서 내려올 때 긴 시간이 걸린다.

Answers 13. ② 14. ② 15. ①

16 진공 중에서 깃털과 동전이 같은 가속도로 낙하하는 이유는?

① 깃털과 동전의 속도가 같으므로
② 진공 중에서 깃털과 동전이 받는 중력이 같으므로
③ 진공 중에서는 깃털과 동전에 중력이 작용하지 않으므로
④ 깃털과 동전 각각의 질량에 대한 무게 비가 일정하므로

진공에서 낙하하는 물체는 중력($W=mg$)만 받아 운동하는데, 중력이 물체의 질량에 비례하므로 가속도가 같다. 힘과 가속도의 법칙을 이용하면 가속도는 $a=\frac{F}{m}=\frac{W}{m}=\frac{mg}{m}=g$ 이므로 질량에 관계없이 같다.

(4) 뉴턴의 운동 제 3법칙

01 작용과 반작용에 대한 설명으로 옳은 것은?

① 한 물체에 의한 상호작용이다.
② 두 물체 사이의 상호작용이다.

힘은 항상 쌍으로 존재하며 두 물체 사이의 상호작용의 결과이다. 작용 반작용의 두 힘은 크기가 같고 방향이 반대이며 두 물체 각각에 작용하는 두 힘이다. 한 물체에 작용하는 두 힘 즉 평형이 되는 힘이 아니다.

02 궁수가 화살을 쏜다. 활에서 화살을 쏠 때 활이 화살에 미치는 힘을 작용이라 하면 이 힘에 대한 반작용은?

① 화살의 무게
② 활에 대한 공기의 저항
③ 궁수의 발과 지면 사이의 마찰력
④ 궁수가 활을 잡고 있는 힘
⑤ 화살이 활을 미는 힘

활이 화살에 미치는 힘을 작용이라 하면 화살이 활에 미치는 힘이 반작용이 된다. 작용 반작용의 두 힘은 반드시 두 대상이 같다. 'A가 B를, B가 A를'과 같은 관계를 이루어야 한다.

03 타자가 공을 친다. 배트가 공에 가하는 충격을 작용이라 하면 이 힘에 대한 반작용은?

① 공에 작용하는 공기의 저항
② 공의 무게
③ 공이 배트에 작용하는 힘
④ 타자가 배트를 잡고 있는 힘

배트가 공에 가하는 충격을 작용이라 하면 공이 배트에 가하는 충격이 반작용이 된다.

04 배트가 공에 대해 1000N의 힘을 가할 때, 공이 배트에 작용한 힘은?

① 1000N보다 작다.
② 1000N보다 크다.
③ 1000N

작용 반작용의 법칙에 따라 두 힘의 크기는 같으므로 1000N이다.

Answers 16. ④ / (4) 01. ② 02. ⑤ 03. ③ 04. ③

05 공이 떨어지는 것은 지구가 공을 잡아당기는 힘 때문이다. 이 힘에 대한 반작용은?

① 공에 작용하는 공기의 저항
② 공의 가속도
③ 공이 지구를 잡아당기는 힘
④ 이 경우에는 반작용이 없다.

지구가 공을 잡아당기는 힘(중력)이 작용이면 공이 지구를 잡아당기는 힘이 반작용이 된다.

06 영희가 지구중심으로부터 500N의 힘으로 끌릴 때, 영희가 지구를 끄는 힘은?

① 매우 작다. ② 매우 크다.
③ 500N

작용 반작용의 법칙에 따라 두 힘의 크기는 같으므로 500N이다.

07 철수가 손을 휘둘러 3000N의 힘으로 판자를 쪼갤 때 철수의 손에 가해진 힘은?

① 3000N보다 작다.
② 3000N
③ 3000N보다 크다.
④ 정확히 알 방법이 없다.

작용 반작용의 법칙에 따라 두 힘의 크기는 같으므로 3000N이다.

08 철수와 영희가 그림과 같이 줄다리기를 하고 있다. 어느 쪽이 더 큰 힘을 줄에 가하고 있는가?

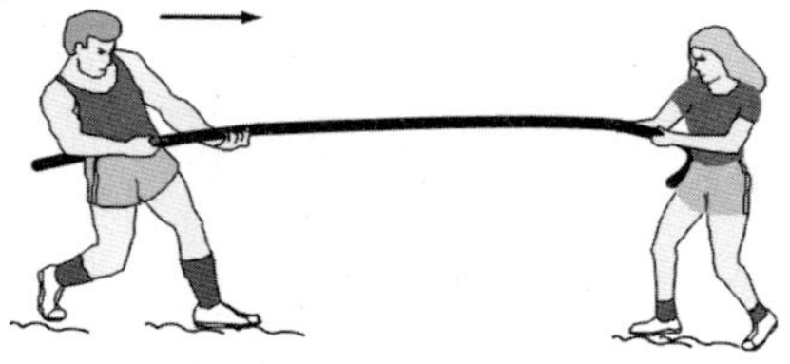

① 철수 ② 영희
③ 둘 다 같다.

줄다리기를 하고 있는 것은 서로 힘의 평형 상태를 유지하고 있는 것을 의미한다. 어느 한 쪽으로 끌려가면 줄다리기는 끝난 것이다. 힘의 평형을 유지하고 있으므로 두 사람이 가하는 힘은 서로 같다.

09 일반적으로 사람의 무게는 지구가 사람을 끌어당기는 힘이다. 이 힘에 대한 반작용은?

① 사람이 지면을 미는 힘
② 지면이 사람을 미는 힘
③ 사람이 지구를 끄는 힘

'지구가 사람을'이 작용이면 반작용은 '사람이 지구를'이 된다.

10 스카이다이버가 지구를 향해 떨어지고 있다. 지구가 스카이다이버를 끄는 힘을 작용이라 하면 이 힘에 대한 반작용은?

① 떨어지는 동안 스카이다이버에게 작용하는 공기 저항
② 잠시 후 윗쪽으로 작용할 공기의 저항
③ 우주에 존재하는 모든 물체에게 끌리는 힘
④ 모두 맞다.
⑤ 모두 틀리다.

Answers 05. ③ 06. ③ 07. ② 08. ③ 09. ③ 10. ⑤

'지구가 스카이다이버를'이 작용이면 반작용은 '스카이다이버가 지구를'이 반작용이 된다.

11 15톤의 화물차가 소형 승용차와 정면 충돌할 때, 어느 쪽이 더 큰 힘을 받는가?

① 소형 승용차
② 화물차
③ 둘다 같다.

화물차와 승용차가 충돌할 때 작용 반작용의 법칙에 따라 서로 작용하는 힘의 크기는 같다.

12 15톤의 화물차가 소형 승용차와 정면 충돌할 때 어느 쪽의 속도가 더 크게 변하는가?

① 소형 승용차　② 화물차
③ 둘다 같다.

힘과 가속도의 법칙에 따라 같은 힘을 받지만 질량이 작은 승용차의 가속도가 크므로 속도 변화 역시 크다.

13 무게 10N인 두 물체가 그림과 같이 용수철 저울에 매달려 있을 때, 용수철 저울의 눈금은?

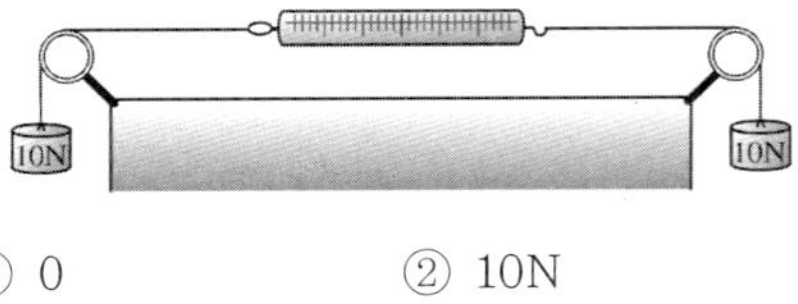

① 0　② 10N
③ 20N

줄의 한 끝을 벽에 고정하고 줄의 다른 끝은 5N의 힘으로 잡아당길 때 줄의 장력을 5N이라 한다. 보이지는 않지만 벽이 줄을 5N의 힘으로 잡아당기고 있으므로 실제로는 줄을 양쪽에서 5N의 힘으로 잡아당기고 있는 것과 같다. 용수철저울의 경우도 마찬가지이다. 용수철저울의 한 끝을 붙들고 10N의 추를 저울에 매달았을 때 눈금이 10N으로 나타난다. 이것은 마치 용수철저울을 벽에 고정하고 저울을 10N의 힘으로 잡아당긴 것과 같으며, 문제에서와 같이 용수철저울을 양쪽에서 10N의 힘으로 잡아당기는 것과 같다.

14 시속 100km로 달리던 자동차가 파리와 충돌할 때, 어느 쪽이 더 큰 힘을 받는가?

① 파리　② 자동차
③ 둘다 같다.

자동차와 파리가 충돌하더라도 작용 반작용의 법칙에 따라 받는 힘은 똑같다. 그러나 자동차에게는 작은 힘이라도 파리에게는 큰 충격을 받게 된다.

15 타이어에 작용된 힘이 자동차를 가속시킨다. 이 힘을 작용하는 것은?

① 자동차의 엔진　② 타이어
③ 공기　④ 도로면

엔진이 자동차의 타이어를 통해 도로면을 밀면 도로면은 타이어를 밀어서 자동차는 움직이게 된다. 전륜구동자동차란 구동장치가 앞바퀴에 연결되어 자동차가 움직이는 것을 말한다.

Answers 11. ③ 12. ① 13. ② 14. ③ 15. ④

16 철수와 영희는 그림과 같이 줄을 각각 400N의 힘으로 잡아당기고 있다. 줄의 장력 T는 얼마인가?

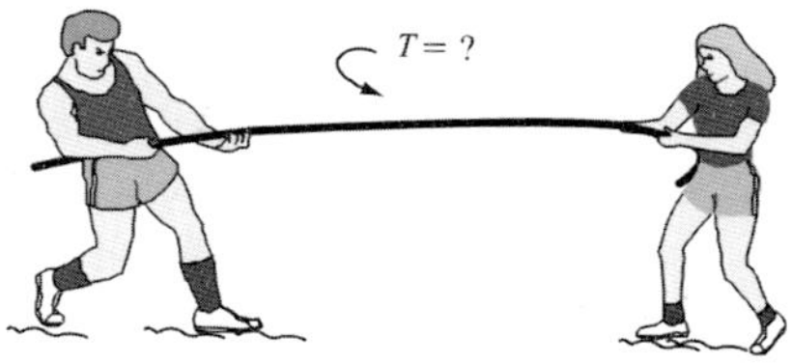

① 0　② 400N
③ 600N　④ 800N

양쪽에서 400N의 힘으로 잡아당기고 있으므로 장력은 400N이다.

17 질량이 M, $2M$인 두 사람이 마찰이 없는 얼음판 위에서 길이가 12m인 줄을 잡아당기고 있다. 잠시 후 두 사람이 충돌하였을 때 질량이 $2M$인 사람이 움직인 거리는?

① 3m　② 4m
③ 5m　④ 6m

두 물체에 같은 힘이 작용하고 있으므로 질량의 비가 1:2이면 가속도의 비는 2:1이다.

$s = \bar{v}t = \frac{v_o + v}{2}t = \frac{0 + at}{2}t = \frac{1}{2}at^2$ 이므로 같은 시간 동안 이동한 거리 s는 가속도 a에 비례한다. 따라서 12m를 2:1로 나누면 $2M$인 물체가 이동한 거리는 4m이다.

Answers 16. ② 17. ②

3.2 개념 응용하기

01 물체에 힘이 작용했을 때 힘의 방향, 가속도의 방향, 속도의 방향과의 관계에 다음 설명이 옳지 않은 것은?

① 가속도의 방향과 속도의 변화 방향은 항상 같다.
② 가속도의 방향과 작용한 힘의 방향은 항상 같다.
③ 속도의 변화 방향과 힘의 방향은 항상 같다.
④ 힘의 방향과 속도의 방향은 항상 같다.

⋯ • 힘과 가속도의 법칙에서 $\vec{F}=m\vec{a}=m\frac{\Delta\vec{v}}{t}$이므로, 힘 F의 방향과 가속도 a의 방향 그리고 속도의 변화 방향 Δv는 항상 같다.

02 어떤 물체가 그림과 같은 매끄러운 경사면을 따라 미끄러지고 있다. 물체가 P, Q, R점을 지날 때 다음 중 물체가 받는 힘의 방향들을 화살표 1~8 중에서 바르게 고른 것은?

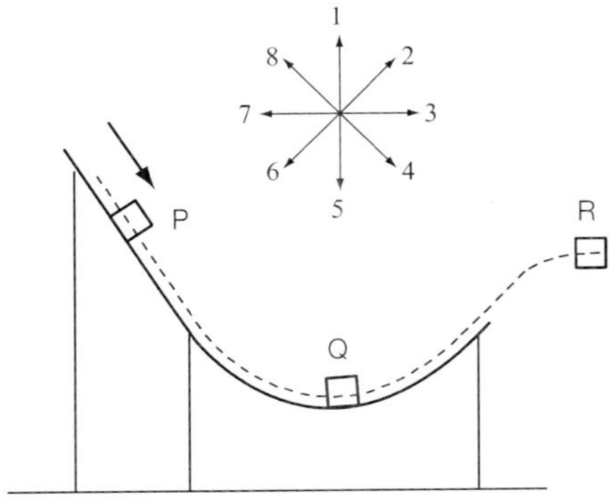

① P점 : 4, Q점 : 3, R점 : 3
② P점 : 4, Q점 : 3, R점 : 5
③ P점 : 4, Q점 : 1, R점 : 5
④ P점 : 5, Q점 : 5, R점 : 5
⑤ P점 : 5, Q점 : 3, R점 : 5

⋯ • P점에서 물체에 작용하는 알짜힘은 경사면에 나란한 방향의 중력의 빗면 성분이고, Q점에서 물체에 작용하는 알짜힘은 수직항력과 중력의 합력인데 윗방향의 곡선운동을 하므로 수직항력이 중력보다 더 크다. R점에서 물체에 작용하는 알짜힘은 중력뿐이다.

Answers 01. ④ 02. ③

03 질량 M인 큰 배 A와 질량 m인 작은 배 B가 그림과 같이 물 위에 떠 있다. 두 배 사이에 줄을 연결하여 일정한 힘 f로 잡아당길 때 같은 시간에 A, B 두 배의 이동 거리를 S_A, S_B 라고 하면 $S_A : S_B$ 는?

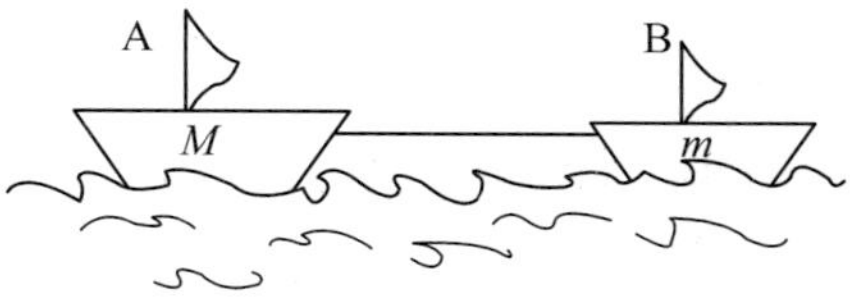

① $M : m$
② $m : M$
③ $M^2 : m^2$
④ $m^2 : M^2$
⑤ $\sqrt{M} : \sqrt{m}$

- 같은 시간에 이동한 거리 $S=\frac{1}{2}at^2$는 가속도에 비례하며, 물체에 작용하는 힘이 같을 때 가속도 $a=\frac{F}{m}$이므로 질량에 반비례한다. 따라서 가속도의 비가 $m : M$이므로 이동거리의 비도 $m : M$이다.

04 그림과 같이 마찰이 없는 수평면 위에 질량이 각각 2kg, 3kg인 두 물체 A, B를 탄성계수 100N/m인 용수철로 연결하여 놓았다. 물체 B에 10N의 일정한 힘을 가하면서 운동시키고 있을 때 용수철의 늘어난 길이는 얼마인가? 단, 용수철의 질량은 무시한다.

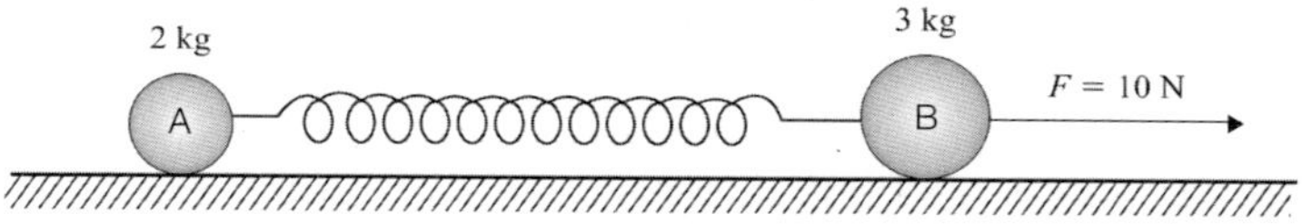

① 0.02m
② 0.04m
③ 0.2m
④ 0.4m
⑤ 0.8m

- 용수철 상수가 100N/m라는 것은 용수철을 1m 늘이거나 압축시키는데 100N의 힘이 필요하다는 것이다. 2kg의 물체에 작용하는 용수철이 잡아당기는 힘 T이고, 3kg의 물체에 작용하는 힘은 10N과 반대방향으로 용수철이 잡아당기는 힘 T이다. 따라서 $10-T=3a$, $T=2a$에서 용수철에 작용하는 힘은 4N이므로 용수철의 늘어난 길이는 0.04m이다.
- 별해) 2kg과 3kg 두 물체에 작용하는 힘이 10N이므로 두 물체의 가속도는 2m/s^{2}이다. 따라서 용수철이 2kg의 물체에 작용하는 힘 즉 장력이 4N이므로 용수철의 늘어난 길이는 0.04m이다.

Answers 03. ② 04. ②

05 세 권의 책 X, Y, Z가 다음 그림과 같이 책상 위에 놓여 있다. 책 Y에 작용하는 알짜힘은 얼마인가, 또한 책 Z가 책 Y에 작용하는 힘의 크기는 얼마인가?

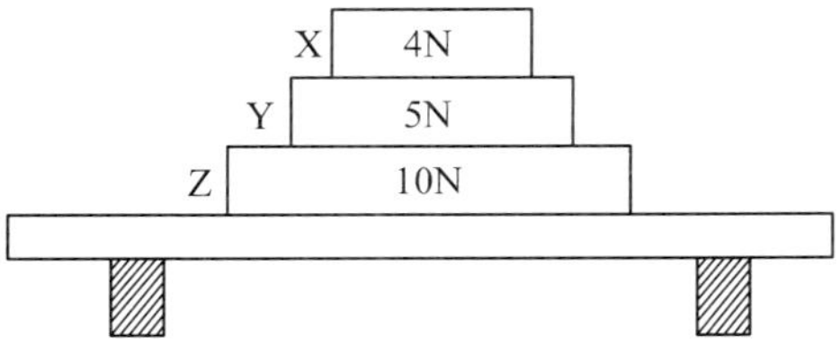

① 0, 9N
② 4N, 9N
③ 5N, 9N
④ 9N, 0
⑤ 0, 0

⋯ • 책 Y가 정지해 있으므로 알짜힘은 0이며, 책 Z가 책 Y에 작용하는 힘의 크기는 책 X와 Y의 무게의 합인 9N이다.

06 그림과 같이 수평면과 θ의 각을 이루면서 크기가 P인 힘을 작용했을 때 나무 상자가 등속도 운동을 하였다. f는 마찰력, N은 수직 항력, W는 나무 상자의 무게라면 이들 힘의 관계를 옳게 나타낸 것은?

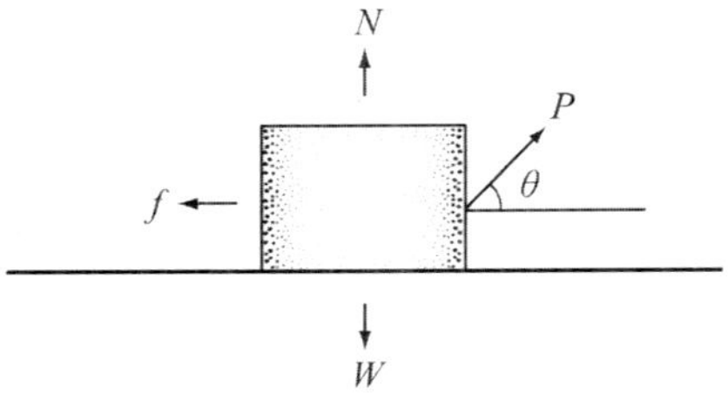

① $P = f$, $N = W$
② $P > f$, $N = W$
③ $P = f$, $N < W$
④ $P > f$, $N < W$
⑤ $P < f$, $N < W$

⋯ • 등속도 운동을 하므로 물체에 작용하는 알짜힘은 0이다. 따라서 수평방향으로 작용하는 힘들이 평형을 이루며, 연직방향으로 작용하는 힘들도 평형을 이룬다.
수평방향 : $P\cos\theta = f$
연직방향 : $P\sin\theta + N = W$

Answers 05. ① 06. ④

07 질량이 같은 세 물체 A, B, C가 그림과 같이 질량을 무시할 수 있는 줄에 연결되어 있다. 물체 C에 힘 F를 작용했을 때 물체 B에 작용하는 알짜힘은 얼마인가?(단, 마찰력은 무시한다.)

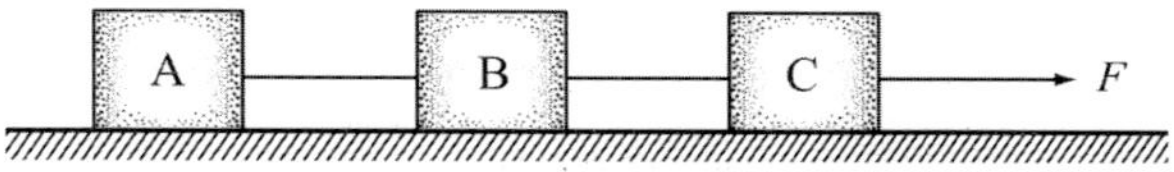

① 0
② $\frac{F}{3}$
③ $\frac{F}{2}$
④ $\frac{2F}{3}$
⑤ F

⋯ • 각 물체의 질량을 m이라 할 때 가속도 $a=\frac{F}{3m}$이며, 물체 B에 작용하는 알짜힘은 물체 B의 질량과 가속도의 곱이다.

08 자동차의 브레이크를 밟았을 때 도로면이 바퀴에 가장 큰 힘을 작용하는 경우는?

① 바퀴가 미끄러질 때
② 바퀴가 미끄러지기 바로 직전
③ 자동차가 가장 빨리 운동을 할 때
④ 가속도가 최소일 때
⑤ 자동차의 속도가 변하는 순간

⋯ • 급브레이크를 밟아 자동차가 미끄러지게 될 때 작용하는 마찰력은 운동마찰력이다. 따라서 고급 자동차에서 제동거리를 최소로 하기위해 미끄러지지 않고 연속적으로 정지상태가 지속되도록 하는 ABS(Antilocked Brake System)장치를 사용한다. 최대정지 마찰력은 운동마찰력보다 항상 크다.

09 그림 (가), (나)와 같이 마찰이 없는 수평면에 정지해 있는 질량 $2m$인 물체 A 위에 질량 m인 물체 B를 가만히 올려놓은 후, 크기와 방향이 같은 힘 F를 (가)에서는 A에, (나)에서는 B에 수평으로 작용하였더니 B가 A 위에서 미끄러지지 않고 A와 함께 운동하였다.

(가) (나)

Answers 07. ② 08. ② 09. ④

이에 대한 설명으로 옳은 것만을 〈보기〉에서 있는 대로 고른 것은? (단, 공기 저항은 무시한다.)

보기

ㄱ. A의 가속도의 크기는 (가)와 (나)에서 같다.
ㄴ. B에 작용하는 마찰력의 방향은 (가)와 (나)에서 같다.
ㄷ. B가 A에 작용하는 마찰력의 크기는 (가)에서가 (나)에서보다 작다.

① ㄱ ② ㄷ
③ ㄱ, ㄴ ④ ㄱ, ㄷ
⑤ ㄴ, ㄷ

⋯ • A와 B가 미끄러지지 않고 함께 운동하였으므로 (가), (나)의 두 물체의 질량 합은 $3m$으로 같고 작용 힘은 F로 같으므로 가속도 크기도 같다. (가)에서 B에 작용하는 마찰력은 A가 B를 미는 힘의 방향이고 (나)에서 B에 작용하는 마찰력은 B가 A를 미는 힘의 반작용힘이다.

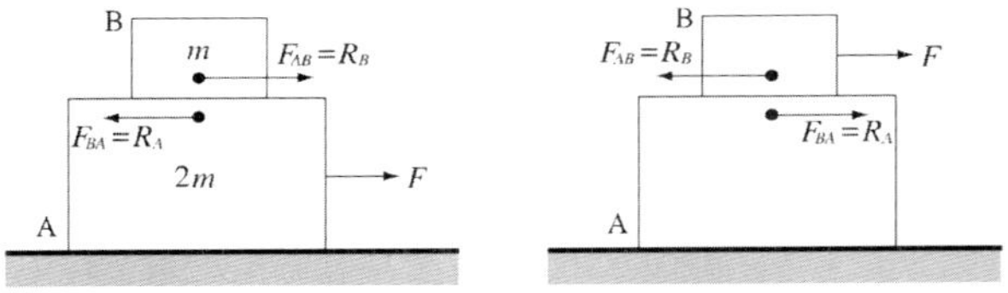

따라서 (가)(나)에 B의 마찰력방향은 반대이다. 가속도를 a라 하면 (가)에서 B가 A에 작용하는 마찰력은 $F_{BA}=R_A=R_B=m_Ba=ma$이고, (나)에서 B가 A에 작용하는 마찰력은 $F_{BA}=R_A=m_Aa=2ma$이므로 B가 A에 작용하는 마찰력은 (나)에서 더 크다.

10 마찰이 없는 평면 위에 놓여 있는 물체 A에 수평 방향의 일정한 힘(F)을 가했더니 그래프 A와 같은 운동을 하였다. 물체 B에 똑같은 힘을 가했더니 그 운동은 그래프 B와 같았다.

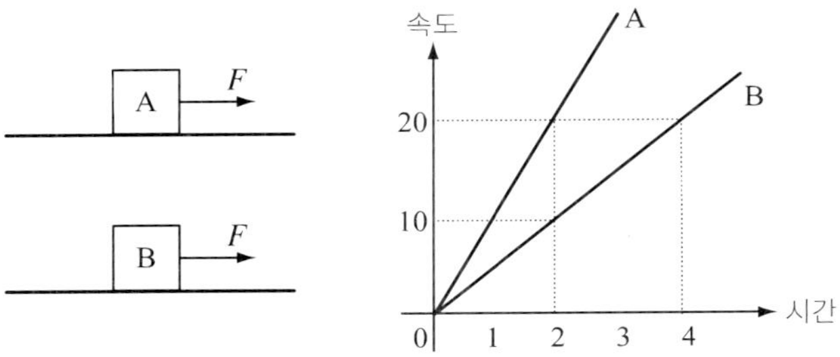

다음 [보기]의 설명 중에서 옳은 것을 모두 짝지어 놓은 것은?

Answers 10. ⑤

보기

ㄱ. 물체에 일정한 힘을 계속 주면 물체는 등가속도 운동을 한다.
ㄴ. 물체 A의 가속도가 B의 가속도보다 크다
ㄷ. B의 질량이 A의 2배이다.

① ㄱ　② ㄷ
③ ㄱ, ㄴ　④ ㄴ, ㄷ
⑤ ㄱ, ㄴ, ㄷ

··· • 속도-시간 그래프에서 그래프의 기울기는 가속도를 나타내며, 작용하는 힘이 일정하면 물체는 가속도가 일정하므로 등가속도 운동을 한다. 또한 작용하는 힘이 같을 때 힘과 가속도의 법칙에 따라 가속도는 질량에 반비례한다.

11 그림과 같이 어떤 물체를 실에 매달고 연직 방향으로 운동시켰다. 아래 그래프는 이 물체의 연직 방향의 속도를 시간에 따라 나타낸 것이다.

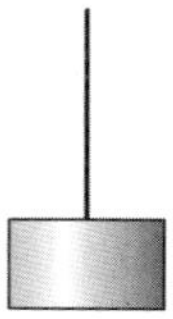

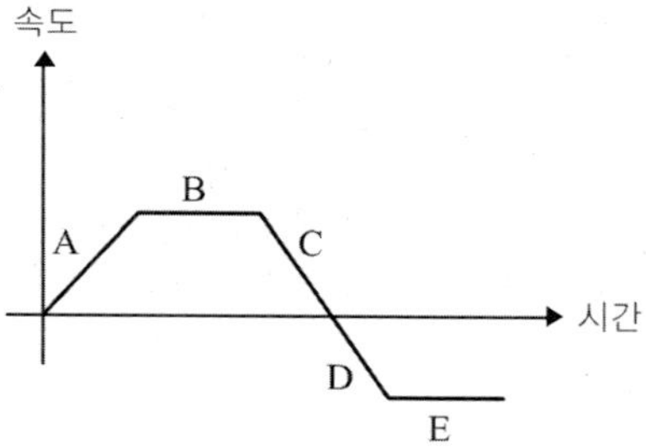

다음 [보기]의 설명 중에서 옳은 것을 모두 고르면?(단, 위 방향이 +방향이다.)

보기

ㄱ. A구간에서 줄에 걸리는 장력이 최대가 된다.
ㄴ. A와 C구간에서 줄의 장력은 거의 같다.
ㄷ. B와 E구간에서 장력은 물체의 무게와 같다.
ㄹ. C구간에서 줄의 장력이 D구간에서 장력보다 크다.

① ㄱ, ㄴ　② ㄱ, ㄷ
③ ㄴ, ㄷ　④ ㄴ, ㄹ
⑤ ㄷ, ㄹ

··· • 물체가 위로 가속될 때는 $ma = T - W$, 물체가 아래로 가속될 때는 $ma = W - T$, 물체가 등속도 운동을 할 때 $0 = T - W$이다.

Answers 11. ②

12 그림과 같이 세면대 옆에서 몸무게를 측정한다고 가정하자.

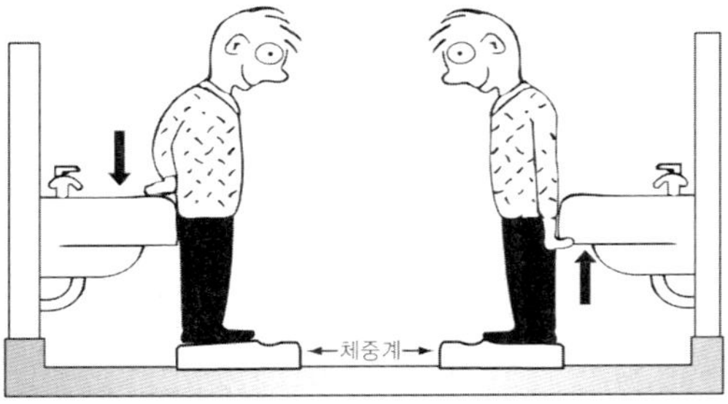

세면대 위를 누르면서 측정한 몸무게를 W_1, 세면대 아래를 들어 올리면서 측정한 몸무게를 W_2, 세면대를 누르거나 들어 올리지 않고 가만히 서 있는 상태에서 측정한 몸무게를 W라 할 때 다음 중 W_1, W_2, W의 크기를 옳게 비교한 것은?

① $W_1 < W_2 < W$　　② $W_1 = W_2 < W$

③ $W_1 = W_2 > W$　　④ $W_1 < W < W_2$

⑤ $W_2 < W < W_1$

- 세면대를 누를 때는 세면대로부터 위쪽방향으로 반작용을 받으므로 저울의 눈금$<$몸무게 이고, 세면대를 들어올릴 때는 세면대로부터 아랫방향으로 반작용을 받으므로 저울의 눈금$>$몸무게이다.

13 무게 14N인 블록을 그림과 같은 도르래 장치를 이용하여 P의 힘으로 정지해 있도록 하였다. 제일 위쪽 도르래를 지탱하는 줄에 걸리는 장력의 크기 T는 몇 N인가?(단, 도르래의 무게는 무시한다.)

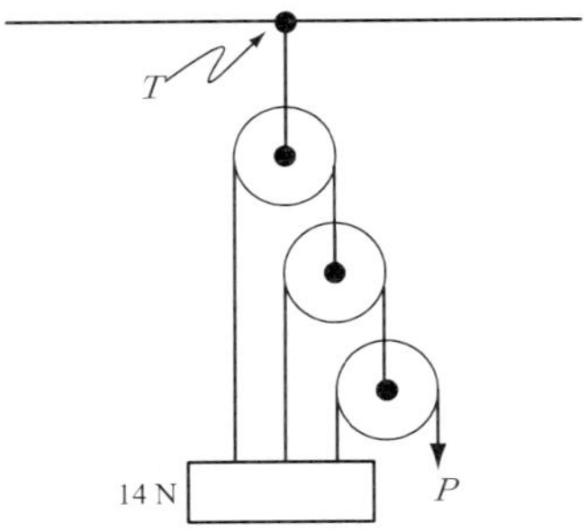

① 14N

② 28N

③ 16N

④ 9.33N

⑤ 18.7N

- 물체의 무게는 세 도르래의 줄에 걸린 장력의 합과 같다. $14 = P + 2P + 4P$에서 $P = 2\text{N}$이고, $T = 8P$이므로 $T = 16\,\text{N}$이다.

Answers　12. ④　13. ③

14 그림은 수평면 위의 질량 4 kg인 나무도막이 도르래 아래의 질량 1 kg인 추와 실로 연결되어 같은 속력으로 운동하다가 정지한 모습을 나타낸 것이다. 나무도막은 P지점을 2 m/s의 속력으로 통과한 후 일정하게 속력이 감소하여 P로부터 1 m 떨어진 Q지점에서 정지하였다.

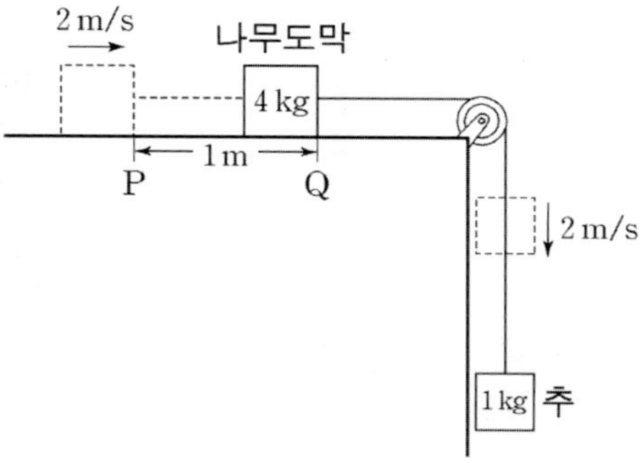

나무도막과 수평면 사이의 운동마찰계수는? (단, 중력가속도는 10m/s^{2}이고, 나무도막의 크기, 실의 질량, 도르래의 마찰, 공기 저항은 무시한다.)

① 0.2
② 0.3
③ 0.4
④ 0.5
⑤ 0.6

• 일정하게 속력이 감소하면 등가속도운동이다. $v_0 = 2\text{m/s}$, $v = 0$, $s = 1\text{m}$이므로 a을 계산하면 $2as = v^2 - v_0^2$ $2 \times a \times 1 = -2^2$ $\therefore a = -2\text{m/s}^2$이다. 운동방정식 나무토막: $T - R = 4a = -8$, 추: $10 - T = a = -2$에서 두 식을 연립하여 풀면 $R = 20\text{N}$이다. 따라서 $R = \mu mg$에서 $\mu = \dfrac{R}{mg} = \dfrac{20}{4 \times 10} = \dfrac{1}{2} = 0.5$이다.

15 그림과 같이 철수가 자전거를 타고 비탈면을 내려오던 중 브레이크를 잡았다. 그래프는 출발점으로부터의 이동거리 S와 자전거에 작용하는 알짜힘(합력) F와의 관계를 나타낸 것이다.(단, 그래프에서 F값은 자전거 진행 방향을 양(+)으로 한 것이다.)

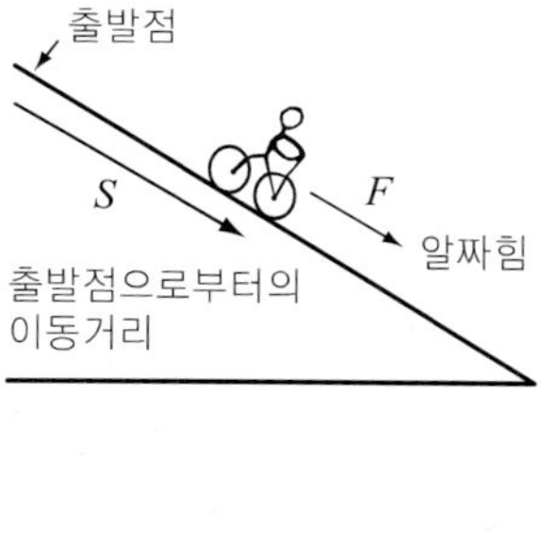

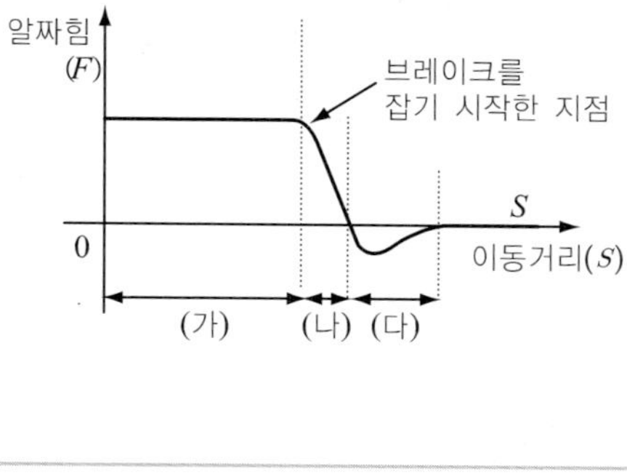

앞 그래프에 대한 설명으로 옳은 것을 [보기]에서 모두 고른 것은?

보기

ㄱ. (가)구간에서는 자전거의 속력이 증가하고 있다.
ㄴ. (나)구간에서는 자전거에 작용하는 알짜힘 F가 줄어들고 있다.
ㄷ. (다)구간에서는 자전거의 가속도가 일정하다.

① ㄱ ② ㄷ
③ ㄱ, ㄴ ④ ㄱ, ㄷ
⑤ ㄴ, ㄷ

⋯ • 알짜힘이 작용할 때는 가속도 운동을 하므로 속력이 증가한다. 물체의 질량이 일정할 때 가속도는 알짜힘에 비례한다.

3.3 개념 서술하기

01 태양계에 대한 코페르니쿠스 이론이 나왔을 때 다음과 같은 질문이 제기되었다. "지구와 다른 행성들을 태양 주위로 궤도 운동하도록 하는 것은 무엇일까?" 이 질문에 대해 한 물리학자는 다음과 같은 답변을 하였다. "그 당시 제안된 이론들 중 하나는 행성 뒤에 보이지 않는 천사들이 있어서 그들이 날개를 치며 행성들을 앞으로 몰고 있어서 행성들이 돌고 있다는 것이다. 그러나 행성들이 계속 돌아가게 하기 위해서는 보이지 않는 천사들이 행성들의 운동 방향과는 다른 방향으로 날아야만 한다고 볼 수 있다."

(1) 물체에 작용하는 힘이 없는데 물체의 운동이 가능한지 예를 들어 설명하라.

(2) 행성들이 원에 가까운 궤도를 돌기 위해서는 어떤 힘이 작용해야 하며, 그 힘은 어떤 종류의 힘인지 설명하라. 또 이 물리학자는 어떤 의미로 위와 같은 답변을 하였는지 설명하라.

(3) 접시들이 놓인 테이블보를 천천히 잡아당기면 접시들은 테이블보에 놓인 상태로 끌려오지만, 테이블보를 갑자기 잡아당기면 접시들은 테이블 위에 가만히 있고 테이블보만 빠져나오게 되는 이유는 무엇인지 설명하라.

풀이

(1) 마찰이 없는 수평면에서 운동하는 공은 계속 등속 운동한다.

(2) 일정한 힘이 운동방향에 수직인 방향으로 작용해야 한다. 그 힘을 구심력이라 하고 만유인력이 그 역할을 하고 있다. 곡선운동을 하기 위해서는 반드시 힘이 필요하기 때문이다.

(3) 천천히 잡아당길 때는 접시와 테이블보 사이의 마찰 때문에 끌려오고, 갑자기 잡아당기면 접시에 작용하는 힘이 순간적이므로 접시는 약간만 움직이게 되는데 테이블보가 져나가면 접시와 테이블 사이의 마찰 때문에 접시는 거의 제자리에 있게 된다. 관성(질량)이 작다면 조금만 힘이 가해져도 물체는 쉽게 움직이게 된다. 즉 접시의 질량이 아주 작다면 테이블보를 갑자기 잡아당겨도 접시는 제멋대로 움직이게 된다.

02 엘리베이터를 타고 위층으로 올라갈 때 여러분은 잠시 동안 몸이 무거워졌다고 느낄 것이다. 만일 그 때 여러분이 체중계 위에 서 있었다면 평소 무게보다 더 큰 눈금을 가리키게 된다. 다음 물음에 답하라.

(1) 실제로 여러분의 몸무게가 변한 것인가?

(2) 자체 추진력이 없이 지상에서 발사된 우주선이 달까지 도달한다고 가정하자. 우주선이 발사대에서 발사되는 순간부터 달에 도달하기 직전까지 우주선 내부의 승무원이 느끼게 되는 몸무게의 변화를 설명하라.

(3) 상자의 천정에 용수철저울을 매달고 어떤 물체를 매달았더니 저울의 눈금은 1N을 가리켰다. 이 상자를 위로 던졌을 때와 아래로 던졌을 때, 일정한 높이에서 수평 방향으로 던졌을 때 저울의 눈금은 어떻게 되겠는가? 또 상자가 수평면 위에서 등속 운동할 때 저울의 눈금은 얼마인가?

풀이

(1) 실제로 몸무게는 변하지 않았다. 몸이 무거워 졌다고 느끼는 것은 관성력에 의한 수직항력이 증가하였기 때문이다.

(2) 지구와 달의 중력의 합력과 관성력이 항상 평형상태를 유지하므로 계속 무중력 상태를 느낀다.

(3) 위나 아래로, 또는 수평방향으로 던졌을 때 – 눈금 : 0, 수평면에서 등속 운동 – 눈금 : 1N

03 기차의 경우 차량들이 연결 장치로 연결되어 있고 기관차에 의해 차량들이 끌린다. 이때 차량들 사이의 연결 장치는 장력을 받게 된다. 기차가 일정한 가속도로 운동할 때 다음 물음에 답하라.

(1) 앞쪽에서 뒤쪽으로 갈수록 연결 장치의 장력은 증가하는가, 감소하는가, 아니면 계속 같은 상태를 유지하는가?

(2) 객차 내부의 바닥에 실로 고정하여 수소 기체를 채운 풍선이 수직 위로 매달려 있다면 풍선은 어느 방향으로 움직이겠는가?

(3) 객차 내부의 천정에 실을 연결하여 추를 매달았다고 가정하자. 실을 갑자기 끊었을 때 객차 내의 사람이 관찰한 추의 운동을 설명하라.

풀이

(1) 감소한다.

(2) 객차의 공기가 뒤쪽으로 몰리므로 풍선은 앞쪽으로 움직인다.

(3) ↙ 방향으로 가속도 운동

04 말을 채찍질하여 마차를 끌려고 한다. 말이 “내가 마차를 끄는 힘과 마차가 나에게 작용하는 힘이 똑같고 방향이 반대이므로 나는 마차를 끌 수 없다”라고 말하였다. 다음 물음에 답하라.

(1) 마차가 어떻게 움직일 수 있는지 설명하라.

(2) 말이 마차를 끌 때 말과 마차에 작용하는 알짜힘에 대해 설명하라.

(3) ‘반작용의 힘을 가해 줄’ 공기가 없는 대기층 위에서 로켓은 어떻게 추진되는지 설명하라.

풀이

(1) 마차에 작용하는 힘은 말이 끄는 힘과 마찰력 뿐이다. 말이 끄는 힘이 마찰력보다 크게 되면 마차는 움직인다.

(2) 말 : 말이 땅을 차면서 뒤로 밀 때 땅이 말에 작용하는 마찰력과 마차가 말을 당기는 힘과의 합력
마차 : 말이 끄는 힘과 땅이 마차에 작용하는 마찰력과의 합력

(3) 로켓이 가스를, 가스는 로켓을 밀어 추진된다.

05 몸무게가 다른 두 스카이다이버 A, B가 헬리콥터에서 점프를 한다. A가 점프를 한 후 1초 후에 B가 점프를 한다. 단, 공기의 저항은 무시한다.

(1) 두 스카이다이버의 가속도를 비교하라.

(2) 두 스카이다이버의 속도의 차이는 같은 상태를 유지하는가? 이들 사이의 거리는 어떻게 되겠는가?

(3) 공기의 저항을 고려할 때, 두 스카이다이버가 일정한 속도에 이를 때까지 속도 변화를 설명하고, 두 스카이다이버의 종단속도를 비교하라.

풀이

(1) g로 둘다 같다.

(2) 속도 차이는 같은 상태를 유지한다. 거리 차이는 매초마다 g(m)씩 더 벌어진다.

(3) 공기의 저항은 속력에 비례하므로 속력이 증가할수록 반대방향의 저항력이 커져서 속도의 증가량은 점점 줄어들지만 속력은 계속 증가한다. $kv = mg$에서 종단속도 v는 질량에 비례하므로 몸무게가 큰 스카이 다이버의 종단속도가 더 크다.(k는 저항계수, v는 종단 속도)

06 가벼운 공을 공기 중으로 던졌다. 공이 최고점에 도달할 때까지 걸린 시간과 최고점에서 공을 던진 곳까지 내려오는데 걸린 시간을 비교하고, 공의 운동을 속력-시간의 그래프로 그려라.

풀이

공이 올라갈 때는 중력과 공기 저항이 같은 방향으로 작용하므로 공기가 없을 때보다 빠르게 속력이 감소하면서 최고점에 도달한다. 공이 내려올 때는 중력과 공기 저항이 반대 방향으로 작용하므로 공기가 없을 때보다 천천히 속력이 증가한다. 따라서 내려올 때 더 많은 시간이 걸린다.

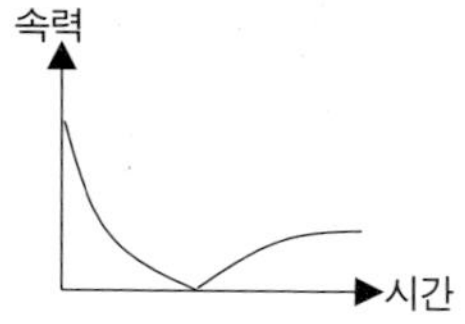

07 마찰력에 대해 '어떤 물체에 작용하는 마찰력은 운동하거나 운동하려는 방향에 대해 반대 방향이다.'라고 말한다. 그러나 이를 좀더 정확하게 표현하면 '어떤 물체에 작용하는 마찰력은 접촉면에 대해 운동하거나 운동하려는 방향과 반대 방향이다.'라고 할 수 있다. 다음 물음에 답하라.

(1) 위 내용과 관련지어 두 가지 이상 예를 들어 설명하라.

(2) 마찰력과 관계있는 두 가지 물리량을 제시하고, 자동차 타이어는 경사면을 오르내릴 때보다 수평한 도로에서 도로면과 잘 달라붙는 이유를 설명하라.

(3) 경사각 θ인 빗면에서 무게 W인 물체가 등속도로 내려올 때, 이 물체가 받는 운동 마찰력은 얼마인가?

(4) 경사면에서 미끄러지지 않고 구르는 원통과 같은 위치에서 마찰없이 미끄러지는 사각형의 상자가 있다. 같은 거리만큼 이동했을 때 원통과 상자 중 어느 쪽이 더 빠른지 그 근거를 제시하여 설명하라.

(5) 같은 재질로 만든 두 자동차 A, B가 있다. 자동차 A의 질량은 B의 두 배일 때, 두 자동차가 같은 속력으로 운동하다가 마찰력만 받아 정지한다면 두 자동차의 정지 거리는 어떻게 다른가? 단, 자동차와 접촉면 사이의 마찰계수는 같다.

(6) 고속도로에서 커브를 도는 구간은 안쪽으로 경사져 있다 그 이유를 설명하라.

풀이

(1) 사람이 걸을 때, 자동차에 실려있는 물체의 경우 마찰력의 방향은 접촉면에 대해 운동하거나 운동하려는 방향과 반대방향이다.

(2) 마찰 계수, 수직항력, 수평한 도로에서 수직항력이 크다.
(수평면에서의 수직항력 : mg, 경사면에서의 수직항력 : $mg\cos\theta$)

(3) 운동방향으로 작용하는 중력의 성분과 같다($W\sin\theta$).

(4) 상자, 원통은 운동에너지 중 일부가 회전 운동하는데 쓰인다.

(5) $\frac{1}{2}mv^2 = \mu mgS$에서 S는 질량과 무관하다. 따라서 정지거리는 같다.

(6) 경사져 있으면 수직항력의 수평성분의 힘이 구심력역할을 해줄 수 있다. 따라서 더 빠른 속력으로 원운동이 가능하다.

08 엘리베이터 안의 용수철저울 위에 한 학생이 서 있다. 다음과 같은 상황에서 용수철의 눈금 변화를 설명하라.

(1) 엘리베이터가 정지해 있을 때

(2) 엘리베이터가 위쪽으로 가속 운동을 할 때

(3) 엘리베이터가 아래쪽으로 가속 운동을 할 때

(4) 엘리베이터의 케이블이 끊어져서 자유낙하할 때

(5) 엘리베이터가 등속 운동을 할 때

풀이

(1) 변화가 없다.
(2) 원래 눈금보다 증가한다.
(3) 원래 눈금보다 감소한다.
(4) 무중력 상태이므로 0이 된다.
(5) 변화가 없다.

09 기차 안에 타고 있는 학생이 공을 연직 위로 던져 올렸을 때 다음 각 경우에 공은 어느 방향으로 떨어지겠는가?

(1) 기차가 등속으로 운동하는 경우

(2) 기차가 진행 방향으로 속도가 증가하는 경우

(3) 기차가 커브길을 돌 때

(4) 기차가 언덕길을 일정한 가속도로 내려올 때

풀이

(1) 공도 기차와 같은 속도로 운동하고 있었으므로 제자리에 떨어진다.
(2) 공은 수평방향으로 등속운동을 하지만 기차는 속도가 빨라졌으므로 공은 뒤로 떨어진다.
(3) 공은 직선운동을 하지만 기차는 커브길을 회전하므로 커브길 바깥쪽에 떨어진다.
(4) 그림과 같이 공은 빗면 방향으로 받는 알짜힘이 0이므로 제자리에 떨어진다.

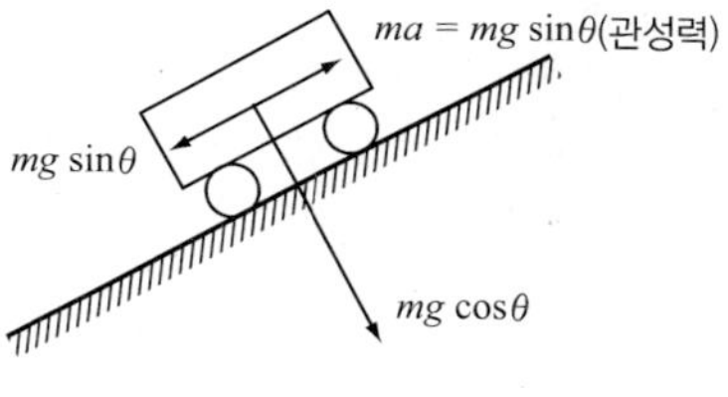

3.4 개념 심화하기

01 그림과 같이 천정의 두 점 A, B에 실을 연결하고 실의 한 점 C에 질량 M인 물체를 매달았더니 물체와 줄이 평형을 이루었다. 줄 AC에 작용하는 장력을 T, 줄 BC에 작용하는 장력을 T'이라 할 때 T와 T'은 각각 얼마인가?(중력 가속도는 g이다.)

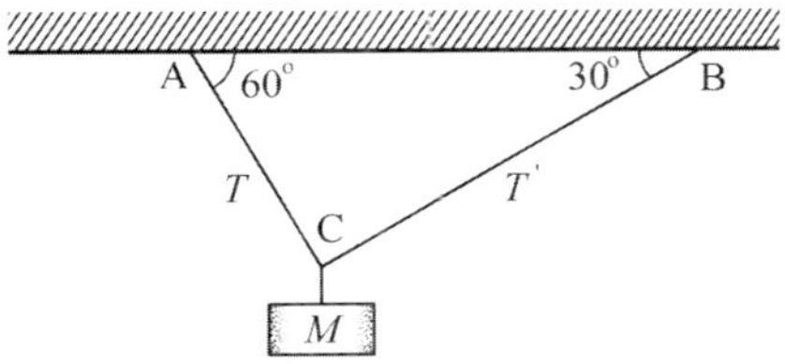

풀이

물체에 작용하는 힘들이 평형을 이룰 때 힘의 x, y성분 각각이 평형을 이루어야 한다.

x성분 : $T\cos 60° = T'\cos 30°$

y성분 : $Mg = T\sin 60° + T'\sin 30°$

두 식을 연립하여 풀면 $T = \frac{\sqrt{3}}{2}Mg$, $T' = \frac{1}{2}Mg$

02 그림 1), 2), 3), 4)와 같이 힘 F가 작용할 때 접촉면이 질량 M인 물체를 수직으로 떠받치는 힘(수직 항력 : N)을 구하여라.(단, 중력 가속도는 g이다.)

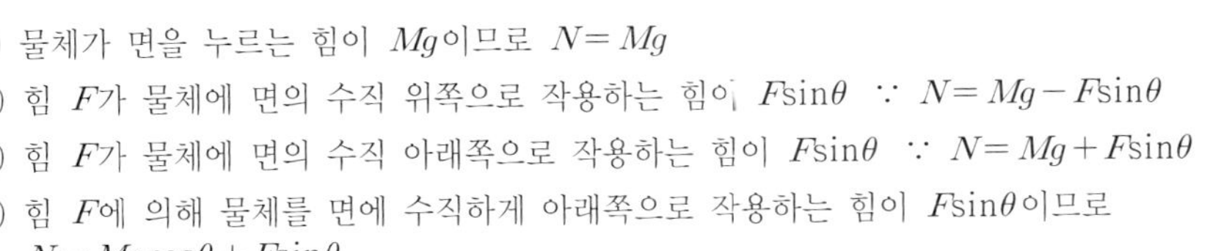

그림 1) 그림 2) 그림 3) 그림 4)

풀이

(1) 물체가 면을 누르는 힘이 Mg이므로 $N = Mg$

(2) 힘 F가 물체에 면의 수직 위쪽으로 작용하는 힘이 $F\sin\theta$ ∵ $N = Mg - F\sin\theta$

(3) 힘 F가 물체에 면의 수직 아래쪽으로 작용하는 힘이 $F\sin\theta$ ∵ $N = Mg + F\sin\theta$

(4) 힘 F에 의해 물체를 면에 수직하게 아래쪽으로 작용하는 힘이 $F\sin\theta$이므로
$N = Mg\cos\theta + F\sin\theta$

03 무게가 각각 5N인 두 물체가 그림과 같이 도르래에 연결되어 정지 상태를 유지하고 있다. 빗면 위에 놓인 물체에 작용하는 마찰력은 얼마인가?(단, 높이는 3m, 밑변은 4m이다.)

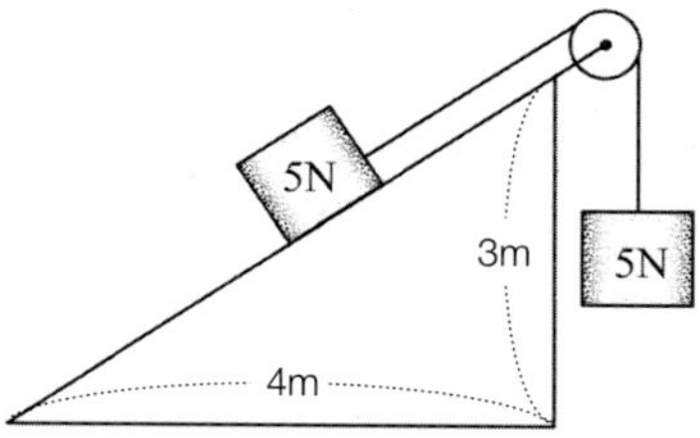

풀이

경사각을 θ라 하면 빗면 위의 물체에 작용하는 힘은 다음과 같다.
빗면의 길이가 5m이므로 마찰력 $+5\cdot\frac{3}{5}=5$에서 마찰력은 2N이다.

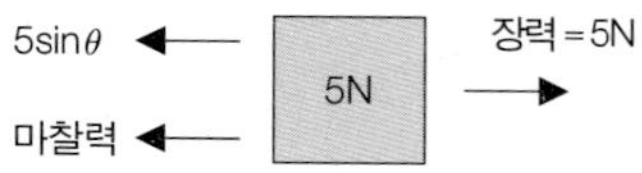

04 마찰이 없는 수평면 위에 질량 M인 물체가 질량 m인 줄에 매달려 있다. 줄의 한 끝에 크기가 F인 힘을 작용할 때 다음 물음에 답하여라.

(1) 줄과 물체의 가속도는 얼마인가?

(2) 줄이 물체에 작용하는 힘은?

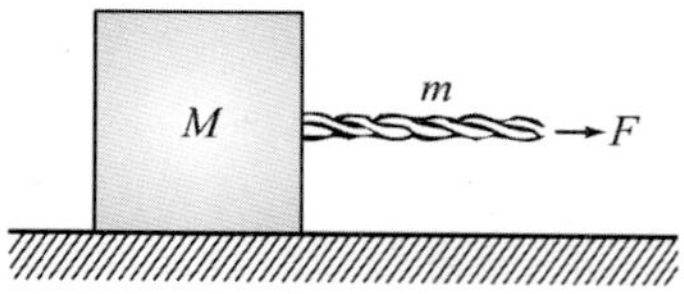

풀이

(1) $F=(M+m)a$에서 $a=\frac{F}{M+m}$

(2) 질량 M인 물체의 가속도가 $\frac{F}{M+m}$이므로 줄이 물체에 작용하는 힘은 $\frac{M}{M+m}F$

05 질량이 각각 m_1, m_2인 두 물체가 그림과 같이 도르래에 연결되어 있다. 중력 가속도가 g일 때 다음 물음에 답하여라. (단, 줄의 질량과 마찰은 무시하고 $m_1>m_2$이다.)

(1) 두 물체 각각에 작용하는 힘들을 그림으로 나타내라.

(2) 두 물체 각각의 힘의 운동 방정식과 가속도는?

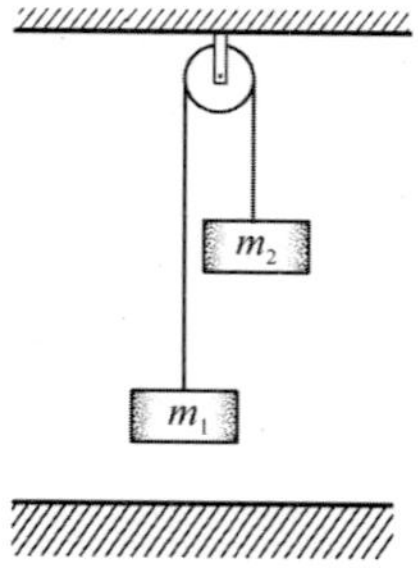

풀이

(1)

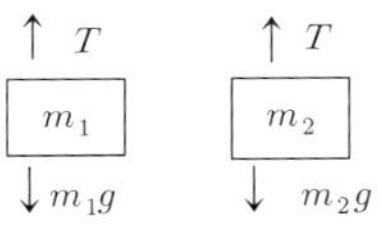

(2) $T-m_1g=m_1a$, $m_2g-T=m_2a$, $a=\dfrac{(m_1-m_2)g}{m_1+m_2}$

06 질량이 각각 m_1, m_2인 두 물체가 그림과 같이 도르래에 연결되어 있다. 중력 가속도가 g일 때 다음 물음에 답하여라(단, 줄의 질량과 마찰은 무시한다.)

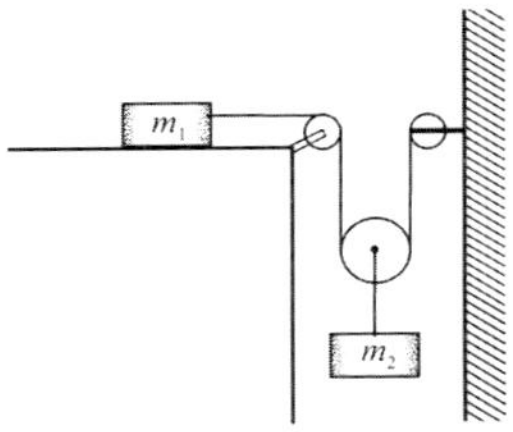

(1) 두 물체 각각에 작용하는 힘들을 그림으로 나타내라

(2) 질량 m_2인 물체가 거리 s 만큼 움직일 때 질량 m_1인 물체가 움직인 거리는?

(3) 두 물체 각각의 힘의 운동방정식과 가속도는?

풀이

(1)

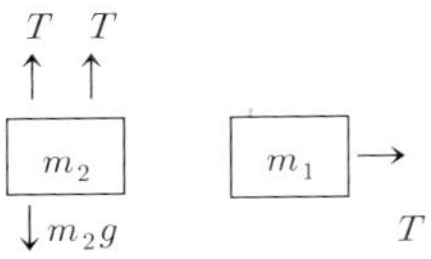

(2) m_2인 물체와 연결된 두 줄이 s만큼 이동했으므로 m_1인 물체가 움직인 거리는 2s이다.
($s=\dfrac{1}{2}at^2$에서 $s\propto a$, 즉 m_2의 가속도가 a라면 m_1의 가속도는 $2a$가 된다.)

(3) $m_2g-2T=m_2a$, $T=m_1\cdot 2a$, $a=\dfrac{m_2g}{4m_1+m_2}$

07 질량이 각각 m, M 두 물체가 마찰이 없는 수평면 위에 그림과 같이 접촉되어 있다. 다음 물음에 답하여라.

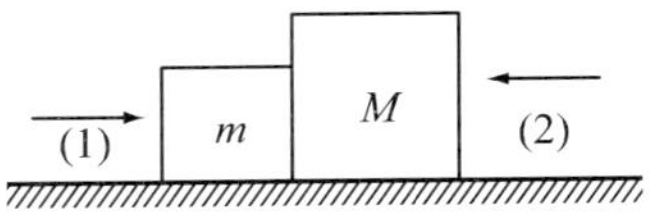

(1) 왼쪽에서 힘 F로 밀 때 접촉면 사이에 작용하는 힘을 구하여라.

(2) 오른쪽에서 힘 F로 밀 때 접촉면 사이에 작용하는 힘을 구하여라.

풀이

질량을 가진 물체는 관성에 의해 저항하려는 성질이 있으므로 접촉면 사이에 힘이 작용하고, 이 힘은 작용과 반작용에 의해 두 물체 각각에 크기가 같고 방향이 반대로 작용한다.

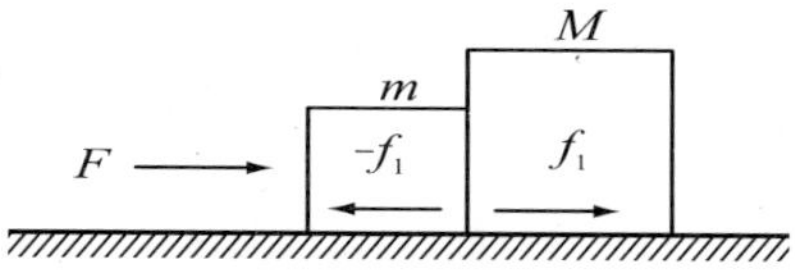

(1) 접촉면 사이에 작용하는 힘을 f_1이라 하면
질량 m인 물체에 작용하는 힘은 $F-f_1$이고 질량 M인 물체에 작용하는 힘은 f_1이다.
$F-f_1=ma$, $f_1=Ma$에서
$a=\frac{F}{m+M}$, $f_1=\frac{MF}{m+M}$이다.

(2) 접촉면 사이에 작용하는 힘을 f_2라 하면 질량 M인 물체에 작용하는 힘은 $F-f_2$이고 질량 M인 물체에 작용하는 힘은 f_2이다. $F-f_2=Ma$, $f_2=ma$에서
$a=\frac{F}{m+M}$, $f_2=\frac{mF}{m+M}$

08 그림과 같이 질량이 각각 6kg, 5kg인 두 물체가 질량이 4kg인 줄에 매달려 있다. 질량이 6kg인 물체에 200N의 힘을 가했을 때 다음 물음에 답하여라.(단, 중력 가속도는 10m/s^2이다.)

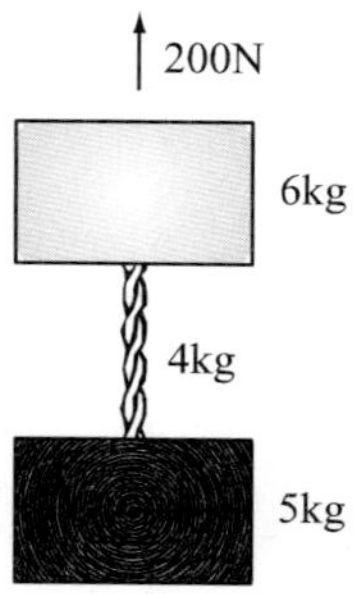

(1) 가속도는 얼마인가?

(2) 줄의 위쪽 끝의 장력은?

(3) 줄의 중간 지점에서의 장력은?

풀이

(1) $200-15g=15a \quad \therefore\ a=\frac{10}{3}(\text{m/s}^2)$

(2)

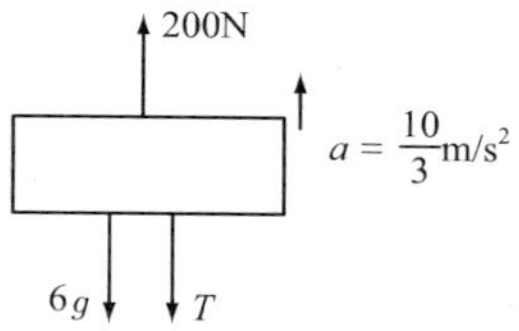

$200-T-6g=6a=6\times\frac{10}{3} \qquad \therefore\ T=120(\text{N})$

(3)

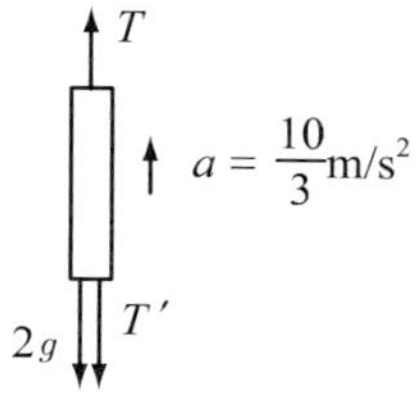

$T-T'-2g=2a$에서 $T'=120-20-2\times\frac{10}{3}=\frac{280}{3}(\text{N})$

09 수평면 위에 질량 M인 물체가 놓여 있다. 크기가 F인 힘을 그림과 같이 수평면과 θ의 각으로 비스듬히 작용했을 때 다음 물음에 답하여라.(단, 물체와 면 사이의 정지 마찰 계수는 μ, 중력 가속도는 g 이다.)

(1) 물체를 움직이는 데 필요한 최소의 힘 F는 얼마인가?

(2) 각 θ를 증가시켜 아무리 큰 힘을 가해도 물체가 움직이지 않는 경우가 있다. 이 때의 각 θ를 구하여라.

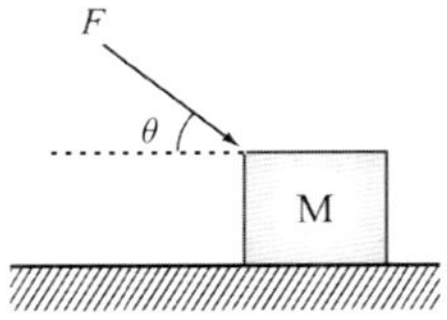

풀이

(1) $F\cos\theta = f = \mu N = \mu(F\sin\theta + Mg)$ $\therefore$ $F = \dfrac{\mu Mg}{\cos\theta - \mu\sin\theta}$

(2) $\cos\theta - \mu\sin\theta = 0$인 경우 어떤 힘 F에 대해서도 성립하지 않는다.
$\cot\theta = \mu(\theta = \cot^{-1}\mu)$

10 질량이 10kg인 물체 m_1과 질량이 2kg인 물체 m_2가 그림과 같이 수평면을 따라 오른쪽으로 운동하고 있다. 두 물체가 접촉한 채로 운동할 만큼 충분한 힘이 질량이 m_1인 물체에 작용하고 있을 때 다음 물음에 답하여라.(질량이 m_1인 물체와 수평면 사이의 운동 마찰 계수가 0.3, 두 물체 사이의 정지 마찰 계수가 0.5, 중력 가속도는 10m/s^{2}이다.)

(1) m_2가 미끄러져 내려오지 않을 때 작용하고 있을 힘 F가 360N이라면 두 물체의 운동 가속도는?

(2) (1)에서 질량이 m_1인 물체가 질량이 m_2인 물체에 수평 방향으로 작용하는 힘의 크기는?

(3) 질량이 m_2인 물체가 미끄러져 내려오지 않기 위한 최소의 힘은?

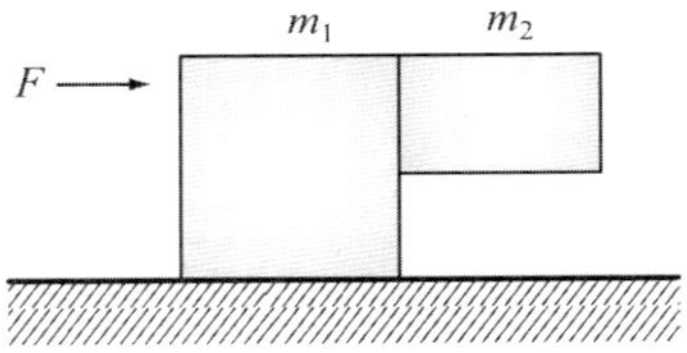

풀이

(1) $360 - f - f'' = m_1 a$, $f = m_2 a$
$f'' = \mu N = \mu(m_1 g + f') = \mu(m_1 g + m_2 g)$
(m_2가 정지해 있으므로 $f' = m_2 g$이다.)
$a = 27(\text{m/s}^2)$

(2) $f = m_2 a = 54(\text{N})$

(3) m_2가 미끄러져 내려오는 순간, $f'' = \mu m_1 g$,
$f' = \mu f = \mu m_2 a' = m_2 g$이다.
$a' = \dfrac{g}{\mu} = 20(\text{m/s}^2)$, $F - f - f'' = F - m_2 a - \mu(m_1 + m_2)g = m_1 a'$에서
$F = (m_1 + m_2)a + \mu(m_1 + m_2)g = 276(\text{N})$

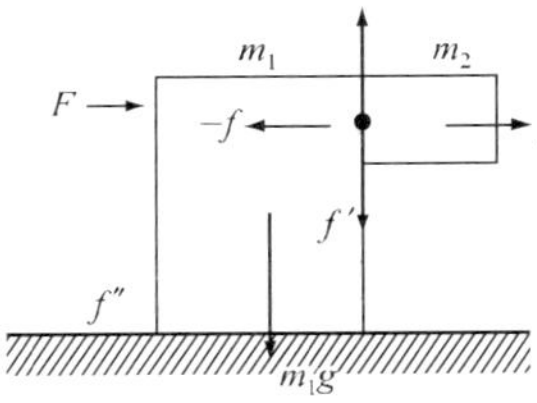

11 질량 M인 물체 A위에 질량 m인 물체 B가 정지 상태로 놓여 있다. 물체 B에 힘을 가하여 두 물체를 운동시키려고 한다. 물체 A와 면 사이의 마찰이 없을 때 물체 A와 같은 가속도로 운동하기 위해 물체 B에 작용할 수 있는 힘의 최대 크기는 얼마인가?(단, 물체 A와 물체 B 사이의 마찰 계수는 μ, 중력 가속도는 g 이다.)

풀이

$F-f=ma,\ f=Ma=\mu mg$에서 $a=\dfrac{\mu mg}{M}$

$\therefore\ F=f+ma=\mu mg+m\cdot\dfrac{\mu mg}{M}=\mu mg\left(1+\dfrac{m}{M}\right)$

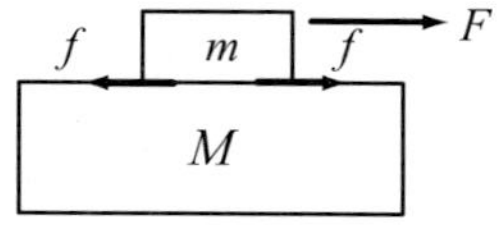

12 질량이 각각 m_1, m_2, m_3인 물체가 그림과 같이 도르래에 연결되어 있다. 질량 m_2인 물체에 작용하는 장력을 구하여라.(단, 도르래의 질량은 무시하고 중력 가속도는 g, $m_1 < m_2 < m_3$이다.)

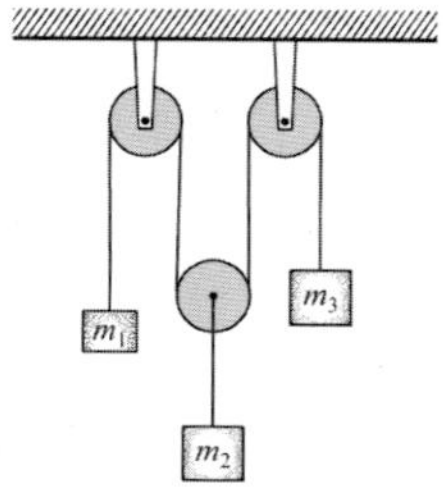

풀이

$T-m_1g=m_1a_1,\ 2T-m_2g=m_2a_2,\ m_3g-T=m_3a_3,\ \dfrac{a_3-a_1}{2}=a_2$에서

$a_1+2a_2-a_3=0$

$a_1=\dfrac{T}{m_1}-g,\ 2a_2=4\dfrac{T}{m_2}-2g,\ -a_3=\dfrac{T}{m_3}-g$

$\dfrac{T}{m_1}+4\dfrac{T}{m_2}+\dfrac{T}{m_3}=4g,\ T\left(\dfrac{m_2m_3+4m_1m_3+m_1m_2}{m_1m_2m_3}\right)=4g,$

$\therefore\ T=\left(\dfrac{4m_1m_2m_3g}{m_2m_3+4m_1m_3+m_1m_2}\right)$

13 용수철 저울을 천정에 매달고 질량이 각각 5kg과 1kg인 두 물체를 가벼운 줄로 연결하여 그림과 같이 줄을 저울의 고리에 걸쳐 놓았다.

(1) 두 물체가 무거운 쪽으로 떨어지고 있을 때 저울에 나타난 무게는 몇 N인가?(단, 중력 가속도는 10m/s^2, 고리와 줄의 마찰은 무시한다.)

(2) 같은 실험을 가속 운동을 하는 엘리베이터 안에서 했을 때 용수철 저울이 60N의 무게를 가리켰다. 이 엘리베이터의 운동 상태를 기술하여라.

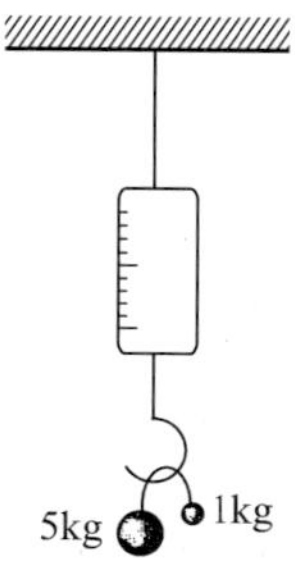

풀이

(1) $5g-T=5a$, $T-1g=1\cdot a$에서 $a=\dfrac{20}{3}(\mathrm{m/s^2})$, $T=\dfrac{50}{3}(\mathrm{N})$
용수철 저울의 무게$=2T=\dfrac{100}{3}(\mathrm{N})$

(2) (관성력 참조) $2T'=60(\mathrm{N})$이므로 $T'=30(\mathrm{N})$
$5g'-30=5\cdot a$, $30-1\cdot g'=1\cdot a$에서 $g'=18(\mathrm{m/s^2})$
$g'=g+a'$이므로 $a'=8(\mathrm{m/s^2})$

14 속도에 비례하는 저항력을 받게 되는 공기 중에서 질량 9kg의 물체가 정지 상태에서 운동하는 물체가 있다. 이때 저항력은 $R=-bv$(v는 속도)로 표시된다. 물체의 속도가 종단 속도의 $\dfrac{1}{2}$이 되는데 걸린 시간이 5.54초일 때(계산기를 이용해도 좋다.) 종단 속력과 이때까지 이동한 거리를 구하라.

풀이

속도 v로 내려가고 있을 때 $F=ma$를 쓰면

$mg-bv=ma$ 에서 $mg-bv=m\dfrac{dv}{dt}$이므로 $\dfrac{1}{m}dt=\dfrac{dv}{mg-bv}$이 된다.

양변을 적분하면 $\displaystyle\int_0^t\frac{1}{m}dt=\int_0^v\frac{dv}{mg-bv}$에서

$\dfrac{t}{m}=-\dfrac{1}{b}\ln\dfrac{mg-bv}{mg}$, $-\dfrac{bt}{m}=\ln\dfrac{mg-bv}{mg}\rightarrow\dfrac{mg-bv}{mg}=e^{-\frac{bt}{m}}$

$\therefore\ v=\dfrac{mg}{b}(1-e^{-\frac{bt}{m}})$

종단 속력은 t가 무한대 일 때 v의 값이므로 v_f는 $\dfrac{mg}{b}$이다.

$t=5.54\mathrm{s}$일 때 $v=\dfrac{1}{2}v_f$이므로 $e^{-\frac{bt}{m}}=0.5$

$\dfrac{-\mathrm{b}(5.54\mathrm{s})}{9\mathrm{kg}}=\ln0.5=-0.693$에서 $b=\dfrac{9\mathrm{kg}(0.693)}{5.54\mathrm{s}}=1.13\mathrm{kg/s}$

이동거리 s는 $s=\displaystyle\int_0^t(\frac{mg}{b})(1-e^{-\frac{bt}{m}})dt=\frac{mgt}{b}+(\frac{m^2g}{b^2})[e^{-\frac{bt}{m}}\cdot(-1)]$

수치를 대입하면 $v_f=78.3\mathrm{m/s}$, $s=121\mathrm{m}$

15 그림과 같이 질량 M인 쐐기 위에 질량 m인 물체가 정지 상태에서 미끄러져 내려온다. 단, 모든 마찰은 무시하고 중력가속도는 g 이다.

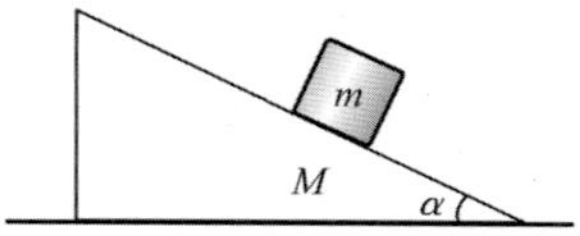

(1) 물체와 쐐기의 수평 방향과 수직 방향의 가속도를 구하라.

(2) 물체와 쐐기 사이의 수직항력을 구하라.

풀이

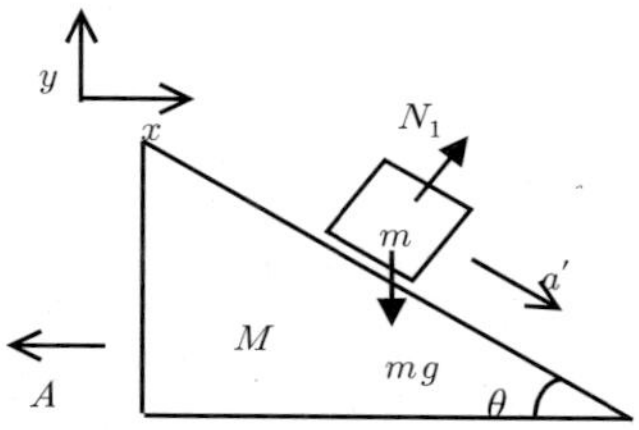

a'은 쐐기에 대한 상대적인 가속도이다.

쐐기에서 수평방향의 힘

$-N_1\sin\theta = -MA \quad \cdots(1)$

물체에서 수평방향의 힘

$N_1\sin\theta = m(-A + a'\cos\theta) \quad \cdots(2)$

(1)과 (2)에서

$$A = \frac{ma'\cos\theta}{M+m} \quad \cdots(3)$$

(1)과 (3)에서 A를 소거해서 정리하면

$$N_1 = \frac{Mma'\cos\theta}{(M+m)\sin\theta} \quad \cdots(4)$$

물체에서 수직방향의 힘

$N_1\cos\theta - mg = -ma'\sin\theta \quad \cdots(5)$

(4)를 (5)에 대입해 N_1를 소거한 후 a'에 관하여 정리하면

$$a' = \frac{(M+m)g\sin\theta}{M+m\sin^2\theta} \quad \cdots(6)$$

또 이를 (3)에 대입하면

$$A = \frac{mg\sin\theta\cos\theta}{M+m\sin^2\theta}$$

물체의 실제 가속도a는 $\vec{a'}$과 $\vec{A}$의 합과 같다.

$$a_x = -A + a'\cos\theta = \frac{Mg\sin\theta\cos\theta}{M+m\sin^2\theta}$$

$$a_y = -a'\sin\theta = -\frac{(M+m)g\sin^2\theta}{M+m\sin^2\theta}$$

(4)에 (6)을 대입하면

$$N_1 = \frac{Mmg\cos\theta}{M+m\sin^2\theta}$$

16 길이 L인 유연한 쇠사슬이 그림과 같이 마찰이 없는 탁자의 가장자리에서 미끄러져 떨어진다. 탁자의 가장자리에서 쇠사슬의 처음 길이는 y_o이다.

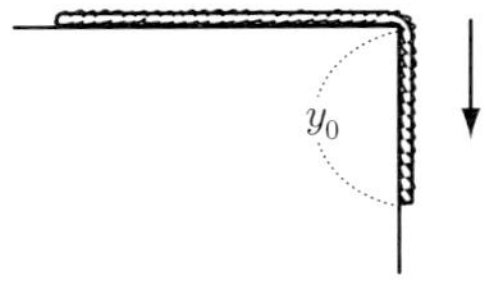

(1) 쇠사슬의 가속도를 y의 함수로 나타내라.

(2) 쇠사슬이 모두 연직선상에 놓일 때 쇠사슬의 순간 속력은 얼마인가?

풀이

(1) $F = ma$ 를 쓰면 $\lambda yg = \frac{Md^2y}{dt^2}$, 여기서 선밀도$\lambda$는 $\frac{M}{L}$ 두 식에서 $a = \frac{d^2y}{dt^2} = \frac{g}{L}y$

(2) (1)의 결과에서 좌변을 변형하면 $a = \frac{dv}{dt} = \frac{dv}{dy} \cdot \frac{dy}{dt} = \frac{dv}{dy} \cdot v$

대입해서 정리하면 $vdv = \frac{g}{L}ydy$ 양변을 적분하면 $\int_0^v vdv = \frac{g}{L}\int_{y_0}^L ydy$ 이므로

$v = \sqrt{\frac{g}{L}(L^2 - y_0^2)}$

17 길이 8m인 균일한 쇠사슬이 수평한 책상 위에 놓여 있다. 쇠사슬과 책상면 사이의 정지 마찰계수는 0.6, 운동 마찰계수는 0.4이다. 책상의 가장자리 아래로 쇠사슬을 얼마만큼 늘어뜨렸을 때 쇠사슬은 운동하기 시작하겠는가? 또 쇠사슬이 책상면의 가장자리 아래로 모두 내려오는 순간의 속력을 구하라.

풀이

늘어뜨려진 줄의 길이를 x_s하자. 미끄러지기 바로 직전 마찰력은 최대 정지 마찰력이고 그 크기는 중력과 같다. $0.6mg(L - x_s) = mgx_s$

$L = 8\text{m}$ 이므로 $x_s = 3\text{m}$ 이다.

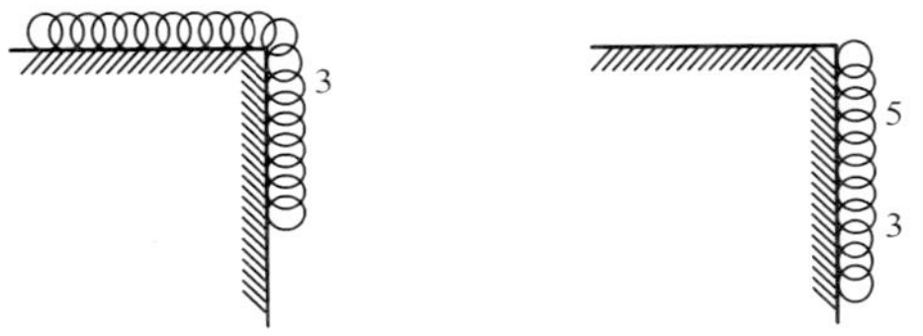

움직이기 시작할 때 모두 내려온 순간

위치 에너지의 변화 $= \frac{3}{8}mg \cdot 5 + \frac{5}{8}mg \cdot \frac{5}{2} = \frac{55}{16}mg$

($\because$ 3m 부분은 중심이 5m이동하고, 5m 부분은 중심이 $\frac{5}{2}$m이동함)

마찰에 의한 손실된 에너지 $\int_3^8 \mu(\frac{8-x}{8})mgdx = \frac{25}{16\mu mg} = \frac{5}{8}mg$

에너지 보존법칙에 의하여

$\frac{1}{2}mv^2 = \frac{55}{16}mg - \frac{5}{8}mg = \frac{45}{16}mg$에서 $v^2 = \frac{45}{8}g = \frac{225}{4}$이므로 $v = \frac{15}{2} = 7.5(\text{m/s})$이다.

CHAPTER 04

운동량

4.1 개념 익히기

01 화물차가 도로를 따라 운동하고 있을 때, 화물차의 속력이 2배로 된다면 운동량은 몇 배가 되는가?

① 0
② 2배
③ 4배
④ 1배

운동량은 질량과 속도의 곱으로 운동하는 물체의 관성, 운동의 세기, 충격정도를 나타내는 물리량이다. 속력이 2배가 되면 운동량은 2배가 된다.

02 아무런 힘을 받지 않고 운동하는 물체의 경우 어떤 물리량이 일정한가?

① 가속도
② 충격량
③ 운동량
④ 앞의 3가지 모두

알짜힘이 0이면 등속도 운동을 하므로 속도의 변화가 없다. 따라서 운동량도 변화가 없다.

03 충격량과 충격력의 차이는 무엇인가?

① 힘이 작용한 거리
② 힘이 작용한 시간
③ 가속도와 속도의 차이점과 같다.
④ 운동량이 변화하는데 저항하는 능력

충격량은 물체에 작용한 힘과 힘을 작용한 시간의 곱으로 힘의 시간적인 축적을 나타내는 물리량이다. 충격력은 단순히 힘일 뿐이다.

Answers 01. ② 02. ③ 03. ②

04 다음 중 충격량과 같은 물리량은?

① 운동량
② 운동량의 변화량
③ 힘과 힘이 작용한 거리의 곱
④ 앞의 3가지 모두

힘과 가속도의 법칙을 이용하면 $F = ma = m\dfrac{\Delta v}{t} = \dfrac{\Delta p}{t}$에서 $Ft = \Delta p$이므로 충격량은 운동량의 변화량과 같다.

05 운동량의 변화량과 충격량과의 관계는 어떤 운동법칙의 결과인가?

① 관성의 법칙
② 힘과 가속도의 법칙
③ 작용 반작용의 법칙

힘과 가속도의 법칙에 따라 충격량은 운동량의 변화량과 같다.

06 충돌하는 두 물체의 운동량 보존은 어떤 운동법칙과 연관성이 있는가?

① 관성의 법칙
② 힘과 가속도의 법칙
③ 작용 반작용의 법칙

그림에서 작용 반작용의 법칙과 충격량은 운동량의 변화량과 같음을 이용하면
A가 받은 충격량 = 운동량의 변화량
= $-F\Delta t = m_1v_1' - m_1v_1$
B가 받은 충격량 = 운동량의 변화량
= $F\Delta t = m_2v_2' - m_2v_2$
두 식을 더하면 $m_1v_1 + m_2v_2 = m_1v_1' + m_2v_2'$이므로 충돌 전후 운동량이 보존됨을 알 수 있다.

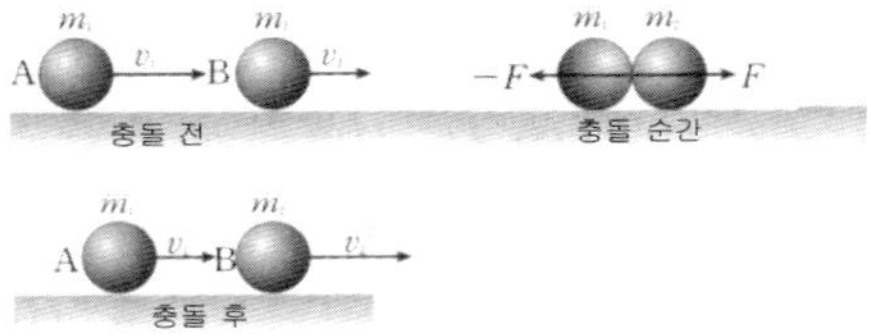

07 총구에서 총알이 발사될 때 총이 뒤로 밀려나는 속력이 총알의 속력보다 작은 이유는?

① 총이 총알보다 더 작은 힘을 받으므로
② 운동량이 주로 총알에 집중되므로
③ 총의 질량이 총알보다 더 크므로
④ 총의 운동량이 더 작으므로

충격량은 운동량의 변화량과 같으므로 총과 총알의 운동량의 크기는 같다. 총의 질량이 크므로 총의 속력이 더 작다.

08 총의 질량이 총알보다 작게 만들어져 있다고 상상하자. 다음 중 옳은 것은?

① 총알을 맞는 사람보다 총을 쏘는 사람이 더 위험하다.
② 에너지가 보존되지 않는다.
③ 운동량이 보존되지 않는다.
④ 운동량과 에너지 모두 보존되지 않는다.

총의 질량이 총알보다 작다면 총이 총알 역할을 하므로 총을 쏘는 사람이 더 위험하다.

Answers 04. ② 05. ② 06. ③ 07. ③ 08. ①

09 모양과 크기가 같은 두 물체 A, B(물체 A의 질량이 B보다 2배 크다)를 일정한 높이에서 동시에 떨어뜨릴때 같은 시간에 지면에 도달한다면 물체 A가

① 물체 B보다 속력이 더 크다.
② 물체 B보다 가속도가 더 크다.
③ 물체 B보다 운동량이 더 크다.

두 물체가 바닥에 동시에 떨어지고 있으므로 두 물체의 속도는 같다. 물체 A의 질량이 B보다 2배 더 크므로 A의 운동량은 B보다 2배 더 크다.

10 무거운 물체와 가벼운 물체가 언덕을 미끄러져 내려온다. 마찰을 무시한다면 언덕의 바닥에 도달했을 때 무거운 물체가 가벼운 물체보다 더 큰 물리량은?

① 속력
② 가속도
③ 운동량

마찰을 무시할 때 동일한 빗면을 내려오는 두 물체의 가속도($ma = mg\sin\theta$에서 $a = g\sin\theta$), 속도는 모두 같다. 따라서 무거운 물체가 가벼운 물체보다 운동량이 더 크다.

11 투수가 던진 공을 포수가 글러브를 뒤로 빼면서 받게 되면 충격력을 감소시킬 수 있는 이유는?

① 충격량이 감소하므로
② 상대속도가 감소하므로
③ 힘을 받는 시간이 증가하므로
④ 힘을 받는 시간이 감소하므로

충격량이 일정할 때 충격시간을 길게 하면 충격력을 줄일 수 있다. 에어백은 이와 같은 원리로 승객의 부상을 줄일 수 있다.

12 높은 곳에서 낮은 곳으로 점프할 때 지면에 도달하는 순간 무릎을 굽힘으로써 무릎을 굽히지 않는 경우보다 힘을 받는 시간을 약 10배 증가시키게 된다. 무릎을 굽힌 사람이 경험하는 평균 충격력은 무릎을 굽히지 않는 사람의 몇배인가?

① $\frac{1}{10}$배 이상
② $\frac{1}{10}$배 이하
③ 약 $\frac{1}{10}$배

Δp가 일정할 때 $Ft = \Delta p$에서 충격시간 t를 10배 증가시키면 충격력 F는 $\frac{1}{10}$로 감소한다.

13 빠르게 운동하는 물체가 여러분을 향해 날아올 때(피할 수 없다면) 물체에 의한 충격력을 줄이는 방법으로 옳은 것은?

① 힘을 받는 시간을 증가시킨다.
② 힘을 받는 시간을 감소시킨다.
③ 어느 경우나 같다.

운동량의 변화량(충격량)이 일정할 때 충격시간을 길게 하면 충격력을 줄일 수 있다.

Answers 09. ③ 10. ③ 11. ③ 12. ③ 13. ①

14 운전자가 계기판에 충돌할 때 계기판에 충격방지용 덮개를 씌운 자동차가 덮개를 씌우지 않은 자동차보다 더 안전한 이유는?

① 힘을 받는 시간을 길게 하므로
② 충격량을 감소시키므로
③ 충격력을 감소시키므로
④ ①, ② 두 경우 모두 맞다.
⑤ ①, ③ 두 경우 모두 맞다.

충격시간을 길게 하면 충격력이 감소하는 것이지 충격량이 감소하는 것은 아니다.

15 지면에 떨어지는 사과가 지면으로부터 받는 힘은 다음 중 어떤 요인과 관련 있는가?

① 충돌 전의 속력
② 지면과 충돌시간
③ 충돌 후 사과가 되튀는지 여부
④ 앞의 3가지가 모두 맞다.

지면에 떨어지는 사과의 속력이 클수록, 지면과 충돌시간이 짧을수록 충격력이 커지며, 사과가 정지하는 것보다 되튈 때의 운동량의 변화량이 더 크므로 충격량이 더 크며 충격력도 더 크다.

16 유리잔이 마룻바닥에 떨어졌을 때는 깨졌지만 카펫 위에 떨어진 유리잔은 깨지지 않았다. 그 이유는?

① 충격량을 감소시키기 때문
② 정지하는데 걸린 시간을 길게 하므로
③ 둘 다 맞다.
④ 둘 다 틀리다.

유리잔이 마룻바닥에 떨어졌을 때 카펫보다 충격시간이 짧아서 충격력이 더 크므로 깨지게 된다.

17 4kg의 공이 12kg · m/s 의 운동량을 갖고 있다. 이 공의 속력은?

① 3m/s
② 4m/s
③ 12m/s
④ 48m/s

$p = mv$를 이용하면 $12 = 4 \times v$에서 $v = 3$m/s

18 롤러스케이트 위에서 무거운 공을 던지면 반동 때문에 롤러스케이트가 움직인다. 공을 던지는 척만 했을 때는 롤러스케이트는 어떻게 되겠는가?

① 움직이지 않는다.
② 공을 던질 때와 똑같이 움직인다.
③ 눈에 뜨일 정도로 조금만 움직인다.

물체가 운동하려면 외부에서 힘(외력)이 작용해야 하는데, 공을 던지는 척만 했을 때 롤러스케이트에 작용하는 외력이 없으므로 움직이지 않는다.

Answers 14. ⑤ 15. ④ 16. ② 17. ① 18. ①

19 무거운 트럭과 작은 승용차가 같은 속력으로 언덕을 내려오고 있는 경우 같은 시간 동안에 트럭과 승용차를 정지시키려고 한다. 어느 쪽이 더 많은 힘을 필요로 하는가?

① 트럭 ② 승용차
③ 같다.

$Ft = \Delta p$에서 트럭의 질량이 승용차보다 크므로 운동량도 더 크다. 따라서 트럭을 정지시키는데 더 큰 힘을 필요로 한다.

20 1N의 사과가 지면에 떨어지고 있다. 사과가 충돌하면서 지면에 작용하는 충격력은?

① 1N
② 2N
③ 4N
④ 9.8N
⑤ 더 많은 정보가 있어야 한다.

충격력을 구하려면 $Ft = \Delta p$에서 운동량의 변화량과 시간을 알아야 하는데 사과의 무게 이외에는 아무런 정보가 없으므로 더 많은 정보가 있어야 한다.

21 태권도 선수가 맨손으로 벽돌을 깨뜨릴 때 다음 설명 중 옳은 것은?

① 손과 벽돌에 가해지는 충격량은 같다.
② 손과 벽돌에 가해지는 힘은 같다.
③ 손과 벽돌에 가해지는 충격시간은 같다.
④ 위의 3가지 모두 맞다.

작용 반작용의 법칙에 따라 맨손과 벽돌 사이에 작용하는 힘의 크기는 같고 방향은 반대이므로 엄밀한 의미에서 손과 벽돌의 충격량과 힘의 크기가 같다고 해야 한다. 여기서는 크기라 보면 모두 맞다.

22 10kg · m/s의 운동량을 가진 진흙덩어리를 정지해 있는 무거운 볼링공에 충돌시켰다. 충돌 후 진흙덩어리가 볼링공에 붙어서 운동할 때 전체의 운동량은? 단, 바닥과의 마찰은 무시한다.

① 10kg · m/s보다 작다.
② 10kg · m/s보다 크다.
③ 10kg · m/s

외력이 작용하지 않으면 충돌, 폭발, 분열, 융합 등의 상호작용이 일어나도 상호작용 전후의 운동량의 합은 항상 보존된다. 이것이 운동량 보존 법칙이다. 진흙덩어리가 볼링공에 충돌하기 전에 운동량이 10kg · m/s이므로 함께 붙어서 운동할 때의 운동량도 10kg · m/s이다.

23 1m/s로 운동하던 1kg의 진흙덩어리가 정지해 있는 질량 5kg의 볼링공에 충돌하였다. 충돌 후 진흙덩어리가 볼링공에 붙어서 운동한다면 전체의 운동량은? 단, 바닥과의 마찰은 무시한다.

① 0
② 1kg · m/s
③ 2kg · m/s
④ 5kg · m/s
⑤ 5kg · m/s보다 크다.

Answers 19. ① 20. ⑤ 21. ④ 22. ③ 23. ②

22번과 마찬가지로 충돌 전 운동량은 1kg·m/s이므로 충돌 후 전체의 운동량은 1kg·m/s이다.

24 질량이 같은 2개의 당구공이 같은 속력으로 서로 반대 방향으로 운동하고 있을 때 두 공의 운동량의 합은?

① 0
② 10kg·m/s
③ 알 수 없다.

당구공의 질량을 m, 속력을 v라 하면 두 당구공 중 한 당구공의 운동량은 mv, 다른 당구공의 운동량은 반대 방향으로 운동하고 있으므로 $-mv$이다. 두 당구공의 운동량을 더하면 0이 된다.

25 같은 속력으로 운동하는 작은 승용차와 무거운 트럭을 정지시키는 데 필요한 힘은?

① 트럭의 경우 더 크다.
② 승용차의 경우 더 크다.
③ 둘 중 어느 하나가 클 수도 있고 작을 수도 있다.

무거운 트럭의 운동량이 승용차보다 더 커서 일반적으로 트럭을 정지시키는데 더 큰 힘을 필요로 한다. 그러나 정지시키는 시간이 주어져 있지 않기 때문에 운동량이 작은 승용차라 하더라도 짧은 시간 동안 정지시키려면 큰 힘을 필요로 하고, 운동량이 큰 트럭이라도 긴 시간 동안 정지시킨다면 작은 힘을 필요로 한다고 할 수 있다.

26 포신이 길면 길수록 포탄의 속력은 빨라지는 이유는?

① 힘이 증가하므로
② 충격량이 증가하므로
③ 둘 다 맞다.
④ 둘 다 틀리다.

권총보다는 총구길이가 긴 소총의 경우 총알이 총구 내에서 오랜 시간 동안 힘(이때 총알이 받는 힘은 점점 줄어든다.)을 받으므로 충격량이 커서 총알의 속도는 더 빨라진다. 대포의 경우에도 포신이 길수록 포탄이 받는 충격량이 더 커서(물론 포탄이 포신 내에서 받는 힘의 크기는 처음보다는 점점 줄어들지만 충격량은 계속 증가한다.) 포탄의 속력은 더 빨라진다.

27 시속 36km로 달리는 질량 1ton의 자동차를 5초만에 정지시키려고 한다. 브레이크에 작용하는 평균적인 힘은?

① 1000N
② 2000N
③ 3000N
④ 4000N
⑤ 5000N

우리가 알고 있는 다른 단위와 맞추기 위해서는 길이(거리)의 단위는 m, 시간의 단위는 s, 질량은 kg으로 바꿔서 계산하는 것이 좋다. 36km/h=36000m/3600s=10m/s, 1ton=1000kg 이다. 힘과 가속도의 법칙을 이용하여 힘의 크기를 구하면 $F=ma$에서 질량은 알고 있으므로 가속도만 계산하면 된다. 처음 속도 10m/s, 나중 속도 0인데, 시간이 5초이므로 가속도는 2이다. 따라서 $F=ma$ $=1000\times2=2000$N이다.

Answers 24. ① 25. ③ 26. ② 27. ②

28 자동차가 시멘트에 충돌하는 경우와 같은 속력으로 반대방향으로 진행하는 동일한 자동차와 충돌하는 경우 어느 쪽이 더 큰 충격량을 받겠는가?

① 시멘트와 충돌하는 경우
② 자동차와 충돌하는 경우
③ 같다.

이 문제에서 시멘트에 충돌한 자동차도 충돌 후 정지했다고 표현을 해 주어야만 정확하게 문제를 해결할 수 있다. 같은 속력으로 반대방향으로 진행하다가 충돌 한 자동차의 경우 충돌 전 운동량의 합이 0이므로 충돌 후 운동량의 합도 0이 되어 충돌 후 두 자동차는 정한다. 따라서 시멘트나 자동차에 충돌하는 두 자동차의 운동량의 변화량이 같으므로 충격량도 같다.

29 2kg의 총이 실에 매달려 있다. 질량 0.01kg의 총알이 200m/s로 총에서 발사된다면 총의 되튀는 속력은?

① 0.001m/s ② 0.01m/s
③ 0.1m/s ④ 1m/s

처음에 운동량이 0이므로 총알이 발사된 후에도 운동량의 합이 0이 되어야 한다. 운동량 보존법칙을 이용하면 $0 = 0.01\times200 + 2\times v$에서 $v = -1$m/s이다. 영기서 (-)총의 운동방향은 총알의 운동방향과 반대임을 의미한다.

30 질량 5kg의 물고기가 1m/s의 속력으로 운동하다가 정지해 있는 질량 1kg의 얼빠진 물고기를 삼켜버렸다. 먹이를 삼킨 물고기의 속력은?

① $\frac{1}{2}$m/s ② $\frac{2}{5}$m/s
③ $\frac{5}{6}$m/s ④ $\frac{6}{5}$m/s
⑤ 1m/s

운동량 보존법칙을 이용하면 $5\times1 = (5+1)v$에서 $v=\frac{5}{6}$m/s이다.

31 질량 5kg의 물고기가 1m/s의 속력으로 운동하다가 4m/s의 속력으로 다가오는 질량 1kg의 얼빠진 물고기를 삼켜버렸다. 먹이를 삼킨 물고기의 속력은?

① $\frac{1}{2}$m/s ② $\frac{1}{5}$m/s
③ $\frac{1}{6}$m/s ④ $\frac{2}{3}$m/s
⑤ $\frac{3}{2}$m/s

운동량 보존법칙을 이용하면 $5\times1 + 1\times(-4) = (5+1)v$에서 $v = \frac{1}{6}$m/s이다.

32 1m/s로 운동하던 1kg의 진흙덩어리가 매끄러운 바닥위에 정지해 있는 질량 5kg의 볼링공에 충돌하였다. 충돌 후 진흙덩어리가 볼링공에 붙어서 운동한다면 그 속도는?

① $\frac{1}{4}$m/s
② $\frac{1}{5}$m/s
③ $\frac{1}{6}$m/s
④ 더 많은 정보가 있어야 한다.

Answers 28. ③ 29. ④ 30. ③ 31. ③ 32. ③

운동량 보존법칙을 이용하면 $1\times1 = (5+1)v$에서 $v=\frac{1}{6}$ m/s이다.

33 바람이 없는 날 돛을 단 얼음 썰매에 선풍기로 바람을 일으켜 공기가 돛에 부딪치도록 할 때 썰매의 운동은?

① 공기가 돛에 충돌하는 방향으로 썰매가 움직인다.
② 공기의 충돌로 썰매를 움직일 수 없다.
③ 공기가 돛에 충돌하는 반대 방향으로 썰매가 움직인다.

공기 분자는 돛에 부딪친 후 반대방향으로 운동하므로 공기 분자는 뒤쪽으로 힘을 받고 돛은 앞쪽으로 힘을 받아 운동하게 된다. 따라서 썰매는 공기가 운동하는 방향 즉 돛에 충돌하는 방향으로 움직인다.

34 지상에서 움직이는 물체 모두가 동쪽으로 운동한다면 지구 자전속도의 변화는?

① 지구의 자전속도가 빨라진다.
② 지구의 자전속도가 느려진다.
③ 지구의 자전에 영향을 미치지 않는다.

사람이 걷는 것은 발이 바닥을 뒤쪽으로 밀면 바닥은 발을 앞쪽으로 밀어주기 때문이다. 지구는 서쪽에서 동쪽으로 자전을 하는데 사람들이 모두 동쪽으로 움직이면 지면에 서쪽으로 힘을 가하게 되므로 지구의 자전운동을 방해하게 된다. 따라서 지구 질량이 너무 커서 그 효과는 아주 작지만 자전속도는 느려진다고 할 수 있다.

35 달리는 버스의 앞 유리창에 벌레가 충돌하였다. 어느 쪽이 운동량의 변화량이 더 큰가?

① 버스　② 벌레
③ 같다.

작용 반작용의 법칙에 따라 버스와 벌레 사이에 작용하는 힘의 크기가 서로 같으므로 충격량도 같다. 따라서 운동량의 변화량도 같다.

❖ **[36-37] 우주 공간에서 우주 비행사가 아주 무거운 콘크리트 벽을 향해 공을 던지면서 외롭게 공놀이를 하고 있다. 공의 충돌이 탄성 충돌일 때 다음 물음에 답하라.**

36 공의 질량이 우주비행사의 질량과 같다면 어떻게 되겠는가?

① 우주비행사는 한 번 공을 받을 수 있다.
② 우주비행사는 한 번도 공을 받을 수 없다.
③ 공놀이가 계속 진행됨에 따라 공을 받는 시간이 감소한다.

37 공의 질량과 우주비행사의 질량이 같다면 벽과 충돌 후 공과 우주비행사 사이의 거리는?

① 시간이 지남에 따라 증가한다.
② 시간이 지남에 따라 감소한다.
③ 항상 일정하게 유지된다.

외력이 작용하지 않으면 모든 상호작용에서 운동량의 합이 보존되지만 탄성충돌의 경우에는 운동량뿐만 아니라 역학적 에너지도 보존

Answers 33. ① 34. ② 35. ③ 36. ② 37. ③

된다. 공의 질량과 우주비행사의 질량이 같다면 공을 던진 후 공의 는 과 우주비행사의 는 은 같다. 탄성충돌이므로 공이 무거운 벽염너지도보존후 공의 는 은 변함이 없다. 공과 우주비행사의 는 과 우주비행사공과 우주비행사는 일정보존거리보존유지하게 되며 우주비행사는 공을 한 번도 받을 수 없다.

38 10kg · m/s의 운동량을 가진 골프공이 정지해 있는 무거운 볼링공과 충돌한 후 다시 튀어나왔다. 볼링공이 자유로이 움직일 수 있다면 볼링공의 운동량은?

① 10kg · m/s보다 작다.
② 10kg · m/s보다 크다.
③ 10kg · m/s

충돌 전후 운동량의 합이 보존된다는 사실을 이용하면 쉽게 구할 수 있다. 골프공의 운동방향을 양(+)으로 하면 튀어나온 골프공의 운동방향은 음(−)이 된다.
10 = −(골프공의 운동량) + (볼링공의 운동량) 이므로 볼링공의 운동량은 10kg · m/s보다 크다.

39 마찰이 없는 수평면 위에서 1m/s로 운동하던 질량 1kg의 물체가 정지해 있는 질량 5kg의 물체와 충돌한 후 함께 붙어서 운동하였다면 그 속도는?

① $\frac{1}{4}$m/s
② $\frac{1}{5}$m/s
③ $\frac{1}{6}$m/s
④ 1m/s

운동량 보존법칙을 이용하면 $1\times1 = (5+1)v$에서 $v=\frac{1}{6}$m/s이다.

40 질량이 각각 1kg, 2kg인 두 물체가 서로 반대 방향으로 1m/s로 운동하다가 함께 붙어서 운동하였다면 두 물체의 속력은?

① 0
② $\frac{1}{2}$m/s
③ $\frac{1}{3}$m/s
④ $\frac{1}{6}$m/s
⑤ $\frac{3}{2}$m/s

운동량 보존법칙을 이용하면 $2\times1 + 1\times(-1) = (2+1)v$에서 $v=\frac{1}{3}$m/s이다.

41 서로 반대 방향으로 운동하는 질량이 같은 두 물체가 충돌 한 후 함께 붙어서 운동하였다. 충돌 전 두 물체의 속력이 각각 1m/s, 2m/s라면 충돌 후 속력은?

① $\frac{3}{4}$m/s
② $\frac{1}{2}$m/s
③ $\frac{1}{3}$m/s
④ $\frac{1}{6}$m/s
⑤ $\frac{3}{2}$m/s

물체의 질량을 m이라 하자. 운동량 보존법칙을 이용하면 $m\times2 + m\times(-1) = (m+m)v$에서 $v=\frac{1}{2}$m/s이다.

Answers 38. ② 39. ③ 40. ③ 41. ②

42 운동하던 질량 5000㎏인 화물차가 정지해 있는 질량 10000㎏의 화물차와 충돌 후 함께 붙어서 2m/s의 속력으로 운동하게 되었다. 충돌 전 5000㎏의 화물차의 속력은?

① 4m/s ② 5m/s
③ 6m/s ④ 7m/s
⑤ 8m/s

운동량 보존법칙을 이용하면 $5000\times v = (5000+10000)\times 2$에서 v=6m/s이다.

43 우주 공간에서 12m/s로 운동하는 질량 $3M$인 물체가 정지해 있는 질량 M인 물체와 충돌한 후 함께 붙어서 운동한다면 그 속력은?

① 3m/s ② 4m/s
③ 6m/s ④ 8m/s
⑤ 9m/s

운동량 보존법칙을 이용하면 $3M\times 12 = (3M+M)v$에서 v=9m/s이다.

Answers 42. ③ 43. ⑤

4.2 개념 응용하기

01 어떤 물체의 운동량(p)이 시간(t)에 따라 그래프와 같이 변하고 있다. 다음 중 이 물체가 받고 있는 힘(F)과 시간(t)의 그래프로 옳은 것은?

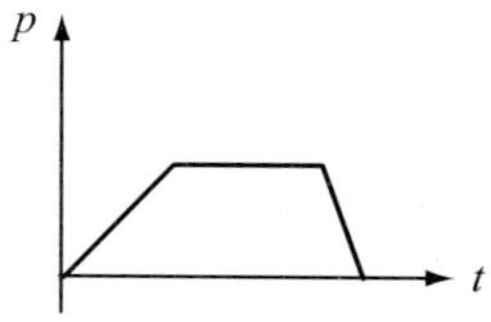

①
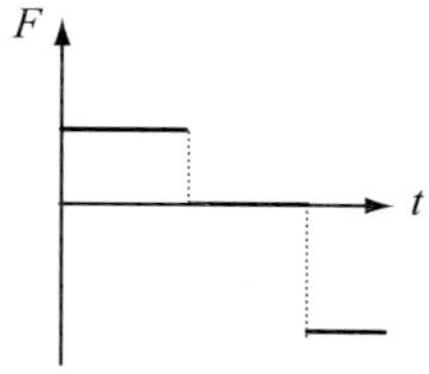

②
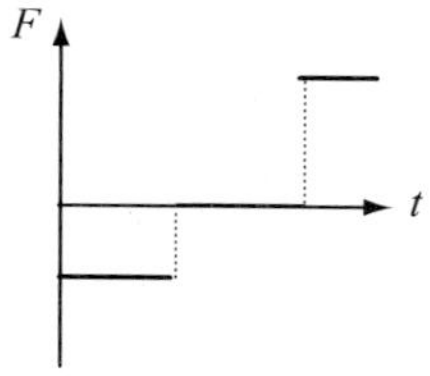

③
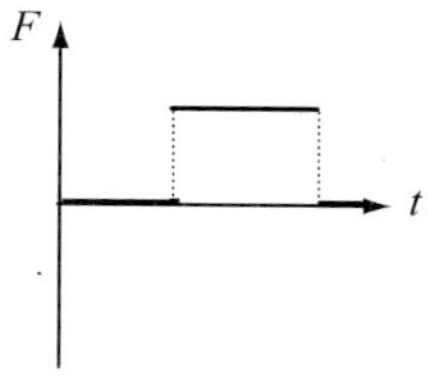

④
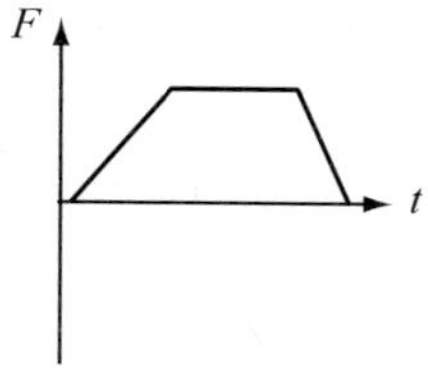

⑤
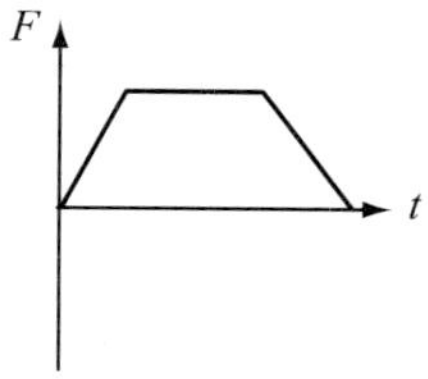

• 운동량-시간 그래프에서 기울기는 힘을 나타낸다. $F = ma = \frac{m\Delta v}{\Delta t} = \frac{\Delta p}{\Delta t}$

Answers 01. ①

02 질량이 서로 다른 두 물체가 마찰이 없는 수평면 위에 정지해 있다. 똑같은 크기의 힘을 같은 시간 동안 두 물체에 작용했을 때 질량이 큰 물체에 대한 설명 중 옳은 것은?

① 질량이 작은 물체보다 더 큰 속력으로 운동한다.
② 질량이 작은 물체보다 더 큰 가속도로 운동한다.
③ 질량이 작은 물체보다 더 큰 운동량을 갖는다.
④ 질량이 작은 물체보다 더 작은 운동량을 갖는다.
⑤ 질량이 작은 물체와 같은 크기의 운동량을 갖는다.

⋯ • 물체가 받은 충격량(=힘×시간)은 물체의 운동량의 변화량과 같다. 따라서 질량이 다른 두 물체라 하더라도 운동량은 같다.

03 다음 그림은 수평면과 θ의 각도로 비스듬히 위로 던져 올린 물체의 운동 경로이다. B, D는 지상에서 같은 높이의 두 점이고 C는 최고점이다. 공기의 저항을 무시할 때 다음 중 B, D점에서 물리적으로 같지 않은 것은?

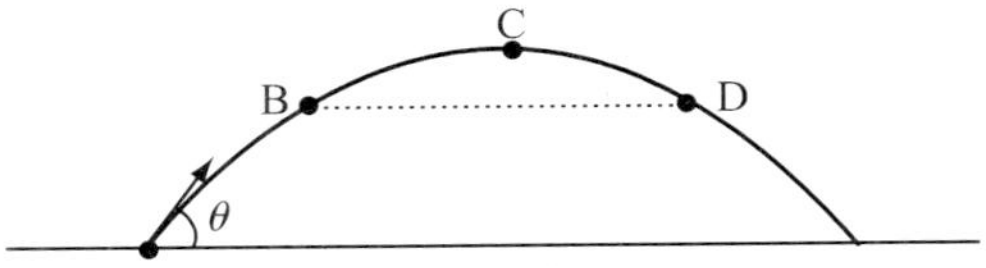

① 속력
② 가속도
③ 운동량
④ 물체의 무게
⑤ 역학적 에너지

⋯ • 운동량은 질량과 속도의 곱으로 방향을 포함하고 있다. 속도의 방향이 다르면, 운동량의 방향도 다르다.

04 그림과 같이 정지하고 있던 질량 m_2의 물체에 질량 m_1인 물체가 운동량 $\overrightarrow{P_1}$을 가지고 충돌하여 각각 운동량 $\overrightarrow{P_2}$, $\overrightarrow{P_3}$를 가지고 운동하였다. 이때 물체 m_1이 받은 충격량의 방향은?

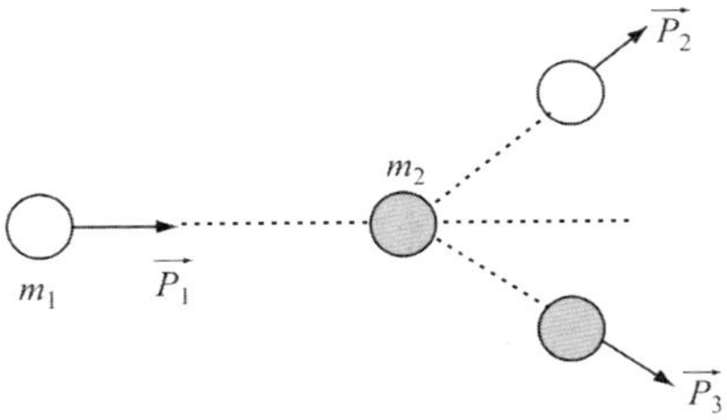

① $\overrightarrow{P_1}$과 같은 방향
② $\overrightarrow{P_2}$와 같은 방향
③ $\overrightarrow{P_1}$과 반대 방향
④ $\overrightarrow{P_2}$와 반대 방향
⑤ $\overrightarrow{P_3}$와 반대 방향

Answers 02. ⑤ 03. ③ 04. ⑤

- m_1과 m_2가 충돌할 때 두 물체가 받은 충격량의 크기는 같고 방향은 반대이다. 충격량은 운동량의 변화량과 같으므로, m_1이 받은 충격량의 방향은 m_2가 받은 충격량의 방향과 반대이다.

05 다음의 물리 현상 중 운동량이 보존되는 경우는?

① 야구공이 진공 중에서 자유 낙하할 때 야구공의 운동량
② 고무공이 낙하하여 마루에서 튀어오를 때 고무공의 운동량
③ 자동차가 일정한 속력으로 회전할 때 자동차의 운동량
④ 두 물체가 수직인 방향으로 충돌할 때 두 물체의 운동량의 합
⑤ 고정된 대포에서 발사된 포탄의 운동량

- 외력이 작용하지 않으면 계 전체의 운동량의 항상 일정하게 보존된다. ④를 제외한 나머지는 외력이 작용하므로 계의 운동량이 보존되지 않는다.

06 질량 m_A인 물체가 A가 정지해 있는 물체 B와 정면으로 탄성 충돌을 하였다. 질량 m_A의 값이 고정되어 있다면 충돌 후 물체 B에 대해 옳게 설명한 것은?

① $m_A = m_B$일 때 물체 B는 가장 큰 속력을 얻는다.
② $m_A \gg m_B$일 때 물체 B는 가장 큰 운동량을 얻는다.
③ $m_A \ll m_B$일 때 물체 B는 가장 큰 운동 에너지를 얻는다.
④ $m_A = m_B$일 때 물체 B는 가장 작은 속력을 얻는다.
⑤ $m_A = m_B$일 때 물체 B는 가장 큰 운동 에너지를 얻는다.

- 운동량 보존법칙 $m_A v = m_A v_A + m_B v_B$와 반발계수 $e = 1 = -\dfrac{v_A - v_B}{v - 0}$를 이용하면 $v_A = \dfrac{(m_A - m_B)v}{m_A + m_B}$와 $v_B = \dfrac{2m_A v}{m_A + m_B}$를 얻을 수 있다. 두 식을 이용하면 $m_A \gg m_B$일 때 A의 운동량 및 속력은 거의 변화없고, B의 속력은 A보다 약 2배 빨라진다.
  $m_A = m_B$일 때 A는 정지하고 B가 운동하므로 A의 운동에너지는 0이 되고 B의 운동에너지는 최대가 된다.
  $m_A \ll m_B$일 때 A의 운동방향이 반대가 되므로 A의 운동량의 변화량이 커지고 B의 운동량의 변화량도 커진다.

Answers 05. ④ 06. ⑤

07 n개의 분자로 구성된 기체의 흐름이 그림과 같이 v의 속도로 진행하다가 벽에 충돌한 후 튀어나오고 있다. 기체 분자의 충돌이 탄성 충돌이 때 기체 전체의 운동량의 변화량은 얼마인가? 단, 기체분자 1개의 질량은 m이다.

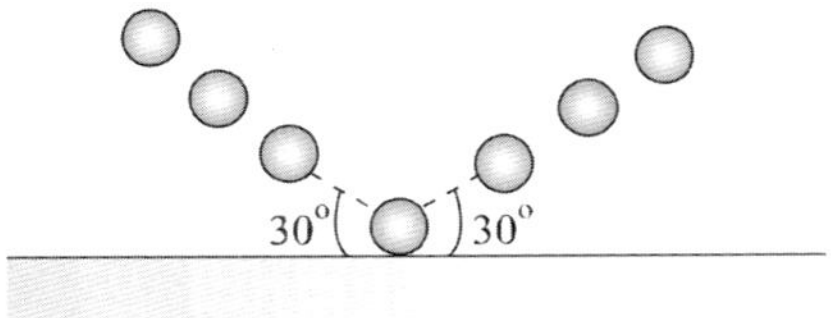

① $2nmv$
② $2nmv\sin 60°$
③ $nmv\sin 60°$
④ $2nmv\cos 60°$
⑤ nmv

⋯› • 기체 분자 1개의 운동량의 변화량은 $\Delta p = mv\sin 30° - (-mv\sin 30°) = mv$이므로 기체 분자 n개의 운동량의 변화량은 nmv이다.

08 그림과 같이 질량이 10kg인 삼각형의 물체가 마찰이 없는 수평면 위에 있고 질량이 5kg인 작은 물체가 빗면 위에 놓여 있다. 삼각형의 물체가 오른쪽 방향으로 3m/s로 운동하는 순간 작은 물체의 수평 방향의 속도는?

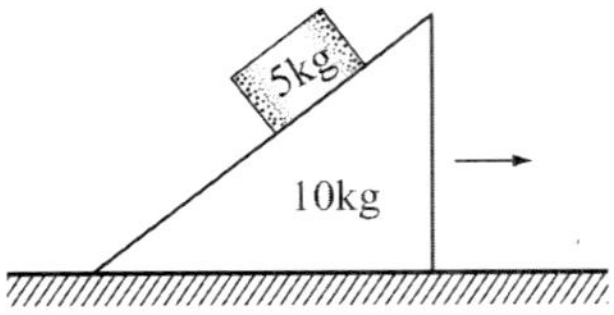

① 왼쪽으로 3m/s
② 오른쪽으로 3m/s
③ 왼쪽으로 6m/s
④ 오른쪽으로 6m/s
⑤ 오른쪽으로 17m/s

⋯› • 삼각형 물체와 빗면 위의 작은 물체의 수평방향 운동량의 합은 일정하게 보존된다.
0 = 10×3 +5v에서 v =6m/s이다.

Answers 07. ⑤ 08. ③

09 오른쪽으로 운동하던 수레 A가 정지해 있는 수레 B와 충돌한다.

수레 B에는 용수철이 매달려 있다. 수레 A의 질량은 2kg이고, 수레 B의 질량은 3kg이다. 두 수레 사이의 거리가 최소가 되는 경우를 설명한 것으로 옳은 것은?

① 수레 B는 여전히 정지한 상태이다.
② 수레 A가 정지한 상태로 있다.
③ 두 수레의 운동량이 같다.
④ 두 수레의 운동에너지가 같다.
⑤ 두 수레의 운동에너지의 합이 최소이다.

⋯› • 운동량 보존 법칙에 따라 두 수레의 속력이 같아질 때까지 용수철은 압축되며 두 수레사이의 거리가 최소일 때 두 수레의 속력은 같게 된다. 이때 탄성에너지가 최대이며 운동에너지는 최소가 된다.

10 그림과 같이 질량이 1kg인 물체 A와 질량이 2kg인 물체 B가 서로 마주 다가와 정면 충돌하였다. 두 물체 A, B의 운동을 나타내는 그래프는 다음과 같다.

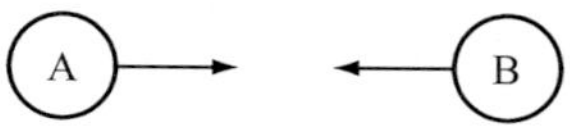

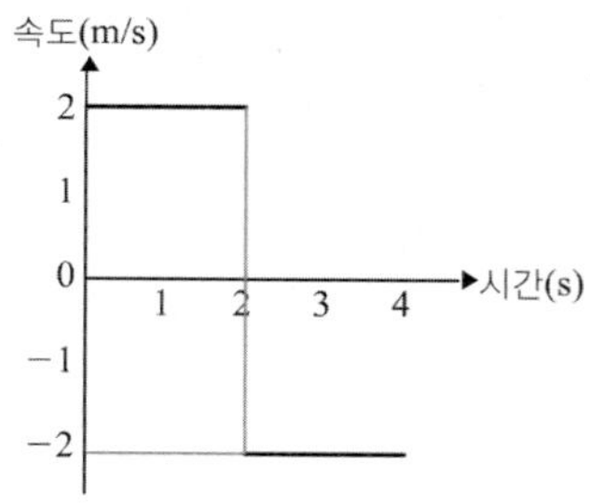

(A의 운동)

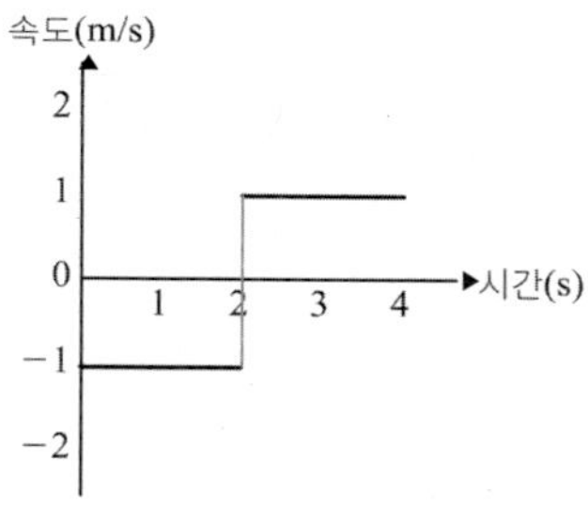

(B의 운동)

두 물체의 운동에 대한 다음 [보기]의 설명 중에서 옳은 것으로만 짝지어진 것은?

Answers 09. ⑤ 10. ③

보기

ㄱ. 충돌 전·후에 두 물체의 운동량의 합은 감소하였다.
ㄴ. 두 물체는 완전 탄성 충돌을 하였다.
ㄷ. 두 물체가 충돌한 시각은 2초가 경과하였을 때이다.
ㄹ. 충돌 후에 두 물체의 역학적 에너지가 증가하였다.

① ㄱ, ㄴ　　② ㄱ, ㄷ
③ ㄴ, ㄷ　　④ ㄴ, ㄹ
⑤ ㄷ, ㄹ

⋯ • 충돌전후의 두 물체의 상대속도의 크기($e = -\frac{v_1' - v_2'}{v_1 - v_2} = 1$)가 같으면 (완전)탄성 충돌이며 이때 운동(역학적)에너지가 보존된다. 충돌할 때 힘이 작용하여 물체의 운동량이 변하므로 충돌 시각은 2초이다.

11 다음 그림은 마찰이 없는 수평면에서 똑같은 3개의 블록이 탄성 충돌하고 있는 것을 나타내고 있다. 그림 (1), (2)는 두 블록이 함께 붙어 있고, 그림 (1), (2), (3), (4) 모두 블록의 처음 속력은 v이다.

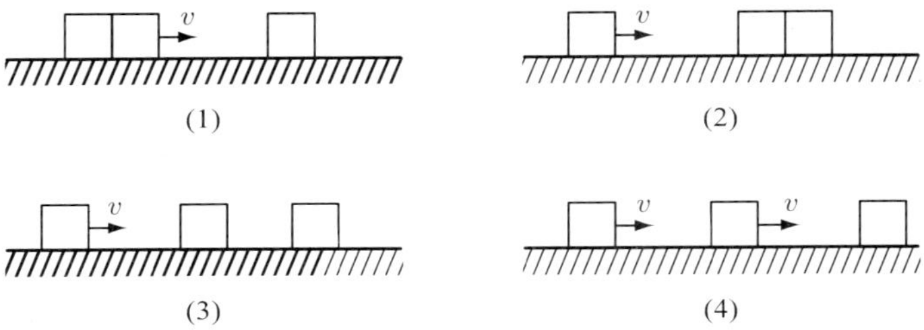

다음 중 맨 오른쪽 블록의 속력을 바르게 비교한 것은?

① (1)>(2)>(3)>(4)　　② (1)>(3)=(4)>(2)
③ (1)=(3)=(4)<(2)　　④ (4)>(3)>(2)>(1)
⑤ (1)=(2)<(3)=(4)

⋯ • 탄성충돌의 경우 충돌 전후에 운동량 뿐만 아니라 운동에너지도 보존된다.
$mv = mv_1 + Mv_2$, $\frac{1}{2}mv^2 = \frac{1}{2}mv_1^2 + \frac{1}{2}Mv_2^2$에서 두 식을 연립하여 풀면 된다.

Answers 11. ②

12 그림 (가)와 (나)는 마찰이 없는 수평면에서 속력 $3v$로 운동하던 질량 m인 두 물체 A, B가 벽에 수직으로 충돌한 후 각각 v, $2v$의 속력으로 정반대 방향으로 튀어나오는 것을 모식적으로 나타낸 것이다. 벽과 접촉하는 시간은 A가 B의 2배이다.

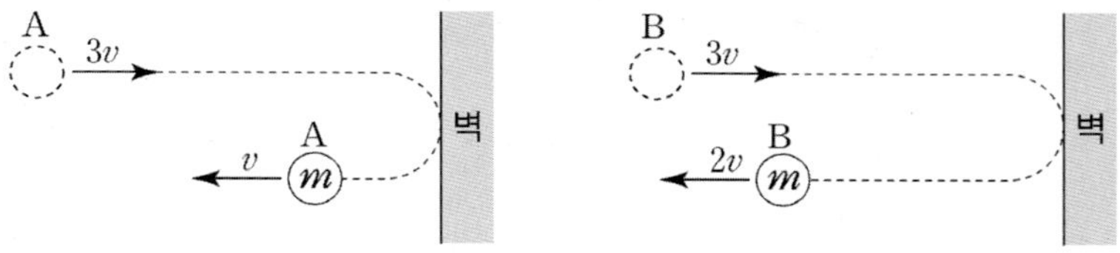

(가) (나)

이에 대한 설명으로 옳은 것만을 〈보기〉에서 있는 대로 고른 것은? (단, 물체의 크기와 공기 저항은 무시한다.)

보기

ㄱ. 벽과 충돌 전후 A의 운동량 변화량의 크기는 $2mv$이다.
ㄴ. 충돌하는 동안 벽이 물체로부터 받은 충격량의 크기는 (가)에서가 (나)에서보다 크다.
ㄷ. 충돌하는 동안 벽이 물체에 작용하는 평균 힘의 크기는 (나)에서가 (가)에서보다 크다.

① ㄴ ② ㄷ
③ ㄱ, ㄴ ④ ㄱ, ㄷ
⑤ ㄱ, ㄴ, ㄷ

···› • 벽과 충돌 전 후 A의 운동량 변화량은

$\Delta p_A = mv - mv_0 = -mv - 3mv = -4mv$ 이므로 운동량 변화량의 크기는 $4mv$이다.

충격량크기는 운동량 변화량 크기이므로

$I_A = \Delta p_A = -mv - 3mv = -4mv$ $\therefore |I_A| = 4mv(\text{N}\cdot\text{s})$이고

$I_B = \Delta p_B = -2mv - 3mv = -5mv$ $\therefore |I_B| = 5mv(\text{N}\cdot\text{s})$이다.

따라서 (나)에서 충격량의 크기가 더 크다. 충돌할 때 충격력 크기는 $F = \frac{I}{t} = \frac{\Delta p}{t}$이므로 $F_A = \frac{4mv}{t_A}$ 이고 $F_B = \frac{5mv}{t_B}$이다. 그런데 벽과 접촉 시간이 $t_A = 2t_B$이므로 B의 충격력의 크기는 $F_B = \frac{5mv}{t_B} = \frac{5mv}{\frac{1}{2}t_A} = \frac{10mv}{t_A}$이다. 따라서 (나)에서 충격력이 더 크다.

Answers 12. ②

13 다음 그림 (가), (나), (다)는 질량 m인 자동차가 각각 벽과 질량이 다른 자동차와 충돌하는 것을 나타내고 있다.

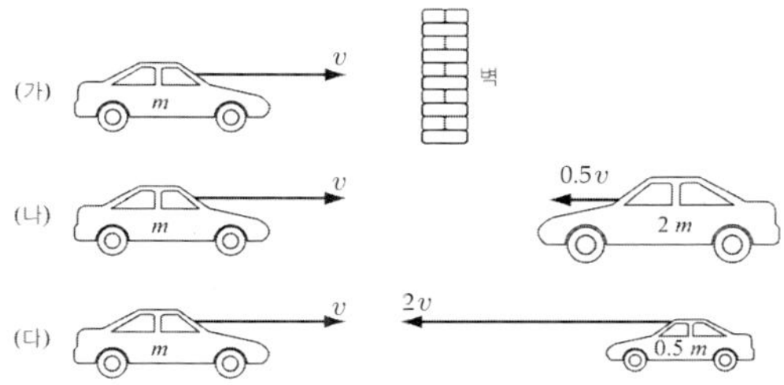

그림 (가), (나), (다)의 충돌이 모두 완전 비탄성 충돌일 때 다음 중 질량 m인 자동차의 파손 정도가 가장 큰 것은?(단, 벽이나 오른쪽에서 달려오는 자동차들은 단단하여 파손되지 않는다고 가정한다.)

① (가)
② (나)
③ (다)
④ (나), (다)
⑤ 모두 같다

⋯ • 완전비탄성 충돌의 경우 충돌 후 두 물체가 함께 붙어서 운동한다. 운동에너지가 큰 물체일수록 일을 많이 할 수 있듯이 파손정도는 상대 자동차의 운동에너지에 비례한다.

14 두 사람이 잔잔한 호수 위에 떠 있는 배 위에 서 있다.

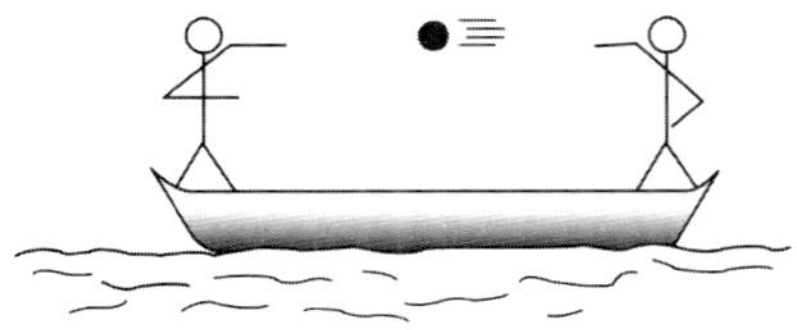

시각 $t = t_1$ 일 때 한 사람이 다른 사람을 향하여 공을 던지고 다른 사람은 $t = t_2$일 때 공을 받는다. 다음 [보기] 중에서 호숫가에 있던 사람이 바라 볼 때 배의 운동량과 변위를 옳게 묘사한 것으로 짝지어 놓은 것은?

보기

ㄱ. 시각 t_1일 때 증가해서 공이 날아가는 동안 일정하게 유지되고 시각 t_2가 되면 다시 0이 된다.
ㄴ. 시각 t_1에서 증가하기 시작하고 공이 날아가는 동안 일정한 비율로 증가하다가 시각 t_2이후에 일정한 비율로 감소하여 0이 된다.
ㄷ. 시각 t_1에서 증가하기 시작하고, 공이 날아가는 동안 일정한 비율로 증가하다가 시각 t_2가 되면 일정한 값이 된다.

Answers 13. ③ 14. ②

ㄹ. 시각 t_1일 때 증가하고 공이 날아가는 동안 일정하게 유지되다가 시각 t_2가 되면 다시 증가하여 더 큰 값이 된다.

ㅁ. 시각 t_1에서 순간적으로 증가했다가 다시 0이 되며, 공이 날아가는 동안 0으로 일정하다가 시각 t_2에서 다시 순간적으로 증가하였다가 0이 된다.

	①	②	③	④	⑤
운동량	ㄱ	ㄱ	ㄴ	ㄴ	ㄷ
변위	ㄴ	ㄷ	ㄹ	ㅁ	ㄹ

···› • 시각 $t = t_1$일 때 공의 왼쪽으로 증가한 운동량 만큼 배의 운동량이 오른쪽으로 증가하며, $t_1 \sim t_2$일 때 배의 운동량은 일정하게 유지되고, 시각 $t = t_2$일 때 공이 감소한 운동량만큼 배의 운동량도 감소하므로 0이 된다.

4.3 개념 서술하기

01 경주용 자동차가 일정한 속력으로 원형의 트랙을 따라 달리고 있다. 자동차가 한 바퀴 도는 동안 운동량의 변화량과 충격량을 구하려고 한다. 다음 물음에 답하라.

(1) 자동차가 출발점으로 되돌아 왔을 때 운동량의 변화량은 얼마인가?

(2) 자동차가 트랙을 따라 도는 동안 자동차에 작용하는 힘은 0이 아니다. 그런데 자동차가 한 바퀴 도는 동안 자동차가 받은 충격량이 0이 되는 이유를 설명하라.

(3) 물탱크를 실은 트럭이 직선 도로를 따라 일정한 속도로 운동하고 있다. 물탱크 아래쪽에 구멍이 나서 물이 조금씩 새고 있다면 트럭의 속도, 운동량, 운동에너지는 각각 어떻게 되는지 설명하라.

(4) 어떤 만화영화에서 만화 주인공이 공중에 떠서 악당들에게 피아노같은 무거운 물체를 집어던지면서 계속 같은 자리를 유지하고 있다. 잘못된 부분을 지적하라.

풀이

(1) 0

(2) 충격량은 운동량의 변화량과 같은데, 자동차가 한 바퀴 돌았을 때 자동차의 운동량의 변화량이 0이므로 충격량도 0이다.

(3) 변함없다, 감소, 감소

(4) 피아노가 갖게 된 운동량과 크기가 같고 방향이 반대인 운동량을 주인공이 갖게 되므로 공중에서 같은 자리에 있을 수 없다.(운동량 보존)

02 연구목적을 위해 빙하 위에서 안정제를 쏘아 북극곰을 잡았다고 하자. 줄자와 로프를 이용하여 곰의 무게를 대략적으로 측정하려고 한다. 단, 자신의 체중은 알고 있다고 가정한다.

(1) 운동량 보존에 대해 간단히 설명하라.

(2) 위 상황에서 곰의 무게를 대략적으로 측정할 수 있는 방법을 제시하라.

풀이

(1) 한 계에서 외력이 작용하지 않으면 충돌, 폭발, 분열, 융합 등의 상호작용이 일어나도 상호작용 전후의 운동량의 총합은 변하지 않는다.

(2) 서로 만날 때까지 로프를 잡아 당겨서 줄의 길이를 측정한 다음 운동량 보존 식을 이용한다. 이때 줄의 길이는 물체의 속력과 같다.

03 마찰이 없는 수평면 위에서 운동하던 물체 A가 정지하고 있는 물체 B와 1차원 탄성충돌을 하였다. 다음의 각 경우에 물체 B가 최대값을 갖기 위한 물체 A와 물체 B의 질량 관계를 설명하라.

(1) 속력

(2) 운동량

(3) 운동에너지

풀이

(1) A≫B

(2) A≪B

(3) A=B

운동량 보존법칙 $m_A v = m_A v_A + m_B v_B$와 반발계수 $e = 1 = -\dfrac{v_A - v_B}{v - 0}$를 이용하면 $v_A = \dfrac{(m_A - m_B)v}{m_A + m_B}$와 $v_B = \dfrac{2m_A v}{m_A + m_B}$를 얻을 수 있다. 두 식을 이용하면

(1) $m_A \gg m_B$일 때 A의 운동량 및 속력은 거의 변화없고, B의 속력은 A보다 약 2배 빨라진다.

(2) $m_A \ll m_B$일 때 A의 운동방향이 반대가 되므로 A의 운동량의 변화량이 커지고 B의 운동량의 변화량도 커진다.

(3) $m_A = m_B$일 때 A는 정지하고 B가 운동하므로 A의 운동에너지는 0이 되고 B의 운동에너지는 최대가 된다.

4.4 개념 심화하기

01 그림과 같이 질량 m인 공이 속력 v로 벽에 충돌한 후 60°방향으로 같은 속력으로 튀어나갔다. 공이 벽으로부터 받은 충격량은 얼마인가?

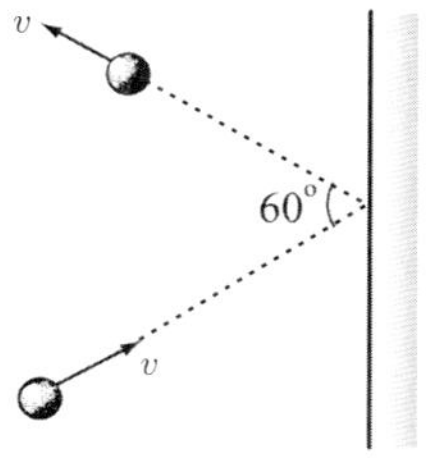

풀이

충격량은 운동량의 변화량이므로 그림과 같이 벡터적으로 계산하여야 한다.
따라서 충격량은 $\sqrt{(mv)^2+(mv)^2+2mv \cdot mv\cos60^o} = \sqrt{3}\,mv$ 이다.

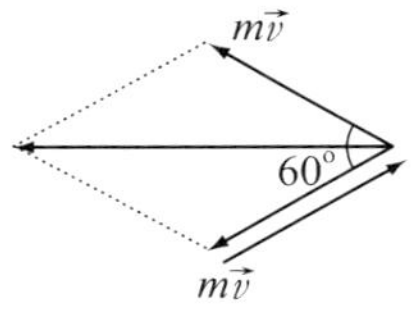

02 마찰이 없는 수평면 위에 정지해 있던 질량 5kg의 물체에 그림과 같이 시간에 따라 크기가 변하는 힘이 4초 동안 작용하였다. 다음 물음에 답하라.

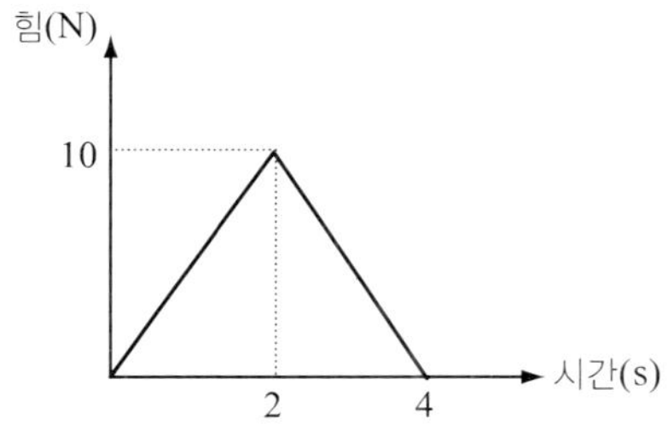

(1) 4초 동안 물체가 받은 충격량은 얼마인가?

(2) 4초 후 물체의 속력은 얼마인가?

풀이

(1) 힘과 시간과의 그래프에서 면적이 충격량이므로 $\frac{1}{2} \cdot 4 \cdot 10 = 20(\mathrm{N \cdot s})$이다.

(2) 충격량은 운동량의 변화량이므로 $\Delta mv = mv - 0 = 20\mathrm{N \cdot s}$에서 $v = 4\mathrm{m/s}$이다.

03 그림과 같이 지상에서 1kg의 물체를 50m/s의 속도로 비스듬히 던져 올렸더니 최고점에서 30m/s의 속도가 되었다. 그 동안 물체가 받은 충격량의 크기는 얼마인가?

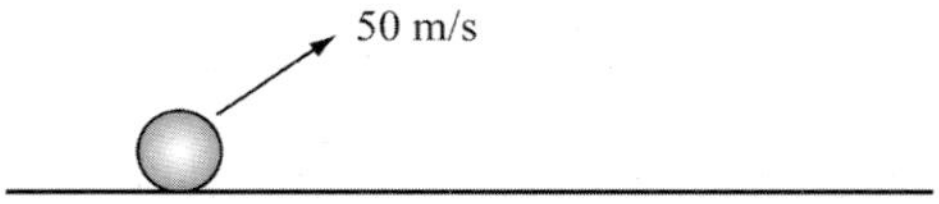

풀이

최고점에서의 속도는 처음 속도의 수평 성분과 같고, 충격량은 운동량의 변화량이므로 그림과 같이 계산하면 40N · s이다.

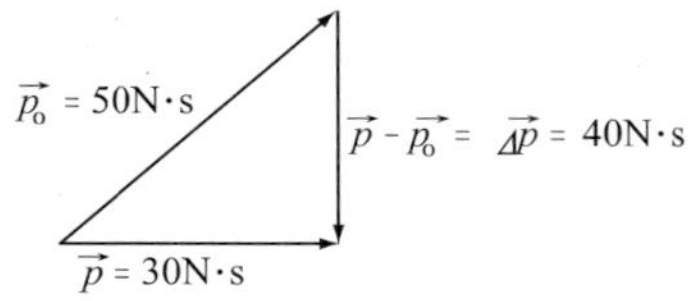

04 마찰이 없는 수평면 위에서 그림과 같이 서로 반대 방향으로 운동하는 질량 2kg, 속력 10m/s인 물체 A와 질량 1kg, 속력 2m/s인 물체 B가 정면 충돌한 후 함께 붙어서 운동할 때, 충돌 과정에서 손실된 운동 에너지의 양은 얼마인가?

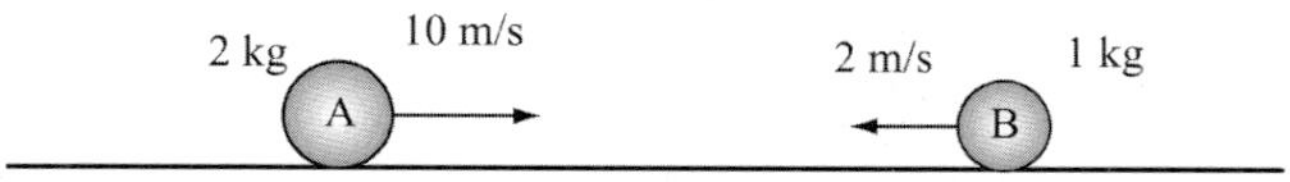

풀이

운동량 보존 법칙을 이용하면 충돌 후 물체의 속도는 $2\times10+1\times(-2)=(2+1)v$에서 $v=6\text{m/s}$이다. 충돌 전 운동에너지의 합은 $\frac{1}{2}\cdot2\cdot10^2+\frac{1}{2}\cdot1\cdot2^2=102(\text{J})$, 충돌 후 운동에너지는 $\frac{1}{2}\cdot3\cdot6^2=54(\text{J})$이므로 손실된 운동에너지의 양은 $102\text{J}-54\text{J}=48\text{J}$이다.

05 작은 공을 수평한 마루 위에 가만히 떨어뜨렸다. 공과 마루 사이의 반발계수가 e일 때 작은 공이 손을 떠나 마루에 떨어질 때까지의 시간 t와 마루에서 반발되어 최고점까지 올라가는데 걸리는 시간 t'과의 비 $t : t'$는 얼마인가?

풀이

마루에 충돌 전 속력을 v라 하면 충돌 후 속력은 ev이다. 중력가속도를 g라 하면 $t:t'=\frac{v}{g}:\frac{ev}{g}=1:e$ 이다.

06 높이 h인 곳에서 물체를 자유낙하시킬 때 지면에 충돌한 후 처음 튀어 올라온 높이를 h_1, 다시 떨어졌다가 튀어 올라온 높이를 h_2라면 $h_1 : h_2$는? 단, 물체와 지면 사이의 반발계수는 0.5이다.

풀이

반발계수를 e라 하면 처음 충돌 후 속도는 ev이고 그 다음 충돌후 속도는 e^2v이다.

$$h_1 : h_2 = \frac{(ev)^2}{2g} : \frac{(e^2v)^2}{2g} = 1 : e^2 = 1 : 0.25 = 4 : 1$$

07 질량수가 4인 헬륨 원자핵이 v의 속도로 운동하다가 그림과 같이 중성자와 질량수가 3인 원자핵으로 분열하였다. 분열 후 중성자는 $3v$의 속도로 직각 방향으로 운동할 때 질량수가 3인 헬륨 원자핵의 속도는 얼마인가?

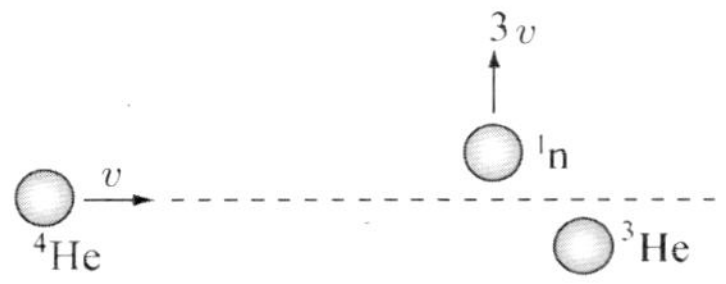

풀이

x성분 : $4v = 3v_x$, $v_x = \frac{4}{3}v$, y성분 : $0 = 3v + 3v_y$, $v_y = v$

$$v = \sqrt{v_x^2 + v_y^2} = \sqrt{\left(\frac{4}{3}v\right)^2 + v^2} = \frac{5}{3}v$$

08 질량 m인 화살이 v_0의 속도로 날아가다가 그림과 같이 매끄러운 수평면에 놓인 질량 M인 나무 토막의 면에 수직하게 꽂힌다. 화살이 나무 토막 안에서 일정한 힘 f를 받아 정지했을 때 다음 물음에 답하여라.

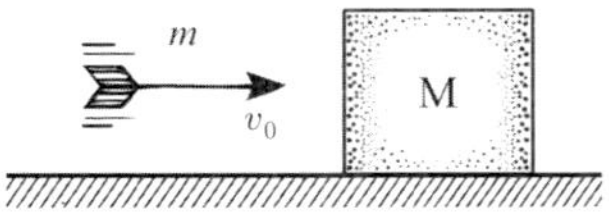

(1) 화살이 나무 토막 안에서 정지했을 때 나무 토막의 속력은 얼마인가?

(2) 화살이 나무 토막에 꽂힌 순간부터 정지할 때까지 나무 토막이 받은 충격량은 얼마인가?

풀이

(1) $mv_0=(M+m)v \quad \therefore\ v=\dfrac{mv_0}{M+m}$

(2) 나무 토막이 받은 충격량은 나무토막의 운동량의 변화량이므로

$f\Delta t=\Delta P=Mv-0=\dfrac{Mmv_0}{M+m}$

09 바다 낚시를 하던 사람(65kg)이 큰 고기가 낚싯줄에 걸린 것을 발견하고 낚실줄을 감기 시작하였다. 낚싯줄을 100m 감았을 때 그가 타고 있던 배(25kg)가 고기를 향해 10m 움직였다. 고기의 질량은 얼마인가?(단, 배의 크기와 물의 저항력은 무시하고, 고기와 배는 같은 높이에 있다고 가정하여라.)

풀이

운동량 보존 법칙에서 $0=(65+25)v_1+mv_2=90\dfrac{10}{t}+m\dfrac{-90}{t} \quad \therefore\ m=10\text{kg}$

10 질량 54kg인 철수가 마찰이 없는 얼음판 위에 서 있다. 질량 3kg인 2개의 눈뭉치를 이용하여 얼음판에서 벗어나려고 한다. 철수는 눈뭉치의 질량과 관계없이 항상 자신에 대한 눈뭉치의 상대 속도 10m/s로 던질 수 있다. 눈뭉치 2개를 동시에 던질 때와 눈뭉치를 하나씩 연속으로 던질 때, 어느 경우가 더 빨리 얼음판을 벗어날 수 있는가? 그 이유를 설명하여라.

풀이

(1) 2개를 동시에 던질 때 $0=MV+2mv$, $v-V=10$에서 $0=54V+2\cdot 3(V+10)$
$V=-1\text{m/s}$

(2) 하나씩 연속으로 던질 때 $0=(54+3)V_1+3(V_1+10)$, $V_1=-0.5\text{m/s}$

$57\cdot(-0.5)=54V_2+3(V_2+10)$, $V_2=-\dfrac{58.5}{57}\text{m/s}$

(1)과 (2)에서 $|V_2|>|V|$이므로 연속으로 던질 때 더 빨리 벗어날 수 있다.

11 질량이 각각 m, M인 두 물체 A, B를 각각 길이 l인 실로 연결하여 그림과 같이 물체 A를 높이 l 만큼 들어올렸다가 가만히 놓아 물체 B와 충돌시켰다. 충돌 직전 물체 A의 속도가 v, 반발 계수가 e, 중력 가속도는 g일 때 다음 물음에 답하여라.

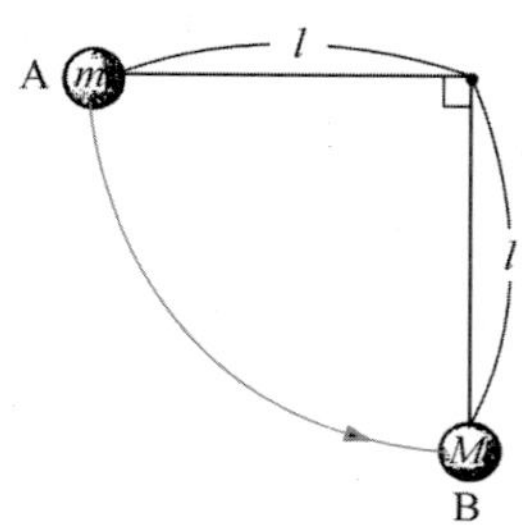

(1) 충돌 후 두 물체 A, B의 속도를 구하여라.

(2) 물체 A가 충돌 후 진행 방향과 반대 방향으로 되돌아 갈 조건을 구하여라.

(3) 물체 A가 충돌하는 동안 받은 충격량을 구하여라.

풀이

(1) $mv = mv_1 + Mv_2, e = -\dfrac{v_1 - v_2}{v}$ 에서 $v_1 = \dfrac{(m-eM)v}{m+M}, v_2 = \dfrac{m(1+e)v}{m+M}$

(2) $v_1 < 0 \quad m - eM < 0 \quad \therefore m < eM$

(3) $F\Delta t = \Delta p = m(v_1 - v) \ = m(\dfrac{m-eM-m-M}{m+M})v = -\dfrac{Mm(e+1)}{m+M}v$

12 그림과 같이 질량 m인 작은 구슬이 질량 M인 큰 구슬 위에 놓인 상태로 지면으로부터 높이 h인 곳에서 자유 낙하한다. 지면과 구슬들 사이의 충돌이 완전 탄성 충돌일 때 다음 물음에 답하여라.(단, 구슬의 크기는 무시하고 중력 가속도는 g이다.)

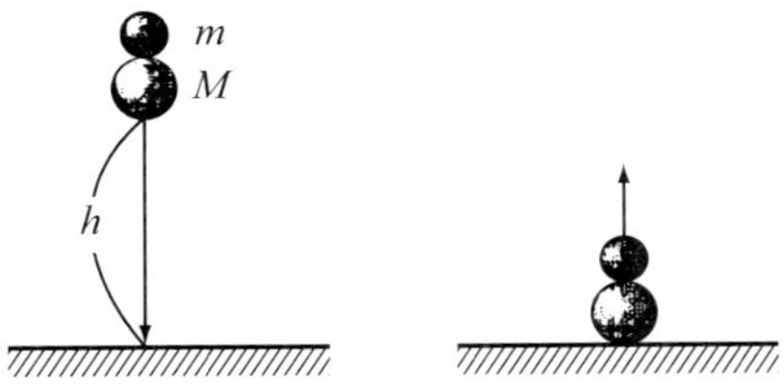

(1) 큰 구슬의 질량 M이 $3m$이라면 충돌 직후 두 구슬이 올라갈 수 있는 최대 높이를 각각 구하여라.

(2) 큰 구슬의 질량 M이 작은 구슬의 질량보다 매우 크다고 가정할 때($M \gg m$) 작은 구슬이 올라갈 수 있는 최대 높이는?

풀이

(1) $v_m = \sqrt{2gh}$, $v_M = \sqrt{2gh}$, $m\overrightarrow{v_m} + M\overrightarrow{v_M} = m\overrightarrow{v'_m} + M\overrightarrow{v'_M}$ -①, $1 = -\dfrac{\overrightarrow{v'_m} - \overrightarrow{v'_M}}{\overrightarrow{v_m} - \overrightarrow{v_M}}$

$\overrightarrow{v_m} - \overrightarrow{v_M} = -\overrightarrow{v'_m} + \overrightarrow{v'_M}$, $m\overrightarrow{v_m} - m\overrightarrow{v_M} = -m\overrightarrow{v'_m} + m\overrightarrow{v'_M}$ -②, ①과 ②를 더하면 다음과 같은 관계식을 얻게 된다.(충돌 전 $u_m = -u_M$이다.)

$2m\overrightarrow{v_m} + (M-m)\overrightarrow{v_M} = (M+m)\overrightarrow{v'_M}$, 따라서 $\overrightarrow{v'_M} = -\dfrac{2m-M+m}{M+m}\sqrt{2gh} = 0$,

$\overrightarrow{v'_m} = 2\sqrt{2gh} \qquad H = \dfrac{v_m^2}{2g} = \dfrac{4 \times 2gh}{2g} = 4h$

(2) $M\overrightarrow{v_m} - M\overrightarrow{v_M} = -M\overrightarrow{v'_m} + M\overrightarrow{v'_M}$ ③, ①에서 ③을 빼면 $(m-M)\overrightarrow{v_m} + 2M\overrightarrow{v_M} = (m+M)\overrightarrow{v'_m}$ 이므로 $\overrightarrow{v'_m} = \dfrac{m-3M}{M+m}\sqrt{2gh} = 3\sqrt{2gh}, \quad H = 9h$

13 그림과 같이 매끄러운 수평면 위에 질량 M, 길이 l 인 상자가 놓여 있고 상자 속에는 질량 m인 물체가 있다. 정지 상태에 있는 상자에 수평 방향으로 힘 F를 가할 때 다음 물음에 답하여라.(단, 중력 가속도는 g이고 모든 마찰은 무시한다.)

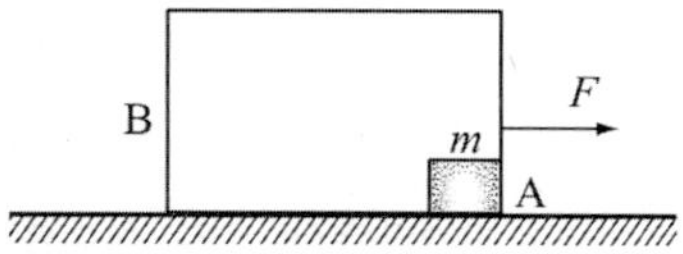

(1) 질량 m인 물체가 상자의 B면에 도달할 때까지 걸린 시간과 도달하기 직전의 속력을 구하여라.

(2) 질량 m인 물체가 상자의 B면에 충돌한 후 완전 비탄성 충돌을 했다면 충돌 직후 상자의 속도를 구하여라.

(3) 상자 속의 물체와 면 사이의 정지 마찰 계수가 μ_0일 때 물체가 A점에서 상자에 대해 움직이지 않기 위한 최대 힘 F를 구하여라.

풀이

(1) $zF = Ma \quad a = \dfrac{F}{M} \quad l = \dfrac{1}{2}at^2$에서 $t = \sqrt{\dfrac{2l}{a}} = \sqrt{\dfrac{2Ml}{F}}, \quad v = 0$

(2) $v^2 = 2al \;\; v = \sqrt{2al} = \sqrt{\dfrac{2Fl}{M}}$ 이고, $Mv = (M+m)v' \; v' = \dfrac{M}{M+m}v = \dfrac{M}{M+m}\sqrt{\dfrac{2Fl}{M}}$

(3) $F - f = Ma \qquad F = f + Ma = \mu_0(M+m)g \;\; (f = ma = \mu_0 mg)$

14 보트의 뒤쪽에 있는 로미오(77kg)는 보트의 앞쪽에 있는 줄리엣(55kg)을 위해 기타를 연주하고 있다. 보트는 해안가로부터 충분히 멀리 떨어져 있으며 바닷물은 매우 잔잔하다. 로미오와 줄리엣은 2.7m 떨어져 있다. 기타 연주가 끝난 후 줄리엣은 로미오의 볼에 키스를 하기 위해 조심스럽게 보트의 앞쪽으로 걸어갔다. 보트의 질량이 80kg이라면 보트가 해안가를 향해 이동한 거리는 얼마인가?

풀이

이동 전후의 질량 중심은 변하지 않는다.

x = 해안가로부터 배의 질량중심까지의 거리(배의 길이방향으로 잰 거리 이다.)

l = 배의 길이=2.7m

x' = 줄리엣이 이동한 후의

걷기 전 : $x_{cm} = \dfrac{M_B x + M_J\left(x - \dfrac{l}{2}\right) + M_R\left(x + \dfrac{l}{2}\right)}{M_B + M_J + M_R}$

걸어간 후 : $x_{cm} = \dfrac{M_B(x - x') + M_J\left(x + \dfrac{l}{2} - x'\right) + M_R\left(x + \dfrac{l}{2} - x'\right)}{M_B + M_J + M_R}$

정리해서 수치를 대입하면 $x' = \dfrac{55(2.7)}{212} = 0.70\text{m}$

15 아주 먼 우주 공간에 우주선이 정지해 있다. 이 우주선은 100초 동안의 분사를 하는데, 우주선에 대해 3000m/s의 상대속도로 매초 150kg의 연료를 일정하게 분출한다. 연료를 합한 로켓의 총질량은 25000kg이다.

(1) 이 로켓의 추진력과 로켓의 처음 가속도는 얼마인가?

(2) 이 로켓의 최종 속력을 구하라.

풀이

추진력 $T = -v_r \dfrac{dm}{dt} = -(-3000\text{m/s})(150\text{kg/s}) = 450000\text{N}$

초기 가속도 $a_i = \dfrac{T}{M_i} = 18\text{m/s}^2$

일반적으로 $a = \dfrac{dv}{dt} = -\dfrac{T}{M} = -\dfrac{v_r}{M}\dfrac{dM}{dt}$에서 $\dfrac{dM}{M} = \dfrac{dv}{v_r}$

양변을 적분하면 $\displaystyle\int_{M_i}^{M_f} \frac{dM}{M} = \frac{1}{v_r}\int_0^{v_f} dv \quad \therefore\ v_f = -v_r \ln\left(\frac{M_i}{M_f}\right)$

여기서 $M_i = 25000\text{kg}$이므로 $M_f = M_i - (150\text{kg/s})(100\text{s}) = 10000\text{kg}$

수치를 대입하면 $v_f = 2750\text{m/s}$

16 길이 L, 질량 M인 수직 쇠사슬의 끝이 그림과 같이 책상 위에 살짝 닿아있는 상태에서 쇠사슬을 살며서 놓았다. 쇠사슬이 책상에 작용하는 최대힘을 구하라. 단, 중력가속도는 g이다.

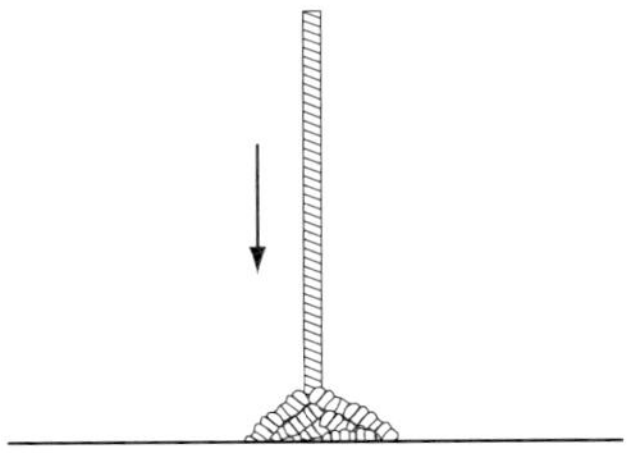

풀이

y는 떨어진 부분의 길이이다.

$F(y)$ = 떨어진 부분이 가하는 힘 + 책상에 떨어지는 부분이 가하는 힘

$$= \lambda yg + \frac{dP_{\text{떨어지는}}}{dt} = \lambda yg + v\frac{dm}{dt} = \lambda gy + v\lambda\frac{dy}{dt} = \lambda gy + \lambda v^2$$

그런데 $v^2 = 2gy \quad \therefore\ F(y) = 3\lambda gy = \dfrac{3Mgy}{L}$

따라서 $y = L$일 때 힘은 최대이고 그 힘은 $3Mg$이다.

17 질량 m_1인 입자가 정지해 있는 질량 $m_2(<m_1)$인 입자와 탄성 충돌을 할 때 m_1 입자가 원래의 운동 방향으로부터 벗어나는 각도 θ의 최대값을 구하라

풀이

충돌 전후의 운동량 보존과 에너지 보존

$m_1u_1 = m_1v_1\cos\theta_1 + m_2v_2\cos\theta_2$ ⋯ (1)

$0 = m_1v_1\sin\theta_1 - m_2v_2\sin\theta_2$ ⋯ (2)

$m_1u_1^2 = m_1v_1^2 + m_2v_2^2$ ⋯ (3)

(1)과 (2)에서 θ_1이 들어간 항을 좌변으로 이항한 후 제곱해서 더한다. 또 (3)을 대입해 v_2를 소거한다.

$m_1^2(u_1 - v_1\cos\theta_1)^2 + (m_1v_1\sin\theta_1)^2 = (m_2v_2)^2 = m_2m_1(u_1^2 - v_1^2)$

$(m_1+m_2)v_1^2 - (2m_1u_1\cos\theta_1)v_1 + (m_1-m_2)u_1^2 = 0$

위 식에서 v_1은 실수인 해를 가져야 한다. v_1에 대해 판별식을 쓰면

$D/4 = m_1^2u_1^2\cos^2\theta_1 - (m_1^2 - m_2^2)u_1^2 \geq 0$

양변을 $m_1^2u_1^2$로 나누면 $\cos^2\theta_1 \geq 1 - (\frac{m_2}{m_1})^2$, $\sin^2\theta_1 \leq (\frac{m_2}{m_1})^2$

$\therefore\ \sin\theta_{1_{\max}} = \frac{m_2}{m_1}$

18 그림과 같이 질량 M인 2개의 쐐기와 질량 m인 물체가 있다. 질량 m인 물체가 높이 h인 왼쪽 쐐기에서 미끄러져 오른쪽 쐐기로 운동할 때 물체가 올라갈 수 있는 최대 높이를 구하라. 단, 모든 마찰은 무시한다.

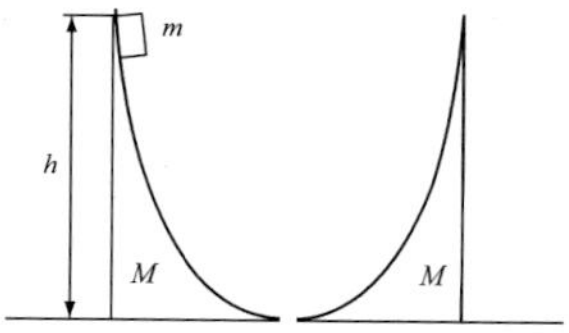

풀이

왼쪽 쐐기에서 에너지 보존을 이용하면 $\frac{1}{2}Mv^2 + \frac{1}{2}mu^2 = mgh$

운동량 보존을 이용하면 $Mv = mu$

오른쪽 쐐기에서 에너지 보존을 이용하면 $\frac{1}{2}mu^2 = \frac{1}{2}(M+m)V^2 + mgh_{\max}$

운동량 보존을 이용하면 $mu = (M+m)V$

네 식을 이용해서 v, V, u를 소거하면 $h_{\max} = \frac{hM^2}{(M+m)^2}$

19 그림과 같이 질량 m_1, m_2인 두 모래 주머니가 테이블의 작은 구멍을 통해서 줄에 연결되어 있다. 테이블의 높이는 H, 줄의 길이는 $L(>H)$이다. 처음에 줄은 모두 테이블 위에 있었고, 두 모래 주머니는 정지된 상태로 있었다. 질량 m_2인 모래 주머니가 바닥에 닿은 후 다시 얼마나 높이 올라가겠는가? 단, 줄의 질량은 무시한다.

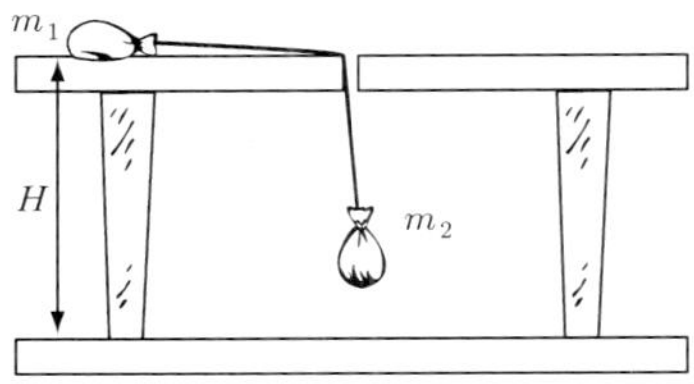

풀이

m_2가 바닥에 닿기 바로 직전과 초기 상태의 에너지 보존과 운동량 보존을 이용하면

$\frac{1}{2}(m_1+m_2)v^2=m_2gH$

m_2가 바닥에 닿으면 가지고 있던 운동에너지는 손실된다.

m_1이 m_2를 잡아당기는 순간 완전 비탄성 충돌을 한다.

$m_1v=(m_1+m_2)u$

m_2가 m_1에 의해 끌려 올라가기 시작한 직후와 m_2가 최고로 올라갔을 때의 에너지 보존을 이용하면 $\frac{1}{2}(m_1+m_2)u^2=m_2gh$이므로 위 식들을 정리 하면 $h=[\frac{m_1}{(m_1+m_2)}]^2H$이다.

CHAPTER

05

원운동과 단진동

5.1 개념 익히기

01 커다란 회전 풍차를 타고 있는 철수의 위치는 회전축으로부터 10m되는 곳이다. 회전 풍차가 매분 1회전할 때 철수의 선속력은 얼마인가?

① 10m/min
② 31.4m/min
③ 62.8m/min
④ 100m/min

선속력은 $v=r\omega=2\pi fr=20\pi$/min=62.8/min이다.

02 회전 속도가 일정한 레코드판 위에 있던 벌레가 회전중심으로부터 원래 위치보다 2배되는 곳으로 이동했을 때 벌레의 선속력은 몇 배가 되겠는가?

① 2배
② $\frac{1}{2}$배
③ 같다.

선속력은 $v= r\omega$에서 반지름에 비례하므로 2배가 된다.

03 자동차의 타이어를 반지름이 더 큰 것으로 바꾼다면 주어진 RPM에서 자동차 타이어의 선속력은 어떻게 되겠는가?

① 감소한다.
② 증가한다.
③ 변함이 없다.

선속력은 $v= r\omega$에서 반지름에 비례하므로 증가한다.

Answers 01. ③ 02. ① 03. ②

04 회전목마에서 안쪽에 있는 말과 바깥쪽에 있는 말 중 어느 쪽 말이 더 빠르겠는가?

① 안쪽에 있는 말
② 바깥쪽에 있는 말
③ 둘 다 같다.

선속력은 $v = r\omega$에서 반지름에 비례하므로 바깥쪽에 있는 말이 더 빠르다.

05 회전원판의 회전 속도가 2배로 되면 회전원판의 가장자리에 있는 물체의 속도는 몇 배가 되겠는가?

① 2배
② $\frac{1}{2}$배
③ 같다.

물체의 (선)속력은 $v = r\omega$에서 회전속도(각속도)에 비례하므로 2배 빨라진다.

06 우주 왕복선과 같은 인공위성이 지면으로 떨어지는 것을 방해하는 요인은?

① 중력
② 공기의 저항이 없다.
③ 방해하는 요인이 없고 인공위성은 계속적으로 지구 둘레로 떨어지고 있는 것이다.

궤도 비행을 하고 있는 인공위성은 원운동을 계속 하도록 중력이 구심력 역할을 하고 있다. 즉 인공위성은 중력을 받아 지구 주위로 계속 떨어지고 있는 것이다.

07 바퀴의 둘레가 2m인 자전거가 있다. 바퀴가 1초에 1회전할 때 이 자전거의 속력은 얼마인가?

① 1m/s ② 2m/s
③ 3m/s ④ 3.14m/s
⑤ 6.28m/s

선속력은 $v = r\omega = 2\pi fr = 2\text{m/s}$이다.

08 실에 일정한 간격으로 물체를 매달아 등속 원운동시키고 있다. 실의 가장 바깥쪽에 매달린 물체의 속력은 실의 중간에 매달린 물체의 속력의 몇 배인가?

① $\frac{1}{2}$배 ② 2배
③ 선속력은 같다.

선속력은 $v = r\omega$에서 원의 중심으로부터의 거리에 비례하므로 2배가 된다.

09 달에서의 중력가속도는 지구에서의 중력가속도보다 작다. 달표면 주위를 도는 인공위성은 지표면을 도는 인공위성의 속력보다

① 더 빠르다.
② 더 느리다.
③ 같다.
④ 자료가 더 필요하다.

중력이 구심력역할을 하므로 $mg = m\frac{v^2}{r}$에서 $v = \sqrt{rg}$이다. 달의 반지름과 중력가속도 둘다 지구보다 작으므로 달표면 주위를 도는 인공위성의 속력은 지구보다 느리다.

Answers 04. ② 05. ① 06. ③ 07. ② 08. ② 09. ②

10 회전목마에서 선속력이 가장 빠른 말의 위치는?

① 회전 중심에 가장 가까운 곳
② 회전 중심으로부터 가장 먼 곳 (가장자리)
③ 모두 같다.

선속력은 $v = r\omega$에서 원의 중심으로부터의 거리에 비례하므로 가장 먼 곳에 있는 말이 가장 빠르다.

11 원심력은 어떤 운동을 하는 좌표계에서 실제로 작용하는 힘인가?

① 일정한 속도로 운동하는 좌표계
② 관성 좌표계
③ 정지 좌표계
④ 회전 운동을 하는 좌표계

원심력은 원운동하는 물체내에서만 즉 회전운동을 하는 좌표계에서만 작용하는 힘(관성력)이다.

12 사람의 무게가 극지방보다 적도지방에서 더 작은 주된 이유는?

① 지구가 회전하기 때문
② 기조력에 의해 부풀어 있기 때문
③ 적도지방은 기온이 높아 물질들이 팽창한 상태이므로
④ 태양과 달 및 다른 행성들의 영향을 받기 때문
⑤ 작용과 반작용의 법칙

무게는 중력과 같으며, 중력은 지구가 물체에 작용하는 만유인력($F = G\frac{mM}{r^2}$)이다. 극지방의 중력이 적도지방보다 큰 이유는 극반지름이 적도반지름보다 작고, 적도지방에서 원심력이 가장 크게 작용하기 때문이다.

13 도넛 모양의 우주 정거장이 회전하고 있다. 우주정거장의 각속도를 증가시키면 우주정거장 안에 거주하는 사람의 겉보기 무게의 변화는?

① 증가한다.
② 감소한다.
③ 같다.

각속도를 증가시키면 우주정거장내의 원심력($mr\omega^2$, 인공중력)이 커지므로 겉보기 무게가 증가한다.

14 일반적으로 회전 관람차는 궤도의 바깥쪽에 있으나 그림의 회전관람차는 회전축과 바깥쪽과의 중간 부분에 위치하고 있다. 이 관람차의 각속도와 선속력은 바깥쪽과 비교할 때 어떠한가?

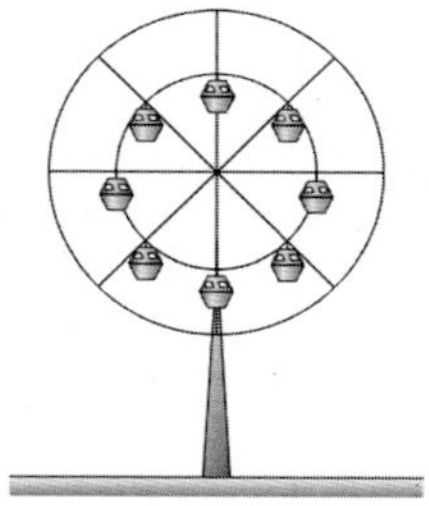

① 각속도는 작아지고 선속력은 증가한다.
② 각속도는 증가하고 선속력은 감소한다.
③ 각속도는 같고 선속력은 감소한다.

Answers 10. ② 11. ④ 12. ① 13. ① 14. ③

같은 주기로 회전하므로 각속도는 같고 선속력은 $v = r\omega$에서 원의 중심으로부터의 거리에 비례하므로 선속력은 감소한다.

15 지구가 지금보다 천천히 회전한다면 여러분의 겉보기 무게는 어떻게 되겠는가?

① 증가한다. ② 감소한다.
③ 변함없다.

천천히 회전하면 회전수가 감소하므로 원심력 $mr\omega^2 = mr(2\pi f)^2$이 감소하여 겉보기무게는 증가한다. 겉보기 무게 = 만유인력 − 원심력 = $\vec{F} - \vec{f}$

16 자동차가 원둘레 위를 일정한 속력으로 운동하고 있다. 자동차에 작용하는 알짜 힘에 대한 옳은 설명은?

① 자동차의 진행방향의 앞쪽으로 작용한다.
② 원궤도의 중심방향으로 작용한다.
③ 자동차의 속력이 0 이므로 알짜힘도 0 이다.
④ 위 3가지 모두 틀리다.

원운동을 하기 위해서는 원의 중심방향으로 구심력이 작용해야 한다.

17 북반구에서 여러분의 몸무게를 감소시키려면 여러분은 어느 쪽으로 이동해야 하는가?

① 북쪽 ② 남쪽
③ 동쪽 ④ 서쪽

적도지방으로 갈수록 원심력이 증가하므로 남쪽으로 이동해야 한다.

❖ **[18–19] 그림과 같은 원통의 가장자리에서 지구에서와 같은 중력을 느낄 수 있는 우주기지가 있다. 중력가속도는 g 이다.**

18 우주기지의 회전축 주위의 겉보기 중력장의 세기는?

① 0 ② g
③ $\frac{1}{4}g$ ④ $\frac{1}{2}g$
⑤ $\frac{3}{4}g$

회전축 주위에서는 원심력(인공중력) $mr\omega^2$에서 r이 0이므로 겉보기 중력장의 세기는 0이 된다.

19 우주기지의 회전축과 가장자리의 중간 지점에서의 겉보기 중력장의 세기는?

① 0 ② g
③ $\frac{1}{2}g$ ④ $\frac{3}{4}g$

Answers 15. ① 16. ② 17. ② 18. ① 19. ③

인공중력은 $mr\omega^2$에서 r에 비례하므로 중간 지점에서의 겉보기 중력장의 세기는 가장자리의 $\frac{1}{2}$배이다.

20 반지름이 현재보다 훨씬 큰 타이어로 바꾸었을 때 자동차의 속도계에 나타나는 눈금은?

① 실제보다 빠른 속도를 가리킨다.
② 실제보다 느린 속도를 가리킨다.

기존에 설치된 타이어 반지름과 회전수를 고려하여 속도계가 만들었으므로 같은 회전수로 반지름이 큰 타이어가 굴러갔을 때 원래보다 더 많은 거리를 이동하게 되어 실제보다 느린 속도를 가리킨다고 볼 수 있다.

21 회전하는 우주기지에 살고 있는 사람이 머리와 발 사이에서 0.01g보다 약간 작은 중력차이를 느낀다. 이 사람의 키가 2m라면 이 우주기지의 반지름은?

① 20m ② 200m
③ 2000m ④ 2000m 이상

인공중력은 $mr\omega^2$에서 r에 비례하므로 $r : (r-2) = g : 0.99g$이다. $r = 200$m

22 한 우주기지의 중력장의 세기는 $\frac{1}{4}g$ 이다. 중력장의 세기가 1g의 지역에서 1m 높은 곳으로 점프를 할 수 있다면 이 사람이 우주기지에서 점프를 할 수 있는 높이는?

① 1m
② 2m
③ 4m
④ 16m
⑤ 16m 이상

최고점의 높이는 $H = \frac{v^2}{2g}$ 이므로 중력장의 세기(중력가속도)에 반비례하므로 점프할 수 있는 높이는 4m이다.

23 단진자의 진동수는 다음 중 어떤 물리량과 관계 있는가?

① 질량
② 길이
③ 중력가속도
④ 질량, 길이
⑤ 길이, 중력가속도

단진자의 진동수는 $f = \frac{1}{2\pi}\sqrt{\frac{g}{l}}$ 이므로 길이와 중력가속도에 의해 결정된다.

24 용수철에 연직으로 매달린 물체가 연직 위아래로 2초만에 1회 왕복하고 있다. 이 물체의 진동수는?

① 0.5Hz
② 2Hz

진동수는 1초동안 진동한 횟수이다. 2초동안 1회 진동했으므로 진동수는 0.5Hz이다.

Answers 20. ② 21. ② 22. ③ 23. ⑤ 24. ①

25 진동수가 큰 단진자에 대한 옳은 설명은?

① 주기가 짧다.
② 진자의 길이가 짧다.
③ 앞의 2가지 모두 해당된다.
④ 앞의 2가지 모두 해당되지 않는다.

단진자의 진동수는 $f=\frac{1}{2\pi}\sqrt{\frac{g}{l}}=\frac{1}{T}$ 이므로 길이가 짧거나 주기가 짧으면 진동수는 크다.

26 용수철에 연직으로 매달린 물체가 연직 위아래로 2초만에 1회 진동하고 있다. 물체의 진동주기는?

① 0.5초 ② 1초
③ 2초 ④ 알 수 없다.

주기는 1회 진동하는 걸리는 시간을 말한다.

27 진자 시계를 바닷가에서 높은 산 위로 가져가면 시간의 변화는?

① 느려진다.
② 빨라진다.
③ 변함없다.

높은 산으로 이동하면 지구중심으로부터의 거리가 커지므로 중력가속도는 감소한다.
$T=2\pi\sqrt{\frac{l}{g}}$ 에서 주기는 길어진다.

Answers 25. ③ 26. ③ 27. ①

5.2 개념 응용하기

01 그림과 같이 풍차가 시계 방향으로 돌고 있다. 풍차의 속도가 점점 빨라지고 있을 때 점 X 의 가속도의 방향으로 가능한 것은?

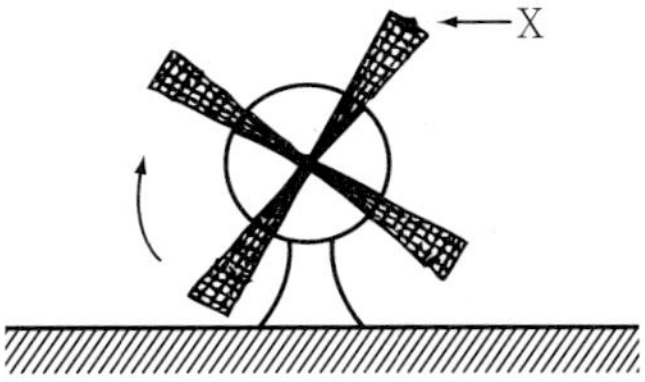

① ↙ ② ↓ ③ ↘

④ ← ⑤ →

⋯› • 원운동을 하므로 원의 중심방향인 가속도 성분이 있으며, 접선 방향의 속력이 빨라지므로 접선 방향의 가속도 성분도 있다. 두 성분을 합성하면 아래 방향을 향한다.

02 바퀴가 수평한 도로 위를 따라 굴러가고 있다. 바퀴 중심의 속도가 →로 표현될 때 바퀴 둘레의 한 점 P의 순간 속도는 어떻게 표현되는가?

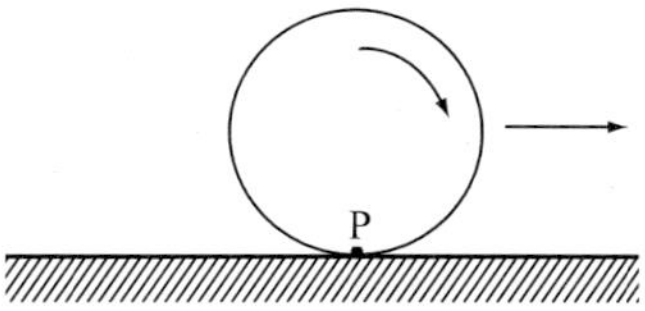

① → ② ← ③ ↑

④ ↗ ⑤ 0

⋯› • 바퀴중심의 속도가 →로 표현되는 경우는 지면과 접촉과 점 P를 기준으로 한 속도를 나타낸 것이므로 지면과 접촉한 점 P는 정지상태에 있다.

03 엘리베이터가 연직 위로 등가속도 운동을 하고 있다. 그림에서 점선은 엘리베이터의 천정에 붙어 있는 물체의 위치와 시간과의 관계를 나타내고 있다. 어느 순간 천정에 있던 물체가 바닥으로 떨어진다면 실선으로 나타낸 그래프 중에서 지상의 관찰자가 본 물체의 위치와 시간의 관계를 나타내고 있는 것은?

Answers 01. ② 02. ⑤ 03. ②

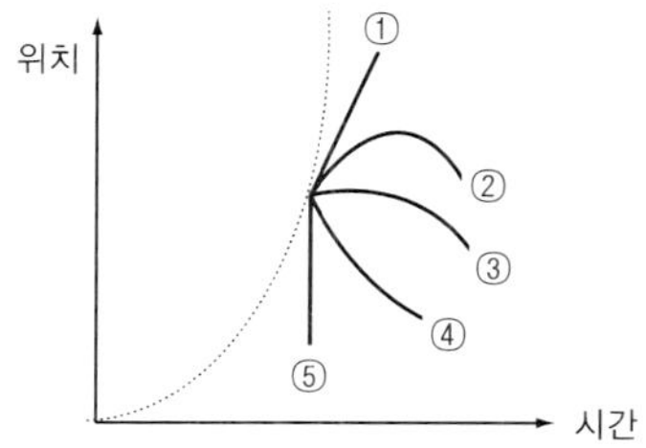

⋯› • 천정에 있던 물체는 천정에서 분리되는 순간의 속도로 연직위로 던진 물체의 운동과 같은 운동을 한다.

$s = v_0 t - \frac{1}{2}gt^2$

04 대기권 밖에서 지구 주위를 일정한 속력으로 원운동하고 있는 인공위성에 대한 다음 설명 중 옳은 것은?

① 인공위성의 가속도와 속도의 방향이 서로 같다.
② 인공위성에 작용하는 알짜힘은 0이다.
③ 인공위성의 속도는 일정하다.
④ 연료가 다 소모되면 지구로 떨어질 것이다.
⑤ 인공위성의 가속도는 지구 중심을 향하고 있다.

⋯› • 원운동하는 물체에 작용하는 힘(중력이 구심력 역할을 함)과 가속도의 방향은 원궤도의 중심 방향이며, 속도의 방향(접선방향)과 항상 수직이다.

05 그림 (가)와 (나)는 실의 한 쪽 끝에 질량이 각각 M_1, M_2인 추를 매달고, 유리관 속을 통과시킨 실의 다른 쪽 끝에는 질량 m인 고무마개를 달아 각각 원운동시키는 모습을 나타낸 것이다. (가)와 (나)에서 유리관 끝 O에서 고무마개까지의 실의 길이는 각각 l 이고, 실과 수평면이 이루는 각은 각각 30°와 60°이며, 고무마개는 수평면에서 등속 원운동을 한다.

Answers 04. ⑤ 05. ③

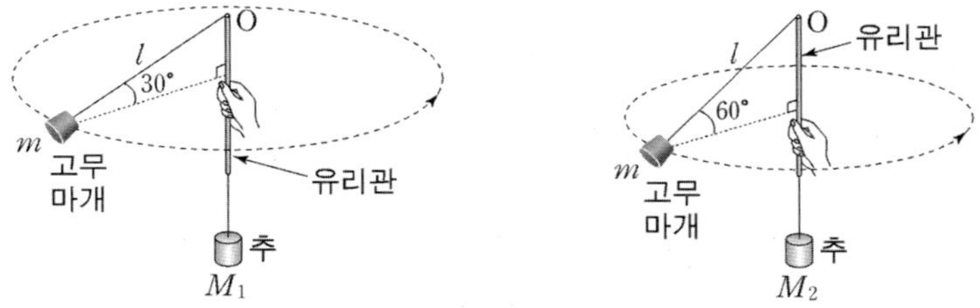

(가) (나)

이에 대한 설명으로 옳은 것만을 〈보기〉에서 있는 대로 고른 것은? (단, 실과 유리관 사이의 마찰, 고무마개의 크기, 유리관의 굵기는 무시하고, 유리관은 고정되어 있다.)

보기

ㄱ. $M_1 = \sqrt{3}\,M_2$이다.
ㄴ. 고무마개에 작용하는 구심력의 크기는 (가)의 경우가 (나)의 경우보다 3배 크다.
ㄷ. 고무마개의 운동에너지는 (가)의 경우가 (나)의 경우보다 $\sqrt{3}$배 크다.

① ㄱ ② ㄷ
③ ㄱ, ㄴ ④ ㄴ, ㄷ
⑤ ㄱ, ㄴ, ㄷ

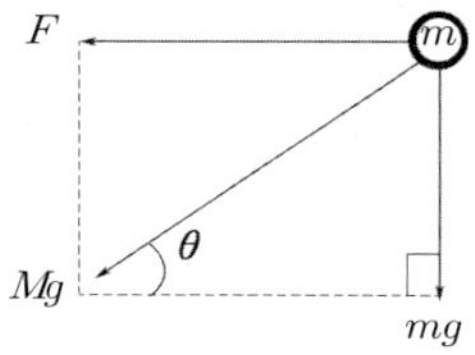

• 고무마개의 힘의 관계는 $\tan\theta = \dfrac{mg}{F}$ 구심력은 $F = \dfrac{mg}{\tan\theta}$ 이다.

추 질량의 크기는 $Mg\sin\theta = mg$이므로 $M \propto \dfrac{1}{\sin\theta}$이다. $M_1 : M_2 = \dfrac{1}{\sin30^\circ} : \dfrac{1}{\sin60^\circ}$ $= \sin60^\circ : \sin30^\circ = \dfrac{\sqrt{3}}{2} : \dfrac{1}{2} = \sqrt{3} : 1$ $\therefore M_1 = \sqrt{3}\,M_2$ 이다. 구심력은 $F \propto \dfrac{1}{\tan\theta}$이므로 $F_{가} : F_{나} = \dfrac{1}{\tan30^\circ} : \dfrac{1}{\tan60^\circ} = \sqrt{3} : \dfrac{1}{\sqrt{3}} = 3 : 1$ $\therefore F_{가} = 3F_{나}$이다. 구심력 $F = \dfrac{mg}{\tan\theta}$, 즉 $m\dfrac{v^2}{r} = \dfrac{mg}{\tan\theta}$이고 $r = \ell\cos\theta$이므로 $E_k = \dfrac{1}{2}mv^2 = \dfrac{1}{2}\dfrac{mgr}{\tan\theta} = \dfrac{1}{2}\dfrac{mgl\cos\theta}{\tan\theta}$에서

$E_k \propto \dfrac{\cos\theta}{\tan\theta}$이다. $E_{k가} : E_{k나} = \dfrac{\cos30^\circ}{\tan30^\circ} : \dfrac{\cos60^\circ}{\tan60^\circ} = \dfrac{\frac{\sqrt{3}}{2}}{\frac{1}{\sqrt{3}}} = \dfrac{\frac{1}{2}}{\sqrt{3}} = \dfrac{3}{2} : \dfrac{1}{2\sqrt{3}} = 3\sqrt{3} : 1$

$\therefore E_{k가} = 3\sqrt{3}\,E_{k나}$ 이다.

06 등속 원운동을 하는 물체의 가속도는 (1) 속력이 일정할 때, (2) 주기가 일정할 때 반지름과 어떤 관계에 있는지 [보기]의 그래프에서 올바르게 짝지은 것은?

보기

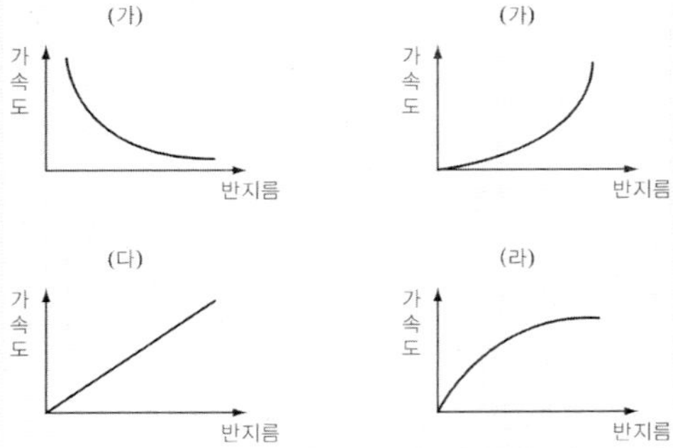

	①	②	③	④	⑤
(1)	(가)	(나)	(가)	(나)	(다)
(2)	(나)	(가)	(다)	(라)	(라)

⋯ • 등속원운동에서 가속도는 $a = \frac{v^2}{r} = rw^2 = r(\frac{2\pi}{T})^2$이므로 속력이 일정할 때 반지름에 반비례하며, 주기가 일정할 때 반지름에 비례한다.

07 가장자리 흰 점이 있는 검은 색 원판이 시계 방향으로 매초당 19회전하고 있다. 회전하는 원판을 진동수 20Hz인 섬광 스트로보를 작동시키고 관찰할 때 흰점의 운동은 어떻게 보이는가?

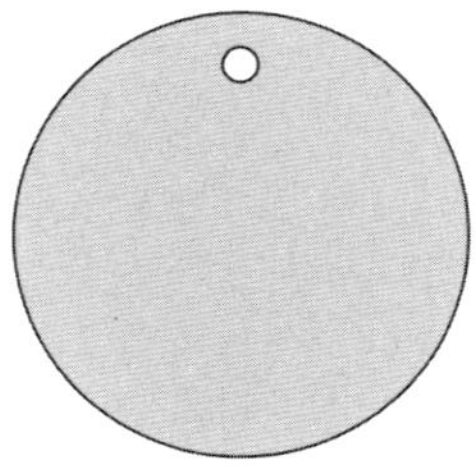

① 흰 점이 정지해 보인다.
② 느린 속력으로 시계 방향으로 회전한다.
③ 빠른 속력으로 시계 방향으로 회전한다.
④ 느린 속력으로 반시계 방향으로 회전한다.
⑤ 빠른 속력으로 반시계 방향으로 회전한다.

⋯ • 원판이 1초 동안 19회전하므로 1회전하는 걸리는 시간은 $\frac{1}{19}$초이다. 따라서 $\frac{1}{20}$초 동안 원판은 $\frac{19}{20}$회전을 하게 된다. 섬광 스트로보를 통해 볼 때 점은 반시계 방향으로 $\frac{1}{20}$회전한 것처럼 보인다. 다음 $\frac{1}{20}$초가 지나면 점은 또다시 반시계 방향으로 $\frac{1}{20}$회전하게 되며, 1초가 지나면 원판 위의 점은 반시계 방향으로 완전히 한 바퀴를 돌게 된다. 결국 섬광스트로보를 통해 보이

Answers 06. ③ 07. ④

는 원판 위의 점은 반시계 방향으로 1초에 1회전하게 된다. 다시 말해서 흰 점은 $\frac{1}{19}$초마다 시계방향으로로 한 바퀴씩 돌게 되지만 섬광의 시간 간격은 $\frac{1}{20}$초이므로 섬광이 비춰질 때마다 흰점은 한 바퀴를 약간 돌지 못한 지점에 있게 된다. 따라서 느린 속력으로 반시계방향으로 회전하는 것처럼 보이게 된다.

08 그림과 같이 마찰이 없는 수평면에서 질량 m인 물체 A는 길이 L인 실에 연결되어 속력 v로 등속원운동하며, 질량 m인 물체 B는 A의 원궤도상의 점 P를 향해 속력 $2v$로 직선 운동한다. A와 B는 P에서 탄성 충돌하며, 충돌 전후 B는 일직선상에서 운동한다.

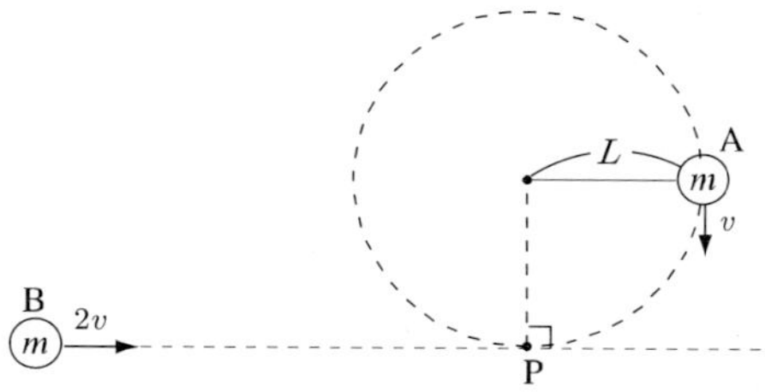

충돌 후 등속 원운동하는 A에 작용하는 구심력의 크기는? (단, 실의 길이는 일정하고, 물체의 크기는 무시한다.)

① $\frac{mv^2}{4L}$ ② $\frac{mv^2}{2L}$

③ $\frac{mv^2}{L}$ ④ $\frac{2mv^2}{L}$

⑤ $\frac{4mv^2}{L}$

⋯ • 질량이 같은 두 물체가 정면으로 완전 탄성 충돌을 하면 충돌 전과 후 속도가 서로 교환되므로 A와 B가 P에서 충돌한 직후 A의 속력은 $2v$가 되면서 방향이 원래와 반대 방향으로 바뀐다. 그리고 B는 속력이 v로 되면서 방향이 왼쪽 방향으로 바뀐다. 충돌 후 $2v$의 속력으로 등속 원운동하는 A에 작용하는 구심력의 크기 F는 $F = ma = m\frac{(2v)^2}{L} = \frac{4mv^2}{L}$이 된다.

09 다음 그림은 놀이 공원에서 반지름 각각 R, $2R$, $3R$인 5개의 원호를 따라 일정한 속력으로 운행되고 있는 열차의 레일을 나타낸 것이다.

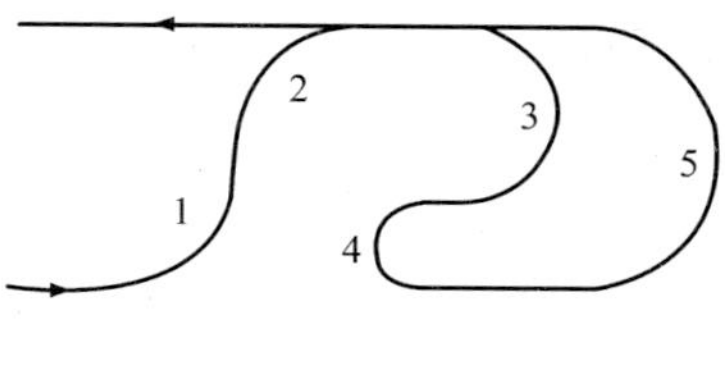

다음 중 열차가 운행되고 있는 동안 열차에 타고 있는 승객이 받는 구심력의 크기를 바르게 비교한 것은?(단, 궤도1, 2, 5는 반지름이 $3R$이고, 궤도 3은 $2R$, 궤도4는 R이다.)

① 1>2>3>4>5
② 5>4>3>2>1
③ 4>3>1=2=5
④ 1=2=5>3>4
⑤ 4>1=2=3>5

⋯ • 원운동의 속력이 일정할 때 구심력은 원의 반지름에 반비례한다. $F=\frac{mv^2}{r}$

10 정지해 있는 물체가 그림과 같이 3m 높이에서 마찰이 없는 궤도를 따라 미끄러져 내려오고 있다. 그림에서 네 언덕의 곡률이 같고 물체는 궤도에서 이탈하지 않는다.

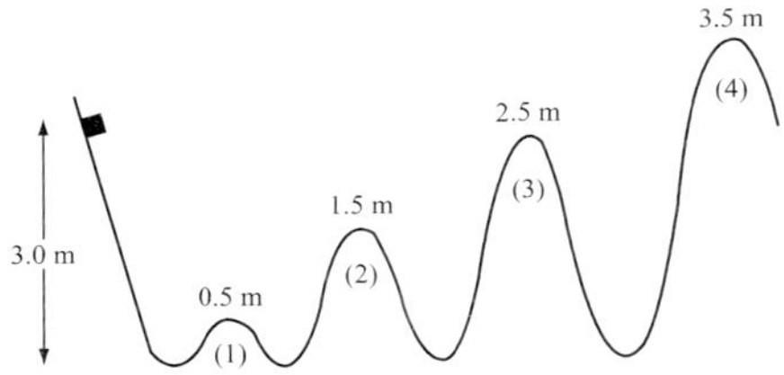

[보기]에 대한 다음 설명 중 옳은 내용을 모두 고른 것은?

보기
ㄱ. 물체는 언덕 (4)를 넘지 못한다.
ㄴ. 언덕의 꼭대기 중에서 물체의 구심가속도가 가장 큰 곳은 (1)이다.
ㄷ. 언덕의 꼭대기 중에서 물체가 받는 수직항력이 가장 작은 곳은 (1)이다.

① ㄱ
② ㄱ, ㄴ
③ ㄱ, ㄷ
④ ㄴ, ㄷ
⑤ ㄱ, ㄴ, ㄷ

⋯ • 역학적 에너지보존 법칙에 따라 물체는 처음 높이보다 더 높은 언덕은 넘을 수 있다. 구심가속도는 $a=\frac{v^2}{r}$으로 반지름이 같을 때, 속력이 빠를수록 구심가속도도 크다. 언덕의 꼭대기에서 $mg-N=\frac{mv^2}{r}$의 관계가 성립하므로 수직항력이 가장 작은 곳은 (1)이다.

Answers 10. ⑤

11 원통형의 놀이 기구에 탄 사람이 그림과 같이 등이 원통의 벽에 붙어 고정된 상태로 일정한 속력으로 회전하고 있다. 원통이 회전하고 있는 동안 이 사람이 받는 힘들을 바르게 나타낸 것은?

① 

② 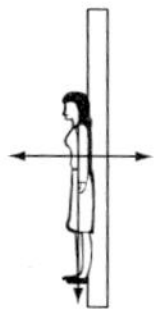

③ 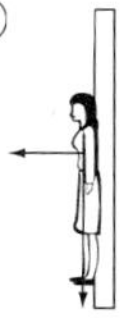

④ 

⑤ 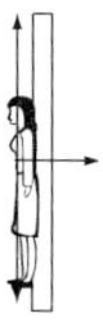

⋯→ • 등속 원운동하는 물체에 작용하는 알짜힘은 항상 원의 중심을 향한다.

12 그림은 동일한 두 수레가 A, B 한 쪽 끝이 벽에 고정된 서로 다른 용수철에 연결되어 진동하는 모양을 나타낸다.

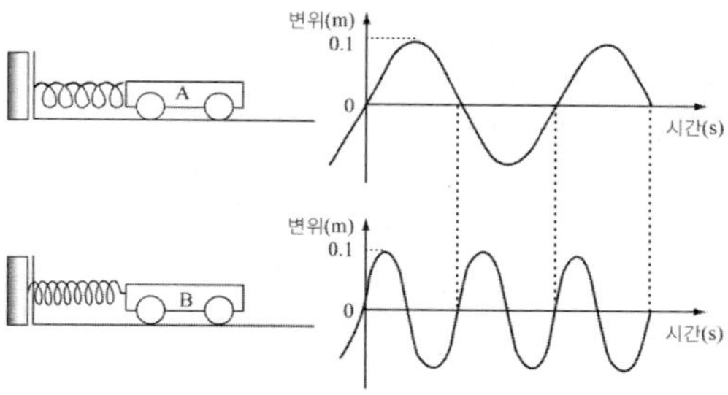

[보기]의 설명 중에서 옳은 것을 모두 짝지어 놓은 것은?

보기

ㄱ. 용수철 A의 탄성 계수가 크다.
ㄴ. B의 최대 가속도는 A의 4배이다.
ㄷ. A의 진동 주기가 B의 4배이다.
ㄹ. B의 최대 속력은 A의 2배이다.

Answers 11. ① 12. ④

① ㄱ, ㄴ　　② ㄱ, ㄷ
③ ㄴ, ㄷ　　④ ㄴ, ㄹ
⑤ ㄷ, ㄹ

⋯ • 용수철 진자의 주기는 $T=2\pi\sqrt{\frac{m}{k}}$ 이며, 단진동하는 물체의 최대 가속도는 $a=w^2A$(A:진폭)$=(\frac{2\pi}{T})^2A$에 진폭에 비례한다. 또한 단진동하는 물체의 최대속도는 $v=wA=\frac{2\pi}{T}A$에서 주기에 반비례한다.

13 그림과 같이 달리는 자동차의 천정에 추가 매달려 있다.

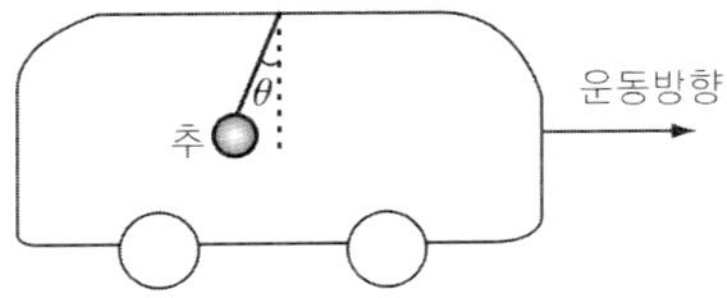

자동차를 타고 있는 사람이 추를 매단 실이 연직과 이루는 각을 측정하였더니 다음의 표와 같은 결과를 얻었다.

시각(초)	0～10	10～50	50～60
각도(°)	왼쪽 30°	0°	오른쪽45°

이 자동차의 운동을 나타내는 그래프의 개형은?

① 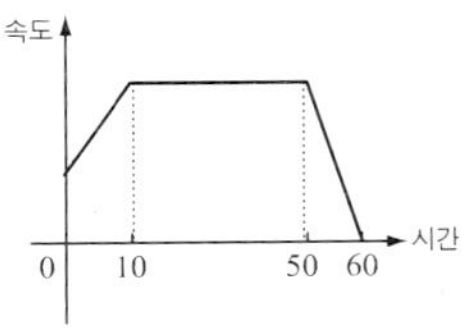

② 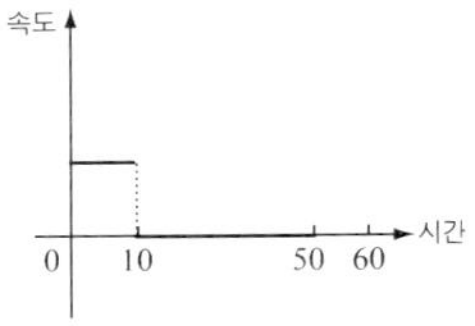

③ 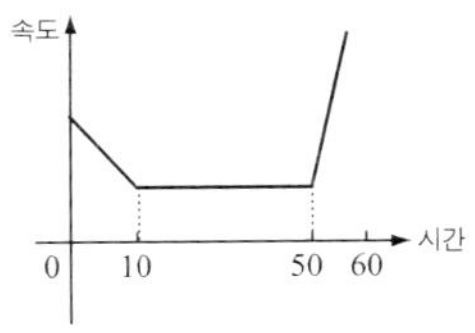

④ 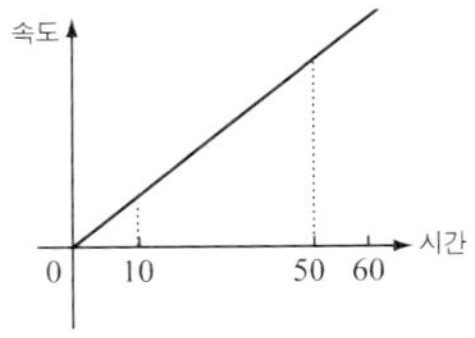

⑤ 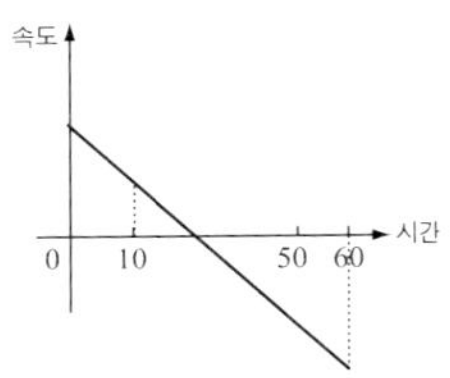

Answers 13. ①

⋯▸ • 추에 작용하는 힘은 줄의 장력과 중력이다. 자동차의 운동방향이 오른쪽이므로 왼쪽으로 기울어져 있으면 자동차는 오른쪽으로 가속되고 오른쪽으로 기울어지면 오른쪽으로 감속되고 있다. $ma = mg\tan\theta$이므로 $\therefore a = g\tan\theta$이다. 따라서 θ가 클수록 자동차의 가속도가 크다.

14 어떤 소설 속에 등장하는 어린 왕자는 소행성에 살고 있다. 소행성의 밀도 ρ이고, 소행성은 회전하지 않는다고 가정한다. 어린 왕자가 소행성 표면을 따라 빠르게 걸으면 걸을수록 자신의 몸이 가벼워짐을 느꼈다. 걷는 속도가 2m/s가 되었을 때 무중력 상태가 되었다면 이 소행성의 반지름은 얼마가 되겠는가?(단, 만유인력 상수는 G이다.)

① $\sqrt{\dfrac{3}{\pi\rho G}}$ ② $\sqrt{\dfrac{5}{\pi\rho G}}$

③ $\sqrt{\dfrac{6}{\pi\rho G}}$ ④ $\sqrt{\dfrac{8}{\pi\rho G}}$

⑤ $\sqrt{\dfrac{11}{\pi\rho G}}$

⋯▸ • $mg - N = \dfrac{mv^2}{R}$에서 무중력 상태는 $N = 0$이므로 $g = \dfrac{GM}{R^2} = \dfrac{v^2}{R}$이다.

$R = \dfrac{GM}{v^2} = \dfrac{G}{4} \cdot \dfrac{4\pi R^3\rho}{3}$에서 $R = \sqrt{\dfrac{3}{\pi\rho G}}$ 이다.

15 오른쪽 그림과 같이 길이 L인 줄에 질량 M인 상자가 매달려 있고, 이 상자 속에는 질량 m인 모래가 들어 있다. 상자가 왕복 운동하는 동안 상자 밑의 작은 구멍에서 일정한 비율로 모래가 흘러나오고 있다. 시간이 경과함에 따라 단진자의 주기 T를 나타내는 그래프로 옳은 것은?

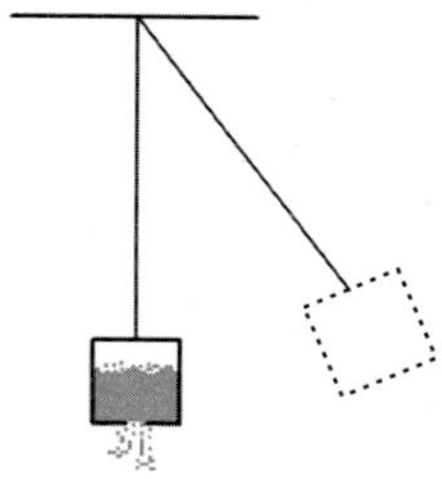

① 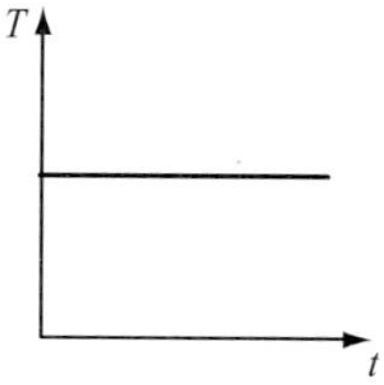

② 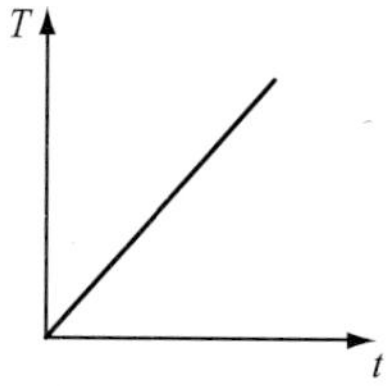

Answers 14. ① 15. ⑤

③ 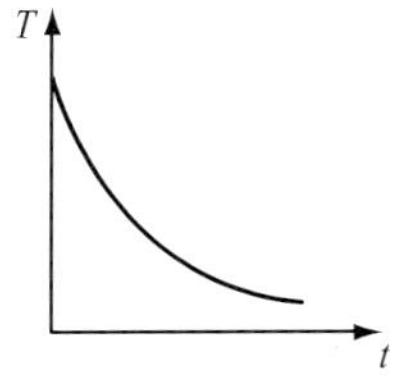

④ 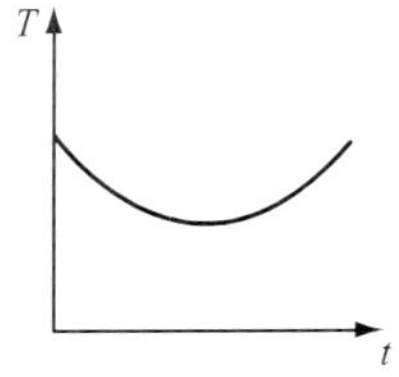

⑤ 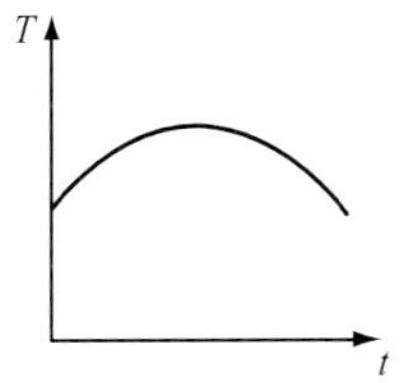

⋯ • 단진자의 주기는 $T=2\pi\sqrt{\frac{l}{g}}$ 이며, 모래가 흘러나옴에 따라 단진자의 질량중심 길이 l이 증가하다가 감소하므로 주기 또한 증가하다가 감소한다.

❖ **[16–17] 반지름 1km인 우주 정거장이 우주 공간에 떠 있다. 우주 정거장에 작용하는 외력은 없다고 가정한다. 우주 정거장이 회전함으로써 우주 정거장 안의 사람은 인공 중력을 느끼게 된다.**

16 우주 정거장 바닥의 인공 중력가속도는 10m/s^{2}이고, 사람의 키는 무시한다면 우주 정거장 안의 사람이 바닥에 있는 창문을 통해 느끼는 하루의 길이는 얼마인가?(단, 우주 정거장은 등속 원운동하며, π는 3으로 계산한다.)

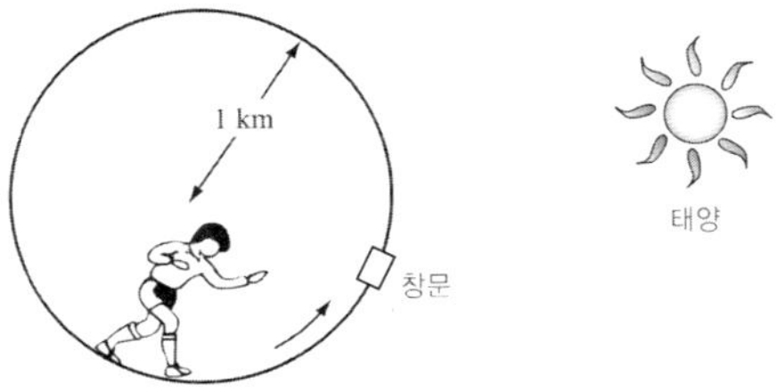

① 3초
② 6초
③ 1분
④ 3분
⑤ 6분

⋯ • 인공중력가속도는 원심력에 의한 가속도이다. $mg=\frac{mv^2}{r}$이므로 $g=\frac{v^2}{r}=10\text{m/s}^2$에서 $v=$ 100m/s이고, 하루의 길이는 우주정거장의 주기이므로 $T=\frac{2\pi r}{v}$=60초이다.

Answers 16. ③

17 사람의 키를 무시하지 않는다면 우주 정거장 내에 서 있을 때 발의 선속력과 구심가속도는 머리보다 더 크다. 또한 머리부터 발까지 각기 다른 인공 중력 가속도를 갖게 된다. 이 때문에 우리 몸은 상당히 불안정한 상태에 놓이게 된다. 한 연구 논문에서는 우리 몸이 받는 인공 중력 가속도의 차이가 $\frac{1}{100}g$(g는 중력가속도)정도일 때는 별다른 불쾌감을 느끼지 못한다고 한다. 발의 인공 중력 가속도가 g일 때 어떤 사람의 발과 머리의 인공 중력가속도의 차가 $\frac{1}{500}g$ 라면 이 사람의 키는 얼마인가?

① 1.5m ② 1.65m
③ 1.75m ④ 1.8m
⑤ 2m

→ • $g = rw^2$에서 각속도가 일정할 때 $g \propto r$이므로 $g : \frac{1}{500}g = 1\text{km} : h$에서 h =2m이다.

18 그림과 같이 자동차가 수평한 커브 길을 달리고 있다. 날씨가 맑은 날, 도로와 자동차 사이의 최대 정지 마찰계수는 0.8이며, 이 자동차는 커브 길 바깥쪽으로 미끄러지지 않고 최대 80km/h의 속력으로 달릴 수 있다. 어느 날 눈이 와서 최대 정지 마찰계수가 0.2로 되었다. 이 때 자동차가 커브 길 바깥쪽으로 미끄러지지 않고 달릴 수 있는 최대 속력과 자동차를 바깥쪽으로 미끄러지지 않게 하는 마찰력의 방향을 옳게 짝지은 것은?

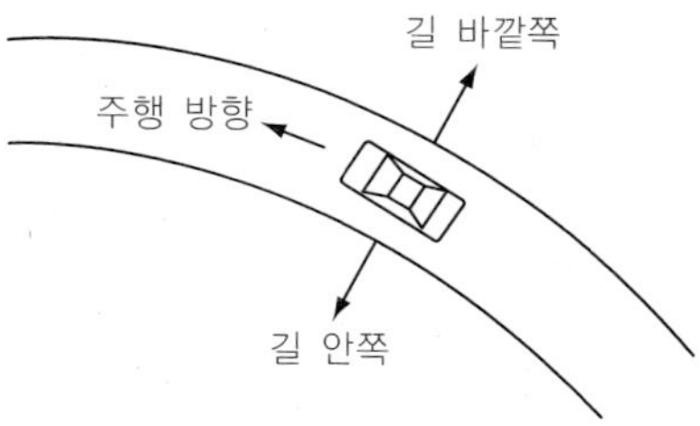

	①	②	③	④	⑤
최대속력	60km/h	60km/h	40km/h	40km/h	40km/h
마찰력의 방향	길 바깥쪽	길 안쪽	주행방향	길 바깥쪽	길 안쪽

→ • 커브길을 도는 자동차에 작용하는 구심력은 마찰력이다. $\frac{mv^2}{r} = \mu mg$에서 $v^2 = \mu gr$이므로 $v \propto \sqrt{\mu}$이다.

Answers 17. ⑤ 18. ⑤

5.3 개념 서술하기

01 한 사람이 유원지의 페리스휠(관람차)을 타고 있다. 관람차가 회전하는 동안 이 사람은 몸무게의 변화를 느낀다. 다음 물음에 답하라.

(1) 관람차가 일정한 속력으로 회전하고 있을 때 12시, 9시, 6시, 3시 방향에서의 몸무게의 변화를 각각 설명하라.

(2) 회전 장치가 고장난 상태에서 관람차가 회전 관성에 의해 회전하고 있을 때 12시, 9시, 6시, 3시 방향에서 각각 몸무게의 변화를 설명하라.

(3) 세탁기의 회전 원통에 스웨터가 달라붙어 회전하고 있다. 스웨터에 구심력 역할을 해 주는 힘은 무엇인가?

(4) 회전 원판 위에 동전을 놓고 원판을 회전시키기 시작했다. 원판이 빠른 속도로 회전하게 되면 동전은 원판 위에서 떨어지고 만다. 그 이유를 설명하라.

풀이

(1) 12시 : 작아진다, 3시, 9시 : 그대로, 6시 : 커진다

(2) 12시 : 작아진다, 3시, 9시 : 작아진다, 6시 : 커진다.
같을 때 : 3시와 6시 또는 6시와 9시 사이

(3) 원통 벽면의 수직항력

(4) 관성좌표계에서 볼 때 : 원판의 속도가 빨라지면 동전과 원판 사이의 최대 정지마찰력이 더 이상 구심력 역할을 할 수 없으므로 떨어진다.
가속좌표계에서 볼 때 : 원심력이 최대 정지마찰력보다 커지므로 동전은 떨어진다.

02 번지점프는 탄력 있고 튼튼한 밧줄의 한 끝을 다리나 건물의 일부분에 고정시키고 밧줄의 다른 끝은 번지점프 참가자의 몸에 맨 상태에서 스스로 낙하하여 연직 위 아래로 진동하는 것이다. 다음 물음에 답하라.

(1) 몸무게가 가벼운 사람일수록 진동주기는 증가하는가, 감소하는가, 아니면 변함이 없는가?

(2) 번지점프하는 사람이 최하점에 도달했을 때 밧줄의 늘어난 길이를 측정하는 방법을 제시하라.

(3) 번지점프한 사람의 진폭이 A 라면 이 사람이 한 주기 동안 이동한 거리는 얼마인가?

풀이

(1) 감소한다.

(2) 최하점에 도달하면서 줄어든 위치에너지와 늘어난 탄성에너지의 합은 0이다.

$$-mg(l+\Delta l)+\frac{1}{2}k(\Delta l)^2=0$$

(3) $4A$

03 마찰이 없는 수평면 위에서 질량 m인 물체가 용수철에 매달려 단진동하고 있다. 용수철이 최대로 늘어난 지점에서 같은 질량의 물체를 순간적으로 부착시켜 단진동하는 물체의 질량을 두 배로 증가시켰을 때 다음 물음에 답하라.

(1) 단진동하는 물체의 진폭과 주기, 역학적 에너지의 변화에 대해 설명하라.

(2) 물체가 평형점을 지날 때 물체의 최대 속력과 운동에너지는 어떻게 되겠는가?

(3) 용수철을 연직으로 세운 상태에서 질량 m인 물체를 매달아 진폭 A로 진동시켰을 때와 같은 용수철에 똑같은 물체를 마찰이 없는 수평면에서 진폭 A로 진동시켰을 때, 평형점에서 최대 속력과 주기를 비교하라.

풀이

(1) 진폭 그대로, 주기는 $\sqrt{2}$배, 역학적 에너지는 변함없다.

(2) $\frac{1}{\sqrt{2}}$배, 그대로

(3) 같다, 같다

04 단진자가 자동차의 천장에 매달려 있다고 가정하자. 자동차가 비탈길을 따라 내려올 때 단진자의 주기를 구하려고 한다.

(1) 자동차가 비탈길을 등가속도(=$g\sin\theta$)로 내려오는 동안 단진자의 평형점을 설명하라.

(2) 단진자의 주기는 자동차가 정지해 있을 때와 어떻게 다른지 설명하라.

(3) 자동차가 정지해 있을 때 진자를 비교적 큰 폭으로 진동시켰다면 진자의 평형점(최하점)에서 진자의 가속도의 방향과 크기를 설명해 보라.

풀이

(1) 연직에 대해서 내려오는 방향의 반대쪽으로 θ만큼 기울어진 곳(관성력과 중력의 합이 장력과 평형을 이루는 지점이다.) 비탈면에 수직이다.

(2) 상황을 θ만큼 돌려서 생각해보자 $g'=g\cos\theta$, ∴ 주기는 커진다.

(3) 연직 위 방향, 진폭을 θ라고 했을 때

에너지 보존에서 $\frac{1}{2}mv^2=mgl(1-\cos\theta)$, 따라서 가속도의 크기 $\frac{v^2}{l}=2g(1-\cos\theta)$

5.4 개념 심화하기

01 그림과 같이 길이 1m인 실의 한 끝에 질량 100g인 물체를 매달아 수평면 내에서 등속 원운동시키고 있다. 물체가 10회전하는 데 걸린 시간이 5초일 때 다음 물음에 답하여라.

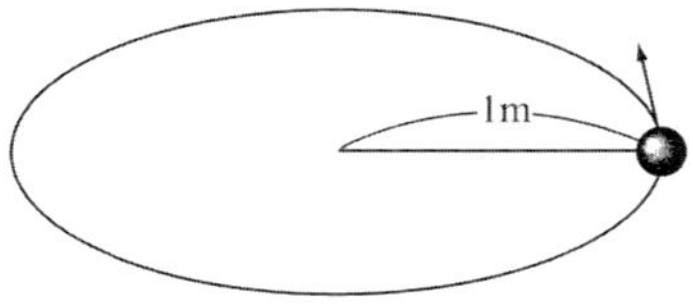

(1) 물체에 회전 주기와 진동수는 얼마인가?

(2) 물체의 선속력은 얼마인가?

풀이

(1) 회전 주기는 1회전하는 데 걸리는 시간이므로 $T = \frac{5}{10} = 0.5(\text{s})$이다.
진동수는 주기의 역수, 즉 1초 동안 회전수이므로 $f = 2\text{Hz}$이다.
(2) $v = rw = r(2\pi f) = 4\pi(\text{m/s})$이다.

02 같은 질량의 두 자동차 A, B가 같은 속력으로 반지름 r, $2r$인 궤도 위를 등속 원운동하고 있다. 자동차 A, B가 받는 마찰력의 비는 얼마인가?(최대 정지 마찰력은 두 자동차의 구심력보다 크다.)

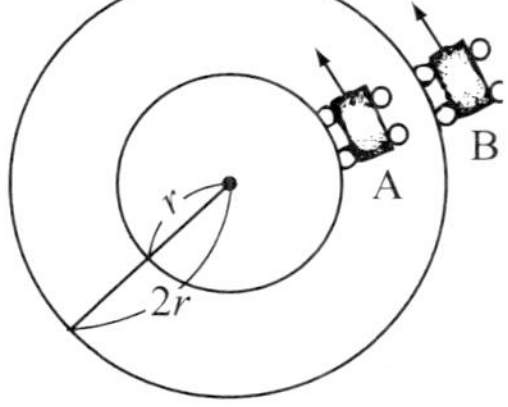

풀이

원의 중심을 향하는 자동차 바퀴의 정지 마찰력이 자동차가 원둘레 위를 운동하게 하는 구심력 역할을 한다. 같은 속력으로 원운동할 때 구심력은 $F = m\frac{v^2}{r}$이므로 반지름에 반비례한다.
따라서 $F_A : F_B = 2 : 1$

03 그림과 같이 길이 r인 줄의 한쪽 끝에 질량 m인 물체를 매달아 일정한 높이에서 물체를 가만히 놓았을 때 최하점에서 물체의 속도가 v였다. 최하점에서 줄의 장력과 물체의 가속도는?(단, 중력 가속도는 g이다.)

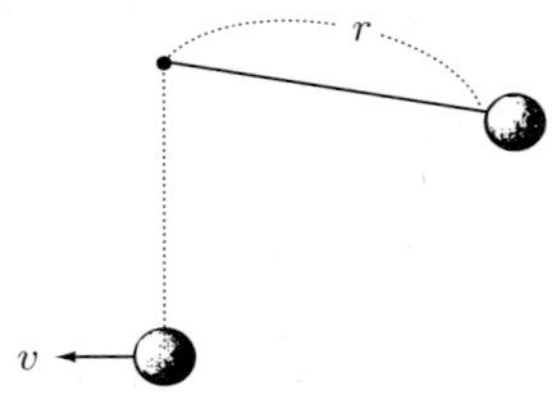

풀이

구심력역할을 하는 힘은 $T-mg=m\frac{v^2}{r}=ma$이므로 장력은 $T=\frac{mv^2}{r}+mg$이고, 가속도는 $a=\frac{v^2}{r}$이다.

04 2000kg의 자동차가 반지름이 20m인 원형의 커브길을 안전하게 돌 수 있는 최대 속력은 얼마인가? 단, 자동차 바퀴와 지면 사이의 최대 정지 마찰력은 2500N이다.

풀이

마찰력이 구심력 역할을 하므로 $m\frac{v^2}{r}=2000\frac{v^2}{20}=2500$에서 $v=5\text{m/s}$이다.

05 그림과 같이 유리관에 실을 통과시키고 실의 한 끝에는 질량 m인 고무마개, 다른 끝에는 받침쇠를 달고 원운동시킨다. 단, 받침쇠 한 개의 질량은 m, 중력가속도는 g이며 고무마개에 작용하는 중력은 무시한다. 받침쇠가 5개일 때 원의 반지름이 r이었다면 고무마개의 속력은 얼마인가?

풀이

받침쇠의 무게가 구심력 역할을 하므로 $m\frac{v^2}{r}=5mg$에서 $v=\sqrt{5rg}$이다.

06 그림과 같이 $a=\frac{3}{4}g$ 의 등가속도로 하강하고 있는 상자의 천장에서 공을 자유 낙하시켰을 때 밑면에 도달하는 시간은 상자가 정지하고 있을 때 떨어지는 시간의 몇 배가 되겠는가? 단, 중력가속도는 g이다.

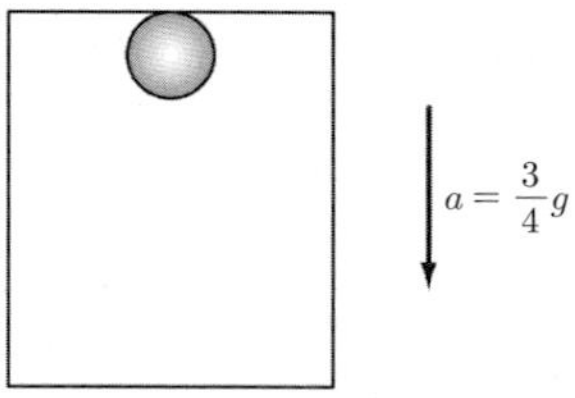

풀이

중력과 반대 방향으로 관성력을 받으므로 물체가 받는 알짜힘은 $mg-\frac{3}{4}mg=\frac{1}{4}mg$이므로 물체의 가속도는 $\frac{1}{4}g$이다. 따라서 낙하거리가 s일 때 낙하시간은 $s=\frac{1}{2}at^2$에서 $t=\sqrt{\frac{2s}{a}}$ 이므로 낙하시간은 가속도의 제곱근에 반비례한다. 가속도가 중력가속도의 $\frac{1}{4}$배이므로 낙하시간은 2배가 된다.

07 그림과 같이 버스가 수평면 위에서 등가속도 운동을 하고 있다. 가속도의 크기가 중력가속도와 같을 때 버스의 손잡이가 연직선과 이루는 각 θ의 tan값은 얼마인가? 단, 중력가속도는 g이다.

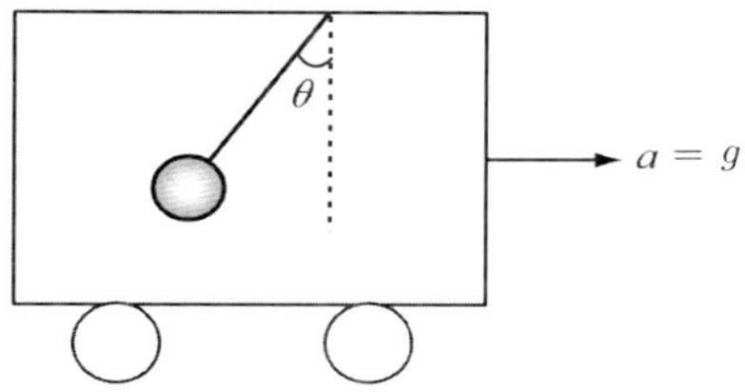

풀이

중력과 관성력의 합력이 줄의 장력과 평형을 이루고 있으므로 $\frac{ma}{mg}=\tan\theta$가 된다. $a=g$이므로 tan값은 1이다.

08 곡률반지름 r인 커브길의 선로가 있다. 그림과 같이 선로의 경사각이 θ일 때 기차가 안전하게 달릴 수 있는 속력은 얼마인가? 단, 중력가속도는 g이다.

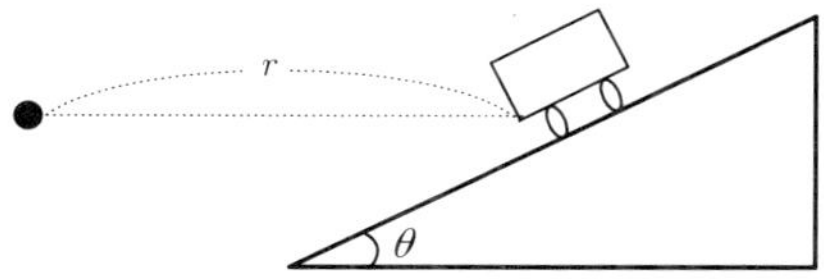

풀이

중력과 수직항력의 합력이 구심력 역할을 하므로
$m\frac{v^2}{r}=mg\tan\theta$가 된다. 따라서 $v=\sqrt{rg\tan\theta}$ 이다.

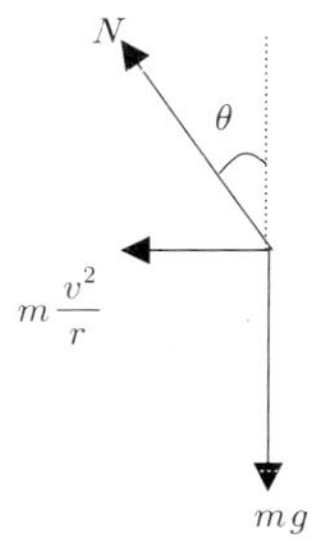

09 마찰이 없는 수평면 위에 용수철 상수가 k인 2개의 용수철에 질량 m인 물체를 그림과 같이 연결하고 오른쪽으로 길이 A만큼 잡아당겼다가 가만히 놓았다.

(1) 물체가 진동하는 동안 물체의 최대 가속도는 얼마인가?

(2) 물체의 진동 주기는 얼마인가?

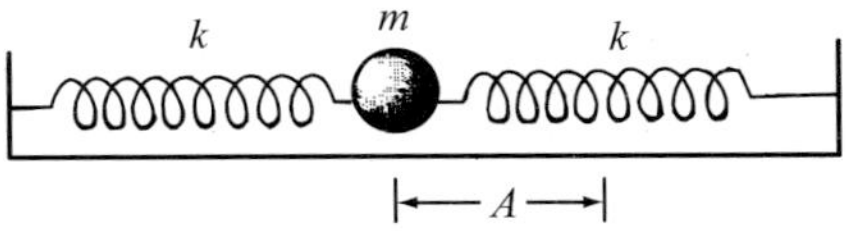

풀이

오른쪽 용수철을 압축시키려면 왼쪽 용수철도 동시에 늘어나야 하므로 두 용수철을 병렬로 연결한 것과 같은 효과가 나타난다. 두 용수철의 합성 용수철 상수는 $k' = k + k = 2k$이다.

(1) 물체가 받는 최대 힘은 $2kA$이므로 $2kA = ma$에서 $a = \frac{2kA}{m}$이다.

(2) 용수철 상수가 $2k$인 용수철에 질량 m인 물체가 매달려 진동하므로 주기는

$T = 2\pi\sqrt{\frac{m}{2k}}$ 이다.

용수철 진자의 주기는 진동하는 물체의 질량과 물체에 작용하는 탄성력을 정확히 알면 쉽게 구할 수 있다.

10 길이 L인 단진자가 그림과 같이 단진동하고 있다. 중력 가속도가 g일 때 이 단진자의 주기는 얼마인가?(단, 공기의 저항이나 마찰은 무시한다.)

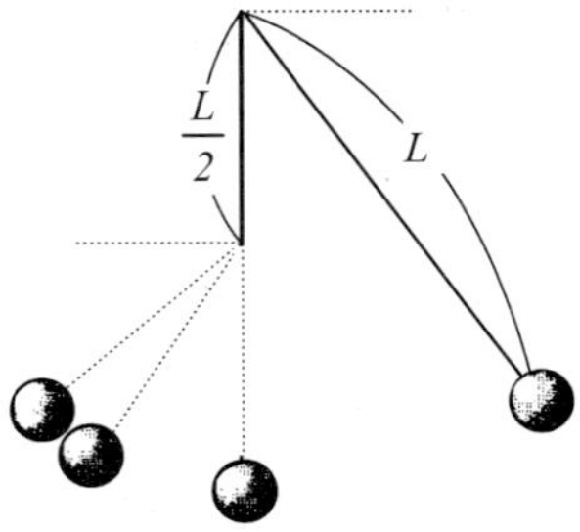

풀이

오른쪽에서 진동할 때에는 길이 L인 단진자가 진동하는 것이고 왼쪽에서 진동할 때에는 길이 $\frac{L}{2}$인 단진자가 진동하는 것이므로 $T = \frac{T_1}{2} + \frac{T_2}{2} = \pi\left(\sqrt{\frac{L}{g}} + \sqrt{\frac{L}{2g}}\right)$이 된다.

11 길이 l 인 실에 질량이 m인 대전 입자가 중력과 전기력에 의해 그림과 같은 상태에서 정지해 있다. 이 입자를 약간 기울였다가 가만히 놓았더니 단진동하였다. 이 단진자의 주기는 얼마인가?(단, 중력 가속도는 g이고 대전 입자가 받는 전기력은 F이다.)

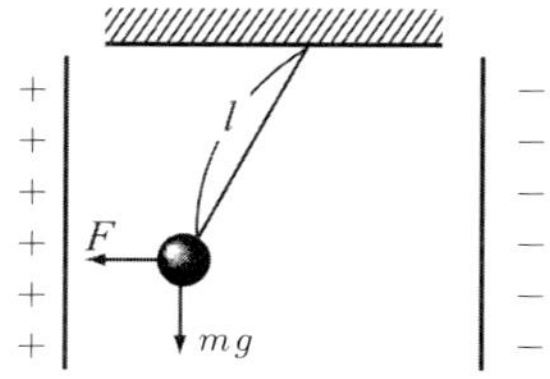

풀이

중력과 전기력을 받아 평형 상태를 이루고 있으며 합력은 $\sqrt{F^2+(mg)^2}$ 이므로 복원력은 $-\sqrt{F^2+(mg)^2}\,sin\theta=-\sqrt{F^2+(mg)^2}\,\dfrac{x}{l}=-kx$이다. $k=\dfrac{\sqrt{F^2+(mg)^2}}{l}$ 이므로

$$T=2\pi\sqrt{\frac{m}{k}}=2\pi\sqrt{\frac{ml}{\sqrt{F^2+(mg)^2}}}$$

12 그림과 같이 길이 l 인 실의 한쪽 끝을 고정하고 다른 쪽 끝에는 질량 m인 추를 매달아 수평면 내에서 등속 원운동시키고 있다. 실과 연직선이 이루는 각이 θ일 때 다음 물음에 답하여라.(단, 실의 질량은 무시하고 중력 가속도는 g이다.)

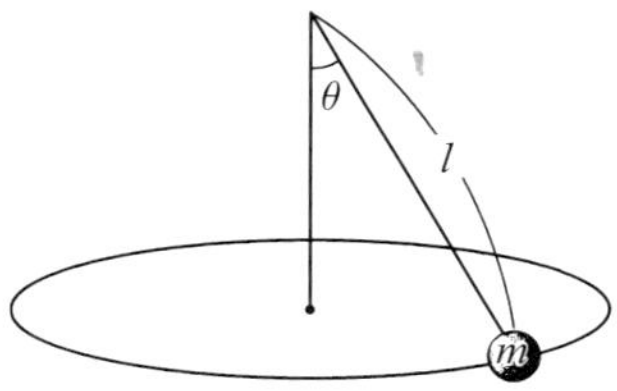

(1) 실의 장력은 얼마인가?

(2) 물체의 속력은 얼마인가?

(3) 물체의 회전 주기는 얼마인가?

풀이

(1) $T\sin\theta=m\dfrac{v^2}{l\sin\theta}$, $T\cos\theta=mg$에서 장력 $T=\dfrac{mg}{\cos\theta}$

(2) $g\tan\theta=\dfrac{v^2}{l\sin\theta}$에서 $v^2=gl\tan\theta\sin\theta$이므로 $v=\sqrt{gl\sin\theta\tan\theta}$

(3) 주기 $T'=\dfrac{2\pi r}{v}=\dfrac{2\pi l\sin\theta}{\sqrt{gl\sin\theta\tan\theta}}=2\pi\sqrt{\dfrac{l\cos\theta}{g}}$

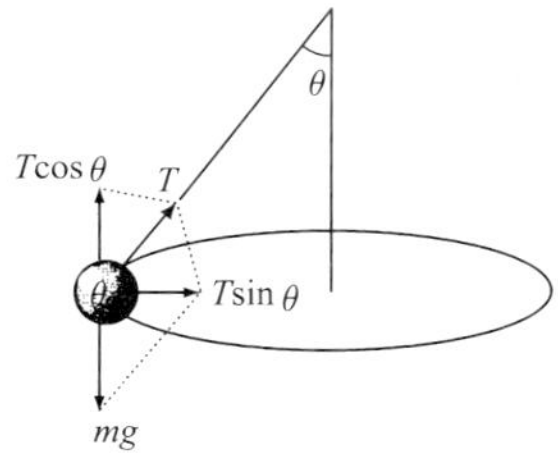

13 그림과 같이 엘리베이터 천정과 연결된 실에 질량 m인 물체가 매달려 있다. 물체는 바닥으로부터 높이 h인 곳에 있고 엘리베이터가 α의 가속도로 상승하고 있을 때 다음 물음에 답하여라.(단, 중력 가속도는 g이다.)

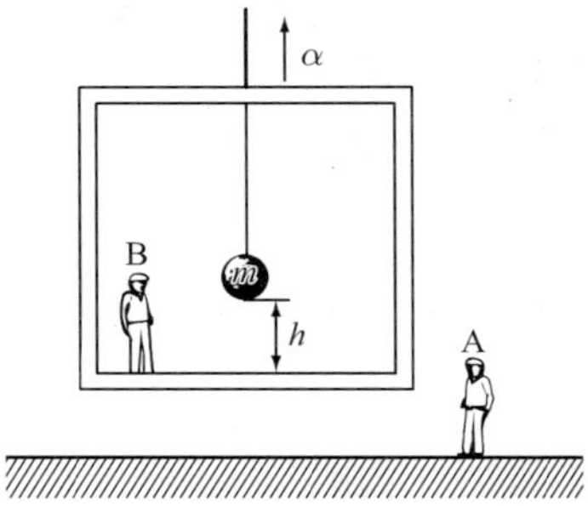

(1) 엘리베이터 바깥에 있는 사람 A가 측정한 실의 장력을 구하여라.

(2) 엘리베이터 안에 있는 사람 B가 측정한 실의 장력은?

(3) 실을 갑자기 끊었을 때 물체가 바닥에 도달하는 데 걸리는 시간은?

풀이

(1) A는 물체가 장력과 중력에 의해 위쪽으로 가속도 운동을 한다고 생각한다.
$T-mg=ma$이므로 $T=m(g+a)$

(2) B는 물체에 장력, 중력, 관성력이 작용하여 평형 상태를 이루고 있다고 생각한다.
$T=m(g+a)$

(3) $F=m(g+a)=ma$에서 가속도 $a'=g+a$이므로
$h=\frac{1}{2}(g+a)t^2$, $t=\sqrt{\frac{2h}{a+g}}$

14 그림과 같은 경사면을 자동차가 운동할 때 다음 물음에 답하여라.(단, 자동차와 도로면 사이의 마찰 계수가 μ, 곡률 반지름이 r, 중력 가속도는 g이다.)

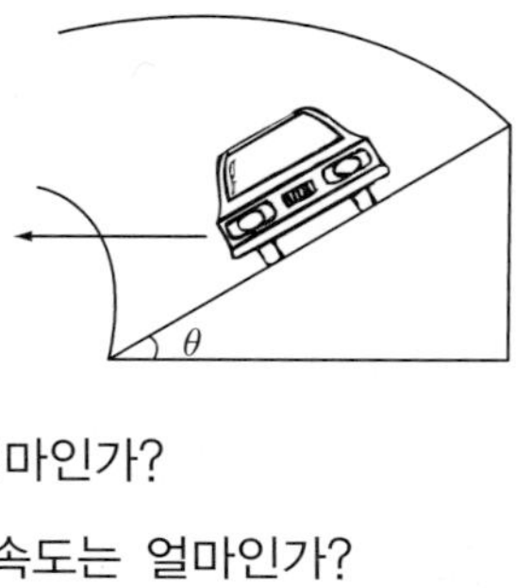

(1) 자동차가 미끄러져 내려오기 시작하는 순간의 속도는 얼마인가?

(2) 자동차가 빗면을 따라 위로 올라가기 시작하는 순간의 속도는 얼마인가?

풀이

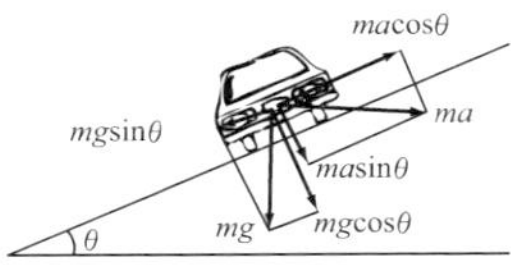

그림에서 m은 자동차의 질량이고, $a=\dfrac{v^2}{r}$이다.

(1) 자동차가 미끄러져 내려오려면
$mg\sin\theta \geq ma\cos\theta+\mu(mg\cos\theta+ma\sin\theta)$ 에서
$v=\sqrt{\dfrac{rg(\sin\theta-\mu\cos\theta)}{\cos\theta+\mu\sin\theta}}$

(2) 자동차가 빗면을 따라 위로 올라가려면 $ma\cos\theta \geq mg\sin\theta+\mu(mg\cos\theta+ma\sin\theta)$ 이다.
따라서 위로 올라가기 시작하는 순간의 속도는 $v=\sqrt{\dfrac{rg(\mu\cos\theta+\sin\theta)}{\cos\theta-\mu\sin\theta}}$

15 지구로부터 멀리 있는 어떤 별을 망원경으르 수년 간에 걸쳐 관측한 결과 정지해 있는 것이 아니라 등속 원운동을 하고 있음을 알아냈다. 이 별의 운동이 그림과 같이 관측되지 않는 블랙홀에 의해 이루어진다고 가정을 하자. 별과 블랙홀은 같은 궤도를 원운동하고 있다. 별과 블랙홀의 질량이 같고 별의 공전 주기를 T라 하면 블랙홀의 질량은 얼마인가?(단, 원의 지름은 d이고 만유 인력 상수는 G이다.)

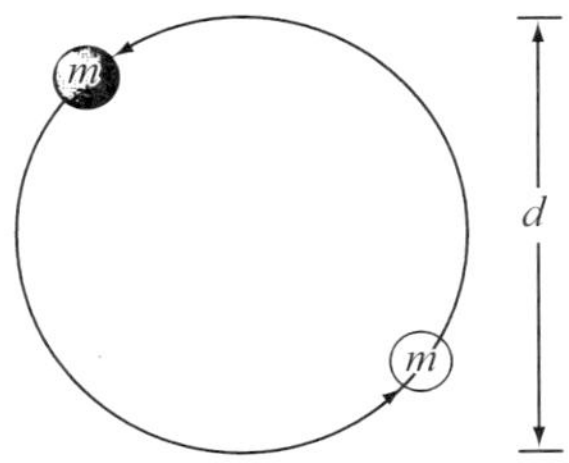

풀이

별과 블랙홀 사이의 만유인력이 구심력 역할을 하므로 별과 블랙홀의 질량이 각각 m이라면
$mr\left(\dfrac{2\pi}{T}\right)^2=m\dfrac{d}{2}\left(\dfrac{2\pi}{T}\right)^2=Gm\cdot\dfrac{m}{d^2}$이다. $\therefore\ m=\dfrac{2\pi^2d^3}{GT^2}$

16 한 스턴트 맨이 등속도로 운동하는 경주용 자동차를 타고 반지름이 R인 원형 궤도 위를 그림과 같이 들고 있다.(단, 중력 가속도는 g, 스턴트 맨과 경주용 자동차의 질량의 합은 M 이다.)

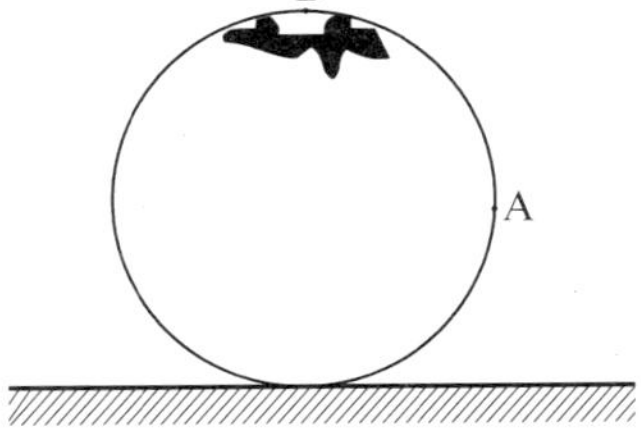

(1) 점 B에서 자동차가 궤도에서 이탈하지 않기 위한 최소속도는?

(2) 점 A에서의 속력이 v일 때 물체가 받는 힘의 크기와 방향은?

풀이

(1) 수직 항력과 중력이 구심력 역할을 하므로 $N+Mg=M\frac{v^2}{R}$ 이며, $N=0$일 때 v가 최소이다. $\therefore\ v=\sqrt{Rg}$

(2) 그림에서 $F=\sqrt{(Mg)^2+(M\frac{v^2}{R})^2}$

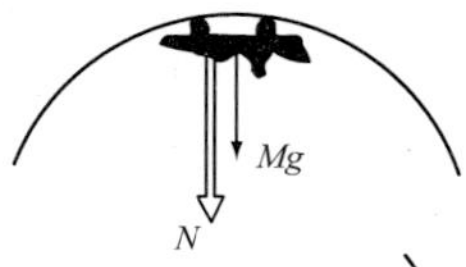

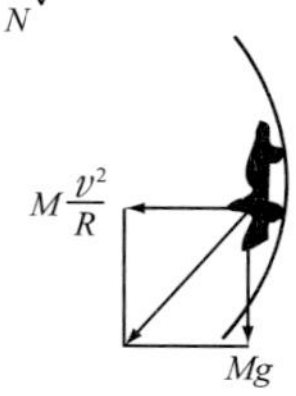

17 밀도가 ρ이고 대기가 존재하지 않는 새로운 행성이 발견되었다. 이 행성의 주위를 속도 v로 공전하는 위성이 있다면 이 행성의 질량은 얼마인가?(단, 만유 인력 상수는 G이고 행성의 반지름과 위성의 궤도 반지름은 같다고 계산하여라.)

풀이

위성과 행성의 질량을 각각 m, M이라 하면 $m\frac{v^2}{r}=G\frac{mM}{r^2}$, $M=\frac{4}{3}\pi r^3\rho$에서 $M=\frac{v^3}{2G}\sqrt{\frac{3}{\pi\rho G}}$

18 진폭 1m로 단진동하는 용수철 진자가 있다.

(1) 변위가 0.6m일 때 단진동하는 물체의 속력이 3.2m/s라면 이 진자의 주기는 얼마인가?

(2) 단진동하는 물체 위에 질량이 아주 작은 구슬을 올려 놓았더니 변위가 1m인 곳에서 미끄러졌다. 작은 구슬과 물체 사이의 마찰 계수를 구하여라.(단, 중력 가속도는 10m/s^2이다.)

풀이

(1) $x=A\sin\omega t$, $v=A\omega\cos\omega t$에서 $v=\omega\sqrt{1-x^2}$ 이다.

$3.2=\omega\sqrt{1-0.6^2}$ 에서 $\omega=4(\text{rad/s})$ $\therefore\ T=\frac{2\pi}{\omega}=\frac{\pi}{2}(\text{s})$

(2) 구슬의 질량을 m이라 하면 그림에서 $ma=\mu mg$, $a=\mu g$, $F=kx=(M+m)a$

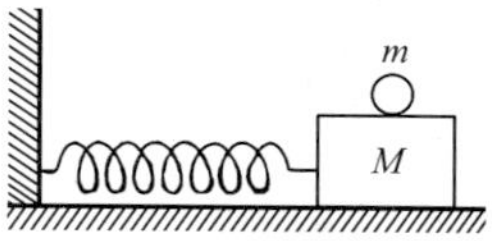

$a=\frac{k}{M+m}x\fallingdotseq\frac{k}{M}$(질량 m 무시)$=\omega^2=16$ $\therefore\ \mu g=16$, $\mu=1.6$

19 지름이 d, 질량 m인 실린더 모양의 얼음 조각이 밀도가 ρ인 액체에서 평형 상태를 유지하면서 연직 방향으로 떠 있다. 얼음 조각을 연직 아래로 살짝 밀었더니 연직 위, 아래로 단진동하였다면 이 때 진동 주기를 구하여라.(단, 중력 가속도는 g이다.)

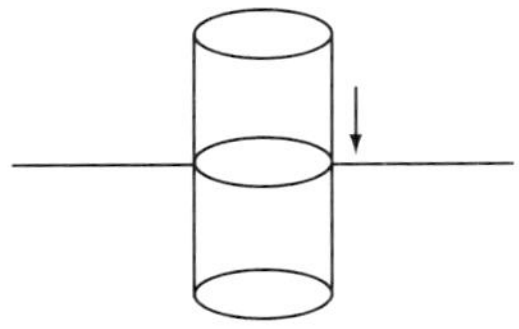

풀이

복원력=부력이므로 그림에서

$$F=-\rho Vg=-\rho g\frac{\pi d^2}{4}x=-kx=ma=-m\omega^2 x$$

$$\therefore\ T=2\pi\sqrt{\frac{m}{k}}=2\pi\sqrt{\frac{4m}{\rho g\pi d^2}}$$

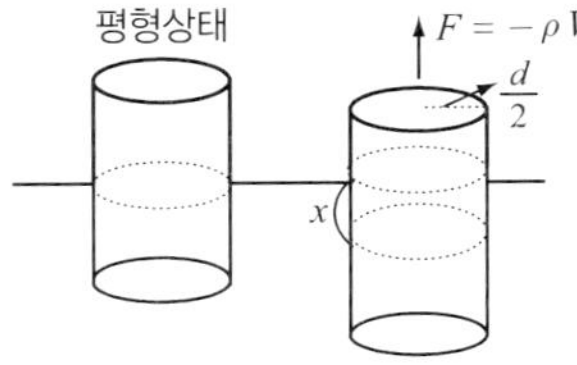

20 그림과 같이 일정한 가속도 a로 상승하고 있는 엘리베이터 내부의 한 면에 질량 m 인 추가 길이 L 인 실에 매달려 두 점 A, B, C 사이를 단진동하고 있다. 중력 가속도가 g일 때 다음 물음에 답하여라.(단, 엘리베이터 내부는 추의 길이 L에 비해 충분히 크다.)

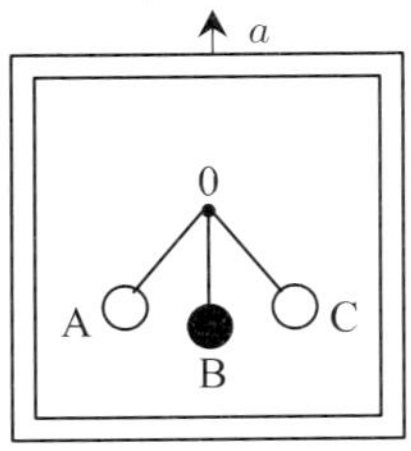

(1) 단진자의 주기를 구하여라.

(2) 추가 점 B와 점 C에 있을 때 엘리베이터의 줄이 끊어졌다면 각각의 경우 실의 장력을 구하고 추의 운동을 설명하여라.

풀이

(1) $T=2\pi\sqrt{\frac{L}{g+a}}$ (2) B점 : $T=m\frac{v^2}{r}$, 등속 원운동, C점 : $T=0$, 정지해 있다.

21 수평면에 놓인 그릇 내부의 한 면에서 그림과 같이 궤도면이 수평면과 평행하게 등속 원운동하는 물체가 있다. 연직선과 물체 사이의 거리 r 와 그릇 밑면으로부터 물체까지의 높이 h와의 관계가 $h=kr^2$이라면 물체의 속도가 v일 때 높이 h를 중력 가속도 g와 속도 v로 나타내어라.

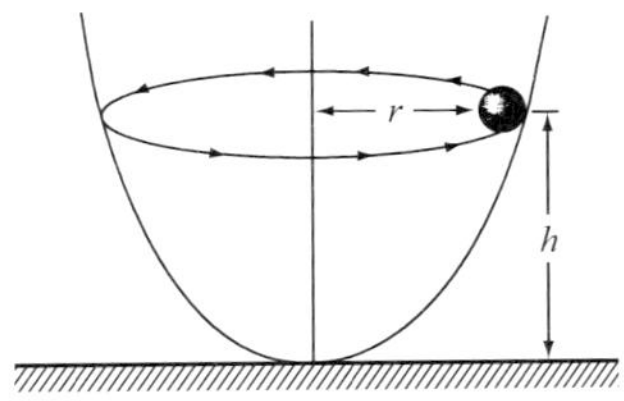

풀이

$mg\tan\theta=m\frac{v^2}{r}$, 기울기 $\tan\theta=\frac{dh}{dr}=2kr$에서 $h=kr^2=\frac{v^2}{2g}$

22 그림과 같이 수평한 원판 위에 질량 M인 물체가 용수철 상수 k, 길이 l인 용수철에 매달려 있다. 물체와 원판 사이의 정지 마찰 계수는 μ, 중력 가속도는 g일 때 다음 물음에 답하여라.

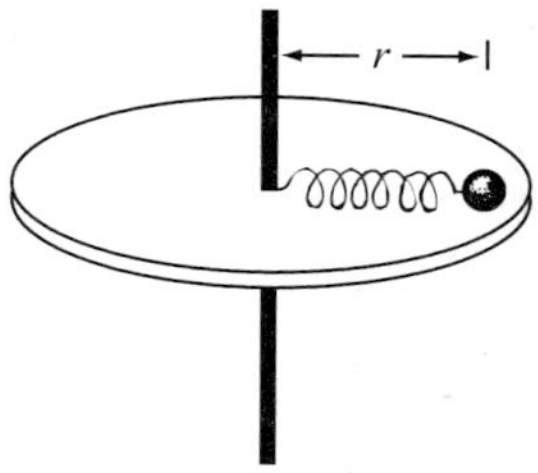

(1) 물체가 원판 위에서 정지된 상태로 존재하기 위한 용수철의 최대 길이 l'은?

(2) 물체를 반지름 $r(l < r < l')$인 곳에 놓고 정지 상태에서 원판의 속도를 서서히 증가시켰다.

① 물체가 원판 위에서 미끄러지기 시작하는 순간의 각속도 ω_m을 구하여라.

② 물체와 원판 사이의 마찰력이 0이 되는 순간의 각속도 ω를 구하여라.

(3) (2)에서 물체와 원판 사이의 마찰력(f)과 원판의 각속도(ω)의 관계를 옳게 나타낸 그래프는?

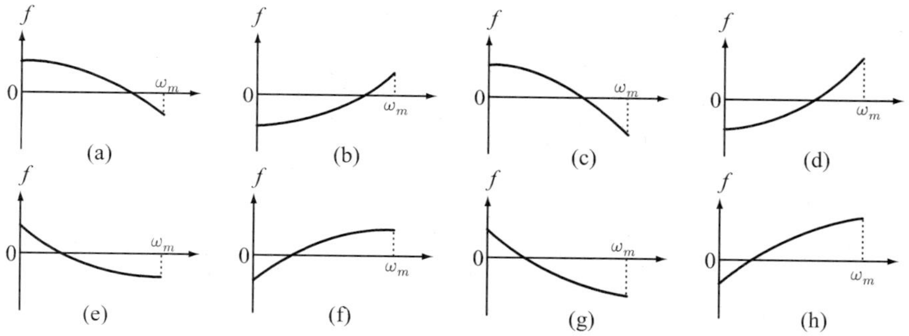

풀이

(1) $kx = k(l' - l) = \mu N = \mu Mg \quad l' = l + \dfrac{\mu}{k}Mg$

(2) ① $Mr\omega^2 = \mu N + k(r-l) = \mu Mg + k(r-l)$이므로 $\omega_m = \sqrt{\dfrac{\mu g}{r} + \dfrac{k(r-l)}{Mr}}$

② $Mr\omega^2 = k(r-l)$이므로 $\omega = \sqrt{\dfrac{k(r-l)}{Mr}}$

(3) (c)

CHAPTER 06

에너지

6.1 개념 익히기

(1) 일과 에너지

01 물체에 같은 크기의 힘을 주어 2배의 거리를 이동시킬 때 하는 일은?

① 2배가 된다.
② 4배가 된다.
③ 같은 양이다.

물리적 일의 개념은 물체에 힘을 작용하여 힘의 방향으로 이동한 거리가 있을 때 작용한 힘과 이동거리의 곱으로 나타낸다. $W = Fs$에서 같은 힘을 주어 거리가 2배이면 일도 2배가 된다.

02 물체를 2배의 힘으로 같은 거리를 밀고 갈 때 하는 일의 양은?

① 2배가 된다.
② 4배가 된다.
③ 같은 양이다.

1번과 마찬가지로 힘을 2배로 하여 같은 거리를 이동하면 일은 2배가 된다.

03 물체를 미는 과정에서 2배의 시간 동안 2배의 일을 한다면 일률은?

① 2배이다.
② 4배이다.
③ $\frac{1}{2}$배 시간에 $\frac{1}{2}$배의 일을 한 경우와 같다.

일률은 1초동안 한 일의 양을 의미한다. $P = \frac{W}{t} = \frac{Fs}{t} = Fv$에서 2배의 시간동안 2배의 일을 하면 일률은 같다.

Answers (1) 01. ① 02. ① 03. ③

04 어떤 일을 하는 데 한 번은 천천히 하고, 또 한 번은 빨리 한다고 하자. 두 경우 모두 같은 양의 일이 필요하다면 다음 중에서 그 크기가 다른 양은?

① 에너지
② 일률
③ 두 가지 모두
④ 어느 것도 아니다.

물체에 해준 일만큼 에너지가 증가한다. 같은 양의 일을 하는데 시간이 적게 걸린 경우 일률이 크다고 말한다.

05 50초 동안에 100J의 일을 하였다. 일률은?

① $\frac{1}{4}$W　　② $\frac{1}{2}$W
③ 2W　　④ 4W
⑤ 4W보다 크다.

$P = \frac{W}{t} = \frac{Fs}{t} = Fv$에서 $P = \frac{100}{50} = 2$W 이다.

06 물체를 들어 올리면 위치에너지를 갖게 된다. 이 물체를 처음보다 2배의 높이까지 들어 올리면 이 물체가 갖는 위치에너지는?

① 원래보다 4배가 된다.
② 원래보다 2배가 된다.
③ 위의 어느 것도 아니다.

힘이 작용하는 공간에서 위치에 따라 물체가 갖는 에너지를 위치에너지라 하는데 기준 위치에서 어떤 위치까지 물체에 해 준 일의 양만큼 위치에너지를 갖게 된다. 2배 높이 들어 올리면 2배의 일을 하게 되므로 위치에너지는 2배가 된다.

07 1000kg의 자동차와 2000kg의 자동차를 정비소에서 같은 높이만큼 들어 올린다. 더 무거운 자동차를 들어 올릴 때 필요한 일의 양은 가벼운 자동차를 들어올릴 때 필요한 양의 몇 배인가?

① $\frac{1}{2}$배　　② 같은 양
③ 2배　　④ 4배
⑤ 4배 이상

2배 무거운 물체는 2배의 힘을 필요로 하므로 같은 높이만큼 들어 올리는데 2배의 일을 필요로 한다.

08 물체가 운동에너지를 가지고 있다는 것은 다음 중 무엇을 의미하는가?

① 움직이고 있다.
② 떨어지고 있다.
③ 높은 위치에 있다.
④ 정지하고 있다.
⑤ 어느 것도 아니다.

운동하는 물체가 갖고 있는 에너지를 운동에너지라 하며 $E_k = \frac{1}{2}mv^2$으로 나타낸다. 물체가 운동에너지를 갖고 있다는 것은 물체가 운동하고 있다는 것을 의미한다. 떨어지고 있는 것도 운동하는 것이지만 위치가 변하는 것까지 복합적인 의미를 갖고 있으므로 ①번이 타당하다.

Answers 04. ② 05. ③ 06. ② 07. ③ 08. ①

09 날아가는 비행기에서 진행방향으로 탄환이 발사되었다. 비행기의 운동량의 변화는?

① 감소한다. ② 변함없다.
③ 증가한다.

비행기가 탄환을 발사하는데 에너지를 소비했으므로 비행기의 속도는 감소한다. 따라서 비행기의 운동량은 감소한다. 작용 반작용을 이용하면 비행기가 탄환을 발사하는데 힘을 가했으므로 비행기는 반대방향으로 힘을 받게 되어 속도가 느려진다. 따라서 비행기의 운동량은 감소한다.

10 어떤 학생이 물체를 연직으로 1m 들어 올릴 수도 있고, 길이 2m인 경사면을 이용하여 같은 높이까지 들어 올릴 수도 있다. 경사면을 이용할 때 필요한 힘의 크기는?

① 절반이다. ② 2배이다.
③ 같다.

높이가 같으면 $E_p = mgh$에서 중력에 의한 위치에너지도 같다. $W = Fs$에서 같은 양의 일을 하는데 거리가 2배인 2m의 경사면을 이용하면 작용하는 힘은 절반이면 된다. 일의 원리는 힘에는 이득이 있으나 한 일의 양은 같다. 고정도르래는 힘의 방향을 바꾸어 일을 편하게 할 수 있는 장치이며, 경사면이나 움직도르래는 힘을 줄여서 일을 할 수 있는 장치이다.

11 활이 40J의 위치에너지를 갖도록 시위를 당겼다. 이상적인 경우 시위를 떠난 화살이 갖는 운동에너지는 몇 J인가?

① 40J보다 작다.
② 40J보다 많다.
③ 40J

공기의 저항이나 마찰을 무시하면 역학적 에너지는 항상 보존된다. 40J의 위치에너지가 운동에너지로 모두 전환된 것이므로 화살의 운동에너지는 40J이다.

12 브레이크를 밟아 자동차가 정지할 때 운동에너지는 어떤 형태의 에너지로 변환되는가?

① 열에너지 ② 위치에너지
③ 운동에너지 ④ 정지에너지

자동차가 마찰 때문에 정지하므로 운동에너지는 모두 열에너지로 전환된다.

13 그림과 같은 곡면을 따라 내려오는 구슬이 A점에서 가지는 운동에너지는 B에서와 비교하면 어떠한가?

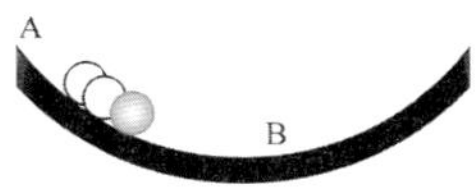

① 작다.
② 크다.
③ 똑같다.

구슬이 경사면을 따라 내려올 때 구슬의 위치에너지는 감소하고 운동에너지는 증가하므로 B점의 운동에너지는 A점의 운동에너지보다 더 크다.

Answers 09. ① 10. ① 11. ③ 12. ① 13. ①

❖ **[14–16] 그림과 같이 실에 매달린 추를 A점에서 정지 상태로부터 출발시킨다. 실이 P점에 놓인 못에 감기면서 추는 못 주위로 원을 그리는 운동을 하게 된다.**

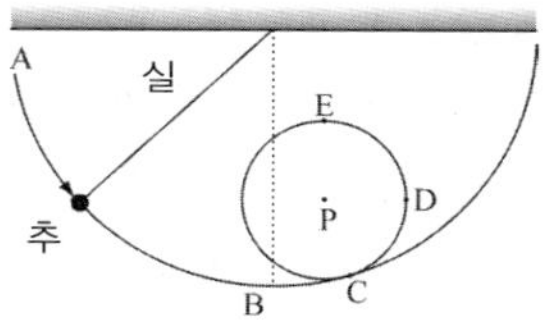

14 추의 위치에너지가 최대가 되는 지점은?

① A ② B
③ C ④ D
⑤ E

중력에 의한 위치에너지는 $E_p = mgh$이므로 높이 h에 비례한다. 높이가 가장 높은 지점인 A점의 위치에너지가 가장 크다.

15 추의 운동에너지가 최대가 되는 지점은?

① A ② B
③ C ④ D
⑤ E

물체가 높은 곳에서 낮은 곳으로 내려올 때 위치에너지가 운동에너지로 전환되므로 가장 낮은 지점인 B점의 운동에너지가 가장 크다.

16 추의 속력이 최대가 되는 지점은?

① A ② B
③ C ④ D
⑤ E

운동에너지는 $E_k = \frac{1}{2}mv^2$이므로 속도의 제곱에 비례한다. 운동에너지가 가장 큰 지점인 B점에서 속도가 가장 크다.

❖ **[17–19] 작은 구슬이 매끄러운 철선을 따라 A점에서 미끄러지고 있다. 철선은 C점에서 구슬이 지나갈 공간이 충분히 있다고 가정한다.**

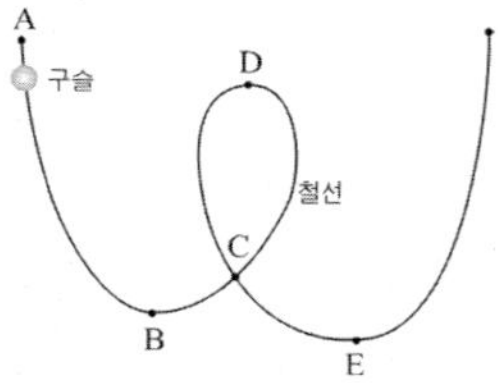

17 구슬이 최대의 운동에너지를 갖는 지점은?

① A ② B
③ C ④ D
⑤ E

물체가 높은 곳에서 낮은 곳으로 내려올 때 위치에너지가 운동에너지로 전환되므로 가장 낮은 지점인 E점의 운동에너지가 가장 크다.

18 구슬의 위치에너지가 최대가 되는 지점은?

① A ② B
③ C ④ D
⑤ E

높이가 가장 높은 지점인 A점의 위치에너지가 가장 크다.

Answers 14. ① 15. ② 16. ② 17. ⑤ 18. ①

19 구슬의 속력이 최대가 되는 지점은?

① A
② B
③ C
④ D
⑤ E

운동에너지가 가장 큰 지점인 E점에서 속도가 가장 크다.

20 볼링공이 통로를 굴러가는 동안 중력이 하는 일은 0 이다. 그 이유는?

① 공에 작용하는 힘이 없기 때문이다.
② 공이 이동하는 거리가 없기 때문이다.
③ 공에 작용하는 힘과 이동 방향이 서로 수직이기 때문이다.
④ 어떤 위치에너지도 운동에너지로 변화되지 않기 때문이다.
⑤ 운동에너지가 변하지 않기 때문이다.

물체에 작용한 힘의 방향과 이동방향이 수직이면 물리적으로 한 일의 양은 0이다.

21 25kg의 자루를 4m 들어 올리는 것과 같은 시간에 50kg의 물체를 2m 들어 올리는 것 중 어느 경우에 일률이 얼마나 큰가?

① 50kg일 때가 25kg일 때보다 2배가 된다.
② 50kg일 때가 25kg일 때보다 $\frac{1}{2}$배가 된다.
③ 두 경우 모두 같다.

25kg의 물체를 4m 들어 올리는 데 필요한 일은 $W = Fs = mgh$에서 1000J(중력가속도=10m/s^2)이며 50kg의 물체를 2m 들어 올리는 데 필요한 일도 1000J이다. 따라서 같은 시간 동안 일을 했다면 일률은 같다.

22 마루 위의 큰 상자를 4m 밀고 갈 때 40J의 일이 필요하다. 힘이 운동 방향과 같다고 할 때 상자에 작용한 힘의 세기는 몇 N인가?

① 4N
② 10N
③ 40N
④ 160N
⑤ 위의 어느 것도 아니다.

$W = Fs$에서 $40 = F \times 4$이므로 $F = 10$N

23 질량 2kg의 물체가 지면으로부터 4m 높이에 놓여 있을 때 물체가 갖는 지면에 대한 위치에너지의 값은? 단, 중력가속도는 10m/s^{2}이다.

① 20J
② 40J
③ 60J
④ 80J
⑤ 위의 어느 것도 아니다.

$E_p = mgh = 2 \times 10 \times 4 = 80$J

Answers 19. ⑤ 20. ③ 21. ③ 22. ② 23. ④

24 질량 2kg의 물체가 지면에 대하여 40J의 위치에너지를 갖고 있다. 지면으로부터 얼마의 높이에 놓여 있는가? 단, 중력가속도는 $10m/s^2$이다.

① 1m
② 2m
③ 3m
④ 4m
⑤ 위의 어느 것도 아니다.

$E_p = mgh$에서 40 = 2×10×h이므로 h=2m

25 장난감 엘리베이터를 1층에서 2층까지 20초만에 들어 올릴 때 1000J의 일을 한다면, 엘리베이터 일률은?

① 20W ② 50W
③ 100W ④ 1000W
⑤ 20,000W

$P = \frac{W}{t} = \frac{1000}{20}$ =50W

26 한 자동차가 동일한 다른 자동차보다 4배 빠른 속력으로 운동하고 있다. 빠른 자동차의 운동에너지는 느린 자동차의 운동에너지의 몇 배인가?

① 4배이다.
② 8배이다.
③ 12배이다.
④ 16배이다.

$E_k = \frac{1}{2}mv^2$에서 운동에너지는 속도의 제곱에 비례하므로 속도가 4배이면 운동에너지는 16배이다.

27 공을 100J의 운동에너지로 공중으로 던졌다. 최고점에 도달하는 순간 공은 다시 중력장의 위치에너지로 변환된다. 공기저항을 고려할 때 공이 다시 제자리로 돌아오는 순간의 운동에너지는?

① 100J보다 작다.
② 100J보다 크다.
③ 100J
④ 자료가 충분치 못하다.

역학적 에너지의 일부가 공기저항에 의한 열에너지로 손실되므로 공이 다시 제자리로 돌아왔을 때 운동에너지는 100J보다 작다.

28 맨주먹으로 턱을 치는 경우가 권투글러브를 낀 주먹으로 턱을 치는 경우보다 턱에 더 큰 충격을 가하게 된다. 그 이유는?

① 맨주먹이 턱에 더 큰 충격량을 주기 때문
② 맨주먹이 턱에 더 큰 힘을 가하기 때문
③ 맨주먹이 공기의 저항을 덜 받기 때문

권투글러브를 꼈을 때보다 맨주먹으로 턱을 치는 경우 충격시간이 짧아지므로 충격력이 커지게 된다. 서로 작용한 힘의 크기와 시간이 같으므로 충격량은 같다.

Answers 24. ② 25. ② 26. ④ 27. ① 28. ②

29 철수는 거실에서 상자를 가만히 들어올려 일정한 속력으로 걸어간 다음, 방의 한 구석에 상자를 가만히 내려놓는다. 철수가 일정한 속력으로 걸어가는 동안 철수가 상자에 대해 한 일은?

① 0
② 0보다 크다.
③ 더 많은 정보가 있어야 한다.

일정한 속력으로 걸어가는 동안 상자의 운동 방향으로 작용한 알짜힘이 0이므로 상자에 한 일은 0이다.

30 시속 50km로 운동하는 자동차가 브레이크를 밟은 상태에서 20m를 미끄러지려 정지하게 된다면 이 자동차가 시속 150km로 운동하다가 브레이크를 밟았을 때 미끄러지는 거리는?

① 20m ② 60m
③ 90m ④ 120m
⑤ 180m

에너지는 일을 할 수 있는 능력이다. 속도가 3배이면 운동에너지는 9배이므로 할 수 있는 일의 양도 9배가 되므로 미끄러지는 거리는 20m의 9배인 180m가 된다.

31 시속 30km로 달리는 질량 1ton의 자동차 A와 시속 60km로 달리는 질량 500kg의 자동차 B가 있다. 어느 쪽이 운동에너지가 큰가?

① A ② B
③ 같다.

운동에너지는 질량에 비례하고 속도의 제곱에 비례하므로 B의 운동에너지가 더 크다.
A의 운동에너지 : $\frac{1}{2}mv^2$, B의 운동에너지 : $\frac{1}{2}\frac{m}{2}(2v)^2 = 2\frac{1}{2}mv^2$ = A의 2배

32 무게 500N인 다이버가 수면으로부터 10m 높이에 있는 다이빙 보드에서 가만히 떨어졌다. 공기의 저항을 무시할 때 수면에 도달하는 순간 다이버의 운동에너지는?

① 10J
② 500J
③ 510J
④ 5000J
⑤ 5000J보다 크다.

다이버의 수면에 대한 위치에너지는 $E_p = mgh$=500×10=5000J이다. 공기저항을 무시하면 역학적 에너지는 보존되므로 운동에너지는 5000J이다.

33 무게 2500N인 쇠뭉치를 10m 들어올려 말뚝을 박는다. 말뚝이 땅속으로 0.1m 들어갔다면 쇠뭉치가 받는 평균적인 힘은 약 얼마인가?

① 2500N ② 25000N
③ 250000N ④ 2500000N

$W = Fs$에서 2500×10=F×0.1이므로
F= 250000N

Answers 29. ① 30. ⑤ 31. ② 32. ④ 33. ③

34 다음 중 자동차의 브레이크가 한 일의 양이 큰 경우는?

① 시속 100km에서 시속 70km로 변화시킬 때
② 시속 70km에서 정지시킬 때
③ 둘다 같다.

$W = \Delta E_k$에서 운동에너지의 변화가 크면 그만큼 한 일의 양도 크다.

①: $\frac{1}{2}m(v^2 - v_o^2)$
$= \frac{1}{2}m(100^2 - 70^2)$
$= \frac{1}{2}m(5100)$

②: $\frac{1}{2}m(v^2 - v_o^2)$
$= \frac{1}{2}m(70^2 - 0)$
$= \frac{1}{2}m(4900)$

①이 더 크다.

35 자동차의 속도가 2배가 되면 제동거리는 몇 배가 되는가?

① 2배
② 4배
③ 자동차의 질량에 따라 다르다.

자동차의 속도가 2배가 되면 운동에너지는 4배가 되므로 할 수 있는 일의 양이 4배가 되어 제동거리도 4배가 된다.

36 똑같은 2개의 화살 A, B가 있다. 화살 A의 속력이 화살 B의 속력의 2배일 때 화살 A가 과녁에 박힌 깊이는?

① B와 같다.
② B의 2배이다.
③ B의 4배이다.
④ B의 4배보다 더 크다.

속력이 2배이면 운동에너지는 4배가 되므로 할 수 있는 일의 양이 4배가 되어 화살이 박힌 깊이는 4배가 된다. 물론 화살이 박힐 때 과녁이 화살에 작용하는 힘은 같다고 가정한다.

37 일정한 높이에서 공을 지면을 향해 던졌더니 지면에 도달할 때의 공의 운동에너지가 100J이었다. 같은 장소에서 공을 같은 속력으로 연직 위로 던졌다면 이 공이 지면에 도달할 때의 운동에너지는?

① 100J ② 200J
③ 100J보다 작다. ④ 200J보다 크다.

공기의 저항이나 마찰을 무시할 때 역학적 에너지는 보존되므로 운동에너지는 그대로 100J이다.

38 발전소의 효율이 30%이고 발전소에서 가정에 전달될 때의 효율이 60%라면 전체 효율은?

① 90%
② 60%
③ 30%
④ 18%
⑤ 더 많은 정보가 있어야 한다.

전체 효율은 0.3×0.6=0.18=18%가 된다.

Answers 34. ① 35. ② 36. ③ 37. ① 38. ④

39 1kWh는 몇 J인가?

① 1J ② 60J
③ 60kJ ④ 3.6MJ

1kWh=1000W×3600s=1000J/s×3600s
=3.6×10^6J=3.6MJ

40 효율이 20%인 자동차가 있다. 휘발유가 1L당 40MJ의 에너지를 공급할 수 있고 자동차와 도로면 사이의 마찰력이 1000N이라면 자동차가 휘발유 1L를 소비하는 동안 움직인 거리는?

① 14km ② 12km
③ 10km ④ 8km

일-에너지 정리를 이용하면 40MJ의 에너지를 공급하는데 효율이 20%이므로 실제로 공급하는 에너지의 양은 8MJ이다. $W=Fs$에서 8×10^6J=1000N×s이므로 s=8000m=8km이다.

41 40번 문제에서 자동차의 효율이 100%라면 휘발유 1L를 소비하는 동안 움직인 거리는?

① 30km ② 40km
③ 50km ④ 50km 이상

효율이 100%이면 $W=Fs$에서 40×10^6J=1000N×s이므로 s=40000m=40km이다.

42 질량 m인 물체가 높이 h인 곳에서 지면에 떨어졌다. 다음 중 옳은 것은?

① 지면에 충돌할 때 속력은 h에 비례
② 지면에 충돌할 때 운동에너지는 h에 비례
③ 지면에 충돌할 때 운동에너지는 m과 무관
④ 지면에 충돌할 때 속력은 m에 비례

중력에 의한 위치에너지 mgh가 운동에너지 $\frac{1}{2}mv^2$로 전환되므로 $mgh=\frac{1}{2}mv^2$에서 운동에너지는 질량에도 비례하고 높이 h에도 비례하며, 속력은 $v=\sqrt{2gh}$이므로 높이의 제곱근에 비례한다. 중력가속도 g는 일정하다.

43 두 개의 동일한 화살이 건초더미를 향해 날아간다. 한 화살의 운동에너지가 다른 것의 2배일 때 더 빠른 화살이 뚫고 들어가는 깊이는?

① 느린 화살과 같은 깊이이다.
② 느린 화살보다 2배 깊이 들어간다.
③ 느린 화살보다 4배 깊이 들어간다.
④ 느린 화살보다 4배 이상 깊이 들어간다.
⑤ 어느 것도 아니다.

$W=\Delta E_k$에서 운동에너지가 2배이면 2배의 일을 할 수 있으므로 2배 깊이 들어간다.

(2) 에너지와 운동량

01 충격량은 작용한 힘과 시간의 곱이다. 다음 중 일에 대한 옳은 설명은?

① 작용한 힘과 거리의 곱
② 작용한 힘과 거리와 시간의 곱
③ 힘이 작용하여 물체가 얻은 가속도

Answers 39. ④ 40. ④ 41. ② 42. ② 43. ② (2) 01. ①

물리적으로 일은 작용한 힘과 힘의 방향으로 이동한 거리의 곱이다.

02 총알이 총에서 발사될 때 총과 총알에 대한 옳은 설명은?

① 크기가 같고 서로 반대 방향의 운동량을 갖는다.
② 똑같은 양의 운동에너지를 갖는다.
③ 둘다 맞다.
④ 둘다 틀리다.

작용 반작용의 법칙에 따라 총과 총알이 받는 충격량의 크기가 같으므로 운동량의 변화량의 크기도 같다. $E_k = \frac{1}{2}mv^2 = \frac{p^2}{2m}$ 에서 p가 같으므로 질량 m이 작은 총알의 운동에너지가 더 크다.

03 다음 중 운동하는 물체에 대한 옳은 설명은?

① 속력을 갖고 있다.
② 속도를 갖고 있다.
③ 운동량을 갖고 있다.
④ 에너지를 갖고 있다.
⑤ 모두 맞다.

운동하는 물체는 속력, 속도, 운동량, 운동에너지 모두를 갖고 있다.

04 물체가 운동할 때 갖고 있지만 정지해 있을 때는 갖지 못하는 물리량은?

① 운동량 ② 에너지
③ 질량 ④ 관성

운동량은 질량과 속도의 곱이므로 운동하는 물체만이 갖고 있는 물리량이다.

05 물체가 운동에너지를 갖고 있다면 다음 중 어느 물리량도 갖고 있어야 하는가?

① 충격량 ② 운동량
③ 가속도 ④ 힘
⑤ 모두 틀리다.

$E_k = \frac{1}{2}mv^2 = \frac{p^2}{2m}$ 에서 운동에너지가 있다면 운동량도 갖고 있다. 속도가 변할 때 가속도 운동을 하며, 가속도의 원인은 힘 또는 충격량이다.

06 물체의 속력이 2배가 되면 2배로 증가하는 물리량은?

① 운동량 ② 운동에너지
③ 가속도 ④ 모두 맞다.
⑤ 모두 틀리다.

속력이 2배가 되면 운동량은 2배, 운동에너지는 4배가 되며, 가속도는 속도의 변화가 얼마나 빠르게 변하는가를 나타내는 물리량이다.

07 정지한 물체가 가질 수 있는 물리량은?

① 속력 ② 속도
③ 에너지 ④ 운동량

Answers 02. ① 03. ⑤ 04. ① 05. ② 06. ① 07. ③

물체가 정지해 있더라도 위치에너지는 가질 수 있다.

08 진공 중에서 동시에 낙하하는 깃털과 동전이 같은 크기를 가질 수 있는 물리량은?

① 힘 ② 운동량
③ 가속도 ④ 운동에너지
⑤ 모두 틀리다.

진공 중에서 낙하하는 물체의 가속도는 $a=\frac{F}{m}=\frac{mg}{m}=g$이므로 질량과 관계가 없이 일정한 값을 갖는다.

09 진공 중의 무거운 물체와 가벼운 물체가 같은 높이에서 떨어질 때 두 물체에 대한 옳은 설명은?

① 무게가 같다. ② 운동량이 같다.
③ 에너지가 같다. ④ 모두 맞다.
⑤ 모두 틀리다.

질량이 다르므로 무게가 다르고, 같은 속도로 낙하하더라도 질량이 다르므로 운동량이 다르고, 운동에너지도 다르다.

10 2m/s로 서로 반대 방향으로 진행하던 같은 질량의 두 공이 충돌한 후 각각 4m/s의 속력으로 서로 반대 방향으로 운동하였다. 다음 중 옳은 것은?

① 운동량 보존법칙에 위배된다.
② 에너지 보존법칙에 위배된다.
③ 둘 다 맞다.
④ 둘 다 틀리다.

충돌 전에 $2m+(-2m)=0$, 충돌 후에 $4m+(-4m)=0$이므로 운동량 보존 법칙에는 위배되지 않지만 속력이 빨라져서 운동에너지가 증가했으므로 에너지 보존 법칙에 위배된다.

11 총알이 총에서 발사될 때 총알의 운동량에 대한 옳은 설명은?

① 총의 운동량보다 크다.
② 총의 운동에너지보다 크다.
③ 둘다 맞다.
④ 둘다 틀리다.

작용 반작용의 법칙에 따라 총과 총알의 운동량의 크기는 서로 같으며, $E_k=\frac{1}{2}mv^2=\frac{p^2}{2m}$에서 총과 총알의 운동량은 p로 같으므로 질량이 작은 총알의 운동에너지가 더 크다.

12 마찰이 없는 수평면에서 트럭이 일정한 속력으로 운동하고 있고 비가 연직으로 내리고 있다. 빗물이 트럭에 고임에 따라 트럭의 속력의 변화는?

① 증가한다.
② 감소한다.
③ 변함이 없다.

빗물이 트럭에 고이면 트럭의 질량이 증가함으로 운동량 보존법칙에 따라 트럭의 속력은 감소한다.

Answers 08. ③ 09. ⑤ 10. ② 11. ② 12. ②

13 자동차 A는 같은 속력으로 운동하는 똑같은 자동차와 정면충돌하였고, 같은 질량의 자동차 B는 커다란 시멘트벽에 충돌하여 정지하였다. 자동차 A, B가 받는 충격량의 크기를 비교하면?

① A가 받은 충격량이 더 크다.
② B가 받은 충격량이 더 크다.
③ 둘 다 같다.

자동차에 충돌하는 경우와 시멘트에 충돌하는 경우 둘다 같은 속력으로 운동하다가 정지했으므로 운동량의 변화량이 같다. 운동량의 변화량은 충격량과 같으므로 둘다 같다.

14 탄성 충돌구 실험 장치에서 구 하나를 들어 올렸다가 충돌시켰을 때 두 개의 구가 충돌구의 $\frac{1}{2}$ 배의 속력으로 튀어나오지 못하는 이유는?

① 운동량 보존법칙에 위배된다.
② 에너지 보존법칙에 위배된다.
③ 둘 다 맞다.
④ 둘 다 틀리다.

탄성 충돌의 경우 운동량뿐만 아니라 역학적 에너지도 보존된다. 2개의 구가 $\frac{1}{2}$배의 속력으로 튀어나오더라도 운동량 보존법칙에는 위배되지 않지만 에너지 보존법칙에 위배되므로 그러한 일은 발생하지 않는다. 예를 들어 2개의 충돌구를 올렸다가 충돌시킬 때 하나의 구가 2배의 속력으로 튀어나오지 못하는 것도 같은 이유 때문이다.

15 골프공이 정지해 있는 무거운 볼링공과 충돌하여 다시 튀어 나왔다. 충돌 후 볼링공에 대한 다음 설명 중 옳은 것은?

① 충돌 전의 골프공의 운동량보다는 크고 충돌 전의 골프공의 운동에너지보다는 작다.
② 충돌 전의 골프공의 운동량보다는 작고 충돌 전의 골프공의 운동에너지보다는 크다.
③ 충돌 전의 골프공의 운동량과 운동에너지보다 모두 크다.
④ 충돌 전의 골프공의 운동량과 운동에너지보다 모두 작다.
⑤ 더 많은 정보가 있어야 한다.

충돌 전 골프공의 운동량을 p, 충돌 후 골프공의 운동량을 p', 충돌 후 볼링공의 운동량을 P라 하면 운동량 보존법칙에 따라 $p=(-p')+P$가 성립한다. 여기서 (-)는 골프공이 반대 방향으로 운동했기 때문이다. 이 식에서 P는 $p+p'$이므로 p보다 크다. 에너지 보존법칙에 따라 충돌 전 골프공의 운동에너지는 충돌 후 골프공의 운동에너지와 볼링공의 운동에너지의 합과 같아야하므로 볼링공의 운동에너지는 충돌 전 골프공의 운동에너지보다 작다.

16 운동하던 질량 M인 물체가 정지해 있는 질량 M인 물체와 충돌하여 함께 붙어서 운동하였다. 충돌하는 동안 운동에너지가 열에너지로 전환된 양은?

① 0
② 25%
③ 50%
④ 75%

Answers 13. ③ 14. ② 15. ① 16. ③

충돌 전 물체의 속도는 v라 하면 충돌 전 물체의 운동에너지는 $\frac{1}{2}Mv^2$이고, 운동량 보존법칙에 따라 $Mv=(M+M)v'$ 에서 $v'=\frac{v}{2}$ 이므로 충돌 후 물체의 총운동에너지는 $\frac{1}{2}(M+M)(\frac{v}{2})^2=\frac{1}{4}Mv^2$이다. 따라서 손실된 운동에너지가 열에너지 전환된 양은 전체의 50%이다.

17 일직선상에서 각각 2m/s, 1m/s의 속력으로 똑같은 두 물체가 접근하여 충돌한 후, 두 물체가 함께 붙어서 운동할 때의 속력은?

① 0.5m/s
② 0.33m/s
③ 0.67m/s
④ 1m/s
⑤ 답이 없다.

운동량 보존법칙에 따라 $m\times2+m\times(-1)=(m+m)v$에서 $v=\frac{1}{2}$m/s이다. 이 문제에서 접근한다는 표현이 같은 방향으로 운동하는 것으로 생각할 수도 있는데 이 이 경우에는 '-1'이 '1'로 바뀌므로 답은 $\frac{3}{2}$m/s가 된다.

18 2m 높이에서 떨어진 1kg의 물체가 1.5m 튀어 올라왔다. 손실된 역학적 에너지는?

① 0.5J ② 1J
③ 1.5J ④ 2J
⑤ 2J보다 크다.

중력에 의한 위치에너지가 $mgh=1\times10\times2$ = 20J에서 $mgh=1\times10\times1.5$ = 15J로 감소했으므로 손실된 역학적 에너지는 5J이다.

19 우주공간에서 운동하던 질량 $2M$인 물체가 정지해 있는 질량 M인 물체와 충돌하여 함께 붙어서 운동하였다. 충돌 후의 운동에너지는 충돌 전의 운동에너지의 몇 배인가?

① $\frac{1}{3}$ 배 ② $\frac{2}{3}$배
③ $\frac{3}{4}$배

충돌전 $2M$인 물체의 속력을 v라 하면 운동량 보존법칙에 따라 $2Mv=(2M+M)v'$ 에서 $v'=\frac{2}{3}v$이다. 충돌 전 운동에너지는 $\frac{1}{2}2Mv^2$, 충돌 후 운동에너지는 $\frac{1}{2}3M(\frac{2}{3}v)^2$이므로 $\frac{2}{3}$ 배이다.

Answers 17. ① 18. ⑤ 19. ②

6.2 개념 응용하기

01 다음 중 그래프 아래의 면적이 일 또는 에너지가 아닌 것은?

① 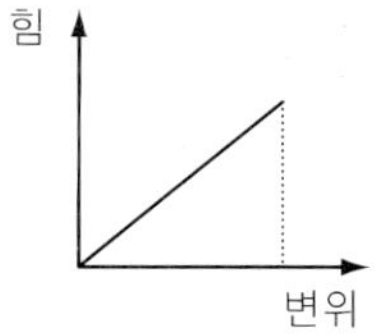

② 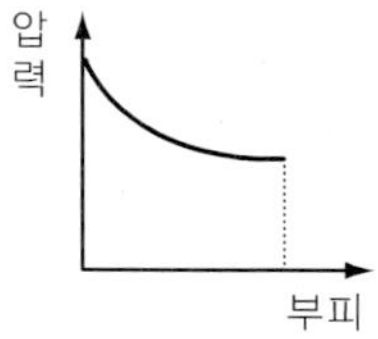

③ 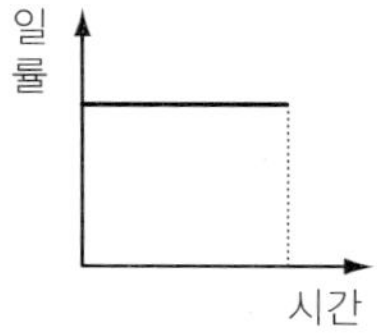

④ 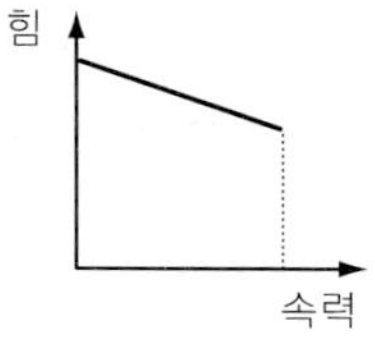

⑤ 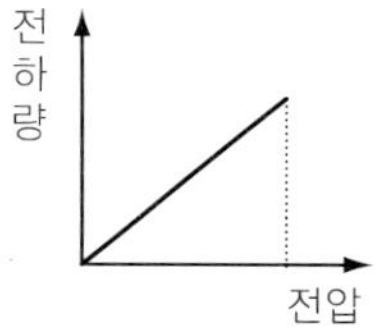

⋯› • 힘과 속력의 곱은 일률을 나타낸다. $F \cdot v = F \cdot \dfrac{s}{t} = \dfrac{W}{t} = P$.
압력과 부피의 곱은 $[\mathrm{N/m^2 \cdot m^3 = N \cdot m = J}]$이므로 일의 단위와 같다.
전하량과 전압의 곱은 $[\mathrm{C \cdot V = C \cdot J/C = J}]$이므로 일의 단위와 같다.

02 질량 m인 물체가 반지름 r인 원주 위를 속력 v로 등속 원운동하고 있다. 이 물체가 1회전하는 동안 구심력이 한 일의 양은 얼마인가?

① 0
② $\dfrac{1}{2}mv^2$
③ $2\pi mv^2$
④ $2\pi mr$
⑤ $2\pi mr^2$

⋯› • 구심력의 방향은 물체의 운동 방향에 항상 수직이므로 한 일은 0이다.

Answers 01. ④ 02. ①

03 질량 m인 물체가 자유낙하하고 있다. 낙하 후 1초, 2초, 3초 때의 운동 에너지의 비는?

① 1 : 4 : 9
② 1 : 2 : 3
③ 1 : 3 : 5
④ $\frac{1}{1}:\frac{1}{2}:\frac{1}{3}$
⑤ $\frac{1}{1}:\frac{1}{4}:\frac{1}{9}$

⋯ • 자유낙하운동은 가속도가 중력가속도인 등가속도 운동이므로 시간에 따른 속도의 비는 1 : 2 : 3이다. 따라서 운동에너지의 비는 1 : 4 : 9이다.

04 질량이 1kg인 물체가 위치 $x=0$인 점에서 정지해 있다가 그림과 같이 위치 에너지가 변하면서 운동하였다. 마찰이나 공기의 저항이 작용하지 않는다고 하면 $x=2.5\text{m}$인 점에서 물체의 속력은 얼마인가?

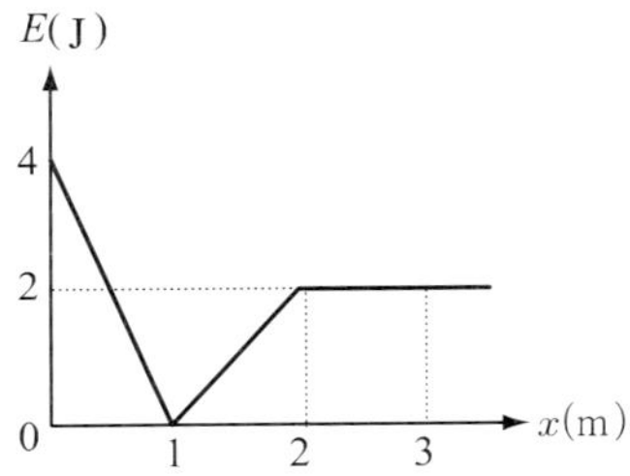

① 0.5m/s
② 1m/s
③ $\sqrt{2}$ m/s
④ 2m/s
⑤ $2\sqrt{2}$ m/s

⋯ • 공기저항이나 마찰을 무시할 때 역학적 에너지는 항상 일정하므로 위치에너지가 감소한 만큼 운동에너지를 얻는다. $\triangle E_p=\frac{1}{2}mv^2=4-2=2\text{J}$에서 $v=2\text{ m/s}$이다.

05 수평한 책상 위에 그림과 같이 커튼용 레일을 구부려서 세워 놓고, 레일 위의 한 곳(높이 h)에 구슬을 가만히 놓아 구슬이 미끄러져 내려오게 하였다. 높이 h를 2배로 하면 수평도달거리 R은 몇 배로 되는가? 단, 모든 마찰은 무시한다.

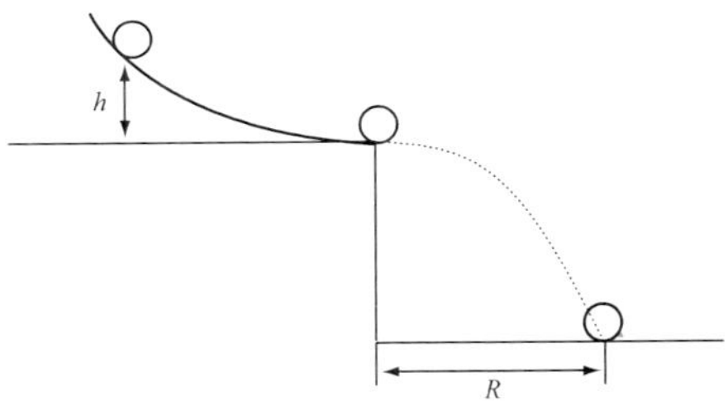

① $\frac{1}{2}$배
② 1배
③ $\sqrt{2}$ 배
④ 2배
⑤ 4배

⋯ • 역학적 에너지 보존을 이용하면 $mgh = \frac{1}{2}mv^2$에서 $v = \sqrt{2gh} \propto \sqrt{h}$이다. 높이가 일정할 때 수평도달거리는 수평방향의 속도에 의해서만 결정되므로 $R = vt = v\sqrt{\frac{2h}{g}} \propto \sqrt{h}$이다.

06 v, $2v$의 속도로 운동하는 두 물체의 속도를 v만큼 더 빠르게 변화시키는 데 필요한 일의 양의 비는?

① 1:1
② 1:2
③ 2:3
④ 3:4
⑤ 3:5

⋯ • 운동에너지의 변화량만큼 일이 필요하다.

$W = \triangle E_k$에서 $W_1 : W_2 = [\frac{1}{2}m(2v)^2 - \frac{1}{2}mv^2] : [\frac{1}{2}m(3v)^2 - \frac{1}{2}m(2v)^2] = 3 : 5$이다.

07 다음 그래프는 어떤 엘리베이터가 올라가기 시작하여 정지할 때까지의 시간과 속도의 관계를 개략적으로 나타내고 있다. 이 엘리베이터의 시간(t)과 위치 에너지 E_p와의 관계 그래프로 옳은 것은?

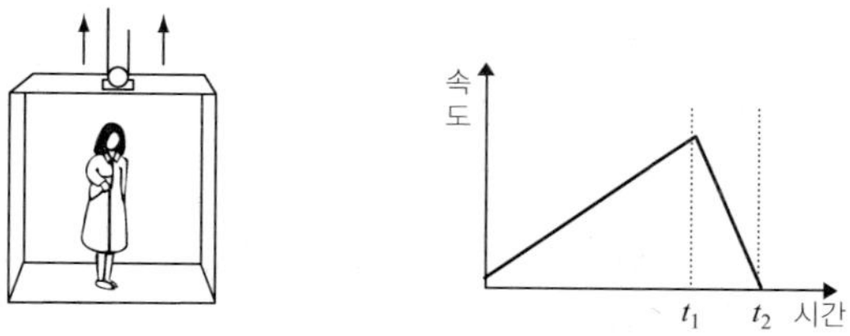

①
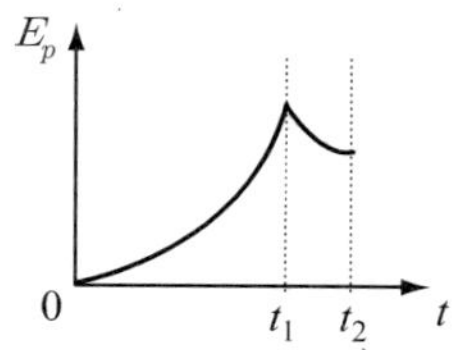

②
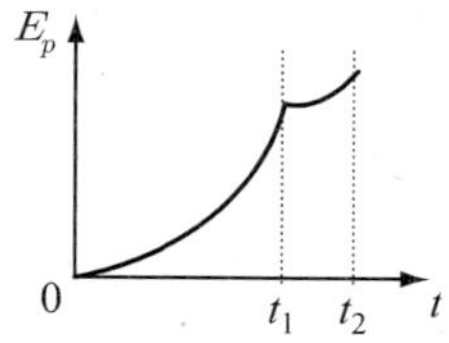

③
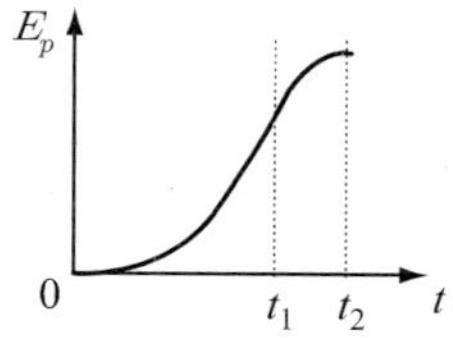

④
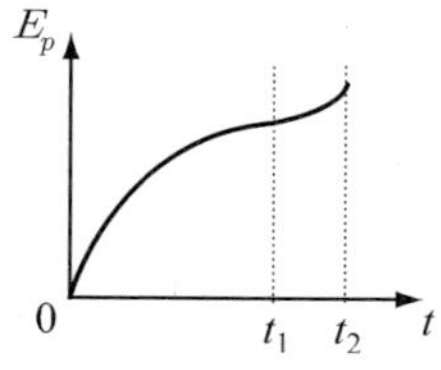

Answers 06. ⑤ 07. ③

⑤ 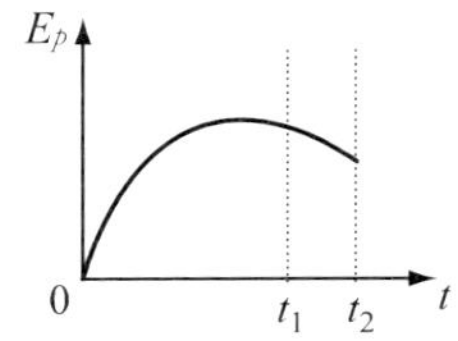

→ • 일정하게 속도가 증가하는 등가속도 운동을 하다가 어느 순간 일정하게 속도가 감소하는 등가속도 운동을 하고 있다.

$0 \sim t_1 : E_p = mgh = mg(\frac{1}{2}at^2)$, $t_1 \sim t_2 : E_p = mgh = mg(v_0 t - \frac{1}{2}at^2)$

08 물체 A가 높이 h인 곳에서 미끄러져 내려와 정지하고 있던 물체 B와 충돌한 후 두 물체가 붙어서 계속 움직여 (다)지점을 지난다.(단, 마찰은 무시하며, A는 정지 상태에서 출발하였다.)

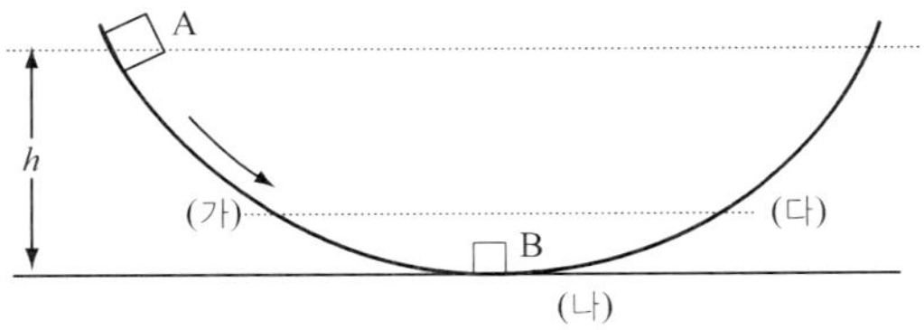

두 물체의 운동에 대한 설명으로 옳은 것을 [보기]에서 모두 고른 것은?

보기

ㄱ. 두 물체가 같이 올라갈 수 있는 최고 높이는 h보다 낮다.
ㄴ. (나)에서 (다)로 올라가는 동안 B의 위치에너지는 일정하다.
ㄷ. 두 물체가 (다)를 지날 때의 속력은 A가 (가)를 지날 때의 속력과 같다.

① ㄱ
② ㄴ
③ ㄷ
④ ㄱ, ㄴ
⑤ ㄴ, ㄷ

→ • 완전비탄성 충돌이므로 운동량은 보존되지만 역학적에너지는 보존되지 않는다. 충돌 후에 속력이 느려지며 운동에너지가 감소한다. 따라서 두 물체가 같이 올라갈 수 있는 최고 높이도 감소한다. 또한 올라가는 동안 B의 위치에너지는 증가한다.

Answers 08. ①

09 다음 그림은 어떤 용수철에 가해진 힘의 크기와 용수철이 압축되는 정도를 나타낸 그래프이다.

훅(Hooke)의 법칙($F=kx$)이 적용되는 한계까지 용수철이 압축되었을 때, 용수철에 저장되는 탄성 에너지는 대략 얼마인가?

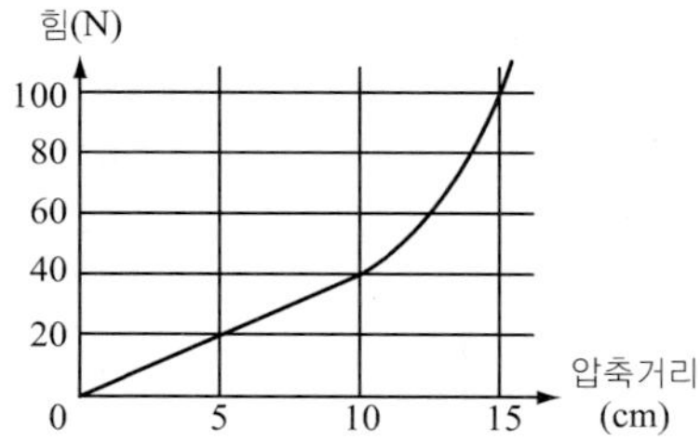

① 2J ② 4J

③ 40J ④ 100J

⑤ 400J

- 힘-압축거리의 그래프에서 그래프 아래의 면적이 용수철을 압축하는데 필요한 일의 양이며, 용수철에 저장되는 탄성에너지이다. 힘의 단위는 N, 거리의 단위는 m로 환산해서 계산해야만 J의 단위가 나오게 된다. 단위에 유의하면 10cm=0.1m이므로 $\frac{1}{2}\times40\times0.1=2$J이다.

10 철수는 마찰력을 이용하여 에너지 보존과 전환을 알아보는 장치를 그림과 같이 만들었다. 마찰이 없는 미끄럼틀 위에서 높이 h를 변화시키면서, 정지한 상태에서 물체를 내려보내 바닥에서의 이동거리 L을 측정하였다. 다음 중 철수가 얻은 결과와 가장 가까운 그래프는?(단, 바닥에서 물체가 이동할 동안 마찰력은 일정하게 작용한다.)

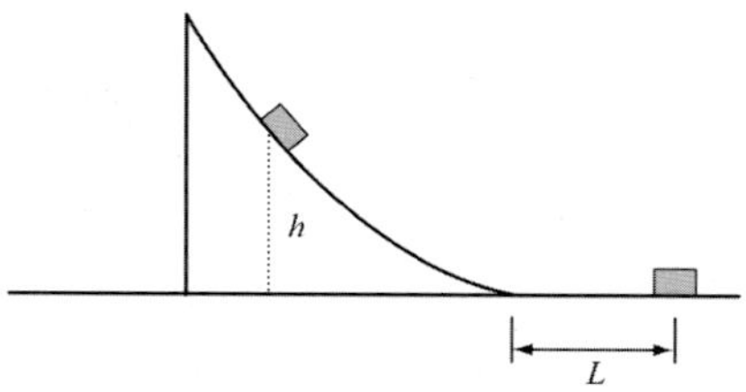

① 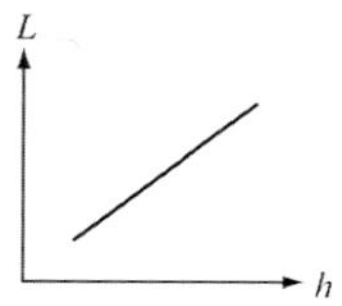

② 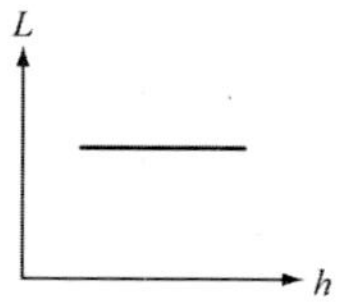

③ 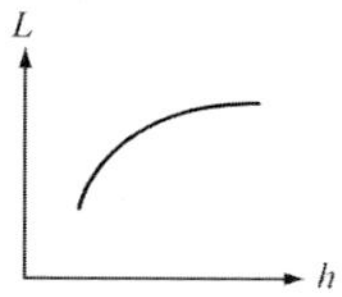

④ 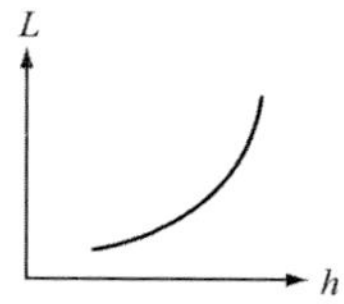

⑤ 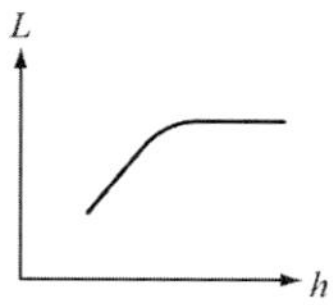

- 물체가 높이 h인 곳에서 가지는 위치에너지가 마찰력에 한 일로 전환된다. $mgh=f\cdot L$이므로 $L\propto h$이다.

Answers 09. ① 10. ①

11 동일한 세 블록이 수평면상에서, 빗면 위로, 빗면 아래로 그림과 같이 모두 속도 v로 출발하여 마침내 정지하였다.

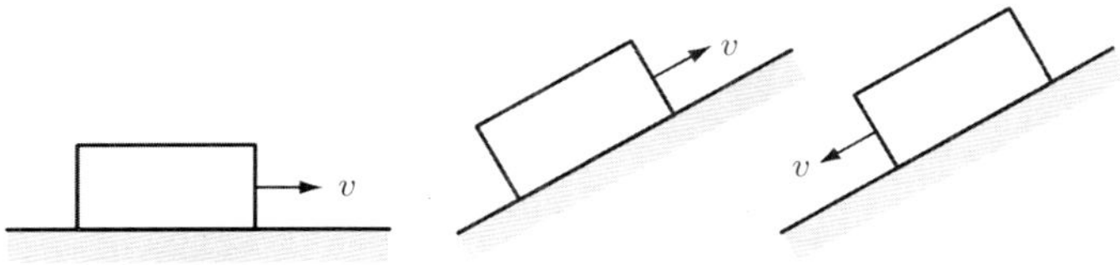

(1) (2) (3)

다음 중 마찰에 의해 손실된 역학적 에너지의 크기를 바르게 비교한 것은?

① 모두 같다
② (1) > (2) > (3)
③ (1) > (2) = (3)
④ (3) > (2) > (1)
⑤ (3) > (1) > (2)

⋯ • (1)에서 운동에너지가 모두 마찰에 의해 손실되었으며, (2)에서 운동에너지의 일부분이 위치에너지로 전환되고 나머지가 마찰에 의해 손실되었다. (3)에서는 운동에너지뿐만 아니라 감소한 위치에너지도 마찰에 의해 손실되었다.

12 그림과 같이 한 묶음의 잡지를 높이 d만큼 들어올렸다. 오른쪽 표는 4가지 방법으로 잡지를 들어 올리면서 잡지의 처음 속도(v_0)와 나중 속도(v)를 나타낸 것이다.

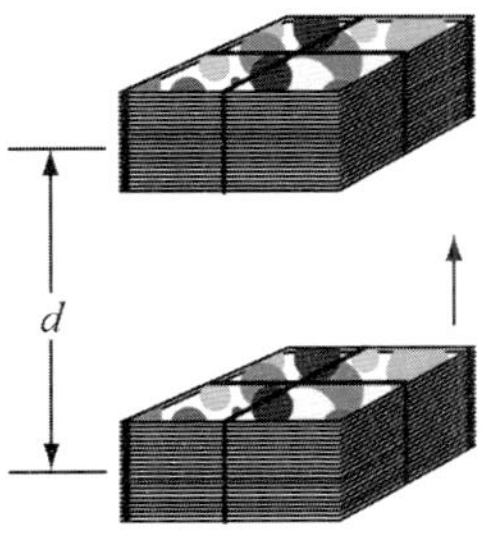

	a	b	c	d
$v=$	0	2	2	2
$v_0=$	0	2	0	1

다음 중 잡지에 대해 한 일의 크기를 바르게 비교한 것은?

① c > d > a = b
② a = b = c = d
③ a = b > c > d
④ b = c = d > a
⑤ a > b = c = d

⋯ • 잡지에 대한 한일이 물체의 역학적 에너지로 전환된다. a, b, c, d에서 모두 같은 양만큼의 위치에너지가 증가하였으나, c, d에서는 운동에너지도 증가하였다.

Answers 11. ⑤ 12. ①

13 그림은 지구의 중력장을 나타내고 있다. 중력장과 수직인 점선은 1kg의 물체가 가지는 위치에너지를 나타낸다. 중력에 의한 위치에너지의 기준점은 무한 원점이다.

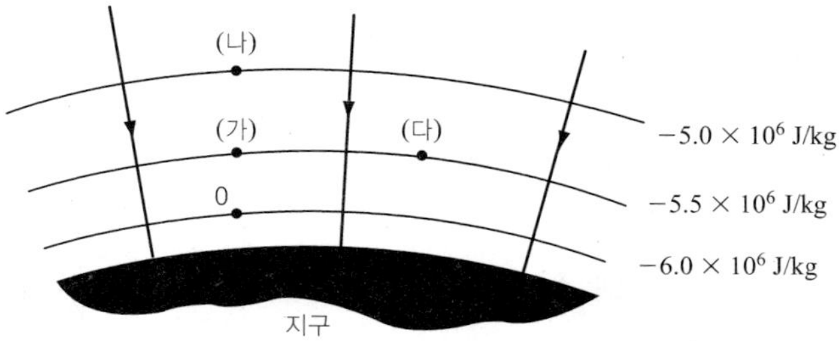

다음 [보기]의 설명 중에서 옳은 것을 모두 고르면?

보기

ㄱ. 1kg의 물체를 O에서 (다)로 옮기는 데 일이 가장 많이 필요하다.
ㄴ. 1kg의 물체를 O에서 (나)로 옮길 때와 2kg의 물체를 O에서 (가)로 옮기는 데 필요한 일은 같다.
ㄷ. 1kg의 물체를 (가)에서 (다)로 옮기는 데 필요한 일은 0이다.
ㄹ. 물체를 O에서 (가)로 옮길 때보다 (가)에서 (나)로 옮기는 데 더 많은 일이 필요하다.

① ㄱ, ㄴ ② ㄱ, ㄷ
③ ㄴ, ㄷ ④ ㄴ, ㄹ
⑤ ㄷ, ㄹ

⋯ • 중력장내에서 물체를 옮길 때 필요한 일의 양은 위치에너지의 변화량만큼 필요하며, 중력장의 방향과 수직인 방향으로 옮길 때 물리적으로 필요한 일의 양은 0이다.

14 그림과 같이 위쪽 수평면에서 용수철 A에 나무도막을 접촉시켜 $2x$만큼 압축시켰다가 가만히 놓았더니, 나무도막이 경사면을 따라 내려와 아래쪽 수평면에서 용수철 B를 최대 $2x$만큼 압축시켰다. A, B의 용수철상수는 각각 k, $3k$이고, 두 수평면과 경사면은 마찰이 없다.

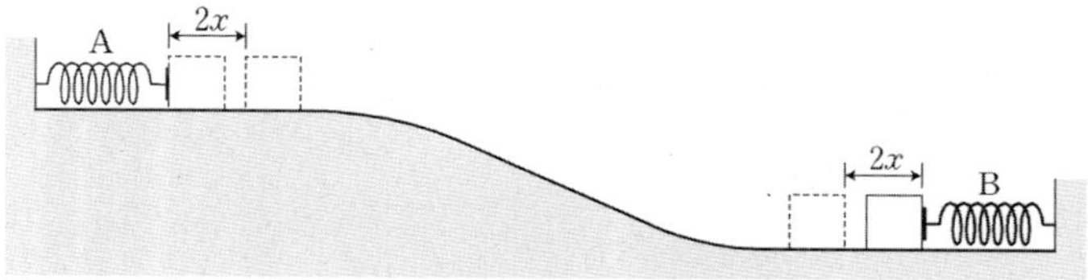

A에 이 나무도막을 접촉시켜 x만큼 압축시켰다가 가만히 놓았을 때, B가 최대로 압축되는 길이는? (단, 용수철은 탄성한계 내에서 압축되며, 나무도막의 크기, 용수철의 질량, 공기 저항은 무시한다.)

Answers 13. ③ 14. ⑤

① $\dfrac{x}{\sqrt{3}}$　　② $\dfrac{x}{\sqrt{2}}$
③ x　　④ $\sqrt{2}\,x$
⑤ $\sqrt{3}\,x$

⋯› • 용수철 A를 $2x$ 압축시켰다가 가만히 놓았을 때, 용수철 B가 $2x$ 압축했다면 A의 높이를 h라 할 할 때 역학적 에너지 보존 법칙에 의하여 $\frac{1}{2}k(2x)^2+mgh=\frac{1}{2}\cdot 3k(2x)^2$이므로 $mgh=4kx^2$이다. 그런데 용수철 A를 x만큼 압축시킨다면 위치에너지가 일정하므로 $\frac{1}{2}kx^2+mgh=\frac{1}{2}kx^2+mgh=\frac{1}{2}\cdot 3kx_B^2$이다. 따라서 $\frac{1}{2}kx^2+4kx^2=\frac{3}{2}kx_B^2$ 이고 $\frac{9kx^2}{2}=\frac{3}{2}kx_B^2$ 이므로 $x_B=\sqrt{3}\,x$이다.

15 그림과 같이 질량이 각각 0.5kg, 0.3kg인 두 수레 P, Q가 수평면 위에서 압축된 용수철을 사이에 두고 서로 마주보고 놓여 있다. 용수철이 팽창하는 순간 수레 P는 왼쪽 방향으로 운동하기 시작하여 용수철이 완전히 팽창하였을 때 P의 속도는 6m/s이었다.(단 수레와 바닥의 마찰은 무시한다.)

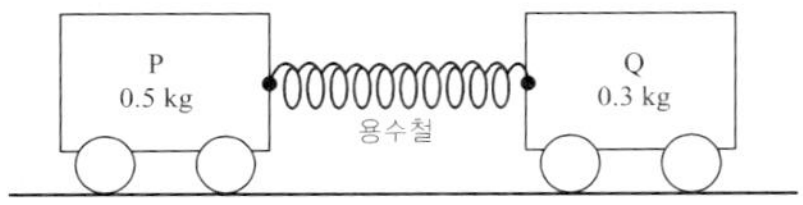

다음 설명 중에서 옳지 않은 것은?

① 수레 Q의 속도는 10m/s이다.
② 질량이 작은 물체의 운동에너지가 더 크다.
③ 두 수레의 운동량의 합은 항상 0이다.
④ 용수철이 팽창하는 동안 두 수레가 받는 힘은 서로 같다.
⑤ 처음에 수레와 용수철로 이루어진 계의 역학적 에너지는 0이다.

⋯› • 수레와 용수철로 이루어진 계의 역학적 에너지(탄성에너지)는 반발 후 두 수레의 역학적에너지(운동에너지)로 전환된다.

Answers 15. ⑤

16 질량이 250g인 물체를 그림과 같이 수직으로 놓인 용수철 상수 2.5N/cm인 용수철에 떨어뜨렸다.

물체가 순간적으로 정지했을 때 용수철의 압축된 길이가 12cm일 때 [보기]의 설명 중 옳은 내용을 모두 고른 것은?(단, 중력가속도는 $10m/s^2$이다.)

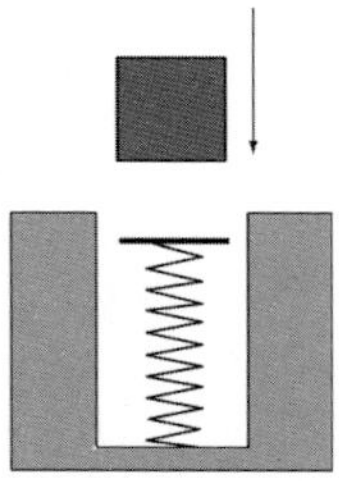

보기

ㄱ. 용수철이 압축되는 동안 중력이 상자에 대해 한 일의 양은 0.3J이다.
ㄴ. 용수철이 압축되는 동안 물체가 용수철에 대해 한 일의 양은 1.8J이다.
ㄷ. 용수철과 충돌하기 직전의 물체의 속력은 $2\sqrt{2}$ m/s이다.

① ㄱ
② ㄴ
③ ㄱ, ㄴ
④ ㄴ, ㄷ
⑤ ㄱ, ㄴ, ㄷ

• 최대로 압축되었을 때 탄성에너지는 용수철과 충돌하기 직전의 물체의 운동에너지와 중력이 상자에 대해 한 일을 합한 것과 같다.
중력이 한 일$=mgh=0.25\times10\times0.12=0.3\mathrm{J}$,
용수철이 압축되는 동안 물체가 용수철에 한 일$=\frac{1}{2}kx^2=\frac{1}{2}\times250\times0.12^2=1.8\mathrm{J}$이다.
충돌하기 직전 물체의 운동에너지는 $\frac{1}{2}mv^2=1.8-0.3=1.5\mathrm{J}$이므로 $v=2\sqrt{3}\,\mathrm{m/s}$이다.

17 질량 80kg인 사람이 원래 길이가 30m인 밧줄을 매고 수면에서 높이 50m인 다리 위에서 번지 점프를 하였다. 이 사람이 수면 바로 위에 도달했다면 [보기]의 설명 중 옳은 내용을 모두 고른다면?(단, 중력가속도는 $10m/s^2$이다.)

보기

ㄱ. 최하점에서 번지 점프하는 사람의 가속도는 0이다.
ㄴ. 밧줄의 늘어난 길이가 20m이므로 에너지 보존 법칙을 이용하면 $mgh=\frac{1}{2}kx^2$에서 밧줄의 탄성 계수는 200N/m이다.
ㄷ. 번지 점프하는 사람의 진동 주기는 $T=2\pi\sqrt{\frac{m}{k}}$에서 약 4초이다.

① ㄱ
② ㄱ, ㄴ
③ ㄱ, ㄷ
④ ㄴ, ㄷ
⑤ ㄱ, ㄴ, ㄷ

Answers 16. ③ 17. ④

···› • 번지점프하는 사람은 최하점에서 윗방향의 탄성력과 아랫방향의 중력을 받는데, 이 두 힘의 합력은 줄의 평형점에서 늘어난 길이에 비례하므로 알짜힘이 0이 아니다. 따라서 최하점에서 가속도는 0이 아니다.

18 다음 그래프는 중력이나 전기력과 같은 어떤 힘이 작용하고 있는 공간의 위치 에너지(U)와 거리(r)의 관계를 나타낸 것이다. 이 공간에 물체를 놓았을 때 거리(r)에 따라 물체가 받는 힘(F)을 바르게 나타낸 그래프는?

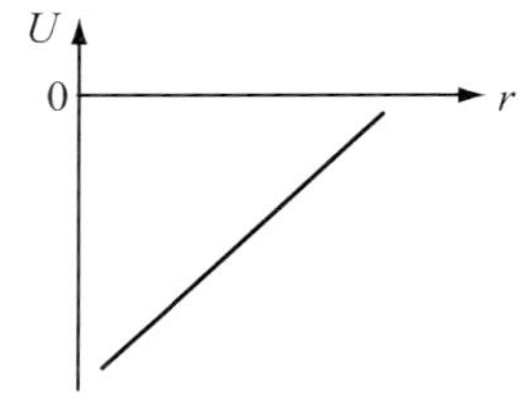

①
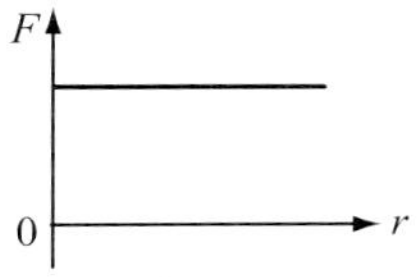

②
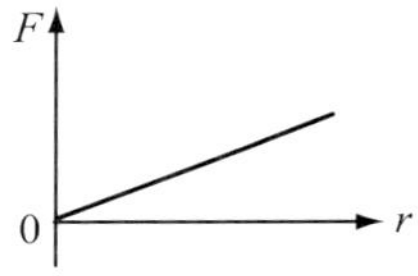

③

④
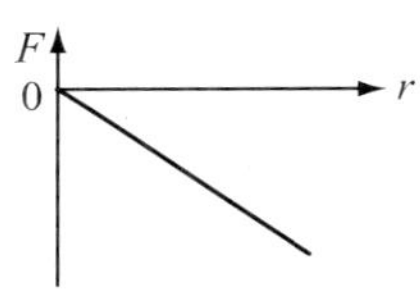

⑤
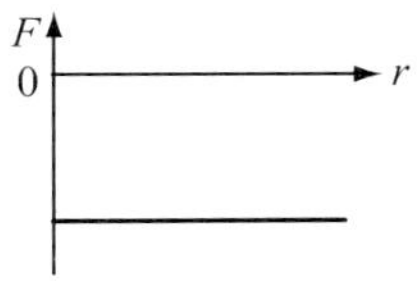

···› • 위치에너지-거리의 그래프에서 그래프의 기울기는 힘을 나타낸다. $F = -\frac{dU}{dr}$

19 그림과 같이 가벼운 줄에 무거운 쇠공을 매달아 놓고 왼쪽에서 고무공을 충돌시켰더니 고무공은 다시 튀어나왔다. 충돌 후 쇠공의 운동량과 운동 에너지에 대한 다음 설명 중 옳은 것은?

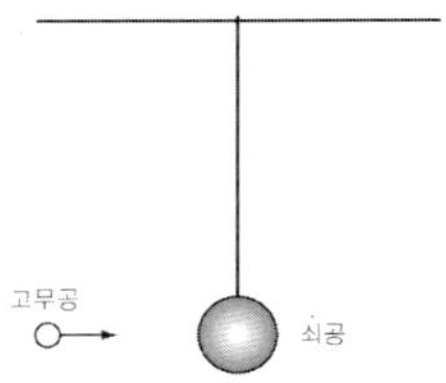

① 충돌 전의 고무공의 운동량과 운동 에너지보다 모두 크다.
② 충돌 전의 고무공의 운동량과 운동 에너지보다 모두 작다.
③ 충돌 전의 고무공의 운동량과 같고, 충돌 전의 고무공의 운동에너지보다 작다.
④ 충돌 전의 고무공의 운동량보다는 크고, 충돌 전의 고무공의 운동에너지보다는 작다.
⑤ 충돌 전의 고무공의 운동량보다는 작고, 충돌 전의 고무공의 운동에너지보다는 크다.

Answers 18. ⑤ 19. ④

···› • 충돌 후 쇠공의 운동량의 변화량은 고무공의 운동량의 변화량과 같은데, 고무공의 운동량 변화량의 크기는 운동방향이 반대로 바뀌었기 때문에 충돌 전의 고무공의 운동량의 크기보다 크다. 충돌 후 쇠공의 운동에너지와 고무공의 운동에너지의 합은 충돌 전 고무공의 운동에너지보다 클 수 없다.

20 그림과 같이 두 물체 A, B를 도르래에 연결하였더니 어느 순간 두 물체는 P의 위치에서 점선과 같은 Q의 위치로 이동하고 있었다.

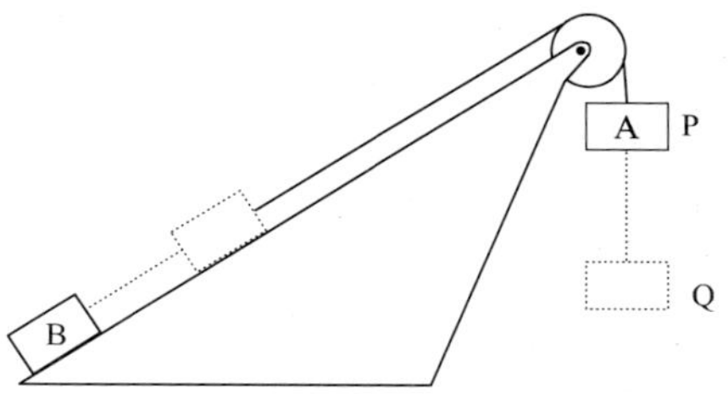

두 물체 A, B의 운동 에너지와 위치 에너지의 변화가 [보기]와 같을 때 마찰 때문에 열로 전환된 역학적 에너지는 얼마인가?

보기

(가) 물체 A의 운동 에너지는 330J 증가하였다.
(나) 물체 A의 위치 에너지는 588J 감소하였다.
(다) 물체 B의 운동 에너지는 110J 증가하였다.
(라) 물체 B의 위치 에너지는 98J 증가하였다.

① 12J
② 50J
③ 258J
④ 478J
⑤ 710J

···› • 물체 A, B로 이루어진 계의 역학적 에너지 감소량만큼 열로 전환된다. 물체 A의 감소한 위치에너지는 물체 B의 위치에너지 증가량과 물체 A와 B의 운동에너지 증가량의 합과 같아야 하므로 나머지가 열로 전환된 것이다. 588−98−(330+110)=50J

Answers 20. ②

6.3 개념 서술하기

01 아파트나 빌딩에 설치된 엘리베이터는 평형추와 케이블로 연결되어 있다. 평형추는 엘리베이터와 항상 반대 방향으로 움직인다.

(1) 평형추의 목적에 대해 에너지 관점에서 설명하라.

(2) 엘리베이터가 일정한 속력으로 올라갈 때 케이블의 장력, 지구와 엘리베이터가 이루는 계의 위치에너지와 역학적 에너지의 변화에 대해 각각 설명하라.

(3) 물이 들어있는 상자에 나무도막이 떠 있다. 이 상자를 엘리베이터에 싣고 엘리베이터를 연직 아래로 가속운동을 시켰다면 이 나무도막의 움직임은 어떻게 되겠는가?

풀이

(1) 적은 에너지를 들여 엘리베이터를 움직이기 위해 사용한다.

(2) 장력 일정, 위치에너지 증가, 역학적 에너지 증가(위치에너지가 증가한 만큼 증가함)

(3) $mg = \rho g V$, g값이 똑같이 변하므로 그대로 떠 있다.

02 물체를 지면으로부터 천천히 들어 올려서 선반 위에 올려놓는다. 이때 물체에는 두 가지 힘 즉 물체의 무게와 사람이 물체를 위로 들어 올리는 힘이 작용한다. 이들 두 힘은 서로 상쇄되어 아무런 일을 하지 않는 것처럼 보인다. 그러나 사람은 물체에 대해 일을 하였다. 모순점을 설명하라.

풀이

사람은 물체와 지구가 이루는 계에 일을 했다.

03 지구 중력장의 세기는 지구의 중심과 지구로부터 무한히 먼 곳에서 0이다. 두 지점에서 중력에 의한 위치에너지도 0이 되는가? 두 지점 중에서 반드시 한 지점이 0이 되는가?

풀이

어느 곳을 0으로 해도 무방하다. 단지 위치에너지 기준을 어떻게 정하느냐에 따라 달라질 뿐이다.

04 우주 비행사가 지상에서 수직 사다리를 타고 우주선에 탑승한다. 나중에 달에서 똑같은 방법으로 우주선에 탑승한다. 어느 경우에 중력에 의한 위치에너지의 변화량이 더 큰가?

풀이

지구의 중력장의 세기가 더 크다.

05 중력이 타원궤도를 도는 인공위성의 속력은 변화시키지만, 원궤도를 도는 인공위성의 속력을 변화시키지 않는 이유는?]

풀이

운동방향에 수직으로만 힘이 작용하므로 해주는 일이 0이 되어 속력은 변하지 않는다

6.4 개념 심화하기

01 수평면 위에 놓여 있는 질량 5kg의 물체에 수평면과 30°의 각을 이루면서 20N의 힘을 가하여 10m를 끌고 갔다. 물체와 지면 사이의 마찰계수가 0.4일 때, 다음 물음에 답하여라. 단, 중력 가속도는 10m/s^{2}이다.

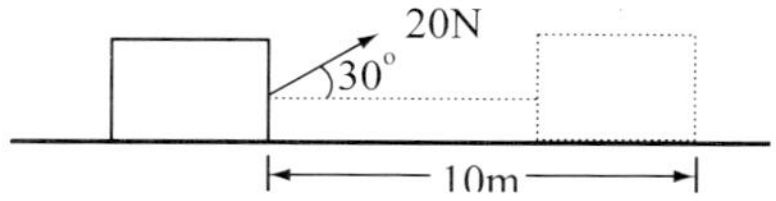

(1) 이 힘이 물체에 한 일은 몇 J인가?

(2) 물체가 지면으로부터 받는 수직 항력은 몇 N인가?

(3) 물체에 작용하는 마찰력의 크기는 몇 N인가?

(4) 수직 항력이 물체에 한 일은 몇 J인가?

(5) 마찰력이 물체에 한 일은 몇 J인가?

풀이

(1) $W = Fs\cos\theta = 20 \times 10 \times \dfrac{\sqrt{3}}{2} = 100\sqrt{3}\,(\mathrm{J})$

(2) 항력 $N = mg - F\sin\theta = 5 \times 10 - 20 \times 0.5 = 40(\mathrm{N})$

(3) 마찰력 $f = \mu N = 0.4 \times 40 = 16(N)$

(4) $W_N = Ns\cos 90° = 40 \times 10 \times 0 = 0(\mathrm{J})$

(5) $W_f = fs\cos 180° = 16 \times 10 \times (-1) = -160(\mathrm{J})$

마찰력은 항상 물체의 운동 방향과 반대 방향으로 작용하므로 물체에 대하여 (−)의 일을 하게 되는데, 이는 물체가 마찰력(지면)에 대하여 일을 한 것으로 이해할 수 있다. 결과적으로 물체와 지면 사이의 마찰에 의해 열이 발생하게 된다.

02 오른쪽 그림은 수평면 위에 정지해 있던 물체에 작용한 힘과 물체의 위치 사이의 관계를 나타낸 그래프이다. 물체의 질량이 80kg일 때, 다음 물음에 답하여라.
(단, 물체에 가한 힘과 물체의 이동 방향은 일치하며, 마찰은 무시한다.)

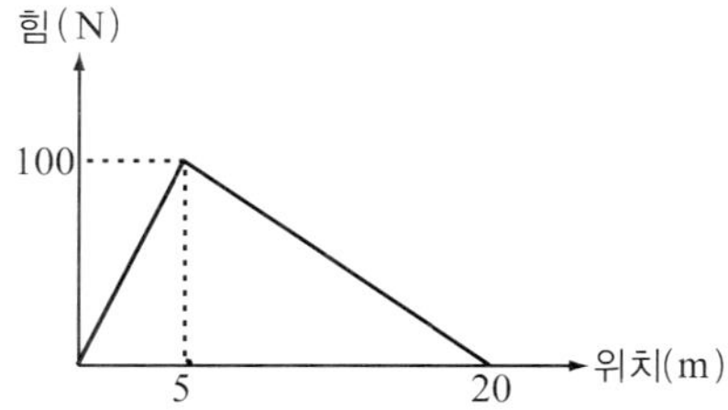

(1) 물체의 가속도가 최대일 때 물체의 위치는 어디인가?

(2) 물체의 속도가 최대일 때 물체의 위치는 어디인가?

(3) 물체가 20m를 이동하였을 때 물체의 속도는 몇 m/s인가?

풀이

(1) 물체에 가한 힘이 최대일 때 가속도가 최대가 되며, 물체의 위치가 5m일 때 가속도의 최대값은 $a_{최대} = \frac{100\text{N}}{80\text{kg}} = 1.25\text{m/s}^2$이다.

(2) 물체가 20m를 이동하는 동안에는 계속 힘을 받으므로 물체의 속도는 계속 증가한다. 따라서 물체의 위치가 20m일 때 속도가 가장 빠르며, 그 후로는 등속도 운동을 한다.

(3) 그래프에서 물체에 작용한 힘이 한 일 W는 삼각형의 넓이가 되므로

$W = \frac{1}{2} \times 100\text{N} \times 20\text{m} = 1000\text{J}$

$W = \frac{1}{2}mv^2 - \frac{1}{2}mv_0^2 = \frac{1}{2} \times 80 \times v^2 - 0 = 1000\text{J}$에서 $v = 5\text{m/s}$

03 질량 2000kg인 자동차의 운동 상태가 아래와 같이 변하였다.

(1) 20m/s의 속력으로 달리다가 일정하게 가속하여 100m를 이동하였을 때의 속력이 30m/s가 되었다. 차를 가속시킨 힘은 몇 N인가?

(2) 30m/s의 속력으로 달리다가 브레이크를 밟아 일정하게 감속하여 200m 앞의 신호등 앞에 멈추었다. 차에 작용한 마찰력은 몇 N인가?

풀이

(1) $W = F \cdot s = \frac{1}{2}mv^2 - \frac{1}{2}mv_0^2 = \frac{1}{2} \times 2000 \times (30^2 - 20^2) = F \times 100$에서 $F = 5000\text{N}$

(2) $W = f \cdot s\cos 180° = \frac{1}{2}mv^2 - \frac{1}{2}mv_0^2 = \frac{1}{2} \times 2000 \times (0 - 30^2) = -f \times 200$에서 마찰력 $f = 4500\text{N}$

04 그림과 같이 마찰계수 0.2인 수평면 위에 20kg의 물체를 놓고 수평면과 60°의 각을 이루는 방향으로 200N의 힘을 주어 5m를 끌고 갔다. 물체가 5m를 이동하는 동안 얻은 에너지의 양은 얼마인가? 단, 중력가속도는 10m/s^2이다.

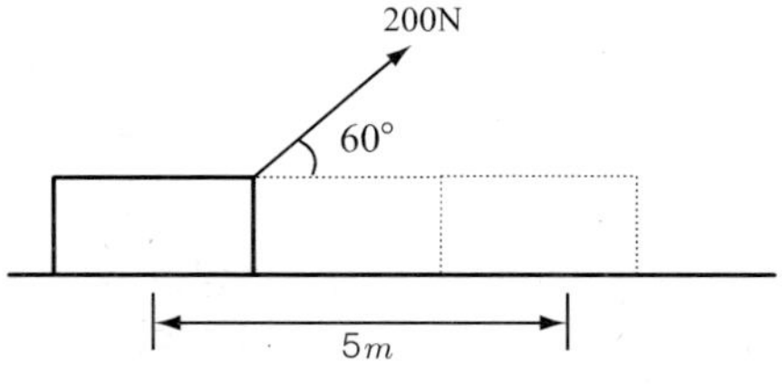

풀이

작용한 힘의 수평성분이 한 일은 $F \cdot s\cos\theta = 200 \times 5 \times \frac{1}{2} = 500\text{J}$이고, 마찰력이 한 일은 $f \cdot s\cos\theta = 0.2(200 - 200\frac{\sqrt{3}}{2}) \cdot 5 \cdot (-1) = -(200 - 100\sqrt{3})(\text{J})$이다. 따라서 물체가 얻은 에너지의 양은 $100(3 + \sqrt{3})\text{J}$이다.

05 그림과 같이 질량이 각각 2kg인 두 개의 도르래를 이용하여 300kg인 물체를 들어 올리려고 한다. 줄을 10m 잡아 당겼을 때 아래 물음에 답하여라.
(단, 중력가속도는 $10m/s^2$으로 한다.)

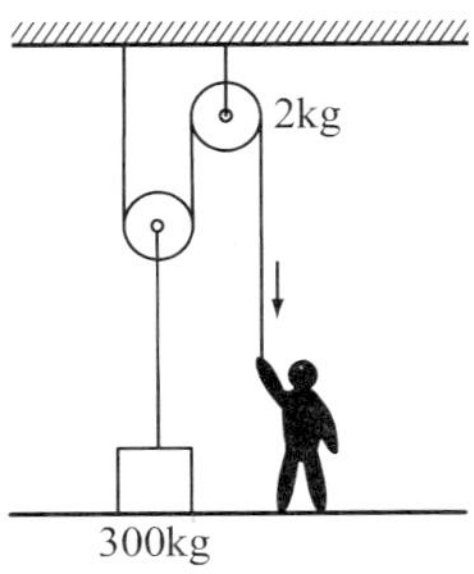

(1) 물체가 올라간 높이는 몇 m인가?

(2) 그 동안 사람이 한 일은 몇 J인가?

(3) 물체의 위치 에너지는 얼마나 증가하는가?

(4) 도르래의 위치 에너지는 얼마나 증가하였는가?

풀이

(1) 움직도르래와 물체는 잡아당긴 줄의 길이의 $\frac{1}{2}$인 5m만큼 올라간다.

(2) 물체와 움직도르래의 무게 $W = 302$kg중이므로 물체를 들어 올리는 데 필요한 힘 F는
$F = \frac{W}{2} = 151$kg중 $= 151\text{kg} \times 10\text{m/s}^2 = 1510\text{N}$이다.
따라서, 사람이 한 일은 $W = Fs = 1510\text{N} \times 10\text{m} = 15100\text{J}$

(3) 물체의 위치 에너지의 증가량은 $\Delta E_{물체} = mgh = 300 \times 10 \times 5 = 15000(\text{J})$

(4) 고정 도르래의 위치는 변화가 없으므로 움직도르래의 위치 에너지의 변화량만 계산하면 된다.
$\Delta E_{도르래} = mgh = 2 \times 10 \times 5 = 100(\text{J})$이므로 사람이 한 일의 양과 같은 100J만큼 도르래의 위치 에너지가 증가하였다.

06 그림과 같이 경사각이 30°인 빗면에서 10kg의 물체를 2m/s의 속력으로 끌어올리는 전동기가 있다. 다음 물음에 답하시오. 단, 중력가속도는 $10m/s^2$이고 물체와 면 사이의 마찰은 무시한다.

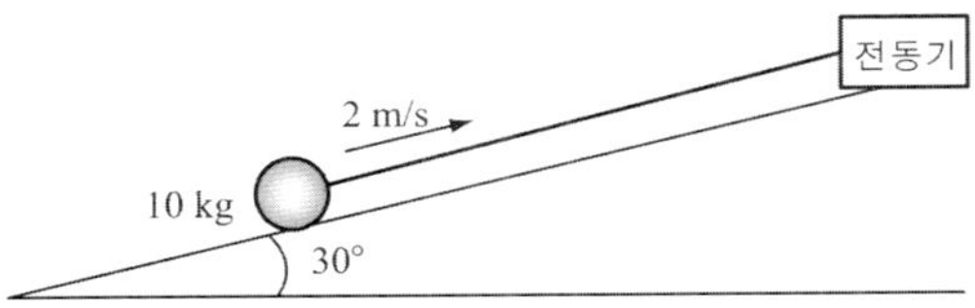

(1) 이 모터의 일률은 얼마인가?

(2) 물체를 1분간 끌어올렸을 때 물체의 역학적 에너지의 증가량은 얼마인가?

풀이

(1) $P = Fv = mg\sin\theta\, v = 100 \times \frac{1}{2} \times 2 = 100\text{W}$이다.

(2) 물체에 해 준 일만큼 역학적 에너지가 증가한다. $W = Pt = 100 \times 60 = 6000\text{J}$

07 일률 20kW인 모터를 사용하는 엘리베이터가 운행되는 높이 40m인 빌딩이 있다. 엘리베이터가 등속도로 10초만에 빌딩 꼭대기까지 올라가려면 최대 적재 중량을 몇 kg으로 제한해야 하는가?(단, 중력 가속도는 10m/s^{2}으로 한다.)

풀이

엘리베이터의 속도는 4m/s가 되어야 하므로 엘리베이터의 일률 P는

$P=\frac{W}{t}=Fv=mgv$에서 $m=\frac{P}{gv}=\frac{20000}{10\times 4}=500(\text{kg})$

08 마찰이 없는 수평면에서 어떤 용수철을 20N의 힘으로 당겼더니 10cm만큼 늘어났다.

(1) 이 용수철의 용수철 상수는 몇 N/m 인가?

(2) 이 용수철에 저장된 탄성 에너지는 몇 J 인가?

(3) 이 용수철을 10cm만큼 더 늘이는 데 필요한 일은 몇 J인가?

풀이

(1) $F=kx$에서 $k=\frac{F}{x}=\frac{20\text{N}}{0.1\text{m}}=200\text{N/m}$

(2) $E_p=\frac{1}{2}kx^2=\frac{1}{2}\times 200\times(0.1)^2=1(\text{J})$

(3) $W=\frac{1}{2}kx^2-\frac{1}{2}kx_0^2=\frac{1}{2}\times 200\times(0.2)^2-\frac{1}{2}\times 200\times(0.1)^2=3(\text{J})$

그래프에 의한 해석 : 용수철을 10cm 만큼 더 늘이는 데 드는 일은 빗금친 부분의 넓이가 된다.

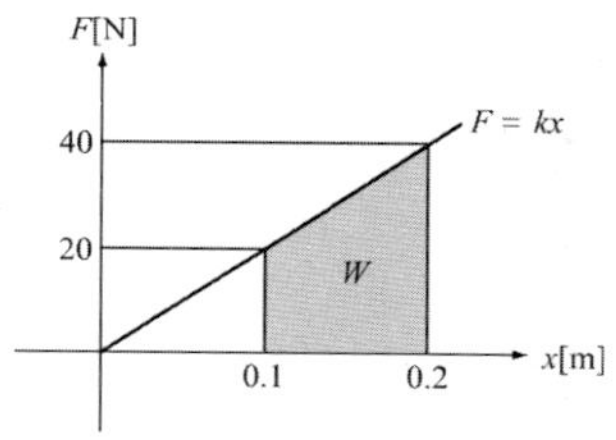

09 어떤 용수철을 자연 상태에서 0.2m 잡아당기는 순간 10N의 힘이 필요하였다. 용수철을 0.2m 잡아당기는 동안 용수철에 한 일은 얼마인가?

풀이

평균 힘이 5N이므로 용수철에 한 일은 5N×0.2m=1J이다.

10 지구 반경을 R라 할 때, 지표면에 있는 질량 m인 물체를 지표면에서 $2R$만큼 높은 곳으로 옮기는 데 필요한 일은 얼마인가?(단, 지구 질량은 M, 만유 인력 상수는 G이다.)

풀이

두 지점의 위치에너지의 차이만큼 일을 필요로 한다. 만유인력에 의한 위치에너지에서 거리는 지구 중심으로부터의 거리이다. $W=-\frac{GmM}{3R}-(-\frac{GmM}{R})=\frac{2GmM}{3R}$

11 지구에서 무한히 멀리 떨어져 있는 질량 m의 물체가 지구의 중력에 의해 서서히 지구로 떨어진다고 가정하여 보자. 지구와 충돌하는 순간의 속도는 얼마인가? 단, 지구의 반지름은 R, 지표면의 중력가속도는 g이다.

풀이

무한히 먼 곳과 지표면 사이의 위치에너지 차이만큼 운동에너지가 증가한다.
$E_k=\frac{1}{2}mv^2=0-(-\frac{GmM}{R})=\frac{GmM}{R}=mRg\,(mg=\frac{GmM}{R^2})$이므로 $v=\sqrt{2gR}$이다.

12 그림과 같이 질량 m인 물체가 궤도를 따라 미끄러져 내려오고 있다. 단, 모든 마찰은 무시하고 중력가속도는 g이다.

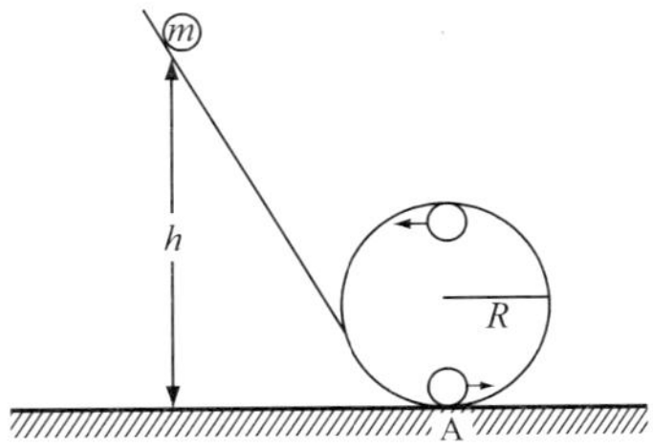

(1) 반경 R인 원궤도를 이탈하지 않고 1회전하기 위해서는 물체의 높이 h가 최소한 R의 몇 배 이상이 되어야 하는가?

(2) 공이 궤도에서 미끄러져 내려오는 경우와 굴러 내려오는 경우, 점 A를 통과하는 공의 속력은 어느 쪽이 더 빠른가?

풀이

(1) 공의 질량을 m이라 할 때 공이 궤도에서 이탈하지 않고 1회전하기 위해서는 원궤도의 최고점 B에서 공에 작용하는 원심력이 공의 무게보다 커야 하므로
원심력 $m\frac{v^2}{R}\geq mg \rightarrow v^2\geq gR$
공이 낙하하는 높이를 h라 하면 역학적 에너지 보존에 의해
$mgh=2mgR+\frac{1}{2}mv^2=\frac{5}{2}mgR$이므로 $\therefore\ h\geq\frac{5}{2}R$

(2) 공이 회전하는 경우에는 회전 운동 에너지를 가지므로 점 A를 통과할 때의 속도는 미끄러지는 경우보다 굴러 내려오는 경우 더 느려진다.

13 용수철 상수가 k인 용수철을 천정에 고정시키고 질량 m인 추를 매달았다. 다음 물음에 답하여라.(단, 중력 가속도는 10m/s^2으로 한다.)

(1) 추가 완전히 정지할 때, 용수철의 늘어난 길이 L은 얼마인가?

(2) 이 때, 용수철에 저장된 탄성 에너지는 얼마인가?

(3) 용수철이 늘어나지 않은 상태에서 추를 붙잡고 있던 손을 갑자기 치우면 추의 최대 낙하 거리 L'은 얼마인가?

(4) (3)의 경우 추의 최대 속력은 얼마인가?

풀이

(1) 추는 추의 무게와 용수철에 의한 탄성력이 평형을 이루는 곳에서 정지하므로 $F=mg=kL$에서 용수철의 늘어난 길이 $L=\frac{mg}{k}$

(2) 용수철에 저장된 탄성 에너지 $E_p=\frac{1}{2}kL^2=\frac{m^2g^2}{2k}$

(3) 용수철이 늘어나지 않은 상태를 위치 에너지의 기준으로 하면 손을 갑자기 치우는 순간의 역학적 에너지는 $mgh+\frac{1}{2}mv^2+\frac{1}{2}kx^2=0$이다. 용수철이 최대로 늘어난 순간 추의 속도는 0이므로, 역학적 에너지 보존에 의해 $(-mgL')+0+\frac{1}{2}kL'^2=0$에서 $L'=\frac{2mg}{k}=2L$이 된다.

(4) $-mgx+\frac{1}{2}mv^2+\frac{1}{2}kx^2=0$에서 $k=\frac{mg}{L}$를 대입하면 추의 운동 에너지는 $\frac{1}{2}mv^2=mgx-\frac{1}{2}kx^2=mgx-\frac{mgx^2}{2L}$를 $=-\frac{mg}{2L}\{(x-L)^2-L^2\}$ 에서 $x=L$일 때 운동 에너지 $E_k=\frac{1}{2}mv^2=\frac{mgL}{2}$로 최대임을 알 수 있다. 따라서 추의 최대 속력 $v=\sqrt{gL}=g\sqrt{\frac{m}{k}}$이다.

14 그림과 같이 탄성 계수가 k, 길이가 a인 두 용수철이 벽에 고정되어 있다. 두 용수철의 사이에 질량 m인 작은 물체 P를 매달았다. 다음 물음에 답하여라.(단, 물체 P의 크기와 마찰은 무시한다.)

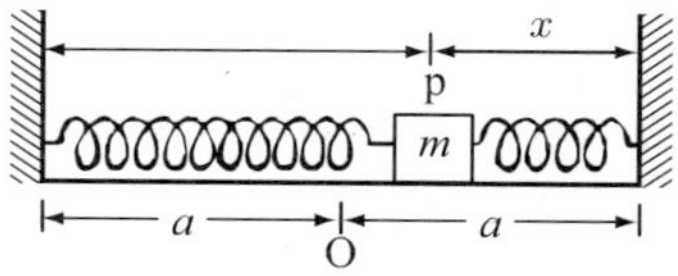

(1) 물체 P의 위치를 오른쪽 벽으로부터 x의 거리에 정지해 있게 하려면 어느 방향으로 얼마의 힘을 주어야 하는가?

(2) 위 (1)의 상태에서 두 용수철의 탄성 에너지의 합은 얼마인가?

(3) (1)에서 가해진 힘을 제거하면 용수철은 단진동을 시작한다.

(a) 움직이기 시작할 때 물체 P의 가속도의 크기는?

(b) 물체가 중심 O를 통과할 때의 속도의 크기는?

(c) 이 단진동의 주기는?

풀이

(1) 두 용수철이 병렬 연결된 것과 같으므로 합성 용수철 상수는 $2k$이다.
용수철의 변형된 길이가 $a-x$이므로, 용수철에 의한 복원력 $F=2k(a-x)$이다.
답 오른쪽으로 $2k(a-x)$의 힘을 주어야 한다.

(2) 용수철에 저장된 탄성 에너지는 $E_P=\frac{1}{2}2k(a-x)^2=k(a-x)^2$

(3) (a) 용수철의 복원력 $F=2k(a-x)=ma \rightarrow a=\frac{2k(a-x)}{m}$

(b) 중심 0에서 물체의 속도가 최대가 되므로 역학적 에너지 보존에 의해
$\frac{1}{2}mv^2=k(a-x)^2 \rightarrow v=(a-x)\sqrt{\frac{2k}{m}}$

(c) 용수철 진자의 주기는 $T=2\pi\sqrt{\frac{m}{2k}}$

15 그림과 같이 질량이 m이고, 실의 길이가 L인 두 개의 진자 A, B가 접촉되어 있다. 진자 A의 높이를 h만큼 들어올렸다가 가만히 놓아 진자 B와 정면 충돌시켰더니, B가 $\frac{h}{2}$의 높이까지 올라갔다. 다음 물음에 답하여라.

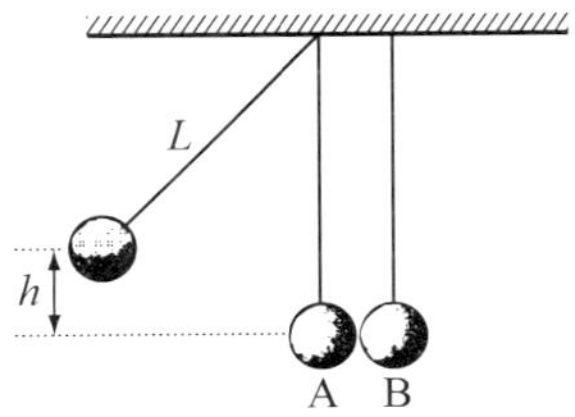

(1) 충돌 후 진자 A는 어느 방향으로 얼마만큼 올라가는지 h로 나타내어라.

(2) 이 충돌에서 손실된 역학적 에너지는얼마인가?

(3) 두 번째 충돌이 일어나는 위치는 어디인가?

풀이

(1) 충돌할 때 진자 A의 속도 v_A는 $\frac{1}{2}mv_A^2=mgh$에서 $v_A=\sqrt{2gh}$이다.
충돌 후 두 진자의 속도를 v_A', v_B'이라 하면, 운동량 보존에 의해 $mv_A=mv_A'+mv_B'$에서 $v_{A'}=v_A-v_B'$ 진자 B는 $h/2$만큼 올라갔으므로 $v_B'=\sqrt{gh}$이다.
$\therefore\ v_A'=v_A-v_B'=\sqrt{2gh}-\sqrt{gh}=(\sqrt{2}-1)\sqrt{gh}$
따라서, 충돌 후 진자 A가 올라가는 높이는 $h_A=\frac{v_A'^2}{2g}=\frac{3-2\sqrt{2}}{2}h$

(2) 충돌 전후 두 진자의 위치 에너지의 차이가 손실된 역학적 에너지이므로
$\Delta E=mgh-(mgh_A+mgh_B)=mgh-\left\{mgh\left(\frac{3-2\sqrt{2}}{2}\right)+mg\frac{h}{2}\right\}=(\sqrt{2}-1)mgh$

(3) 단진자의 주기는 진폭에 관계없으므로 두 진자는 원래의 위치에서 다시 충돌한다.

16 수평면 위에 정지해 있는 질량 M인 물체에 질량 m인 탄환이 충돌하여 박힌 후 물체가 s만큼 이동한 후 정지하였다. 물체와 면 사이의 마찰 계수를 μ라 할 때, 탄환의 속도는 얼마인가?(단, 중력 가속도는 g이다.)

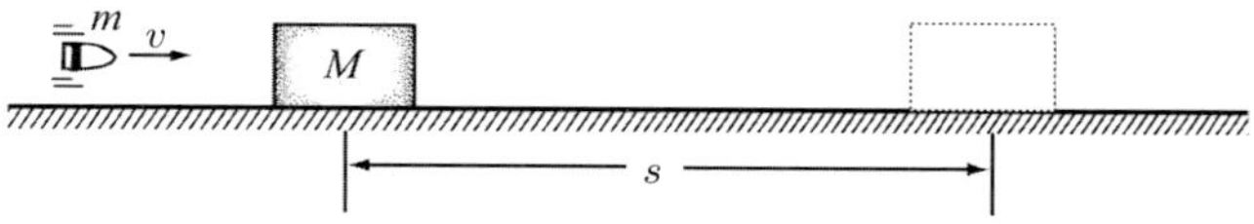

풀이

탄환이 물체에 박힌 경우 운동량 보존에 의해 $mv=(M+m)V$에서 $V=\dfrac{mv}{M+m}$,
충돌 후 물체의 운동 에너지는 $E_k=\dfrac{1}{2}(M+m)V^2=\dfrac{m^2v^2}{2(M+m)}$이다.
거리 s만큼 이동하는 동안 마찰력이 한 일은
$W=f\cdot s\cos\theta=\mu(M+m)gs\cos180°=-\mu(M+m)gs=0-\dfrac{m^2v^2}{2(M+m)}$
∴ 탄환의 초속도 $v=\dfrac{M+m}{m}\sqrt{2\mu gs}$

17 속이 꽉 찬 공이 구르지 않고 속력 v_0로 운동하다가 마찰계수 μ인 거친 표면을 만났다.

(1) 공이 미끄러지지 않고 구르기 시작할 때의 속력을 구하라.

(2) 이때까지 공이 이동한 거리를 구하라.

풀이

(1) $f=Ma$, $f=\mu Mg$이므로 $a=\mu g$, $\tau=fR=I\alpha=(\frac{2}{5}MR^2)\alpha$ ∴ $\alpha=\dfrac{5\mu g}{2R}$
미끄러지지 않을 조건은 $v=\omega R$를 이용하면
$v_0-at=(\alpha t)R$에서 $v_0=(a+\alpha R)t=\dfrac{7\mu gt}{2}$이므로 $t=\dfrac{2v_0}{7\mu g}$ ∴ $v=v_0-at=\dfrac{5v_0}{7}$

(2) 에너지 보존은 $\dfrac{1}{2}mv^2=\dfrac{1}{2}mv_0^2-f\Delta x$이므로 양변을 $\dfrac{m}{2}$으로 나누면 $v^2=v_0^2-2a\Delta x$
에서 $\Delta x=\dfrac{12v_0^2}{49\mu g}$

18 그림과 같이 용수철 상수가 k인 용수철이 달려 있는 질량 M인 물체가 마찰이 없는 수평면 위에 정지해 있다. 질량 m인 물체가 v_0의 속도로 용수철에 충돌한 후 두 물체가 움직이기 시작하였다. 다음 물음에 답하여라.(단, 용수철의 질량은 무시한다.)

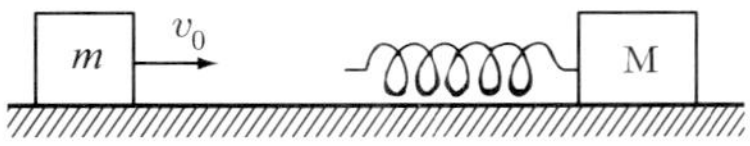

(1) 충돌 후 용수철이 최대로 줄어들었을 때 두 물체의 속도는 같아진다. 이 때의 속도는?

(2) 용수철의 줄어든 길이를 구하여라.

풀이

용수철이 줄어드는 동안에는 m의 속도가 M보다 빠르고, 최대로 줄어든 순간에는 두 물체의 속도가 같으며, 늘어나는 동안에는 M의 속도가 m보다 더 빨라진다.

(1) 운동량 보존에 의해 $mv_0=(M+m)V$이므로 용수철이 최대로 줄어들었을 때 두 물체의 속도는 $V=\dfrac{mv_0}{M+m}$

(2) 역학적 에너지 보존에 의해 $\dfrac{1}{2}mv_0^2=\dfrac{1}{2}kx^2+\dfrac{1}{2}(M+m)V^2$, $\dfrac{1}{2}kx^2=\dfrac{Mmv_0^2}{2(M+m)}$이므로 용수철이 최대로 줄어든 길이는 $x=v_0\sqrt{\dfrac{Mm}{k(M+m)}}$ 이다.

CHAPTER 07

만유인력

7.1 개념 익히기

01 케플러의 법칙에 따르면 태양 주위를 도는 행성의 궤도는 어떤 모양인가?

① 포물선이다.
② 원이다.
③ 직선이다.
④ 타원이다.
⑤ 앞의 어느 것도 아니다.

케플러는 각 행성이 태양을 초점으로 하는 타원궤도를 움직인다는 사실을 알아냈다(케플러 제 1법칙 : 타원궤도의 법칙)

02 다음 중 뉴턴이 발견한 사실은?

① 중력
② 중력은 우주의 모든 물체들 사이에 나타난다.
③ 어느 것도 아니다.

뉴턴은 지구가 사과에 작용하는 힘이나 지구가 달에 작용하는 힘이 우주의 모든 물체 사이에 작용하는 힘과 같은 종류의 힘 즉 중력은 만유인력이라는 사실을 발견하였다.

03 뉴턴에 따르면 상호작용하는 물체들의 질량이 클수록 만유인력은 어떻게 변하는가?

① 작아진다.
② 커진다.
③ 질량들의 제곱에 비례하여 커진다.

만유인력은 두 물체의 질량의 곱에 비례하고 거리의 제곱에 반비례한다.

Answers 01. ④ 02. ② 03. ②

04 뉴턴에 따르면 상호작용하는 물체들 사이의 거리가 멀수록 만유인력은 어떻게 변하는가?

① 작아진다.
② 커진다.
③ 거리의 제곱에 반비례하여 작아진다.

만유인력은 전기력과 같이 거리의 제곱에 반비례하는 힘이다.

05 지표면 위에 서 있는 몸무게 500N의 여인이 받는 중력은?

① 50N
② 250N
③ 500N
④ 509.8N
⑤ 어느 것도 아니다.

중력은 지구가 물체에 작용하는 만유인력이다.

06 지구의 크기는 변하지 않고 질량만 증가한다고 가정할 때 당신의 몸무게의 변화는?

① 증가한다. ② 감소한다.
③ 일정하다.

무게 즉 중력은 두 물체의 질량의 곱에 비례하는 만유인력이다.

07 지구의 중력이 미치는 범위에 대한 옳은 설명은?

① 지표면 위쪽 바로 위로부터 무한히 먼 곳까지이나 지구 내부는 0이다.
② 지구 내부와 외부를 통털어 전 우주이다.
③ 어느 것도 아니다.

만유인력은 두 물체 사이의 거리가 무한대인 경우에 0이므로 전 우주에 걸쳐 작용한다고 할 수 있다.

08 중력장의 방향에 대한 옳은 설명은?

① 중력의 방향과 같다.
② 물체의 무게 중심으로부터 멀어지는 방향이다.
③ 만유인력의 방향과 반대 방향이다.

중력장은 중력이 작용하는 공간을 말하며 중력장의 방향은 중력의 방향인 지구중심방향(자전에 의한 원심력을 무시했을 때)이며, 중력장의 세기는 단위질량이 받는 중력으로 정의한다.

09 만유인력이 작용하는 우주 공간의 두 행성을 생각해 보자. 두 행성의 질량이 각각 2배가 되고, 그들 사이의 거리도 2배가 되었다면 그들 사이에 작용하는 만유인력의 크기는 몇 배가 되는가?

① $\frac{1}{4}$배
② $\frac{1}{2}$배
③ 2배
④ 4배
⑤ 변함이 없다.

Answers 04. ① 05. ③ 06. ① 07. ② 08. ① 09. ⑤

만유인력은 두 물체의 질량의 곱에 비례하고 거리의 제곱에 반비례하므로 질량이 각각 2배이고 거리가 2배이면 만유인력은 변함없다.

10 사람의 질량과 지구의 질량 등 태양계의 모든 물체들의 질량이 현재의 2배가 되고, 크기는 변화가 없다고 가정할 때 지상에서 사람의 몸무게는 몇 배가 되겠는가?

① 같다.
② 2배
③ 4배
④ 8배

무게 즉 중력은 지구의 질량과 사람 질량의 곱에 비례하므로 4배가 된다.

11 지구가 수축하여 질량은 변하지 않고 반지름이 줄어든다면 지상의 사람의 몸무게의 변화는?

① 증가한다.
② 변함없다.
③ 감소한다.

만유인력 즉 중력에서 두 물체 사이의 거리는 두 물체의 질량 중심 사이의 거리이므로 지구가 수축하면 지구와 물체 사이의 거리가 가까워지므로 중력은 증가하게 된다.

12 지구가 크기는 변하지 않고 질량만 절반으로 된다면 사람의 몸무게의 변화는?

① 처음의 $\frac{1}{4}$배로 된다.
② 처음의 반이 된다.
③ 변함없다.
④ 어느 것도 아니다.

무게 즉 중력은 지구의 질량과 사람 질량의 곱에 비례하므로 지구의 질량이 절반이 되면 무게도 절반이 된다.

13 태양의 질량이 2배가 되는 경우에 대한 옳은 설명은?

① 태양이 지구를 끄는 힘이 2배가 된다.
② 지구가 태양을 끄는 힘이 2배가 된다.
③ 둘 다 맞다.
④ 어느 것도 아니다.

모든 힘은 쌍으로 존재하며 두 물체 사이에 작용하는 두 힘은 작용반작용의 법칙에 따라 크기가 같고 방향이 반대이다. 따라서 태양의 질량이 2배가 되면 태양과 지구 사이에 작용하는 힘 즉 만유인력은 2배가 된다.

14 한 물체가 지구와 달의 중점에 놓여 있다. 그 물체는 어떤 쪽으로 떨어지겠는가?

① 지구
② 달
③ 어느 것도 아니다.

거리는 같지만 지구의 질량이 달보다 크므로 지구가 물체를 끄는 힘 역시 달보다 크다.

Answers 10. ③ 11. ① 12. ② 13. ③ 14. ①

15 궤도를 돌고 있는 우주 왕복선에 작용하는 지구의 중력의 크기는?

① 거의 0이다.
② 지상에서의 우주 왕복선의 무게와 거의 같다.
③ 지상에서의 우주 왕복선의 무게와 똑 같다.

저궤도 위성에 해당하는 우주왕복선의 경우 지표면으로부터 500km 상공에서 궤도 운동을 하는데 이 높이는 지구반지름인 6400km에 비해 매우 작으므로 지상에서의 무게와 거의 같다고 할 수 있다.

16 몸무게가 400N인 한 사람이 높이가 지구의 반지름과 같은 사다리의 꼭대기에 서있다. 그 곳에서 이 사람의 몸무게는 얼마인가?

① 0
② 100N
③ 200N
④ 400N
⑤ 어느 것도 아니다.

무게 즉 중력은 지구 중심으로부터 거리의 제곱에 반비례한다. 따라서 지상에서 지구반지름 높이의 사다리끝은 지상에 비해 지구중심으로부터 거리가 2배이므로 무게는 $\frac{1}{4}$배가 된다.

17 질량이 큰 물체 A와 질량이 작은 물체 B가 만유인력 때문에 의해 서로 끌어당기는 방향으로 운동한다. 어느 물체가 받는 힘이 큰가?

① A가 받는 힘
② B가 받는 힘
③ 두 물체가 받는 힘은 서로 같다.

작용반작용의 법칙에 따라 두 물체의 크기나 질량에 관계없이 두 물체 사이에 작용하는 두 힘은 항상 크기가 같고 방향이 반대이다.

18 두 물체가 중력 때문에 서로 끌어당기는 방향으로 운동을 한다. 물체들이 서로 가까워짐에 따라 각 물체의 가속도는 어떻게 변하는가?

① 증가한다. ② 감소한다.
③ 일정하다.

두 물체 사이의 거리가 가까워지면 작용하는 만유인력 즉 힘이 증가하므로 가속도 역시 증가한다.

19 사과나무 가지에 매달려 있는 사과에도 중력은 작용한다. 어떤 사과들은 매달린 높이가 다른 것의 2배가 된다. 사과들의 질량이 같다고 할 때 높은 곳의 나뭇가지가 사과를 지탱하는 힘은 낮은 곳의 사과를 지탱하는 힘의 몇 배가 되는가?

① $\frac{1}{4}$배 ② $\frac{1}{2}$배
③ 거의 같다.

나무의 높이(아무리 높더라도 수십 m정도)는 지구반지름(약 6400km)에 비해 무시할 수 있으므로 나뭇가지에 매달린 질량이 같은 모든 사과의 무게는 같다고 할 수 있다.

Answers 15. ② 16. ② 17. ③ 18. ① 19. ③

20 목성의 질량은 지구의 약 300배이다. 그러나 그 표면에서 사람의 몸무게는 지구에서의 3배가 된다고 한다. 그 이유로서 타당한 것은?

① 사람의 질량이 지구에서 보다 $\frac{1}{100}$ 배로 줄어들기 때문이다.
② 목성은 지구보다 태양으로부터 멀리 있기 때문이다.
③ 목성의 반지름이 지구 반지름의 10배가 되기 때문이다.
④ 사람은 목성에서 100배로 무게를 못 느끼기 때문이다.
⑤ 어느 것도 아니다.

무게 즉 중력은 행성과 물체의 질량의 곱에 비례하고 반지름의 제곱에 반비례하므로 목성의 반지름은 지구의 10배라고 생각할 수 있다 ($3\,G\frac{mM_{지구}}{R^2_{지구}} = G\frac{mM_{목성}}{R^2_{목성}} = G\frac{m \cdot 300M_{지구}}{R^2_{목성}}$).

21 사람이 받는 중력이 증가하는 경우는?

① 행성을 파고 들어가는 경우
② 행성이 수축하는 경우
③ 두 경우 모두
④ 어느 것도 아니다.

행성이 수축하는 경우 물체와 행성 사이의 거리가 가까워지므로 중력이 증가한다. 밀도가 균일한 경우 행성을 파고 들어갈 때 행성과 물체 사이의 거리는 제곱에 비례하지만 새로운 행성의 질량(물체의 바깥질량은 무시)은 거리의 세제곱에 비례하여 감소하므로 중력이 감소하게 된다.

22 그림과 같이 지구의 중심을 통과하는 터널 속으로 돌멩이를 떨어뜨릴 때 돌멩이의 운동에 대한 올바른 설명은?(단, 지구는 모두 고체로 이루어졌다고 가정한다)

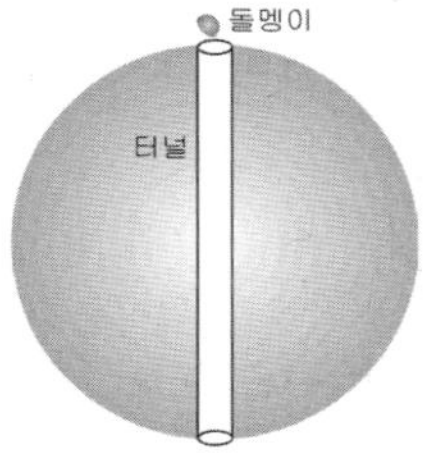

① 지구의 중심에서 갑자기 멈춘다.
② 지구의 중심에 도달할 때까지 점점 빨라진다.
③ 지구의 반대편에 도달할 때까지 점점 빨라진다.
④ 지구의 중심에 다다를 때까지 점점 느려진다.

밀도가 균일한 경우 행성을 파고 들어갈 때 행성과 물체 사이의 거리는 제곱에 비례하지만 새로운 행성의 질량(물체의 바깥질량은 무시)은 거리의 세제곱에 비례하여 감소하므로 중력은 중심으로부터 거리에 비례하여 감소하게 된다. 따라서 지구 중심을 향해 돌멩이를 떨어뜨렸을 때 돌멩이는 용수철에 매달린 물체의 운동처럼 지구 터널 내부에서 단진동 운동을 하게 된다. 돌멩이가 지구 중심을 향해 떨어질 때 작용하는 힘은 감소하지만 중심에 도달할 때까지는 운동방향으로 힘이 작용하므로 중심에 도달할 때까지 속력은 계속 증가한다. 중심을 지나는 순간부터 힘이 운동방향과 반대로 작용하므로 돌멩이의 속력은 느려지게 된다.

Answers 20. ③ 21. ② 22. ②

23 균일한 밀도를 갖는 행성의 표면으로부터 중심까지 거리의 $\frac{1}{2}$ 되는 지점에서 어떤 사람의 몸무게는 표면에서의 무게의 몇 배인가?

① $\frac{1}{4}$　② $\frac{1}{2}$
③ $\frac{3}{4}$　④ 1
⑤ 0이다.

지구 터널 내에서 중력은 중심으로부터 거리에 비례하여 감소하므로 중간 지점에서 몸무게는 절반이 된다.

24 밀도가 균일한 껍질로 이루어진 행성이 있다고 하자. 표면에서 중심까지 $\frac{1}{2}$ 되는 지점에서의 무게는 표면에서의 몇 배인가?

① $\frac{1}{4}$　② $\frac{1}{2}$
③ $\frac{3}{4}$　④ 1
⑤ 0이다.

물체를 둘러싸고 있는 바깥쪽 행성의 질량은 서로 상쇄되므로 껍질로 되어 있는 행성의 경우 행성 내부에서의 무게는 0이 된다.

25 자유낙하하고 있는 엘리베이터 안에서 타고 있는 사람에 대한 설명중 옳은 것은?

① 가속도는 0이다.
② 무게는 0 이다.
③ 지구와의 만유인력은 0이다.
④ 모두 옳다.
⑤ 어느 것도 아니다.

자유낙하하는 엘리베이터 내부는 무중력상태이므로 몸무게는 0이다.

26 높이 날아가고 있는 점보여객기의 승무원은 자신의 정상적인 몸무게를 느낀다. 한편 궤도 운동하는 우주왕복선의 승무원은 그렇지 못하다. 이것은 우주왕복선의 승무원이 어떤 상황에 있기 때문인가?

① 지구의 중력장을 벗어나 있기 때문이다.
② 지구 대기 밖에 있기 때문이다.
③ 지지하는 힘이 없기 때문이다.
④ 모두 옳다.
⑤ 어느 것도 아니다.

지구 주위를 궤도 운동하는 우주왕복선 내부는 무중력 상태이므로 몸무게는 0이다.

27 "궤도 운동하는 우주왕복선의 우주인은 지구의 중력을 받지 않는다."는 말의 진위는?

① 궤도 운동하는 동안은 항상 옳다.
② 궤도 운동하는 동안 옳을 수도 있다.
③ 항상 거짓이다.

중력을 받고 있지만 중력과 같은 크기의 원심력을 받으므로 겉보기 무게가 0일 뿐이다.

Answers 23. ② 24. ⑤ 25. ② 26. ③ 27. ③

28 달이 지구와 총돌하지 않는 이유는?

① 달이 있는 곳의 지구의 중력장이 약하기 때문이다.
② 다른 행성들의 인력이 달을 떠있게 하기 때문이다.
③ 달은 충분한 접선 방향의 속력을 갖고 있기 때문이다.
④ 달의 질량이 지구의 질량보다 작기 때문이다.
⑤ 어느 것도 아니다.

달의 공전속도 즉 접선 방향의 속도가 충분히 크기 때문에 지구 주위를 원운동하게 된다.

29 지구는 끊임없이 태양을 향하여 가속되고 있다. 태양이 붕괴하여 블랙홀이 된다면 지구의 구심가속도는?

① 증가한다. ② 감소한다.
③ 변함없다. ④ 없어진다.

태양이 블랙홀이 되더라도 태양의 질량이나 태양으로부터 지구 사이의 거리는 변함이 없으므로 지구의 구심력 즉 구심가속도 역시 변함이 없다.

30 지구에 접하는 거대한 마찰이 없는 평면 위에서 한 블럭을 밀어 주면 블럭은 계속 일정한 속력으로 운동하지 못한다. 그 이유는?

① 관성 때문이다.
② 멀어짐에 따라 중력은 평면에 대하여 수직이 아닌 방향으로 끌어당기기 때문이다.
③ 거리가 멀어짐에 따라 중력이 약해지기 때문이다.
④ 블럭은 중력의 속박으로부터 벗어날 수 없기 때문이다.

판자의 중심에서 물체를 바깥 방향으로 밀었을 때 판자의 중심에서 멀어질수록 중심으로 향하는 중력의 수평성분이 커지게 되므로 어느 정도 시간이 지난 후 순간적으로 정지했다가 다시 중심을 향하게 된다. 물체는 마치 용수철에 매달린 물체의 운동처럼 판자 위에서 단진동하게 된다.

31 30번의 마찰없는 무한 평면 위에서 블럭을 오른쪽 방향으로 3km/s의 속력으로 밀때 블록은 어떤 운동을 하는가?

① 오른쪽 방향으로 영원히 운동할 것이다.
② 왕복 운동할 것이다.
③ 점점 느려지다가 멈출 것이다.

지구탈출속도는 약 11km이므로 물체는 지구를 탈출하지 못하고 왕복운동하게 된다.

32 지구의 중력장에서 벗어나기 위해서는 얼마나 멀리까지 가야하는가?

① 지구 대기권 밖
② 달보다 멀리
③ 태양계의 밖
④ 벗어날 수 없다.

Answers 28. ③ 29. ③ 30. ② 31. ② 32. ④

중력장의 세기가 0이 되려면 무한대이므로 벗어날 수 없다.

지구는 태양에 대해 무중력상태이므로 태양의 질량변화와 관계없이 몸무게는 변함이 없다.

33 정오에 체중계에 올라서 보자. 지구는 당신을 아래로 끌어당기고, 머리 위의 태양은 당신을 위로 끌어당길 것이다. 그런데 정오에도 당신의 몸무게가 변하지 않는 이유는?

① 태양이 당신을 끌어당기는 힘이 아주 작기 때문이다.
② 체중계는 오직 지구 중력에 반응하게 만들어졌기 때문이다.
③ 당신이나 체중계, 지구 모두 태양을 향하여 자유낙하하기 때문이다.
④ 태양의 인력은 다른 천체의 인력과 상쇄되기 때문이다.
⑤ 고체인 지구에 작용하는 기조력 때문이다.

지구 주위를 도는 인공위성 내부가 지구에 대해 무중력상태이듯이 태양 주위를 도는 지구의 경우 태양에 대해 무중력상태라고 할 수 있다. 따라서 사람의 몸무게는 태양과는 무관하고 오로지 지구와 사람 사이의 만유인력 즉 중력에 의해 결정된다.

34 태양의 질량이 지금의 2배가 된다면, 지상에서 측정되는 몸무게는

① 2배가 된다.
② 4배가 된다.
③ 변함없다.

35 속이 빈 공 모양의 행성의 안쪽에 사람들이 살고 있다고 하자. 그 안의 중력은 0이다. 이 행성의 표면에 거대한 우주선이 내려앉았다고 할 때 행성의 안쪽에 살고 있던 사람들은 중력을 느끼게 되는가?

① 여전히 0이다.
② 우주선을 향하는 방향으로 0이 아니다.
③ 우주선에서 멀어지는 방향으로 0이 아니다.

사람과 우주선 사이의 만유인력으로 인해 중력을 느끼게 된다.

36 물건을 사고 파는 중개업자가 한 지방에서 어떤 금속을 파운드 단위로 구매한 뒤 다른 지방에서 파운드당 같은 가격에 되팔아 이익을 남기려고 한다. 어떻게 하여야 하는가?(단 파운드는 무게의 단위이다)

① 고위도 지방에서 사서 저위도 지방에 판다.
② 저위도 지방에서 사서 고위도 지방에 판다.
③ 위도와 관계없다.

같은 질량에 대해 저위도 지방보다 고위도 지방에서 무게가 더 크기 때문에 저위도 지방에서 사서 고위도 지방에 파는 것이 이익을 남길 수 있다.

Answers 33. ③ 34. ③ 35. ② 36. ②

37 우리들은 높은 건물의 1층에서 몸무게를 측정하면 정상 체중보다 조금은 덜 나가는 것을 알 수 있다. 그 이유는 무엇인가?

① 중력장이 높은 건물에 의해 차단되기 때문이다.
② 건물의 질량이 우리를 위로 끌어당기기 때문이다.
③ 둘 다 옳다.
④ 어느 것도 아니다.

지구는 사람을 지구중심(아래) 방향으로 끌어당기며 건물의 중심은 사람을 위쪽 방향으로 끌어당기므로 정상 몸무게보다 아주 작지만 조금은 덜 나가게 된다.

38 인공위성의 속도에 대한 옳은 설명은?

① 지표면과 평행하다.
② 지표면과 수직이다.
③ 임의의 방향이다.

인공위성은 원의 접선방향으로 운동하므로 지면에 대해 항상 나란하다.

39 인공위성이 지구를 향해 낙하하지 않게 하는 원인은?

① 중력
② 구심력
③ 원심력
④ 진공
⑤ 인공위성은 지구 둘레로 계속적으로 낙하하는 것이다.

인공위성의 공전속도 즉 접선 방향의 속도가 충분히 커서 지구 주위로 계속적으로 낙하하게 된다.

40 지구 둘레로 원운동하는 인공위성이 갖는 물리량 중 일정한 값은?

① 속력 ② 가속도의 크기
③ 궤도 반지름 ④ 모두 맞다.
⑤ 모두 틀리다.

인공위성은 반지름이 일정한 원둘레 위를 등속원운동하고 있으므로 속력, 반지름, 가속도의 크기, 중력이 모두 일정하다.

41 실제 인공위성의 궤도는 타원궤도이다. 인공위성의 속력이 가장 빠른 경우는?

① 지구와 가장 가까워졌을 때
② 지구와 가장 멀어졌을 때
③ 항상 같다.

역학적 에너지보존 법칙을 이용하면 지구와 가장 가까울 때 위치에너지가 가장 작으므로 운동에너지는 가장 크다. 따라서 지구와 가장 가까워졌을 때 인공위성의 속력은 가장 빠르다.

42 태양계에서 가장 빠르게 운동하는 행성은?

① 가장 작은 행성
② 가장 무거운 행성
③ 태양과 가장 가까운 행성
④ 태양과 가장 먼 행성
⑤ 모든 행성이 같은 속력으로 운동한다.

Answers 37. ② 38. ① 39. ⑤ 40. ④ 41. ① 42. ③

태양과 행성 사이의 만유인력이 행성을 원운동시키는 구심력 역할을 하므로 태양과 가장 가까운 행성의 공전속력이 가장 빠르다($G\frac{mM}{r^2} = m\frac{v^2}{r}$에서 $v = \sqrt{\frac{GM}{r}}$). 공전속력은 태양과 행성 사이의 궤도반지름의 제곱근에 반비례한다.

43 명왕성이 태양 주위를 공전하는데 걸린 시간이 지구보다 훨씬 긴 이유는?

① 명왕성이 공전하는 거리가 지구보다 길기 때문에
② 명왕성의 속력이 지구보다 느리므로
③ 모두 맞다.
④ 모두 틀리다.

케플러 제 3법칙을 이용하면 공전주기의 제곱은 궤도반지름의 세제곱에 비례한다.

44 지표면에서 질량 50kg, 무게 500N인 사람이 있다. 이 사람이 지구로부터 아주 먼 곳의 우주기지에서 자유로이 떠다니고 있을 때 다음 중 옳은 설명은?

① 무게는 작고 질량은 크다.
② 무게는 작고 질량은 같다.
③ 무게와 질량 모두 작다.
④ 무게는 크고 질량은 작다.
⑤ 무게는 크고 질량은 크다.

위치에 따라 물체의 질량은 변하지 않지만 무게 즉 중력은 지구와 물체 사이의 거리의 제곱에 반비례한다.

45 인공위성 내부의 무중력 상태에 있는 우주 비행사에 대한 옳은 설명은?

① 지구의 중력장으로부터 차폐되어 있다.
② 중력을 벗어나 있다.
③ 지구에 의한 중력과 우주선의 의한 중력이 서로 상쇄되어 있다.
④ 우주선과 같이 중력을 받고 있다.

중력은 항상 끄는 힘만 작용하므로 차폐될 수 없으며 우주선 내부에서 중력과 원심력의 합력이 0이 되어 무중력 상태에 있는 것이지 중력이 작용하지 않아서가 아니다.

46 그림과 같이 행성 주위의 타원 궤도를 따라 운동하는 위성이 있다. 어느 위치에서 속력이 가장 빠른가?

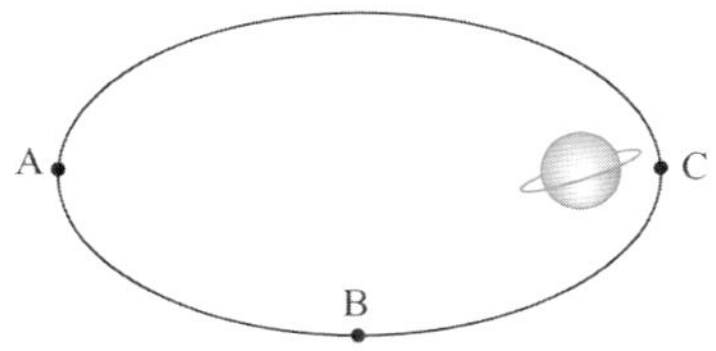

① A
② B
③ C
④ 같다.

케플러 제 2법칙에 따라 지구와 가장 가까워졌을 때 위성의 속력은 가장 빠르다.

Answers 43. ③ 44. ② 45. ④ 46. ③

47 달의 공전주기는 약 28일이다. 달이 현재 위치보다 더 먼 위치에 있다면 달의 공전주기는?

① 28일보다 길어진다.
② 28일보다 짧아진다.
③ 변함없다.

케플러 제 3법칙에 따라 멀어지면 주기도 길어진다.

48 달의 공전주기는 약 28일이다. 달이 현재 위치보다 더 가까운 위치에 있다면 달의 공전주기는?

① 28일보다 길어진다.
② 28일보다 짧아진다.
③ 변함없다.

케플러 제 3법칙에 따라 가까워지면 주기도 짧아진다.

49 지표면에서 연직 위로 10km/s로 쏘아올린 물체는 어떤 운동을 하는가?

① 지구 주위를 원운동한다.
② 지구 주위를 타원운동을 한다.
③ 올라갔다가 다시 떨어진다.

지구 탈출속도는 약 11.2km/s이므로 물체는 탈출하지 못하고 어느 순간 다시 낙하하게 된다.

50 계속적으로 8km/s의 속력을 유지할 수 있는 로켓을 연직 위로 쏘아 올리면 로켓은 지구를 탈출할 수 있는가?

① 탈출한다.
② 탈출할 수 없다.

계속적으로 속력을 유지할 수만 있다면 아무리 느린 속력이라도 지구를 탈출할 수 있다. 다만 시간이 오래 걸릴 뿐이다.

51 지구로부터 아주 먼 곳에 있는 물체가 지구 중력을 받아 지표면에 떨어졌다. 지표면에 도달하는 순간의 속력은 대략 얼마인가?

① 8km/s　　② 9.8m/s
③ 11km/s　　④ 빛의 속도

지구 탈출속도는 약 11.2km/s이므로 반대로 아주 먼 곳에 있는 물체가 지구 중력을 받아 지표면에 떨어진다면 물체의 속력은 약 11.2 km/s가 된다.($G\frac{mM}{R}=\frac{1}{2}mv^2$)

52 지표면 주위를 도는 물체의 속력은 약 8km/s이다. 달표면 주위를 도는 물체의 속력은?

① 8km/s보다 작다.
② 8km/s보다 크다.
③ 약 8km/s

달의 중력은 지구에 비해 약 $\frac{1}{6}$배이고 달의 반지름도 지구보다 작으므로 달표면 주위를 도는 인공위성의 속력도 지구보다 작다($m\frac{v^2}{r}=mg$에서 $v=\sqrt{gr}$).

Answers 47. ① 48. ② 49. ③ 50. ① 51. ③ 52. ①

53 지표면 주위를 도는 인공위성의 최소 속력은 약 8km/s이다. 목성 표면 주위를 도는 인공위성의 최소 속력은?

① 8km/s보다 작다.
② 8km/s보다 크다.
③ 약 8km/s

목성의 중력은 지구에 비해 약 10배이고 목성의 반지름도 지구보다 크므로 목성표면 주위를 도는 인공위성의 속력도 지구보다 크다 ($m\frac{v^2}{r}=mg$에서 $v=\sqrt{gr}$).

54 타원궤도를 도는 위성은 다음 중 어떤 물리량이 일정한가?

① 속력
② 속도
③ 가속도
④ 3가지 모두 일정하다.
⑤ 3가지 모두 일정하지 않다.

타원궤도를 도는 위성의 경우 행성과 위성 사이의 거리가 달라지므로 만유인력도 달라지고 위치에너지도 변하므로 역학적 에너지보존 법칙을 이용하면 속력, 속도, 가속도 모두 달라짐을 알 수 있다.

55 위성이 1회전하는데 걸리는 시간은 다음 중 어떤 물리량과 관련 있는가?

① 위성의 질량
② 위성의 무게
③ 궤도 반지름
④ 3가지 모두
⑤ 3가지 모두 관계없다.

케플러 제 3법칙과 같이 주기의 제곱은 궤도 반지름의 세제곱에 비례한다.

56 지표면 주위를 도는 인공위성의 공전 주기는 약 90분이다. 인공위성이 달만큼 먼 곳에 있을 때의 공전주기는 얼마인가?

① 약 90분
② 90분보다 작다.
③ 약 28일
④ 더 많은 자료가 있어야 한다.

케플러 제 3법칙과 같이 주기의 제곱은 궤도 반지름의 세제곱에 비례하므로 거리가 멀어질수록 공전주기는 길어진다.

57 정지위성이 항상 적도상의 같은 지점에 있는 이유는?

① 중력이외에 다른 힘들이 작용하고 있다.
② 작용과 반작용에 의해 인공위성과 지구가 같은 힘으로 끌고 있다.
③ 지구의 중력을 벗어나 있다.
④ 지상에서 조절하기 때문이다.
⑤ 공전주기가 24시간이다.

정지위성은 지구 중심으로부터 지구반지름의 약 6.5배 되는 곳에 위치하고 있으며 주기는 24시간으로 지구의 자전주기와 같기 때문에 항상 적도 상의 같은 장소에 있게 된다.

Answers 53. ② 54. ⑤ 55. ③ 56. ③ 57. ⑤

58 지구로부터 먼 곳에 있는 인공위성의 주기를 가까운 곳에 있는 인공위성보다 주기와 비교하면?

① 길다. ② 짧다.
③ 같다. ④ 알 수 없다.

케플러 제 3법칙과 같이 주기의 제곱은 궤도 반지름의 세제곱에 비례하므로 거리가 가까울수록 공전주기는 짧아진다.

59 우주선 Pioneer 10호가 태양계를 탈출한 방법은?

① 발사할 때 태양계를 탈출할 수 있는 속도로 날아갔다.
② 테니스공이 라켓에 의해 되튀듯이 목성에 접근하면서 가속되었다.
③ 태양 전지에 의해 재충전되었다.
④ 핵연료가 계속적으로 공급되었다.

추진력은 없지만 목성에 접근하면서 목성의 중력에 의해 가속되어 태양계를 탈출하였다.

60 지상에서 볼 때 한 인공위성이 다른 인공위성을 추월하였다. 더 빠른 인공위성의 궤도는?

① 더 높은 곳에 있다.
② 더 낮은 곳에 있다.
③ 알 수 없다.

낮은 궤도의 위성이 높은 궤도의 위성보다 더 빠르다($G\frac{mM}{r^2} = m\frac{v^2}{r}$에서 $v = \sqrt{\frac{GM}{r}}$).

Answers 58. ① 59. ② 60. ②

7.2 개념 응용하기

01 지구가 태양을 중심으로 거의 원에 가까운 궤도를 공전하고 있다는 사실로부터 태양의 질량을 구하려고 한다. 다음 중 필요 없는 것은?

① 만유인력 상수
② 지구의 질량
③ 지구의 공전 주기
④ 태양 중심으로부터 지구 중심까지의 거리
⑤ 지구의 공전 속도

⋯ • 지구와 태양사이의 만유인력이 구심력이 역할을 한다.
$\frac{GMm}{r^2} = \frac{mv^2}{r}$에서 $M = \frac{v^2 r}{G}$이고 $v = \frac{2\pi r}{T}$이므로 $M = \frac{4\pi^2 r^3}{GT^2}$이다.

02 지구 주위를 돌고 있는 인공 위성의 지구로부터 가장 가까운 점 A까지의 거리를 R, 가장 먼 점 B까지의 거리를 $3R$이라 할 때, A, B점에서 속력의 비 $v_A : v_B$는?

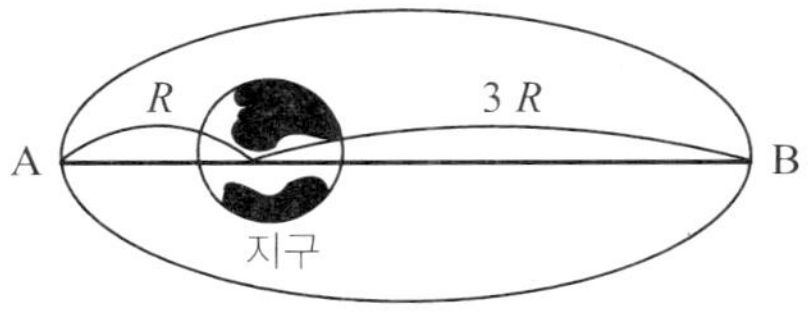

① 1 : 3
② 3 : 1
③ 1 : 9
④ 9 : 1
⑤ 27 : 1

⋯ • 케플러 제2법칙(면적 속도 일정의 법칙)에서 거리가 r_1, r_2일 때의 공전속도를 각각 v_1, v_2라 하면 $r_1 v_1 = r_2 v_2$이다.

Answers 01. ② 02. ②

03 지구의 반지름을 R, 지구 표면에서 중력가속도를 g라 할 때 지구 표면에서 $\frac{R}{2}$ 되는 곳에서 중력가속도는 얼마인가?

① $\frac{1}{4}g$　② $\frac{1}{2}g$
③ $\frac{2}{3}g$　④ $\frac{4}{9}g$
⑤ $9g$

⋯▸ • 중력=만유인력이므로 $mg=\frac{GMm}{R^2}$에서 $g=\frac{GM}{R^2}$이다. $g'=\frac{GM}{(\frac{3}{2}R)^2}=\frac{4}{9}g$

04 다음 중 태양 주위를 도는 행성의 가속도와 비례하는 물리량은?

① 행성의 질량
② 태양의 질량
③ 태양과 행성 사이의 거리
④ 태양과 행성 사이의 거리의 역수
⑤ 태양과 행성의 질량의 곱

⋯▸ • 태양주위를 도는 행성이 받는 힘은 태양과 행성사이에 작용하는 만유인력이다.
$ma=\frac{GMm}{R^2}$에서 $a=\frac{GM}{r^2}\propto M$이다.

05 지구 중심에서 거리 r 되는 궤도를 등속 원운동하는 인공 위성이 있다. 인공 위성의 궤도 반지름을 2배로 하였을 때 인공 위성의 운동 에너지는 처음의 몇 배가 되겠는가?

① $\frac{1}{4}$배　② $\frac{1}{2}$배
③ 1배　④ 2배
⑤ 4배

⋯▸ • 인공위성에 작용하는 구심력은 지구와 인공위성사이에 작용하는 만유인력이므로
$\frac{mv^2}{r}=\frac{GMm}{r^2}$에서 $\frac{1}{2}mv^2=\frac{GMm}{2r}\propto\frac{1}{r}$이다.

Answers 03. ④ 04. ② 05. ②

06 질량이 약 10^4kg인 우주선(아폴로 11호)이 달의 중심으로부터 1.8×10^6m 떨어진 곳에서 달 주위를 궤도 비행하고 있다. 달의 질량이 7.2×10^{22}kg이라면 달의 중력으로부터 탈출하기 위해 우주선에 필요한 최소 에너지는 얼마인가?(단, 주위의 행성들은 무시하고 만유인력 상수는 6.7×10^{-11}N · m^2/kg^2이다.)

① 1.34×10^{10}J
② 2.68×10^{10}J
③ 6.7×10^9J
④ 1.34×10^9J
⑤ 2.68×10^9J

⋯ • 달 주위를 도는 우주선이 가지는 역학적 에너지는 $\frac{1}{2}mv^2-\frac{GMm}{R}=-\frac{GMm}{2R}$이다. 우주선이 달에서 탈출하기 위해서는 역학적 에너지가 0이상이어야 하므로 필요한 최소에너지는 $\frac{GMm}{2R}$이다.

07 우주선이 행성을 향해 비행하고 있다. 우주선의 선장은 행성 표면의 중력 가속도를 측정하려고 한다. 다음 중 옳은 것은?

① 선원 중의 한 사람을 골라 겉보기 무게를 측정한다.
② 우주선 내에서 질량을 알고 있는 물체의 겉보기 무게를 측정한다.
③ 행성의 지름을 측정한다.
④ 행성의 밀도를 측정한다.
⑤ 우주선의 가속도를 측정하고 행성의 중심으로부터의 거리를 보정한다.

⋯ • $F=ma=mg=\frac{GmM}{r^2}$(r은 행성의 중심으로부터 거리)

08 인공위성을 띄워 지구를 초점으로 하는 타원 궤도를 그리는 운동을 하게 하였다. 이 인공위성이 지구 중심으로부터 지구 반지름의 2배인 곳을 지날 때 만유인력에 의한 위치 에너지가 $-4E$이고, 운동 에너지는 $3E$였다. 이 인공위성이 지구 중심으로부터의 거리가 4배인 곳을 지날 때 운동 에너지는 얼마인가?

① E
② $2E$
③ $3E$
④ $4E$
⑤ $6E$

Answers 06. ① 07. ⑤ 08. ①

→ • $E_p = -\frac{GMm}{2R} = -4E$, $E_p' = -\frac{GMm}{4R} = -2E$ 이므로 $E_k + E_p = E_k' + E_p'$=일정하므로 운동에너지는 E 이다.

09 지표면 근처의 중력장의 세기는 거의 균일하다. 그림 (가)는 균일한 중력장에서 물체를 초속도 v로 연직 방향으로 던져 올릴 때의 운동 경로를 나타내고 있다.

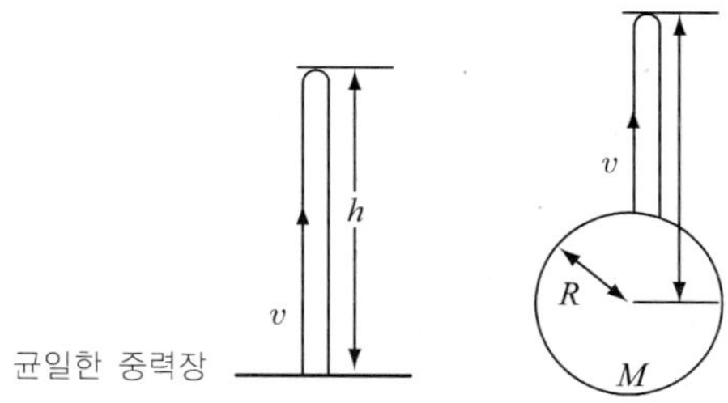

그림 (가) 그림 (나)

그림 (나)는 지면에서 초속도 v로 연직으로 던져 올릴 때 만유인력을 받는 물체의 운동 궤적을 나타낸다. 다음 [보기]의 설명 중에서 옳은 것을 모두 짝지어 놓은 것은?

보기

ㄱ. 그림 (가)에서 물체가 최고로 올라갈 수 있는 높이는 $\frac{v^2}{2g}$ 이다.
ㄴ. 그림 (가)에서 물체의 운동은 등속도 운동이다.
ㄷ. 그림 (나)의 물체의 가속도의 크기는 위로 올라감에 따라 증가한다.
ㄹ. 그림 (나)에서 물체가 최고로 올라갈 수 있는 높이는 그림 (가) 보다 높다.

① ㄱ, ㄴ
② ㄱ, ㄹ
③ ㄴ, ㄷ
④ ㄴ, ㄹ
⑤ ㄷ, ㄹ

→ • 일정한 중력을 받는 물체의 가속도는 일정하지만 만유인력을 받는 물체의 가속도는 $a' = \frac{GM}{r^2}$ 으로 거리의 제곱에 반비례한다.

Answers 09. ②

10 질량 m인 인공위성이 궤도 반지름 R로 지구 주위를 원운동할 때 아래와 같은 관계가 성립한다.(단, 대기에 의한 저항은 무시한다.)

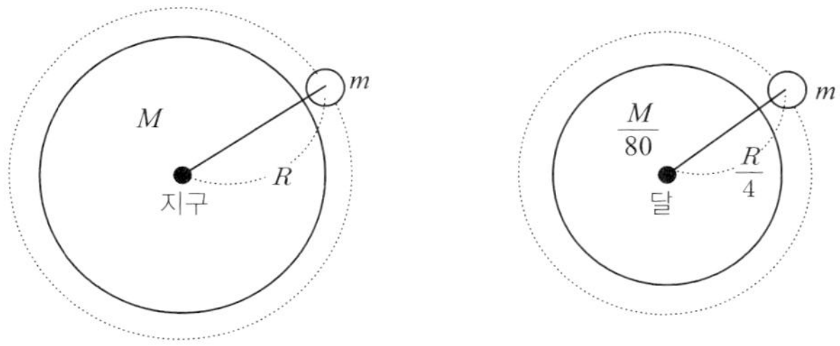

$\frac{GMm}{R^2} = \frac{mv^2}{R}$($G$: 만유인력 상수, M : 지구의 질량, v : 인공위성의 속력) 지구 주위를 도는 이 인공위성의 주기를 T라 할 때, 궤도 반지름 $\frac{R}{4}$로 달 주위를 도는 같은 질량의 인공위성의 주기는?(단, 달의 질량은 $\frac{M}{80}$이다.)

① $\sqrt{\frac{80}{4^2}}\,T$ ② $\sqrt{\frac{80}{4^3}}\,T$

③ $\sqrt{\frac{80^2}{4^3}}\,T$ ④ $\sqrt{\frac{4^2}{80}}\,T$

⑤ $\sqrt{\frac{4^3}{80}}\,T$

⋯ • $\frac{GMm}{R^2} = \frac{mv^2}{R^2}$에서 $v = \sqrt{\frac{GM}{R}}$이므로 인공위성의 주기는 $T = \frac{2\pi R}{v} = 2\pi\sqrt{\frac{R^3}{GM}}$이다.

11 그림은 세 개의 인공위성들의 궤도를 나타낸다. 이들 중의 하나는 정지 궤도 위성이다. 여기서 정지 궤도 위성이란 항상 지상의 한 지점에서 보았을 때 항상 머리 위에 있는 위성을 말한다.

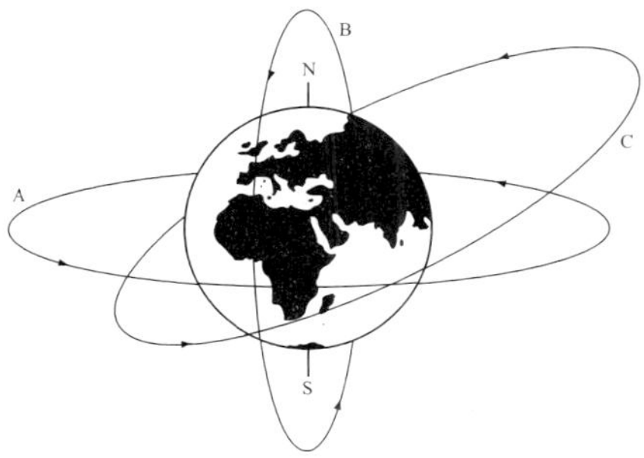

Answers 10. ② 11. ②

다음 [보기]의 설명 중에서 옳은 것을 모두 짝지어 놓은 것은?

보기

ㄱ. 통신 위성으로 가장 알맞은 것은 A이다.
ㄴ. 세 위성의 공전 주기는 지구의 자전 주기보다 길다.
ㄷ. 위성 C를 궤도 운동 시키는 구심력은 지구의 만유인력이다.
ㄹ. 위성들이 궤도 운동을 하려면 항상 자체 추진력이 있어야만 한다.

① ㄱ, ㄴ　② ㄱ, ㄷ
③ ㄴ, ㄷ　④ ㄴ, ㄹ
⑤ ㄷ, ㄹ

• 적도 상공을 도는 정지위성의 주기는 지구의 자전주기와 같으며 통신위성으로 사용된다.

12 그림은 지구의 중력장을 나타내고 있다. 중력장과 수직인 점선은 1kg의 물체가 가지는 위치에너지를 나타낸다. 중력에 의한 위치에너지의 기준점은 무한 원점이다.

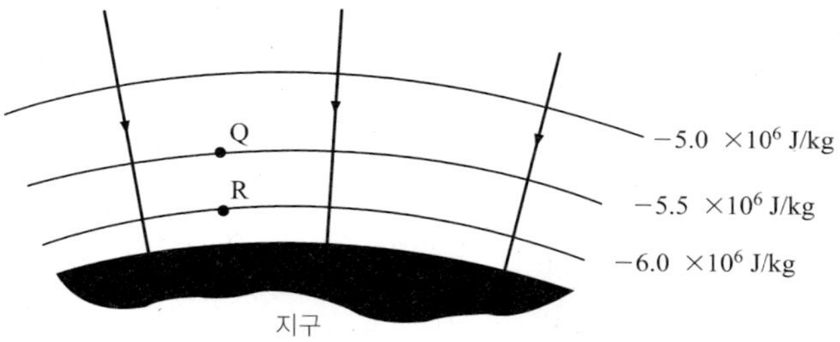

R의 위치에서 질량 2kg인 물체를 연직방향으로 던져 올렸을 때 Q의 위치까지 올라갔다가 다시 떨어졌다. 물체의 처음 속도는 몇 m/s인가?(단, 공기 저항은 무시할 수 있다.)

① 10m/s　② 100m/s
③ 1km/s　④ 10km/s
⑤ 100km/s

• R과 Q에서의 역학적 에너지는 보존된다. $\frac{1}{2}mv^2-6.0\times10^6\cdot m = 0-5.5\times10^6\cdot m$을 이용하면 된다.

Answers 12. ③

13 지상으로부터의 높이 h인 곳에서 돌고 있는 질량 m인 인공 위성이 있다. 이 인공 위성을 지구의 중력권으로부터 탈출시키는 데 필요한 최소의 에너지는?(단, G, M, R는 중력 상수, 지구의 질량 및 지구 반경이다.)

① $\dfrac{GMm}{R+h}$　② $\dfrac{GMm}{2(R+h)}$

③ $\dfrac{GMm}{4(R+h)}$　④ $\sqrt{\dfrac{GMm}{R+h}}$

⑤ $\sqrt{\dfrac{GMm}{2(R+h)}}$

⋯› • 인공위성의 역학적 에너지가 0이상이어야 탈출할 수 있으며, 높이 h인 곳에서 인공위성의 역학적 에너지는 $\dfrac{mv^2}{r}=\dfrac{GMm}{r^2}$을 이용하면 $\dfrac{1}{2}mv^2-\dfrac{GMm}{R+h}=-\dfrac{GMm}{2(R+h)}$이다.

Answers 13. ②

7.3 개념 서술하기

01 한 학생이 공을 떨어뜨리고 나서 왜 공이 땅으로 떨어지는지, 거꾸로 공이 정지해 있고 지구가 공을 향해 움직일 수는 없는지 의문을 제기한다. 이 학생은 "지구가 공보다도 훨씬 무겁기 때문에 지구가 공을 당기는 것보다 공이 지구를 당기는 것이 더 힘들 것이다. 따라서 지구는 정지 상태에 있고 공이 떨어지게 된다."라고 설명하였다. 다음 물음에 답하라.

(1) 이 학생의 설명에 어떻게 생각하는지 자신의 의견을 말하라.

(2) 나무꼭대기에 있는 사과가 1N의 중력을 받고 있다. 나무의 높이가 2배가 된다면 사과가 받는 중력의 크기는 얼마가 되겠는가?

(3) 목성은 지구 질량의 약 300배이다. 그러나 목성 표면에서의 무게는 지구 표면보다 2.5배에 불과하다. 그 이유는 무엇인지 설명하라.

(4) 태양이 머리 위쪽에 있을 때인 낮과 태양이 자신이 서 있는 곳과 반대편에 있을 때인 밤과 비교했을 때 어느 경우에 몸무게가 더 무거운지 설명해 보라.

풀이

(1) 공과 지구가 받는 힘은 같다. 따라서 가속도는 질량에 반비례하게 된다. 지구의 질량이 공보다 매우 크므로 지구의 움직이는 거리는 극히 작게 되어 정지하는 것처럼 보인다.

(2) R은 지구반지름 h를 나무 높이라 하면 중력은 $\dfrac{(R+h)^2}{(R+2h)^2}$배가 된다. 그런데 R은 h에 비해 매우 크므로 이 값은 거의 1에 가깝다. 1N

(3) 목성은 표면과 중심사이의 거리도 크기 때문이다.

(4) 같다. 지구는 태양을 주위로 원운동 하고 있으므로 지구 위의 사람은 태양에 대해 무중력 상태를 느낀다.

02 북극을 탐사하던 여러 명의 과학자들이 북극 근처를 떠다니는 빙산에 갇혀 있다. 그 과학자들의 임무는 그들이 가지고 있는 송신기로 지구 정지궤도 위성의 도움을 받아 그들의 위치를 확인하는 것이다. 다음 물음에 답하라.

(1) 극 궤도 위성이 지구 정지궤도 위성이 될 수 있는가?

(2) 정지 위성의 위치는 지표면으로부터 대략 얼마만큼 떨어진 곳에 있는가?

(3) 지구 주위를 돌고 인공위성들의 경우 지구로부터 가까이 있는 인공위성과 멀리 있는 인공위성의 역학적 에너지, 속력, 가속도 등을 비교하라.

풀이

(1) 없다.

(2) 약 35.9×10^{6}m

(3) 가속도 : r^2에 반비례, 속력 : $\sqrt{r}$에 반비례, 역학적에너지 : $-\dfrac{GMm}{2r}$이므로 멀수록 커진다.

03 인공위성이 지구 중심으로부터 반지름이 일정한 원궤도를 돌고 있다. 궤도 상의 한 지점에서 순간적인 연료 분사를 하여 궤도 방향의 속도가 순간적으로 증가하였다. 다음 물음에 답하라. 단, 이 속도는 지구를 탈출할 만큼 크지 않다고 가정한다.

(1) 결과적으로 인공위성은 어떤 궤도를 돌겠는가?

(2) 순간적인 연료 분사를 한 지점은 근일점이 되겠는가, 원일점이 되겠는가?

(3) 인공위성의 주기는 어떻게 되겠는가?

풀이

(1) 타원궤도

(2) 근일점

(3) 긴 궤도 반지름이 증가하였으므로 길어진다. 타원 운동에서 주기는 케플러의 법칙에 따라 긴 궤도 반지름의 세제곱에 비례한다.

7.4 개념 심화하기

01 하루에 한 번 도는 인공 위성의 궤도 반지름이 R이라면 하루에 두 번 도는 인공 위성의 궤도 반지름은 얼마인가?

풀이

$T^2 = kR^3$, $T'^2 = (\frac{T}{2})^2 = kR'^3$에서 $R' = (\frac{1}{4})^{\frac{1}{3}} R$이다.

02 지구의 반지름을 R, 지구 표면에서의 중력 가속도를 g라고 하면 지구 표면에서 $\frac{R}{2}$ 되는 곳에서의 중력 가속도는 얼마인가?

풀이

$g = \frac{GM}{R^2}$, $g' = \frac{GM}{(\frac{3}{2}R)^2} = \frac{4}{9}g$

03 지구의 반지름을 R, 만유인력 상수를 G, 지구의 질량을 M이라 할 때 질량 m인 인공위성이 지표면을 따라 등속 원운동할 때 인공위성이 중력장에 묶여있는 에너지(결합 에너지)는 얼마인가?

풀이

$\frac{1}{2}mv^2 - \frac{GMm}{R} = -\frac{1}{2}\frac{GMm}{R}$이므로 결합에너지는 $\frac{GMm}{2R}$이다.

04 그림과 같이 안쪽 반지름이 r이고 바깥쪽 반지름이 R인 속이 빈 질량 M인 구가 있다. 구의 중심 O로부터 거리 d 만큼 떨어진 곳에 질량 m인 물체가 있다면 속이 빈 구와 물체 사이에 작용하는 만유 인력은 얼마인가?(단, $d > R$이다.)

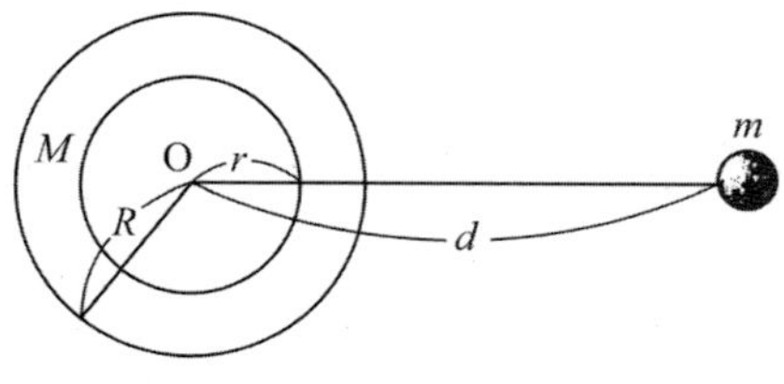

풀이

구의 중심에 질량 M이 모여 있는 상태로 취급해 주면 된다. 만유인력은 $F = \frac{GMm}{d^2}$이다.
(질량 m인 물체가 $d < r$인 곳에 있을 때 만유인력은 0이다.)

05 달 표면에서의 중력 가속도는 지구 표면에서의 중력 가속도의 약 $\frac{1}{6}$이다. 달의 반지름이 지구 반지름의 $\frac{1}{4}$이라면 달의 평균 밀도는 지구 평균 밀도의 몇 배인가?

풀이

$g = \frac{GM}{r^2} = G\rho\frac{V}{r^2} = G\rho\frac{1}{r^2}(\frac{4}{3}\pi r^3) = \frac{4}{3}\pi G\rho r$에서 $\rho \propto \frac{g}{r}$이므로 $\frac{2}{3}$배이다.

06 질량이 같은 2개의 인공 위성 A, B가 궤도 반지름이 다른 두 궤도를 따라 등속 원운동하고 있다. 인공 위성 A의 속력이 인공 위성 B의 속력의 2배일 때 인공 위성 A가 받는 중력은 인공 위성 B가 받는 중력의 몇 배인가?

풀이

$v \propto \sqrt{\frac{1}{r}}$에서 인공위성 A의 궤도 반지름은 인공위성 B의 $\frac{1}{4}$배이고 $mg = \frac{GmM}{r^2}$에서 중력은 지구 중심으로부터의 거리의 제곱에 반비례하므로 인공위성 A의 중력은 인공위성 B가 받는 중력의 16배이다.

07 인공 위성이 지표면으로부터 일정한 높이에서 지구 주위를 공전하여 원에 가까운 궤도를 그린다. 만일 만유 인력 상수가 $\frac{1}{2}$배가 되고 지구의 질량이 2배가 된다면 인공 위성의 공전 주기는 몇 배가 되겠는가?(단, 공전 궤도 반지름은 변함이 없다.)

풀이

인공위성의 주기 $T = \frac{2\pi(R+h)}{v} = \frac{2\pi}{\sqrt{GM}}(R+h)^{\frac{3}{2}}$에서 GM의 값이 변함이 없으므로 인공위성의 주기 역시 변함이 없다.

08 무한히 떨어져 있는 질량이 각각 M, m 인 두 물체가 만유 인력에 의해 점점 가까워져 가고 있다. 두 물체 사이의 거리가 d 일 때, 운동량과 역학적 에너지 보존의 개념을 사용하여 두 물체 사이의 상대 속도를 구하여라.(단, 만유 인력 상수는 G이다.)

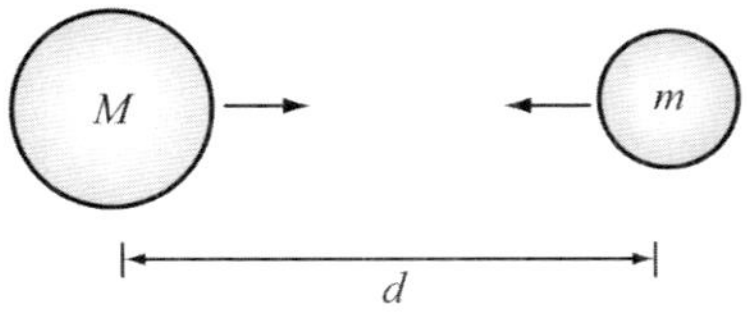

풀이

무한히 떨어져 있을 때 두 물체의 운동 에너지와 만유 인력에 의한 위치 에너지의 합은 0이다. 따라서 역학적 에너지 보존에 의해 d만큼 떨어져 있을 때 두 물체의 속도를 각각 V, v라 하면

$\frac{1}{2}MV^2+\frac{1}{2}mv^2-G\frac{Mm}{d}=0$ … ①

또, 운동량 보존에 의해 $MV-mv=0$이므로 두 물체의 운동량은 크기가 항상 같고 방향은 반대이다.

두 물체의 운동량 $P=MV=mv$ … ②

①식에서 $\frac{P^2}{2M}+\frac{P^2}{2m}=G\frac{Mm}{d} \rightarrow P=Mm\sqrt{\frac{2G}{d(M+m)}}$ 이므로

②식에서 $V=\frac{P}{M}=m\sqrt{\frac{2G}{d(M+m)}}$, $v=\frac{P}{m}=M\sqrt{\frac{2G}{d(M+m)}}$

두 물체 사이의 상대속도는 $v'=V+v=\sqrt{\frac{2G(M+m)}{d}}$ 이다.

09 지표면으로부터 질량 m 인 물체를 $2\sqrt{gR}$ 의 속도로 쏘아 올렸다. g 는 지표면에서의 중력 가속도, R 는 지구 반경일 때, 다음 물음에 답하여라.

(1) 이 물체는 지구의 중력장을 벗어날 수 있는가?

(2) 지구로부터 무한히 먼 곳에 도달할 때 물체의 속력은 얼마인가?

풀이

(1) 만유인력 $F=G\frac{Mm}{R^2}=mg$에서 $GM=gR^2$이므로 물체의 역학적 에너지는
$E=\frac{1}{2}mv^2-G\frac{Mm}{R}=\frac{1}{2}m(2\sqrt{gR})^2-mgR=mgR>0$이므로 지구의 중력장을 벗어날 수 있다.

(2) 무한원에서의 만유인력에 의한 위치 에너지는 0이고, 역학적 에너지는 보존되므로, 무한원에서 물체의 속도를 v'이라 하면 $\frac{1}{2}mv'^2=mgR$에서 $v'=\sqrt{2gR}$

10 그림과 같이 질량이 M이고 반지름이 R인 원형 고리의 축으로부터 거리 b만큼 떨어진 점에 놓여진 질량 m인 입자에 미치는 중력을 계산하라.

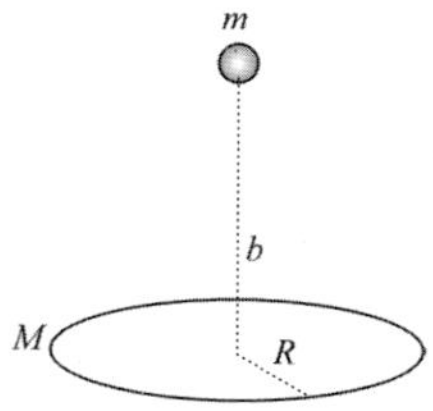

풀이

$dF=[\frac{Gm\lambda gdl}{(R^2+b^2)}]\cos\theta$, 여기서 $\cos\theta=\frac{b}{(R^2+b^2)^{\frac{1}{2}}}$

$\int dl=2\pi R$이므로 $F=\frac{GmMb}{(R^2+b^2)^{\frac{3}{2}}}$ 이 된다.

CHAPTER

08 무게중심과 회전역학

8.1 개념 익히기

01 그림에서 자루가 긴 비를 똑바로 세우기 쉬운 경우는 무거운 부분의 위치가 어느 곳에 있을 때인가?

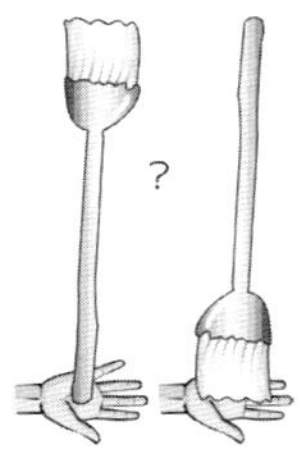

① 손에 가장 가까울 때이다.
② 손으로부터 가장 먼 곳에 있을 때이다.
③ 두 경우 모두 같다.

물체 내의 질량이 회전축으로부터 먼 곳에 분포할 때 회전관성이 커지며 회전관성이 크면 균형을 잡는데 충분한 시간을 얻을 수 있다.

02 공업용 속도조절 바퀴는 질량의 대부분이 어느 곳에 위치하기 때문에 회전관성이 큰가?

① 가장자리 부분에
② 회전축 가까이에
③ 바퀴의 질량분포가 균일하다.

질량이 회전축으로부터 먼 곳에 분포할 때 회전관성이 가장 커진다.

03 동전과 반지를 경사면을 따라 동시에 구르게 하였다. 바닥에 먼저 도달하는 것은?

① 동전　　② 반지
③ 같다.

동전보다 반지의 회전관성이 더 크므로 동전이 먼저 바닥에 도달한다.

Answers 01. ② 02. ① 03. ①

04 다리의 회전관성이 큰 경우는?

① 곧게 뻗어 있을 때
② 구부러져 있을 때
③ 같다.

다리를 곧게 뻗었을 때 질량이 회전축으로부터 먼 곳에 분포하게 되므로 회전관성은 더 커진다.

05 물체에 토크가 작용하면 물체는 어떤 현상을 일으키는가?

① 평형상태
② 회전운동
③ 직선운동
④ 속도
⑤ 무게 중심

회전을 일으키는 힘 즉 지레의 힘을 토크라 한다.

06 상대방보다 질량이 3배인 소년이 시소의 균형을 이루려고 한다. 소년이 앉아야 할 위치는?

① 받침대로부터의 거리가 $\frac{1}{3}$배 되는 곳
② 받침대로부터의 거리가 $\frac{1}{3}$배 이하 되는 곳
③ 받침대로부터의 거리가 $\frac{1}{3}$배 이상 되는 곳

토크는 힘과 지레의 팔과의 곱이므로 무게가 클수록 받침대로부터 가까운 곳에 위치해야 한다.

07 꽉 고정되어 있는 볼트를 풀기 위해 렌치의 길이를 2배로 하였다. 토크는 몇 배 증가하는가?

① 2배 ② 4배
③ 8배

토크는 힘과 지레의 팔과의 곱이므로 지레의 팔에 비례한다.

08 야구 방망이를 공중으로 던졌더니 흔들거리며서 날아갈 때 무엇에 대해 흔들거리는가?

① 야구 방망이의 중간부분
② 질량중심
③ 무거운 쪽

야구배트를 던지면 어느 한 점에 대해 흔들거리면서 날아가는데 이 점을 질량중심이라 한다.

09 거미원숭이의 꼬리가 길고 무겁기 때문에 거미원숭이가 갖게 되는 장점은?

① 무게를 변화시키기 쉽다.
② 운동량을 변화시키기 쉽다.
③ 관성을 변화시키기 쉽다.
④ 무게 중심을 변화시키기 쉽다.
⑤ 위 내용과 관계없다.

물체의 질량(무게)중심은 질량분포에 따라 달라진다. 거미원숭이는 꼬리를 움직여 무게중심을 변화시키면서 쉽게 나무 사이를 옮겨다닌다.

Answers 04. ① 05. ② 06. ① 07. ① 08. ② 09. ④

10 사람의 질량 중심에 대한 옳은 설명은?

① 고정되어 있으나 사람마다 다르다.
② 항상 배꼽 뒤에 위치한다.
③ 허리를 구부리면 변한다.
④ 답이 없다.

배꼽 아래 2 내지 3cm 되는 곳이며 배와 등의 중간에 있다.

11 피사의 사탑이 쓰러지지 않는 이유는 무게중심이 어느 곳에 있기 때문인가?

① 지지대 위에 있기 때문
② 높은 빌딩에 비해 상대적으로 낮기 때문
③ 구조상 안정되어 있기 때문
④ 중심으로부터 이동되어있기 때문
⑤ 질량중심과 같은 위치에 있기 때문

피사의 사탑은 무게중심이 사탑의 받침면 위에 있기 때문에 토크가 작용하지 않아(0이므로) 쓰러지지 않는다.

12 원심력은 어떤 운동을 하는 좌표계에서 실제로 작용하는 힘인가?

① 일정한 속도로 운동
② 관성좌표계
③ 정지
④ 회전 운동

원심력은 원운동에서의 관성력이며 관성력은 회전운동이나 가속도운동을 하는 곳에서 실제로 작용하는 힘이다.

13 회전하는 스케이트 선수가 팔을 안쪽으로 가져가는 이유는?

① 각속도를 증가시키기 위해
② 각속도를 감소시키기 위해
③ 각속도는 변함이 없다.

팔을 안쪽으로 가져가면 각운동량 보존법칙에 따라 회전관성이 감소하면서 각속도는 증가한다.

14 두 사람이 시소를 타고 평형상태에 있다. 한 사람이 받침대를 향해 움직이면 상대편은 어떻게 되겠는가?

① 올라간다.
② 내려간다.
③ 변화가 없다.

움직이는 쪽의 토크가 감소하므로 상대방은 내려가게 된다.

15 그림에서 야구방망이의 무게중심은?

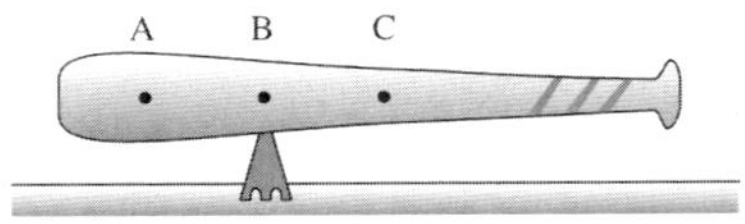

① A
② B
③ C

그림에서 야구방망이가 평형상태에 있으므로 받침대가 놓여있는 위치가 바로 무게 중심이다.

Answers 10. ① 11. ① 12. ④ 13. ① 14. ② 15. ②

16 그림과 같은 금속 조각의 무게 중심은?

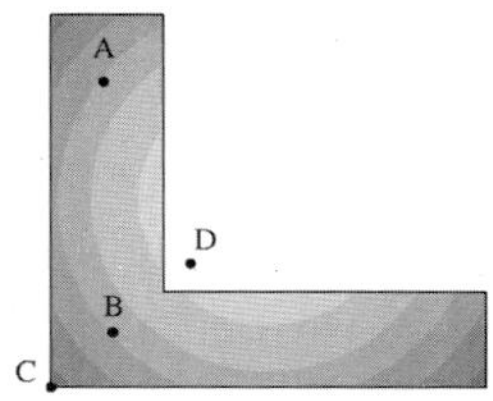

① A ② B
③ C ④ D

금속조각에 연직추를 매달아 두 수직선의 교차점인 무게중심을 찾을 수 있다.

17 그림과 같이 지구 주위를 2개의 달이 돌고 있다면 지구와 달이 이루는 계의 무게중심은?

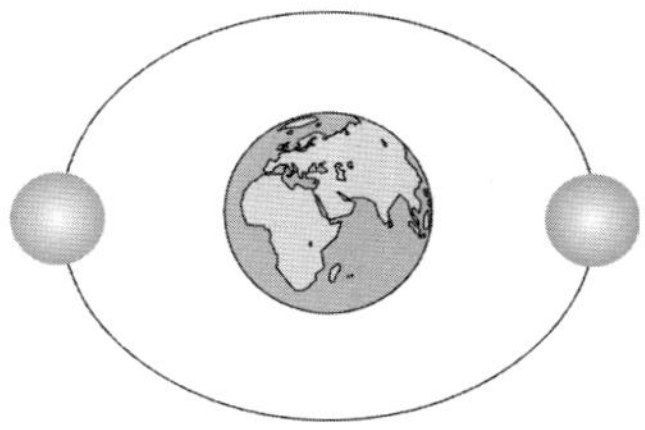

① 지구중심
② 지구중심이 아닌 지구내부
③ 지구와 달 사이

2개의 달이 이루는 계의 무게중심은 지구의 중심과 일치한다.

18 철수는 공중제비(somersault)를 하려고 한다. 철수의 몸은 어떤 상태에서 공중제비를 쉽게 할 수 있는가?

① 똑바로 세운 상태
② 둥글게 구부린 상태
③ 두 경우 같다.

몸을 구부리면 회전관성이 작아진다.

19 줄타기 곡예사는 장대를 어떤 모양으로 들고 몸의 균형을 쉽게 잡는가?

① 연직으로 높이 세운 상태
② 수평하게 늘어진 상태
③ 길이가 짧고 무거운 장대로 교체

긴 장대를 수평방향으로 늘어뜨리면 곡예사의 회전관성이 커져서 몸의 균형을 쉽게 잡을 수 있다.

20 한 계의 역학적 평형상태란?

① 알짜힘이 0이다.
② 알짜힘과 토크 모두가 0이다.
③ 토크가 0이면 알짜힘은 0일 필요가 없다.

알짜힘과 토크 둘다 0일 때 역학적 평형상태에 있다고 말한다.

21 꽉 조여진 나사를 돌릴 때 어떤 드라이버를 사용하는 것이 좋은가?

① 핸들이 넓은 것
② 핸들이 긴 것
③ 노란 색깔

Answers 16. ④ 17. ① 18. ② 19. ② 20. ② 21. ①

손잡이의 토크를 증가시키기 위해 핸들이 넓은 것을 사용하는 것이 좋다.

22 눈금이 있는 막대의 0cm되는 곳에 1kg의 물체를 매달고 받침대를 25cm되는 곳에 가져갔더니 전체적으로 균형을 이루었다. 막대의 질량은?(단, 막대의 두께는 균일하다.)

① $\frac{1}{4}$kg ② $\frac{1}{2}$kg

③ $\frac{3}{4}$kg ④ 1kg

⑤ 1kg보다 크다.

반시계방향의 토크 = 1×25 = 시계방향의 토크 = m×25에서 m=1kg이다.

23 공이 언덕에서 구르는 주된 이유는?

① 토크가 0이 아니므로
② 알짜힘이 0이 아니므로
③ 회전관성 때문에
④ 각운동량 때문에

회전운동의 원인은 토크이다. 토크가 0이므로 공이 구르게 된다.

24 공이 회전하지 않는 상태로 날아갔다. 공에 작용한 힘의 위치는?

① 공의 무게중심의 윗쪽
② 공의 무게중심
③ 공의 무게중심의 아래쪽

무게중심에 힘이 작용하면 토크가 0이 되어 공은 회전하지 않는 상태로 날아가게 된다.

25 우주공간에서 회전하고 있는 거대한 구름덩어리가 중력에 의해 밀도가 증가하는 형태로 변하고 있다. 구름덩어리의 크기가 작아짐에 따라

① 더 빨리 회전한다.
② 더 느리게 회전한다.
③ 회전속력은 변하지 않는다.

각운동량 보존의 법칙에 따라 구름덩어리의 크기가 작아지면 회전관성이 작아져서 회전속도가 빨라진다.

26 그림과 같이 철수가 자유로이 회전하고 있는 커다란 원판의 회전중심으로부터 바깥쪽으로 기어나올 때 철수와 원판의 각운동량은?

① 감소한다.
② 증가한다.
③ 같지만 원판의 RPM이 감소한다.
④ 감소하는 RPM에 비례하여 감소한다.

외부에서의 토크가 작용하지 않으므로 각운동량은 변하지 않으며 철수가 바깥쪽으로 이동하면 회전관성이 커지므로 회전속도가 감소한다.

Answers 22. ④ 23. ① 24. ② 25. ① 26. ③

27 그림에서 양끝에 있던 두 사람이 각각 받침대로부터 거리의 절반되는 곳으로 이동했을 때 어느 쪽으로 기우는가?

① 무거운 사람이 앉아있는 곳이 내려간다.
② 가벼운 사람이 앉아있는 곳이 내려간다.
③ 변함이 없다.

무거운 사람과 가벼운 사람, 시소의 토크를 각각 τ_1, τ_2, τ_3라 할 때 $\tau_1 = \tau_2 + \tau_3$에서 τ_1과 τ_3는 절반으로 감소하지만 τ_2는 그대로이므로 가벼운 사람이 앉아있는 곳이 내려간다.

28 막대자의 한끝을 손에 세우면 막대자는 금방 회전하면서 지면으로 떨어진다. 이번에는 막대자의 윗쪽에 무거운 물체를 붙였을 때 같은 동작을 반복하였다. 떨어지는 시간은 어떻게 되겠는가?

① 길어진다.
② 짧아진다.
③ 같다.

회전관성이 증가하므로 떨어지는 시간도 길어진다.

29 원통고리와 원판이 같은 높이에서 경사면을 따라 동시에 굴러 내려올 때 바닥에 먼저 도달하는 것은?

① 원통고리
② 원판
③ 질량에 따라 다름
④ 동시에 도달한다.

원통고리보다 원판의 회전관성이 더 작으므로 원판이 먼저 도달한다.

30 원통고리, 원판, 고체구가 경사면을 따라 동시에 굴러 내려온다. 바닥에 먼저 도달하는 것은?

① 원통고리
② 원판
③ 고체구
④ 동시에 도달한다.
⑤ 더 많은 정보가 있어야 한다.

원통고리, 원판, 고체구 중 고체구의 회전관성이 가장 작으므로 바닥에 먼저 도달한다.

31 같은 크기의 물로 채운 원통과 얼음으로 채운 원통이 경사면을 따라 굴러 내려오고 있다. 바닥에 먼저 도달하는 것은?

① 물로 채운 원통
② 얼음으로 채운 원통
③ 같다.
④ 더 많은 정보가 있어야 한다.

원통 속에 액체를 넣었을 때 액체는 회전하지 않고 병진 운동을 하기 때문에 물로 채운 원통이 먼저 바닥에 도달한다.

Answers 27. ② 28. ① 29. ② 30. ③ 31. ①

32 그림과 같이 손가락으로 빗자루의 균형을 잡고 있다. 어느 쪽이 더 무거운가?

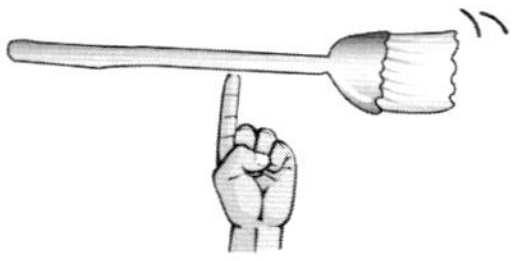

① 오른쪽(비가 있는 쪽)
② 왼쪽(자루가 있는 쪽)
③ 같다.

토크의 평형을 고려할 때 자루보다 비가 있는 쪽이 받침점으로부터 가까이 있으므로 비가 있는 오른쪽이 더 무겁다.

33 그림과 같은 판자 위에 철수가 서 있다. 공중에 걸려 있는 판자의 길이가 전체 길이의 $\frac{1}{4}$ 이라면 판자의 질량은 철수의 질량의 몇 배인가?

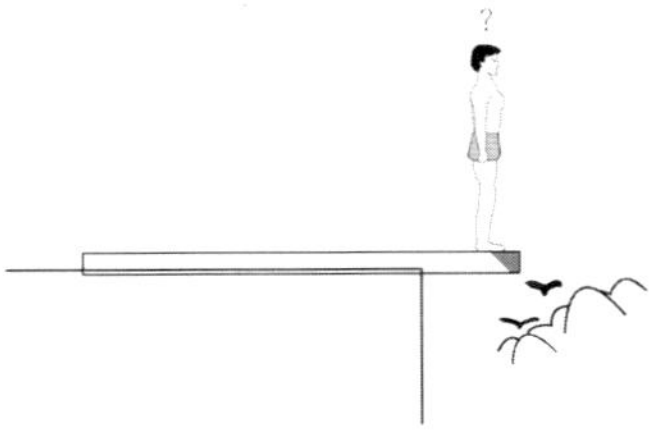

① $\frac{1}{2}$배 ② 1배
③ $\frac{3}{2}$배 ④ 2배

받침점으로부터 판자의 무게중심까지의 거리와 철수가 서 있는 곳까지의 거리가 같으므로 토크의 평형을 이용하면 철수의 질량은 판자의 질량과 같다.

34 그림과 같이 영희는 혼자서 시소를 타고 있다. 영희의 질량은?

① 시소의 질량보다 크다.
② 시소의 질량보다 작다.
③ 시소의 질량과 같거나 거의 같다.
④ 더 많은 정보가 있어야 한다.

그림에서 시소의 받침점으로부터 시소의 질량중심까지의 거리보다 영희가 앉아있는 위치가 더 먼 곳에 있으므로 영희의 질량은 시소의 질량보다 작다고 할 수 있다.

Answers 32. ① 33. ② 34. ②

8.2 개념 응용하기

01 질량 M인 구의 회전 관성은 $I=\frac{2}{5}Mr^2$이지만 지구의 회전관성은 $0.344Mr^2$으로 측정되었다. 그 이유로 가장 타당한 것은?

① 지구는 원이 아니고 타원이기 때문이다.
② 지구 내부는 액체로 이루어져 있기 때문이다.
③ 지표면의 구성 물질이 지구 중심보다 더 다양하기 때문이다.
④ 지구 중심 부분은 지각보다 밀도가 더 크기 때문이다.
⑤ 지표면에는 오대양과 같은 큰 바다가 존재하기 때문이다.

→ • 질량이 중심에 가깝게 분포되어 있을수록 회전관성은 작아진다.

02 성인 남자의 질량 중심은 키의 57% 되는 지점인 배꼽 아래 2cm 인 곳이다. 그림과 같이 손을 저울 위에 올려놓고 발끝으로 몸을 떠받쳤더니 저울의 눈금은 53kg을 가리켰다. 손의 위치가 발끝으로부터 156cm이고, 키가 176cm라면 이 사람은 키의 몇 %되는 지점에 질량 중심이 있는가?(사람의 질량은 80kg)

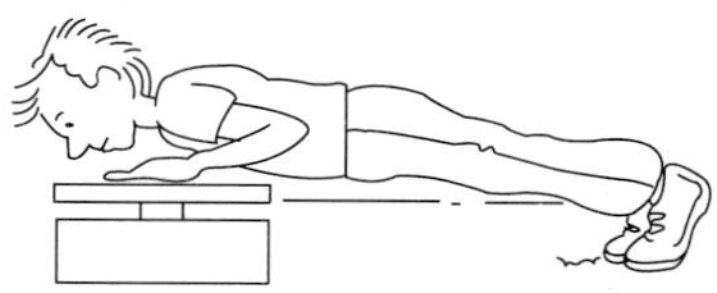

① 30% ② 40%
③ 59% ④ 60%
⑤ 70%

→ • 발끝에 대한 힘의 모멘트(토크)를 고려하면 질량 중심까지의 거리가 d일 때 $80\times d=53\times 156$에서 d=103cm이다. 이것은 키의 약 60% 되는 곳으로 보통의 남자들보다 약간 위쪽이다. 이는 팔을 위로 했기 때문이다.

Answers 01. ④ 02. ④

03 그림과 같이 질량을 무시할 수 있는 길이 $3d$의 강체 막대가 고정점 W를 축으로 회전할 수 있도록 되어 있다. 크기가 F인 두 힘이 그림에 표시된 것처럼 작용하고 있는데, 제 3의 힘 F를 위 또는 아래 방향으로 작용하여 막대를 평형 상태로 유지시키려고 한다. 제 3의 힘을 작용시켜야 하는 지점을 모두 고른 것은?

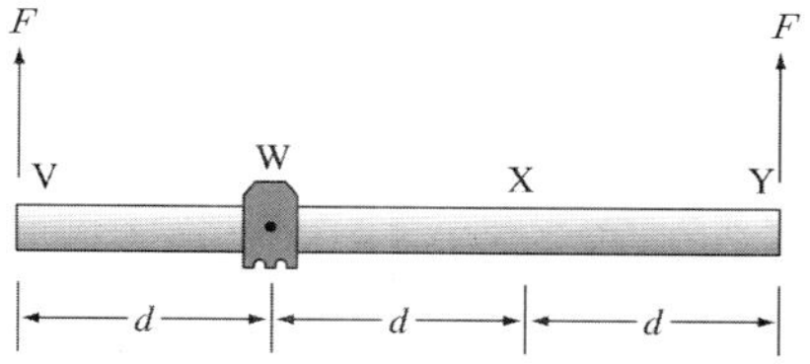

① W
② Y
③ V 또는 X
④ V 또는 Y
⑤ V, W 또는 X

···› • 평형이 되려면 토크의 합이 0이어야 한다.

04 지구 대기의 질량중심은 어느 위치라고 생각되는가?

① 지표면과 지구 대기의 가장 바깥쪽 사이의 중간 지점보다 약간 아래
② 지표면 근처
③ 지구 대기의 가장 바깥쪽 근처
④ 지구 중심
⑤ 지구 중심과 지표면 사이의 중간 지점

···› • 지구대기는 도넛 모양이므로 도넛의 질량 중심을 구하면 된다.

05 그림과 같이 질량이 4kg, 5kg, 6kg인 세 입자가 놓여 있다. 세 입자의 질량 중심(x, y)을 바르게 나타낸 것은?

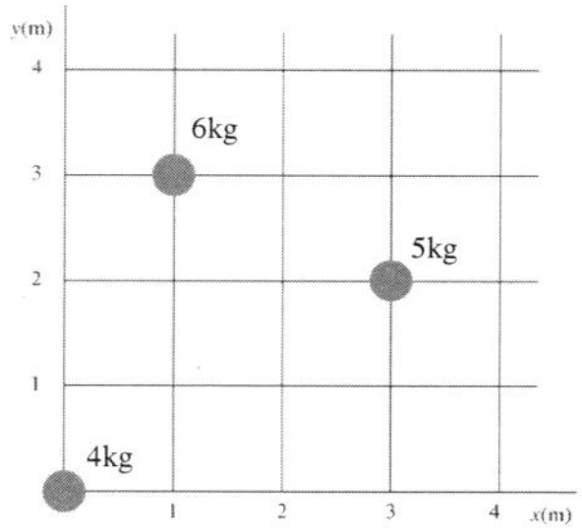

① (1.3m, 1.7m)
② (1.4m, 1.7m)
③ (1.4m, 1.9m)
④ (1.9m, 2.5m)
① (2.5m, 1.4m)

Answers 03. ③ 04. ④ 05. ③

⋯▸ • 세 물체의 질량 중심을 구하는 식은 $x_{cm} = \dfrac{m_1x_1 + m_2x_2 + m_3x_3}{m_1 + m_2 + m_3}$, $y_{cm} = \dfrac{m_1y_1 + m_2y_2 + m_3y_3}{m_1 + m_2 + m_3}$ 이다.

06 수평한 도로 위를 달리는 후륜구동 자동차의 속도가 증가하고 있을 때 앞뒤 바퀴의 마찰에 대한 설명 중 옳은 것은?

① 앞뒤 바퀴 모두 뒤쪽으로 마찰력을 받는다.
② 앞뒤 바퀴 모두 앞쪽으로 마찰력을 받는다.
③ 앞뒤 바퀴 모두 마찰력이 0이다.
④ 앞바퀴는 뒤쪽으로, 뒷바퀴는 앞쪽으로 마찰력을 받는다.
⑤ 앞바퀴는 앞쪽으로, 뒷바퀴는 뒷쪽으로 마찰력을 받는다.

⋯▸ • 후륜구동 자동차의 경우 동력전달장치가 뒷바퀴에 연결되어 있으므로 가속될 때 뒷바퀴는 앞쪽으로 힘을 받는다.

07 그림과 같이 두 원판이 매끄러운 축 위에서 회전하고 있다. 두 원판을 천천히 움직여 두 원판이 하나가 되도록 하였다. 이때 두 원판의 각속도는 얼마인가?

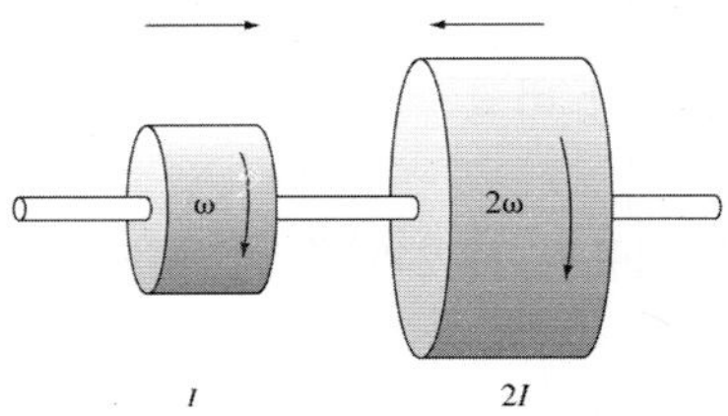

① $\dfrac{5\omega}{3}$

② $\dfrac{5\omega}{\sqrt{3}}$

③ 3ω

④ $\dfrac{\sqrt{7}\,\omega}{3}$

⑤ $\dfrac{5\omega}{\sqrt{7}}$

⋯▸ • 각운동량 보존법칙을 이용한다. 두 원판의 각운동량의 합은 $\dfrac{5}{3}I\omega$이므로 각속도는 $\dfrac{5}{3}\omega$이다.

Answers 06. ④ 07. ①

08 그림과 같이 질량 M인 물체가 마찰이 없는 수평한 테이블 위에서 줄에 매달려 원운동하고 있다. 테이블의 작은 구멍을 통해 줄을 천천히 잡아당길 때 다음 설명 중 옳은 것은?

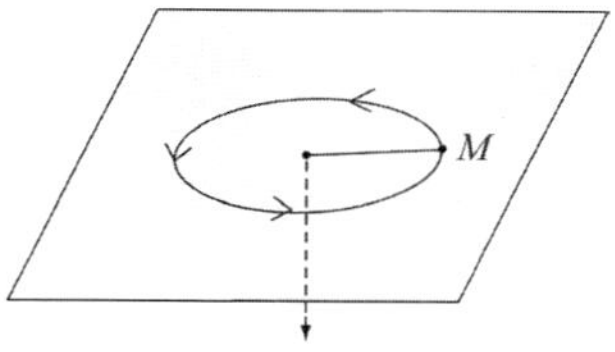

① 물체의 각운동량은 증가한다.
② 물체의 각운동량은 감소한다.
③ 물체의 각운동량은 변함이 없다.
④ 물체의 운동에너지는 증가한다.
⑤ 물체의 운동에너지는 변함이 없다.

→ • 중심력이 작용하는 경우 토크가 0이므로 각운동량은 보존된다.

09 질량이 m인 똑같은 세 개의 물체가 그림과 같이 정삼각형의 꼭지점에 놓여 있다. 한 변의 길이가 d이고 세 물체는 질량 중심에 대해 원운동하고 있다. 물체들의 위치는 변함이 없다고 가정할 때 이 계의 운동에너지는 얼마인가?

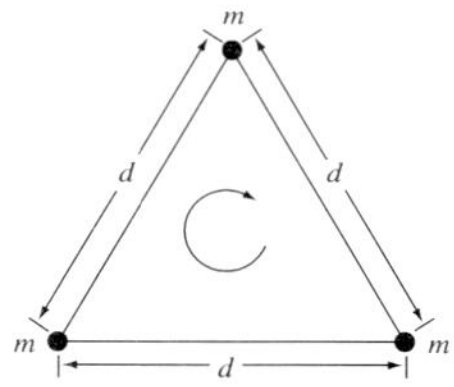

① $\frac{3}{2}\frac{Gm^2}{d}$
② $\frac{3Gm^2}{d}$
③ $\frac{Gm^2}{3d}$
④ $\frac{3Gm^2}{d^2}$
⑤ $\frac{3Gm^2}{d^2}$

→ • 물체 1개에 대해 구심력=만유인력이므로 $\frac{mv^2}{\frac{d}{\sqrt{3}}} = G\frac{m^2}{d^2}\sqrt{3}$이다. 3개이므로 $\frac{3}{2}\frac{Gm^2}{d}$이다.

Answers 08. ③ 09. ①

8.3 개념 서술하기

01 유럽 우주국의 발사대는 유럽에 없고 남아메리카의 적도 근처에 있는 프랑스령 기아나에 있다. 그 이유를 설명하라.

풀이

가장 이상적인 로켓 발사대는 지구의 자전속력이 가장 큰 적도지방이다.

02 자동차 운전자가 가속 페달을 밟을 때는 차의 앞 끝이 위쪽을 향하고, 브레이크 페달을 밟으면 아래쪽을 향한다. 그 이유는 무엇일까?

풀이

가속페달을 밟으면 자동차의 질량 중심에 대해 돌림힘(토크)을 작용하므로 반시계방향으로 회전하게 만들어 자동차의 앞끝이 들리는 효과를 가져온다. 반대로 브레이크페달을 밟으면 시계방향으로 회전하게 만들어 자동차의 뒤끝이 들리는 효과를 가져온다.

03 양손에 무거운 추를 들고 팔을 뻗은 채로 회전의자에 앉아서 의자를 회전시킨 후 이 추를 몸 가까이 당겨보자. 각속도와 운동에너지는 어떻게 되는가? 이 때 각운동량과 운동에너지가 보존되는지 각각 설명하라.

풀이

추를 몸 안쪽으로 잡아당기면 회전관성이 줄어들어 각속도가 증가하므로 각운동량 보존 법칙에 위배되지 않는다. 그러나 운동에너지는 증가하게 되는데, 이는 추를 몸쪽으로 끌어 당길 때 이 힘은 추에 일을 하게 되어 회전 운동에너지가 증가하는 것이다.

8.4 개념 심화하기

01 그림과 같이 반지름 R되는 두 개의 반지름선과 원둘레의 $\frac{1}{4}$로 구성된 가느다란 철사틀의 질량 중심을 구하라.

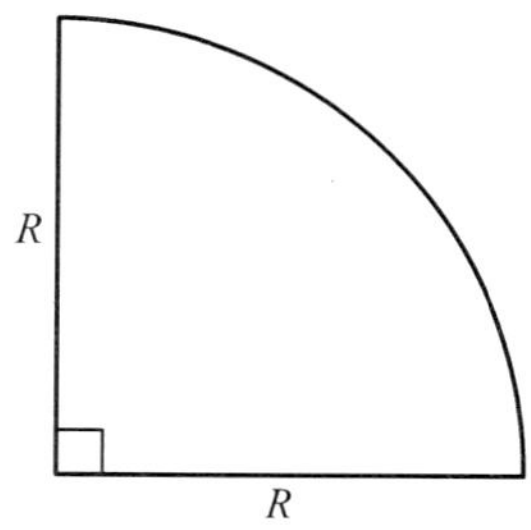

풀이

수직으로 서있는 선분의 질량중심의 y좌표($y_{|}$)는 $\frac{R}{2}$이고 호의 좌표는

$$y_{arc} = \frac{\int y\,dm}{M_{arc}} = \frac{\int_0^{\frac{\pi}{2}} R\sin\theta \cdot \lambda R d\theta}{M_{arc}} = \frac{2R}{\pi}$$

따라서 전체 질량 중심은 $y_{CM} = \frac{M_{|}\,y_{|} + M_{arc}y_{arc}}{M_{전체}} = \frac{(\lambda R)(\frac{R}{2}) + (\frac{\pi R\lambda}{2})(\frac{2R}{\pi})}{(2+\frac{\pi}{2})\lambda R}$

$$= \frac{3R}{(\pi+4)} = 0.420R$$

대칭성에 의해서 $x_{CM} = y_{CM}$

02 그림과 같이 한변의 길이 $2R$인 정사각형에서 반지름 $\frac{R}{2}$의 원형 구멍을 도려내었다.
정사각형의 중심에 대한 질량 중심의 위치를 결정하라

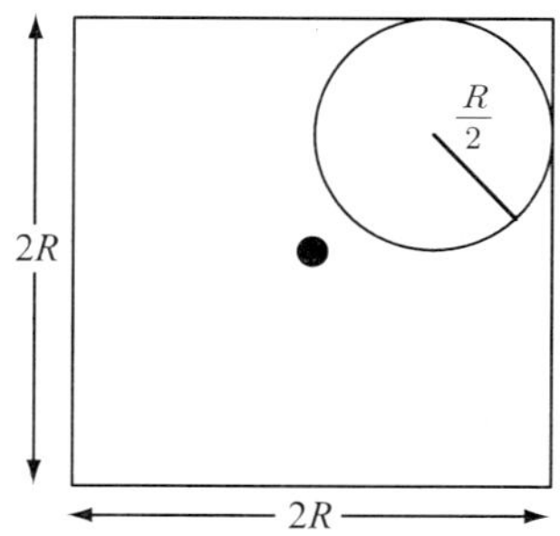

풀이

정사각형의 중심을 원점으로 잡는다. 떼어내는 부분의 질량중심의 x좌표는 $R/2$,
떼어내기 전 사각형의 질량중심의 x좌표는 0
전체 질량중심의 x좌표는

$$x_{CM} = \frac{\sigma[(4R^2)(0) - (\frac{\pi R^2}{4})(\frac{R}{2})]}{(4-\frac{\pi}{4})\sigma R^2} = -\frac{\pi R}{32-2\pi} = -0.122R = y_{CM}$$

03 그림과 같이 질량 80g, 반지름 4cm의 퍽이 무마찰 실험 장치 위에서 1,5m/s의 속력으로 미끄러지다가 정지해 있는 질량 120g, 반지름 6cm의 다른 퍽과 충돌한다. 충돌 후 두 퍽은 서로 달라붙은 상태에서 회전하게 된다. 두 퍽의 질량 중심에 대한 각속도를 구하라.

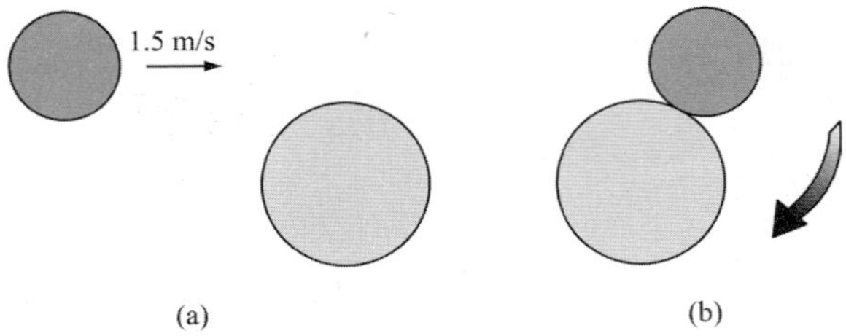

풀이

서로 붙은 후에 질량중심은 큰 퍽의 중심으로부터 $y=\dfrac{0+80\text{g}(4+6)\text{cm}}{(120+80)\text{g}}=4\text{cm}$ 만큼 떨어져 있다.

$L=r_1m_1v_1+r_2m_2v_2=0+(0.06\text{m})(0.08\text{kg})(1.5\text{m/s})=7.20\times10^{-3}\text{kg}\cdot\text{m}^2/\text{s}$이다.

질량중심을 축으로 한 관성모멘트는 $I=\dfrac{1}{2}m_1r_1^{\,2}+m_1d_1^{\,2}+\dfrac{1}{2}m_2r_2^{\,2}+m_2d_2^2$

$=\dfrac{1}{2}(0.12\text{kg})(0.06\text{m})^2+(0.12\text{kg})(0.04\text{m})^2+\dfrac{1}{2}(0.08\text{kg})(0.04\text{m})^2+(0.08\text{kg})(0.06\text{m})^2$

$=7.6\times10^{-4}\text{kg}\cdot\text{m}^2$

각운동량은 $L=I\omega$를 만족 하므로 $\omega=\dfrac{L}{I}=\dfrac{7.20\times10^{-3}\text{kg}\cdot\text{m}^2/\text{s}}{7.6\times10^{-4}\text{kg}\cdot\text{m}^2}=9.47\text{rad/s}$

04 그림과 같이 밀도 균일한 구에 힘 F가 구의 접선 방향으로 작용하고 있다. 구와 모든 접촉면 사이의 마찰 계수는 0.5이다. 구가 회전하지 않고 작용할 수 있는 최대 힘 F를 구하라.

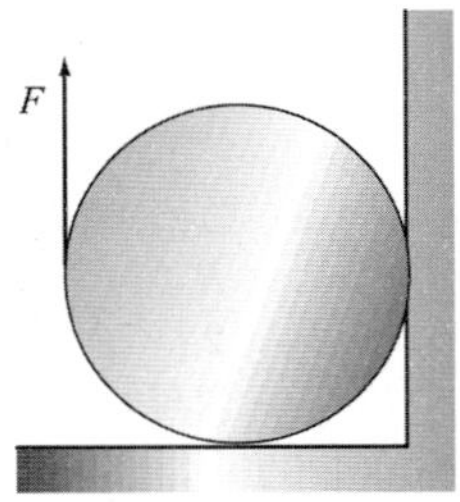

풀이

$f_1=N_2=\mu N_1,\ f_2=\mu N_2,\ F+N_1+f_2=W\ \cdots\ (1)$

회전하지 않아야 하므로 토크=0에서 $F=f_1+f_2\ \cdots\ (2)$

마찰 계수 μ가 $\dfrac{1}{2}$이므로 $f_1=\dfrac{N_1}{2},\ f_2=\dfrac{N_2}{2}=\dfrac{N_1}{4}$

(1)에서 $F+N_1+\dfrac{N_1}{4}=W,\ F+\dfrac{5}{4}N_1=W\ \cdots\ (3)$

(2)에서 $F=\dfrac{N_1}{2}+\dfrac{N_1}{4}=\dfrac{3}{4}N_1$

(3)에서 $F+\dfrac{5}{4}(\dfrac{4}{3}F)=W$ 이므로 $F=\dfrac{3}{8}W$

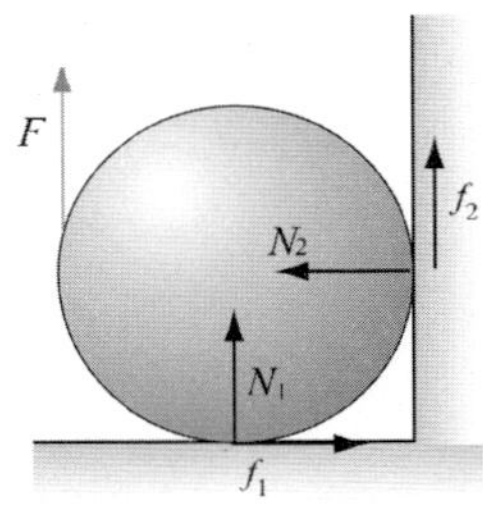

05 질량이 각각 M, m인 두 행성이 거리 d만큼 떨어진 상태로 질량 중심(CM)에 대해 회전하고 있다. 각 행성의 주기 T의 제곱이 거리 d의 세제곱에 비례함을 증명하라.

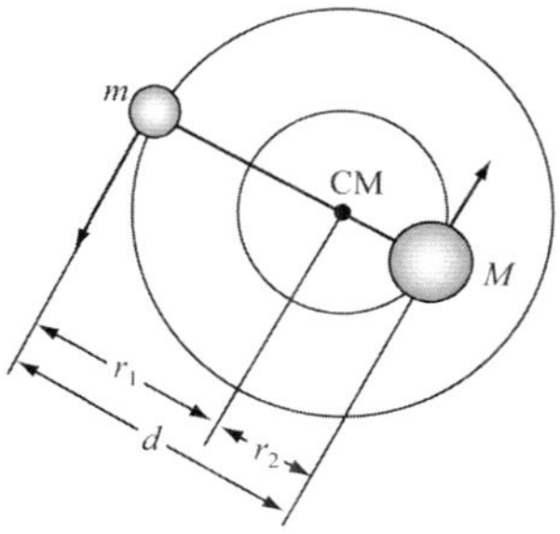

풀이

질량 중심의 좌표를 원점으로 하면, $0=\dfrac{Mr_2-mr_1}{M+m}$이므로 $Mr_2=mr_1$이다.
두 물체에 구심력 역할을 하는 힘은 만유인력이므로 $mr_1\omega_1^2=\dfrac{GMm}{d^2}$, $Mr_2\omega_2^2=\dfrac{GMm}{d^2}$이다. $d=r_1+r_2$이고, $\omega_1=\omega_2=\omega$ 이므로 $(r_1+r_2)\omega^2=\dfrac{(M+m)G}{d^2}$이 된다.
$T=\dfrac{2\pi}{\omega}$이므로 $T^2=\dfrac{4\pi^2d^3}{G(M+m)}$ 이다.

06 그림과 같이 길이 L, 질량 M인 단진자에 용수철 상수 k인 용수철이 연결되어 있다. 단진자의 주기를 구하라. 단, 길이 L의 줄은 강체이고 질량은 무시한다.

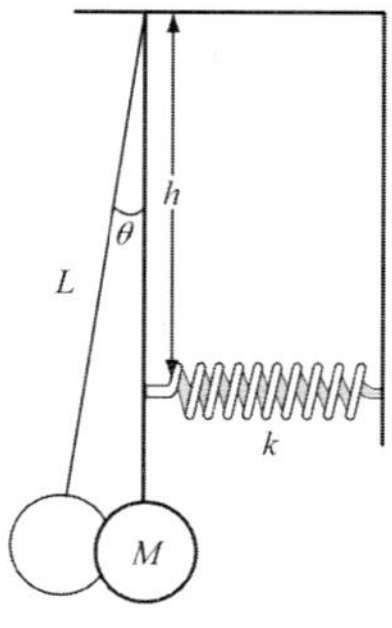

풀이

$\tau=I\alpha$, $\dfrac{d^2\theta}{dt^2}=-\alpha$를 이용하면 $\tau=-MgL\sin\theta+kxh\cos\theta=-I\dfrac{d^2\theta}{dt^2}$이 된다.
θ가 아주 작을 때에는 $\sin\theta\approx\theta$이고, $\cos\theta\approx 1$, $x\approx s\approx h\theta$이다.
따라서 $\dfrac{d^2\theta}{dt^2}=-(\dfrac{MgL+kh^2}{I})\theta=-\omega^2\theta$이므로 $f=\dfrac{1}{2\pi}\sqrt{\dfrac{MgL+kh^2}{ML^2}}$ 이다.

07 그림은 질량 M인 나무토막이 마찰이 없는 수평면 위에서 질량 m인 용수철에 매달려 있는 것을 보여준다.

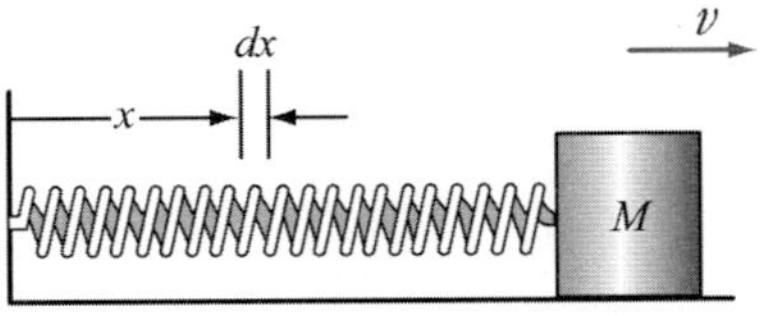

(1) 선분 dx의 속력이 용수철의 고정된 끝점으로부터 거리에 비례한다고 가정하고 나무토막의 속력이 v일 때 용수철의 운동에너지를 구하라.

(2) 진동주기를 구하라.

풀이

(1) 운동에너지를 K라 하면 $dK=\frac{1}{2}dmv_x^2$, $v_x=\frac{x}{l}vgg$, $dm=\frac{m}{l}dx$이다. 따라서 용수철의 운동에너지는 $\frac{1}{2}\int_0^l(\frac{x^2v^2}{l^2})\frac{m}{l}dx=\frac{mv^2}{6}$이다.

(2) 총 운동에너지는 $\frac{1}{2}Mv^2+\frac{mv^2}{6}=\frac{1}{2}m_{eff}v^2$인데, 여기서 $m_{eff}gg$는 유효질량이다.

$\omega=\frac{k}{m_{eff}}=\frac{2\pi}{T}$이므로 $T=2\pi\sqrt{\frac{M+\frac{m}{3}}{k}}$ 이 된다.

08 그림과 같이 반지름 R, 질량 M의 얇은 원판에 작고 얇은 반지름 r, 질량 m의 강체 원판이 붙어 있다. 작은 원판은 큰 원판의 가장자리에 위치해 있으며, 큰 원판의 중심이 마찰이 없는 회전축 위에 놓여 있다. 큰 원판을 평형점으로부터 작은 각 θ만큼 이동시켰다가 가만히 놓았을 때 다음 물음에 답하라. 단, 중력가속도는 g이다.

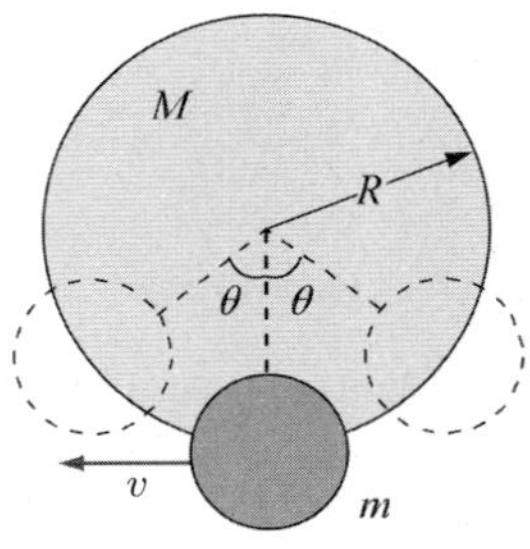

(1) 원판이 평형점을 지날 때의 속력을 구하라.

(2) 원판의 운동 주기를 구하라.

풀이

(1) 최고점에서 운동에너지는 0, 최하점에서 위치에너지는 0이 된다. 역학적 에너지 보존을 이용하면 $mgh = \frac{1}{2}I\omega^2$이다.

여기서 $h = R - R\cos\theta = R(1-\cos\theta)$, $\omega = \frac{v}{R}$, $I = \frac{MR^2}{2} + \frac{mr^2}{2} + mR^2$이므로

이를 식에 대입하면 $v = 2\sqrt{\frac{Rg(1-\cos\theta)}{\frac{M}{m} + \frac{r^2}{R^2} + 2}}$이 된다.

(2) $T = 2\pi\sqrt{\frac{I}{m_T g d_{cm}}}$, $m_T = m + M$, $d_{cm} = \frac{mR + M(0)}{m+M}$을 이용하면

$T = 2\pi\sqrt{\frac{\frac{1}{2}MR^2 + \frac{1}{2}mr^2 + mR^2}{mgR}}$이 된다.

09 그림과 같이 수평면과 θ의 각을 이루고 있는 길이 l의 판자 위에 판자의 회전축으로부터 거리 r되는 곳에 가벼운 컵이 붙어 있다. 판자의 다른 끝에는 작은 공이 놓여 있고 그 아래에는 판자를 떠받치고 있는 막대가 있다.

(1) $\cos\theta$의 값이 얼마 이상일 때 공이 컵 안으로 들어갈 수 있는가?

(2) 판자의 길이가 1m일 때 공이 컵 안으로 들어갈 수 있는 거리 r을 구하라.

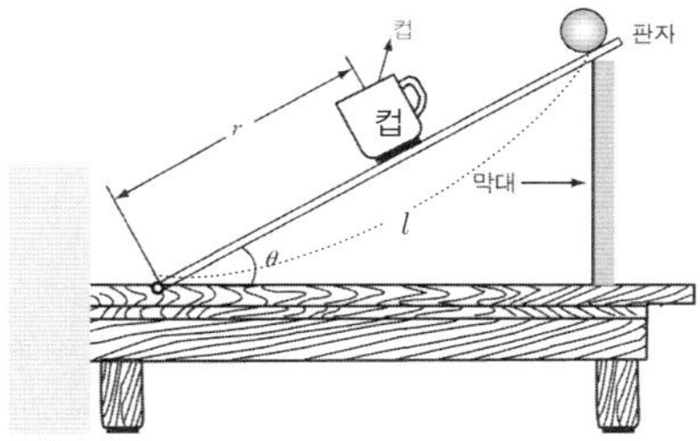

풀이

(1) 일단 막대가 먼저 수평면에 도달해야 한다.

$\Sigma\tau = I\alpha$ 에서 $mg\frac{l}{2}cos\theta = \frac{1}{3}ml^2\alpha$ 이므로 $\alpha = \frac{3}{2}\frac{g}{l}cos\theta$

막대가 먼저 수평면에 도달하기 위한 조건은 공이 있는 막대 끝점의 수직 가속도가 공의 가속도 g보다 커야한다. 막대의 끝의 접선방향의 가속도는

$$a_t = \alpha l = \frac{3}{2}g\cos\theta$$

수직 성분은 $a_y = a_t\cos\theta = \frac{3}{2}g\cos^2\theta \geq g$이므로 $\therefore \cos\theta \geq \sqrt{\frac{2}{3}}$

(2) 막대가 수평면에 있을 때 그 위치는 공의 처음 위치 바로 밑이어야 한다.

$r = Lcos\theta = \cos\theta \geq \sqrt{\frac{2}{3}} = 0.816$

$\therefore$최소거리 $r = 0.816\text{m}$

CHAPTER 09

온도와 열

9.1 개념 익히기

01 차가운 얼음조각을 손으로 만질 때 에너지의 이동은?

① 손에서 얼음으로 이동한다.
② 얼음에서 손으로 이동한다.
③ 실제로 양방향으로 이동한다.

열이란 물체의 상태나 온도 변화의 원인이며 고온의 물체에서 저온의 물체로 이동하는 에너지의 흐름을 말한다.

02 열에너지의 이동에 대한 옳은 설명은?

① 내부에너지가 큰 물체에서 작은 물체로 이동한다.
② 온도가 높은 물체에서 낮은 물체로 이동한다.
③ 둘다 가능하다.

열은 자연적으로 고온의 물체에서 저온의 물체로 이동한다.

03 다음 중 열이 가해질 때 온도가 더 빨리 상승하는 것은?

① 물　② 철
③ 유리　④ 나무

비열은 물질이 열에 반응하는 정도를 나타내는 물리량으로 비열이 작은 물체일수록 온도가 더 잘 올라간다. 일반적으로 다른 물질에 비해 금속의 비열이 작다.

Answers 01. ① 02. ② 03. ②

04 상대적으로 빠르게 가열되는 물질은?

① 비열이 큰 물질이다.
② 비열이 작은 물질이다.

비열이 작은 물질일수록 상대적으로 빠르게 가열된다.

05 온도계가 '어떤 온도를 나타낸다'는 것은 ________________를(을) 말해준다.

① 열적 평형상태
② 에너지 보존
③ 열과 내부에너지의 차이
④ 분자들이 계속적으로 운동하고 있음

온도는 차고 더운 정도를 수량적으로 나타낸 것으로 물질 분자들의 평균운동에너지와 관련이 있다. 또한 온도는 열적평형상태에서의 차고더운 정도를 의미한다.

06 열에너지의 측정 단위는?

① 줄 ② 칼로리
③ 둘다 맞다.

열이 에너지(측정단위, 줄)의 한 형태라는 사실을 알기 전까지 칼로리를 측정단위(물 1g의 온도를 1℃올리는데 필요한 열량을 1cal로 정의함)로 사용했다.

07 해안 지방의 기후가 온화한 것은 물의 어떤 성질과 가장 관계가 깊은가?

① 열적 절연성
② 무한한 내부에너지의 공급
③ 높은 비열
④ 높은 증발율
⑤ 태양에너지의 흡수성

비열이 클수록 물질의 온도변화가 작으므로 해안 지방의 기후가 온화하다.

08 얼음의 밀도가 물보다 작은 것은 얼음이 ________________ 때문이다.

① 물 속으로 약간 가라앉기
② 고체 상태에서 분자들이 더 빽빽한 상태로 있기
③ 열린 구조의 육각형 결정을 이루기
④ 온도가 낮아지면 얼음의 밀도가 작아지기

얼음의 밀도가 물보다 작은 것은 얼음의 분자구조가 열린 구조의 육각형 결정을 이루기 때문이다.

09 한 컵의 커피를 커다란 빙산과 비교하면?

① 더 많은 내부에너지와 더 높은 온도를 갖는다.
② 온도는 더 높지만 내부에너지는 더 작다.
③ 더 큰 비열과 더 많은 내부에너지를 갖는다.
④ 모두 틀리다.

물질의 내부에너지는 물질의 온도와 물질의 양에 의해 결정되므로 온도는 낮더라도 물질의 양이 많으면 내부에너지가 더 클 수 있다.

Answers 04. ② 05. ① 06. ③ 07. ③ 08. ③ 09. ②

10 물이 얼음 상태로 되면 물의 밀도는

① 작아진다.
② 커진다.

물이 얼음 상태로 되면 부피가 커지므로 밀도는 작아진다.

11 호수의 표면이 얼기 전에 호수의 물은 모두

① 0℃였다.
② 4℃였다.

물의 밀도는 4℃에서 가장 크므로 호수의 표면이 얼기 전에 호수의 물은 모두 4℃였다.

12 얼음이 형성되는 위치는?

① 물의 표면에서부터 형성된다.
② 물의 바닥에서부터 형성된다.

물의 밀도는 4℃에서 가장 크므로 호수의 표면부터 얼게 된다.

13 금속 고리를 냉각시키면 고리의 지름은?

① 증가한다.
② 감소한다.
③ 변함이 없다.

냉각시키면 고리의 지름은 감소하고, 가열시키면 고리의 지름은 팽창한다. 금속판 전체를 생각할 때 금속판을 냉각시키거나 가열시킬 때 전체적으로 수축하거나 팽창하게 된다.

14 구리와 철로 된 바이메탈을 가열시킬 때 철 쪽으로 휘어지는 이유는?

① 철이 구리보다 더 빨리 뜨거워지므로
② 구리가 철보다 더 빨리 뜨거워지므로
③ 구리가 철보다 더 많이 팽창하므로
④ 철이 구리보다 더 많이 팽창하므로

바이메탈은 팽창률이 다른 두 금속을 붙여놓은 것으로 팽창률이 작은 쪽으로 휘어진다.

15 유리가 수은보다 더 많이 팽창한다면 수은 온도계의 수은주 기둥은 온도가 ___할 때 올라갈 것이다.

① 상승
② 하강
③ 둘다 틀리다.

온도가 올라갈 때 유리가 수은보다 더 많이 팽창한다면 온도가 내려갈 때 유리가 수은보다 더 많이 수축하게 되므로 온도가 내려갈 때 오히려 수은주 기둥은 올라가게 된다.

16 다음 중 온도가 올라갈 때 부피가 가장 많이 팽창하는 것은? 단, 처음 부피는 모두 같다.

① 철 ② 나무
③ 얼음물 ④ 헬륨
⑤ 모두 같다.

일반적으로 고체보다 액체가, 액체보다는 기체의 경우 부피팽창률이 더 크다.

Answers 10. ① 11. ② 12. ① 13. ② 14. ③ 15. ② 16. ④

17 다음 중 온도가 낮아질 때 부피가 가장 많이 팽창하는 것은? 단, 처음 부피는 모두 같다.

① 철
② 나무
③ 헬륨
④ 4℃ 물
⑤ 온도가 낮아질 때 부피는 항상 감소한다.

대부분의 물질은 온도가 내려가면 수축하지만 물의 경우는 4℃때 밀도가 가장 크므로 온도가 내려가면 오히려 팽창한다.

18 공기를 채운 밀봉된 캔을 뜨거운 난로 위에 올려놓으면 다음 중 어떤 물리량이 증가하는가?

① 질량
② 압력
③ 온도
④ 질량, 압력, 온도
⑤ 압력, 온도

캔 속에 들어있는 공기 양은 변함이 없으므로 질량은 일정하다.

19 다음 중 온도가 낮아질 때 가장 많이 수축하는 것은? 단, 처음 부피는 모두 같다.

① 철
② 나무
③ 물
④ 헬륨
⑤ 모두 같은 양만큼 수축한다.

일반적으로 고체보다 액체가, 액체보다는 기체의 경우 부피팽창률이 더 크므로 수축하는 양도 기체가 가장 크다.

20 0℃ 물의 경우 온도가 조금 상승하면 물의 부피는 어떻게 변하는가?

① 증가한다. ② 감소한다.
③ 변함이 없다.

물은 4℃일 때 밀도가 가장 크므로 0℃에서 온도가 조금 상승하면 부피는 오히려 감소한다.

21 4℃ 물을 가열하면 물의 부피는 팽창한다. 4℃의 물을 냉각시키면 물의 부피는 어떻게 변하는가?

① 감소한다. ② 증가한다.
③ 변함이 없다.

물은 4℃일 때 밀도가 가장 크므로 4℃에서 온도가 조금 내려가면 부피는 오히려 증가한다.

22 추운 겨울날 종종 수도관이 터진다. 그 이유는?

① 지면이 수축하면서 수도관을 늘어뜨리므로
② 물이 얼면 부피가 늘어나므로
③ 물이 얼면 부피가 감소하므로
④ 얼음이 녹는 동안 수도관에 압력을 가하므로

Answers 17. ④ 18. ⑤ 19. ④ 20. ② 21. ② 22. ②

물의 밀도는 4℃에 가장 크므로 물의 온도가 4℃이하로 낮아지게 되면 부피가 늘어난다.

23 알루미늄의 비열은 구리의 두 배이다. 같은 질량의 두 금속 도선을 불 위로 가져갈 때 온도가 빨리 상승하는 것은?

① 구리 ② 알루미늄
③ 같다.

비열은 물질 1kg의 온도는 1K 올리는데 필요한 열량이므로 비열이 클수록 같은 양의 열을 가했을 때 온도변화가 작다.

24 섭씨온도의 눈금과 눈금 간격이 같은 것은?

① 화씨온도
② 켈빈온도(절대온도)
③ 둘다 맞다.
④ 둘다 틀리다.

섭씨온도(℃)의 눈금은 물의 어는점과 끓는점을 100등분한 것이며, 절대온도(K)는 섭씨온도와 눈금간격이 같으며 섭씨온도에 273을 더한 값이다.

25 켈빈 눈금으로 실내 온도는 대략 몇 ℃인가?

① 100K ② 200K
③ 300K ④ 400K
⑤ 400K 이상

절대온도(K)는 섭씨온도에 273을 더한 값이므로 실내온도를 섭씨온도로 25도내외라면 약 300K라 할 수 있다.

26 폭죽의 하얀 불꽃이 여러분의 피부에 닿더라도 별로 상처를 입히지 않는다. 그 이유는?

① 온도가 낮기 때문에
② 분자당 에너지가 아주 낮기 때문에
③ 분자당 에너지는 매우 크지만 분자들에 의해 전달되는 에너지는 아주 작기 때문

예를 들어 60℃의 물이 들어있는 욕조에는 들어갈 수 없지만 100℃ 이상의 사우나에 들어갈 수 있듯이 폭죽의 하얀 불꽃이 피부에 닿더라도 별로 상처를 입히지 않는다. 그 이유는 분자당에너지는 수증기가 물보다 크지만 수증기의 양은 물의 양에 비해 매우 작기 때문에 수증기에 의해 전달되는 에너지는 물보다 아주 작기 때문인 것과 같다.

27 어떤 분자들은 물질 내부에서 진동과 회전에너지의 형태로 많은 양의 에너지를 흡수한다. 그러한 분자들로 이루어진 물질의 비열은 어떠한가?

① 상대적으로 작다.
② 상대적으로 크다.

에너지 등분배 원리에 의해 병진운동을 하건 회전운동을 하건 진동운동을 하건 각 성분이 갖는 에너지는 같다. 예를 들어 단원자분자의 경우 x, y, z 세 성분만 존재하지만 이원자의 분자의 경우 병진운동 세 성분과 회전운동 두

Answers 23. ① 24. ② 25. ③ 26. ③ 27. ②

성분이 합해져서 다섯 성분이 존재한다. 단원자 분자의 온도를 1K 올릴 수 있는 에너지를 이원자 분자에 분자에 공급하면 이원자 분자의 온도는 $\frac{3}{5}$K 올라간다. 삼원자 분자인 물의 비열이 다른 물질에 비해 비열이 큰 것은 바로 그런 이유 때문이다.

28 사막은 한낮에는 매우 뜨겁고 밤에는 매우 차갑다. 이것으로부터 알 수 있는 사실은?

① 모래의 비열이 아주 작다.
② 모래의 비열이 아주 크다.

온도변화가 클수록 비열이 작다. 주변에 물이 많은 해안지방은 온도변화가 그리 크지 않아서 기후가 온화한 편이다.

29 북쪽 지방의 아주 높은 산 위에 있는 호수 바닥의 온도는 몇 ℃인가?

① 4℃보다 낮다.
② 거의 4℃이다.
③ 4℃보다 높다.
④ 알 수 없다.

물의 밀도는 4℃에서 가장 크므로 호수 바닥까지 얼지 않았다면 바닥물의 온도는 4℃라 할 수 있다.

30 40℃의 물 1L를 20℃의 물 1L에 부으면 물의 온도는 몇 ℃인가?

① 30℃보다 낮다.
② 대략 30℃이다.
③ 30℃보다 높다.

열량보존의 법칙에 따라 고온의 물체가 잃은 열량과 저온의 물체가 얻은 열량은 같고 두 물체의 비열이 같으므로 물의 온도는 대략 30℃이다.

31 아주 더운 날 강철로 된 줄자로 토지의 경계선을 구분했을 때 토지의 실제 넓이는 측정된 넓이보다

① 작다. ② 크다.
③ 같다.

줄자의 팽창으로 인해 실제 넓이는 측정된 넓이보다 크다.

32 아주 더운 날 괘종시계의 주기는 어떻게 변하는가?

① 길어진다. ② 짧아진다.
③ 같다.

온도가 올라가면 진자의 길이가 팽창하여 길어지므로 괘종시계의 주기도 길어진다.

33 40℃의 쇳조각 1kg을 20℃의 물 1kg에 넣으면 물의 최종 온도는 몇 ℃가 되는가?

① 30℃보다 낮다.
② 대략 30℃이다.
③ 30℃보다 높다.

Answers 28. ① 29. ② 30. ② 31. ② 32. ① 33. ①

두 물질의 비열이 같다면 평형온도는 두 온도의 중간값이 되겠지만 철의 비열보다 물의 비열이 훨씬 크므로 열량보존의 법칙에 따라 30℃보다 낮다.

34 물의 비열이 작아진다면 추운 겨울날 연못이 어는 정도는 어떻게 달라지는가?

① 잘 얼 것이다.
② 잘 얼지 않을 것이다.
③ 변함이 없을 것이다.

비열이 작을수록 같은 열을 가했을 때 온도변화가 크므로 물은 더 잘 얼게 된다.

35 얼음이 물 위에 뜰 때 그 일부분은 표면 위로 나와 있다. 흥미롭게도 표면 위로 나와 있는 얼음의 부피는 무엇과 같은가?

① 얼음이 차지한 물의 부피와 같다.
② 육각형 모양의 얼음 결정들이 넓힌 공간들의 부피와 같다.
③ 둘다 맞다.
④ 둘다 틀리다.

얼음의 밀도는 물의 밀도보다 작으며 밀도가 작아진 만큼 부피가 늘어난다. 얼음의 늘어난 부피는 육각형 모양의 얼음 결정들이 넓힌 공간들의 부피에 해당한다.

36 물질은 어떤 과정에 의해 열을 흡수할 수 있는가?

① 전도
② 대류
③ 복사
④ 모두 맞다.

열의 전달은 일반적으로 전도, 대류, 복사 세 가지로 구분한다.

37 금속은 좋은 열전도체이면서 전기적으로도 좋은 도체이다. 그 이유는?

① 열전도와 전기전도도는 성질이 서로 비슷하므로
② 금속 원자의 바깥쪽의 전자들이 느슨하게 속박되어 있어서
③ 금속의 밀도는 상대적으로 아주 크기 때문에
④ 금속은 탄성이 매우 크므로
⑤ 에너지를 쉽게 전달하기 때문에

금속에는 원자의 바깥쪽에 있는 자유전자들이 느슨하게 속박되어 있어서 외부에서 에너지를 가했을 때 쉽게 원자로부터 떨어져 나와 이웃하는 원자에게 에너지를 전달한다.

38 타일 바닥보다 융단 위를 걸을 때 더 따뜻하게 느껴지는 이유는?

① 일반적으로 융단이 타일보다 더 따뜻하므로
② 융단이 타일보다 좋은 절연체이므로
③ 같은 질량의 경우 융단의 내부에너지가 타일보다 크므로
④ 모두 맞다.
⑤ 모두 틀리다.

Answers 34. ① 35. ② 36. ④ 37. ② 38. ②

겨울철에 같은 온도의 나무속보다 금속이 더 차갑게 느껴지는 이유는 금속이 나무보다 열을 잘 전달하기 때문이다. 마찬가지로 융단이 타일보다 열을 잘 전달하지 않기 때문에 더 따뜻하게 느껴진다.

39 대류에 의해 전달되는 열은 주로 ___에 국한되어 있다.

① 고체 ② 액체
③ 기체 ④ 유체

대류 현상은 주로 열이 물질분자와 함께 이동하는 유체(기체와 액체)에서 일어난다.

40 따뜻한 공기가 위로 상승하는 것은 더 빨리 움직이는 분자들이 ____가(이) 작은 지역으로 이동하기 때문이다.

① 밀도
② 압력
③ 둘다

대류 현상의 예로 밀도차 또는 압력차에 의해 더운 공기는 위로, 찬 공기는 아래로 이동하게 된다.

41 물체의 온도가 높아지면 복사선의 파장은?

① 길어진다.
② 짧아진다.

복사에너지는 주로 전자기파의 형태로 전달되는데 온도가 높을수록 전자기파의 파장은 짧아진다.

42 물체가 흡수한 에너지보다 더 많은 에너지를 복사하면 물체의 ____는 감소한다.

① 내부에너지
② 온도
③ 둘다 맞다.
④ 둘다 틀리다.

흡수한 에너지보다 방출한 에너지가 많으면 온도가 내려간다. 내부에너지는 온도의 함수이므로 온도가 내려가면 내부에너지도 감소한다.

43 지구는 주로 ___에 의해 열을 손실한다.

① 전도 ② 대류
③ 복사 ④ 모두 맞다.

지구는 우주 공간으로 주로 복사에 의해 열을 방출한다.

44 공기가 좋은 도체라면 지구의 밤은 어떻게 달라질까?

① 훨씬 추워질 것이다.
② 훨씬 따뜻해질 것이다.
③ 온도에 따라 다르다.

공기를 통해 열을 더 많이 빼앗기게 되므로 훨씬 추워질 것이다.

Answers 39. ④ 40. ③ 41. ② 42. ③ 43. ③ 44. ①

45 사람이 맨발로 발갛게 달구어진 석탄불 위를 발에 큰 화상을 입히지 않고 걸을 수 있는 이유는?

① 석탄의 온도가 낮기 때문
② 석탄의 열전도성이 낮기 때문
③ 정신력과 관계가 있다.

석탄을 밟았을 때 석탄의 일부가 열전도성이 작은 재가 되면서 큰 화상을 입히지 않게 된다.

46 물을 채운 종이컵을 불 위에 올려놓으면 잘 타지 않는다. 그 이유는?

① 종이컵 안쪽이 젖어있기 때문에
② 물은 열의 좋은 도체이므로
③ 종이는 열의 나쁜 도체이므로
④ 종이컵이 얇기 때문에 컵에 담겨있는 물보다 훨씬 더 뜨거워질 수 없기 때문에

물을 채운 종이컵을 불 위에 올려놓았을 때 종이컵이 타지 않는 이유는 종이컵이 얇아서 컵에 담겨있는 물이 100℃가 되어 모두 수증기로 기화되기 전까지는 물보다 훨씬 더 뜨거워질 수 없기 때문이다.

47 보온병의 유리 표면을 은도금하는 이유는?

① 전도에 의한 열손실을 줄이려고
② 대류에 의한 열손실을 줄이려고
③ 복사에 의한 열손실을 줄이려고
④ 마찰에 의한 열손실을 줄이려고

진공에 의해 열의 전도와 대류를 막을 수 있지만 매질이 없이 전달되는 열의 복사는 막을 수 없다.

48 태양의 복사선이 지구의 복사선보다 파장이 짧은 이유는?

① 내부에너지가 지구보다 크기 때문
② 온도가 지구보다 더 높기 때문
③ 태양은 에너지원이고 지구는 1차 흡수자이므로
④ 모두 맞다.

물체의 온도가 높을수록 복사선의 파장은 짧아진다(빈의 변위법칙).

49 증발은 냉각과정이다. 응결은 무엇인가?

① 가열과정이다.
② 냉각과정이다.
③ 둘다 틀리다.

증발은 주위의 열을 흡수하므로 냉각과정이고, 응결은 주위에 열을 방출하므로 가열과정이다.

50 증발은 냉각과정이다. 그 이유는?

① 열이 방출되기 때문에
② 전도와 대류 때문에
③ 운동 에너지가 큰 분자들이 액체로부터 탈출하기 때문에
④ 남아있는 액체의 온도가 내려가기 때문에

Answers 45. ② 46. ④ 47. ③ 48. ② 49. ① 50. ③

증발은 주위의 열을 흡수하여 남아있는 액체의 온도가 내려가기 때문에 냉각과정이다.

51 증발을 냉각과정이라고 말하는 것은 무엇과 같은가?

① 남아있는 물이 시원해지는 것을 말한다.
② 주변의 공기가 시원해지는 것을 말한다.

증발에 의해 남아있는 액체의 온도가 내려가면서 시원해지므로 냉각과정이다.

52 우리는 무더운 날 불쾌지수가 상당히 높다. 그 이유는 물분자들이 ____때문이다.

① 축축한 몸으로부터 증발하기
② 우리 몸에 응결하기
③ 축축한 몸으로부터 증발을 방해하기

무더운 날 불쾌지수가 상당히 높은 이유는 주위의 물분자들이 응결되면서 우리 몸의 온도를 더욱 상승시키기 때문이다.

53 응결은 우리 몸을 덥게 한다. 그 이유는 우리 몸에 충돌하는 공기 중의 물분자들이 _____때문이다.

① 그들의 운동에너지를 우리에게 전달하기
② 그들의 상태가 변하면서 운동에너지를 얻기
③ 우리 몸에 절연층을 형성하기

응결은 물분자들이 열의 방출 즉 자신의 운동에너지를 주위에 전달하는 가열과정이다.

54 기체가 액체로 변할 때 기체는?

① 에너지를 방출한다.
② 에너지를 흡수한다.
③ 둘다 틀리다.

고체에 열을 가하면 액체가 되고 액체에 열을 가하면 기체가 된다. 따라서 기체가 액체로 되려면 열을 방출해야 하며 이 과정을 액화라 한다.

55 고체가 액체로 변할 때 고체는?

① 에너지를 방출한다.
② 에너지를 흡수한다.
③ 둘다 틀리다.

고체가 액체가 되려면 열을 흡수해야 하며 이 과정을 융해라 한다.

56 다음 중 가장 큰 화상을 입히는 경우는?

① 100℃ 물 100g
② 100℃ 수증기 100g
③ 둘다 같다.

물에 열을 가해야 수증기가 되므로 같은 양의 수증기가 물보다 더 큰 화상을 입힌다.

Answers 51. ① 52. ② 53. ① 54. ① 55. ② 56. ②

57 끓는 물의 온도는 열을 가해도 올라가지 않는다. 그 이유로 가장 적절한 것은?

① 상태가 변할 때는 온도가 변하지 않기 때문
② 공급되는 에너지가 물의 내부에너지를 증가시키지 않기 때문
③ 에너지를 공급받아 가열됨과 동시에 같은 양만큼 비등에 의해 냉각되기 때문

온도는 변화시키지 않고 상태변화에만 쓰이는 열을 숨은열(잠열)이라 한다.

58 대기압이 증가할 때 끓는점의 변화는?

① 내려간다.
② 올라간다.
③ 변함없다.

압력이 증가할수록 끓는점은 높아진다. 높은 산위에서 밥을 지었을 때 설익은 밥이 되는 이유는 높은 산위의 대기압이 낮아 끓는점이 낮기 때문이다.

59 냉장고 내의 음식이 차가워지는 원인은?

① 냉매의 증발 때문이다.
② 냉매의 응결 때문이다.
③ 둘다 틀리다.

프레온과 같은 냉매가 증발하면서 주위의 열을 흡수하기 때문이다.

60 손에 물이 묻어있다면 여러분은 뜨거운 다리미를 잠깐 만질 수 있다. 그 이유는?

① 물이 증발하면서 에너지를 흡수하기 때문이다.
② 물의 상태가 변하면서 단열층을 만들어주기 때문이다.
③ 둘다 맞다.
④ 둘다 틀리다.

손에 물이 묻어있다면 다리미에 의해 물이 증발하면서 에너지를 흡수하고 순간적으로 수증기에 의한 단열층을 만들어주기 때문이다.

61 차가운 얼음이 들어 있는 물과 얼음같이 차가운 물 중에서 어느 것이 더 빨리 데워질까?

① 얼음같이 차가운 물
② 얼음이 들어 있는 물
③ 둘다 같다.

얼음이 물이 되려면 융해열을 필요로 하므로 얼음같이 차가운 물보다는 더 빨리 데워지지 않는다.

62 50g의 끓는 물을 수증기로 바꾸기 위해 필요한 열량은?

① 50cal
② 500cal
③ 540cal
④ 절대 영도의 얼음 50g을 끓는 점에 도달시키는 데 필요한 에너지보다 크다.

Answers 57. ③ 58. ② 59. ① 60. ③ 61. ① 62. ④

100℃, 1g의 물을 수증기로 변화시키는데 필요한 기화열은 약 540cal이므로 50g의 끓는 물이 수증기가 되려면 540×50 = 27000cal의 열이 필요하다. 이 열은 절대영도의 얼음 50g을 끓는 점에 도달시키는데 필요한 열량보다 크다.

63 산에서 물을 끓일 때 끓는 점에 도달하는데 걸리는 시간을 바닷가에서 끓일 때와 비교하면?

① 짧다. ② 길다.
③ 같다.

압력이 낮을수록 끓는점이 낮아지므로 산에서는 끓는점에 도달하는 시간은 바닷가보다 더 짧다.

64 압력솥으로 요리를 하면 시간이 절약된다. 다음 중 어느 것과 관계가 있는가?

① 높은 온도
② 물의 거품 형성률
③ 물의 내부에너지
④ 모두 맞다.

압력솥의 경우 수증기가 방출되지 못하면서 압력솥 내부의 압력을 증가시켜 끓는점이 높아지므로 보통의 냄비보다 높은 온도에 도달할 수 있어 요리 시간이 절약된다.

65 눈구름이 형성될 때 주위의 공기는 ________.

① 따뜻해진다.
② 차가워진다.
③ 아무런 변화가 없다.

응결이나 결빙은 주위에 열을 방출하므로 가열과정이다.

66 눈이 녹을 때 주위의 공기는 ________.

① 따뜻해진다.
② 차가워진다.
③ 아무런 변화가 없다.

증발이나 융해는 주위의 열을 흡수하므로 냉각과정이다.

67 수증기가 유리창 내부에서 응결될 때 방안은 약간 ________.

① 따뜻해진다.
② 차가워진다.
③ 아무런 변화가 없다.

응결은 주위에 열을 방출하므로 가열과정이다.

68 냉장고 내부의 냉각효과는 ________.

① 전기모터가 전기에너지를 내부에너지로 전환시키면서 생긴다.
② 냉매가 액체로 응축시키면서 생긴다.
③ 액화 상태의 냉매를 기화시키면서 생긴다.
④ 적당한 단열재에 의해 생긴다.

Answers 63. ① 64. ① 65. ① 66. ② 67. ① 68. ③

냉장고나 냉동고의 원리는 액화 상태의 냉매를 기화시키면서 낮은 온도에서 높은 온도쪽으로 열을 강제로 이동시키는 것이다.

69 소방수들은 불타는 물체들의 온도를 낮추기 위해 물을(에) ______________.

① 조금만 사용한다.
② 불꽃과 약간 떨어진 곳으로 향하게 한다.
③ 미세한 안개처럼 물보라가 일도록 한다.
④ 소금을 넣는다.

미세한 물입자는 곧바로 수증기로 기화되면서 주변의 공기로부터 열을 흡수하여 타고있는 물질을 식혀주게 된다.

70 끓는 물을 조금 넣어 김이 모락모락 나는 알루미늄캔을 생각해 보자. 이 캔을 찬물에 넣으면 대기압에 의해 갑자기 짜부러진다. 이는 ______________(으)로 캔 내부의 압력이 빠르게 감소하기 때문이다.

① 상대적으로 차가운 물과의 접촉
② 공기와 수증기 분자들의 속력이 갑자기 느려지므
③ 캔 내부의 수증기가 응결하므
④ 내부에너지가 감소하므

공기와 수증기 분자들의 속력이 갑자기 느려지면서 캔 내부의 압력이 낮아지게 되어 대기압에 의해 캔은 짜부러지게 된다.

Answers 69. ③ 70. ②

9.2 개념 응용하기

01 다음 그림은 질량이 각각 m_A, m_B, 비열이 각각 c_A, c_B인 두 물질을 가열하면서 온도 변화를 나타낸 그래프이다. 두 물질의 비열의 비 $c_A : c_B$는 얼마인가? 단, $m_A : m_B$=2 : 1이다.

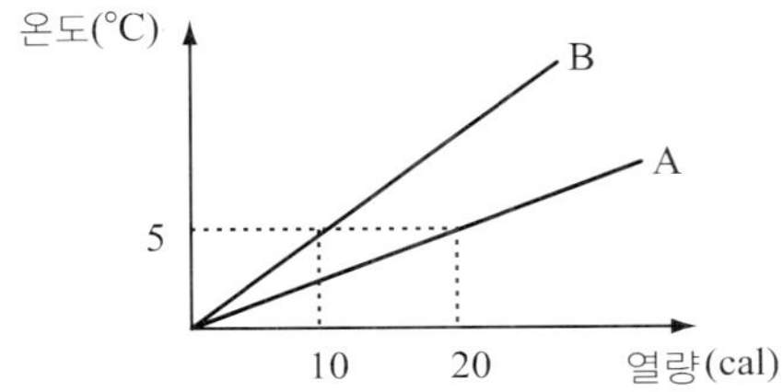

① 1:1
② 1:2
③ 2:1
④ 1:4
⑤ 4:1

→ • 비열은 물질 1kg의 온도는 1K 올리는데 필요한 열량이므로 그래프에서
$c_A = \frac{20}{m_A \cdot 5}$, $c_B = \frac{10}{m_B \cdot 5}$에서 $m_A : m_B = 2 : 1$이므로 $c_A : c_B = 1 : 1$이다.

02 −50℃인 얼음 1g을 전부 100℃의 수증기로 만드는데 몇 cal의 열량이 필요한가? 단, 얼음의 비열은 0.5cal/g · ℃, 얼음의 융해열은 80cal/g, 물의 기화열은 540cal/g이다.

① 705cal
② 725cal
③ 745cal
④ 765cal
⑤ 785cal

→ • −50℃의 얼음이 0℃의 얼음으로 변하는데 필요한 열량=25cal
0℃의 얼음이 0℃의 물로 변하는데 필요한 열량=80cal
0℃의 물이 100℃의 물로 변하는데 필요한 열량=100cal
100℃의 물이 100℃의 수증기로 변하는데 필요한 열량=540cal
따라서 필요한 열량은 745cal이다.

Answers 01. ① 02. ③

03 금속 막대 PQ 사이에 다른 물질을 넣어서 그림과 같이 연결하였다. P점과 Q점이 서로 다른 온도를 유지하고 있을 때 다음 중 XY사이의 온도차와 관계가 없는 물리량은? 단, 외부로의 열손실은 없다.

① PQ 사이의 온도차
② 물질 XY의 성분
③ XY의 길이
④ XY의 위치
⑤ 모두 관계가 없다.

⋯› • 전도되는 열에너지는 온도차와 단면적, 시간에 비례하고 두께에 반비례한다. 또한 물질의 열전도율과 관계있으므로 XY의 위치와는 무관하다.

04 다음 그림은 고체 상태인 1kg의 물체에 매분 2000J의 열을 가했을 때 물체의 온도 변화를 시간에 대하여 나타낸 그래프이다. 열에너지의 손실이 없다고 가정할 때, 아래 설명 중 옳지 않은 것은?

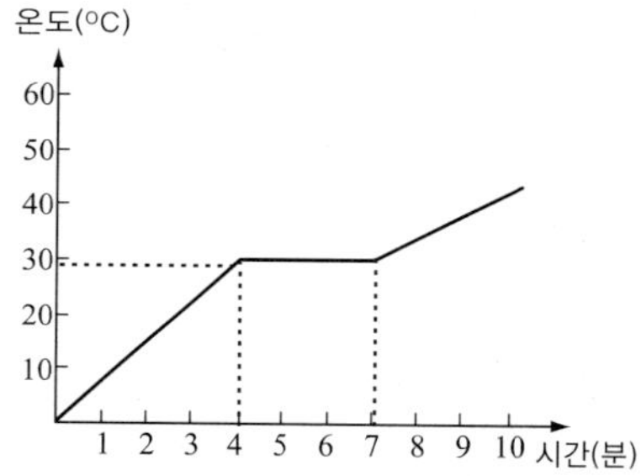

① 이 물질은 고체일 때보다 액체일 때 비열이 더 크다.
② 이 물질의 융해열은 6000J/kg이다.
③ 가열을 시작하여 4분 후에는 모두 액체가 되었다.
④ 이 물체는 불순물을 포함하고 있지 않다.
⑤ 이 물질의 녹는점은 30℃이다.

⋯› • 고체에서 액체로 상태가 변하는 동안 온도는 일정하게 유지된다. 이때 고체와 액체가 함께 존재한다.

Answers 03. ④ 04. ③

05 열팽창 계수가 각각 3.6×10^{-5}/℃, 6.0×10^{-5}/℃, 7.2×10^{-5}/℃, 인 철, 청동, 알루미늄이 있다. 오른쪽 그림은 3개의 금속을 이용하여 2개씩 짝을 지어 바이메탈을 만들어 놓은 것이다. 다음 중 A, B, C의 금속을 옳게 나열한 것은?

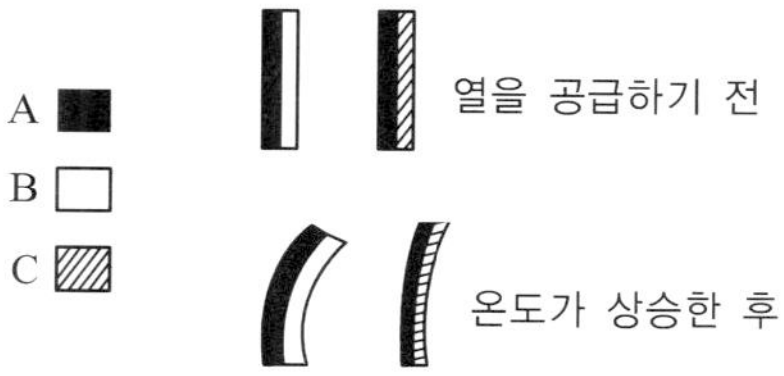

① A : 알루미늄, B : 청동, C : 철
② A : 알루미늄, B : 철, C : 청동
③ A : 청동, B : 알루미늄, C : 철
④ A : 청동, B : 철, C : 알루미늄
⑤ A : 철, B : 청동, C : 알루미늄

⋯ • 온도가 올라갈 때 바이메탈은 열팽창계수가 큰 쪽에서 작은 쪽으로 휘어진다.

06 그림과 같이 길이가 L인 두 개의 금속 막대 X, Y를 붙여 놓은 후 양 끝의 온도를 T_1, T_2로 유지하였다. 금속 막대 X의 열전도율이 Y의 2배일 때, 두 금속 막대의 온도 분포를 바르게 나타낸 그래프는 어느 것인가?

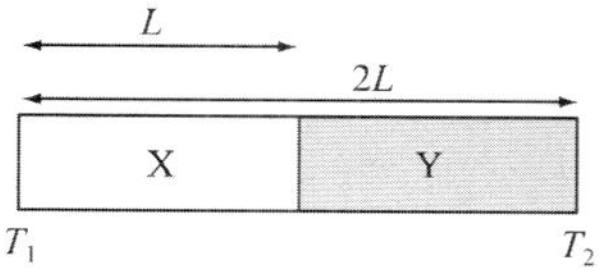

①
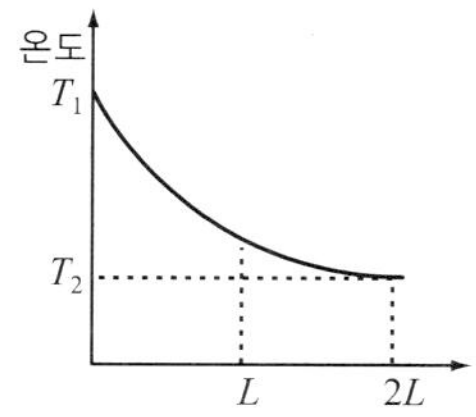

②
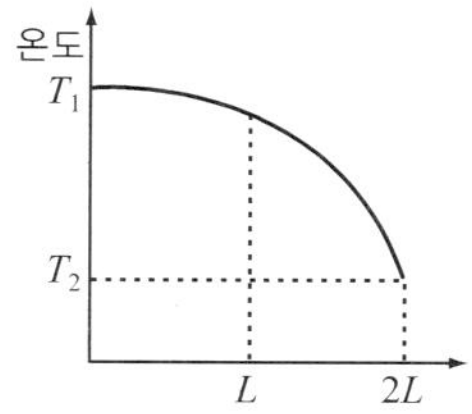

③
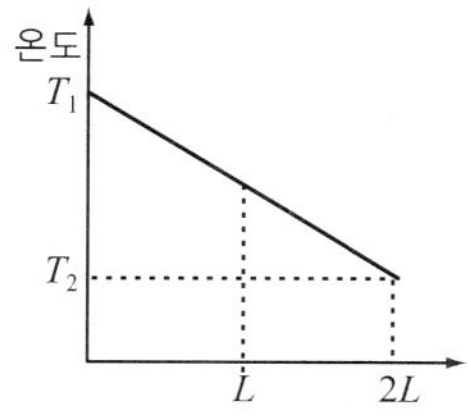

④
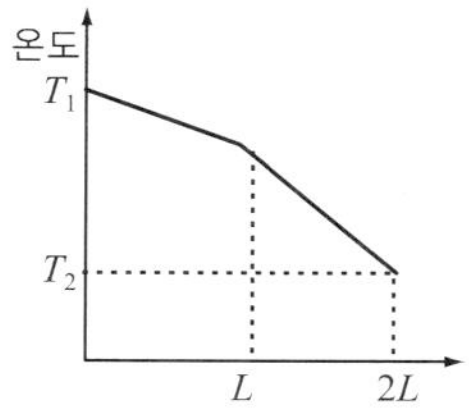

⑤
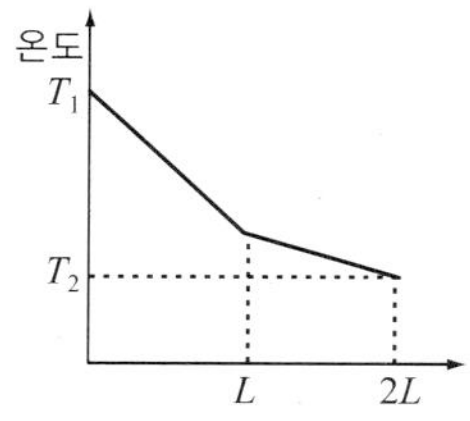

Answers 05. ② 06. ④

- X와 Y의 접촉 부분의 온도를 T라고 할 때 각 단면을 단위시간당 통과하는 열량은 같다.
  $\frac{\triangle Q}{\triangle t} = 2k\frac{T_1 - T}{L} = k\frac{T - T_2}{L}$, 열전도율이 클수록 온도차가 작다.

07 질량이 m 인 물체 A의 비열은 c이다. 물체 A를 질량이 2 m인 물체 B와 접촉시켜 놓았더니 시간이 경과함에 따라 두 물체의 온도가 그래프와 같이 변하였다.

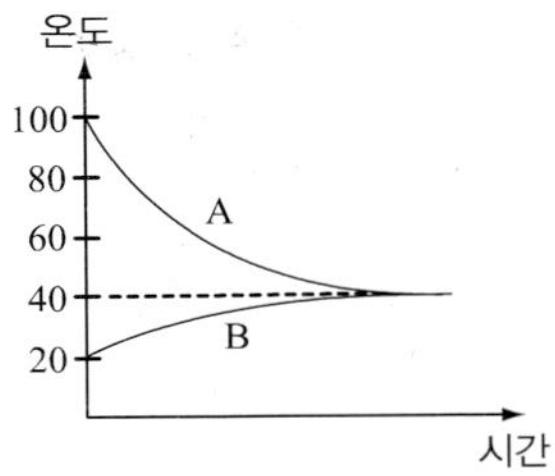

물체 B의 비열은 얼마인가?

① $0.5c$
② c
③ $1.5c$
④ $2c$
⑤ $3c$

- 고온의 물체가 잃은 열량과 저온의 물체가 얻은 열량이 같을 때 열용량 C(=비열×질량)는 온도변화에 반비례한다. $Q = c_1 m_1 \triangle T_1 = c_2 m_2 \triangle T_2$에서 $\frac{C_1}{C_2} = \frac{c_1 m_1}{c_2 m_2} = \frac{\triangle T_2}{\triangle T_1}$

08 그림과 같이 달구어진 쇳조각을 차가운 물이 들어있는 물통에 집어 넣었을 때 [보기]의 설명 중 옳은 내용을 모두 고른 것은?

보기

ㄱ. 쇳조각의 하강 온도와 물의 상승 온도는 같다.
ㄴ. 쇳조각이 잃은 열량은 물이 얻은 열량과 같다.
ㄷ. 충분한 시간이 지나면 쇳조각과 물의 온도는 같아진다.
ㄹ. 쇳조각과 물의 최종 온도는 쇳조각과 물의 온도 사이의 중간값이 된다.

① ㄱ, ㄴ
② ㄱ, ㄷ
③ ㄴ, ㄷ
④ ㄴ, ㄹ
⑤ ㄷ, ㄹ

- 쇳조각이 잃은 열량과 차가운 물이 얻은 열량이 같으므로, 열용량이 작은 쇠조각의 온도변화가 물보다 더 크다.

Answers 07. ③ 08. ③

09 오른쪽 그래프는 어떤 순물질을 계속 가열하면서 온도의 변화를 관찰한 자료이다. 구간 A에서 열에너지가 계속 공급됨에도 불구하고 온도가 증가하지 않는다. 이 현상과 가장 관계가 깊은 것은?

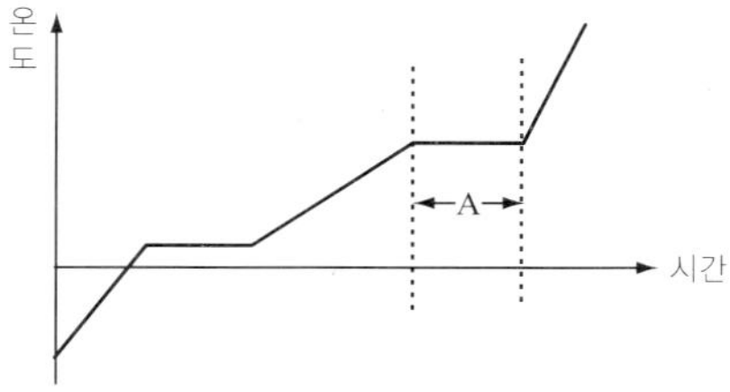

① 낮에는 해풍, 밤에는 육풍이 분다.
② 뜨거운 난로 곁에 가면 열기를 느끼게 된다.
③ 보온병의 진공 상태가 나빠지면 보온이 잘 되지 않는다
④ 딸기잼을 만들 때 잘 저어 주면 아래쪽이 타지 않는다.
⑤ 100℃의 수증기가 100℃의 물로 변화할 때 열을 방출한다.

⋯ • 물질의 상태가 변하고 있을 때 계속 열을 가하거나 방출시켜도 물질의 온도는 일정하게 유지된다.

10 공기의 열전도율은 매우 낮다. 그러나 공기 중에 노출된 물체는 대류 현상에 의해 비교적 빨리 냉각된다. 이 사실과 관련이 적은 것은 다음 중 어느 것인가?

① 온실 속은 바깥쪽보다 따뜻하다.
② 방안에 에어컨을 설치할 때에는 되도록 높은 곳에 한다.
③ 두꺼운 옷보다는 얇은 옷을 여러 벌 끼어 입는 것이 더 따뜻하다.
④ 더위를 피하기 위해 파라솔을 사용한다.
⑤ 육지는 바닷물보다 더 빨리 가열된다.

⋯ • 대류는 물질을 구성하는 분자들이 밀도차에 의해 순환하면서 열에너지가 이동하는 현상이며 더위를 피하기 위해 파라솔을 사용하는 것은 열의 복사를 막기 위한 것이다.

11 다음 표는 몇 가지 물질의 비열을 나타낸 것이다.

물질	비열(kcal/kg·℃)
알루미늄	0.22
철	0.11
구리	0.09
납	0.03

이 표의 자료를 이용하여 판단할 때, [보기]에서 옳은 진술을 모두 고른 것은?

Answers 09. ⑤ 10. ④ 11. ③

보기

ㄱ. 구리 1kg을 0℃에서 100℃로 높이는 데 필요한 열량은 9kcal이다.
ㄴ. 철 2kg과 알루미늄 1kg을 각각 1℃ 높이는 데 필요한 열량은 같다.
ㄷ. 질량과 온도가 같은 알루미늄과 납에 같은 열량을 주면, 알루미늄의 온도가 더 높아진다.

① ㄱ　　② ㄴ
③ ㄱ, ㄴ　　④ ㄱ, ㄷ
⑤ ㄴ, ㄷ

…› • 같은 질량의 물질이 같은 열량을 얻을 때 비열이 클수록 온도변화가 더 작다.

$\triangle T = \dfrac{Q}{cm}$

❖ [12–13] 다음 그래프는 영희의 집과 철수의 집에서 방출하는 단위 시간당 열손실량 H를 집안과 바깥의 온도차 $\triangle T$에 따라 그린 것이다. 바깥 기온이 0℃인 어느 날, 오랫동안 비워 두었던 두 집에 단위 시간당 발열량이 P_0인 보일러를 각각 계속 작동하였다. 다음 물음에 답하시오.

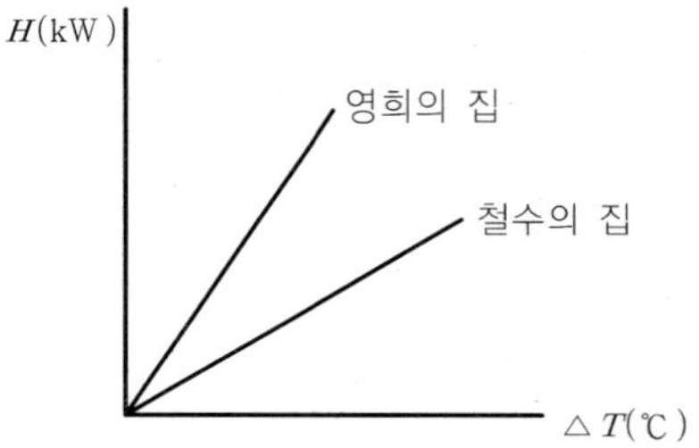

12 시간에 따른 두 집의 온도 변화를 바르게 나타낸 그래프는?

①
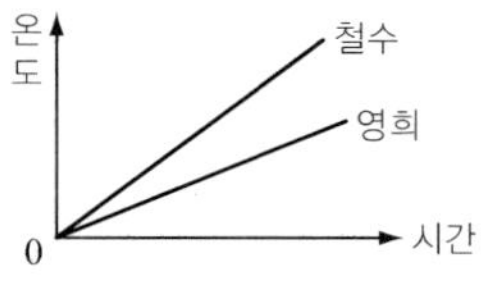

②
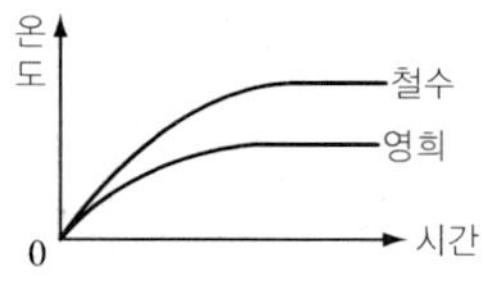

③
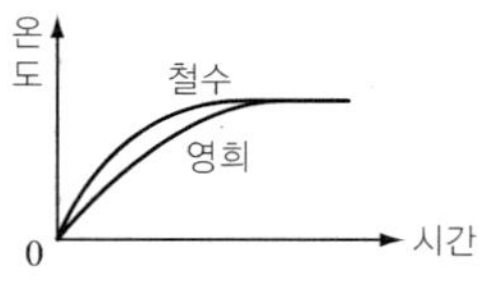

④
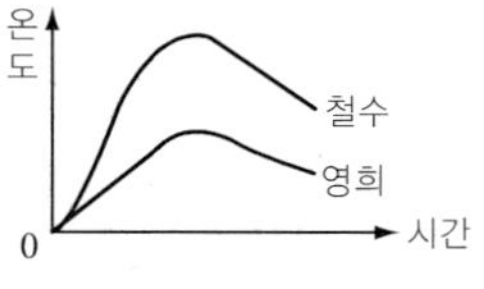

Answers 12. ②

⑤ 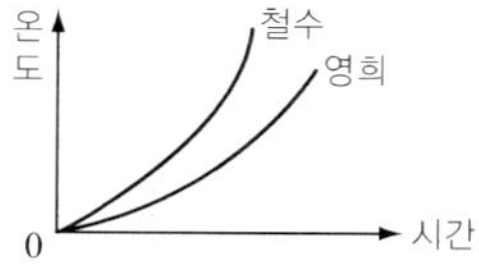

⋯ • 보일러를 가동하기 시작했을 때는 실내외의 온도차가 작으므로 단위시간당 열손실량이 보일러의 발열량보다 작아서 집 안의 온도가 상승한다. 시간이 갈수록 실내외의 온도차가 커짐에 따라 단위 시간당 열손실량이 증가하여 보일러의 발열량과 같게 되면 열평형상태에 이른다.

---

13 각 집에서 단위 시간당 밖으로 빠져 나가는 열량 P를 시간에 따라 바르게 나타낸 것은?

① 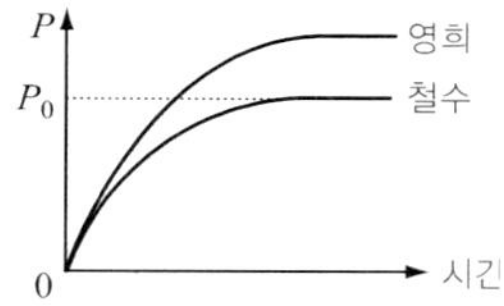

② 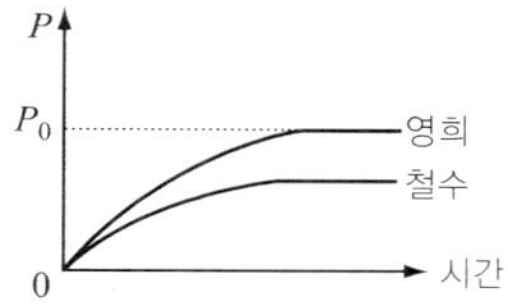

③ 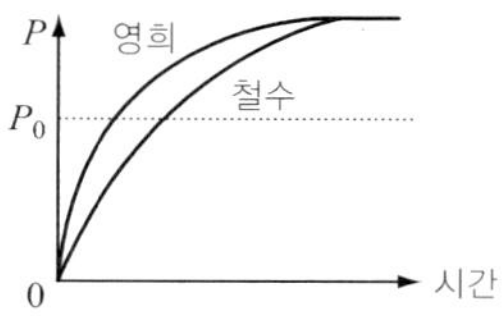

④ 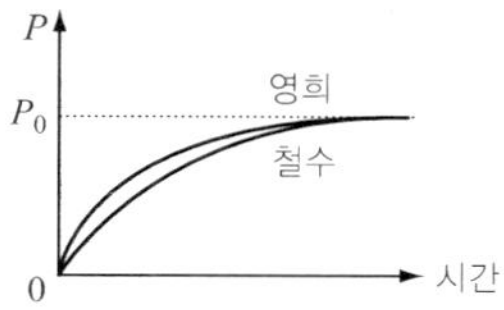

⑤ 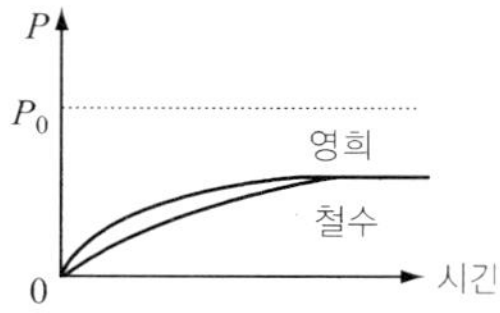

⋯ • 열 평형상태에서는 단위시간당 집에서 빠져나가는 열량 P와 단위 시간당 보일러의 발열량 P_o가 같다.

Answers 13. ④

9.3 개념 서술하기

01 300℃의 오븐 속에 손을 넣어도 화상을 거의 입지 않지만 같은 온도의 오븐 속의 금속 쟁반 위에 손을 올려놓으면 엄청난 화상을 입는다. 다음 물음에 답하라.

(1) 위와 같은 현상이 일어나는 이유에 대해 설명해 보라.

(2) 뜨거운 피자를 먹을 때 피자 소스 때문에 입을 델 수도 있다. 그러나 소스와 온도가 같은 빵껍질 때문에 입을 데지는 않는다. 그 이유를 설명하라.

(3) 줄(Joule)이 스위스로 신혼 여행을 가서 행한 실험의 한 가지는 폭포의 아래쪽 물과 위쪽 물의 온도를 측정한 것이다. 폭포의 높이가 100m라면 수온의 차는 대략 얼마나 될까?

(4) 뜨거운 물체와 차가운 물체를 접촉시켜 놓으면 잠시 후 두 물체의 온도는 같아져 열평형 상태에 도달한다. 열과 온도에 대해 정의하고, 뜨거운 물체의 온도 변화가 크다면 어느 쪽 물체의 열용량이 더 크겠는가?

(5) 물체에 열을 가하면 물체의 온도가 상승한다. 그런데 0℃의 얼음에 열을 가하면 얼음의 온도는 상승하지 않는다. 그 이유를 설명하라.

풀이

(1) 오븐 속에는 금속 쟁반보다는 손에 열에너지를 전달한 기체분자들의 수가 아주 적다.

(2) 물의 비열이 밀가루에 비해 매우 크므로 물의 열용량 또한 매우 크다.

(3) 줄어든 위치에너지가 모두 물의 온도를 높이는데 쓰였다고 하면 $mgh = cm\Delta T$에서 $\Delta T = \dfrac{gh}{c} = \dfrac{9.8 \times 100}{4200}$ = 약 0.23(℃)이므로 거의 감지하지 못한다.

(4) 열: 온도 변화시 출입하는 내부에너지, 온도: 물체의 차고 뜨거운 정도
열량 보존의 법칙을 이용하면 온도 변화가 큰 쪽이 열용량이 작다.

(5) 상태 변화에만 열에너지가 쓰인다.

02 미래 천문학자들이 외계인이 살고 있는 행성에 착륙한다. 이 행성에서는 물의 어는점과 끓는점을 100등분한 온도눈금을 사용하고 있다.

(1) 이 행성에서 사용하는 온도는 지구에서와 같겠는가? 또 눈금 간격은 어떠한가?

(2) 외계인들이 켈빈 눈금과 유사한 온도눈금을 고안했다면 그들의 절대 영도는 지구에서와 같겠는가?

(3) 우리가 사용하는 온도계는 어떤 원리를 이용한 것인가?

풀이

(1) 물의 어는점과 끓는점은 대기압과 관련지어 정의되어 있다. 이 행성의 대기압은 지구와 다르므로 이 행성에서 사용하는 온도와 눈금간격은 지구와 다를 것이다.

(2) 켈빈온도는 대기압과 관련된 것이 아니고 자연적이고 보편적인 법칙에 기초를 두고 있으므로 지구에서와 같을 것이다.

(3) 열팽창

03 눈을 감고 벽난로의 불 앞에 앉아 있으면 눈꺼풀이 따뜻해지는 것을 느끼게 된다. 만일 안경을 착용한다면 눈꺼풀은 거의 따뜻함을 느끼지 못한다. 다음 물음에 답하라.

(1) 위 현상이 일어나는 이유를 설명하고 이와 관련된 예를 들어 보라.

(2) 보온병은 어떻게 외부와 열의 출입을 줄이는지 그 구조에 대해 설명해 보라.

(3) 방 안에 보일러를 작동시키면 방 안의 온도는 상승하게 되는데, 방 안의 온도가 일정한 값에 이르면 더 이상 온도가 올라가지 않는다. 그 이유를 설명하라.

(4) 병 안에 촛불을 넣고 가만히 떨어뜨리면 촛불은 곧 꺼지고 만다. 그 이유를 설명하라.

(5) 흐린 날보다 맑은 날 밤의 온도가 더 낮은 이유를 설명하라.

풀이

(1) 안경이 불의 복사에너지를 막는다.

(2) 내부의 통과 외부의 통의 분리 - 전도와 대류를 차단한다.
바깥쪽의 도금 - 복사를 차단한다.
내부 밀폐 - 대류를 차단한다.

(3) 온도가 상승할수록 방에서 빠져나가는 에너지는 커진다. 온도가 점점 올라가서 외부로 방출하는 열과 보일러에서 받는 열이 같아질 때 열평형을 이루고 온도는 더 이상 올라가지 않는다.

(4) 병 안이 무중력상태가 되어 대류현상이 일어나지 않는다.

(5) 흐린 날은 대기 중의 수증기가 밤에도 많은 열을 갖고 있다. ∵물의 비열은 크므로

9.4 개념 심화하기

01 오른쪽 그림과 같이 용수철 상수 k인 용수철에 작은 물체를 매달아 물통에 담가 정지했을 때, 천장에서 물체까지의 거리가 L_0이었다. 이 물체를 거리가 L인 곳까지 잡아 당겼다가 가만히 놓았더니, 잠시 후 물과의 마찰에 의해 다시 L_0위치에 돌아와서 정지하였다. 이 장치의 열용량은 C 이다. 새로운 열평형 상태를 이루었을 경우, 물의 온도 변화 Δt는?(단, 외부로의 열손실은 무시한다.)

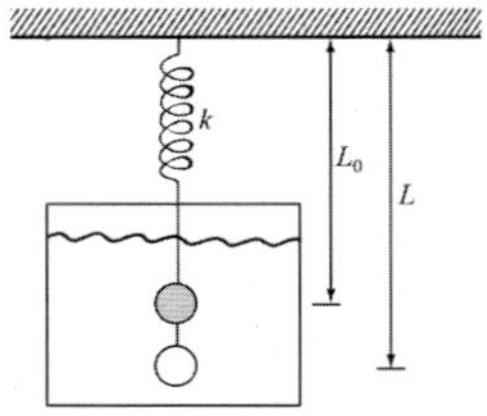

풀이

용수철을 $L-L_0$만큼 잡아 당겼을 때 용수철에 저장된 탄성 에너지는 $E_p=\frac{1}{2}k(L-L_0)^2$이다. 탄성 에너지가 열에너지로 전환되어 온도가 상승하므로

$$Q=C\Delta t=\frac{1}{2}k(L-L_0)^2 \rightarrow \Delta t=\frac{k(L-L_0)^2}{2C}$$

02 아래 표를 보고 다음 물음에 답하여라.

물질	선팽창계수($\times10^{-6}K^{-1}$)	체적팽창계수($\times10^{-6}K^{-1}$)
다이아몬드	1.2	3.5
유리	9	27
구리	17	51
수은		182
글리세린		500
가솔린		950

(1) 0℃에서 10m 길이의 구리선이 50℃가 되면 몇 mm 늘어나겠는가?

(2) 고체의 체적 팽창 계수가 선팽창 계수의 약 3배가 되는 이유를 설명하여라.

(3) 고체, 액체, 기체를 열팽창 계수가 큰 순서대로 나열하여라.

풀이

(1) $\Delta t = l_0 \alpha \Delta t = 10\text{m} \times 17 \times 10^{-6}/\text{K} \times 50\text{K} = 8.5 \times 10^{-3}\text{m} = 8.5\text{mm}$

(2) 각 변의 길이가 l인 정육면체의 부피 $V = l^3$이므로
$V = l^3 = l_0^3(1+\alpha \Delta t)^3 = l_0^3 \{1+3\alpha\Delta t + 3\alpha^2(\Delta t)^2 + \alpha^3(\Delta t)^3\}$ 에서
선팽창 계수 α는 1보다 매우 작은 값이므로 α^2, α^3은 0에 가깝다.
$\therefore V = V_0(1+3\alpha\Delta t) = V_0(1+\beta\Delta t) \rightarrow \beta \fallingdotseq 3\alpha$

(3) 열팽창 계수는 기체>액체>고체의 순으로, 고체의 열팽창 정도가 가장 작다.

03 아래 표를 참고하여 다음 물음에 답하여라.

물질	열전도율(J/m · s · ℃)
구리	398
은	427
나무	0.12
유리	0.7~0.9
얼음	2.1
물	0.61
공기	0.026

(1) 일반적으로 고체, 액체, 기체 중에서 고체의 열전도율이 가장 크고 기체의 열전도율이 가장 작은 이유를 설명하여라.

(2) 고체의 경우 금속이 나무나 유리 같은 비금속보다 열을 잘 전도하는 이유를 설명하여라.

(3) 온도가 20℃인 방의 한 쪽 벽이 두께가 5cm이고 면적이 10m^2인 나무로 되어 있다. 외부 온도가 −10℃일 때 매초 벽을 통해 외부로 전도되는 열량은 몇 J인가?

풀이

(1) 전도는 물질 자체가 이동하는 것이 아니고 접촉면 분자들의 충돌에 의한 열의 이동이므로 분자들 사이의 거리가 가까운 고체에서 열전도가 잘 된다. 기체의 경우에는 그 반대가 된다.

(2) 금속은 자유 전자를 많이 포함하므로 이들의 이동에 의해 열이 쉽게 전도된다. 따라서 전기적 양도체는 열의 양도체가 된다.

(3) $Q = kA\dfrac{T_1 - T_2}{l}t = 0.12\text{J/m} \cdot \text{s} \cdot ℃ \times \dfrac{10\text{m}^2 \times 30℃}{0.05\text{m}} \times 1\text{s} = 720\text{J}$

04 반지름의 비가 2:1인 두 별 A, B가 있다. 두 별의 표면의 절대 온도가 각각 3000K, 6000K일 때 아래 물음에 답하여라.

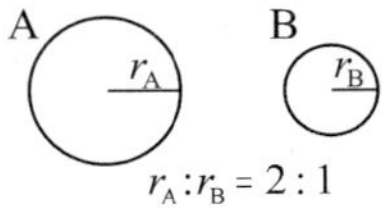

$r_A : r_B = 2 : 1$

(1) 두 별의 표면에서 방출되는 복사 에너지의 비는?

(2) 두 별에서 가장 많이 복사되는 빛의 파장의 비는?

풀이

(1) 반지름을 r라고 할 때 구의 표면적은 $4\pi r^2$이므로 두 별의 표면적의 비는 4:1이고, 온도의 비는 1:2이므로 두 별에서 방출되는 복사 에너지의 비 $E_A : E_B$는 슈테판-볼츠만의 법칙에 의해 $E_A : E_B = 4 \times 1^4 : 1 \times 2^4 = 1 : 4$이다. 따라서 크기가 작은 별 B에서 4배의 복사 에너지가 방출된다.

(2) 두 별에서 복사되는 전자기파 중에서 에너지 강도가 가장 큰 빛의 파장은 절대 온도에 반비례하므로 2:1이다. 즉, 온도가 $\frac{1}{2}$배 낮은 별 A에서 가장 강도가 센 빛의 파장은 별 B보다 2배 길어진다.

05 온도가 T_0일 때 면적이 A_0인 구리판의 선팽창 계수가 α인 유리 용기 속에 체적 팽창 계수가 β인 액체가 가득 담겨 있다. 열을 가하여 유리 용기와 액체의 온도가 Δt 만큼 상승했을 때, 흘러넘친 액체의 부피는 얼마인가?

풀이

온도가 올라가면 액체뿐 아니라 유리 용기도 팽창하므로 용기의 체적 팽창 계수는 3α이다.
용기의 부피는 $V_{유리} = V_0(1+3\alpha\Delta t)$, 액체의 부피는 $V_{액체} = V_0(1+\beta\Delta t)$이고, 액체의 열팽창률이 고체보다 더 크므로 흘러넘친 액체의 부피 ΔV는 $\Delta V = V_{액체} - V_{유리} = V_0(\beta - 3\alpha)\Delta t$이다.

06 빛의 세기는 빛의 진행 방향에 수직한 단위 몇적 1m^{2}를 1초에 통과하는 복사 에너지의 양으로 표시된다. 점광원으로부터 5m 떨어진 곳에서 빛의 세기가 10W/m^{2}였다면 광원에서 매초 방출되는 복사 에너지의 양은 몇 J인가?

풀이

광원에서 방출되는 복사 에너지의 양을 E라고 하면, 빛은 사방으로 퍼져 나가므로 빛의 세기(단위 면적당 통과하는 빛에너지) P는 거리 r의 제곱에 반비계하여 약해진다.
또, 구의 표면적은 $4\pi r^2$이고, 광원에서 나온 빛에너지는 임의의 구면을 통과하므로
$E = P \times 4\pi r^2 = 10\text{W/m}^2 \times 4\pi \times 5^2\text{m}^2 = \pi \times 10^3\text{J}$

07 지구가 태양으로부터 받는 에너지는 태양에 수직한 면의 $1cm^2$ 당 매분 약 2cal이다. 지금 면적 $6m^2$, 깊이 4cm인 물통에 물이 채워져 있다. 태양이 바로 위에서 쬐어 30%의 에너지가 물에 흡수된다면 20℃인 물의 온도가 47℃가 되는 데 걸리는 시간은 약 몇 시간인가?

풀이

물의 질량 $m=6\times10^4\times4=2.4\times10^5(g)$이고, 물이 1분당 흡수하는 열량은
$q=2cal/cm^2\cdot min\times6\times10^4cm^2\times1min\times0.3=3.6\times10^4cal/min$,
물이 흡수해야 할 열량은 $Q=mc\Delta t=2.4\times10^5\times1\times(47-20)=6.48\times10^6cal$이다.
따라서 물의 온도를 27℃만큼 높이는 데 드는 시간은 $t=\dfrac{6.48\times10^6 cal}{3.6\times10^4cal/min}=180min=3h$

08 바이메탈은 종류가 다른 2개의 얇은 금속 조각을 붙여놓은 것이다. 바이메탈에 열을 가하면 그림과 같이 휘어지게 된다. 처음에 두 금속 조각의 길이가 L, 열팽창률이 각각 α_1, α_2이고 바이메탈의 온도를 ΔT만큼 상승시킬 때 휘어진 각도 θ를 결정하라.

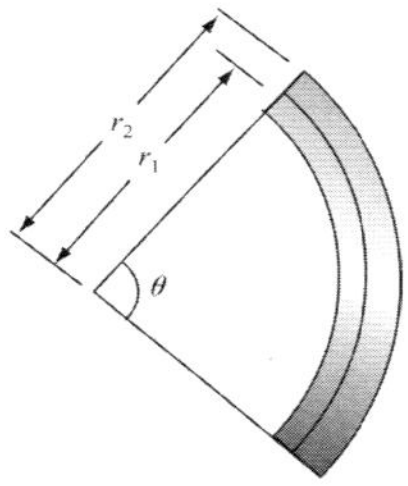

풀이

$L_1=r_1\theta=L_0(1+\alpha_1\Delta T)$, $L_2=r_2\theta=L_0(1+\alpha_2\Delta T)$
두 식을 빼면 $(r_1-r_2)\theta=L_0(\alpha_1-\alpha_2)\Delta T$이므로 $\theta=\dfrac{L_0(\alpha_1-\alpha_2)\Delta T}{(r_1-r_2)}$

09 무거운 유체가 그림과 같이 길이가 L, 내경이 a, 외경이 b인 원통형 관을 통과한다. 관의 벽을 통해 단위 시간당 전도되는 열량을 구하라. 단, T_a,와 T_b는 각각 안쪽면과 바깥쪽면의 온도이고 열전도율은 k 이다.

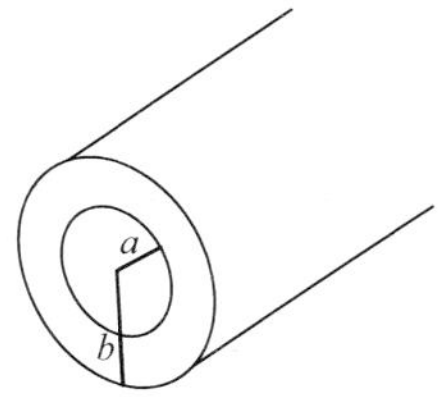

풀이

$$\frac{dQ}{dt}=k(2\pi rL)(\frac{dT}{dr})\rightarrow\frac{dQ}{dt}\cdot\frac{dr}{r}=(2\pi kL)\cdot dT$$
$$\rightarrow\frac{dQ}{dt}\cdot\int\frac{dr}{r}=(2\pi kL)\cdot\int dT \qquad \therefore\ \frac{dQ}{dt}=\frac{2\pi kL(T_b-T_a)}{\ln\frac{b}{a}}$$

10 호수의 표면에 두께 y인 얼음층이 형성되었다. 공기는 일정한 온도 $-T$이고 얼음과 물의 경계면의 온도는 0℃이다. 두께의 증가변화율을 구하라. 단, 얼음의 열전도율은 k, 얼음의 융해열은 L, 얼음의 밀도는 ρ, 중력가속도는 g이다.

풀이

단위 시간당 전도되는 열은 $\dfrac{dQ}{dt}=\dfrac{kA\{0-(-T)\}}{y}$

단위 시간당 생성되는 얼음의 질량은 $\dfrac{dm}{dt}=\dfrac{dQ}{dt}\cdot\dfrac{1}{L}$이므로

두께 변화율은 $\dfrac{dy}{dt}=\dfrac{dV}{dt}\cdot\dfrac{1}{A}=\dfrac{1}{\rho}\dfrac{dm}{dt}\cdot\dfrac{1}{A}=\dfrac{1}{\rho}(\dfrac{dQ}{dt}\cdot\dfrac{1}{L})\cdot\dfrac{1}{A}=\dfrac{kT}{L\rho y}$

CHAPTER 10

열 역학의 법칙

10.1 개념 익히기

01 같은 온도에서 공기 중에서 더 빨리 운동하는 것은?

① 가벼운 분자
② 무거운 분자
③ 분자들의 평균 속력은 같다.

기체분자 1개의 평균적인 운동에너지는 절대온도에 비례한다. 따라서 온도가 같으면 분자들의 평균적인 운동에너지가 같으므로 분자의 평균속력은 분자질량의 제곱근에 반비례한다.

02 헬륨 기체의 온도가 2배가 되면 헬륨 기체분자의 평균 속력은 몇배가 되는가?

① 2배보다 작다.
② 2배
③ 2배보다 크다.

온도가 2배가 되면 운동에너지가 2배가 되므로 속력은 $\sqrt{2}$ 배가 된다.

03 같은 온도의 수소, 산소 기체가 있다. 평균적으로 수소 분자는 산소 분자에 비해 ________

① 속력과 운동 에너지가 같다.
② 속력은 같지만 운동 에너지는 크다.
③ 속력은 같지만 운동 에너지는 작다.
④ 운동 에너지는 같지만 속력은 크다.
⑤ 운동 에너지는 같지만 속력은 작다.

온도가 같으면 운동에너지는 같으므로 분자량이 작은 분자의 속력이 더 빠르다.

Answers 01. ① 02. ① 03. ④

04 실온에서 컵 속에 들어있는 물분자들은 ________으로 움직인다.

① 다양한 속력
② 모두 같은 속력

모든 상태에서 분자들은 다양한 속력으로 움직인다.

05 어떤 기체 분자들이 서로 충돌하지 않고 운동한다면 이 기체의 온도는 ________

① 올라간다.
② 내려간다.
③ 변함이 없다.

운동에너지가 변하지 않으므로 온도 역시 변함이 없다.

06 수소, 산소, 질소 기체가 혼합되어 있다. 어느 기체 분자의 평균 속력이 가장 큰가?

① 수소
② 산소
③ 질소
④ 같은 온도에서는 모두 같을 것이다.

혼합된 기체는 서로 열을 교환하여 온도가 같다고 할 수 있다. 온도가 같으면 평균운동에너지가 같지만 분자량에 따라 속력은 달라진다. 분자량이 작을수록 속력은 더 빠르다.

07 온도를 일정하게 유지시키면서 산소 기체가 들어있는 용기 내의 압력을 증가시키면 ____________________

① 분자들의 속력이 증가한다.
② 분자들의 운동 에너지가 증가한다.
③ 둘다 맞다.
④ 둘다 틀리다.

온도가 일정하면 운동에너지가 일정하므로 속력도 일정하다.

08 온도를 일정하게 유지시키면서 이상기체의 압력을 2배로 증가시키면 기체 분자들의 평균 운동 에너지는 ________

① 2배 증가한다.
② 2배이상 증가한다.
③ 변하지 않는다.

온도가 일정하면 운동에너지도 일정하다.

09 공기가 따뜻해지면 팽창한다. 공기가 팽창하면 공기는 ________

① 따뜻해진다.
② 차가워진다.
③ 온도 변화가 없다.

기체가 팽창하면서 외부에 일을 하게 되므로 그만큼 내부에너지가 감소하게 되어 온도가 내려간다.

10 공기가 압축되면 공기의 온도는 어떻게 되는가?

① 올라간다. ② 내려간다.
③ 변함이 없다.

Answers 04. ① 05. ③ 06. ① 07. ④ 08. ③ 09. ② 10. ①

기체가 압축되면서 외부로부터 일을 받으므로 그만큼 내부에너지가 증가하게 되고 온도가 올라간다.

11 사실상 가능한 최저 온도는 몇 도인가?

① 0℃
② −273℃
③ 4K

이론적으로 가능한 최저 온도는 절대영도 즉 −273℃이다.

12 0℃ 때 공기 부피의 2배가 되는 온도는 몇 도인가?

① 0℃ ② 2℃
③ 100℃ ④ 273℃

기체의 부피는 샤를의 법칙에 따라 압력이 일정할 때 절대온도에 비례한다.

13 열에너지가 모두 역학적 에너지로 전환되는 것이 가능한가?

① 가능하다.
② 불가능하다.

열에너지를 역학적 에너지로 바꾸어주는 기관을 열기관이라고 하는데 열효율이 100%인 열기관 즉 열에너지를 모두 역학적 에너지로 바꾸는 것은 열역학 제 2법칙에 위배되므로 불가능하다.

14 역학적 에너지가 모두 열에너지로 전환되는 것이 가능한가?

① 가능하다. ② 불가능하다.

열에너지 모두를 역학적 에너지로 바꾸는 것은 불가능하지만 역학적 에너지를 모두 열에너지로 바꾸는 것은 가능하다. 예를 운동하는 물체가 마찰에 의해 정지하는 경우 운동에너지가 모두 열에너지로 전환되었다. 모든 에너지의 무덤은 열에너지이다.

15 고열원과 저열원 사이의 온도차가 클수록 열기관의 효율은?

① 높아진다.
② 낮아진다.
③ 온도차와 효율은 관계가 없다.

열효율은

$$\frac{\text{고온의 절대온도} - \text{저온의 절대온도}}{\text{고온의 절대온도}}$$

$= 1 - \dfrac{\text{저온의 절대온도}}{\text{고온의 절대온도}}$ 이므로 온도차가 클수록 $\dfrac{\text{저온의 절대온도}}{\text{고온의 절대온도}}$ 의 값이 작아지므로 효율은 높아진다.

16 열역학 제 1법칙은 ____________

① 엔트로피의 원리이다.
② 카르노 사이클이다.
③ 에너지 보존법칙이다.

열역학 제 1법칙은 '기체에 공급한 열에너지는 내부에너지 증가와 기체가 외부에 한일과의 합과 같다'는 에너지 보존 법칙이다.

Answers 11. ② 12. ④ 13. ② 14. ① 15. ① 16. ③

17 고립된 계는 엔트로피가 ____ 하는 상태로 변화하려고 한다.

① 감소
② 증가
③ 변함이 없다.

열역학 제 2법칙은 자연현상의 비가역성을 말하며, 자연현상은 항상 엔트로피가 증가하는 방향으로 어떤 현상이 일어난다.

18 엔트로피는 __________(를)을 나타낸다.

① 일정한 압력에서의 온도
② 일정한 부피에서의 온도
③ 압력이 증가할 때의 온도
④ 부피가 증가할 때의 온도
⑤ 무질서도(messiness)

엔트로피는 자연현상의 무질서도를 나타낸다. 확률적으로 표현하면 자연현상은 항상 확률이 작은 값에서 큰 값으로 어떤 변화가 일어난다.

19 엔트로피와 밀접한 관련이 있는 것은?

① 열역학 제 1법칙
② 열역학 제 2법칙
③ 둘다 맞다.
④ 둘다 틀리다.

엔트로피는 자연현상의 무질서도를 말하며, 분자들의 운동이 더욱 무질서해지는 방향으로 어떤 현상이 일어난다는 열역학 제 2법칙과 관련이 있다.

20 입을 크게 벌리고 손바닥에 입김을 불면 여러분은 따뜻함을 느낀다. 이번에는 입술을 오므리고 입김을 불면 어떻게 되겠는가?

① 아직도 따뜻함을 느낀다.
② 시원함을 느낀다.

단열팽창이 일어나면 온도가 내려가므로 시원함을 느낄 수 있다.

21 지구 대기의 가열 현상은 에너지의 ___이 그 원인이다.

① 생산
② 소비
③ 둘다 맞다.
④ 둘다 틀리다.

에너지가 전환될 때마다 항상 엘에너지로 인한 손실이 일어난다.

22 이상 기체가 단열 변화를 할 때의 설명으로 옳은 것은?

① 기체에 아무런 일도 하지 않는다.
② 기체의 온도는 변하지 않는다.
③ 기체의 내부에너지는 변하지 않는다.
④ 모두 맞다.
⑤ 모두 틀리다.

단열팽창의 경우 열교환없이 기체가 외부에 일을 하므로 내부에너지가 감소하여 온도가 내려가게 된다.

Answers 17. ② 18. ⑤ 19. ② 20. ② 21. ③ 22. ⑤

23 이상 기체가 단열 압축이 될 때 ______

① 기체의 내부에너지는 일정하다.
② 기체의 온도는 변하지 않는다.
③ 기체에 공급되거나 방출되는 열이 없다.
④ 기체에 아무런 일도 하지 않는다.

단열변화는 외부와의 열교환이 없다.

24 물이_____때 더 큰 엔트로피를 갖게 된다.

① 얼
② 끓을

물이 얼 때보다 끓을 때 분자들의 운동이 무질서해지므로 엔트로피는 증가한다.

25 어떤 계에 100J의 열에너지가 공급되어 계는 60J의 일을 하였다. 계의 내부 에너지의 변화량은?

① 0　② 40J
③ 60J　④ 100J

열역학 제 1법칙에 따라 내부에너지의 증가량은 공급한 열에너지에서 기체가 외부에 한 일의 양을 뺀 값과 같다. 100J - 60J = 40J

26 날계란을 깨뜨려 그릇에 넣은 다음 달걀 거품기로 빠르게 저으면 날계란의 온도는 ______

① 올라간다.
② 내려간다.
③ 변하지 않는다.

온도는 물질 분자들의 평균적인 운동에너지에 비례하므로 거품기로 빠르게 저으면 날계란의 온도는 올라간다.

27 열기관의 고열원의 온도는 변하지 않는다고 가정하자. 저열원의 온도가 낮아지면 열효율은?

① 높아진다.
② 낮아진다.
③ 같다.

열효율= $\frac{T_1 - T_2}{T_1} \times 100(\%)$이므로 저열원의 온도만 낮아지면 열효율은 증가한다.

28 열기관의 효율이 100%가 되려면 고열원의 온도가 저열원의 온도와 어떻게 달라야하는가?

① 100배 높아야 한다.
② 1000배 높아야 한다.
③ 100배 낮아야 한다.
④ 저열원의 온도가 절대 영도라면 항상 가능하다.

열효율= $\frac{T_1 - T_2}{T_1} \times 100(\%)$이므로 저열원의 온도가 절대 0도로 되어야만 효율이 100%가 될 수 있다.

Answers 23. ③ 24. ② 25. ② 26. ① 27. ① 28. ④

29 한 계에 대해 역학적 일을 하면 계의 ____________가 증가될 수 있다.

① 내부에너지
② 온도
③ 둘다 맞다.
④ 둘다 틀리다.

계에 일을 해 주면 계의 내부에너지가 증가할 수 있으며 내부에너지가 증가하면 온도가 증가한다.

30 열이 공급되지 않는 상태에서 한 계가 외부에 일을 하면 계의 온도는?

① 올라간다. ② 내려간다.
③ 변함이 없다.

단열팽창이므로 온도가 내려간다.

31 단열 과정은 _____가(이) 없는 상태이다.

① 엔트로피 ② 압력의 변화
③ 열교환 ④ 온도의 변화

단열과정은 외부와 열교환이 없는 변화이다.

32 공기가 압축될 때 외부와의 열교환이 없다면 공기의 온도는?

① 올라간다. ② 내려간다.
③ 변함이 없다.

단열압축이므로 온도가 올라간다.

33 공기가 팽창할 때 외부와의 열교환이 없다면 공기의 온도는?

① 올라간다.
② 내려간다.
③ 변함이 없다.

단열팽창이므로 온도가 내려간다.

34 온도가 각각 10℃, 20℃인 동일한 두 개의 금속을 접촉시켜 놓았떠니 차가운 금속은 5℃로 더욱 차가워지고 따뜻한 금속은 25℃로 더욱 따뜻해졌다. 이는 ____에 위배된다.

① 열역학 제 1법칙
② 열역학 제 2법칙
③ 둘다 위배된다.
④ 둘다 위배되지 않는다.

저온의 물체에서 고온의 물체로 열이 저절로 이동하는 것은 에너지보존 법칙인 열역학 제 1법칙에는 위배되지 않지만 열역학 제 2법칙에 위배되므로 일어날 수 없다.

35 밀폐된 캔을 뜨거운 버너 위에 올려놓았다. 다음 중 어떤 물리량이 증가하겠는가?

① 내부에너지 ② 온도
③ 압력 ④ 모두 맞다.

캔에 열에너지가 공급되므로 온도가 상승하면서 내부에너지가 증가하게 되고 캔 내부의 압력도 증가하게 된다.

Answers 29. ③ 30. ② 31. ③ 32. ① 33. ② 34. ② 35. ④

36 공기 덩어리가 외부와의 열교환이 없이 고도가 높은 곳에서 낮은 곳으로 내려오면 공기의 온도는?

① 올라간다. ② 내려간다.
③ 변함이 없다.

단열압축 과정이라 할 수 있으므로 온도가 올라간다.

37 공기 덩어리가 외부와의 열교환이 없이 위로 상승하면 공기의 온도는?

① 올라간다. ② 내려간다.
③ 변함이 없다.

단열팽창 과정이라 할 수 있으므로 온도가 내려간다.

38 전등빛이 최종적으로 열로 전환되는 에너지의 양은?

① 15% ② 30%
③ 45% ④ 60%
⑤ 100%

모든 에너지의 무덤은 열에너지이므로 전등빛도 최종적으로 모두 열에너지로 전환된다.

39 밀폐된 방안에서 냉장고를 작동시키면 방안의 온도는 ________

① 올라간다.
② 내려간다.
③ 변함이 없다.

냉장고 작동시키기 위해 (전기)에너지가 공급되므로 전체적으로 온도가 상승한다.

40 계가 더욱 무질서해지면 엔트로피는 ________

① 증가한다. ② 감소한다.
③ 변함이 없다.

엔트로피는 계의 무질서도를 나타낸다.

41 더운 날 부엌을 시원하게 하기 위해 냉장고를 작동시키고 냉장고문을 열어 놓았다. 엄격히 말해서 부엌의 온도는 ________

① 올라간다.
② 내려간다.
③ 변함이 없다.

냉장고문을 열어놓았더라도 저온에서 고온으로 에너지가 이동하더라도 전체적인 에너지의 변화가 없으며 냉장고 작동시키기 위해 (전기)에너지가 공급되므로 전체적으로 온도가 상승한다.

42 기온이 10℃인 날, 추운 것을 좋아하는 한 친구가 "2배 더 추웠으면 좋겠다." 라고 말했다. 문자 그대로 받아들인다면 이 온도는 얼마인가?

① 10℃ ② 5℃
③ 0℃ ④ −131.5℃
⑤ −141.5℃

Answers 36. ① 37. ② 38. ⑤ 39. ① 40. ① 41. ① 42. ④

모든 열역학적인 변화는 절대온도로 나타내야 한다. 따라서 273+10=283K의 절반이 되어야 한다. 141.5K = −131.5℃이다.

43 2700K와 300K 사이에서 작동하는 이상적인 열기관의 효율을 얼마인가?

① 10% ② 24%
③ 80% ④ 89%

열효율$=\frac{T_1-T_2}{T_1}\times 100=\frac{2700-300}{2700}\times 100=$ 89%이다.

44 227℃와 27℃ 사이에서 작동하는 이상적인 열기관의 효율은 얼마인가?

① 20% ② 25%
③ 40% ④ 88%

열효율$=\frac{T_1-T_2}{T_1}\times 100=\frac{500-300}{500}\times 100=$ 40%이다.

Answers 43. ④ 44. ③

10.2 개념 응용하기

01 오른쪽 그림은 압력 P_1, P_2, P_3의 기체의 부피(V)와 온도(T) 사이의 관계를 나타낸 그래프이다. 다음 중 P_1, P_2, P_3의 크기를 바르게 비교한 것은?

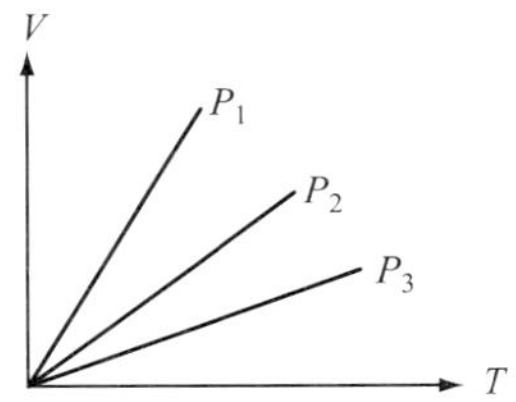

① $P_1 = P_2 = P_3$

② $P_1 > P_2 > P_3$

③ $P_1 < P_2 < P_3$

④ $P_2 > P_1 > P_3$

⑤ $P_3 > P_1 > P_2$

⋯ • 이상기체의 상태 방정식 $PV = nRT$에서 $\frac{V}{T} \propto \frac{1}{P}$의 관계가 성립한다.

02 양 끝을 막은 원통의 중앙에 피스톤이 있다. 피스톤 양쪽에 있는 기체의 압력은 1기압이다. 양쪽의 온도를 일정하게 유지하면서 피스톤을 움직여서 오른쪽 기체의 부피를 반으로 줄인다면 양쪽에 있는 기체의 압력차는 얼마일까?

① $\frac{1}{3}$기압

② $\frac{1}{2}$기압

③ 1기압

④ $\frac{4}{3}$기압

⑤ $\frac{3}{2}$기압

⋯ • 보일의 법칙에 따르면 온도가 일정할 때, 기체의 압력과 부피는 서로 반비례한다.
$PV = P_1 \cdot \frac{1}{2}V$와 $PV = P_2 \cdot \frac{3}{2}V$에서 $P_1 - P_2 = \frac{4}{3}$기압이다.

Answers 01. ③ 02. ④

03 온도가 4℃인 20m 깊이의 물 속에서 생긴 10cm^3인 공기 방울이 온도가 20℃인 수면으로 천천히 떠올랐다. 수면에서 이 공기의 부피는 몇 cm^3인가?

① 10.6cm^3 ② 21.2cm^3
③ 27.7cm^3 ④ 29.3cm^3
⑤ 31.7cm^3

⋯▸ • 보일-샤를의 법칙에 따르면 기체의 부피는 절대온도에 비례하고 압력에 반비례한다.
$\frac{PV}{T}=\frac{P'V'}{T'}$를 이용하면 $\frac{3\cdot 10}{277}=\frac{1\cdot V}{293}$에서 $V=31.7\text{cm}^3$

❖ **[4-5] 그림과 같이 질량 m인 기체 분자가 거리 L인 두 벽면 A, B사이에서 벽면에 수직으로 충돌하면서 왕복 운동을 계속하고 있다. 충돌 전후에 기체 분자의 속도 v는 일정하다. 다음 물음에 답하라.**

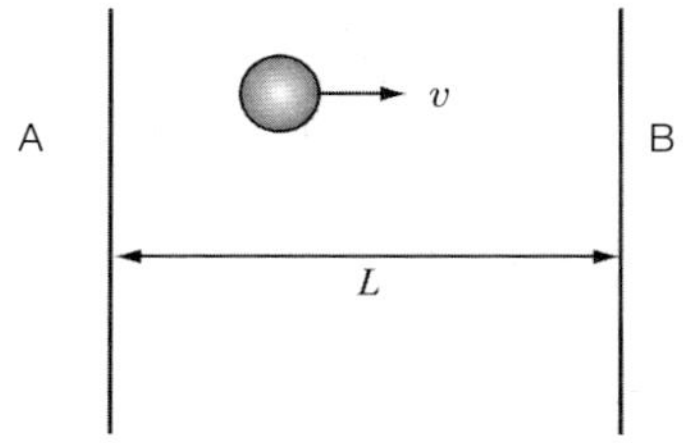

04 기체 분자가 벽면 B에 1회 충돌할 때마다 생기는 운동량의 변화량의 크기는 얼마인가?

① 0 ② $\frac{1}{2}mv$
③ mv ④ $2mv$
⑤ $4mv$

⋯▸ • $\triangle p=-mv-mv=-2mv$

05 기체 분자가 1초 동안 벽면 B에 충돌하는 횟수는 얼마인가?

① $\frac{v}{L}$ ② $\frac{L}{v}$
③ $\frac{v}{2L}$ ④ $\frac{2L}{v}$
⑤ vL

Answers 03. ⑤ 04. ④ 05. ③

⋯ • 기체분자가 왕복하는데 걸리는 시간 $T=\frac{2L}{v}$ 이며, 1초동안 벽면에 충돌하는 횟수는 $\frac{1}{T}=\frac{v}{2L}$ 회이다.

06 그림과 같은 A, B 두 용기에 압력이 같은 기체가 들어 있다. 마개 S를 열었을 때 A에서 B로 열이 이동하였다면 다음 중 A, B의 기체의 종류에 관계없이 항상 성립하는 것은?

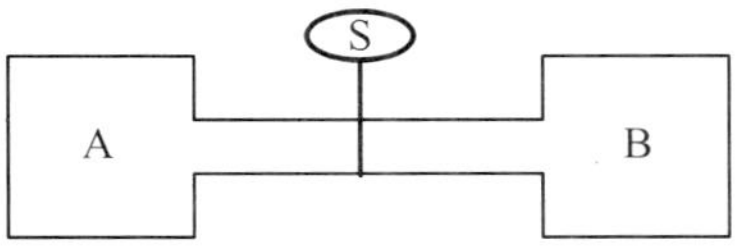

① A 기체 분자의 평균 운동에너지가 B보다 크다.
② A 기체 분자의 평균 운동에너지가 B보다 작다.
③ A 기체 분자의 부피가 B보다 크다.
④ A 기체 분자의 부피가 B보다 작다.
⑤ A 기체 분자의 밀도가 B보다 크다.

⋯ • 열은 항상 온도가 높은 곳에서 낮은 곳으로 이동하며, 기체 분자의 평균 운동에너지는 $\overline{E_k}=\frac{3}{2}kT$ 로 기체의 온도에 의하여 결정된다.

07 1몰의 단원자 분자로 된 이상기체가 일정한 압력을 유지하면서 팽창하여 온도가 1K 상승하였다. 이때 흡수한 열에너지 Q, 내부에너지의 증가량 ΔU, 기체가 외부에 한 일 W의 비 $Q : \Delta U : W$ 는 얼마인가?

① 1 : 2 : 3
② 3 : 2 : 1
③ 3 : 2 : 5
④ 5 : 2 : 3
⑤ 5 : 3 : 2

⋯ • 열역학 제1법칙에 의해 물체가 외부에서 흡수한 열량 Q는 내부에너지 변화량 ΔU와 물체와 외부에 한일 W의 합과 같다.

$$Q=\Delta U+W=\Delta U+P\Delta V=\frac{3}{2}nR\Delta T+nR\Delta T$$

Answers 06. ① 07. ④

08 그림과 같이 부피가 같은 밀폐된 단열 용기의 A와 B 사이에 고무마개로 막혀 있다. 용기 A에는 단원자 분자로 된 0℃, 1기압의 이상기체가 들어 있고 B는 진공으로 되어있다. 고무마개를 열었더니 용기 A에 들어 있던 기체가 잠시 후에 용기 A와 B를 가득 채웠다. 이 때 기체의 온도는 몇 ℃인가?

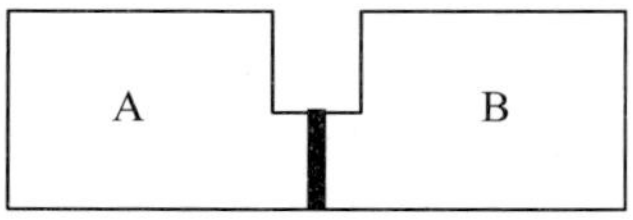

① 0℃　② −0.5℃
③ 0.5℃　④ 1℃
⑤ 1.5℃

⋯ • 기체가 진공 중에서 팽창할 때는 외부에 일을 하지 않으므로,
$Q = \triangle U + W$ 에서 $W = 0$이다. 공급된 열에너지가 없으므로 내부에너지는 변함이 없다.

09 열적으로 고립되어 있는 부엌이 있다. 냉장고의 문을 열어 놓은 채 냉장고를 가동시킨다면 부엌의 온도는 어떻게 되겠는가?

① 열역학 제 1법칙에 의해 변함이 없다.
② 열역학 제 2법칙에 의해 변함이 없다.
③ 열역학 제 1법칙에 의해 온도가 올라간다.
④ 열역학 제 2법칙에 의해 온도가 올라간다.
⑤ 열역학 제 1법칙에 의해 온도가 내려간다.

⋯ • 에너지 보존법칙에 따라 문을 연 냉장고는 방안으로부터 흡수한 열량과 온도를 낮추기 위해 사용된 전기에너지를 합한 열량을 다시 냉장고 밖으로 내보내므로 방안은 냉장고에 사용된 전력만큼의 열을 계속 공급받는다.

❖ [10−11] 다음은 분자량이 28인 질소(N_2)와 44인 이산화탄소(CO_2)기체를 이상기체라고 가정하였을 때 두 기체 분자의 평균 속력과 절대 온도의 관계를 나타낸 그래프이다.

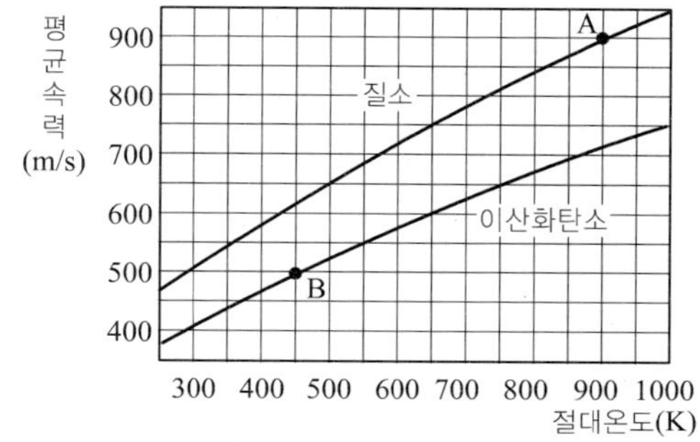

Answers 08. ① 09. ③

10 이 그래프에 대한 [보기]의 설명 중 옳은 것을 모두 고른 것은?

보기

ㄱ. 가벼운 기체 질소는 무거운 기체 이산화탄소보다 같은 온도에서 더 활발하게 운동한다.
ㄴ. 온도가 높아지면 기체 분자의 운동이 더 활발해진다.
ㄷ. 절대 온도가 2배로 되면 기체 분자의 평균 속력은 4배가 된다.

① ㄱ
② ㄴ
③ ㄷ
④ ㄱ, ㄴ
⑤ ㄴ, ㄷ

• 절대온도 T인 이상기체 분자 1개의 평균운동에너지 $\frac{1}{2}m\overline{v^2}=\frac{3}{2}kT$ 이므로, 기체 분자의 속력은 $v=\sqrt{\frac{3kT}{m}}$ 이다.

11 두 기체는 모두 이상기체의 상태방정식 $PV=nRT$를 만족하고 있다. 이산화탄소와 질소 기체의 몰수(n)가 같고 부피(V)도 같을 때 위 그래프의 A지점에서의 압력은 B지점에서의 압력의 몇 배인가?

① 1배
② 2배
③ 3배
④ 4배
⑤ 5배

• 이상 기체의 상태방정식 $PV=nRT$에서 $P\propto V$이다.

12 다음 중 이상적인 열기관인 카르노 기관의 순환 과정을 바르게 나타낸 것은?

① 등온 팽창 → 단열 팽창 → 등온 압축 → 단열 압축
② 단열 팽창 → 등온 팽창 → 단열 압축 → 등온 압축
③ 등온 팽창 → 단열 압축 → 등온 압축 → 단열 팽창
④ 정압 팽창 → 단열 팽창 → 등온 압축 → 단열 압축
⑤ 정압 팽창 → 등온 팽창 → 정압 압축 → 등온 압축

• 카르노 과정은 고온, 저온의 두 온도차에서 작동하는 열기관의 최대효율을 결정하는 과정이다.

Answers 10. ④ 11. ② 12. ①

13 다음 그래프는 어느 지역의 지면으로부터 고도에 따른 기압의 분포를 나타내고 있다.

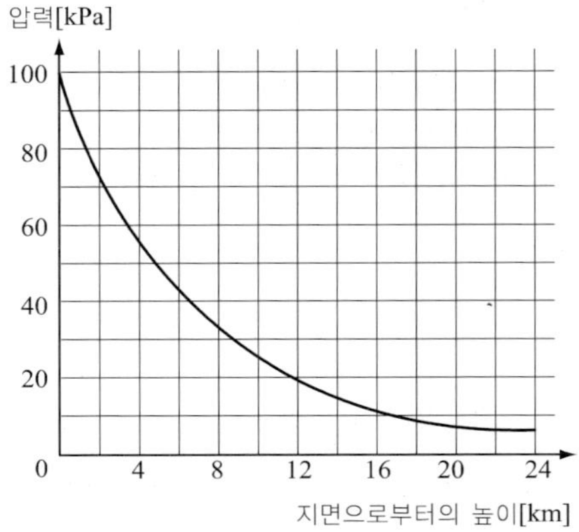

헬륨이 들어있는 가벼운 풍선을 지면에서 놓아주면 떠오르게 된다. 풍선은 부피가 처음의 4배로 되면 터진다고 한다. 상승하던 풍선이 터지는 높이는?(단, 기온은 어디서나 일정하며, 풍선 속 기체의 온도도 일정하다고 가정한다.)

① 약 2km ② 약 4km
③ 약 6km ④ 약 10km
⑤ 약 16km

⋯› • 보일의 법칙에 따르면 온도가 일정할 때 기체의 압력과 부피는 반비례한다. $P \propto \frac{1}{V}$

14 같은 부피의 두 개의 견고한 용기 1과 용기 2에 같은 종류의 기체가 들어 있다. 두 용기의 온도를 변화시키면서 압력을 측정하였더니 그래프와 같았다.

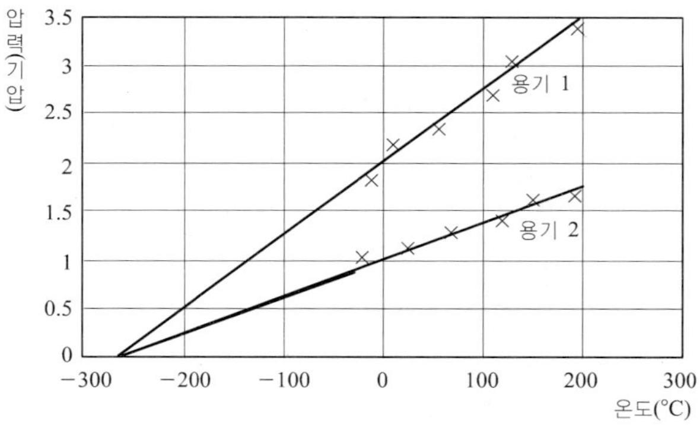

Answers 13. ④ 14. ①

측정값들은 거의 직선의 형태를 이루고 있으며, 이 직선을 연장한 선은 점선으로 나타내었다. 다음 설명 중 옳은 것은?

① 두 기체 시료는 이상기체의 성질을 가지고 있다.
② 용기 2에는 용기 1보다 더 많은 기체가 들어 있다.
③ 같은 기압일 때 용기 1의 온도가 용기 2의 온도보다 높다.
④ 용기 2에서는 측정하는 동안 기체가 새어나가고 있다.
⑤ 용기 1과 2에는 같은 질량의 기체가 들어있다.

- 기체의 상태방정식 $PV=nRT$ 의 관계를 만족하는 일정량의 기체를 이상기체라고 한다. $\frac{P}{T}=\frac{nR}{V}$에서 V가 일정할 때 $\frac{P}{T}\propto n$의 관계가 성립한다.

15 평형 상태에 있는 어떤 이상기체의 압력, 온도, 내부 에너지를 각가 P, T, U라 하자. 기체의 평형 상태를 변화시키지 않고 칸막이를 설치하여 기체의 부피를 칸 A, B로 정확히 반씩 나누었다. 이때 A안에 들어있는 기체의 상태를 옳게 나열한 것은?(단, 칸막이의 두께는 무시한다.)

처음 기체의 상태(P, T, U) 칸막이 설치 후 기체의 상태

	압력	온도	내부 에너지
①	P	T	$2U$
②	P	T	$\frac{U}{2}$
③	P	$\frac{T}{2}$	$2U$
④	$\frac{P}{2}$	T	$\frac{U}{2}$
⑤	P	$\frac{T}{2}$	U

- 상태를 변화시키지 않고 칸막이만 설치하면 압력과 온도의 변화없이 부피와 몰수가 반으로 줄어든다. 단원자 분자로 된 이상 기체의 내부에너지는 $U=\frac{3}{2}nRT$이므로, 기체의 내부에너지는 기체의 분자수와 절대온도에 의해 결정된다.

Answers 15. ②

16 다음 그래프는 한 열기관의 순환과정을 일정량의 기체의 압력(P)과 부피(V) 관계로 나타낸 것이다. AB 구간에서는 Q_1의 열을 흡수하고, BC 구간에서는 Q_2의 열을 흡수한다. CD 구간에서는 Q_3의 열을 방출하고 DA 구간에서는 Q_4의 열을 방출한다. 열기관에 사용된 기체는 단원자 분자로 된 이상기체라 가정한다. A점의 온도가 300K일 때 [보기]의 설명 중 옳은 내용을 모두 고른 것은?

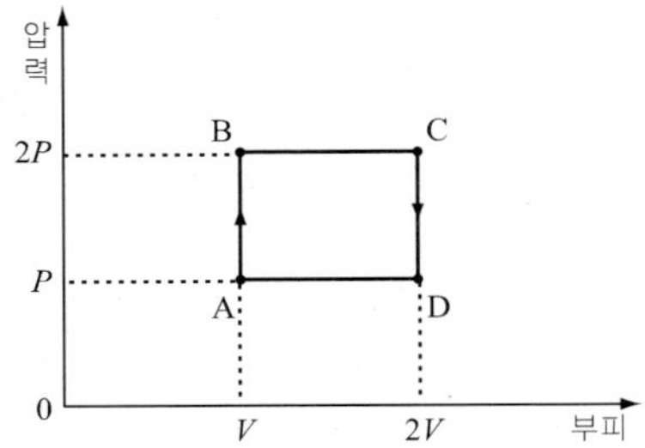

보기

ㄱ. C점의 온도는 1200K이다.

ㄴ. $2Q_1 = Q_2$의 관계를 만족한다.

ㄷ. 이 열기관의 효율은 $\dfrac{Q_1 + Q_2 - Q_3 - Q_4}{Q_1 + Q_2}$이다.

① ㄱ　　② ㄱ, ㄴ

③ ㄱ, ㄷ　　④ ㄴ, ㄷ

⑤ ㄱ, ㄴ, ㄷ

• 이상기체의 상태방정식 $PV = nRT$에 의해, 일정량의 기체의 압력과 부피의 곱은 절대온도에 비례한다($PV \propto T$). C점의 압력과 부피의 곱은 A점의 4배이므로 절대온도도 4배이다.
$Q_1 = \triangle U + W = \dfrac{3}{2}nR \cdot 300 + 0$, $Q_2 = \dfrac{3}{2}nR \cdot 600 + nR \cdot 600$

17 일정량의 이상기체의 압력과 부피가 그림과 같이 A상태에서 B, C 상태로 변했다가 다시 A상태로 되었다. 그래프에 대한 다음 설명 중 옳지 않은 것은?

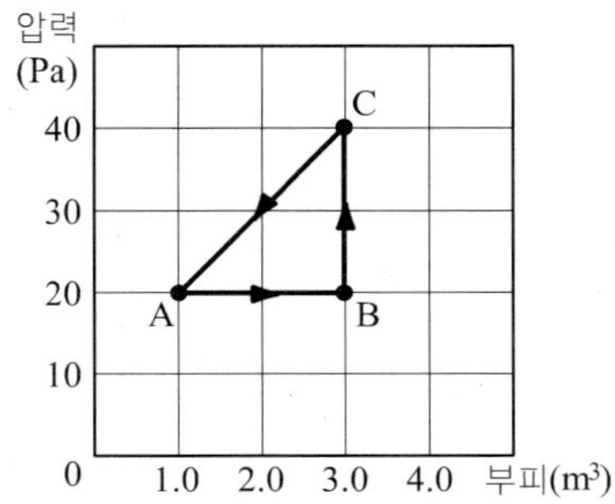

① A → B구간은 열을 흡수하는 과정이다.

② B → C구간에서 기체가 외부에 한 일은 0이다.

③ C → A구간은 열을 방출하는 구간이다.

④ A점의 온도가 20℃라면 C점의 온도는 120℃이다.

⑤ A → B → C구간은 기체의 내부에너지가 증가하는 구간이다.

Answers 16. ③ 17. ④

• $PV=nRT$에서 $PV \propto T$이다. 압력과 부피의 곱이 증가하면 온도가 증가하고 내부에너지도 증가하므로 열을 흡수하는 과정이다. 부피가 변할 때는 외부에 일을 하거나 외부로부터 일을 받게 된다.

❖ [18-19]아래의 그림 (a), (b)는 각각 가솔린 기관의 작동과정(4행정)과 각 행정에서 압력(P)과 부피(V)의 변화를 나타낸 것이다. 다음 물음에 답하여라.

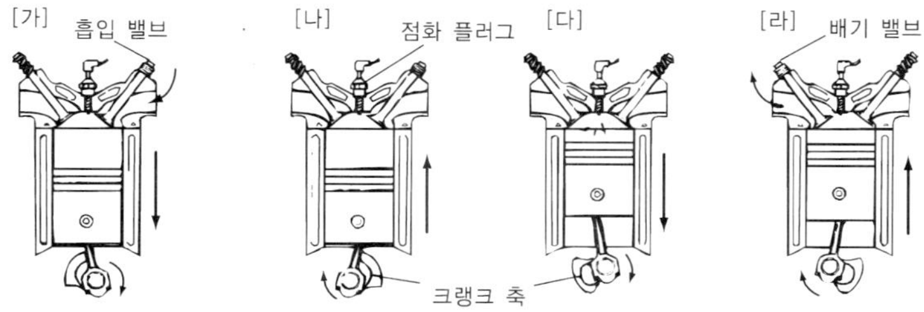

그림 (a)

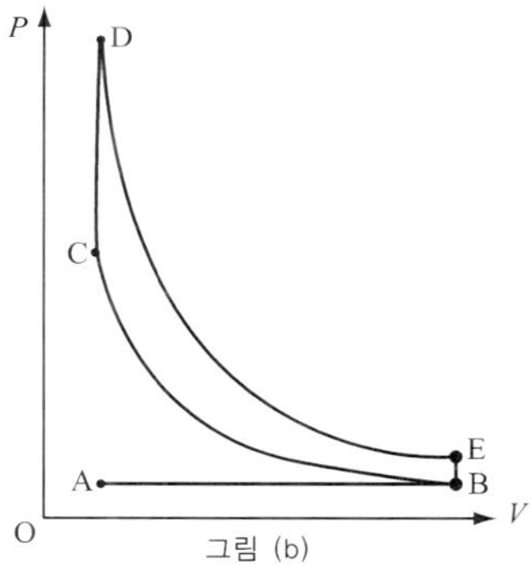

그림 (b)

18 압축 행정은 그림 (a)와 (b)에서 어느 과정인가?

① [가], A → B
② [나], B → A
③ [나], B → C
④ [라], B → A
⑤ [라], B → C

• (가) 흡입, (나) 압축, (다) 폭발, (라) 배기

Answers 18. ③

19 그림 (b)의 과정에서 가솔린 기관이 외부에 대하여 일을 하는 과정은?

① A → B　　② B → C
③ C → D　　④ D → E
⑤ E → A

→ • 폭발과정에서 연소된 기체가 팽창할 때 외부에 일을 한다.

20 외부로부터 단열된 상자의 반을 막고 그림처럼 한 쪽에만 이상 기체를 채웠다. 이 칸막이를 치웠을 때 나타나는 현상을 바르게 설명한 것들로 묶인 것은 어느 것인가?

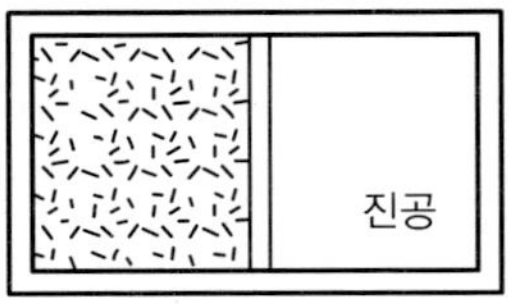

보기

가. 온도가 변하지 않는다.
나. 내부 에너지는 감소한다.
다. 외부에 일을 해 준다.
라. 비가역 과정이다.

① 가, 라　　② 가, 다
③ 나, 다　　④ 나, 라
⑤ 다, 라

→ • 진공 중에 기체가 자유 팽창할 때는 외부에 일을 하지 않는다.
$Q=\triangle U+W$에서 $Q=0$, $W=0$이므로 $\triangle U=0$이다. 시간이 지나더라도 기체가 다시 한쪽으로 모이지 않는 것은 열역학 제2법칙에 위배되기 때문이다.

Answers 19. ④ 20. ①

10.3 개념 서술하기

01 단열된 실린더 안에 기체가 있다. 실린더 내의 피스톤을 실린더 안쪽으로 움직여 기체를 압축시킨 후 정지시킨다. 잠시 후 기체 분자들은 피스톤과 충돌하면서 피스톤을 실린더 바깥쪽으로 움직이게 한다.

(1) 실린더 내부의 온도가 내려가는 이유를 에너지와 운동학적 관점에서 각각 설명하라.

(2) 용기 내부에 존재하는 기체 분자들이 용기의 벽과 충돌할 때 탄성충돌이라 가정해 왔다. 실제로 벽과의 충돌은 비탄성 충돌일 수도 있다. 그러나 용기의 벽과 기체 분자의 온도가 같다면 탄성충돌이라 해도 무방하다. 그 이유를 설명하라.

(3) 기체 분자들이 서로 자유로이 이동할 수 있고 크기가 같은 두 개의 방이 있다. 두 방이 서로 다른 온도를 유지하고 있다면 어느 방에 더 많은 기체 분자들이 존재하겠는가?(단, 두 방의 압력은 같다고 가정한다.)

(4) 기체의 온도를 운동학적 관점에서 설명하라.

풀이

(1) 에너지 : 실린더를 움직이는데 일한 만큼 내부에너지 감소
운동학적 관점 : 기체 분자의 질량을 m, 피스톤의 질량을 M, 분자의 처음 속도를 a, 충돌 후 속도를 b, 충돌 전 후 피스톤의 속도를 c(일정한 속도), 운동량 보존법칙을 이용하면 $ma=mb+Mc$, $e=1=\frac{(c-b)}{a}$ $\therefore c=a+b$ 앞의 식에 대입해서 정리하면 $b=\frac{m-M}{(m+M)}a$, $\left|\frac{m-M}{m+M}\right|<1$ 이므로 기체분자의 속력이 감소함을 알 수 있다. 속력이 감소하면 기체분자의 운동에너지가 감소하므로 온도가 내려간다.

(2) 분자의 속력이 비탄성 충돌로 감소했어도 다시 벽으로부터 열을 받아 같은 속력을 유지할 수 있다.

(3) 온도가 낮은 방

(4) 기체의 온도는 기체분자의 평균분자운동에너지에 비례한다.

02 한 계의 기체는 일정한 압력을 유지하면서 또는 일정한 부피를 유지하면서 열에너지를 흡수하는 과정을 가질 수 있다.

(1) 기체의 온도를 일정하게 유지하면서 열에너지를 흡수하는 과정은?

(2) 기체의 부피를 일정하게 유지하면서 일을 할 수 있는가?

(3) 열역학 제 1법칙을 수입, 지출, 보유하고 있는 현금과 비교하여 설명하라.

풀이

(1) 등온 팽창
(2) 없다.
(3) $Q = W + \Delta U$, 수입= 지출+ Δ보유

03 밀폐된 상자 안에 기체가 들어있다. 상자의 질량을 M, 기체의 질량을 m이라 가정하고, 이 상자를 저울 위에 올려놓았을 때 저울의 눈금은? 또 그렇게 되는 이유를 설명하라.

풀이

기체분자로 인한 상자의 (아랫면 충격량－윗면 충격량)=mg(계산 생략) 저울의 눈금은 $(M+m)g$이다.(P274, 4번 문제 해설 참조)

04 집안의 온도가 20℃로 유지되고 있다고 하자. 여름에는 집 밖의 온도가 30℃이고 열펌프를 이용하여 집안의 온도를 20℃로 유지하고 있다. 겨울에는 집 밖의 온도가 10℃이고 같은 열펌프를 이용하여 집안의 온도를 20℃로 유지하고 있다.

(1) 여름과 겨울 중 어느 경우에 전기요금이 더 많이 나오겠는가?

(2) 매우 더운 여름날, 에어컨이 작동하지 않는다. 실내에는 잘 작동되는 냉장고와 얼음이 가득 들어있는 얼음 상자가 있다. 실내의 온도를 효율적으로 낮추기 위해 어느 쪽을 열어두는 것이 좋은가? 그 이유를 설명하라.

(3) 따뜻한 공기는 상승한다. 그래서 산 아래보다 산꼭대기에서의 온도가 더 높은 것처럼 보일지도 모른다. 그러나 사실은 반대인 경우가 대부분이다. 그 이유는?

(4) 열역학 제 2법칙을 정의하고 이와 관련된 현상을 설명해 보라.

(5) 경제적인 논리로 얘기할 때 열역학 제 1법칙은 이익을 볼 수 없다고 말하며, 열역학 제 2법칙은 본전도 할 수 없다고 말한다. 이를 설명하라.

풀이

(1) 여름, 겨울에는 열펌프에서 나오는 열(열펌프가 일하는데 쓰이는 에너지)로 난방할 수 있다.
(2) 얼음 상자, 냉장고의 경우 내부로는 차가운 공기, 뒤로는 뜨거운 공기, 이렇게 만드는 데 필요한 일 이 세 가지를 합하면 온도는 올라간다.
(3) 상승하면서 단열팽창하기 때문에 올라가면 기온이 떨어진다.
(4) 모든 현상은 엔트로피가 증가하는 방향으로 일어난다.
(5) 열역학 제1법칙은 에너지의 공급 없이 계속 일을 할 수 없는 기관은 있을 수 없다는 에너지 보존 법칙이고, 열역학 제2법칙은 열효율이 100%인 열기관을 만들 수 없다는 자연현상의 비가역성과 관련된 법칙이다.

10.4 개념 심화하기

01 수심 90m 인 물 속에서 발생한 $1.0cm^3$의 기포가 수면으로 떠오르고 있다. 수면에서 기포의 크기는 약 몇 cm^3가 될까?(단, 수면의 온도는 15℃이고, 10m 깊어질 때마다 물의 온도는 1℃씩 떨어지고, 수압은 1기압씩 증가한다.)

풀이

수심 90m인 물 속의 압력은 10기압이고, 물의 온도는 6℃이다. 물 속과 수면에서 기포의 부피를 각각 V_0, V라 하고 보일-샤를의 법칙을 적용하면

$$\frac{10\times V_0}{273+6}=\frac{1\times V}{273+15}\rightarrow V=10.3\text{cm}^3$$

02 이상 기체는 단원자 분자로 구성되며, 절대 온도 T인 이상 기체의 내부 에너지는 $U=\frac{3}{2}nRT$로 주어진다. 그림과 같이 아령 구조인 이원자 분자의 회전 운동을 고려할 때 z축을 중심으로 한 분자의 회전 운동 에너지는 무시할 수 있다. 따라서 진동에 의한 운동 에너지를 무시할 때 산소(O_2), 질소(N_2)와 같은 이원자 기체 분자의 내부 에너지는 얼마인가?

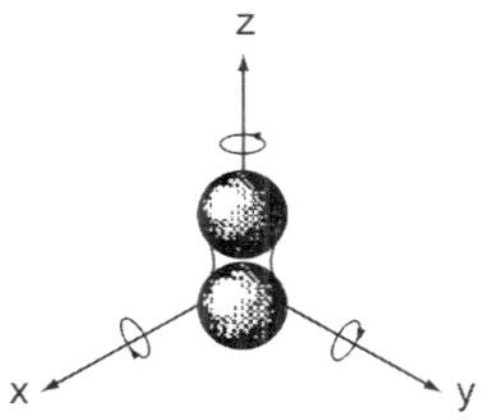

풀이

에너지 등분배 법칙에 따라 회전 운동의 자유도가 2 (x축, y축을 중심으로 한 회전) 이므로 이원자 분자로 된 기체의 내부 에너지는 다음과 같다.

$$U=\text{병진 운동 에너지}+\text{회전 운동 에너지}=3\times\frac{1}{2}nRT+2\times\frac{1}{2}nRT=\frac{5}{2}nRT$$

03 일정한 크기의 용기 속에 들어 있는 기체의 온도를 0℃에서 273℃로 높였다.

(1) 기체 분자들의 평균 운동 에너지는 몇 배가 되는가?

(2) 기체 분자들의 평균 속력은 몇 배가 되는가?

(3) 기체의 압력은 몇 배가 되는가?

풀이

(1) 기체 분자들의 평균 운동 에너지는 $E_k = \frac{3}{2}kT$에서 절대 온도에 비례한다. 기체의 절대 온도가 273K에서 546K로 2배가 되었으므로 기체 분자들의 평균 운동 에너지도 2배가 된다.

(2) $\frac{1}{2}m\overline{v^2} = \frac{3}{2}kT \rightarrow \bar{v} = \sqrt{\frac{3kT}{m}}$ 이므로 평균 속력은 $\sqrt{2}$ 배가 된다.

(3) $P = \frac{nRT}{V}$에서 용기의 부피 V는 일정하므로 압력 P는 2배가 된다.

04 그림과 같이 높이가 h인 원통형의 용기가 있다. 질량 m인 기체 분자가 용기의 밑면에 v의 속도로 탄성 충돌한다고 가정하고, 기체 분자가 용기의 윗면과 아랫면에 작용하는 힘의 차이를 구하라. 단, 기체의 분자는 N개, 중력가속도는 g이다.

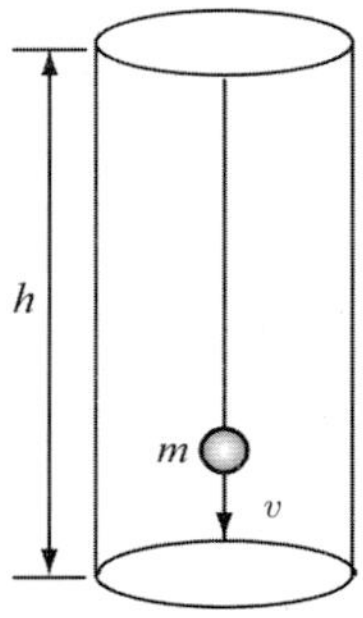

풀이

기체 분자가 올라가는 걸리는 시간을 t라고 하면 윗면에서의 분자의 속도는 $v-gt$이다.

$\Delta v_{위} = 2(v-gt)$, $F_{위} = \frac{\Delta p_{위}}{\Delta t} = N \cdot \frac{2m(v-gt)}{2t}$, $\Delta v_{아래} = 2v$,

$F_{아래} = \frac{\Delta p_{아래}}{\Delta t} = N \cdot \frac{2mv}{2t}$ 이므로 $F_{아래} - F_{위} = N \cdot \frac{2mv - 2m(v-gt)}{2t} = Nmg$

05 그림과 같이 단열 물질로 된 원통형 실린더와 피스톤으로 된 장치 내부에 정압 비열이 28J/mol · K인 이상 기체가 들어 있다. 실린더 내부에 있는 80Ω인 저항에 20V의 전원을 연결하였더니, 실린더 내부의 온도가 매초 0.5K씩 상승하면서 피스톤이 오른쪽으로 등속도로 움직였다. 실린더와 피스톤에 의한 열손실을 무시할 때, 이 기체의 일률은 몇 W인가?

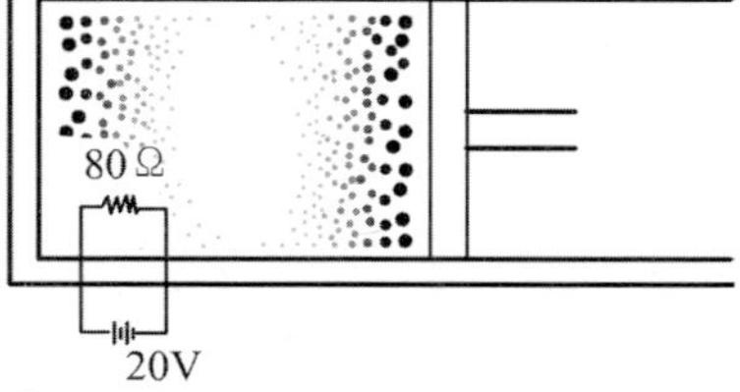

풀이

저항에서 매초 발생하는 열 $Q=\frac{V^2}{R}=\frac{20^2}{8}=5(\mathrm{J})$, 정압 비열을 c_p라 할 때
$Q=nc_p\Delta T=n\times 28\times 0.5=5$에서 기체의 몰수는 $n=\frac{5}{14}\mathrm{mol}$
기체가 매초 외부에 하는 일은 $W=P\Delta V=nR\Delta T=\frac{5}{14}\times 8.3\times 0.5=1.48(\mathrm{J})$
∴ 기체의 일률은 1.48W이다.

06 부피 V가 $3\mathrm{m}^3$이고 압력 P가 $1.5\times 10^4\mathrm{N/m}^2$이며 단원자로 된 이상 기체 4몰이 있다. 압력을 일정하게 유지하면서 그 부피를 천천히 증가시켜 $5\mathrm{m}^3$가 되게 하였다. 다음 물음에 답하여라.

(1) 기체가 외부에 한 일 W를 구하여라.

(2) 기체 내부 에너지의 증가량 ΔU를 구하여라.

(3) 기체가 흡수한 열 Q를 구하여라.

풀이

(1) $W=P\Delta V=1.5\times 10^4\mathrm{N/m}^2\times(5\mathrm{m}^3-3\mathrm{m}^3)=3\times 10^4\mathrm{J}$

(2) $\Delta U=\frac{3}{2}nR\Delta T=\frac{3}{2}P\Delta V=\frac{3}{2}W=4.5\times 10^4\mathrm{J}$

(3) $Q=\Delta U+W=7.5\times 10^4\mathrm{J}$

07 그림과 같이 이상 기체의 압력과 부피가 A 상태에서 B 상태로 변하였다. 다음 물음에 답하여라.

(1) A 상태에서 기체의 온도가 300K일 때, 기체의 몰 수는 얼마인가?

(2) A 상태에서 B 상태로 변하는 동안 기체가 외부에 대하여 한 일은 몇 J인가?

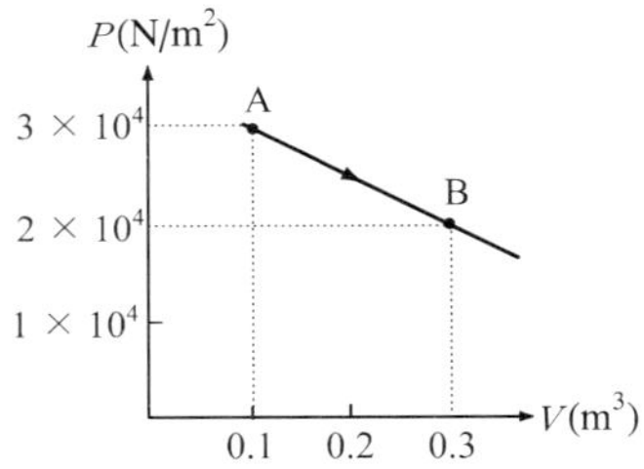

풀이

(1) 이상 기체 상태 방정식에서 $n=\frac{PV}{RT}=\frac{3\times 10^4\mathrm{N/m}^2\times 0.1\times\mathrm{m}^3}{8.3\mathrm{J/mol\cdot K}\times 300\mathrm{K}}=1.2\ \mathrm{mol}$

(2) 기체가 외부에 한 일은 그래프 아래의 사다리꼴 면적이므로
$W=\frac{1}{2}\times(3\times 10^4+2\times 10^4)\times 0.2=5000(\mathrm{J})$

08 그림과 같이 이상 기체의 압력과 부피를 A→B→C→D→A의 순서로 변화시켰다.

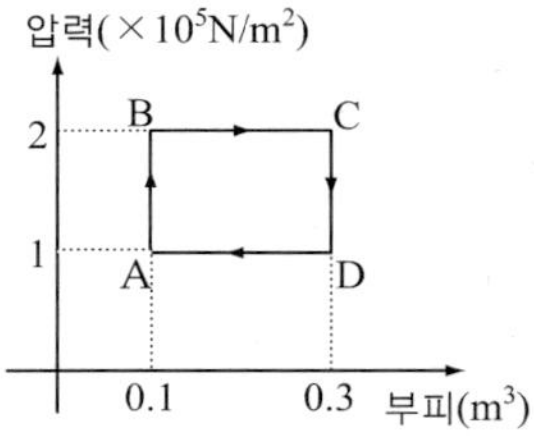

(1) 각 점에서 기체의 온도 T_A, T_B, T_C, T_D의 비를 구하여라.

(2) 기체가 정압 팽창하는 동안 외부에 한 일은 몇 J인가?

(3) 기체가 한 순환 과정 동안 외부에 한 일은 몇 J인가?

풀이

(1) 보일-샤를의 법칙에 의해 $\dfrac{P_A V_A}{T_A}=\dfrac{P_B V_B}{T_B}=\dfrac{P_C V_C}{T_C}=\dfrac{P_D V_D}{T_D}$ 이므로

$\dfrac{1\times1}{T_A}=\dfrac{2\times1}{T_B}=\dfrac{2\times3}{T_C}=\dfrac{1\times3}{T_D}$ $\quad \therefore T_A : T_B : T_C : T_D = 1 : 2 : 6 : 3$

(2) 기체가 정압 팽창하는 과정은 B→C 구간이므로

$W_{B\to C}=P_B\Delta V=P_B(V_c-V_B)=2\times10^5\text{N/m}^2\times(0.3\text{m}^3-0.1\text{m}^3)=4\times10^4\text{J}$

(3) A→B, C→D 과정은 정적 변화로 기체의 부피 변화가 없으므로 기체가 외부에 한 일은 0이다. B→C 과정에서는 기체의 부피가 팽창하면서 기체가 외부에 일을 하였고, D→A과정에서는 기체가 외부로부터 일을 받아 기체의 부피가 감소하였다. 따라서 한 순환 과정에서 기체가 외부에 한 일 W는 $W=W_{B\to C}+W_{D\to A}=2\times10^5\times(0.3-0.1)+1\times10^5\times(0.1-0.3)=2\times10^4\text{J}$, 즉, 한 순환 과정 동안 기체가 외부에 한 일을 직사각형 ABCD의 면적이 된다.

09 20℃, 2몰의 이상 기체가 150kPa에서 준정적 과정을 통해 초기 부피의 2배가 되었다. 각 경우에 있어서 팽창시 한 일과 내부에너지의 변화를 계산하라. 단, 비열비 $\gamma=1.4$, 정적비열 $c_v=20.9$J/mol · K이다.

(a) 등온과정 (b) 단열과정

풀이

(1) $W=nRT\ln\left(\dfrac{V_f}{V_i}\right)=nRT\ln2=3.38\text{kJ}$, 온도가 변하지 않으므로 $\Delta U=0$

열역학 제 1 법칙 $Q=\Delta U+W$에서

(2) 단열과정은 $Q=0$이므로 $W=-\Delta U=-nC_v(T_2-T_1)$

또 단열 과정이므로 $\dfrac{T_2}{T_1}=\left(\dfrac{V_2}{V_1}\right)^{1-\gamma}=(2)^{1-\gamma}=0.7578 \quad \therefore T_2=222\text{K}$

$\therefore\ W=2970\text{J}\ ,\ \Delta U=-2970\text{J}$

10 그림과 같은 실린더 내부에 0℃, 1기압인 기체가 들어 있다. 피스톤의 단면적이 S(m^2), 기체의 처음 부피를 V(m^3)이라 할 때 다음 물음에 답하여라.

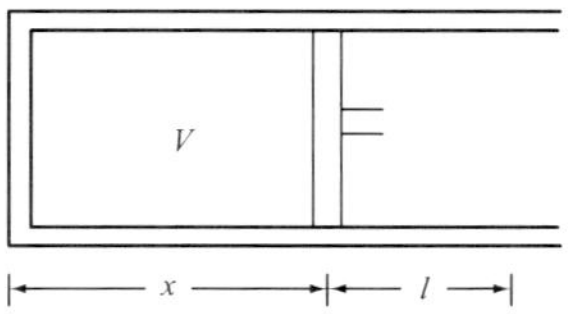

(1) 그림에서 길이 x는 얼마인가?

(2) 기체의 압력을 일정하게 유지하면서 열을 가하였다. 피스톤이 오른쪽으로 l만큼 이동하였을 때 기체의 온도는 몇 ℃인가?

(3) 그 동안 기체가 얻은 열량은 몇 J인가?(단, 기체의 열용량은 C(J/K)이다.)

풀이

(1) 기체의 부피 $V=Sx$이므로 $x=\frac{V}{S}$

(2) 보일-샤를의 법칙에서 피스톤이 l만큼 이동했을 때의 부피는 $V=Sl$이므로

$$\frac{1\times V}{273}=\frac{1\times(V+Sl)}{T} \rightarrow T=273+\frac{273Sl}{V}(\text{K})=\frac{273Sl}{V}(℃)$$

(3) 그 동안 기체가 흡수한 열량은 $Q=C\Delta T=C\times\frac{273Sl}{V}=\frac{273CSl}{V}$

11 1기압, 100℃의 물 2.0g의 부피가 2.0cm^{3}일 때, 이를 가열하여 1기압, 100℃의 부피 3342cm^{3}인 수증기가 되게 하였다.(1기압=1.0×10^5N/m^2, 1cal=4J, 물의 기화열은 540cal/g이다.)

(1) 물의 수증기가 되면서 외부에 한 일은 몇 J인가?

(2) 이 과정에서 물의 내부 에너지는 몇 J이 증가하였는가?

풀이

(1) 물이 수증기가 되면서 늘어난 부피는 3340cm^{3}이므로
$W=P\Delta V=1.0\times10^5\text{N/m}^2\times3340\times10^{-6}\text{m}^3=334\text{J}$

(2) 물이 기화하면서 흡수한 열량만큼 내부 에너지가 증가하므로
$\Delta U=2\text{g}\times540\text{cal/g}\times4\text{J/cal}=4320\text{J}$

12 외부와 단열된 철로 된 통이 있다. 이 통의 질량은 1kg이고 내부 용량은 300L이다. 통의 처음 온도가 0℃일 때, 100℃, 1기압의 헬륨 기체 10mol을 채우고 즉시 마개를 막았다.(철의 비열 0.1cal/g·℃, 열의 일당량 : 4J/cal, 기체 상수 R=8J/mol·K, 이상 기체 1mol의 비열은 $\frac{3}{2}R$이다.)

(1) 시간이 흐르면 기체와 통 사이에 열이 흘러 결국 온도가 같아지는데, 이 온도는 몇 ℃인가?

(2) 이 때 통 안의 기체의 압력은 몇 기압이 되는가?

풀이

(1) 기체와 통이 평형을 이룰 때 기체가 잃은 열량과 통이 얻은 열량은 같다.
철의 비열은 0.1cal/g℃ = 0.4J/g℃ = 400J/kg℃이고, 평형 온도 T(℃)라 하면 기체가 잃은 열량은

$Q = nc_v \Delta T = 10 \times \frac{3}{2} \times 8 \times (100 - T)$, 통이 얻은 열량은

$Q = mc\Delta T = 1\text{kg} \times 400\text{J/kg℃} \times (T - 0)$ 이므로 $T = 23$℃

(2) 보일 -샤를의 법칙에 의해 $V = 300\text{L}$로 일정하므로

$\frac{1 \cdot V}{273 + 100} = \frac{PV}{273 + 23} \rightarrow P = \frac{296}{373}$ 기압 = 0.79기압

13 그림과 같이 단열된 원통형 용기에 기체의 상태가 아래와 같이 변하였다. 다음 물음에 답하여라.(단, 피스톤의 단면적은 S, 질량은 M, 외부의 압력은 P_0이고 피스톤 자체의 열용량은 무시한다. 또 중력 가속도는 g이다.)

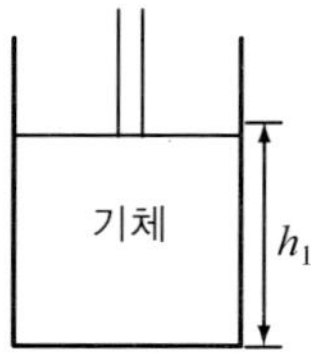

보기

상태 Ⅰ : 피스톤의 높이가 h_1, 기체의 온도는 T_1이었다.
상태 Ⅱ : 기체에서 서서히 열을 가해 피스톤의 높이가 h_2가 되었다.
상태 Ⅲ : 온도를 일정하게 유지하면서 피스톤 위에 추를 올려 다시 높이가 h_1이 되었다.

(1) 상태 Ⅰ에서 기체의 압력 P_1은?

(2) 상태 Ⅱ에서의 온도 T_2는?

(3) 상태 Ⅲ에서 기체의 압력 P_3는 P_1의 몇 배인가?

(4) 상태의 변화를 $P - V$ 그래프로 나타내어라.

풀이

(1) 위에서 작용하는 압력은 대기압과 피스톤의 무게에 의한 압력의 합이고, 이것이 기체의 압력과 평형을 이루고 있으므로 $P_1 = P_0 + \frac{mg}{S}$

(2) 기체의 압력은 일정하므로 보일-샤를의 법칙에 의해 $\frac{P_1 S h_1}{T_1} = \frac{P_1 S h_2}{T_2}$ 에서 $T_2 = \frac{h_2}{h_1} T_1$

(3) 등온 변화이므로 보일 법칙에 의해 $P_1 V_2 = P_3 V_1 \rightarrow P_1 S h_2 = P_3 S h_1$에서 $P_3 = \frac{h_2}{h_1} P_1$

(4)

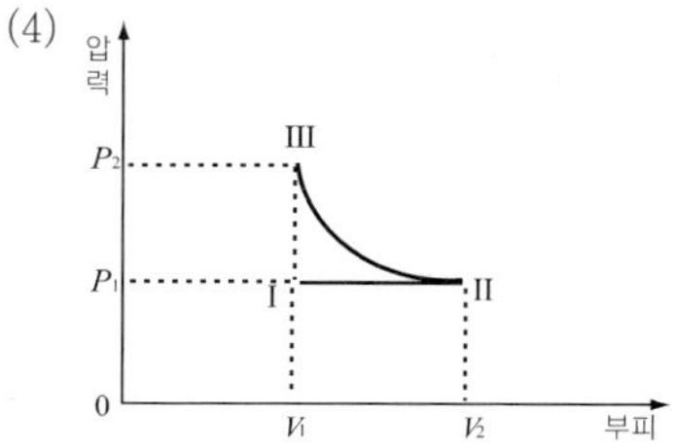

14 다음 그림과 같이 단면적 $S=300\text{cm}^2$의 피스톤으로 막혀 있는 실린더의 내부에 이상 기체가 들어 있다. 기체 상수 $R=8.3\text{J/mol}\cdot\text{K}$, 1cal = 4.2J, 1기압 = $1.0\times10^5\text{N/m}^2$라 하고 다음 물음에 답하여라.

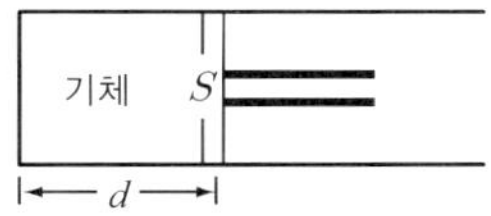

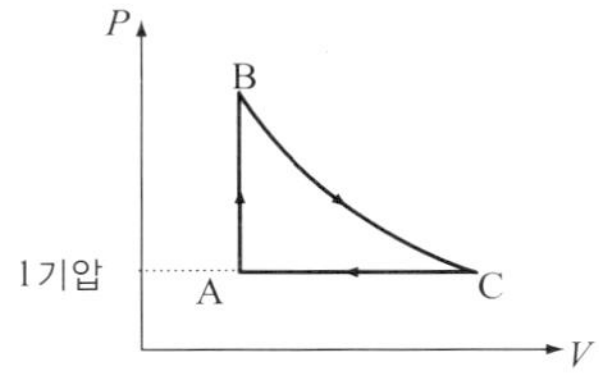

(1) 기체의 온도가 0℃, 1기압에 $d=40\text{cm}$였다면 기체의 몰 수와 내부 에너지는?

(2) 기체를 아래 설명과 같이 A→B→C→A의 과정으로 변화시켰다.(그래프 참조)

보기

A→B : 피스톤의 위치를 고정시키고 기체에 50cal의 열을 가하였다.
B→C : 온도를 일정하게 유지하면서 피스톤을 천천히 조작하여 기체의 압력이 1기압이 되었다.
C→A : 1기압의 압력을 유지하면서 피스톤을 천천히 원래의 위치로 이동시켰다.

① A→B 과정의 결과, 기체의 절대 온도 T'과 압력 P'은 어떻게 되는가?
② B→C 과정의 결과, 피스톤의 위치 d'은? 또, 이 과정에서 기체는 열을 (얻었다, 잃었다, 얻지도 잃지도 않았다).
③ C→A 과정의 결과, 기체의 온도 변화와 잃은 열량은?
④ A→B→C→A의 과정에서 기체가 한 일의 양을 그래프에 표시하여라.

풀이

(1) 기체의 부피 $V=Sd=300\times40=1.2\times10^4\text{cm}^3=1.2\times10^{-2}\text{m}^3$
이상 기체 상태 방정식에서 기체의 몰수
$$n=\frac{PV}{RT}=\frac{1.0\times10^5\times1.2\times10^{-2}}{8.3\times273}=0.53(\text{mol})$$
기체 내부 에너지 $U=\frac{3}{2}nRT=\frac{3}{2}\times\frac{PV}{RT}\times RT=\frac{3}{2}PV=\frac{3}{2}\times1200=1800(\text{J})$

(2) ① 정적 변화이므로 $Q=\Delta U=\frac{3}{2}nR\Delta T=210\text{J}$에서
$\Delta T=32K \quad \therefore\ T'=273+32=305(\text{K})$
$\frac{P}{T}=\frac{P'}{T'}$에서 $P'=\frac{T'}{T}P=\frac{305\text{K}}{273\text{K}}\times1$기압$=1.1$기압

② 등온 변화이므로 보일의 법칙에 의해 1.1기압 × 40cm = 1기압 × d' → $d'=44\text{cm}$
이 과정에서 기체는 외부에 일을 한 만큼 열을 얻었다.

③ 기체가 다시 원래의 상태 A로 돌아가므로 기체의 온도는 다시 0℃가 된다. 따라서 온도 변화량 $\Delta T=-32\text{K}$이다. 기체의 정압 비열은 $\frac{5}{2}R$이므로 기체가 잃은 열량은
$Q=nc_p\Delta T=0.53\times2.5\times8.3\times(-32)=-352(\text{J})$
C→A 과정에서 기체는 약 352J의 열을 외부로 방출하였다.

④ 기체가 한 순환 과정 동안 외부에 한 일은 다각형 ABC 내부의 면적이다.

15 열기관은 고열원과 저열원 사이에서 작동하며, 고열원과 저열원의 온도차가 클수록 열효율이 높아진다. 열기관의 효율을 높이기 위하여 고열원과 저열원의 온도차를 ΔT만큼 더 크게 할 때, 고열원의 온도를 높이는 방법과 저열원의 온도를 낮추는 방법 중에서 어느 쪽의 열효율이 더 커지는가?

풀이

고열원과 저열원의 절대 온도를 각각 T, T'이라 하면 $T > T'$, 열효율 $e = \dfrac{T'}{T}$

고열원의 온도를 ΔT만큼 올릴 때의 열효율은 $e_1 = 1 - \dfrac{T'}{T + \Delta T}$

저열원은 온도를 ΔT만큼 낮출 때의 열효율은 $e_2 = 1 - \dfrac{T' - \Delta T}{T}$

$$e_2 - e_1 = \frac{T - T' + \Delta T}{T} - \frac{T + \Delta T - T'}{T + \Delta T}$$

$$= \frac{T^2 - TT' + 2T\Delta T - T'\Delta T + \Delta T^2 - T^2 - T\Delta T + TT'}{T(T + \Delta T)}$$

$$= \frac{T\Delta T - T'\Delta T + \Delta T^2}{T(T + \Delta T)} > 0$$

∴ 저열원의 온도를 ΔT만큼 낮추는 것이 고열원의 온도를 ΔT만큼 높이는 것보다 더 효율적이다.

16 열기관은 높은 온도를 가진 열원에서 열량 Q를 공급받아 W의 일을 하는 동시에 $Q - W$에 해당하는 열을 낮은 온도의 열원으로 내보내는 장치이며, 열기관의 효율은 W/Q로 정의된다. 반대로 냉동 기관은 일 W'의 공급을 받아 낮은 온도의 열원에서 열량 Q'을 흡수하여 높은 온도의 열원으로 $Q' + W'$을 내보내는 장치이며, 냉동 기관의 열효율은 $\dfrac{Q'}{W'}$으로 정의된다. 열역학 법칙들이 허용하는 범위 내에서, 열기관이 두 열원에서 가질 수 있는 최대 효율을 e라고 하면, 두 열원 사이에서 동작하는 냉동 기관이 가질 수 있는 최대 효율은 얼마인가?

풀이

열기관의 효율 $e = \dfrac{W}{Q} = \dfrac{W'}{Q' + W'}$에서 $eQ' + eW' = W'$이므로 $eQ' = (1-e)W'$

따라서, 냉동 기관의 효율은 $e' = \dfrac{Q'}{W'} = \dfrac{1-e}{e}$이다.

17 효율이 20%인 실제 열기관이 정지해 있는 열차의 속력을 5m/s로 증가시키는데 사용되고 있다. 같은 온도차에서 작동하는 카르노 기관을 이용하면 같은 양의 연료로 열차의 속력을 정지 상태에서 6.5m/s로 가속시킬 수 있다고 한다. 두 기관이 저열원으로 300K의 공기를 사용한다면 고열원에서 사용되는 증기의 온도를 구하라.

풀이

실제 열기관의 일률은 $\frac{1}{2}m_{train}(5\text{m/s})^2$, 카르노 기관의 일률은 $\frac{1}{2}m_{train}(6.5\text{m/s})^2$,
따라서 카르노 기관의 효율은 $20\% \times \frac{(6.5)^2}{5^2} = 0.338$,
효율을 온도로 나타내면 $1 - \frac{300\text{K}}{T_h} = 0.338$ $\quad\therefore\ T_h = 453\text{K}$

18 단원자 분자로 된 n몰의 이상기체에 대하여 다음의 엔트로피의 변화량을 구하라.

(a) 일정한 압력을 유지하면서 온도가 T_1에서 T_2로 변할 때

(b) 일정한 부피를 유지하면서 압력이 P_1에서 P_2로 변할 때

풀이

(1) $dS = \frac{dQ}{T} = nC_p\frac{dT}{T}$에서 적분하면 $\Delta S = \frac{5nR}{2}\ln(\frac{T_2}{T_1})$

(2) $PV = nRT$에서 양변을 미분하면 $PdV + VdP = nR \cdot dT$이며, 부피의 변화는 0이고 $V = \frac{nRT}{P}$임을 이용하면 위 식은 $\frac{dT}{T} = \frac{dP}{P}$가 되므로 $dS = \frac{dQ}{T} = nC_v\frac{dT}{T} = \frac{3nR}{2}\frac{dP}{P}$
양끝 변을 적분하면 $\Delta S = nR\ln(\frac{V_2}{V_1})$

CHAPTER 11

정전기

11.1 개념 익히기

01 원자들 사이에 어떤 힘이 작용하여 분자를 구성하는가?

① 중력 ② 핵력
③ 전기력 ④ 구심력

자연계의 기본적인 힘은 핵력(강력), 전자기력, 약력, 만유인력(중력)인데 원자들 사이의 결합에 관여하는 힘은 전기력이다.

02 모든 화학적 반응의 기초가 되는 힘은?

① 중력 ② 핵력
③ 전기력 ④ 구심력

전자를 잃거나 얻은 원자를 이온이라 하며 이 이온들 사이에 작용하는 전기력이 원자들 사이의 결합과 화학적 반응에 관여한다.

03 원자가 전기적으로 중성인 이유는 양성자의 수와 ______의 수가 같을 때이다.

① 핵 주위의 전자
② 핵 내부의 중성자
③ 둘다 맞다.
④ 둘다 틀리다.

양성자는 양전기를 띠고 전자는 음전기를 띠며 두 전기량이 같아서 중성인 상태를 유지한다(양성자수와 전자수가 같다).

04 양이온은 ______________

① 중성자보다 전자가 더 많다.
② 양성자보다 전자가 더 많다.
③ 전자보다 양성자가 더 많다.
④ 중성보다 양성자가 더 많다.
⑤ 양성자보다 중성자가 더 많다.

Answers 01. ③ 02. ③ 03. ① 04. ③

전자를 잃거나 얻은 원자를 이온이라 하며 전자를 잃은 원자는 양이온이며 전자보다 양성자수가 더 많다.

05 원자에서 전자를 떼어내면 어떻게 되는가?

① 양이온
② 음이온
③ 다른 원소

원자가 전자를 잃었으므로 양이온이다.

06 전하가 양자화되어 있다는 것은 물질이 가지는 전하량이 ______________

① 어떤 값이든지 상관없다는 것이다.
② 기본전하의 정수배로 이루어져 있다는 것이다.
③ 이웃하는 전하와 상호작용한다는 것이다.
④ 새로 생성되거나 소멸될 수 없다는 것이다.

양자화의 의미는 불연속적이라는 뜻이다. 우리 주변에서 존재하는 모든 것들이 연속적인 것처럼 보이지만 빛, 에너지, 파동 등 미시적으로 보면 모두 불연속적이다.

07 전하가 보존된다는 것은 전하가 ______

① 어떤 값이든지 상관없다는 것이다.
② 전자의 정수배로 이루어져 있다는 것이다.
③ 이웃하는 전하와 상호작용한다는 것이다.
④ 새로 생성되거나 소멸될 수 없다는 것이다.

에너지나 전하는 새로 생성되거나 소멸될 수 없으므로 항상 보존된다.

08 전하의 단위인 쿨롱은 ___________

① 전자 하나의 전하량이다.
② 엄청나게 많은 특정한 수의 전자들의 전하량이다.

전하량의 단위는 쿨롱(C)이며 전자 1개의 전하량은 1.6×10^{-19}C이므로 1C의 전하량은 6.25×10^{18}개의 전자의 전하량과 같다.

09 중력과 전기력의 가장 큰 차이점은 전기력이 ______이라는 것이다.

① 인력
② 척력 또는 인력
③ 거리제곱에 반비례하는 힘
④ 근거리에서만 작용하는 힘
⑤ 아주 약한 힘

중력과 전기력의 공통점은 힘의 세기가 거리의 제곱에 반비례한다는 것이며 차이점은 중력은 인력만 작용하지만 전기력은 인력과 척력이 있다.

Answers 05. ① 06. ② 07. ④ 08. ② 09. ②

10 전기력은 어느 경우에 가장 큰가?

① 전하 사이의 거리가 가까울 때
② 전하 사이의 거리가 멀어질 때
③ 항상 같다.

전기력은 거리의 제곱에 반비례한다.

11 전하 사이에 작용하는 전기력에 대한 옳은 설명은?

① 두 전하의 곱에 비례한다.
② 전하 사이의 거리의 제곱에 반비례한다.
③ 둘다 맞다.
④ 둘다 틀리다.

전기력은 두 전하량의 곱에 비례하고 두 전하 사이의 거리의 제곱에 반비례한다.

12 트랜지스터는 무엇을 이용한 예인가?

① 저항체 ② 초전도체
③ 반도체 ④ 건전지
⑤ 전기 차폐

트랜지스터는 증폭작용이 있으며 반도체 3개(npn, pnp)를 결합한 것이다.

13 초전도체란?

① 전기저항이 큰 도체
② 전기저항이 작은 도체
③ 전기저항이 0인 도체

초전도체란 어느 온도이하에서 저항값이 0이 되는 도체를 말한다.

14 빗으로 머리를 문질러 머리카락으로부터 전자를 빼앗으면 빗은 ______

① 음으로 대전된다.
② 양으로 대전된다.

전자를 잃은 물체는 양전기를 띠고, 전자를 얻은 물체는 음전기를 띤다.

15 전자와 양성자 사이에 작용하는 힘은 ______

① 인력이다.
② 척력이다.

같은 종류의 전하끼리는 척력이, 반대 종류의 전하끼리는 인력이 작용한다. 전자와 양성자는 서로 반대 종류의 전하를 띠고 있으므로 인력이 작용한다.

16 피뢰침의 첫째 목적은?

① 번개를 치게 하여 전기를 땅속으로 흐르게 하는 것이다.
② 피뢰침이 붙어있는 건물의 전기를 방전시키는 것이다.
③ 피뢰침이 붙어있는 건물의 전기장을 상쇄시키는 것이다.
④ 구름이 띠고 있는 전기와 반대 종류의 전기를 유도시키는 것이다.

Answers 10. ① 11. ③ 12. ③ 13. ③ 14. ① 15. ① 16. ②

피뢰침의 1차 목적은 피뢰침의 뾰족한 곳을 통해서 수시로 전기를 방전시켜 번개를 맞지 않기 위해서 설치하며, 2차 목적으로 번개를 맞았을 때 건물에 피해를 주지 않고 피뢰침을 통해 땅속으로 전기를 흘려보내기 위한 것이다.

17 물체가 전기적으로 분극된다는 것은?

① 전기를 띠고 있는 것이다.
② 전하가 재배치된 것이다.
③ 내부 전기장이 0이라는 것이다.
④ 부분적으로 전기를 통하는 것이다.
⑤ 어느 정도 자기적인 성질을 가지고 있는 것이다.

전하가 재배치되어 양전기와 음전기가 분리되어 존재하는 것을 말한다.

18 풍선이 나무로 된 벽에 붙어 있다. 풍선은 어떤 전하로 대전되어 있는가?

① 음전하
② 양전하
③ 음전하 또는 양전하
④ 둘다 아니다.

풍선이 어떤 종류의 전기를 띠더라도 풍선의 전기적인 힘이 나무에 작용하여 달라붙어 있게 된다.

19 자동차가 번개를 맞았을 때 자동차 내부의 전기장은 어떠한가?

① 매우 크지만 잠시 동안 존재한다.
② 매우 크고 번개 친 시간보다는 오랜 시간 동안 존재한다.
③ 아주 작아 자동차 내부의 사람은 안전하다.
④ 0 이다.

전하가 자동차 표면에 고루 분포하게 되므로 자동차 내부의 전기장의 세기는 0이다.

20 대전되지 않은 플라스틱 구를 절연 실에 매달고 음전하로 대전된 고무막대를 플라스틱 구와 접촉시키지 않고 가까이 하였다. 플라스틱 구는 어떻게 되겠는가?

① 유도에 의해 대전된다.
② 분극된다.
③ 반발한다.
④ 모두 맞다.
⑤ 모두 틀리다.

분극되면서 전기력(인력>척력)에 의해 끌려온다.

21 전하 사이의 거리가 반으로 줄어들면 전기력은 몇 배가 되겠는가?

① 4배
② 2배
③ $\frac{1}{2}$배
④ $\frac{1}{4}$배

거리제곱에 반비례하므로 4배가 된다.

Answers 17. ② 18. ③ 19. ④ 20. ② 21. ①

22 전하량이 각각 $2Q$, Q인 두 전하 A, B 사이에 전기력이 작용하고 있다. A가 받는 전기력은 B가 받는 전기력의 몇 배인가?

① 4배 ② 2배

③ 1배 ④ $\frac{1}{2}$배

작용 반작용의 법칙에 따라 두 물체 또는 두 전하 사이의 작용하는 힘의 크기는 항상 서로 같다.

23 빗으로 머리를 빗으면 빗은 음전기를 띤다. 머리는 ______________

① 양전기를 띤다.
② 음전기를 띤다.
③ 전기를 띠지 않는다.

전하량은 항상 보존되므로 빗이 전자를 얻어 음전기를 띠면 머리는 양전기를 띤다.

24 도체와 부도체의 차이점은?

① 전자가 양성자보다 많다.
② 양성자가 전자보다 많다.
③ 도체가 부도체보다 더 많은 에너지를 갖고 있다.
④ 도체를 이루는 분자가 더 빠른 속도로 움직인다.
⑤ 위의 어느 것도 아니다.

자유전자가 많은 물질을 도체, 자유전자가 거의 없는 물질을 부도체(절연체, 유전체)라 한다.

25 음전기를 띤 막대를 테이블 위의 금속 캔에 가까이 가져갔다. 손가락으로 캔의 반대쪽을 만지면 캔은 어떤 전기를 띠는가?

① 양전기를 띤다.
② 음전기를 띤다.
③ 전기를 띠지 않는다.
④ 손가락으로 만지기 전과 같다.

정전기 유도현상에 의해 가까운 쪽에는 반대 종류의 전하가 모이고, 먼 쪽에는 같은 종류의 전하가 모이게 되는데 캔의 반대쪽에 손을 대면 손을 통해 음전기가 달아나므로 캔은 양전기를 띠게 된다.

26 검전기가 양전기로 대전되어 금속박이 벌어져 있다. 음전기를 검전기에 가까이 가져갔을 때 금속박은 어떻게 되겠는가?

① 오므라든다.
② 더욱 벌어진다.
③ 변함없다.

음전기를 가까이 하면 금속박에는 음전기가 모이게 되므로 금속박은 오므라든다.

27 금속 내부를 움직이는 전하는 양성자가 아니라 전자다. 그 이유는 무엇인가?

① 전자가 음전기를 띠고 있기 때문이다.
② 전자가 작기 때문이다.
③ 전자가 느슨하게 속박되어 있기 때문이다.
④ 모두 맞다.
⑤ 모두 틀리다.

Answers 22. ③ 23. ① 24. ⑤ 25. ① 26. ① 27. ③

모든 전기적 현상을 일으키는 입자는 전자다. 전자의 질량은 양성자나 중성자에 비해 약 2000분의 1 정도로 매우 작다.

28 번개가 친다면 건물 외벽이 어떤 물질로 만들어졌을 때 가장 안전한가?

① 철 ② 나무
③ 둘다 맞다. ④ 둘다 틀리다.

전하가 도체에 대전될 때 도체표면에 고루 분포하게 되므로 건물 외벽이 철과 같은 도체로 이루어져 있으면 건물 내부는 전기력이 작용하지 않는다.

29 1m 떨어진 두 전하 사이에 1N의 전기력이 작용하고 있다. 두 전하 사이의 거리를 $\frac{1}{4}$m로 가까이 하면 전기력은 얼마로 되겠는가?

① 1N ② 2N
③ 4N ④ 8N
⑤ 16N

전기력은 거리의 제곱에 반비례하므로 거리가 $\frac{1}{4}$로 줄면 전기력은 16배가 된다.

30 1m 떨어진 두 전하 사이에 1N의 전기력이 작용하고 있다. 두 전하 사이의 거리를 3m로 멀리 하면 전기력은 얼마로 되겠는가?

① 0.33N ② 0.11N
③ 0N ④ 3N
⑤ 9N

거리가 3배가 되면 전기력은 $\frac{1}{9}$배가 된다.

31 1m 떨어진 두 전하 사이에 1N의 전기력이 작용하고 있다. 전하량의 크기를 각각 2배로 증가시키면 전기력은 얼마로 되겠는가?

① 1N ② 2N
③ 4N ④ 8N

전기력은 두 전하량의 곱에 비례하므로 전하량의 크기가 각각 2배가 되면 전기력은 4배가 된다.

32 두 전하 사이에 크기가 F인 척력이 작용하고 있다. 한 전하의 전하량을 2배로 증가시키고 전하 사이의 거리를 2배로 증가시키면 전기력은 얼마로 되겠는가?

① F ② $2F$
③ $\frac{F}{2}$ ④ $\frac{F}{4}$

전기력은 두 전하량의 곱에 비례하고 거리의 제곱에 반비례하므로 전하량이 2배이고 거리가 2배이면 전기력은 $\frac{1}{2}$배가 된다.

33 두 전하 사이에 크기가 F인 인력이 작용하고 있다. 두 전하의 전하량을 각각 2배로 증가시키고 전하 사이의 거리를 2배로 증가시키면 전기력은 얼마로 되겠는가?

① F ② $2F$
③ $\frac{F}{2}$ ④ $\frac{F}{4}$

Answers 28. ① 29. ⑤ 30. ② 31. ③ 32. ③ 33. ①

두 전하량의 곱이 4배가 되고 거리가 2배이면 전기력은 변함이 없다.

34 2개의 대전된 입자를 가까이 붙들고 있다가 가만히 놓았더니 2개의 전하가 움직이면서 전하 사이에 작용하는 전기력이 증가하였다. 두 대전 입자의 전하의 종류는?

① 같은 종류이다.
② 서로 반대 종류이다.
③ 더 많은 정보가 있어야 한다.

전기력이 증가했으므로 두 전하 사이의 거리가 가까워진 것이다. 따라서 두 전하의 부호는 반대이다.

35 2개의 대전된 입자를 가까이 붙들고 있다가 가만히 놓았더니 2개의 전하가 움직이면서 전하의 속력이 증가하였다. 두 대전 입자의 전하의 종류는?

① 같은 종류이다.
② 서로 반대 종류이다.
③ 더 많은 정보가 있어야 알 수 있다.

척력이나 인력에 상관없이 전하가 전기력을 받게 되므로 전하의 속력은 증가한다.

36 음전하와 양전하를 가까이 붙들고 있다가 가만히 놓으면 두 전하 사이에 작용하는 힘은 ________

① 증가한다.
② 감소한다.
③ 변함이 없다.

인력에 의해 점점 가까워지므로 전기력은 증가한다.

37 2개의 대전된 입자를 가까이 붙들고 있다가 가만히 놓았더니 2개의 전하가 움직이면서 전하의 가속도가 감소하였다. 두 대전 입자의 전하의 종류는?

① 같은 종류이다.
② 서로 반대 종류이다.
③ 더 많은 정보가 있어야 알 수 있다.

가속도가 감소하였으므로 전하가 받는 전기력도 감소하였다. 두 전하가 받는 전기력이 감소하였으므로 두 전하사이의 거리가 멀어지게 된다. 따라서 두 전하가 받는 전기력은 척력이다.

38 양성자와 전자를 전기장에 놓았을 때 가속도가 더 큰 입자는?

① 전자
② 양성자
③ 같다.
④ 가속되지 않는다.

작용 반작용의 법칙에 따라서 받는 힘이 같으므로 질량이 작은 전자의 가속도가 더 크다.

Answers 34. ② 35. ③ 36. ① 37. ① 38. ①

11.2 개념 응용하기

01 양(+)전기로 대전된 검전기가 있다. 음(−)전기로 대전된 플라스틱 막대를 검전기의 금속판에 가까이 했을 때 검전기의 금속박은 처음에 어떻게 되는가?

① 그대로 있다.
② 더 벌어진다.
③ 오므라든다.
④ 약간 벌어졌다가 원래 상태로 되돌아온다.
⑤ 약간 오므라들었다가 원래 상태로 되돌아온다.

···› • (−) 대전체를 (+)전기로 대전된 검전기에 가까이 가져가면 금속판에 있던 전자가 척력을 받아 금속박으로 이동하므로, 금속박의 (+) 전하의 양이 감소한다.

02 전하량이 각각 $+Q$, $+3Q$인 같은 크기의 두 금속구를 진공 중에서 거리 r만큼 떼어 놓았을 때 크기 F인 반발력이 작용하였다. 두 금속구를 접촉시킨 후 다시 같은 거리만큼 떼어 놓았을 때 반발력의 크기는?

① F
② $\frac{4}{3}F$
③ $\frac{3}{2}F$
④ $2F$
⑤ $3F$

···› • 같은 크기의 도체구를 접촉시키면 전하가 도체의 표면에 골고루 퍼지므로 전하는 두 도체구에 같은 양이 배분된다.

03 그림과 같이 길이 l되는 두 개의 가벼운 실의 한 끝에 양전하로 대전된 질량 m인 가벼운 구를 매달았더니 실은 직각을 이루고 벌어졌다. 두 구 사이에 작용하는 전기력은 얼마인가?

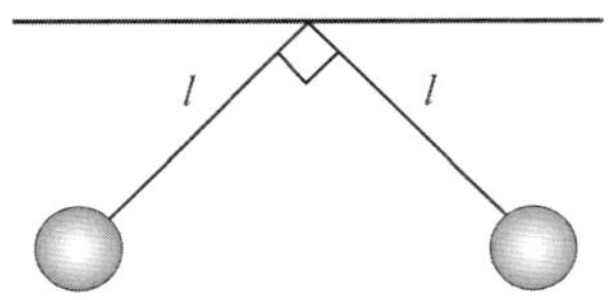

Answers 01. ③ 02. ② 03. ①

① mg　　② $\sqrt{2}\,mg$
③ $\sqrt{3}\,mg$　　④ $2mg$
⑤ $4mg$

→ • 줄의 장력은 중력과 전기력의 합력과 같다. $\dfrac{F}{mg}=\tan 45°$

04 지면에서 10m 높이에 1C의 전하를 갖는 대전체가 있다. 이 대전체와 지상에 놓인 −1C의 전하를 가진 물체와의 전기적 인력을 이용하여 지상의 물체를 끌어올리려고 한다. 끌어올릴 수 있는 물체의 최대 질량은 얼마인가? 단, 중력가속도는 10m/s^2이고, 쿨롱의 비례상수는 $9\times10^9\text{N}\cdot\text{m}^2/\text{C}^2$이다.

① 10^6kg　　② $9\times10^6\text{kg}$
③ 10^7kg　　④ $9\times10^7\text{kg}$
⑤ 10^8kg

→ • 두 대전체 사이의 전기적 인력의 크기가 물체의 무게와 같을 때, 끌어올릴 수 있다.
$k\dfrac{q_1\cdot q_2}{r^2}=mg$에서 $9\times10^9\dfrac{1}{10^2}=m\cdot10$이므로 $m=9\times10^6\,\text{kg}$이다.

05 두 점전하가 그림과 같이 놓여 있다. 전기력이 0이 될 수 있는 곳을 모두 고른 것은?

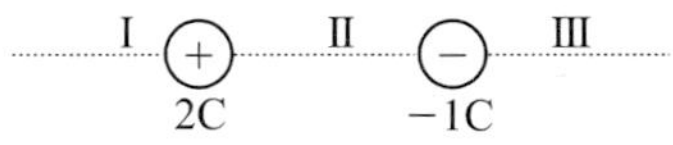

① I　　② II
③ III　　④ I, II
⑤ II, III

→ • 두 점전하로부터 받는 힘이 상쇄되는 곳에서 전기력이 0이 된다.

Answers 04. ② 05. ③

06 전하가 균일하게 분포하고 있는 두 도체구 1, 2가 그림과 같이 절연 물체에 고정된 상태로 무마찰 실험 장치 위에 놓여 있다.

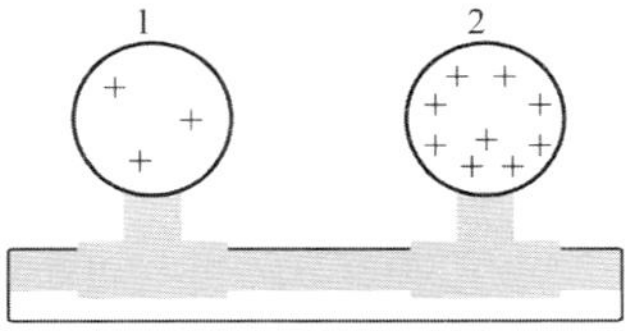

도체구 2에 대전된 전하량이 도체구 1에 대전된 전하량의 3배일 때 두 도체구 사이에 작용하는 힘의 크기와 방향을 가장 잘 나타낸 것은?

①
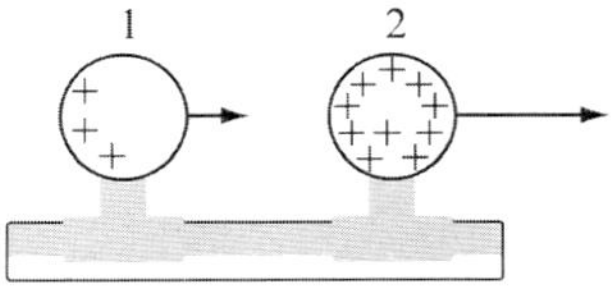

②
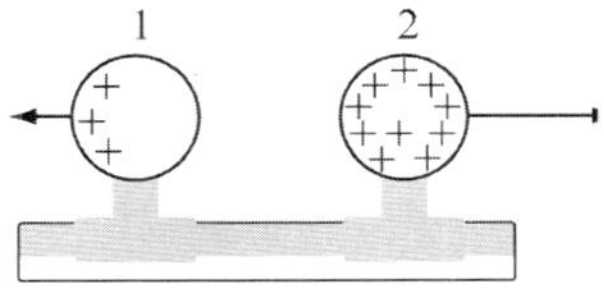

③
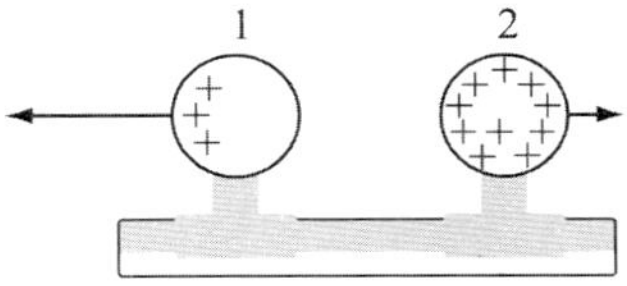

④
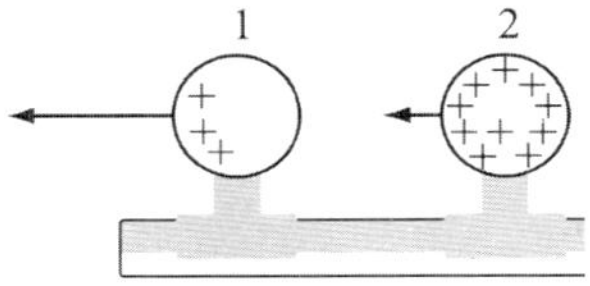

⑤
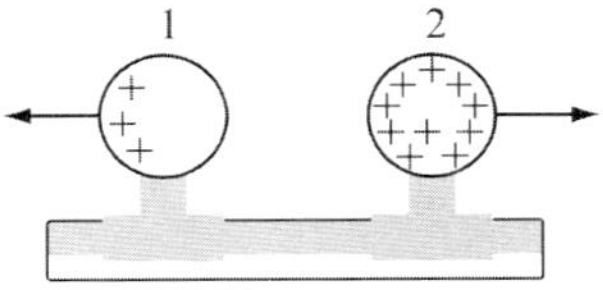

⋯ • 전하를 띤 두 도체구 사이에 작용하는 전기력은 작용 반작용의 법칙에 따라 크기가 같고 방향이 반대이다.

❖ **[7–8] 아래 그림과 같이 음전하 $-Q$와 양전하 $+Q$로 대전된 물체가 각각 B점과 C점에 고정되어 있으며 B, C의 연장선 위에 A점이 있다. 다음 물음에 답하시오.**

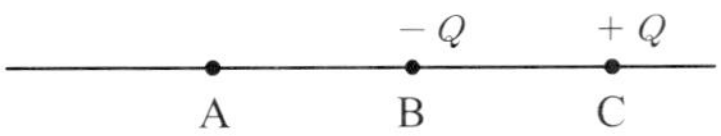

07 양(+)전하 q를 A점에 놓았을 때 이 전하가 받는 전기력에 대한 다음 진술 중 틀린 것은?

① 전기력의 방향은 B쪽이다.
② 전하 q의 부호가 바뀌면 전기력의 방향이 바뀐다.
③ 전기력의 크기는 전하 q의 전하량이 커지면 작아진다.
④ 전기력의 크기는 두 대전체의 전하량 Q가 커지면 커진다.
⑤ 전기력의 크기는 A, B사이의 거리가 증가하면 작아진다.

Answers 06. ⑤ 07. ③

···› • AB사이의 거리를 x, BC사이의 거리를 r이라 할 때, A점에 있는 양전하가 받는 합력의 크기는 $k\frac{qQ}{x^2}-k\frac{qQ}{(x+r)^2}=kqQ\frac{2xr+r^2}{x^2(x+r)^2}$이므로, q와 Q의 전하량이 커지면 힘이 증가하고 AB 사이의 거리가 증가하면 힘이 작아진다.

08 음(−)으로 대전된 입자를 A점에 놓았더니 이 입자는 속력이 점점 커지며 B점으로부터 멀어지는 직선운동을 하였다. 다음 [보기]의 진술 중에서 옳은 것을 모두 고르면?

보기

ㄱ. B점으로부터 멀어지는 동안 입자에 작용하는 힘의 방향이 바뀌었다.
ㄴ. B점으로부터 멀어지는 동안 입자는 등가속도 운동하였다.
ㄷ. B점으로부터 멀어지는 동안 전기력은 입자에 일을 하였다.

① ㄱ ② ㄴ
③ ㄷ ④ ㄱ, ㄴ
⑤ ㄴ, ㄷ

···› • 음전하가 A점으로부터 멀어지는 동안 전기력이 작아지므로 가속도도 작아진다. 또, 속력은 증가하므로 전기력은 입자에 일을 한다.

09 패러데이 얼음통을 이용하여 다음[보기]와 같은 절차에 따라 실험을 하였다. 그림과 같이 금속으로 만든 통 B가 금속박 검전기의 금속판 위에 올려져있다. 금속구 A는 절연막대 위에 붙어 있으며 양(+)으로 대전되어 있다. 검전기의 금속박이 벌어져 있는 경우를 모두 짝지어 놓은 것은?

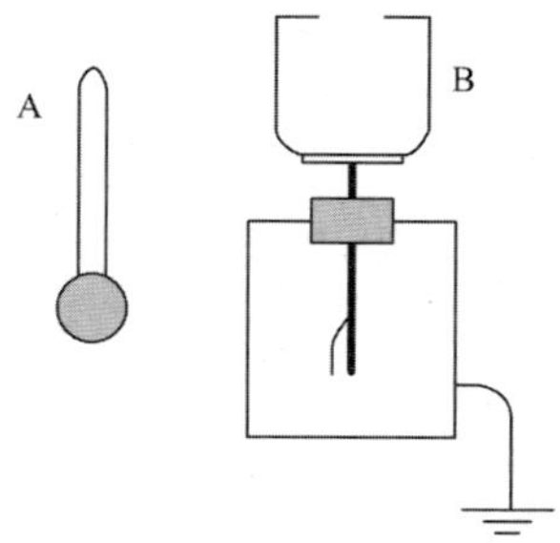

보기

ㄱ. 금속구 A를 금속통 속으로 가져가되 금속통 속에는 접촉시키지 않는다.
ㄴ. 금속통의 안쪽에 금속구를 접촉시킨다.
ㄷ. 금속구를 금속통에서 꺼낸다.
ㄹ. 금속통 B에 손을 접촉시킨다.
ㅁ. 금속구 A를 다시 금속통 속으로 가져간다.

Answers 08. ③ 09. ②

① ㄱ, ㄴ, ㄷ, ㄹ ② ㄱ, ㄴ, ㄷ, ㅁ
③ ㄱ, ㄷ, ㄹ ④ ㄴ, ㄷ, ㄹ
⑤ ㄷ, ㄹ, ㅁ

• 정전기유도 현상에 따라 대전체와 가까운 쪽에는 반대종류의 전하가 모이고, 대전체와 먼 쪽에는 같은 종류의 전하가 모인다.

10 완전한 구의 형태인 풍선의 표면에 전하가 고루 분포되어 있다. 풍선 내부에 점전하 q를 넣을 때 풍선과 점전하 사이에 작용하는 전기력에 대한 설명 중 옳은 것은?

① 점전하가 풍선의 내부에서 안쪽 표면과 가장 가까이 있을 때 최대가 된다.
② 점전하가 풍선의 중앙에 있을 때 최대가 된다.
③ 점전하가 풍선의 중앙과 풍선의 안쪽 표면의 중간 지점에 있을 때 최대가 된다.
④ 풍선 내부 어느 지점이나 같다.
⑤ 풍선 내부의 어느 지점에서나 전기력은 항상 0이다.

• 완전한 구의 형태이면서 표면에 전하가 고루 분포되어 있다면, 풍선 내부에서 점전하와 풍선 표면에 있는 전하들 사이에 작용하는 힘들은 상쇄되어 0이 된다.

11 전하량이 각각 $Q, -Q, -Q$인 세 전하가 그림과 같이 정사각형의 세 점 A, B, C에 놓여 있다. 점 D에 미지의 전하 q를 놓았더니 점 B의 전하가 점 A, C, D로부터 받는 전기력의 합력이 왼쪽 방향(B → A)을 향했다. 다음 중 미지의 전하 q의 값을 Q로 나타내면?

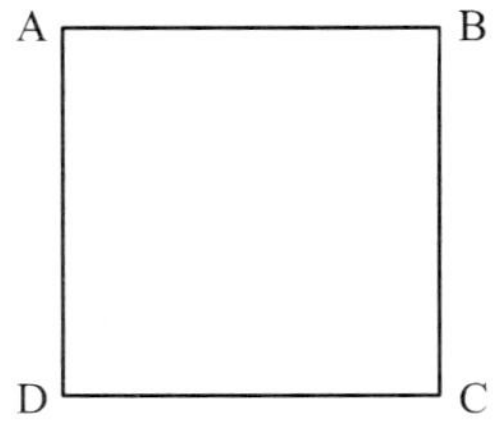

① $\sqrt{2}\,Q$ ② $-\sqrt{2}\,Q$
③ $2\sqrt{2}\,Q$ ④ $-2\sqrt{2}\,Q$
⑤ $4\sqrt{2}\,Q$

• B점에 놓인 전하 −Q 와 D점에 놓인 전하 q 사이에 작용하는 힘(인력)의 성분이 B와 C에 있는 전하사이에 작용하는 힘(척력)과 상쇄되어야 하므로 q 는 양(+)전하이다.
$\frac{kqQ}{(\sqrt{2}\,d)^2}\cos 45° = k\frac{Q^2}{d^2}$에서 $q = 2\sqrt{2}\,Q$이다.

11.3 개념 서술하기

01 수정실에 매달려 있는 가벼운 금속구에 양으로 대전된 막대를 가까이 하였더니 금속구는 대전된 막대 쪽으로 끌려왔다.

(1) 금속구가 중성이더라도 대전된 막대에 끌려오는 이유는 무엇인지 설명하라.

(2) 금속구의 대전여부를 알 수 있는 방법을 제시해 보라.

(3) 마찰시킨 플라스틱 막대를 중성이며 부도체인 작은 종이조각이나 수돗물에 가까이 했을 때 이들이 끌려오는 이유를 설명하라.

(4) 차 안에 있는 사람은 번개가 내리쳐도 안전하다. 그 이유는 무엇인지 설명해 보라.

(5) 쿨롱의 법칙에 의하면 전기력은 두 전하량의 곱에 비례하고 전하 사이의 거리의 제곱에 반비례한다고 한다. 당시 전자와 같은 전기를 띤 입자조차 몰랐다고 한다. 전기력이 두 전하량의 곱에 비례한다는 것을 알기 위해서는 대전체가 갖고 있는 전하량을 알아야 하는데, 어떤 방법을 이용해서 전하량을 비교했을까?

풀이

(1) 금속구의 가까운 쪽은 막대와 다른 전하, 먼 쪽은 같은 전하로 정전기 유도되기 때문이다.

(2) 중성인 금속구를 접촉시킨 후 척력이 작용하면 대전되어 있었던 것. 아무 힘도 작용하지 않으면 중성.

(3) 유전 분극 현상

(4) 차 안은 도체 내부이므로 그 안은 항상 전위차가 0으로 유지된다. 번개는 차 바깥으로만 흐른다.

(5) 대전된 금속구와 같은 크기의 중성의 금속구를 접촉시키면 두 금속구는 대전된 금속구의 전하량을 절반씩 공유하게 된다. 이 금속구를 다시 중성의 금속구에 접촉시키면 처음보다 $\frac{1}{4}$의 전하량을 공유하게 된다. 이런 방식으로 전하량의 관계를 알아냈다.

11.4 개념 심화하기

01 그림과 같이 세 개의 작은 전하 A, B, P가 같은 직선상에 놓여 있다. A는 양전하, B는 음전하이고 P는 양전하이다.

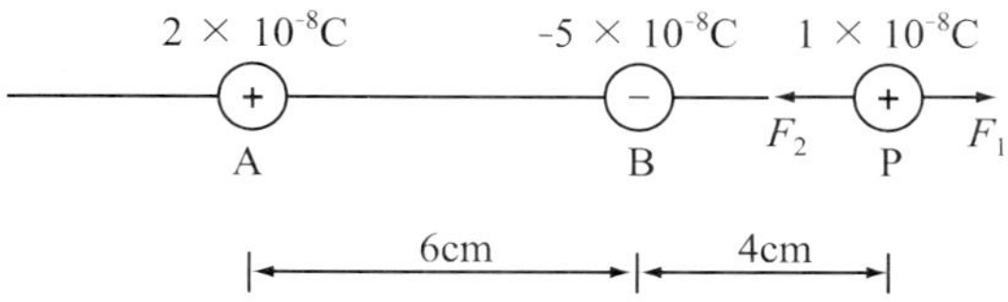

(1) 전하 P가 받는 힘을 구하여라.

(2) P를 AB선상의 한 점에 놓을 때 전기력이 0이 되는 곳은 어느 곳인가?

풀이

(1) A가 P를 미는 전기력 $F_1 = k\dfrac{q_A q_p}{r_2} = \dfrac{9\times10^9\times2\times10^{-8}\times1\times10^{-8}}{0.1^2} = 1.8\times10^{-4}(\text{N})$

B가 P를 끌어당기는 힘을 F_2라 하면

$$F_2 = k\frac{q_B q_p}{r'_2} = \frac{9\times10^9\times5\times10^{-8}\times1\times10^{-8}}{0.04^2} = 2.8\times10^{-3}(\text{N})$$

P가 받는 전기력은 왼쪽 방향이고, 크기는

$$F_2 - F_1 = 2.8\times10^{-3} - 1.8\times10^{-4} = 2.62\times10^{-3}(\text{N})$$

(2) P를 A의 왼쪽에 놓을 때 전기력이 0이 될 수 있다. 그 이유는 X에 놓인 P는 B에 의해 오른쪽으로 힘을 받고, A는 P를 왼쪽을 밀게 되는데 A의 전하량이 작은 대신에 거리가 가깝다.

02 질량이 m이고 대전된 전하량이 같은 두 입자가 전기력에 의해 r만큼 떨어져서 그림과 같이 길이 l인 실에 매달려 있다. 입자 하나가 가지는 전하량은?(단, 쿨롱의 비례 상수는 k 이고 중력 가속도는 g이다.)

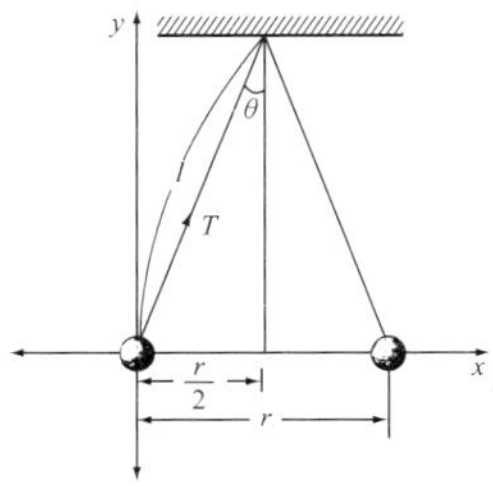

풀이

그림에서 $\dfrac{kQ^2}{r^2} = mg\tan\theta$이므로 $Q = \sqrt{\dfrac{mgr^2\tan\theta}{k}} = \sqrt{\dfrac{mgr^2\cdot\dfrac{r}{2}}{k\sqrt{l^2-\left(\dfrac{r}{2}\right)^2}}}$

03 그림과 같이 반지름이 60cm인 반원형의 선형 도선이 있다. 단위 길이당 전하량은 $\lambda = \lambda_o \cos\theta$이고 선형 도선의 총전하량은 $12\mu C$이다. 곡률 중심에 $3\mu C$의 전하가 놓여 있다면 반원형의 선형 도선에 작용하는 총 힘을 구하라.

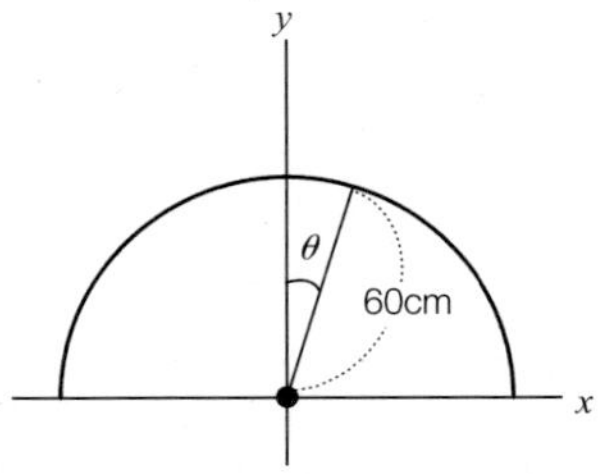

풀이

$$Q = \int \lambda dl = \int_{-\pi/2}^{\pi/2} \lambda_0 \cos\theta R d\theta = 2\lambda_0 R = 12\mu\mathrm{C}, \ \lambda_0 = 10\mu\mathrm{C/m}$$

$$dF_y = \frac{1}{4\pi\epsilon_0}\frac{(3\mu C)\lambda dl}{R^2} cos\theta, \ dF_y = \frac{1}{4\pi\epsilon_0}\frac{(3\mu C)\lambda_0 \cos^2\theta R d\theta}{R^2}$$

$$F_y = (0.45\mathrm{N})\int_{-\pi/2}^{\pi/2} \cos^2\theta d\theta = 0.707\mathrm{N}, \ \text{아래쪽}$$

CHAPTER

12

전기장과 전위

12.1 개념 익히기

01 우주의 모든 양성자는 ____________

① 주위에 전기장을 만든다.
② 주위에 중력장을 만든다.
③ 둘다 맞다.
④ 둘다 틀리다.

양성자는 질량을 갖고 있고 전기를 띠고 있으므로 양성자 주위에 중력장과 전기장을 만든다.

02 2C인 전하가 60N의 전기력을 받고 있다. 이 전하가 위치한 곳의 전기장의 세기는 얼마인가?

① 20N/C
② 30N/C
③ 60N/C
④ 120N/C
⑤ 240N/C

전기장의 세기는 1C의 전하가 받는 전기력이므로 $E = \frac{60}{2} = 30\text{N/C}$이다.

03 고립된 전자로부터 2cm 떨어진 곳의 전기장의 세기는 1cm 떨어진 곳의 전기장의 세기의 몇 배인가?

① $\frac{1}{4}$배
② $\frac{1}{2}$배
③ 2배
④ 4배

점전하에 의한 전기장의 세기는 거리의 제곱에 반비례한다($E = k\frac{q}{r^2}$).

Answers 01. ③ 02. ② 03. ①

04 정사각형의 한 모서리에 크기 q 인 전하를 놓았을 때 정사각형의 중심에서의 전기장의 세기가 $\frac{F}{q}$ 였다. 3개의 똑같은 전하 q 를 다른 세 모서리에 놓았다면 정사각형의 중심에서의 전기장의 세기는?

① 0 ② $\frac{F}{q}$
③ $\frac{4F}{q}$ ④ $\frac{F}{2q}$
⑤ $\frac{F}{4q}$

4개의 전하에 의한 전기력이 상쇄되므로 전기장의 세기는 0이다.

05 대전되지 않는 도체구 내부의 전기장은 0이다. 음전하로 대전된 도체구 내부의 전기장은?

① 0보다 작다. ② 0
③ 0보다 크다.

전하는 도체표면에 분포하며 전기적인 힘의 평형을 이루고 있으므로 도체구 내부의 전기장의 세기는 0이다.

06 전기장 내에서 1C의 전하를 이동시키는데 10J의 일을 해 주었다. 처음 위치에 대한 전위는?

① 10V보다 작다. ② 10V
③ 10V보다 크다.

전위는 1C의 전하가 갖는 전기적인 위치에너지이다. 1C의 전하가 10J의 일을 받았으면 10J의 위치에너지를 갖게 되므로 전위는 10V가 된다.

07 전위는 ________이(가) 갖는 전기적인 위치 에너지이다.

① 단위 전류 ② 단위 저항
③ 단위 전하 ④ 단위 전압
⑤ 답이 없다.

전위는 1C의 전하 즉 단위전하가 갖는 전기적인 위치에너지이다.

08 전기장 내에서 1C의 전하를 이동시키는데 10J의 일을 해 준 다음 전하를 가만히 놓았을 때 전하가 처음 위치를 지나는 순간 운동에너지는?

① 10J보다 작다.
② 10J
③ 10J보다 크다.

10J의 전기적인 위치에너지가 운동에너지로 전환되었으므로 운동에너지는 10J이다.

09 대전된 풍선의 경우 보통 ________

① 전기적인 위치 에너지는 크고 전위는 낮다.
② 전위는 높고 전기적인 위치 에너지는 작다.
③ 전기적인 위치 에너지는 크고 전위도 높다.

질량이 작은 물체가 아주 높은 곳에 있더라도 중력에 의한 위치에너지는 그리 크지 않다. 마찬가지로 대전된 풍선의 경우 전하량 자체가 매우 작기 때문에 전위는 높더라도 전기적인 위치에너지는 작다.

Answers 04. ① 05. ② 06. ② 07. ③ 08. ② 09. ②

10 보통 대전된 풍선의 전위가 수천 볼트라 하더라도 상대적으로 _______는(은) 작다.

① 전하량 ② 에너지
③ 둘다 맞다. ④ 둘다 틀리다.

사우나실에서 온도는 높더라도 온도에 비해 열에너지가 비교적 작아 견딜 수 있듯이 보통 대전된 풍선의 경우 전하량 자체가 매우 작기 때문에 전위는 높더라도 전기적인 위치에너지는 작다.

11 반데 그라프 발전기의 전위는 매우 높은 100,000V이지만 전기적인 충격을 받지 않고 손으로 만질 수 있다. 그 이유는 전위는 높지만 상대적으로 적은 양의 전하를 가지므로, _____가 작기 때문이다.

① 에너지 ② 전기장
③ 분극 현상 ④ 전도

반데그라프의 발전기는 마찰전기를 저장하여 높은 전위(전압)를 갖지만 상대적으로 적은 양의 전하를 가지므로 전기적인 에너지가 작다.

12 전자 1개를 전기장에 어느 위치까지 밀었더니 전자의 전위가 1V였다. 같은 전기장에 2개의 전자를 똑같은 위치까지 밀었다면 2개의 전자가 갖는 전위는?

① 0.25V ② 0.5V
③ 1V ④ 2V
⑤ 4V

전위는 1C의 전하가 갖는 전기적인 위치에너지이므로 전자의 수와 관계가 없이 전위는 같다.

13 속이 빈 금속구가 전위 V로 대전되어 있다. 도체구 중심에서의 전위는 얼마인가?

① 0 ② V
③ $-V$ ④ $2V$

대전된 금속구 내부의 전기장의 세기가 0이므로 금속구 내부에서 전하를 옮기는데 일을 필요로 하지 않는다. 따라서 금속구 내부는 등전위를 이룬다.

14 전위가 남쪽에서 북쪽으로 일정하게 증가하고 있고 동서방향으로는 전위가 같을 때 다음 중 옳은 것은?

① 전기장의 방향은 북쪽을 가리키고 전기장의 세기는 위치에 따라 다르다.
② 전기장의 방향은 북쪽을 가리키고 전기장의 세기는 어디에서나 같다.
③ 전기장의 방향은 남쪽을 가리키고 전기장의 세기는 위치에 따라 다르다.
④ 전기장의 방향은 남쪽을 가리키고 전기장의 세기는 어디에서나 같다.
⑤ 전기장의 방향은 동쪽을 가리키고 전기장의 세기는 위치에 따라 다르다.

양전하에 가까워지면 전위는 높아지고 음전하에 가까워지면 전위는 낮아진다. 전기장의 방향은 양전하가 받는 전기력의 방향이므로 전위가 낮아지는 방향을 향하게 된다. 균일한 전기장에서는 전위는 거리에 비례하여 증가하거나 감소한다.

Answers 10. ③ 11. ① 12. ③ 13. ② 14. ④

12.2 개념 응용하기

01 그림은 자유로이 움직일 수 있는 작은 음전하 X와 고정된 두 금속구 Y, Z 주위의 전기력선을 나타내고 있다. 다음 설명 중 옳은 것은?

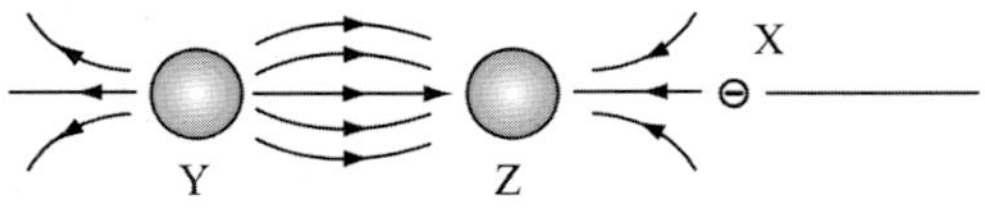

① Y는 음전하, Z는 양전하이다.
② Y, Z는 같은 종류의 전하이다.
③ X는 오른쪽으로 밀리는 힘을 받는다.
④ 전기장의 세기는 두 전하 Y, Z의 중간 지점에서 가장 크다.
⑤ 전기장의 세기는 전하 Y의 왼쪽에서 최소값을 갖는다.

⋯ • 음전하 X는 Y로부터 인력을, Z로부터 척력을 받지만 음전하 Z가 더 가깝기 때문에 척력이 더 크다.

02 오른쪽 그림과 같이 대전된 금속판 A, B를 나란하게 놓고 그 사이에 금속 도체를 넣었다. 이때 A에서 B까지 거리(r)에 따른 전위(V)의 변화를 바르게 나타낸 그래프는?

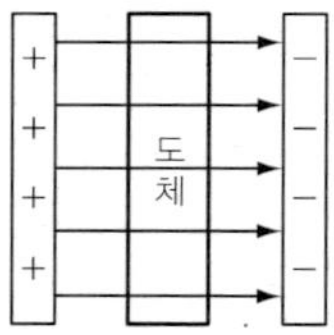

①
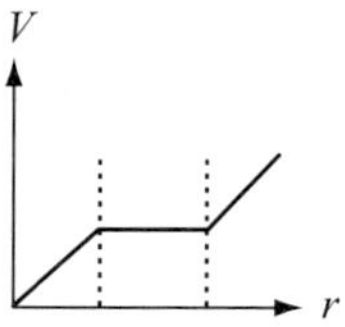

②
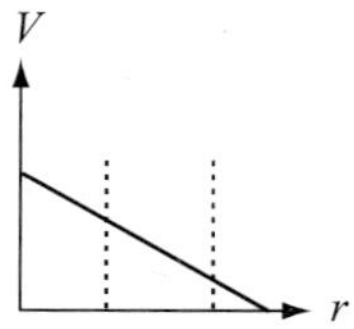

③
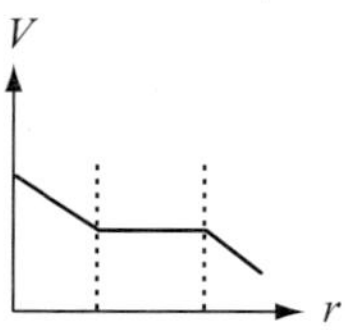

④
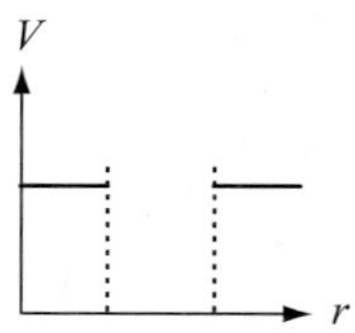

⑤
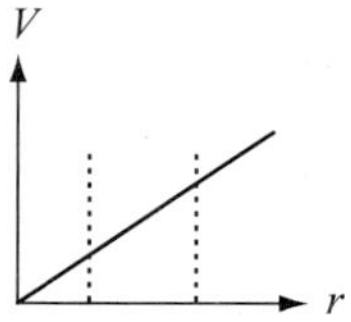

Answers 01. ③ 02. ③

···› • 전기장의 세기는 거리에 따른 전위의 변화율이므로, 균일한 전기장에서 전위는 거리에 비례하여 증가하거나 감소한다. 또 도체 내부에서 전기장의 세기는 0이므로, 도체 내부는 등전위이다.

03 아래 그림은 평행하게 놓여 있는 두 개의 대전된 금속판 사이에 전기력선을 나타내고 있다. 다음 설명 중 옳은 것은?

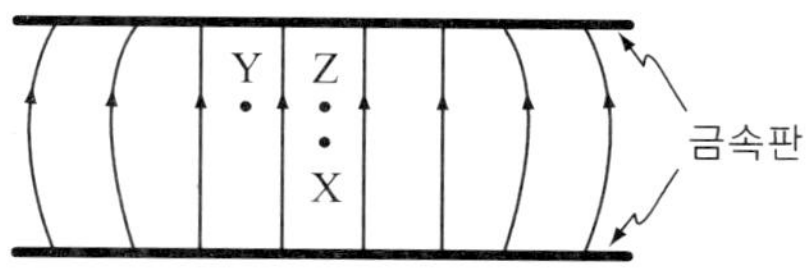

① 위쪽 금속판은 양전하, 아래쪽 금속판은 음전하로 대전되어 있다.
② 1C의 양전하가 점 X와 점 Y에서 받는 전기력의 크기는 같다.
③ 1C의 양전하가 점 X에서 점 Z보다 더 큰 전기력을 받는다.
④ 1C의 양전하가 점 X에서 점 Z보다 더 작은 전기력을 받는다.
⑤ 점 X에 음전하를 띤 입자를 놓았을 때 입자의 무게와 전기력이 힘의 평형을 이루어 정지할 수 있다.

···› • 균일한 전기장에서 전하가 받는 힘 $F = qE$는 어디에서나 같다.

04 부도체로 이루어진 반지름 R인 구에 양전하가 균일하게 분포하고 있다. 다음의 그래프 중에서 구의 중심으로부터 거리 r에 따른 전기장의 세기(E)를 옳게 나타낸 그래프는?

①
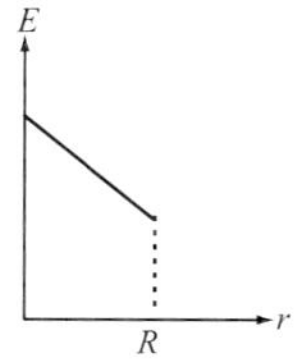

②
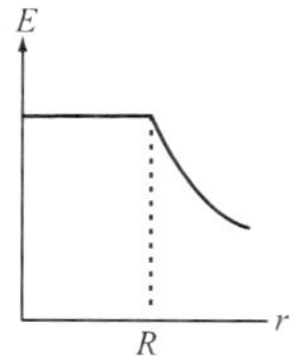

③
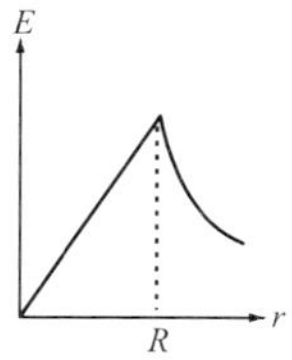

④
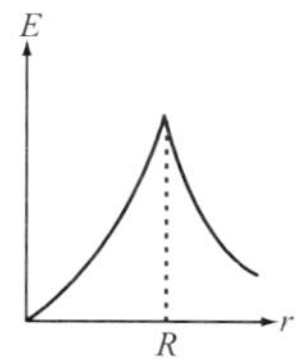

⑤
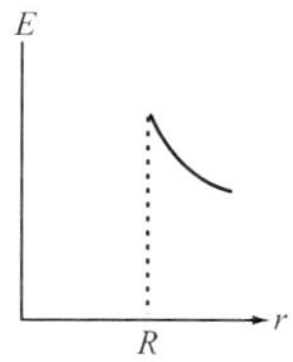

Answers 03. ② 04. ③

- 부도체 내부에서 전기장의 세기는 $E=k\frac{\frac{4}{3}\pi r^3\cdot\ \rho}{r^2}\propto r$ 이므로, 거리 r 에 비례하며 외부에서는 점전하의 경우와 같이 $E=k\frac{Q}{r^2}\propto\frac{1}{r^2}$ 이다.

05 질량 m, 전하량 $-q$인 대전 입자가 초속도 v_0로 그림과 같이 평행한 두 금속판 사이로 입사되고 있다. 금속판 사이로 전위차는 V, 판 사이의 거리는 d이다. 대전 입자가 금속판을 빠져나왔을 때 대전 입자의 운동 에너지의 변화량은 얼마인가?

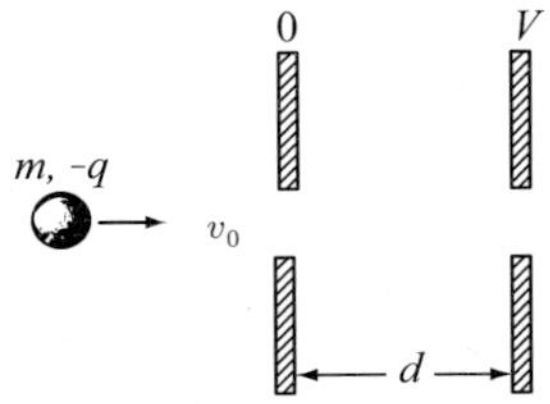

① $-\frac{qV}{e}$
② $\frac{1}{2}m{v_0}^2$
③ $\frac{2qV}{m{v_0}^2}$
④ qV
⑤ $\frac{1}{2}m{v_0}^2+qV$

- 전기장내에서 전위치 V인 두점 사이에 놓인 전하 q를 옮기는데 필요한 일만큼 운동에너지가 증가한다.
  $W=qV$

06 반지름이 각각 d, $2d$인 도체구 A, B가 도체구의 크기에 비하여 상당히 멀리 떨어져 있다. 반지름이 d인 도체구는 전하량 q로 대전되어 있고, 반지름이 $2d$인 도체구는 대전되어 있지 않다. 두 도체구를 얇고 긴 도선으로 연결할 때 다음 중 옳은 것은?

① 두 도체구의 전위는 같다.
② 도체구 B의 전위는 도체구 A의 2배이다.
③ 도체구 B의 전위는 도체구 A의 $\frac{1}{2}$배이다.
④ 두 도체구의 전하량은 같다.
⑤ 도체구 A의 전하가 모두 방전되어 두 도체구는 중성인 상태가 된다.

- 두 도체구가 도선으로 연결되면 전위가 높은 곳에 전위가 낮은 곳으로 전하가 이동하므로 하나의 도체가 되면서 전위는 같아진다.

Answers 05. ④ 06. ①

07 다음 그림은 대전된 두 도체구 (가), (나) 주위의 전기력선을 나타낸 것이다.

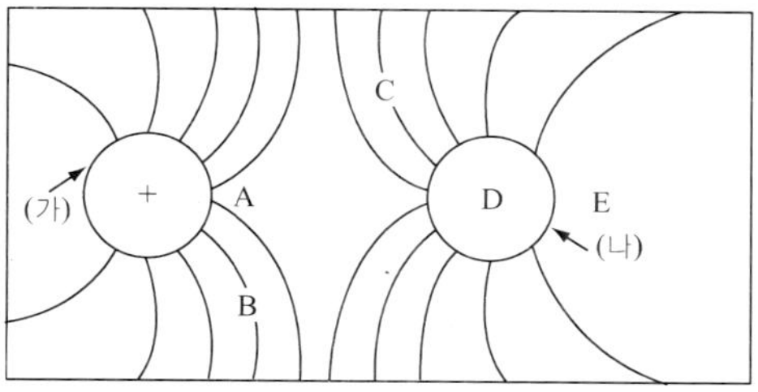

[보기]의 설명 중 옳은 내용을 모두 고른 것은?

보기

ㄱ. 도체구 (나)는 양전기를 띠고 있다.
ㄴ. 전기장의 세기가 가장 큰 곳은 D점이다.
ㄷ. E점에 양전기를 띤 작은 입자를 놓으면 입자는 등속도 운동을 한다.

① ㄱ ② ㄱ, ㄴ
③ ㄱ, ㄷ ④ ㄴ, ㄷ
⑤ ㄱ, ㄴ, ㄷ

→ • 도체구 내부에서의 전기장의 세기는 0이며, 전기장에서 대전입자는 전기력을 받아 가속도 운동을 한다.

08 그림은 동일한 간격인 격자점의 왼쪽 모서리에 점전하 Q가 놓여 있을 때 주위의 각 점에서 전기장의 세기를 나타내고 있다. 다음 중 점 X, Y에서의 전기장 세기를 나타낸 것으로 옳은 것은?

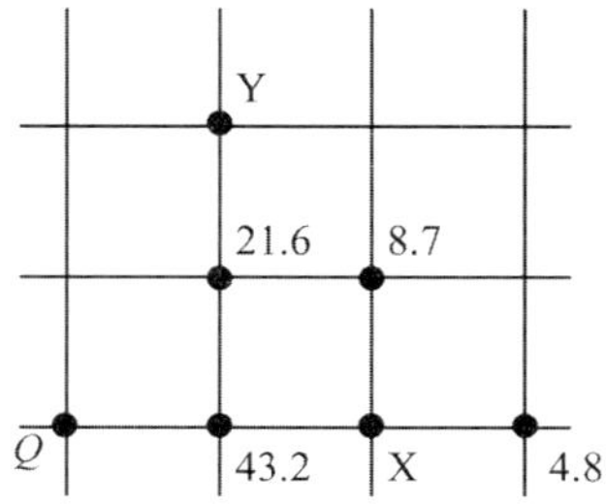

	X점의 전기장 세기	Y점의 전기장 세기
①	10.8	10.8
②	10.8	8.7
③	21.6	10.8
④	21.6	8.7
⑤	10.8	14.4

→ • 점전하에 의한 전기장의 세기 $E=k\frac{q}{r^2}$이므로 거리의 제곱에 반비례한다. 43.2의 $\frac{1}{4}$은 10.8이다.

Answers 07. ① 08. ②

09 그림과 같이 마찰이 없는 수평면 위에 용수철 상수 k인 용수철에 질량 m, 전하량 $+Q$인 물체를 매달아 놓았다.

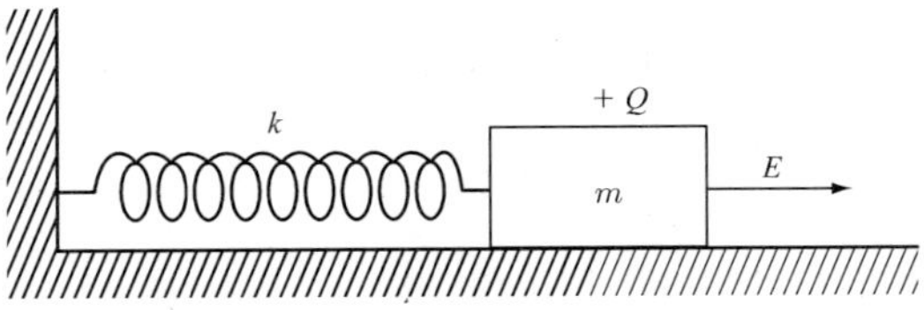

용수철과 물체가 놓여진 곳에 갑자기 오른쪽 방향으로 균일한 전기장 E가 만들어진다면 용수철이 늘어난 최대 길이는 얼마가 되겠는가?

① $\dfrac{4QE}{k}$ ② $\dfrac{2QE}{k}$

③ $\dfrac{QE}{k}$ ④ $\dfrac{QE}{2k}$

⑤ $\dfrac{QE}{4k}$

⋯› • 전기력이 한 일=증가한 탄성에너지, $QEx = \dfrac{1}{2}kx^2$

10 세 개의 전하 또는 네 개의 전하가 그림과 같이 원점으로부터 같은 거리만큼 떨어져 있다.

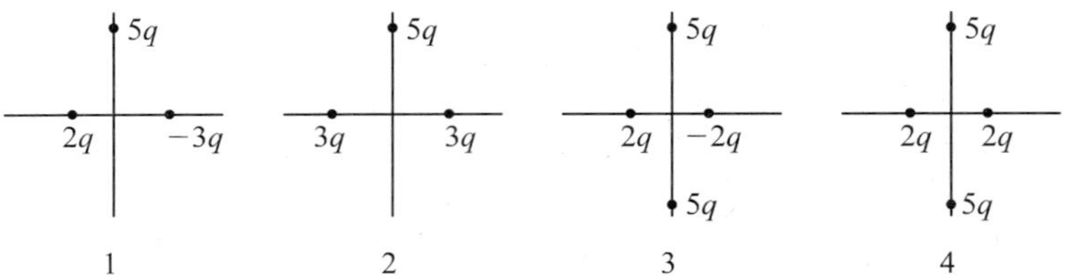

다음 중 원점에서의 전기장의 세기를 바르게 비교한 것은?

① 1<2<3<4 ② 4<3<2<1

③ 2<1<3=4 ④ 1<2<3=4

⑤ 4<3<1<2

⋯› • 전기장의 세기는 단위전하가 받는 힘의 크기이므로 원점에서 1C의 전하가 받는 알짜힘이 클수록 전기장의 세기가 크다.

Answers 09. ② 10. ②

11 반원형의 금속링이 있다. 그림과 같이 금속링의 윗부분은 양전하 $+Q$로, 아랫부분은 음전하 $-Q$로 고루 분포되어 있다면 P점에서 전기장의 방향은?

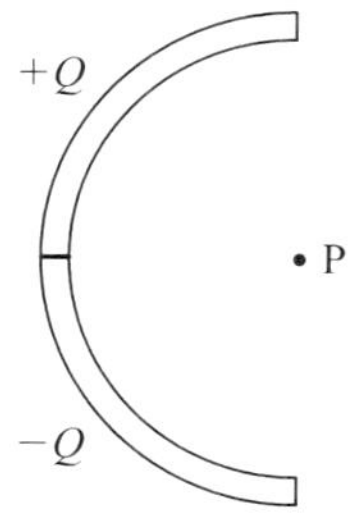

① ↑ ② ↓
③ ← ④ →
⑤ ↗

⋯ • P점에서 금속링의 윗부분에 의한 전기장의 방향은 ↘이며 아랫부분에 의한 전기장의 방향은 ↙이다.

12 그림과 같이 세 가지 형태의 전기력선이 그려져 있다. 점 A에 양성자를 놓았더니 양성자는 점 B에 도달할 때까지 가속되었다.

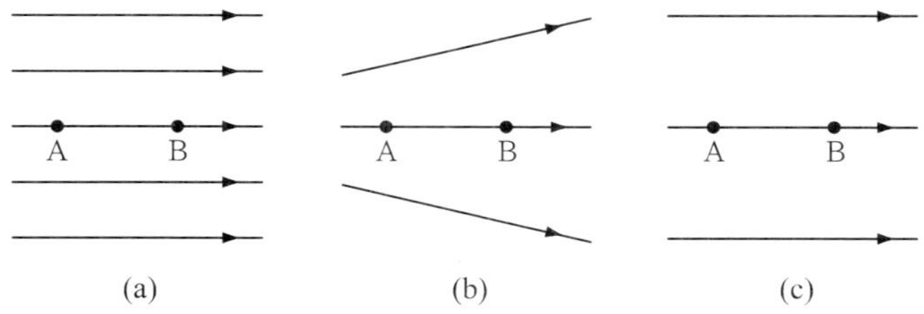

두 점 AB 사이의 거리가 같다면 다음 중 점 B에 도달한 양성자의 운동량의 크기를 바르게 비교한 것은?

① (a) > (b) > (c) ② (c) > (b) > (a)
③ (b) > (a) > (c) ④ (b) > (c) > (a)
⑤ (a) = (b) = (c)

⋯ • B점에 도달한 양성자의 운동량량과 운동에너지의 관계는 $p^2 = 2mE_K$이며, 운동에너지는 전기력이 해준 일 $W = qV$와 같으므로 $p^2 = 2mE_K = 2mqV = 2mqEd$ 이다.

Answers 11. ② 12. ①

13 그림과 같이 점선으로 된 전위가 다른 두 개의 등전위면이 있다.

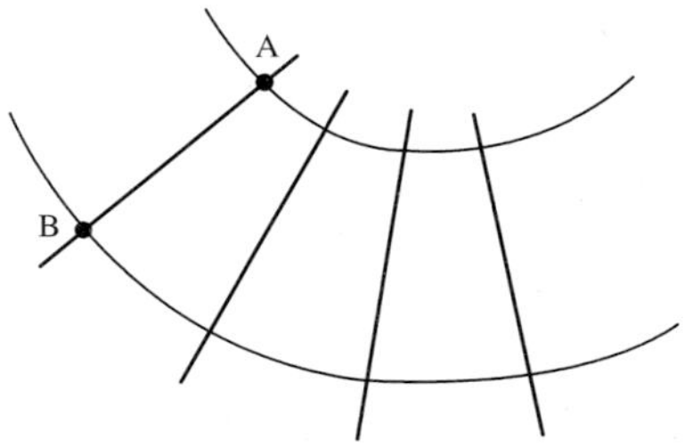

점 B에서 점 A로 전자를 옮기는데 필요한 일이 3.2×10^{-19}J이라고 한다. 다음 [보기]의 설명 중에 옳은 것을 모두 고르면?(단, 전자의 전하량은 1.6×10^{-19}J이다.)

보기
ㄱ. B점의 전위가 A보다 높다.
ㄴ. A, B 두 점 사이의 전위차는 2V이다.
ㄷ. 전기장은 B에서 A를 향한다.

① ㄱ ② ㄴ
③ ㄱ, ㄴ ④ ㄴ, ㄷ
⑤ ㄱ, ㄴ, ㄷ

···› • 전자를 전위가 높은 곳에서 낮은 곳으로 옮길 때 $W = eV$의 일이 필요하다.

14 전지에 연결된 평행 도체판 사이에 두 개의 점전하 P, Q가 정지해 있다. 대전입자 P의 질량은 m이고, Q의 질량은 $3m$이다. 극판사이의 간격을 멀리할 때 일어나는 현상에 대해 설명한 것으로 옳은 것은?

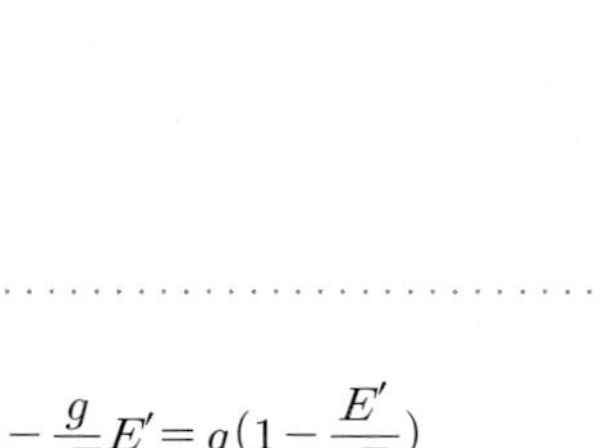

① P가 Q보다 더 큰 가속도로 위로 올라간다.
② P가 Q보다 더 큰 가속도로 아래로 내려간다.
③ P와 Q는 그대로 정지해 있다.
④ P와 Q는 같은 가속도로 위로 올라간다.
⑤ P와 Q는 같은 가속도로 아래로 내려간다.

···› • 중력가속도를 g라 하면
$mg = qE$이므로 $ma = mg - qE' = mg - \frac{mg}{E}E'$에서 $a = g - \frac{g}{E}E' = g(1 - \frac{E'}{E})$

Answers 13. ⑤ 14. ⑤

15 등전위면이 그림과 같이 형성된 전기장 내에서 한 대전 입자가 운동하고 있다. 이 입자는 점 A의 왼쪽에서 입사된 후 점 A와 점 B를 통과하여, 점 C에 정지한 후 다시 점 A를 향해 운동한다.

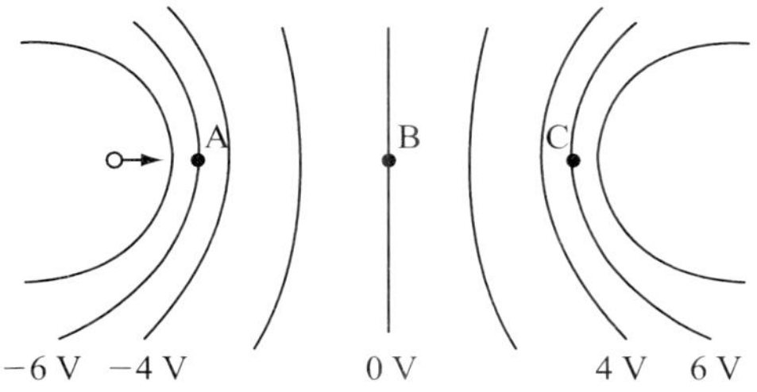

[보기]의 설명 중 옳은 것을 모두 고른 것은 ?

보기

ㄱ. 운동하는 입자의 전하는 음(−)이다.
ㄴ. 입자가 점 B를 통과할 때의 운동 에너지는 점 A를 통과할 때의 운동 에너지의 $\frac{1}{2}$이다.
ㄷ. 점 C에서 이 입자에 작용하는 힘은 0이 아니다.

① ㄱ
② ㄴ
③ ㄱ, ㄴ
④ ㄱ, ㄷ
⑤ ㄴ, ㄷ

- 입자가 점 C로 운동할 때 운동에너지가 전기력에 의한 위치에너지로 전환되며 역학적 에너지의 양이 보존되므로, B점에서의 운동에너지는 A점에서의 운동에너지의 $\frac{1}{2}$배를 갖는다.

Answers 15. ⑤

12.3 개념 서술하기

01 두 물체 사이에는 서로 끌어당기는 만유인력이 작용하므로 지구 주위의 중력장은 지구 중심을 향한다. 그렇다면 인력과 척력이 작용하는 전하들 주위의 전기장의 방향과 전기적인 위치 에너지는 어떻게 결정되는지 알아보려고 한다.

(1) 전기장의 방향과 세기를 정의하고, 전기장을 시각적으로 나타내 보라.

(2) 같은 종류의 두 전하와 서로 다른 종류의 두 전하가 있을 때 각각 전기장의 세기가 0이 될 수 있는 곳을 묘사하라.

(3) 양전하가 전기장의 방향으로 이동할 때 전기적인 위치에너지는 증가하는가, 감소하는가, 아니면 변함이 없는가? 또 음전하의 경우는?

(4) 풍선이 대전되는 경우에 일반적으로 풍선 표면의 전압은 매우 높지만 풍선으로 인해 피해를 입지는 않는다. 그 이유는 무엇인지 설명하라.

(5) 전기력선과 등전위선은 서로 수직이다. 그 이유를 설명하라.

풀이

(1) 단위전하가 받는 힘의 방향과 크기, 전기력선으로 나타낸다.

(2) 같은 종류 일 때 : 두 전하 사이
다른 종류 일 때 : 두 전하를 잇는 선분 상의 한 점(전하량이 작은 쪽)

(3) 감소, 증가

(4) 전체적인 전기에너지의 양이 작기 때문에

(5) 수직이 아니면 등전위선을 따라 전하가 이동할 때 시험전하에 일을 하게 된다. 일을 받게 되면 등전위를 유지할 수 없다.

12.4 개념 심화하기

01 그림과 같이 두 개의 점전하 X, Y가 1.0m 떨어져 놓여 있다. 각각의 전하량은 $+2.0\times10^{-8}$C, -2.0×10^{-8}C이다.

(1) A점의 전기장의 세기를 구하여라

(2) B점의 전기장을 구하여라. 단. $k=9.0\times10^{9}\mathrm{N\cdot m^2/C^2}$

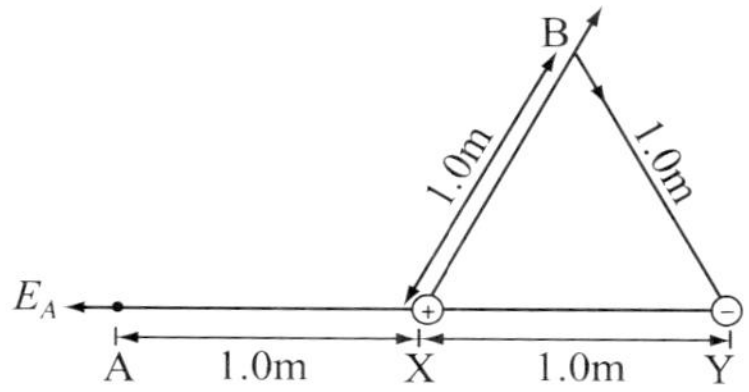

풀이

(1) 점전하 X에 의한 A점의 전기장 $=k\dfrac{Q}{r^2}=\dfrac{9.0\times10^9\times2.0\times10^{-8}}{1.0^2}=1.8\times10^2(\mathrm{N/C})$ (왼쪽)

Y에 의한 A점의 전기장=0.45×10^2N/C(오른쪽), 합성 전기장 $E_A=135(\mathrm{N/C})$ (왼쪽)

(2) $E_B=E_X\cos60°+E_Y\cos60°=E_X(\because E_X=E_Y$이고, $\cos60°=\dfrac{1}{2})$

$=\dfrac{9.0\times10^9\times2\times10^{-8}}{1.0^2}\mathrm{N/C}=1.8\times10^2\mathrm{N/C}$ (오른쪽)

02 전기장 안의 전위가 0인 O점으로부터 +2C의 전하를 A점까지 옮기는 데 외부에서 10J의 일을 하였다. A점의 전위는 얼마인가? 또, −1C의 전하를 O점으로부터 B점까지 옮기는 데 외부에서 2J의 일을 하였다. B점의 전위는 얼마인가?

풀이

기준점에서 단위 양전하(+1C)의 전하를 옮기는 데 필요한 일이 전위이므로 A점의 전위는 $V_A=\dfrac{W}{Q}=\dfrac{10\mathrm{J}}{2\mathrm{C}}=+5\mathrm{V}$ 이다.

한편, 음전하를 B점까지 옮기는 데 일이 필요하므로 양전하는 기준점으로부터 저절로 B점까지 옮겨간다. 따라서 B점의 전위는 0보다 작다. $V_B=-\dfrac{W}{Q}=-2\mathrm{V}$

03 +4C의 점전하와 −1C의 점전하가 1m 거리의 두 점 A, B에 놓여 있다. 직선 AB 위에 전위가 0인 곳은? 전위가 0이 되는 또 다른 위치는?

풀이

점전하에 의한 전위는 $V = k\frac{Q}{r}$이고, 두 개 이상의 대전체에 의한 전위는 각각의 전하에 의한 전위를 더한 값이다. 따라서 합이 0이 되는 곳은 직선 AB 사이를 4:1로 내분하는 점이다. 또 전위는 스칼라이므로 직선을 벗어난 곳에서도 0이 될 수 있다. 전위가 0인 등전위면의 모양은 AB를 4:1로 내분, 외분하는 점들의 집합, 즉 아폴로니우스 원이 된다.

04 균일한 전기장 안에 정지해 있던 전자가 그림과 같이 전위차 1V인 곳으로 전기력을 받아 가속 운동하였다. 전자가 받은 일은 몇 J인가? 단, 전자의 전하량은 1.6×10^{-19}C 이다.

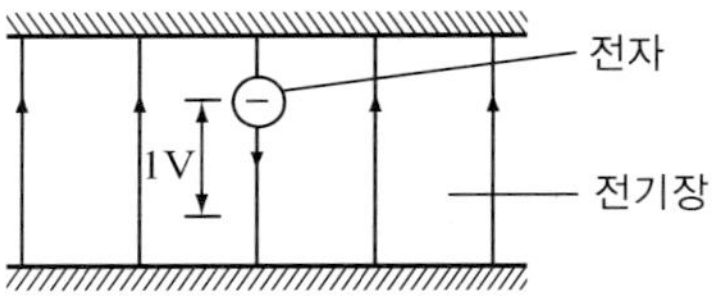

풀이

$W = QV = 1.6 \times 10^{-19}\text{C} \times 1.0\text{J/C} = 1.6 \times 10^{-19}\text{J} = 1\text{eV}$

05 안쪽 반지름이 R, 바깥쪽 반지름이 $2R$인 속이 빈 도체구가 있다. 도체구의 중심에 점전하 Q가 있을 때 $0 < r < R$, $R < r < 2R$, $r > 2R$인 곳에서의 전기장의 세기를 각각 구하여라.

풀이

도체 내부는 등전위이므로 전기장의 세기는 0이다.

$\therefore\ E = 0(R < r < 2R)$

도체구의 $r < R$인 공간은 중심의 점전하 $+Q$에 의한 전기장이 존재한다.

$E = \frac{kQ}{r^2}(0 < r < R)$

도체구의 밖은, 즉 $r > 2R$인 곳은 중심에 놓인 점전하 Q에 의한 전기장이다.

$\therefore E = \frac{kQ}{r^2}(r > 2R)$

06 전하량이 $+Q$인 2개의 점전하가 그림과 같이 y축 상에 놓여 있다. 전자의 질량이 m, 쿨롱의 비례 상수가 k일 때 다음 물음에 답하여라.

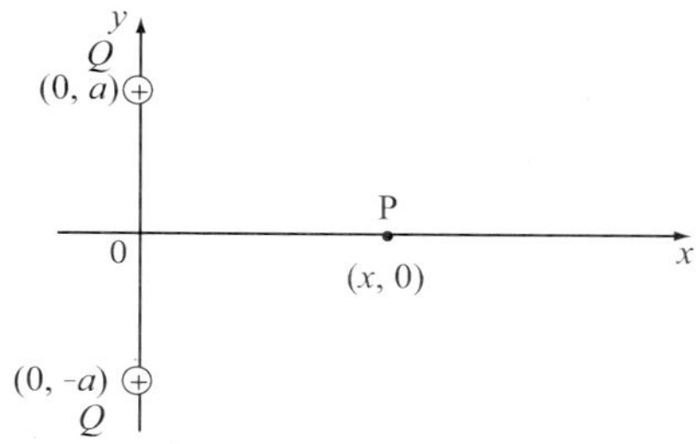

(1) 전하 사이의 점 P에서의 전위를 구하여라.

(2) 전자를 원점으로부터 정지된 상태에서 살짝 밀었을 때 (0, $\frac{a}{2}$)인 점에 도달하는 순간의 속력은 얼마인가?

풀이

(1) $V_p = \frac{kQ}{\sqrt{x^2+a^2}} + \frac{kQ}{\sqrt{x^2+a^2}} = \frac{2kQ}{\sqrt{x^2+a^2}}$

(2) $V_{원점} \frac{2kQ}{a}$, $V_{(0,\frac{a}{2})} = \frac{kQ}{\frac{a}{2}} + \frac{kQ}{\frac{3}{2}a} = \frac{8}{3}\frac{kQ}{a}$,

$\Delta W = q\Delta V = -e\left(2-\frac{8}{3}\right)\frac{kQ}{a} = \frac{2keQ}{3a} = \frac{1}{2}mv^2 \quad \therefore\ V = \sqrt{\frac{4keQ}{3ma}}$

07 전하량이 3×10^{-8}C인 점전하가 있다.

(1) 전위가 60V인 등전위면의 반지름은 얼마인가?(단, $k=9\times10^9$N·m^2/C^{2}이다.)

(2) 전위가 60V인 등전위면으로부터 무한원까지 전자를 옮기는 데 필요한 일은 얼마인가?(전자의 전하량은 1.6×10^{-19}C이다.)

풀이

(1) $60\text{V} = \frac{(9\times10^9)\times(3\times10^{-8}\text{C})}{r}$ 이므로 $r = \frac{(9\times10^9)\times(3\times10^{-8}\text{C})}{60} = 4.5(\text{m})$

(2) $W = QV = 1.6\times10^{-19}\text{C}\times60\text{V} = 9.6\times10^{-18}\text{J}$

08 2.0×10^{-6}으로 대전된 입자가 한 점에 고정되어 있고, 이 입자의 주위를 질량이 1.0×10^{-2}g이고 전하가 -1.0×10^{-6}C인 다른 입자가 등속 원운동하고 있다고 하자. 이 원운동의 반지름을 1cm에서 3cm로 증가시키기 위해서는 외부에서 얼마만한 에너지가 가해져야 하는가?(단, $k=9.0\times10^9$N·m^2/C^{2}이다.)

풀이

전기력이 구심력 역할을 하는 등속원운동에서 반경 1cm인 대전 입자의 역학적 에너지와 반경 3cm인 대전 입자의 역학적 에너지의 차이만큼 일을 해 주어야 한다.
반지름 r의 원운동하는 대전 입자의 에너지 $E=E_k+E_p=\frac{1}{2}mv^2-k\frac{q_1q_2}{r}\left(\frac{mv^2}{r}=k\frac{q_1q_2}{r^2}\right)$ $=-\frac{kq_1q_2}{2r}$, $\therefore W=E_{2cm}-E_{1cm}=\frac{2}{3}\times\frac{9\times10^9\times2\times10^{-12}}{2\times10^{-2}}=0.6(\mathrm{J})$

09 그림과 같이 전기장의 세기가 10V/m인 평행한 두 도체판 사이의 한 점 X에서 전하량이 1.6×10^{-19}C인 전자를 Y점으로 이동시키는데 필요한 일의 양은 얼마인가?

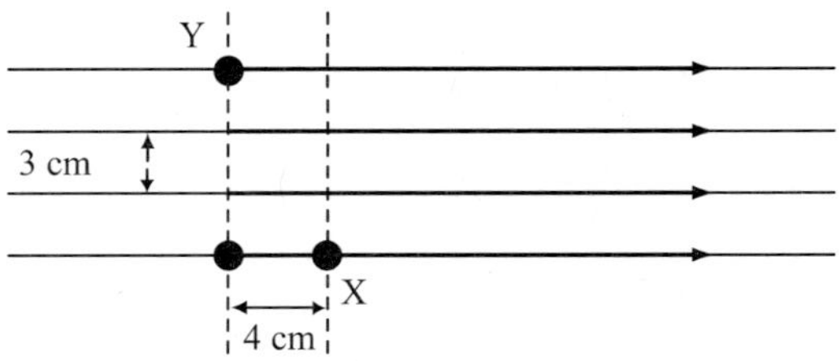

풀이

전기장에 수직인 방향으로 이동하는데 일을 필요로 하지 않으므로 이동거리는 4cm만 고려하면 된다. $W=qV=qEd=1.6\times10^{-19}\times10\times0.04=6.4\times10^{-20}$ J

10 그림에서 두 점 R과 T는 크기가 Q인 두 전하로부터 각각 같은 거리에 위치하고 있다. 쿨롱의 비례 상수가 k일 때 전하 q를 점 R에서 T까지 이동시키는 동안 전기장이 한 일은 얼마인가?

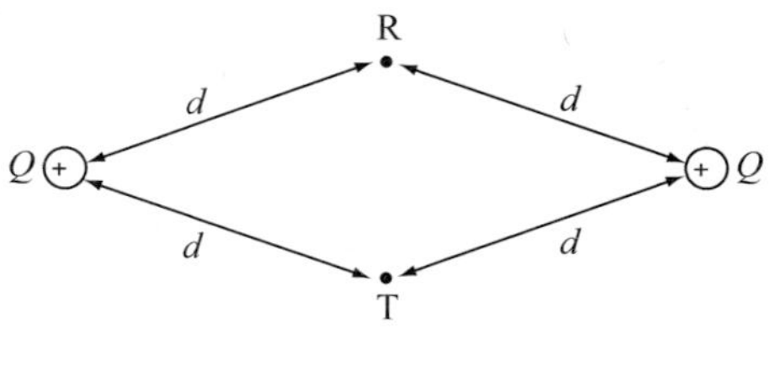

풀이

R와 T는 전위가 같은 점이다. 따라서 전하는 옮기는데 필요한 일은 0이다.

11 그림과 같이 길이가 L인 반원형의 도선에 음전하 q가 고루 분포하고 있다. 중심에서의 전기장의 방향과 세기를 구하라. 단, 쿨롱의 비례상수는 k이다.

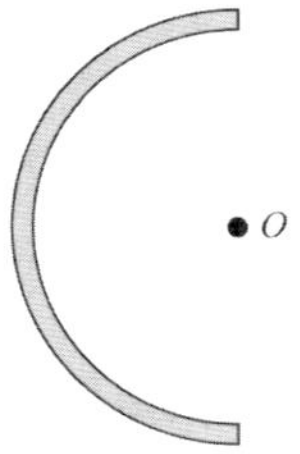

풀이

대칭성 때문에 $E_y = 0$이다. $E_x = \int dE\sin\theta = k\int \frac{dq \cdot \sin\theta}{r^2}$

여기서 $dq = \lambda dx = \lambda r d\theta$이므로 $E_x = \frac{k\lambda}{r}\int_0^{\pi} \sin\theta d\theta = \frac{2k\lambda}{r}$, $\lambda = \frac{q}{L}$, $r = \frac{L}{\pi}$이다.

따라서 $E = E_x = \frac{2kq\pi}{L^2}$이고, q가 음전하 이므로 방향은 $-x$방향이다. 즉 왼쪽

12 반지름이 $2a$, 단위 체적당 전하 밀도가 ρ인 구형의 유전체가 있다. 그림과 같이 반지름 a인 구를 유전체에서 제거했을 때 공동 내부의 전기장의 세기를 구하라. 단, 진공의 유전율은 ϵ_0이다.

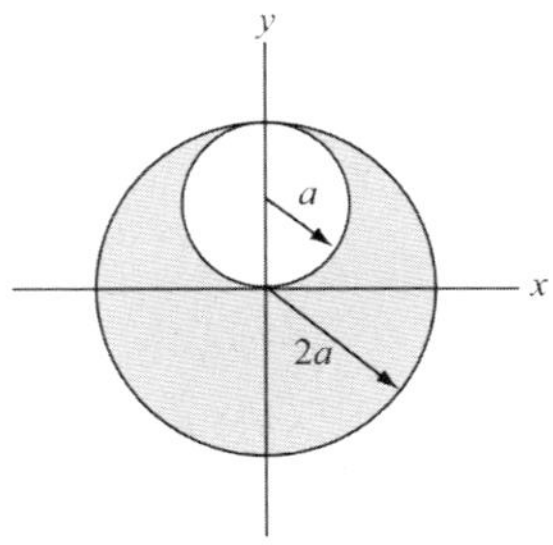

풀이

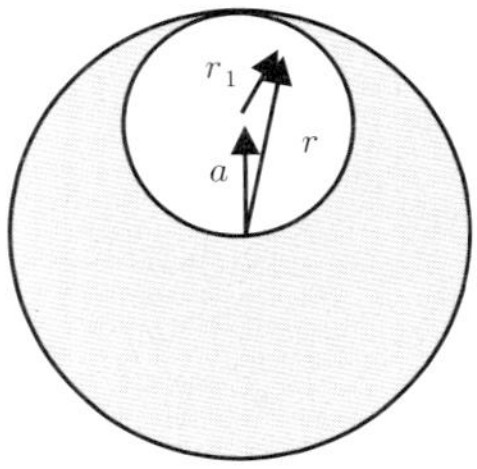

$\int E_+ dA = \frac{Q}{\epsilon_0}$($E_+$는 유전체 일부가 제거 되기 전의 전기장이다.)

$4\pi r^2 E_+ = \frac{4}{3}\frac{\pi r^3 \rho}{\epsilon_0}$이므로 $E_+ = \frac{\rho}{3\epsilon_0} r$

$\int E_- dA = \frac{Q}{\epsilon_0}$(E_-는 제거한 유전체의 전기장이다.)

$4\pi r_1^2 E_- = \frac{4}{3}\frac{\pi r_1^3 \rho}{\epsilon_0}$이므로 $E_- = \frac{\rho}{3\epsilon_0}(-r_1)$

$r = a + r_1$, $E_- = -\frac{\rho(r-a)}{3\varepsilon_0}$

$E = E + E_- = \frac{\rho}{3\epsilon_0}(r - r + a) = \frac{\rho a}{3\epsilon_0}$

13 길이가 $2a$인 동일한 2개의 가는 막대에 전하 $+Q$가 각각 균일하게 분포되어 있다. 두 막대가 그림과 같이 놓여 있을 때, 왼쪽 막대가 오른쪽 막대에 작용하는 힘을 구하라. 단, $b>2a$이고 쿨롱의 비례 상수는 k이다.

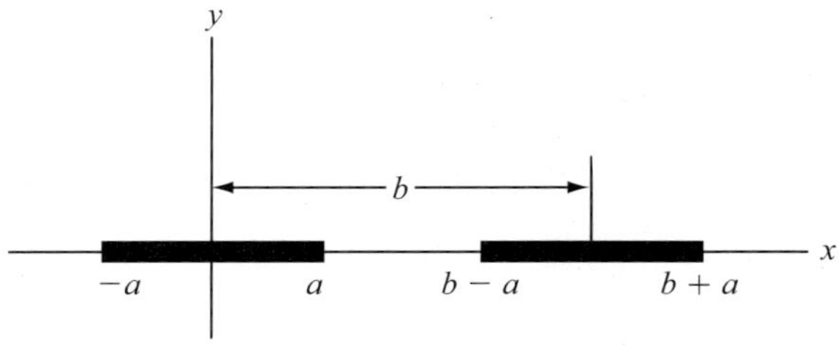

풀이

먼저 한 막대의 전기장을 구하자. 한 끝점에서 d 만큼 떨어진 지점의 전기장은

$$E=k\int_0^{2a}\frac{\lambda dx}{(d+x)^2}=k\frac{Q}{2a}(-)(\frac{1}{2a+d}-\frac{1}{d})=\frac{kQ}{d(2a+d)}$$

$$dF=E\cdot dq=\frac{kQ}{d(2a+d)}\cdot\frac{Q}{2a}dx$$

$$F=\frac{kQ^2}{2a}\int_{b-2a}^{b}\frac{dx}{x(x+2a)}=\frac{kQ^2}{2a}\left[-\frac{1}{2a}\ln\frac{2a+x}{x}\right]_{b-2a}^{b}$$

$$=\frac{kQ^2}{4a^2}(-\ln\frac{2a+b}{b}+\ln\frac{b}{b-2a})\ =\frac{kQ^2}{4a^2}\ln\frac{b^2}{b^2-4a^2}$$

CHAPTER

13 축전기

13.1 개념 익히기

01 축전기에 충전되는 전하에 대한 옳은 설명은?

① 도체판의 면적에 따라 다르다.
② 도체판 사이의 거리에 따라 다르다.
③ 도체판 사이의 물질에 따라 다르다.
④ 모두 맞다.
⑤ 모두 틀리다.

가장 많이 쓰이는 평행판 축전기의 전기용량은 $C = \frac{Q}{V} = \epsilon\frac{S}{d}$ 이므로 도체판의 면적에 비례하고 도체판 사이의 거리에 반비례하며 도체판 사이의 물질에 따라 다르다.

02 축전기에 충전된 전하는 ________

① 도체판 사이의 안쪽 표면에 존재한다.
② 도체판의 바깥쪽 표면에 존재한다.

전하는 도체판의 표면에 분포하며 전기적 인력에 의해 도체판 사이의 안쪽 표면에 분포하게 된다.

03 축전기가 유용하게 쓰이는 경우는?

① 회로의 승압기로 사용할 때
② 저항에 흐르는 전류의 세기를 증가시킬 때
③ 펄스 전류를 고르게 할 때
④ 교류를 직류로 변환시킬 때
⑤ 전압을 높이거나 낮출 때

다이오드를 이용하여 사인함수인 교류가 직류로 변환될 때 일정한 세기의 직류가 되도록 펄스 전류를 고르게 하기 위해 축전기가 사용된다.

Answers 01. ④ 02. ① 03. ③

04 축전기는 _____를 저장하는데 사용된다.

① 전하
② 에너지
③ 둘다 맞다.
④ 둘다 틀리다.

축전기는 정전기유도 현상을 이용하여 전하를 모으는 장치이며 도체판 사이의 전기장에 에너지를 저장한다.

05 용량이 다른 두 축전기가 직렬로 연결되어 있을 때 더 큰 전압이 걸린 축전기는?

① 용량이 작은 축전기
② 용량이 큰 축전기
③ 같다.

두 축전기를 직렬로 연결했을 때 각 축전기에 대전된 전하량이 같으므로 $C=\frac{Q}{V}\propto\frac{1}{V}$이다. 따라서 용량이 작은 축전기에 더 큰 전압이 걸린다.

06 용량이 다른 두 축전기가 병렬로 연결되어 있을 때 더 큰 전압이 걸린 축전기는?

① 용량이 작은 축전기
② 용량이 큰 축전기
③ 같다.

두 축전기가 병렬로 연결되어 있을 때 저항이 병렬로 연결되어 있을 때와 마찬가지로 두 축전기에 걸린 전압은 같다.

07 용량이 다른 두 축전기가 직렬로 연결되어 있을 때 더 많은 전하량이 모인 걸린 축전기는?

① 용량이 작은 축전기
② 용량이 큰 축전기
③ 같다.

두 축전기를 직렬로 연결했을 때 각 축전기에 대전된 전하량은 같다.

08 용량이 다른 두 축전기가 병렬로 연결되어 있을 때 더 많은 전하량이 모인 걸린 축전기는?

① 용량이 작은 축전기
② 용량이 큰 축전기
③ 같다.

두 축전기에 걸린 전압이 같으므로 $C=\frac{Q}{V}\propto Q$이다. 따라서 용량이 큰 축전기에 더 많은 전하가 모인다.

Answers 04. ③ 05. ① 06. ③ 07. ③ 08. ②

13.2 개념 응용하기

01 어떤 상자 안에 용량이 같은 3개의 축전기가 도선으로 연결된 상태이고, 그 상자로부터 2개의 단자만이 외부로 나와 있다. 두 단자 사이의 용량이 30μF일 때 상자 안에 있는 축전기 1개의 전기 용량으로 알맞은 것은?

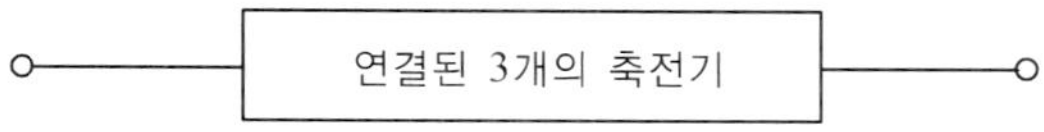

① 15μF ② 20μF
③ 40μF ④ 60μF
⑤ 100μF

⋯ • 세 개의 축전기의 연결방법은 네 가지이다. 그 중 아래와 같은 연결방법에서 합성전기용량은 $\frac{3}{2}C$이다. 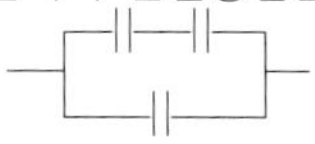

$\frac{3}{2}C = 30\mu\text{F} \quad \therefore C = 20\mu\text{F}$

02 평행판 축전기를 전원에 연결하여 충전시킨 다음 전원을 끊었다. 도체판 사이의 간격을 2배로 했을 때 다음의 물리량 중 2배로 증가하는 물리량은?

① 용량
② 도체판의 전하 밀도
③ 저장된 에너지
④ 도체판 사이의 전기장의 세기
⑤ 도체판에 모인 전하량

⋯ • 충전시킨 후 전원을 끊었을 때 축전기의 전하량은 일정하다. $C = \frac{Q}{V} = \varepsilon\frac{S}{d}$에서 간격을 2배로 증가시키면 전압과 저장된 에너지($\frac{1}{2}QV$)는 2배가 된다.

03 전기용량이 C인 축전기 2개가 전압 V인 전원과 그림과 같이 연결되어 있다. 스위치 S를 연결한 후 전류계 Ⓐ를 통과한 전하량은 얼마인가? 단, 처음에 각 축전기에 저장된 전하량은 0이다.

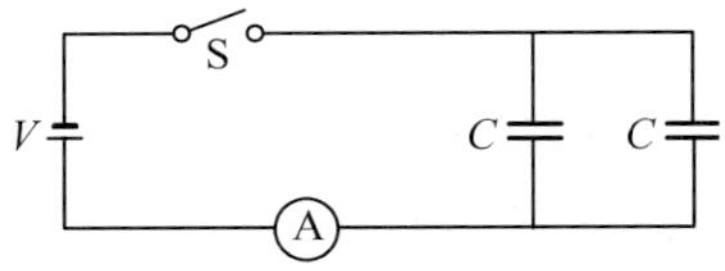

① $\frac{1}{2}CV$　② CV
③ $\frac{3}{2}CV$　④ $2CV$
⑤ $4CV$

→ • 전기용량이 C인 축전기의 전압 V를 걸어줄 때 축전기에 모이는 전하량 $Q=CV$이며, 두 개의 축전기가 병렬연결될 때 합성 전기용량은 $2C$이다.

04 다음 그림과 같이 축전기 C_1, C_2, C_3, C_4를 연결하였을 때 합성 용량은 어떻게 되겠는가? 단, $C_1 < C_2 < C_3 < C_4$이다.

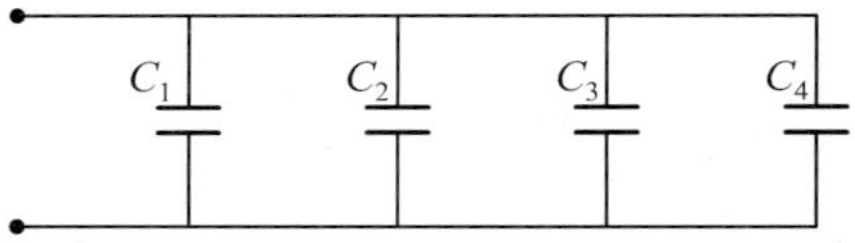

① C_1보다 작다.
② C_4보다 크다.
③ C_1 와 C_4 사이의 값을 갖는다.
④ C_2 와 C_3 사이의 값을 갖는다.
⑤ 양단에 걸린 전압에 따라 다르다.

→ • 병렬연결된 축전기들의 합성 전기용량은 각 축전기의 전기용량의 합과 같다.
$C = C_1 + C_2 + C_3 + C_4$

Answers 03. ④ 04. ②

05 도체판 사이가 공기로 채워진 평행판 축전기에 전원을 연결하여 충전시킨 다음 전원을 끊었다. 도체판 사이에 유리판을 천천히 끼울 때 다음 중 옳은 것은?

① 축전기는 유리판을 밀어낸다.
② 축전기는 유리판을 끌어당긴다.
③ 아무런 힘도 작용하지 않는다.
④ 유리판에 새로운 전하가 생성된다.
⑤ 유리판이 도체판 사이의 간격을 멀어지게 한다.

⋯ • 유리판을 끼웠을 때 유전율이 증가했으므로 축전기의 용량은 증가하고 저장된 에너지는 감소한다. 즉 축전기가 유리판을 끌어당겨 에너지를 소비한다.

06 아래 그림은 전기 용량이 1μF인 축전기와 크기가 10Ω인 저항을 직렬로 연결한 것이다. 축전기에 저장된 전하량이 10^{-5}C일 때 스위치를 닫는 순간 회로에 흐르는 전류의 세기는 얼마인가?

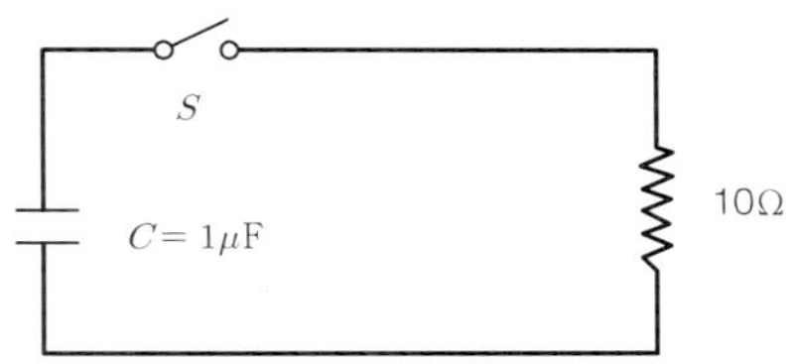

① 0
② 10^{-5}A
③ 10^{-1}A
④ 1A
⑤ 10A

⋯ • 축전기의 전압은 $V=\dfrac{Q}{C}$이며, 스위치를 닫아 축전기를 방전시키는 순간에 회로에 흐르는 전류는 $I=\dfrac{V}{R}$로서 최대값을 가진다.

07 전기 용량이 C인 평행판 축전기가 있다. 도체판의 면적이 A, 도체판 사이의 거리는 x이고 도체판 사이는 공기로 채워져 있다. 이 축전기의 도체판 사이에 공기에 대한 상대적 유전율이 4인 기름이 채워졌을 때 원래의 전기 용량으로 변화시키기 위한 방법으로 옳은 것은?

① 도체판의 면적을 $4A$로 증가시킨다.
② 도체판의 사이의 거리를 $4x$로 증가시킨다.
③ 도체판의 면적을 $\dfrac{1}{2}A$로 감소시킨다.
④ 도체판 사이의 거리를 $\dfrac{1}{2}x$로 감소시킨다.
⑤ 도체판 사이의 거리를 $\dfrac{1}{4}x$로 감소시킨다.

Answers 05. ② 06. ④ 07. ②

• 평행판 축전기의 전기용량 C는 두 극판 사이를 채운 물질의 유전율 ε에 비례하며, 극판의 면적 A에 비례하고 극판사이의 거리 d에 반비례한다.

$$C=\varepsilon\frac{A}{d}$$

08 용량이 C인 평행판 축전기에 V의 전압을 걸어 주었을 때 전하량 Q가 이동하였다. 이 축전기에 용량이 같고 대전되지 않은 동일한 축전기를 평행하게 연결하였을 때 결과적으로 축전기에 저장된 에너지의 변화량은?

① $+\frac{1}{2}CV^2$ ② $+\frac{1}{4}CV^2$

③ 0 ④ $-\frac{1}{2}CV^2$

⑤ $-\frac{1}{4}CV^2$

• 두 축전기가 병렬로 연결된 것과 같으며 두 축전기의 전압이 같아질 때까지 전하가 이동한다. 용량이 같으므로 각 축전기에 저장되는 전하량은 $\frac{Q}{2}$이다. 처음에 저장된 에너지는 $\frac{1}{2}\frac{Q^2}{C}$, 나중에 두 축전기에 저장된 에너지의 합은 $\frac{1}{2}\frac{(\frac{Q}{2})^2}{C}+\frac{1}{2}\frac{(\frac{Q}{2})^2}{2}=\frac{1}{4}\frac{Q^2}{C}$ 이므로 에너지의 변화량은 $\frac{1}{4}\frac{Q^2}{C}$이다.

09 그림은 각각의 축전기에 걸린 전압과 모을 수 있는 전하량의 관계를 나타내는 그래프이다.

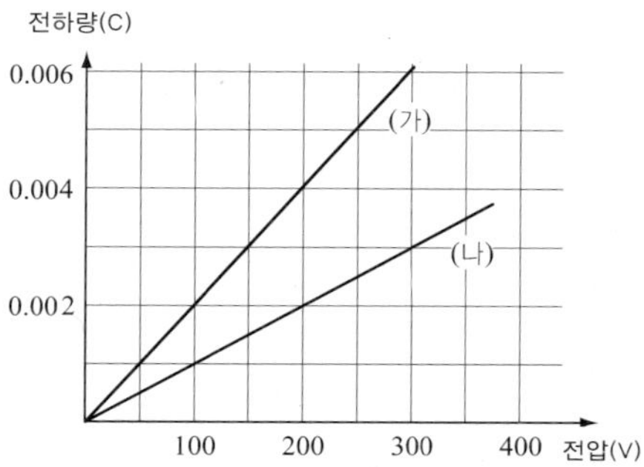

Answers 08. ⑤ 09. ②

두 축전기 (가)와 (나)를 아래의 회로와 같이 300V전원에 연결하였을 때 축전기 (가)에 모인 전하량은?

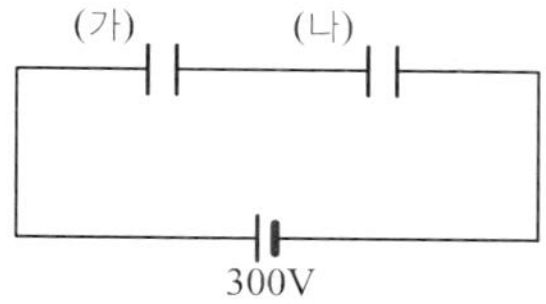

① 0.001C
② 0.002C
③ 0.003C
④ 0.004C
⑤ 0.009C

• 축전기에 모인 전하량과 전압의 그래프에서 기울기는 전기용량을 나타낸다. 전기용량이 각각 C_1, C_2인 두 축전기를 직렬연결했을 때 합성 전기용량 C는 $\frac{1}{C}=\frac{1}{C_1}+\frac{1}{C_2}$의 관계가 성립한다.

10 두 도체판 사이에 오른쪽 표와 같은 유전체를 삽입하여 평행판 축전기를 만들려 한다. 최대용량을 갖는 것은 어느 유전체를 삽입할 때인가?(단, 유전체와 도체판은 밀착되어 있다.)

	상대 유전율	두께
테프론	2	0.4
석영	3	0.8
유리	4	1.0
운모	5	1.2
도자기	6	1.3

① 테프론
② 석영
③ 유리
④ 운모
⑤ 도자기

• 축전기의 전기용량은 $C=\varepsilon\frac{A}{d}$이므로, 상대유전율과 두께의 비 $\frac{\varepsilon}{d}$가 클수록 전기용량이 크다.

Answers 10. ①

11 두 개의 동일한 평행판 축전기 ㈎, ㈏가 그림과 같이 전압 V인 전원에 연결되어 있다.

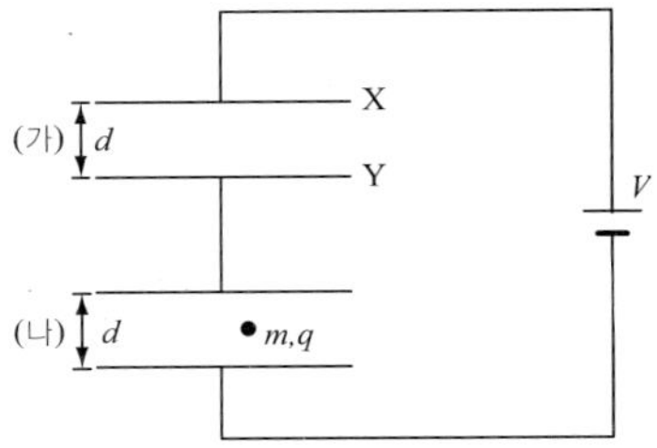

㈏의 두 극판 사이에는 질량 m이고, 전하량 q인 대전입자가 중력과 전기력의 평형상태에 놓여 있다. ㈎의 극판 XY의 간격을 $\frac{1}{2}$배로 하였을 때 일어나는 현상에 대한 다음 [보기]의 설명 중에서 옳은 것으로만 짝지어 놓은 것은?

보기

ㄱ. XY사이의 전위차는 증가한다.
ㄴ. 대전입자는 아래 방향으로 가속된다.
ㄷ. 대전입자의 가속도는 $\frac{qV}{6md}$이다.
ㄹ. ㈎의 전기 용량이 증가한다.

① ㄱ, ㄴ　② ㄱ, ㄷ
③ ㄴ, ㄷ　④ ㄴ, ㄹ
⑤ ㄷ, ㄹ

···› • 두 축전기가 직렬로 연결되었을 때 각 축전기에 모이는 전하량이 같으므로 전압은 전기용량에 반비례한다($V=\frac{Q}{C}$). (나) 축전기에서 중력과 전기력이 평형을 이룰 때 $mg=qE=q\frac{V}{2d}$가 성립하며, (나) 축전기의 용량이 2배가 되었으므로 (가), (나) 축전기에 걸린 전압의 비는 2 : 1이 된다. (나) 축전기에 걸린 전압($\frac{V}{3}$)로 변하였으므로 가속도는 $a=qE'-mg=q\frac{V'}{d}-mg$ $=\frac{qV}{6md}$ 이다.

12 전기용량이 같은 세 개의 평행판 축전기가 그림과 같이 네 가지 형태로 배열되어 있다.

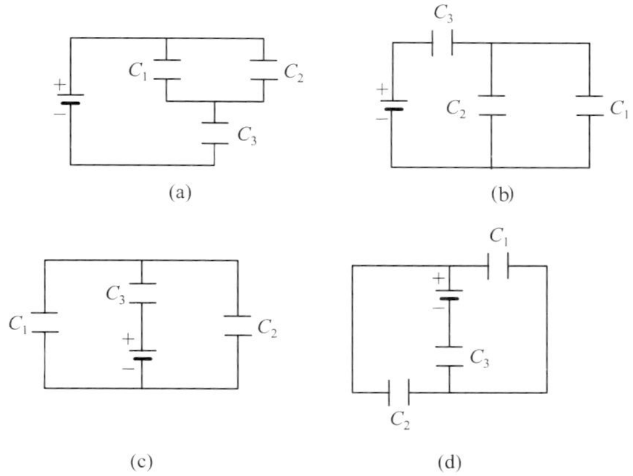

합성용량의 크기를 바르게 비교한 것은?

① (a) < (b) < (c) < (d)
② (d) < (c) < (b) < (a)
③ (a) = (b) < (c) = (d)
④ (a) = (b) < (c) < (d)
⑤ (a) = (b) = (c) = (d)

⋯ • 네 축전기의 연결상태를 보면 병렬로 연결된 2개의 축전기와 1개의 축전기가 직렬로 연결되어 있음을 알 수 있다.

13 축전기와 전지가 그림과 같이 연결되어 있다. 극판 Y를 X로부터 멀리할 때 일어나는 변화에 대하여 설명한 것으로 옳지 않은 것은?

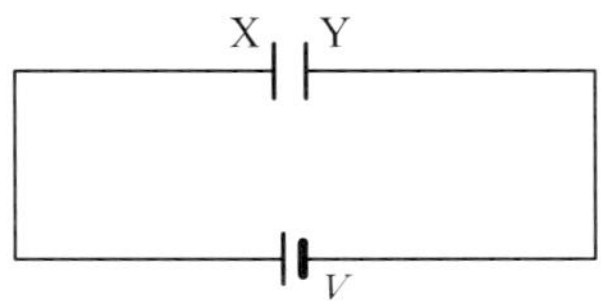

① 축전기에 저장된 에너지가 증가한다.
② 전기용량이 줄어든다.
③ 극판 사이의 전위차는 일정하다.
④ 극판에 모인 전하량이 감소한다.
⑤ 두 극판 사이의 전기장의 세기는 감소한다.

⋯ • 축전기에 전자를 연결한 채로 극판의 간격을 변화시킬 때 전압 V가 일정하므로, $Q = CV$에서, $Q \propto C$, $W = \frac{1}{2}CV^2$에서 $W \propto C$의 관계가 성립한다.

Answers 12. ⑤ 13. ①

14 그림과 같이 두 개의 축전기와 스위치가 연결된 세 개의 회로가 있다.

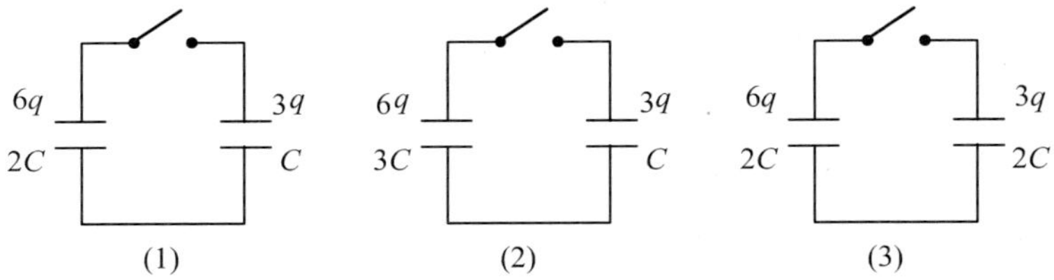

스위치를 닫을 때 각 회로에서 왼쪽 축전기의 전하량의 변화에 대한 [보기]의 설명 중 옳은 내용을 모두 고른 것은?

보기
ㄱ. 전하량이 증가하는 것은 (2)뿐이다.
ㄴ. 전하량이 감소하는 것은 (3)뿐이다.
ㄷ. 전하량이 변하지 않는 것은 (1)뿐이다.

① ㄱ
② ㄴ
③ ㄷ
④ ㄴ, ㄷ
⑤ ㄱ, ㄴ, ㄷ

⋯› • 두 축전기의 전압 $V=\frac{Q}{C}$가 같아질 때까지 전하가 이동하므로 각 축전기에 모인 전하량은 용량에 비례한다.

15 전기용량이 같은 두 축전기가 그림과 같이 전지와 직렬 연결되어 있다. 한 축전기에 유전체를 넣을 때 다음 설명 중 옳지 않은 것은?

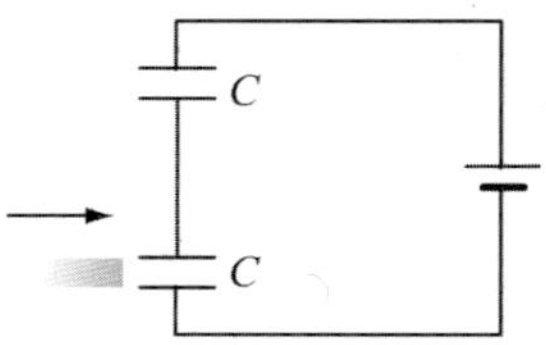

① 유전체를 넣은 축전기의 용량이 증가한다.
② 유전체를 넣은 축전기의 걸린 전압이 감소한다.
③ 유전체를 넣은 축전기의 전기 에너지가 증가한다.
④ 유전체를 넣는 순간에는 도체판 사이의 전기장의 세기가 감소한다.
⑤ 유전체를 넣지 않은 축전기의 전하량이 증가한다.

Answers 14. ⑤ 15. ③

• $W = \frac{1}{2}CV^2 = \frac{1}{2}\varepsilon_0 \frac{A}{d}(Ed)^2$에서 유전체를 넣었을 때 $E' = \frac{E}{\varepsilon}$이므로 축전기의 전기에너지는 감소한다.

16 극판 사이의 거리가 d, 전기 용량이 C, 전하량이 Q인 평행판 축전기가 있다. 그림 (가)와 같이 극판 사이에 두께가 $\frac{d}{3}$인 도체판을 끼운 다음, 그림 (나)와 같이 위쪽 극판과 도체판의 위쪽을 도선으로 연결하였다.

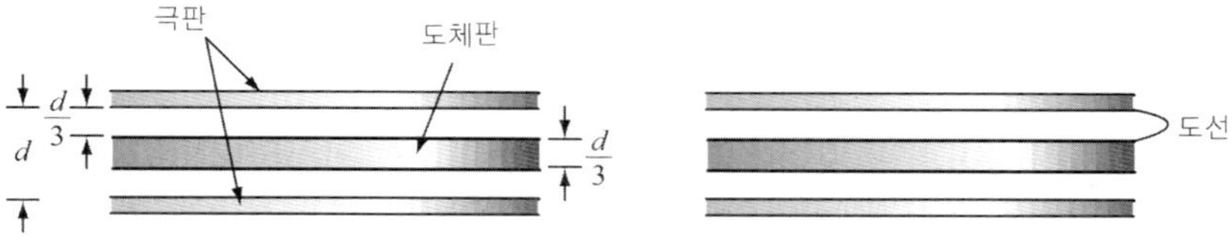

그림 (가) 그림 (나)

다음 중 그림 ㈎와 그림 ㈏의 경우 각각의 전기 용량을 바르게 나타낸 것은?

① 그림 ㈎: $\frac{3}{2}C$, 그림 ㈏: $3C$
② 그림 ㈎: $3C$, 그림 ㈏: $\frac{3}{2}C$
③ 그림 ㈎ : $2C$, 그림 ㈏ : $3C$
④ 그림 ㈎ : $\frac{2}{3}C$, 그림 ㈏ : $3C$
⑤ 그림 ㈎ : $\frac{2}{3}C$, 그림 ㈏ : $\frac{1}{3}C$

• (가)에서는 극판사이의 거리가 $\frac{2}{3}d$로 감소하고 (나)에서는 극판사이의 거리가 $\frac{1}{3}d$로 감소한다.

Answers 16. ①

13.3 개념 서술하기

01 축전기를 전원에 연결하면 정전기 유도 현상에 의해 두 극판에 같은 양의 서로 반대 부호의 전하가 모이게 된다. 두 도체판 사이의 전기장과 축전기에 저장된 전기에너지에 대해 알아보려고 한다.

(1) 축전기를 전원에 연결하여 도체판에 전하를 충전시킨 다음 전원을 끊었다. 두 도체판을 잡아당겨 도체판 사이의 거리를 멀리 할 때 도체판 사이의 전위차, 전기장의 세기, 전기용량, 축전기에 저장된 에너지가 어떻게 변하는지 설명하라.

(2) (1)에서 도체판 사이에 유전체를 넣을 때 도체판 사이의 전기장의 세기와 축전기에 저장된 에너지는 어떻게 변하는지 설명하라.

(3) (2)에서 두 도체판을 전원에 연결한 상태로 도체판 사이에 유전체를 넣는다면 어떻게 되겠는가?

(4) 두 도체판 사이에 얇은 금속판을 넣으면 축전기의 용량은 어떻게 되겠는가?

(5) 3개의 축전기와 2개의 전원을 갖고 있다. 축전기에 가능한 최대 에너지를 저장하려면 축전기와 전원을 어떻게 연결해야 하는가?

풀이

(1) 늘어난다, 그대로, 작아진다, 늘어난다.
(2) 작아진다, 작아진다.
(3) 전기장 일정, 에너지 증가
(4) 증가
(5) 축전기를 병렬, 전지는 직렬

13.4 개념 심화하기

01 전기용량이 각각 $C_1=2\mu$F, $C_2=3\mu$F, $C_3=5\mu$F인 3개의 축전기를 오른쪽 그림과 같이 연결하고 그 양단에 50V의 전원을 연결하였다.

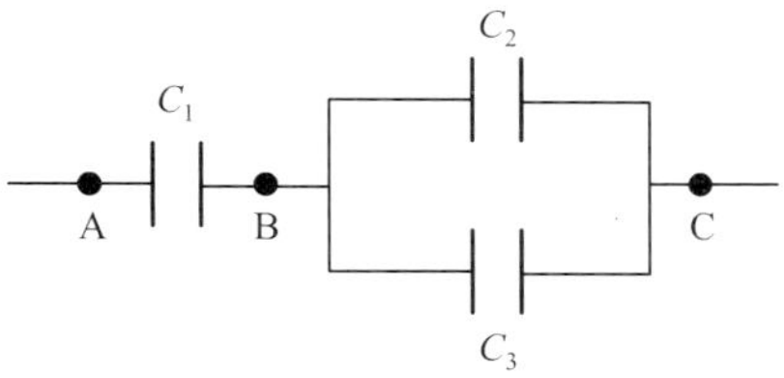

(1) A, C 사이의 합성용량은 얼마인가?

(2) 축전기 C_1에 걸리는 전압은 얼마인가?

(3) 축전기 C_2에 축전되는 전하량은 얼마인가?

풀이

(1) 합성용량을 C'라 하면 $\frac{1}{C'}=\frac{1}{2\mu\text{F}}+\frac{1}{8\mu\text{F}}$에서 $C'=1.6\mu$F이다.

(2) 직렬연결에서 각 축전기에 모인 전하량이 같으므로 전압은 용량에 반비례한다. 40V

(3) $Q=CV=3\mu\text{F}\times10\text{V}=3\times10^{-5}\text{C}$

02 그림과 같이 반지름이 각각 10cm, 20cm인 도체구 A, B를 전압 V인 전지에 연결하였다. 각 축전기에 모인 전하량의 비는?

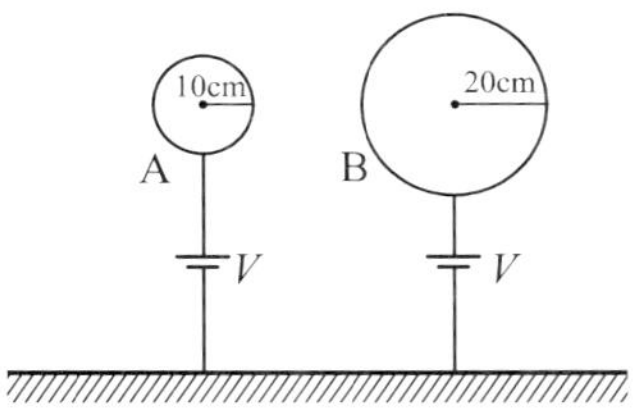

풀이

축전기에 모인 전하량은 전압과 전기용량의 곱이므로 A에 모인 전하량 : B에 모인 전하량=(A의 전기용량×전압) : (B의 전기용량×전압)=A의 반지름 : B의 반지름=1 : 2

($V=\frac{kQ}{r}$이므로 $Q\propto r$ 이다.)

03 축전기를 전원과 연결하여 충전시킨 다음 전원을 끊었다. 이 때 유전체를 도체판 사이에 삽입시켰을 때 전하량, 용량, 전위차, 전기장의 세기, 저장된 에너지에는 어떤 변화가 생기겠는가?

풀이

전원을 끊었으므로 전하량은 변하지 않는다. 유전체를 넣었을 때 축전기 사이의 전기장이 약해지므로 전압이 감소한다. 따라서 전하량 불변, 전기용량 증가, 전위차 감소, 전기장의 세기 감소, 에너지 감소를 가져온다. 축전기에 저장된 에너지가 감소한다는 것은 축전기가 유전체를 끌어당기면서 일을 한다는 것이다.

04 어떤 평행판 축전기를 충전시킨 다음 전원을 끊고 도체판 사이의 간격을 2배로 하면 다음 양들은 처음의 몇 배가 되는가?

(1) 도체판 사이의 전위차는 (　　　　)배가 된다.

(2) 도체판 사이의 전기장의 세기는 (　　　　)배가 된다.

(3) 축전기에 저장된 전기 에너지는 (　　　　)배가 된다.

풀이

$Q = CV = \varepsilon \dfrac{A}{d} V$에서 전원을 끊었을 때, Q가 일정하므로 d를 2배로 하면

(1) V는 2배, $E = \dfrac{V}{d}$에서 d, V 둘다 2배이므로

(2) E는 변함이 없다.

(3) $W = \dfrac{1}{2} CV^2 = \dfrac{1}{2} \varepsilon \dfrac{A}{d} V^2$에서 d가 2배이므로 W는 2배가 된다.

05 어떤 평행판 축전기를 전원에 연결시킨 상태에서 도체판 사이의 간격을 2배로 하면 다음 양들은 처음의 몇 배가 되는가?

(1) 전기용량은 (　　　　)배가 된다.

(2) 충전된 전하량은 (　　　　)배가 된다.

(3) 도체판 사이의 전위차는 (　　　　)배가 된다.

(4) 도체판 사이의 전기장의 세기는 (　　　　)배가 된다.

(5) 축전기에 저장된 에너지는 (　　　　)배가 된다.

풀이

전원에 연결한 상태이므로 V가 일정하다. 4번과 같은 방법으로 하면

(1) $\dfrac{1}{2}$배, (2) $\dfrac{1}{2}$배, (3) 1배, (4) $\dfrac{1}{2}$배, (5) $\dfrac{1}{2}$배가 된다.

06 용량이 1μF, 2μF인 두 축전기를 그림과 같이 직렬과 병렬로 같은 전원에 연결했을 때 축전기 A, B, C, D에 모인 전하량과 저장된 에너지의 크기를 순서대로 나열하여라.

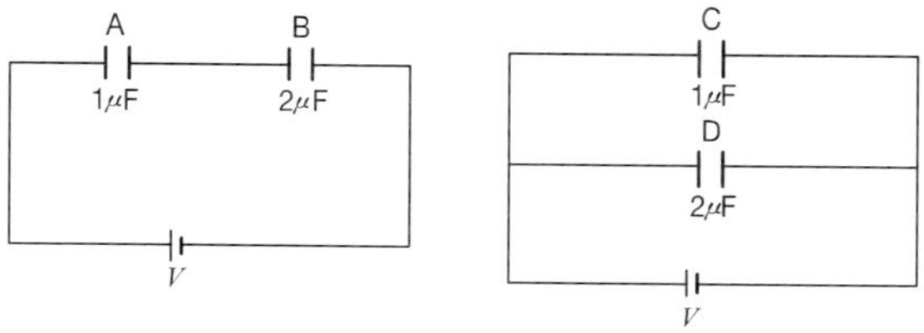

풀이

직렬로 연결된 두 축전기의 전하량은 같다.

$Q_A = Q_B$, $C_A V_A = C_B V_B$ $\quad V_A : V_B = 2:1$, $V_A + V_B = V$ $\quad \therefore V_A = \frac{2}{3}V$, $V_B = \frac{V}{3}$

$Q_A = Q_B = 2\times 10^{-6} \times \frac{1}{3}V = \frac{2}{3}\times 10^{-6}V$

병렬 연결된 축전기 양단의 전위차는 같다.

$V_C = V_D = V$, $\quad Q_C = C_C \cdot V_C = 1\times 10^{-6}V$, $Q_D = C_D \cdot V_C = 2\times 10^{-6}V$,

$V_C = V_D > V_A > V_B \quad \therefore Q_D > Q_C > Q_B = Q_A$

저장된 에너지 $\quad W_D > W_C > W_A > W_B$

07 전기 용량이 C, 판 사이의 거리가 d 인 평행판 축전기에 전압 V 인 전원을 연결하여 충전시킨 다음 전원을 끊었다. 판 사이의 거리가 $3d$가 될 때까지 끌어당겼을 때 다음 물음에 답하여라.

(1) 전위차를 구하여라.

(2) 처음과 나중에 저장된 에너지를 구하여라.

(3) 판을 끌어당기는 데 필요한 일을 구하여라.

풀이

(1) $C' = \frac{C}{3}$, 전하량이 불변이므로 $V' = \frac{Q}{C'} = 3V$

(2) 처음 에너지 $W = \frac{1}{2}\frac{Q^2}{C}$, 나중 에너지 $W' = \frac{1}{2}\frac{Q^2}{C'} = 3W$

(3) $\Delta W = W' - W = 2W = \frac{Q^2}{C}$

08 그림과 같은 회로에 스위치를 닫는 순간 다음 물리량의 초기값을 구하여라. 회로에 연결하기 전에 축전기는 방전된 상태이다.

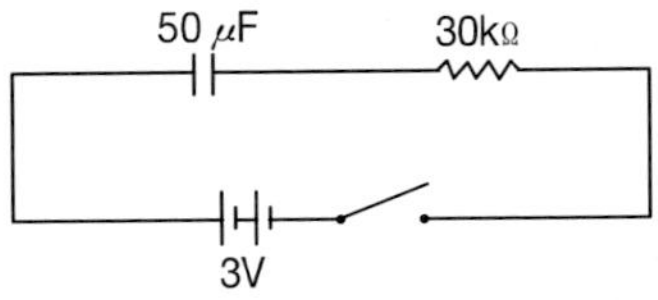

(1) 축전기 양단의 전위차

(2) 전류의 세기

풀이

(1) 스위치를 닫는 순간 축전기는 방전된 상태이므로 전위차는 0이다. 시간이 지나면 전압은 서서히 증가한다.

(2) 스위치를 닫는 순간은 저항만 있는 회로와 같은 세기의 전류가 흐르다가 점점 감소한다.

$$I=\frac{V}{R}=\frac{3}{3\times10^4}=0.1(\mathrm{mA})$$

09 용량이 30μF인 평행판 축전기 A를 전압이 500V인 전원과 연결하였다. 충분한 시간이 지난 다음 전원을 끊고 용량이 같은 평행판 축전기 B를 축전기 A와 병렬로 연결했을 때 다음 물음에 답하여라.

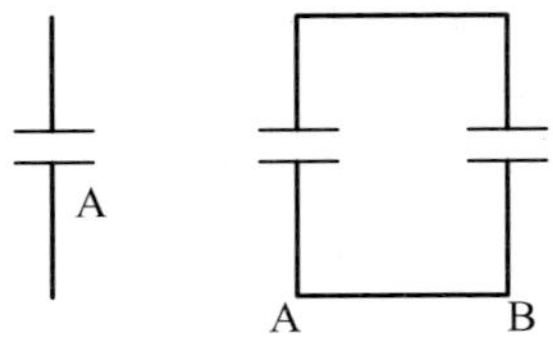

(1) 전원에 연결했을 때 축전기 A에 모인 전하량은?

(2) 축전기 A, B를 병렬로 연결했을 때 축전기 각각에 모인 전하량은?

(3) 축전기 A, B를 병렬로 연결했을 때 감소한 에너지는?

(4) 감소한 에너지는 어떻게 되었는가?

풀이

(1) $Q=CV=30\times10^{-6}(\mathrm{F})\times500(\mathrm{V})=1.5\times10^{-2}\mathrm{C}$

(2) 두 축전기에 모인 전하량의 합은 Q와 같다. 또 용량도 같으므로, 두 축전기에 모인 전하량도 $\frac{Q}{2}$로 같다.

$\therefore\ \frac{Q}{2}=7.5\times10^{-3}\mathrm{C}$

(3) 연결 전 에너지 $E=\frac{1}{2}\frac{Q^2}{C}$, 연결 후 에너지 $E'=\frac{1}{2}\frac{\left(\frac{Q}{2}\right)^2}{C}+\frac{1}{2}\frac{\left(\frac{Q}{2}\right)^2}{C}=\frac{1}{2}\left(\frac{Q^2}{2C}\right)$

감소한 에너지 $\Delta E=\frac{1}{4}\left(\frac{Q^2}{C}\right)=\frac{1}{4}\times\frac{(1.5\times10^{-2})^2}{3\times10^{-5}}=1.875(\mathrm{J})$

(4) A에서 B로 전하가 이동할 때 줄열로 변하였다.

10 전기 용량이 C이고 도체판 사이가 진공상태인 평행판 축전기가 있다. 판 사이의 거리는 d이고 도체판 사이에 유전율이 ε_1, ε_2인 두 유전체를 집어넣었다. 두 도체판에 각각 Q, $-Q$의 전하량이 저장되어 있을 때 다음 물음에 답하여라.(단, 진공의 유전율은 ε이다.)

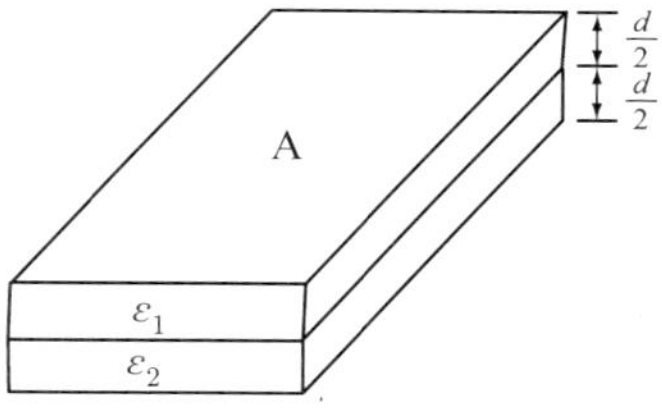

(1) 유전체가 없을 때 판 사이의 전기장의 세기를 구하여라.

(2) 유전체가 존재할 때 두 유전체 각각의 전기장의 세기를 구하여라.

(3) 유전체가 존재할 때 축전기의 용량을 구하여라.

(4) 유전체가 존재할 때 도체판 사이의 전위차를 구하여라.

풀이

(1) $E = \dfrac{V}{d} = \dfrac{Q}{dC}$

(2) $E_1 = \dfrac{V_1}{\frac{d}{2}} = \dfrac{2Q}{dC_1} = \dfrac{\varepsilon_0 Q}{\varepsilon_1 dC}$, $E_2 = \dfrac{\varepsilon_0 Q}{\varepsilon_2 dC}$

(3) $\dfrac{1}{C'} = \dfrac{1}{C_1} + \dfrac{1}{C_2} = \dfrac{\varepsilon_0}{2\varepsilon_1 C} + \dfrac{\varepsilon_0}{2\varepsilon_2 C} = \dfrac{\varepsilon_0}{2C}\left(\dfrac{1}{\varepsilon_1} + \dfrac{1}{\varepsilon_2}\right)$이므로 $\therefore C' = \dfrac{2C}{\varepsilon_0}\dfrac{\varepsilon_1\varepsilon_2}{\varepsilon_1 + \varepsilon_2}$

(4) $V' = \dfrac{Q}{C'} = \dfrac{\varepsilon_0 Q}{2C}\left(\dfrac{1}{\varepsilon_1} + \dfrac{1}{\varepsilon_2}\right)$

11 그림과 같은 구 축전기가 있다.

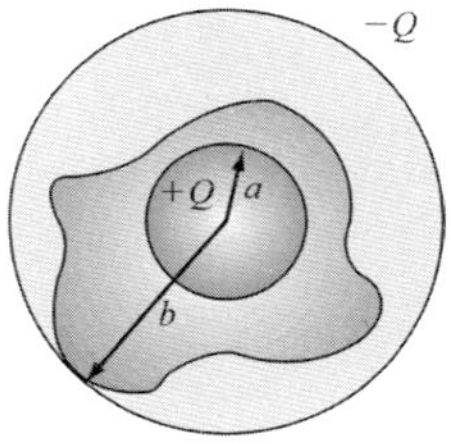

(1) 구 축전기의 전기 용량을 구하라.

(2) $b \to \infty$일 때 구 축전기의 전기용량을 구하라.

풀이

(1) 축전기의 중심을 중심으로 하고 반지름이 r인 구의 표면을 가우스 면으로 잡는다.

$$\oint E \cdot dA = \frac{q_{in}}{\epsilon_0},\ E(4\pi r^2) = \frac{Q}{\epsilon_0},\ E = \frac{Q}{4\pi\epsilon_0 r^2}$$

$$V_b - V_a = -\int_a^b E \cdot ds$$

$$V_b - V_a = -\int_a^b \frac{Q}{4\pi\epsilon_0 r^2} \cdot dr = -\frac{Q}{4\pi\epsilon_0}\left[-\frac{1}{r}\right]_a^b = -\frac{Q}{4\pi\epsilon_0}\left(\frac{b-a}{ab}\right)$$

$V_a - V_b = \dfrac{Q}{4\pi\epsilon_0}\left(\dfrac{b-a}{ab}\right)$이므로 $C = \dfrac{Q}{V_a - V_b} = 4\pi\epsilon_0\dfrac{ab}{b-a}$

(2) $b \to \infty$ 일 때 $b-a \to b$, $C \to 4\pi\epsilon_0 a$가 된다. $\therefore C = 4\pi\epsilon_0 a$

12 평행판 축전기가 면적 A이고 거리 d만큼 떨어져 있는 판들로 구성되어 있다. 판들의 전하는 $\pm Q$이다. 전지가 제거된 후 주어진 판들 사이에 작용하는 전기력은 얼마인가?

풀이

$U=\dfrac{Q^2}{2C}$ 여기서 $C=\epsilon_0\dfrac{A}{x}$, $U=\left(\dfrac{Q^2}{2\epsilon_0 A}\right)x$이므로 $F_x=-\dfrac{dU}{dx}=-\dfrac{Q^2}{2\epsilon_0 A}$, 인력이 작용한다.

13 내경이 R_1 이고 외경이 R_2 인 동심구들로 구성된 구 모양의 축전기가 있다.

(a) $R_2-R_1 \ll R_2$일 때 이 구형 축전기의 전기용량이 평행판 축전기의 전기용량이 됨을 보이라.

(b) 적절한 극한에서 이 구형 축전기의 전기용량이 고립된 구형 축전기의 전기용량으로 변화됨을 보여라.

풀이

(1) $V=\displaystyle\int_{R_2}^{R_1}\left(-\frac{q}{4\pi\epsilon_0}\frac{1}{r^2}dr\right)=\frac{q}{4\pi\epsilon_0}\left(\frac{1}{R_1}-\frac{1}{R_2}\right)=\frac{q}{4\pi\epsilon_0}\frac{R_2-R_1}{R_1R_2}$이므로 $C=\dfrac{q}{V}$에서

$C=\dfrac{4\pi\epsilon_0 R_1R_2}{(R_2-R_1)}$에서 $R_2 \gg R_2-R_1=d$ 이면 $R_1R_2\approx R^2$이므로 $C=\dfrac{4\pi\epsilon_0 R^2}{d}=\epsilon_0\dfrac{A}{d}$

(2) $R_2 \gg R_1$ 일 때 $\dfrac{R_2}{R_2-R_1}\approx 1$이므로 $C=4\pi\epsilon_0 R_1$

CHAPTER

14 전 류

14.1 개념 익히기

01 전자들이 도선을 따라 이동하는 경우는?

① 도선 내부에서 양전하와 음전하가 불균형을 이루는 경우이다.
② 도선의 한 끝의 전기적인 위치 에너지가 다른 끝보다 큰 경우이다.
③ 도선 양 끝에 전위차가 있는 경우이다.

전하(전기를 띤 입자)의 이동은 전기력이 작용하는 공간(전기장)에서 이루어진다.

① 도선에 존재하는 전하가 불균형을 이루고 있다고 하는 것은 단순히 정전기적인 대전 상태를 의미하므로 전자는 이동하지 않는다.
② 약간 어려운 개념적인 문제인데, 같은 높이에 있는 무거운 물체와 가벼운 물체를 생각할 때 두 물체의 위치에너지가 다르다고 해서 무거운 물체 쪽에서 가벼운 물체 쪽으로 이동하지는 않는다. 동일한 물체의 경우 높낮이가 다를 때 중력에 의한 위치에너지가 다르므로 높은 곳에서 낮은 곳으로 물체는 이동한다고 생각하면 된다.
③ 전위차는 전기적인 위치에너지의 차이를 말하는데, 좀더 정확히 표현하면 1C의 전하가 갖는 전기적인 위치에너지이다. 단순히 말하자면 전기적인 높낮이가 형성되었을 때 전하는 전기력을 받아 이동하게 된다.

02 암페어(A)는 어떤 물리량의 단위인가?

① 압력 ② 전류
③ 전기 저항

압력의 단위는 N/m^2=Pa(파스칼), 저항의 단위는 Ω(옴)이다.

03 전류가 흐르는 도선은 ________

① 전기적으로 중성이 아니다.
② 전기적으로 중성이다.

Answers 01. ③ 02. ② 03. ②

일반적으로 전류는 도선 내부에서 전기력을 받아 전하(전자)가 이동하는 것이며 도선 자체는 전기적으로 중성이다.

04 6V의 전지를 통과한 1C의 전하는 ______를(을) 얻는다.

① 6J ② 6A
③ 6Ω ④ 6W
⑤ 6N

전압은 1C의 전하를 옮기는데 필요한 일을 의미하므로 6V 전지는 1C의 전하에 6J의 에너지를 공급한다고 할 수 있다.

05 다음 설명 중 옳은 것은?

① 전류는 회로를 통해 흐른다.
② 전압은 회로를 통해 흐른다.
③ 저항은 회로 전체에 걸린다.
④ 전류는 전압의 원인이다.

전류는 회로를 통해 흐르고, 전압은 회로에 전류를 흐르게 하는 원인이며, 저항은 전류의 흐름을 방해하는 요소이다.

06 전자는 ________때문에 회로 내에서 움직인다.

① 다른 전자들과의 충돌
② 분자들과 충돌
③ 형성된 전기장과의 상호작용
④ 도선은 매우 얇기

전자가 도선 내부에서 이동할 수 있는 것은 전압에 의해 형성된 전기력(전기장) 때문이다.

07 구리 도선에 열을 가하면 도선의 저항의 변화는?

① 감소한다.
② 변함이 없다.
③ 증가한다.

도선에 열을 가하면 도선 내부의 원자들의 진동이 증가하여 저항이 커지게 된다. 반도체의 경우 열을 가하면 오히려 자유전자가 증가하게 되므로 저항은 작아지게 된다. 일반적으로 도체는 자유전자가 많고 부도체는 거의 없다.

08 도선을 잡아당겨 길이를 늘리면 도선의 양끝의 저항의 변화는?

① 감소한다.
② 변함이 없다.
③ 증가한다.

도선을 잡아당겨 2배 늘이면 길이는 2배, 단면적은 $\frac{1}{2}$배가 되므로 저항은 4배가 된다.

09 교류에서는 전기장이 ____________

① 역제곱에 법칙에 따라 증가한다.
② 시간에 따라 크기와 방향이 변한다.
③ 항상 같다.
④ 존재하지 않는다.

Answers 04. ① 05. ① 06. ③ 07. ③ 08. ③ 09. ②

교류는 시간에 따라 크기와 방향이 변하므로 전기력(전기장)도 시간에 따라 크기와 방향이 변해야만 한다.

10 저항이 10Ω인 도선에 120V를 걸어줄 때 도선에 흐르는 전류의 세기는?

① 1A ② 10A
③ 12A ④ 120A

옴의 법칙에 따라 $I = \frac{V}{R} = \frac{120}{10}$ = 12(A)

11 한 여성이 전기적 충격을 받고 있다. 전기적 충격을 주는 전자의 근원은?

① 여성의 몸
② 지면
③ 발전소
④ 헤어드라이어
⑤ 공기 중의 전기장

전기적인 에너지는 전자가 직접 이동하여 에너지를 전달하는 것이 아니라 전자들의 충돌에 의해 에너지가 전달되므로 사람이 전기적 충격을 받는 것은 자신의 몸속에 있는 전자들이 에너지를 받아 자신의 몸의 신경계에 전달하는 것이다.

12 두 전구가 전지에 직렬로 연결되어 있을 때 전지가 느끼는 저항은?

① 한 전구의 저항보다 크다.
② 한 전구의 저항보다 작다.
③ 둘다 틀리다.

전구를 직렬로 연결하는 것은 두 저항을 직렬로 연결하는 것과 같다. 저항을 직렬로 연결하는 저항의 길이가 길어진 효과를 가져오므로 저항은 커진다.

13 일반적으로 교류의 근원은?

① 전지
② 발전기
③ 둘다 맞다.
④ 둘다 틀리다.

일반적으로 전지는 직류를, 발전기는 교류를 만든다.

14 직류 회로에서 전원 스위치를 닫았을 때 전구에서 전자들의 평균 속력은?

① 금속 내의 음파 속력
② 빛의 속력
③ 1000cm/s
④ 1cm/s보다 작다.
⑤ 전자들이 다음 전자들과의 충돌시간에 의해 결정된다.

도선 내부에서 전자들의 실제 이동속력(유동속력)은 약 1mm/s 정도로 매우 느리지만 스위치를 켜면 도선 양단에 전압 즉 전기적인 위치에너지의 높낮이가 형성되어 전자들이 동시에 움직이기 때문에 불이 즉시 켜지는 것이다. 이는 사각형의 물통에 물이 수평상태로 고여 있을 때 물통의 한 끝을 약간만 기울여도 물은 즉시 흐르게 되지만 실제로 물의 이동속도는 매우 느린 것과 비교하여 생각하면 쉽게 이해되리라 생각한다.

Answers 10. ③ 11. ① 12. ① 13. ② 14. ④

15 120V의 전압에서 2A의 전류가 흐르는 전구의 전력은?

① $\frac{1}{6}$W ② 2W
③ 60W ④ 120W
⑤ 240W

$P = VI =$ 120V×2A = 240W

16 교류 전원을 사용하는 전구를 밝히는 전자의 근원은?

① 회로에서 전구로 이동한 전자
② 전구 내의 필라멘트에 있는 전자
③ 전구 내의 필라멘트로 이동하는 양전하

교류 전원은 전구를 통해 에너지를 전달하고 이 에너지가 전구의 필라멘트에 있는 전자들을 진동시켜 전구에 불이 들어오게 하는 것이다.

17 100W 전구가 25W 전구보다 더 밝다. 100W 전구의 저항을 25W 전구의 저항과 비교하면?

① 작다. ② 크다.
③ 같다.

실험실이나 연구실과 같은 아주 특별한 경우를 제외하고는 일반 가정이나 공장 모두 전원 구성이 병렬로 연결되어 있으므로 전구에 걸린 전압은 같다고 보면 된다.

$P = VI = \frac{V^2}{R}$에서 V가 일정할 때 소비전력은 저항과 반비례하므로 소비전력이 큰 100W 전구의 저항이 25W 전구의 저항보다 작다.

18 다이오드가 유용하게 쓰이는 경우는?

① 전기 에너지를 저장할 때
② 승압시킬 때
③ 전류를 제한할 때
④ 전압을 변화시킬 때
⑤ 교류를 직류로 변환시킬 때

다이오드는 한쪽 방향으로만 전류를 흐르게 하므로 교류를 직류로 변환시킬 때 유용하게 쓰인다.

19 전구가 연결되어 있는 전기 회로에 110V를 걸어주었을 때 ________

① 매초 110C의 전하가 전구를 통해 흐른다.
② 매초 110J의 전기 에너지가 열과 빛 에너지로 전환된다.
③ 전류를 구성하는 전하의 1C당 110J의 에너지를 공급한다.
④ 회로내의 모든 전하들은 110J의 에너지를 공유한다.

기중기가 물체를 들어 올려 물체의 위치에너지를 갖게 하듯이 전압(전위차)은 전기적인 위치에너지의 높낮이를 만들어주는 역할을 하는데 110V는 전류를 구성하는 전하의 1C당 110J의 에너지를 공급한다.

20 1980년대 중반에 한국전력이 각 가정에 매일 공급한 전자들의 대략적인 수는?

① 0 ② 110개
③ 220개 ④ 10^{16} 개
⑤ 알 수 없다.

Answers 15. ⑤ 16. ② 17. ① 18. ⑤ 19. ③ 20. ①

전기를 공급해주는 한국전력은 전자를 공급하는 것이 아니라 에너지를 공급하는 것이다.

21 전지와 연결된 회로에서 전류는 _______

① 전지로부터 회로를 향해 흐른다.
② 전지의 음극 단자에서 양극 단자로 흐른다.
③ 2초가 지난 뒤 흐른다.
④ 전지와 회로를 통해 흐른다.

전자가 이동할 수 있는 즉 전류가 흐를 수 있는 통로를 (전기)회로라고 하는데 전자가 연속적으로 흐르기 위해서는 틈이 없는 완전한 회로가 있어야 하므로 전류는 전지와 회로를 통해 흐른다고 할 수 있다.

22 전기 기구가 '전기를 쓴다'라고 말할 때 실제로 무엇을 의미하는 것인가?

① 전류가 사라진다.
② 전하가 분산된다.
③ 전압이 낮아진다.
④ 전자들이 회로로부터 어느 곳으로 빠져나간다.
⑤ 전자의 운동에너지가 열에너지로 전환된다.

전기기구가 '전기를 쓴다.' 또는 '전기를 사용한다.' 라고 말할 때 전기기구는 전자의 운동에너지(보통 전기에너지라 말한다)를 소모하는 것이며 이것이 대부분 열에너지(일부는 빛에너지)로 전환된다.

23 전기토스터기를 110V에서 220V로 바꿔 사용한다면 토스터기에 흐르는 전류의 세기의 변화는?

① 반으로 줄어든다.
② 같다.
③ 2배로 증가한다.
④ 4배로 증가한다.

옴의 법칙 $I=\dfrac{V}{R}$에서 전압이 2배로 되면 전류도 2배가 된다.

24 60W 전구를 120V 전원에 연결했을 때 전구에 흐르는 전류의 세기는?

① 0.25A
② 0.5A
③ 2A
④ 4A
⑤ 4A보다 크다.

$P=VI$에서 $I=\dfrac{P}{V}$ = 0.5A이다.

25 어떤 전구를 120V 전원에 연결하였더니 0.8A의 전류가 흘렀다. 이 전구의 전력은?

① 12W
② 15W
③ 60W
④ 96W
⑤ 120W

$P=VI=$ 120V×0.8A = 96W

Answers 21. ④ 22. ⑤ 23. ③ 24. ② 25. ④

26 저항이 4Ω인 도선에 3A의 전류가 흐를 때 저항에서 소비되는 전력은?

① 7W ② 18W

③ 36W ④ 48W

$P = I^2R$ = 36W

27 절연이 불량한 110V 전기기구를 만졌을 때와 100,000V의 반데 그라프 발전기를 만졌을 때 어느 것이 더 위험한가?

① 전기기구

② 발전기

③ 둘다 위험하다.

반데그라프 발전기는 보통 실험실에서 마찰전기를 이용하여 고전압을 만드는 장치이다. 전압은 매우 높지만 마찰전기를 모은 것이므로 전체에너지는 그리 크지 않아 피해를 입지 않는다. 그러나 110V 전원은 공급되는 전기에너지가 매우 크기 때문에 위험하다. 예를 들어 110℃의 사우나실이 60℃의 물이 들어있는 욕조보다 덜 위험한 것도 같은 이유 때문이다.

28 정격전압이 같은 60W 전구와 100W 전구 중 어느 전구의 저항이 더 큰가?

① 60W 전구

② 100W 전구

③ 둘다 같다.

$P = VI = \frac{V^2}{R}$ 에서 V가 일정할 때 소비전력은 저항과 반비례하므로 소비전력이 큰 100W 전구의 저항보다 60W 전구의 저항이 더 크다.

29 정격 전압이 같은60W 전구와 100W 전구가 각각 120V 전원에 연결되어 있다. 어느 전구에 전류가 더 많이 흐르는가?

① 60W 전구

② 100W 전구

③ 둘다 같다.

$P = VI = \frac{V^2}{R}$ 에서 전압은 같고 저항이 더 작은 100W 전구에 더 많은 전류가 흐른다.

30 정격 전압이 같은 60W 전구가 100W 전구에 길이가 같은 필라멘트로 만들어져 있다. 어느 전구의 필라멘트가 더 굵은가?

① 60W ② 100W

③ 같다.

저항은 같은 종류의 도선이라도 길이에 비례하고 단면적에 반비례한다. 저항이 작은 100W 전구가 60W 전구보다 더 굵은 필라멘트로 만들어져 있다.

31 어느 전기 히터를 110V 전원에 연결하면 20A의 전류가 흐른다. 전기요금이 1kWh에 10원이라면 전기 히터를 10시간 동안 사용했을 때 전기 요금은?

① 22원 ② 55원

③ 220원 ④ 550원

$P = VI$ = 110V×20A = 2200W = 2.2kW, 10시간 사용했다면 전력량은 22kWh이다. 1kWh에 10원이므로 전기요금은 220원이다.

Answers 26. ③ 27. ① 28. ① 29. ② 30. ② 31. ③

32 송전선에 흐르는 전류의 세기는 80A이고 송전선의 저항은 2Ω일 때 손실 전력은?

① 40W ② 160W
③ 320W ④ 12800W

손실전력은 송전선의 저항에서 소비(손실)되는 전력이다. $P = I^2R$ = 12800W

33 120V용 120W 전구의 저항은?

① 1Ω ② 60Ω
③ 100Ω ④ 120Ω

$P = VI$에서 $I = \frac{P}{V}$ = 1A이므로 옴의 법칙을 이용하면 $R = \frac{V}{I}$ = 120Ω이다.

34 필라멘트에 흐르는 전류를 도선에 흐르는 전류와 비교하면?

① 더 작다. ② 가끔 작다.
③ 더 크다. ④ 같다.

전구의 필라멘트와 도선은 전류가 흐르는 하나의 통로이므로 전류의 세기는 같다.

35 4Ω과 6Ω의 저항을 병렬로 연결했을 때 합성 저항은?

① 2.4Ω ② 4Ω
③ 5Ω ④ 5.5Ω
⑤ 0Ω

$\frac{1}{R} = \frac{1}{4} + \frac{1}{6}$에서 R = 2.4Ω

36 1Ω의 저항 2개를 직렬로 연결할 때와 병렬로 연결할 때 합성 저항은 각각 얼마인가?

① 1Ω, 2Ω ② 2Ω, 1Ω
③ $\frac{1}{2}$Ω, 2Ω ④ 2Ω, $\frac{1}{2}$Ω

직렬 : 1 + 1 = 2(Ω),
병렬 : $\frac{1}{R} = \frac{1}{1} + \frac{1}{1}$에서 R = 0.5Ω

37 필라멘트의 굵기만 다른 두 전구가 직렬로 연결되어 있을 때, 더 큰 전류가 흐르는 전구는?

① 굵은 필라멘트의 전구
② 가는 필라멘트의 전구
③ 같다.

저항이 직렬로 연결되어 있을 때 전류가 흐르는 통로가 하나이므로 전류의 세기는 같다.

38 필라멘트의 굵기만 다른 두 전구가 병렬로 연결되어 있을 때, 더 큰 전압이 걸린 전구는?

① 굵은 필라멘트의 전구
② 가는 필라멘트의 전구
③ 같다.

Answers 32. ④ 33. ④ 34. ④ 35. ① 36. ④ 37. ③ 38. ③

저항이 병렬로 연결되어 있을 때 각 저항에 걸린 전압은 같다.

39 필라멘트의 굵기만 다른 두 전구가 병렬로 연결되어 있을 때 더 큰 전류가 흐르는 전구는?

① 굵은 필라멘트의 전구
② 가는 필라멘트의 전구
③ 같다.

저항이 병렬로 연결되어 있을 때 저항이 작은 쪽으로 더 큰 전류가 흐른다. 옴의 법칙을 이용하면 전압이 일정하므로 저항이 작은 쪽이 더 큰 전류가 흐른다.

40 필라멘트의 굵기만 다른 두 전구가 직렬로 연결되어 있을 때 더 큰 전압이 걸린 전구는?

① 굵은 필라멘트의 전구
② 가는 필라멘트의 전구
③ 같다.

저항이 직렬로 연결되어 있을 때 전류의 세기가 같으므로 저항이 큰 가는 필라멘트에 걸린 전압이 더 크다.

41 전구를 직렬로 계속 연결하면 전지에 흐르는 전류의 변화는?

① 증가한다.
② 감소한다.
③ 변함없다.

전구(저항)를 직렬로 계속 연결하면 저항이 증가하므로(저항의 길이가 길어진 효과 : 저항이 증가한다) 전지에 흐르는 전류의 세기는 감소한다.

42 전구를 병렬로 계속 연결하면 전지에 흐르는 전류의 변화는?

① 증가한다.
② 감소한다.
③ 변함없다.

전구(저항)를 병렬로 계속 연결하면 저항이 감소하므로(저항의 단면적이 증가한 효과 : 저항이 감소한다) 전지에 흐르는 전류의 세기는 증가한다.

43 동일한 두 전구를 직렬로 연결하였더니 전구에 흐르는 전류의 세기가 0.25A였다. 두 전구에 걸린 전압이 110V라면 전구 한 개의 저항은?

① 22Ω ② 44Ω
③ 220Ω ④ 440

옴의 법칙을 이용하면 전체 저항은 $R=\frac{V}{I}$ =440Ω이므로 전구 한 개의 저항은 220Ω이다.

44 자동차의 헤드라이트, 라디오, 성에 제거장치 등의 연결 상태는?

① 직렬 연결
② 병렬 연결

Answers 39. ① 40. ② 41. ② 42. ① 43. ③ 44. ②

자동차의 여러 전기기구도 일반 가정과 같이 병렬로 연결되어 있다.

45 전기 회로에서 안전 퓨즈와 회로의 연결 상태는?

① 직렬 연결
② 병렬 연결

회로에 과부하가 걸리는 것을 막으려면 전체 회로 전류가 반드시 퓨즈를 통과하도록 직렬로 연결해야 한다.

46 전구 1개가 전지에 직렬로 연결되어 있을 때와 똑같은 전구 2개가 같은 전지에 직렬로 연결되었을 때, 어느 경우에 전지에 더 많은 전류가 흐르는가?

① 전구 2개가 직렬로 연결된 경우
② 전구 1개가 연결된 경우
③ 같다.

전구가 직렬로 연결되면 저항이 증가하므로 전지에 흐르는 전류의 세기는 감소한다. 전구가 1개일 때 전지에 더 많은 전류가 흐른다.

47 전구 1개가 전지에 직렬로 연결되어 있을 때와 똑같은 전구 2개가 같은 전지에 병렬로 연결되었을 때, 어느 경우에 전지에 더 많은 전류가 흐르는가?

① 전구 2개가 병렬로 연결된 경우
② 전구 1개가 연결된 경우
③ 같다.

전구가 병렬로 연결되면 저항이 감소하므로 전지에 흐르는 전류의 세기는 증가한다. 전구 2개가 병렬로 연결된 경우 전지에 더 많은 전류가 흐른다.

48 두 전구가 전지에 병렬로 연결되어 있을 때 합성 저항은?

① 한 전구의 저항보다 크다.
② 한 전구의 저항보다 작다.
③ 둘다 틀리다.

두 전구를 병렬로 연결하면 합성저항은 저항이 작은 전구의 저항보다 더 작아진다. 두 전구를 직렬로 연결하면 합성저항은 저항이 큰 전구의 저항보다 더 커진다.

49 110V에 연결된 전기 히터는 300W의 전력을 소비한다. 안전 휴즈의 최대 허용전류가 15A일 때 전기 히터 몇 개를 연결할 때까지 안전하게 사용할 수 있는가?

① 2개
② 3개
③ 4개
④ 5개
⑤ 6개 이상

전기히터에 흐르는 전류의 세기는 $P = VI$에서 $I = \frac{P}{V} = \frac{30}{11}$A = 약 2.7A이다. 최대 허용전류가 15A이므로 전기히터 5개까지만 가능하다.

Answers 45. ① 46. ② 47. ① 48. ② 49. ④

14.2 개념 응용하기

01 전하량 e인 전자가 반지름 R인 원궤도로 된 도선을 따라 선속력 v로 돌고 있다면 도선에 흐르는 전류의 세기는 얼마인가?

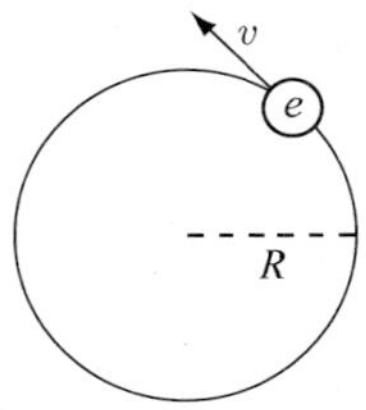

① $\frac{ev}{R}$ ② $\frac{ev\pi}{R}$

③ $\frac{R}{ev\pi}$ ④ $\frac{ev}{2\pi R}$

⑤ $2evR$

→ • 전류의 세기는 도선의 한 단면을 1초동안 통과하는 전하량이다.

$$I=\frac{Q}{t}=\frac{e}{\frac{2\pi R}{v}}=\frac{ev}{2\pi R}$$

02 다음은 세 물질의 비저항(ρ)의 크기를 온도(T)에 따라 측정하였더니 그 결과가 그래프 (가), (나), (다)과 같았다.

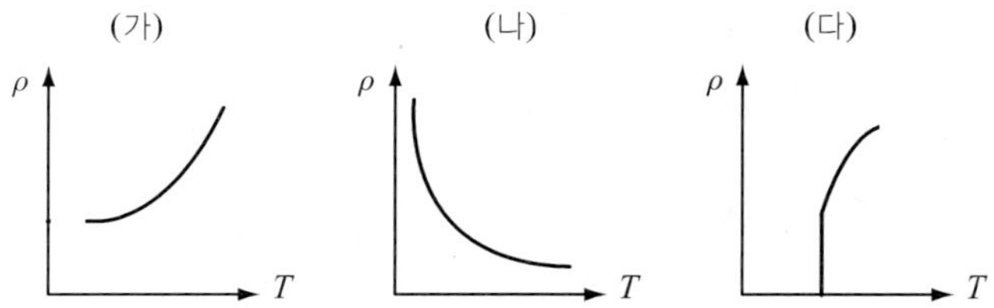

위 그래프를 분석한 결과 각 물질의 종류를 바르게 나열한 것은?

	(가)	(나)	(다)
①	일반 금속	반도체	초전도체
②	반도체	일반 금속	초전도체
③	초전도체	반도체	일반 금속
④	반도체	초전도체	일반 금속
⑤	일반 금속	초전도체	반도체

Answers 01. ④ 02. ①

- 도체는 온도가 높아지면 분자들의 운동이 활발해져 자유전자의 이동이 방해를 받는다. 반도체는 온도가 높아지면 원자에 묶여있던 전자가 에너지를 얻어 이동할 수 있다.
  $\rho = \rho_0(1+\alpha t)$ (α :저항의 온도계수), 도체 : $\alpha > 0$, 반도체 : $\alpha < 0$

03 그림과 같은 회로에서 A, B점의 전위를 비교하면 어느 것이 옳은가? 단, 전지의 내부저항은 무시한다.

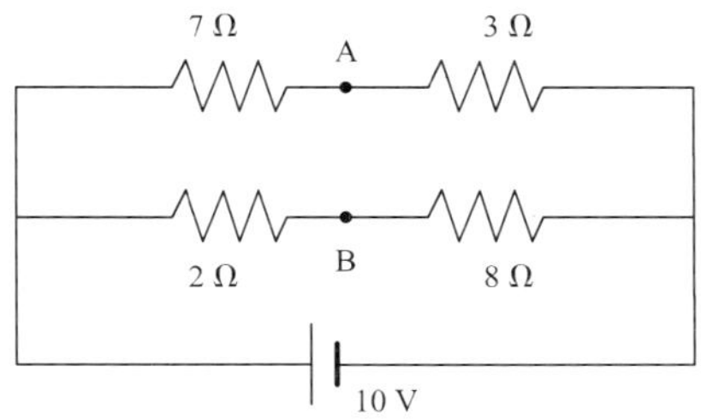

① A점이 5V 높다.
② B점이 5V 높다.
③ A점이 3V 높다.
④ B점이 3V 높다.
⑤ 두 점의 전위는 항상 같게 유지된다.

- 저항 R에서 전류 I가 흐를 때 저항 R의 양끝의 전위차는 IR이다. A점의 전위는 전지의 양극보다 7V만큼 낮고 B점의 전위는 2V만큼 낮다.

04 그림과 같이 양(+)으로 대전된 금속구 A와 음(−)으로 대전된 금속구 B를 도선으로 연결할 때 다음 설명 중 옳은 것은? 단, 양전하의 크기가 음전하의 크기보다 크다.

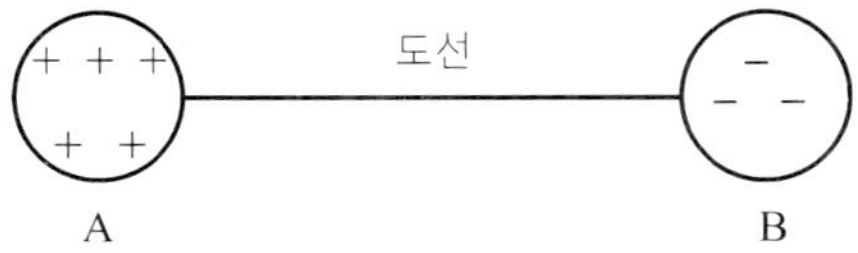

① 두 금속구의 전위가 같아질 때까지 전류가 흐른다.
② 두 금속구에 의한 전기장이 사라질 때까지 전류가 흐른다.
③ 금속구 A는 양(+)전기를, 금속구 B는 음(−)전기를 띠게 된다.
④ 금속구 A는 음(−)전기를, 금속구 B는 양(+)전기를 띠게 된다.
⑤ 금속구 A에서 양(+)전기가 이동하고, 금속구 B에서 음(−)전기가 이동한다.

- 대전된 두 금속구의 전위가 다르므로 두 금속구를 도선으로 연결하면 전위차가 형성되어 두 금속구의 전위가 같아질 때까지 전하가 이동한다.

Answers 03. ② 04. ①

05 그림과 같이 기전력 E, 내부 저항 r인 전지를 가변 저항 R에 연결시킨 상태에서 가변 저항을 감소시키면 전지의 단자 전압은 어떻게 될까?

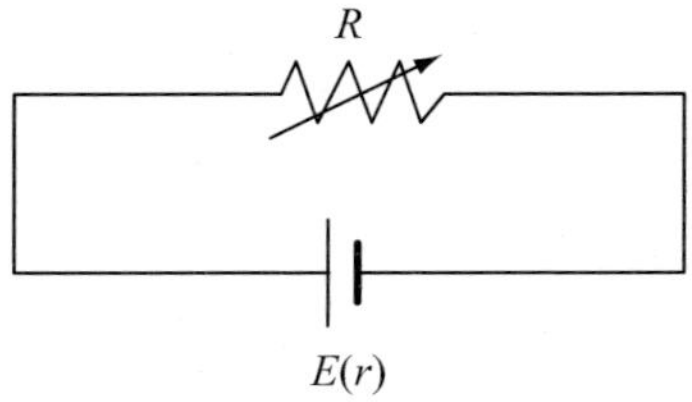

① 증가한다.
② 감소한다.
③ 변함이 없다.
④ 증가하다가 감소한다.
⑤ 감소하다가 증가한다.

⋯ • 기전력은 회로내의 모든 저항에서 일어나는 전압 강하의 합과 같으므로, 단자전압 V는 기전력(E)에서 전자의 내부저항 r에 의한 전압강하를 뺀 값이다.

$$V = E - Ir = E - \left(\frac{E}{R+r}\right) \cdot r$$

06 키르히호프의 제 2법칙 '임의의 폐회로에서 기전력의 합은 저항에 의한 전압강하의 합과 같다'는 어떤 법칙과 연관이 있는가?

① 뉴턴의 제 3법칙
② 옴의 법칙
③ 에너지 보존 법칙
④ 전하량 보존의 법칙
⑤ 운동량 보존의 법칙

⋯ • 전압($V = \frac{W}{q}$)은 두 지점 사이에서 단위전하를 옮기는데 필요한 일(에너지)이다. 따라서 키르히호프 제2법칙은 에너지 보존법칙과 관련이 있다.

07 번개는 전위차가 10^9V인 구름과 지면 사이에 10^{-2}초 사이에 40C의 전기가 방전된다고 한다. 구름과 지면 사이에서 평균적으로 흐르는 전류의 세기와 지면에 전달된 에너지의 양은?

① 400A, 4×10^{12}J
② 4000A, 4×10^{12}J
③ 400A, 4×10^{10}J
④ 4000A, 4×10^{10}J
⑤ 40A, 4×10^{18}J

⋯ • $I = \frac{Q}{t}$, $W = qV$를 이용하여 계산하면 된다.

Answers 05. ② 06. ③ 07. ④

08 그림과 같은 회로에서 X와 Y의 저항이 각각 4Ω이고 E의 기전력이 12V, 내부 저항이 2Ω일 때 스위치 S를 닫는 순간 전류계에 흐르는 전류의 세기는 스위치를 닫기 전보다 얼마나 증가 또는 감소하는가?

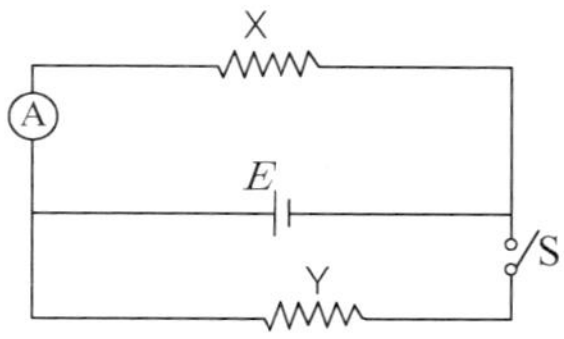

① $\frac{1}{2}$A 감소
② $\frac{1}{2}$A 증가
③ 1A 감소
④ 1A 증가
⑤ 3A 증가

• 스위치를 닫기 전 합성저항은 $r+R_x=6\Omega$이므로 전지에는 2A의 전류가 흐르며, 스위치를 닫은 후 X와 Y의 저항이 병렬 연결되므로 합성저항은 $r+\dfrac{R_xR_y}{R_x+R_y}=4\Omega$이고 전지에 흐르는 전류의 세기는 3A이다. 스위치를 닫은 후 3A의 전류가 병렬로 연결된 두 저항에 1.5A씩 전류가 나뉘어 흐르게 되므로 전류계의 눈금은 $\frac{1}{2}$A 감소하게 된다.

09 똑같은 전구들과 기전력이 같은 전지들을 그림과 같이 연결했을 때 [보기]의 전구와 같은 밝기로 빛나는 전구들은 어느 것인가?(단, 전지의 내부저항의 무시한다.)

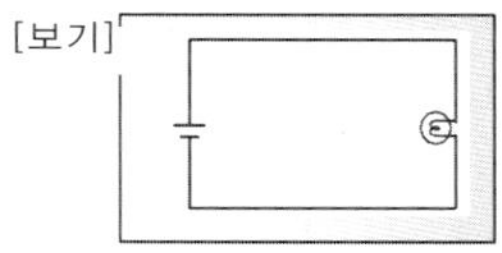

①

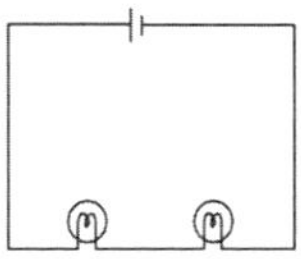

②

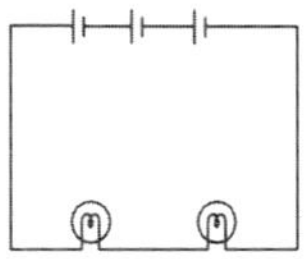

③

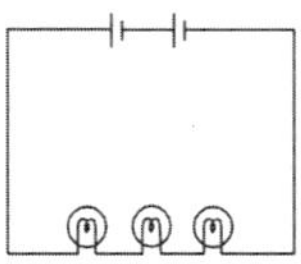

④

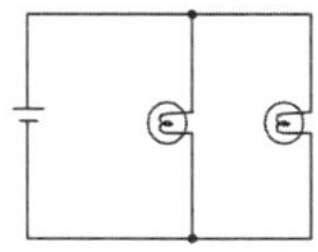

⑤

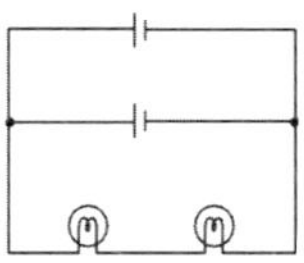

• 전구의 밝기는 소비전력에 비례하며, 저항 R인 전구에 V의 전압이 걸릴 때 소비전력은 $\dfrac{V^2}{R}$이다. 전구의 저항이 같으므로 전압이 동일하게 걸리는 전구를 찾으면 된다.

Answers 08. ① 09. ④

10 똑같은 2개의 전구 P, Q와 가변 저항이 그림과 같이 전지에 연결되어 있다. 가변 저항의 크기를 증가시켰을 때 두 전구의 밝기는 어떻게 되겠는가?

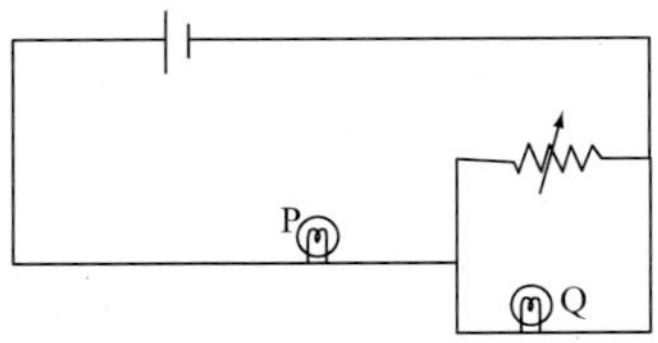

	전구 P	전구 Q
①	조금 어두워진다.	더욱 밝아진다.
②	조금 어두워진다.	조금 어두워진다.
③	더욱 밝아진다.	조금 어두워진다.
④	더욱 밝아진다.	더욱 밝아진다.
⑤	아무런 변화가 없다.	더욱 밝아진다.

⋯› • 전류가 같을 때 전압은 저항에 비례하므로, 가변저항을 증가시키면 가변저항과 전구 Q에 걸리는 전압이 증가한다.

11 그림은 저항과 전류계, 평행판 축전기, 스위치를 기전력이 8V인 전지와 직렬로 연결한 회로를 나타낸 것이다. 전지의 내부 저항은 무시한다.

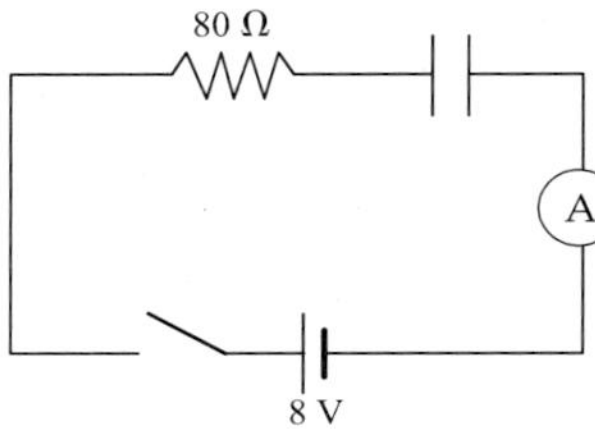

[보기]에 대한 설명 중 옳은 내용을 모두 고른 것은?

보기

ㄱ. 스위치를 닫는 순간 회로에 흐르는 전류의 세기는 0.1A이다.
ㄴ. 저항이 클수록 축전기에 걸린 전압이 8V가 되는데 더 많은 시간이 걸린다.
ㄷ. 스위치를 닫은 후 충분한 시간이 지났을 때 저항 양단에 걸린 전압은 8V이다.

① ㄱ ② ㄱ, ㄴ
③ ㄱ, ㄷ ④ ㄴ, ㄷ
⑤ ㄱ, ㄴ, ㄷ

⋯› • 스위치를 닫는 순간에 회로에 $\frac{E}{R}$의 최대전류가 흐른다. 충분한 시간이 지나 축전기의 충전이 완료되면 회로에 전류가 흐르지 않으며 이때 축전기의 전압은 전지의 기전력과 같고 저항에 걸린 전압은 0이 된다.

Answers 10. ① 11. ②

12 다음 그림은 도선의 한 단면을 흐르는 전류와 시간의 관계를 나타낸 그래프이다.

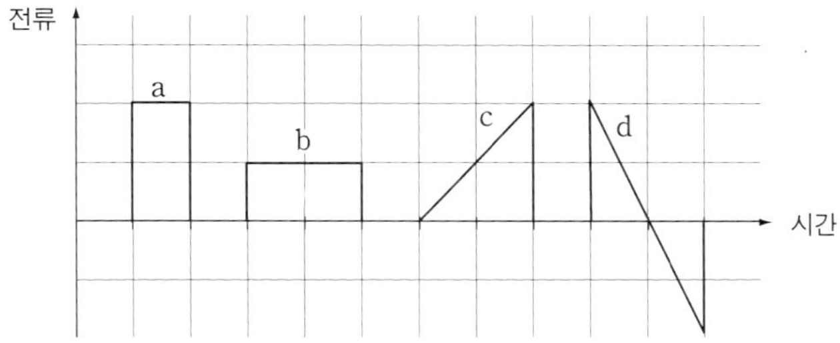

다음 중 각 구간에서 도선의 단면을 통과한 알짜 전하량의 크기를 바르게 비교한 것은?

① a>b>c>d ② a<b<c<d
③ a=b=c=d ④ a=b=c>d
⑤ a=b<c=d

⋯ • $I=\frac{Q}{t}$이므로, 전류-시간의 그래프에서 그래프 아래의 면적은 도선의 단면을 통과한 전하량을 나타낸다.

13 다음 표는 길이와 직경이 다른 세 구리 도선의 양단에 각각 전압을 V, $2V$, $2V$로 걸어준 것을 나타낸 것이다.

도선의 종류	길이	직경	전압
a	L	$3d$	V
b	$2L$	d	$2V$
c	$3L$	$2d$	$2V$

보기
ㄱ. 도선 내부의 전기장의 세기가 가장 큰 도선은 c이다.
ㄴ. 저항이 가장 작은 도선은 a이다.
ㄷ. 유동 속력이 가장 작은 도선은 b이다.

위 도선에 대한 [보기]의 설명 중 옳은 내용을 모두 고른 것은?

① ㄱ ② ㄴ
③ ㄷ ④ ㄱ, ㄴ
⑤ ㄴ, ㄷ

Answers 12. ④ 13. ②

⋯ • 전기장 $E=\frac{V}{L}$, 저항 $R=\rho\frac{L}{S}=\rho\frac{L}{\pi r^2}$,

속력 $v=\frac{I}{neS}=\frac{V}{neSR}=\frac{V}{ne\pi r^2\cdot\rho\frac{L}{\pi r^2}}=\frac{V}{ne\rho L}$

14 다음 그림은 음전하와 양전하가 단위 시간 동안 전해질 용액을 통과한 전하량을 나타내고 있다.

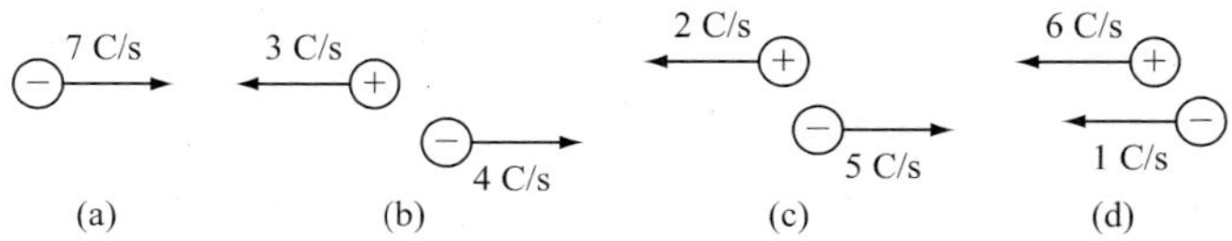

전해질 용액에 흐르는 전류의 세기를 바르게 비교한 것은?

① (a)>(b)>(c)>(d)
② (a)<(b)<(c)<(d)
③ (a)=(b)=(c)=(d)
④ (a)=(b)=(c)>(d)
⑤ (a)=(b)<(c)=(d)

⋯ • 전류의 세기는 단위시간 동안 회로의 한 단면을 통과하는 알짜 전하량이다. 음전하의 이동방향과 반대방향이 전류의 방향이다.

15 다음은 내부 저항을 무시할 수 있는 1.5V의 전지에 전류계(A)와 1Ω의 저항 3개를 여러 형태로 연결한 것이다. 전류계의 바늘이 가리키는 값이 가장 큰 경우는?(단, 전지의 전압은 일정하게 유지되고 전류계의 내부 저항은 무시한다.)

①
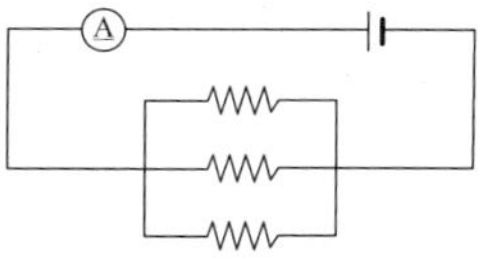

②
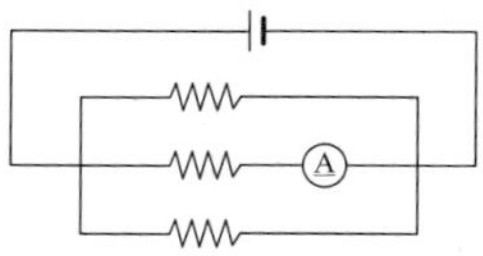

③
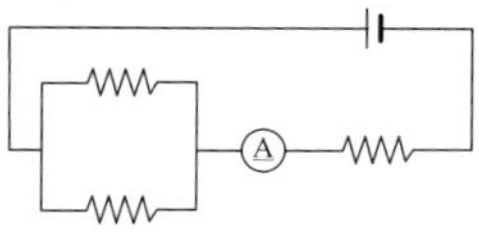

④
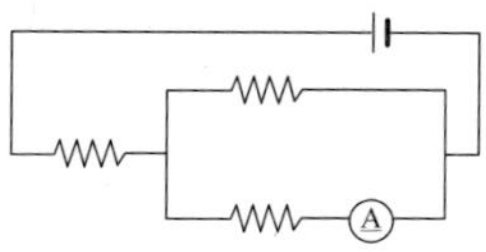

⑤
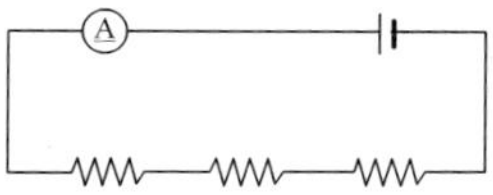

Answers 14. ④ 15. ①

⋯ • 전압이 일정하므로 저항이 가장 작은 회로 중 전지를 통해 흐르는 전류의 세기가 가장 크다.

16 오른쪽의 그림과 같이 저항 R의 꼬마전구 2개와 저항 $2R$의 꼬마전구 2개를 연결한 전기 회로를 만들고 이 회로에 V의 전압을 걸어주었다.

전류계와 전압계를 사용하여 각 도선에 흐르는 전류와 A, B, C, D 점 사이의 전압을 측정하였다. 다음 [보기]에서 이 실험의 결과와 일치하는 것을 모두 고르면?

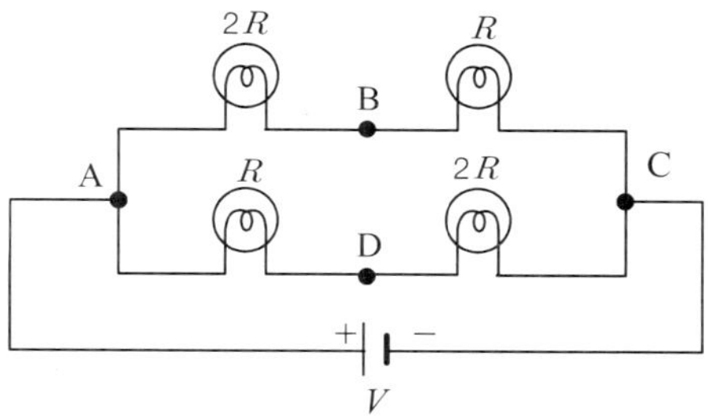

보기

ㄱ. B 점에 흐르는 전류는 D점에 흐르는 전류와 같다.
ㄴ. A점과 B점 사이의 전위차는 B점과 C점 사이의 전위차와 같다.
ㄷ. B점의 전위는 D점의 전위보다 낮다.

① ㄱ ② ㄴ
③ ㄷ ④ ㄱ, ㄷ
⑤ ㄴ, ㄷ

⋯ • B와 D에 흐르는 전류는 같으며, B의 전위는 A보다 $I \cdot 2R$ 만큼 낮고 C의 전위는 B보다 IR 만큼 낮다. 또 D의 전위는 A보다 IR 만큼 낮다.

17 다음 그림은 똑같은 세 개의 전구 A, B, C와 기전력 V인 전지로 구성된 전기 회로를 나타낸 것이다. [보기]의 설명 중 옳은 내용을 모두 고른 것은?(단, 전지의 내부 저항은 무시한다.)

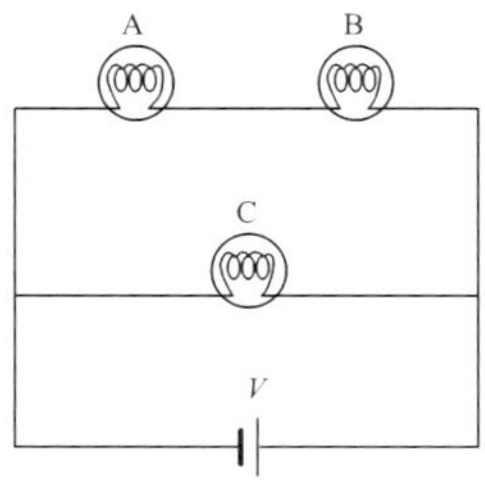

보기

ㄱ. 소비 전력이 가장 큰 전구는 C이다.
ㄴ. 전구 C를 떼어내면 전구 A의 밝기는 감소한다.
ㄷ. 전구 A를 통해 흐르는 전류의 세기는 C의 2배이다.

① ㄱ
② ㄱ, ㄴ
③ ㄱ, ㄷ
④ ㄴ, ㄷ
⑤ ㄱ, ㄴ, ㄷ

⋯› • 전구 A와 B에는 전원의 전압이 $\frac{1}{2}$씩 나뉘어 걸리므로 소비전력이 $\frac{(\frac{V}{2})^2}{R}$이며, 전구에는 C에는 전원의 전압이 그대로 걸리므로 소비전력이 $\frac{V^2}{R}$이다.

18 동일한 10개의 전구를 그림 (가)와 같이 직렬로 연결하여 크리스마스 장식등을 만들었다. 그런데 10개의 전구 중 어느 하나라도 필라멘트가 끊어지면 나머지 전구도 모두 꺼지는 문제가 있었다. 그래서 (가)와 동일한 전구 10개를 그림 (나)와 같이 병렬로 연결했더니 이 문제는 해결되었으나 밝기가 달라졌다.

(가)

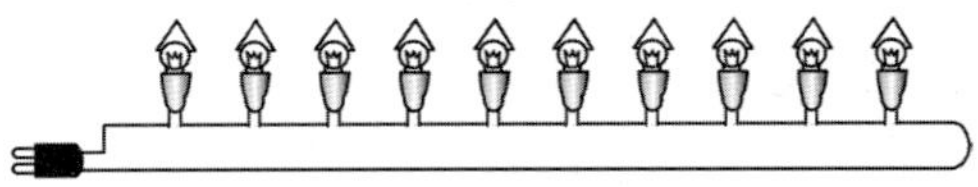

(나)

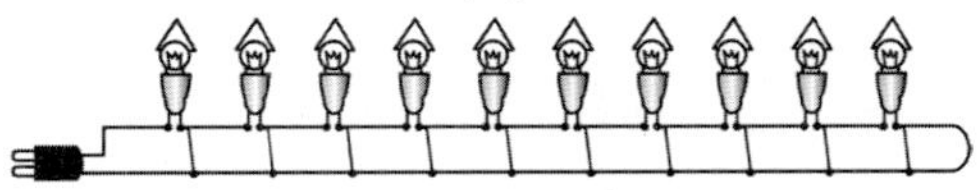

필라멘트가 끊어진 전구가 하나도 없다고 가정하고, 전압이 동일한 전원에 연결했을 때 (나)가 소비하는 전력은 (가)가 소비하는 전력의 몇 배인가?(단, 도선의 저항은 무시한다.)

① 0.01배
② 0.1배
③ 10배
④ 100배
⑤ 1000배

⋯› • 전구 한 개의 저항이 R일 때 (가)의 합성저항은 $10R$, (나)의 합성저항은 $\frac{1}{10}R$이므로 (가)의 소비전력은 $\frac{V^2}{(10R)}$, (나)의 소비전력은 $\frac{V^2}{(\frac{1}{10})R}$이다.

Answers 18. ④

19 100V – 60W전구 2개와 100V – 100W전구 2개를 그림과 같이 연결할 때 이들의 밝기를 비교하여 밝은 것부터 차례로 나열한 것으로 옳은 것은?

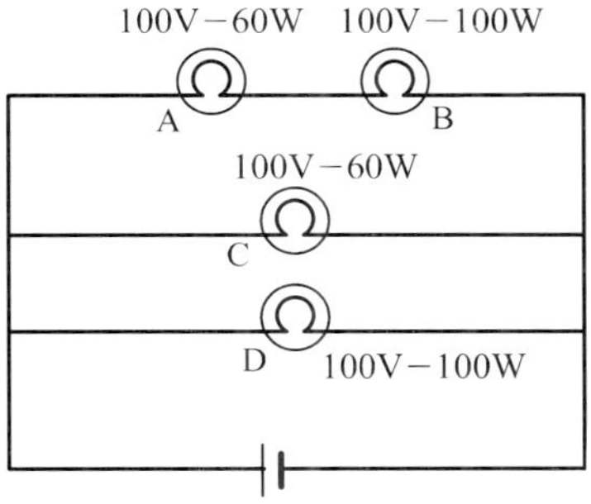

① A– B– C– D
② B– A– D– C
③ C– A– D– B
④ D– B– C– A
⑤ D– C– A– B

• 전구 A와 B는 정격전압보다 작은 전압이 걸리므로 정격전력보다 작은 전력을 소비하되, 두 전구에서 소비하는 전력은 $P = I^2R$에서 전류가 일정하므로 저항에 비례해서 소비한다. 전구 C와 D는 정격전압과 같은 전압에 걸리므로 정격전력만큼의 전력을 소비한다.

20 다음 그림은 건전지에 저항 R을 연결한 회로이다. 건전지는 내부 저항r을 가지므로 전류가 흐르면 열을 발생한다. 이 회로에서 저항 R을 떼어 내고 다른 저항으로 다시 연결하였더니 건전지에서 단위 시간당 발생하는 열량은 처음보다 약 4배가 되었다. 새로 연결한 저항값으로 가장 적합한 것은? (단, 이 회로에서 건전지 내부 저항 r의 크기는 저항 R에 비해 매우 작다.)

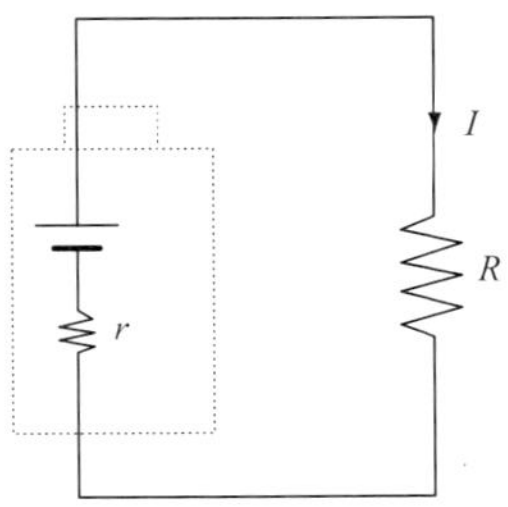

① $\frac{R}{4}$
② $\frac{R}{2}$
③ $2R$
④ $4R$
⑤ $16R$

• 건전지에서 발생하는 열량은 I^2r 에 비례하므로, 열량이 4배가 되려면 회로의 합성저항이 $\frac{1}{2}$ 배가 되어야 한다.

Answers 19. ⑤ 20. ②

14.3 개념 서술하기

01 규소나 게르마늄과 같은 물질에 소량의 불순물(다른 원소)를 첨가하면 전기 전도성이 크게 바뀌게 되는데 상황에 따라 도체와 부도체가 되는 물질을 반도체라 한다. 다음 물음에 답하라.

(1) n형 반도체와 p형 반도체에 대해 간단히 설명하라.

(2) $p-n$ 접합 다이오드를 줄여서 다이오드라 부르기도 하는데 다이오드가 회로에서 맡고 있는 중요한 역할 중의 하나인 정류 작용에 대해 설명하라.

(3) 반도체가 현대 과학 장비에 기여한 점들을 간단히 설명하라.

풀이

(1) n형 : 남는 자유전자가 있다.
p형 : 자유전자가 정공으로 옮겨다니면서 전류가 흐를 수 있다.

(2) n형의 잉여전자가 p형의 정공을 옮겨다니며 $p \rightarrow n$방향으로 전류가 흐를 수 있지만 반대 방향은 불가능 하다.

(3) 소형화 , 경량화, 자동화 등

02 외계인이 지구에 와서 지구에 있는 모든 물체의 크기를 두 배로 만들었다고 가정하자. 가정에서 전구의 밝기의 변화를 알아보려고 한다.

(1) 전구의 밝기는 어떻게 변하는지 설명하라.

(2) 도선 내부에서 전자의 실제 이동속도는 약 1mm/s 정도로 매우 작다. 전원 스위치를 켜면 곧 불이 켜지는 이유를 설명하라.

(3) 우리 몸에 있는 전형적인 축색돌기는 길이 1cm, 반지름 5μm인 실린더 모양으로 되어 있다고 한다. 축색돌기의 비저항이 2Ω · m라면 축색돌기의 저항은 얼마인가?

풀이

(1) 전류가 2배가 되어 밝기는 4배

(2) 도선 내부에 생기는 전기장은 순간적으로 생기기 때문이다.

(3) $R = \rho \dfrac{l}{A} = 2\dfrac{0.01}{\pi(0.000005)^2} =$ 약 $2.5 \times 10^8 \Omega$

03 전구를 켜거나 끄기 위해 스위치를 여닫을 때 전구에서 소비되는 전력은 어느 경우에 가장 큰지 알아보려고 한다.

(1) 스위치를 닫는 순간일까, 아니면 스위치를 닫고 충분한 시간이 지났을 때일까?

(2) 그림과 같은 회로에서 전구 A, B, C, D의 밝기를 비교해 보라.

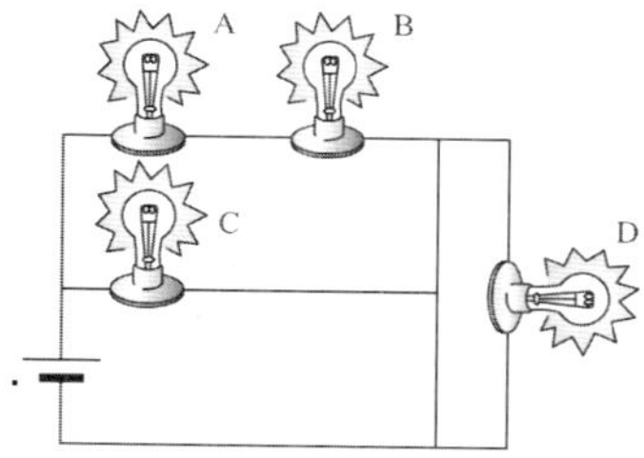

(3) 가정의 배선은 그대로 두고 가정에 공급하는 전압만 두 배로 높였을 때 가정에서 소비할 수 있는 최대 전력은 얼마인가?

(4) 발전소에서 공급하는 전력은 누가 결정하는 것일까? 발전소 주인인가, 아니면 소비자인가?

풀이

(1) 닫는 순간

(2) C>A=B>D

(3) 허용전류가 일정하므로 최대전력은 2배.

(4) 소비자, 발전소에서 소비자가 필요로 하는 만큼 발전하게 된다.

04 일반적으로 은행의 안전 금고는 서로 다른 두 개의 열쇠를 이용하여 각각 두 개의 스위치를 돌려야만 열 수 있다. 지하에 보관하고 있는 미사일을 발사시키는 데에도 같은 방법이 사용된다.

(1) 이들의 스위치는 각각 어떻게 연결되어 있을까?

(2) 220V−15W의 전구와 220V−150W의 전구를 직렬로 연결하여 220V의 전압을 걸어줄 때 각 전구의 밝기에 대해 설명하라.

(3) 일반적으로 주택가에 있는 전선 사이의 간격은 새들이 날개를 펼쳐서 닿지 않을 만큼 충분히 떨어 있다. 새들이 하나의 전선 위에서 감전되지 않고 앉아 있을 수 있는 이유를 설명하라.

(4) 1Wh의 전기 에너지를 1kg의 물에 공급했을 때 물의 온도는 얼마나 상승하겠는가?

(5) 전력을 수송할 때 송전 전압을 높일수록 손실 전력이 감소하는 이유를 설명하라.

(6) 건전지는 A · h의 단위로 등급을 매기기도 한다. 한 자동차의 건전지가 12V, 90 A · h라는 등급으로 평가될 때 (12V)×(90A · h)는 어떤 물리량을 나타내는가?

풀이

(1) 직렬
(2) 15W 전구의 저항이 10배 크다. 직렬로 연결할 때 전류는 일정하므로 10:1
(3) 전선에 비해 새의 저항이 매우 크고 두 다리 사이의 전위차는 그리 크지 않으므로
(4) $3600 = 4.2 \times 1000 \times \Delta T$ 약 0.86℃ 상승
(5) 전압을 높이면 전류가 작다. I^2R에서 I가 작을수록 손실전력은 작다.
(6) V · A · h = Wh = 전력량 = 에너지

05 전지나 발전기 등에서 전위차를 유지시켜 회로에 전류를 계속 흐르게 하는 능력을 기전력이라 한다. 내부저항이 있는 전지를 가변저항과 연결했을 때 가변저항의 크기에 따라 단자전압의 변화를 알려고 한다.

(1) 가변저항의 크기를 증가시킬 때 단자전압은 증가하는가, 감소하는가, 아니면 그대로인가?

(2) 기전력과 내부저항을 측정하는 방법과 필요한 전기기구를 말해 보라.

(3) 기전력과 단자전압의 차이를 힘의 관점에서 설명하라.

(4) 기전력이 E, 내부저항이 r인 전지가 있다. 이 전지를 가변 저항과 연결했을 때 가변저항에서 발생하는 열에너지가 최대일 때 가변저항의 값은 얼마인가?

풀이

(1) 증가
(2) 가변저항 + 전류계, 가변저항 + 전압계
(3) 가해 주는 힘, 알짜 힘
(4) $W = I^2R, I = \dfrac{E}{R+r}$, $W = \dfrac{RE^2}{(R+r)^2}$, $\dfrac{dW}{dR} = 0$에서 $R = r$

06 복잡한 회로에서는 회로의 대칭성이나 키르히호프의 법칙이라 부르는 2개의 법칙을 이용하여 회로에 흐르는 전류의 세기나 합성저항을 구할 수 있다.

(1) 키르히호프의 법칙 2가지를 간단히 설명해 보라.

(2) 축전기가 전원장치에 연결되었다. 축전기에 충전되는 전하량은 전원장치의 내부저항이나 도선의 저항과 어떤 관계가 있는지 설명하라.

(3) 그림과 같은 회로에서 스위치 S를 닫고 충분한 시간이 지나면 축전기에 저장된 에너지는 $\frac{1}{2}CV^2$이지만 전지에서 소비되는 에너지는 $W = QV = CV^2$이다. 그 이유를 설명하라.

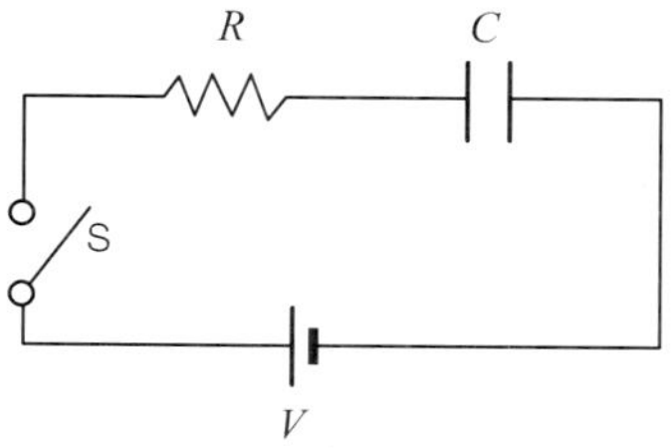

(4) 위 회로에서 스위치 S를 닫은 후 저항 R을 흐르는 전류가 I, 축전기에 모인 전하량이 Q인 순간 키르히호프 제 2법칙을 적용해 보라.

풀이

(1) 제1법칙 : 여러 개의 회로가 한 점에서 만날 때 이 점에 흘러 들어오는 전류의 총합은 그 점에서 흘러 나가는 전류의 총합과 같다.(전하량 보존)
제2법칙 : 임의의 폐회로에서 그 회로의 기전력의 총합은 각 저항들에 의한 전압강하의 합과 같다.(에너지 보존)

(2) 관계없다. 충전되는 시간에만 영향

(3) 충전되는 동안에는 전류가 흐른다. 전류가 흐르면서 저항에서는 $\frac{1}{2}CV^2$의 에너지가 소비된다.

(4) $IR + \frac{Q}{C} = V$

14.4 개념 심화하기

01 전하량 e인 자유전자가 1m당 n개씩 들어있는 직선 도선이 있다. 전자들이 모두 같은 방향으로 도선을 따라 v의 속력으로 운동할 때 도선에 흐르는 전류의 세기는?

풀이

전류의 세기는 도선의 단면을 1초 동안 통과한 전하량이다. 속력이 v이면 1초 동안의 거리를 v(m) 전자가 도선을 따라 이동하게 되는데, v(m) 안에는 nv개의 전자가 있고 이들의 전하량은 nve가 된다. 따라서 전류의 세기는 nve이다.

02 그림과 같이 $R_1 = 1\Omega$, $R_2 = 3\Omega$, $R_3 = 1\Omega$의 세 저항을 연결하고 B점을 접지시켰다. 다음 물음에 답하라. 단, 접지한 지점의 전위는 0이다.

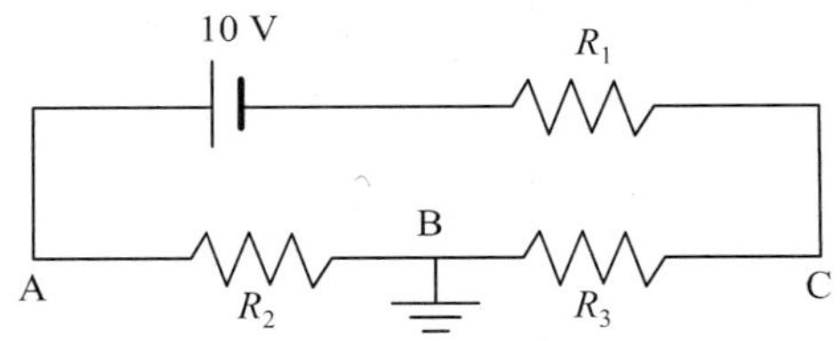

(1) 회로에 흐르는 전류의 세기는 몇 A인가?

(2) A, B사이의 전압은 몇 V인가?

(3) C점의 전위는 몇 V인가?

풀이

접지의 의미는 그 점의 전위를 0으로 하라는 기준점을 제시하는 것이다.

(1) 옴의 법칙을 이용하면 전류의 세기는 $I = \frac{V}{R} = \frac{10}{1+3+1} = 2$(A)이다.

(2) $V_{AB} = IR_2 = 2 \times 3 = 6$(V)이다.

(3) B점의 전위가 0이므로 C점의 전위는 -2V이다.

03 3개의 저항과 축전기를 그림과 같이 연결하고 그 양단을 20V의 전지에 연결하였더니 저항 R에 걸리는 전압이 8V였다.

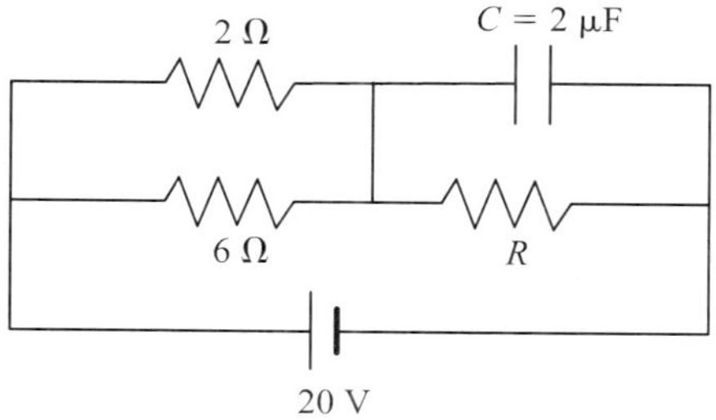

(1) 저항 R의 값은 얼마인가?

(2) 축전기 C에 축전되는 전하량은 몇 C 인가?

풀이

(1) 축전기에 전하가 충전되면 축전기를 통해 전류가 흐르지 않으므로 축전기는 없다고 생각하고 저항만 고려하면 된다. 2Ω과 6Ω의 합성저항은 1.5Ω인데 저항 R에 걸린 전압은 8V이다. 따라서 1.5Ω에 걸린 전압은 12V이다. 직렬 연결에서 전류의 세기가 일정하므로 각 저항에 걸린 전압은 저항에 비례한다. 따라서 전압의 비가 3 : 2이므로 저항 R의 값은 1Ω이다.

(2) $Q = CV = 2 \times 10^{-6} \times 8 = 1.6 \times 10^{-5}$ C이다.

04 그림과 같은 회로에서 A점에 대한 B점의 전위는 얼마인가?

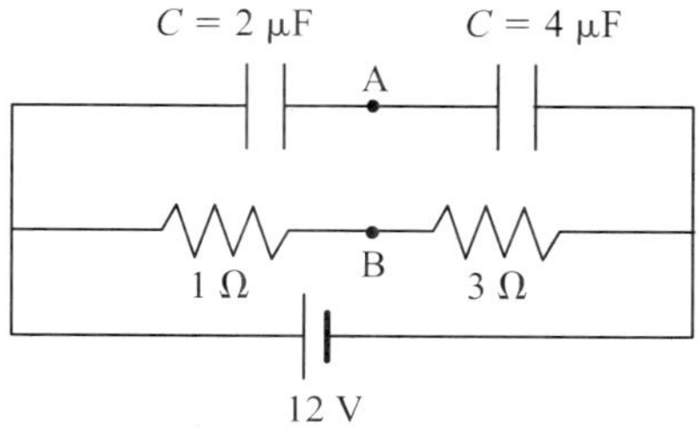

풀이

용량의 비가 1 : 2 이면 전압의 비는 2 : 1이므로 A점의 왼쪽에 있는 축전기에 걸린 전압은 8V이고, 옴의 법칙을 이용하면 1Ω의 저항에 걸린 전압은 3V이다. 분기점의 전위를 0이라 하면 A점의 전위는 −8V, B점의 전위는 −3V이므로 A점에 대한 B점의 전위는 5V이다.

05 단면적이 1.1×10^{-7}인 구리선에 1.0A의 전류가 흐르고 있다. 전자의 유동 속도 v를 구하여라.(단, 구리의 단위 부피당 전자수 $n=10^{29}$개/m^3, 전자의 전하량은 $e=1.6\times10-19$C이다.)

풀이

$$v=\frac{I}{nAe}=\frac{1.0\text{A}}{(10^{29}/\text{m}^3)(1.1\times10^{-7}\text{m}^2)(1.6\times10^{-19}\text{C})}\fallingdotseq 6\times10^{-4}\text{m/s}$$

06 그림은 회로의 일부분을 나타내고 있다. 오른쪽 방향으로 1A의 전류가 흐르고 있다. 저항은 1Ω이고, 전지의 기전력은 3V이다. 두 점 X, Y 사이의 전위차와 전위가 높은 곳을 말하여라.

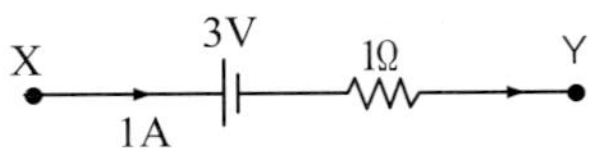

풀이

전지와 저항 사이의 한 점을 P라고 하자. P점은 X보다 3V 낮다. 또 저항을 통한 전압 강하 $IR=1\text{A}\times1\Omega=1\text{V}$이므로 Y점은 P점보다 1V 낮다. 따라서 전위가 높은 곳은 X이고, X는 Y보다 4V 만큼 높다.

07 그림과 같이 24V의 전원 장치를 이용하여 내부 저항이 0.3Ω, 기전력이 12V인 전지를 충전시키고 있다. 전원 장치의 소비 전력은 얼마인가?

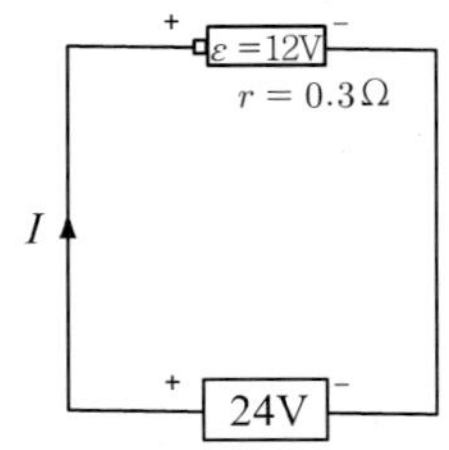

풀이

회로 전류 $I=\dfrac{(24-12)\text{V}}{0.3}=40\text{A}$이므로 소비전력은 $P=VI=24\text{V}\cdot40\text{A}=960\text{W}$

08 그림과 같은 회로를 보고 다음 물음에 답하여라.

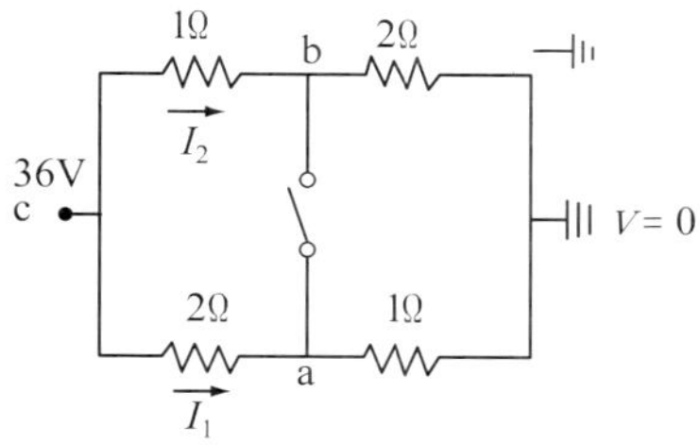

(1) 스위치가 열려 있을 때 회로에 흐르는 전류 I_1, I_2를 구하여라.

(2) 스위치가 열려 있을 때 전위차 V_{ca}, V_{cb}를 구하여라.

(3) 스위치가 닫혀 있을 때 회로에 흐르는 전류 I_1, I_2를 구하여라.

(4) 스위치가 닫혀 있을 때 전위차 V_{ca}, V_{cb}를 구하여라.

풀이

(1) $I_1 = I_2 = 12\text{A}$

(2) $V_{ca} = 12\text{A} \times 2\Omega = 24\text{V}$, $V_{cb} = 12\text{A} \times 1\Omega = 12\text{V}$

(3) $V_{ca} = V_{cb} = 18\text{V}$, $I_1 = \frac{18\text{V}}{2}\Omega = 9\text{A}$, $I_2 = \frac{18\text{V}}{1}\Omega = 18\text{A}$

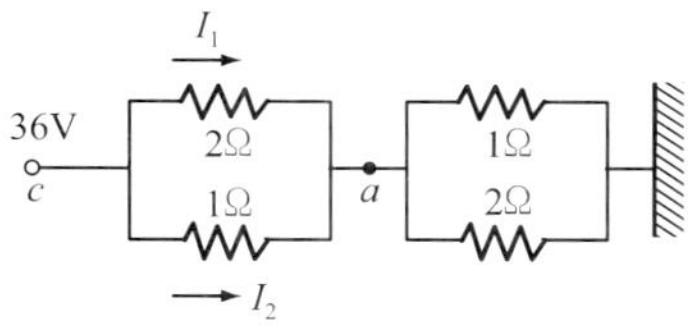

(4) $V_{ca} = V_{cb} = 18\text{V}$

09 그림과 같은 회로에서 전류의 세기 I_1, I_2, I_3 를 구하여라.

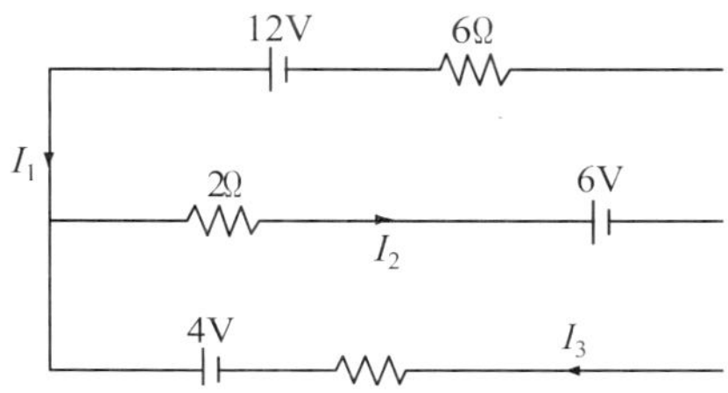

풀이

$12-6=6I_1+2I_2$ ⋯ ①, $12-4=6I_1-6I_3$ ⋯ ②, $I_2=I_1+I_3$ ⋯ ③

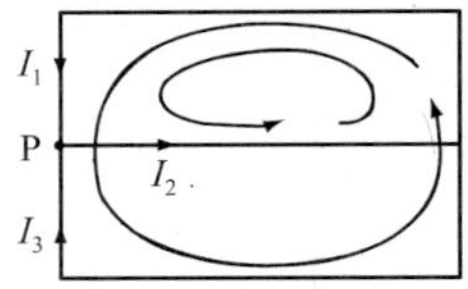

①, ②, ③식을 연립하여 풀면 $I_1=\dfrac{13}{15}\text{A}$, $I_2=\dfrac{2}{5}\text{A}$, $I_3=-\dfrac{7}{15}\text{A}$

10 같은 단면적을 가진 철선과 구리선을 직렬로 연결한 도선의 양단의 80V의 전위차가 걸려 있다. 철선과 구리선의 길이가 각각 1m, 2m 일 때 각 도선 내의 전기장의 비 $E_{철}$: $E_{구리}$를 구하여라.(단, 철과 구리의 비저항은 6:1이다)

풀이

비저항의 비 $\rho_{철}:\rho_{구리}=6:1$,

저항의 비 $R_{철}:R_{구리}:\rho_{철}\dfrac{L_{철}}{S}:\rho_{구리}\dfrac{L_{구리}}{S}=6\times1:1\times2=3:1$

전압의 비 $\therefore V_{철}:V_{구리}=3:1$

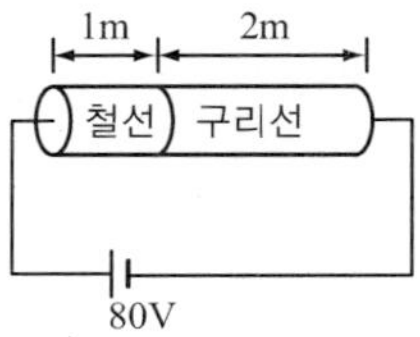

전기장의 비 $E_{철}:E_{구리}=\dfrac{V_{철}}{L_{철}}:\dfrac{V_{구리}}{L_{구리}}=\dfrac{3}{1}:\dfrac{1}{2}=6:1$

11 그림과 같은 회로에서 스위치를 닫고 충분한 시간이 지난 후 각 축전기에 걸린 전압과 충전된 전하량을 구하여라.

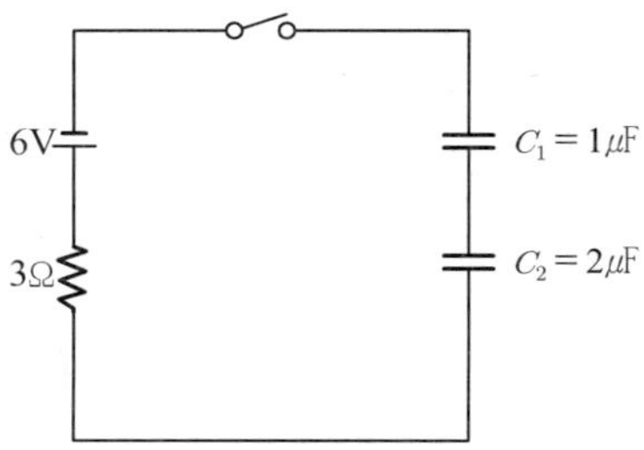

풀이

직렬 연결된 두 축전기에 모인 전하량은 같다.

$Q = C_1 V_1 = C_2 V_2 \quad \therefore V_1 : V_2 = \frac{1}{C_1} : \frac{1}{C_2} = 2 : 1$

또 $V_1 + V_2 = 6$이므로 $V_1 = 4\text{V}$, $V_2 = 2\text{V}$, $Q = C_1 V_1 = 1 \times 10^{-6} \times 4 = 4 \times 10^{-6}(\text{C})$

12 내부 저항이 500Ω인 전압계가 그림과 같은 회로에 연결되어 있다. 전압계의 눈금이 50V일 때 다음 물음에 답하여라.

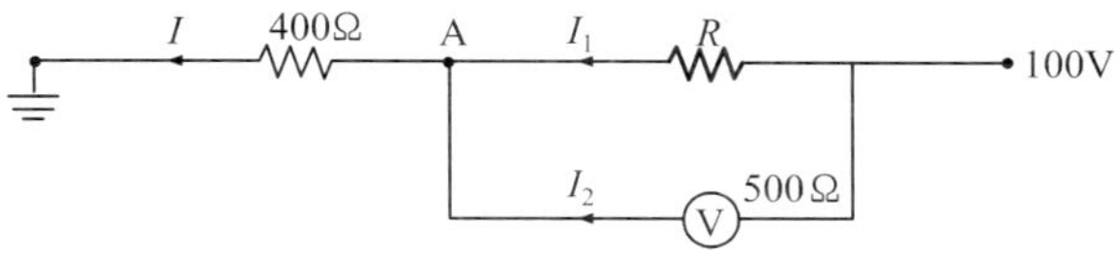

(1) 저항 R와 전류의 세기 I, I_1, I_2를 구하여라.

(2) 전압계를 회로에서 떼어냈을 때 A점의 전위는 얼마인가?

풀이

내부 저항이 있는 전압계를 회로에 병렬로 연결하면 저항 양단의 전압이 변화한다.

(1) $I_1 + I_2 = I$, $400I + I_1 R = 100$, $400I + I_2 \cdot 500 = 100$, $400I = 50$

$\rightarrow I = \frac{1}{8}\text{A}, I_2 = \frac{1}{10}(\text{A})$, $I_1 = \frac{1}{40}(\text{A})$, $R = 50 \times 40 = 2000(\Omega)$

(2) $\frac{400}{2400} \times 100 = \frac{100}{6}(\text{V})$

13 그림과 같이 연결된 회로에서 $\mathcal{E}_0$는 전지의 기전력이고 r는 전지의 내부 저항, R는 외부 저항이다. R'는 연결되지 않은 가변 저항이고 $r < R$일 때 다음 물음에 답하여라.

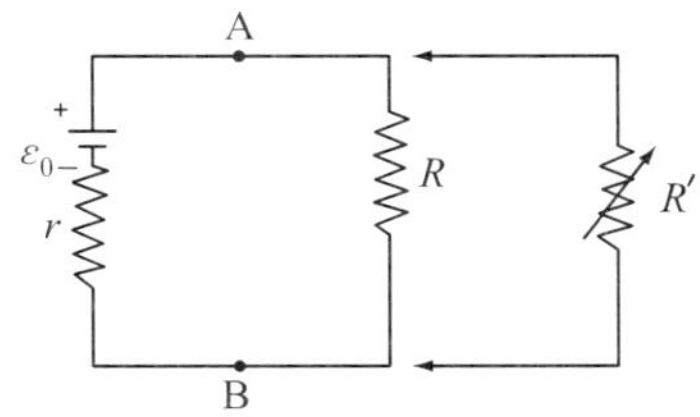

(1) 외부 저항에 걸린 전압을 구하여라.

(2) 외부 저항에서 소비되는 전력을 구하여라.

(3) 전지로부터 최대 전력을 얻기 위해 외부 저항에 연결해 주어야 할 가변 저항의 크기는?

풀이

(1) $I=\dfrac{\varepsilon_0}{R+r}$, $V=IR=\dfrac{R}{R+r}\varepsilon_0$

(2) $P=I\cdot V=\dfrac{R}{(R+r)^2}\varepsilon_0^2$

(3) 전지로부터 최대 전력을 얻기 위해서는 외부저항과 내부 저항의 크기가 같아야 한다.

$\dfrac{1}{r}=\dfrac{1}{R}+\dfrac{1}{R'}\rightarrow R'=\dfrac{Rr}{R-r}$

14 그림은 내경이 a이고 외경이 b인 원통형 관을 나타내고 있다. 이 물질의 비저항은 ρ이다. 안쪽 면에서 바깥쪽 면을 향하는 지름 방향으로 전류가 흐른다. 원통의 길이가 L이라면 이 원통의 저항값은 얼마인가?

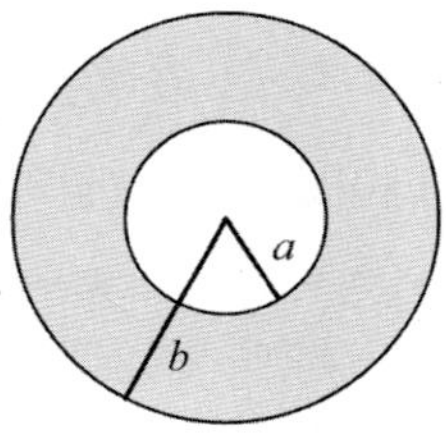

풀이

아주 얇은 원통모양의 저항이 직렬 연결된 것으로 생각한다.

$dR=\rho\dfrac{d}{S}=\rho\dfrac{dr}{2\pi rL}$

양변을 적분하면 $\int dR=\dfrac{\rho}{2\pi L}\int_a^b\dfrac{dr}{r}$ 에서 $R=\dfrac{\rho}{2\pi L}\ln\left(\dfrac{b}{a}\right)$

15 그림의 회로에서 다음의 각 경우 저항기에 흐르는 전류를 구하라. a) $t=0$, b) $t=\infty$, 또 축전기에 충전되는 전류의 세기를 시간 t의 함수로 나타내라.

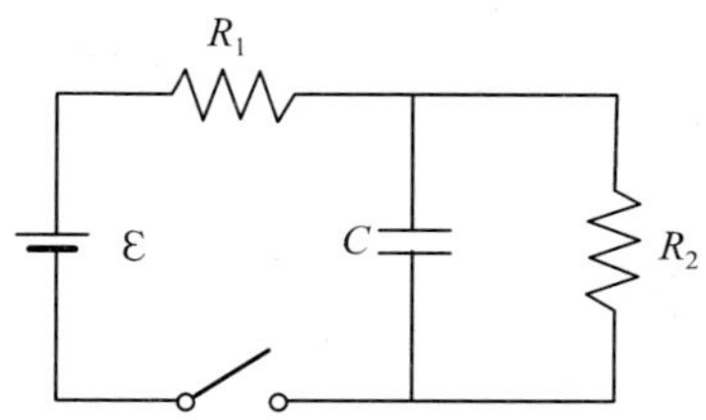

풀이

I_1, I_2, I_C는 각각 R_1, R_2, 축전기를 흐르는 전류

(a) $t=0$ 일 때 축전기에는 충전된 전하가 없으므로 축전기 양 끝의 전위차도 0, 또 축전기와 병렬연결 되어있는R_2의 양 끝의 전위차도 0 이다. 따라서 $I_2=0$. $\mathcal{E}-R_1-C$ 폐회로에서 키르히호프 제2법칙을 쓰면 $I_1=\dfrac{\mathcal{E}}{R_1}$을 얻을 수 있다. 또, $I_1=I_C$

(b) $t=\infty$ 일 때 축전기에는 충전이 끝났으므로 전류가 흐르지 않는다. $I_C=0$ 맨 바깥쪽 폐회로에서 키르히호프 제2법칙을 쓰면 $I_1=I_2=\dfrac{\mathcal{E}}{R_1+R_2}$을 얻을 수 있다.

(c) $\mathcal{E}-R_1-C$ 회로에서 폐회로 법칙 적용 $\mathcal{E}-I_1R_1-\dfrac{Q}{C}=0$ ⋯ (1)

$C-R$ 회로에서 폐회로 법칙 적용 $\dfrac{Q}{C}=I_2R_2$ ⋯ (2)

축전기 위 분기점에서 키르히호프 제1 법칙 $I_1=I_C+I_2$ ⋯ (3)

(2)와 (3)에서 I_2를 소거 하면 $I_1=I_C+\dfrac{Q}{R_2C}$

(1)에 대입하여 I_1을 소거한다.

$\mathcal{E}-R_1I_C-\dfrac{R_1Q}{R_2C}-\dfrac{Q}{C}=0,\ I_C=\dfrac{dQ}{dt}$ 이고, 정리하면

$$\frac{dQ}{dt}=\frac{\mathcal{E}}{R_1}-\frac{Q}{\tau}\left(\tau=R_1R_2\frac{C}{R_1+R_2}\right)\rightarrow\frac{dQ}{\dfrac{\mathcal{E}}{R_1}-\dfrac{Q}{\tau}}=dt$$

양변을 적분하면 $-\tau\left\{\ln\left(\dfrac{\mathcal{E}}{R_1}-\dfrac{Q}{\tau}\right)-\ln\dfrac{\mathcal{E}}{R_1}\right\}=t$

$\dfrac{\mathcal{E}}{R_1}-\dfrac{Q}{\tau}=\dfrac{\mathcal{E}}{R_1}e^{-\frac{t}{\tau}}$에서 $Q=\dfrac{\tau\,\mathcal{E}}{R_1}(1-e^{-\frac{t}{\tau}})$이므로 $I_C=\dfrac{dQ}{dt}=\dfrac{\mathcal{E}}{R_1}e^{-\frac{t}{\tau}}$

16 그림과 같이 반지름 a, 면전하 밀도가 σ인 부도체로 된 원판이 있다. 원판이 각속도 ω로 회전할 때 원판에 흐르는 전류의 세기는 얼마인가?

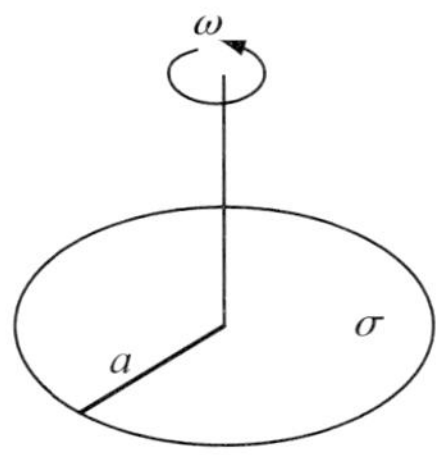

풀이

전류의 크기는 한 반지름을 지나가는 전류의 크기를 재면 된다.

$$I=\frac{dQ}{dt}=\frac{d(\sigma\cdot\frac{1}{2}a^2\theta)}{dt}=\frac{1}{2}a^2\sigma\frac{d\theta}{dt}=\frac{1}{2}a^2\sigma\omega$$

CHAPTER 15

자 기

15.1 개념 익히기

01 모든 자기의 근원은?

① 작은 철조각
② 정렬된 원자들의 작은 자기 구역
③ 강자성 물질
④ 운동하는 전하

모든 자기의 근원은 전류 즉 전하의 운동(전자의 궤도운동과 스핀운동)과 밀접한 관련이 있다.

02 운동하는 전하가 상호작용하는 장(field)은?

① 전기장
② 자기장
③ 전기장과 자기장
④ 없다.

중력장은 중력이 작용하는 공간을, 전기장은 전기력이 작용하는 공간을, 자기장은 자기력이 작용하는 공간을 말한다. 전하의 경우 전기장에 의해 영향을 받으며, 특히 운동하는 전하의 경우 주위에 자기장을 형성하므로 운동하는 전하는 외부 자기장의 영향을 받는다.

03 철조각이 자성을 띠게 되는 경우는?

① 양이온들이 한 끝에 모이고 음이온들이다른 끝에 모일 때
② 원자들이 한 쪽에는 양전하들이, 다른 쪽에는 음전하들을 갖도록 정렬할 때
③ 전자들의 알짜 스핀이 같은 방향을 향할 때
④ 전자들이 운동을 멈추고 같은 방향으로 정렬할 때

Answers 01. ④ 02. ③ 03. ③

전자는 스스로의 축을 중심으로 자전하는 스핀운동을 하므로 주위에 자기장을 만든다. 같은 방향으로 스핀 운동하는 한 쌍의 전자는 전자 1개보다 더 강한 자기장을 만들며, 반대 방향으로 스핀 운동하는 한 쌍의 전자는 서로 반대 효과를 보이므로 그들이 만드는 자기장은 상쇄된다. 대부분의 물질이 자석이 아닌 것은 바로 이런 이유 때문이다.

04 같은 종류의 자극끼리는 척력이 작용하고 다른 종류의 자극끼리는 ___________

① 인력이 작용한다.
② 역시 척력이 작용한다.
③ 인력이 작용할 수 있고 척력이 작용할 수도 있다.

전하 사이의 전기력과 마찬가지로 같은 종류의 자극끼리는 척력이 작용하고 다른 종류의 자극끼리는 인력이 작용한다. 양전하와 음전하는 독립적으로 존재할 수 있지만 N극과 S극은 독립적으로 존재하지 못하고 항상 함께 존재한다.

05 몇 개의 종이클립이 자석에 N극에 직렬로 매달려 있다. 가장 아래쪽에 매달려 있는 종이클립의 끝에 유도된 자극은?

① N극
② S극
③ N극 또는 S극(실제로 차이가 없다.)

다른 종류의 자극끼리는 서로 인력이 작용한다는 사실을 상기하면 자석의 N극에 매달린 클립의 맨 윗부분은 S극, 맨 아랫부분은 N극이 된다.

06 쇠못은 자석의 어느 극에 더 강하게 끌리는가?

① N극
② S극
③ N극 또는 S극(실제로 차이가 없다.)

N과 S극은 항상 함께 존재하며 두 극의 세기는 차이가 없다. 따라서 쇠못이 두 극에 끌리는 힘도 차이가 없다.

07 운동하는 전하 주위의 공간은?

① 전기장이다.
② 자기장이다.
③ 둘다 맞다.
④ 둘다 틀리다.

전하이므로 주위에 전기장을 만들며, 운동하는 전하이므로 주위에 자기장도 만든다.

08 자기는 전자들의 어떤 운동에 의해 만들어지는가?

① 핵 주위의 궤도 운동
② 자신을 축으로 하는 스핀 운동
③ 둘다 맞다.
④ 둘다 틀리다.

원자 속에 들어있는 전자의 궤도 운동과 스핀 운동이 자기장을 만들며, 이 자기장들은 원자의 자기장을 만드는데 보강 관계나 상쇄 관계로 결합한다. 합성된 자기장이 가장 큰 것은 철 원자이다.

Answers 04. ① 05. ① 06. ③ 07. ③ 08. ③

09 전류가 흐르는 도선 주위의 자기장에 대한 옳은 설명은?

① 도선으로부터 방사상으로 퍼져 나간다.
② 도선을 원형으로 감싸는 폐곡선을 이룬다.
③ 둘다 맞다.
④ 둘다 틀리다.

전류가 흐르는 도선 주위의 자기장은 오른손으로 도선을 감싸면서 엄지손가락을 전류가 흐르는 방향으로 향하게 할 때 나머지 손가락이 가리키는 원형의 폐곡선을 이루며, 자기장의 방향은 원 위의 한 점에 그은 접선의 방향의 방다.

10 자기장에서 운동하는 전자가 받는 힘이 가장 클 때는 전자의 운동 방향이 ______

① 자기장의 방향과 같을 때이다.
② 자기장의 방향과 반대 방향일 때이다.
③ 자기장의 방향과 수직일 때이다.
④ 자기장의 방향과 90°가 아닌 각을 이룰 때이다.

자기장에서 전류가 받는 힘은 $F = BIl$ 이며 자기장과 전류의 방향이 서로 수직일 때 전류가 받는 힘은 가장 크다. 따라서 전자의 운동 방향(전류의 방향과 반대 방향)이 자기장의 방향과 수직일 때 운동하는 전자가 받는 힘이 가장 크다.

11 지표면에 도달하는 우주선의 세기가 가장 큰 곳은?

① 극 지방
② 중위도 지방
③ 적도 지방

지구를 하나의 자석으로 생각하며 나침반의 N극이 지구의 북쪽(북극)을 향하므로 지국의 북쪽(북극)은 자석의 S극이다. 극지방의 경우 극을 향해 자기력선(자기장)이 지면에 수직으로 향하므로 우주선(전하의 운동이므로 전류로 생각할 수 있다.)의 방향과 나란하여 전자기력을 받지 않아 우주선은 직선 운동을 하게 된다. 따라서 우주선은 지면을 향해 바로 도달하게 된다. 적도 지방의 경우 자기장이 우주선의 방향과 수직이므로 우주선은 전자기력을 받아 휘어지는 곡선 운동을 한다. 따라서 우주선은 지면을 향해 직접적으로 도달하지 못하게 된다.

12 지자기의 N극에 가까운 곳은?

① 캐나다의 허드슨 만
② 호주
③ 둘다 맞다.

지자기(지구 자기)의 S극에 해당하는 곳은 북극이며, 지자기의 N극에 해당하는 곳은 남극이다.

13 나침반의 바늘의 S극은 자석의 어떤 극을 가리키는가?

① N극
② S극
③ 둘다 맞다.

나침반의 N극이 자석의 S극을 가리키므로 나침반의 S극은 자석의 N극을 가리킨다.

Answers 09. ② 10. ③ 11. ① 12. ② 13. ①

14 비둘기들은 본래 ________에 의해(으로) 날아다닌다.

① 좋은 기억력
② 예리한 후각
③ 머리에 있는 자기 감응기
④ 초음파

비둘기의 머리 속에는 뇌와 통하는 수많은 신경들과 연결된 여러 개의 자기 구역을 가진 자철광 자석이 있다.(자성 물질은 벌의 뱃속에도 있다.) 따라서 비둘기는 본래 머리에 있는 자기 감응기에 의해 날아다닌다.

15 자석 A의 세기는 자석 B의 2배이다. 자석 A가 일정한 거리에서 자석 B를 100N의 힘으로 끌어당길 때 자석 B가 자석 A를 끌어당기는 힘의 세기는?

① 대략 50N
② 정확히 100N
③ 더 많은 정보가 있어야 한다.

작용 반작용의 법칙에 딸 두 자석의 세기와 관계없이 자석 A가 자석 B를 100N의 힘으로 끌어당기면 자석 B도 자석 A를 100N의 힘으로 끌어당긴다.

16 강한 자석이 압정을 매우 큰 힘으로 끌어당기고 있다. 압정이 자석에 작용하는 힘의 세기는?

① 상대적으로 작다.
② 같다.
③ 더 많은 정보가 있어야 한다.

작용 반작용의 법칙에 따라 압정과 자석 사이에 작용하는 힘은 서로 같다.

17 나침반을 북반구에서 남반구로 가져갈 때 나침반 바늘의 방향의 변화는?

① 180°변한다.
② 측정하는 위치에 따라 다르다.
③ 90°변한다.
④ 전혀 변하지 않는다.

나침반이 어느 위치에 있더라도 항상 북쪽을 가리키므로 나침반 바늘의 방향의 변하지 않는다.

18 전자가 그림과 같이 입사되고 있다. 전자는?

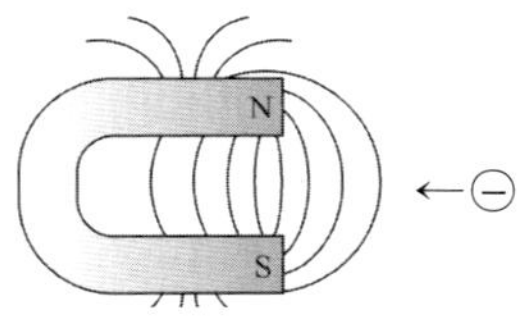

① 자기장의 영향을 받지 않는다.
② 두 자극 중 한 극으로는 인력을, 다른 극으로는 척력을 받는다.
③ 두 자극으로부터 척력을 받아 되돌아간다.
④ 지면 상에서 휘어진다.
⑤ 지면 상의 한 점을 향하여 가속된다.

전자의 이동을 전류의 흐름(전자의 이동방향과 반대 방향)으로 생각하면 전류는 자기장에서 플레밍의 왼손법칙과 같은 방향으로 전자기력을 받게 되므로 지면 뒤쪽으로 휘어지게 된다.

Answers 14. ③ 15. ② 16. ② 17. ④ 18. ④

19 지자기의 존재에 대한 다음 설명 중 가장 알맞은 것은?

① 지구 핵의 액체 부분에서 전하들이 운동하고 있기 때문이다.
② 지구 내부에서 대부분의 전하들이 느리게 운동하고 있기 때문이다.
③ 지구 핵의 액체 부분에서 대류 현상이 일어나기 때문이다.
④ 모두 맞다.
⑤ 모두 틀리다.

지자기 즉 지구가 자석인 이유에 대해 정확히 밝혀지진 않았지만 지구 자기장의 형성은 지각 밑에 용융된 부분에서 전류가 흐르기 때문이라는 것과 지구 안에서 고리 형태로 느리게 움직이고 있는 대전 입자들이 자기장을 만들기 때문이라는 것과 지구의 핵에서 올라오는 열 때문에 생기는 대류 전류 때문일 것이라 추측하고 있다.

20 자석 바깥의 자기력선이 가리키는 방향은?

① N극에서 S극을 향한다.
② S극에서 N극을 향한다.
③ 둘다 가능하다.

자기장의 방향은 자침의 N극이 받는 힘의 방향이며, 자기력선은 자기장을 시각적으로 나타낸 것이므로 N극에서 S극을 향한다.

21 다음 중 전자의 속력을 증가시킬 수 있는 것은?

① 전기장
② 자기장
③ 둘다 맞다.
④ 둘다 틀리다.

자기장은 전류(운동하는 전하)의 방향에 항상 수직인 방향으로 전자기력을 작용하므로 물리적으로 일을 하지 않는다. 자기력은 전하의 방향은 바꿀 수 있지만 전하의 속력은 변화시킬 수 없다. 전기력이 작용하는 공간 즉 전기장에서 전하는 항상 전기력을 받으므로 전하의 속력을 변화시킬 수 있다.

22 전자를 가속시킬 수는 있지만 전자의 속력은 증가시킬 수 없는 것은?

① 전기장
② 자기장
③ 둘다 맞다.
④ 둘다 틀리다.

자기장은 운동하는 전자에 자기력을 작용하지만 항상 수직인 방향으로 작용하기 때문에 전자에 대해 일을 하지 않는다. 따라서 전자를 가속시킬 수는 있지만 속력은 증가시킬 수 없다.

Answers 19. ④ 20. ① 21. ① 22. ②

15.2 개념 응용하기

01 자기력선에 대한 다음 설명 중 <u>옳지 않은</u> 것은?

① 자기력선 위의 한 점에 그은 접선의 방향은 그 점에서 자기장의 방향을 나타낸다.
② 자기력선은 도중에 만나거나 없어지거나 생성되지 않고 폐곡선을 이룬다.
③ 자기력선의 밀도는 그 점에서 자기장의 세기에 비례한다.
④ 자석 주위에 생기는 자기력선의 모양은 쇳가루를 뿌려놓고 관찰할 수 있다.
⑤ 지구 자기장에 의한 자기력선은 북쪽에 N극, 남쪽에 S극이 있는 막대 자석과 같은 모양을 하고 있다.

⋯› • 나침반 바늘의 N극이 북쪽을 가리키므로, 지구의 북쪽은 자석의 S극에 해당한다.

02 평행한 두 직선 도선에 세기가 각각 I, $3I$인 전류가 그림과 같은 방향으로 흐르고 있다. x축상에서 자기장의 세기가 0인 점은?

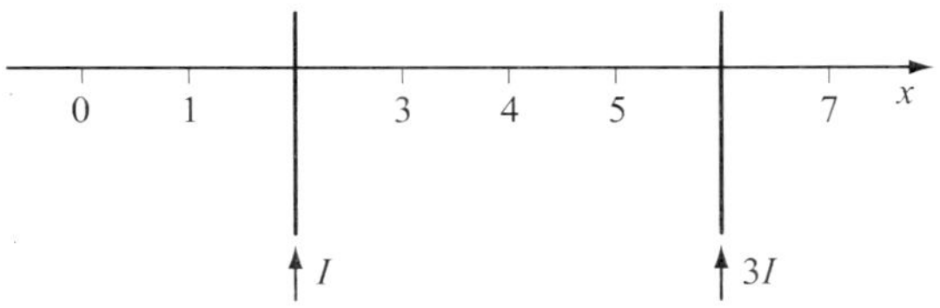

① 0 ② 3
③ 4 ④ 5
⑤ 7

⋯› • 직선도선에 의한 자기장의 세기 $B=k\frac{I}{r}$이다. 두 도선에 의한 합성 자기장의 세기가 0인 곳은 각 도선에 의한 자기장의 세기가 같고 방향이 반대인 곳이다.

03 그림과 같이 정육면체의 두 변을 따라 흐르는 두 직선 전류가 있다. 정육면체의 한 꼭지점 P에서 자기장의 방향은 a~e 중 어느 것인가?

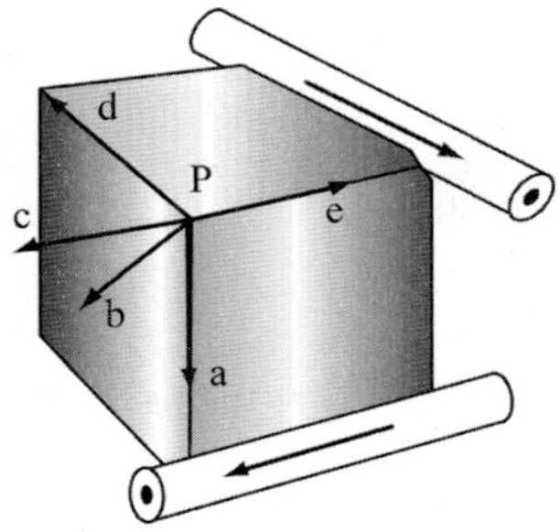

① a ② b
③ c ④ d
⑤ e

…› • 두 전류가 만드는 자기장은 각각의 전류가 만드는 자기장의 벡터합으로 구한다.

04 그림과 같이 전류가 흐르는 솔레노이드 내부로 속력 v인 전자를 입사시켰다. 다음 설명 중 옳은 것은? 단, 전자의 질량은 m이다.

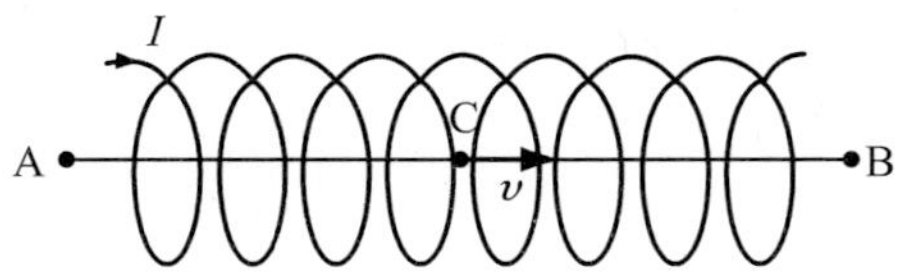

① 힘을 받지 않고 그대로 진행한다.
② 크기가 mv인 힘을 받는다.
③ v^2에 비례하는 힘을 받아 곡선 운동을 한다.
④ 나선운동을 하면서 오른쪽으로 진행한다.
⑤ 나선운동을 하면서 왼쪽으로 진행한다.

…› • 자기장의 방향과 나란하게 운동하는 전하는 힘(자기력)을 받지 않는다.

05 x축에 놓인 직선 도선에 $+x$ 방향으로 전류가 흐르고 있다. y축 상에 있던 양성자가 $+z$ 방향으로 운동할 때 양성자가 받는 힘의 방향은?

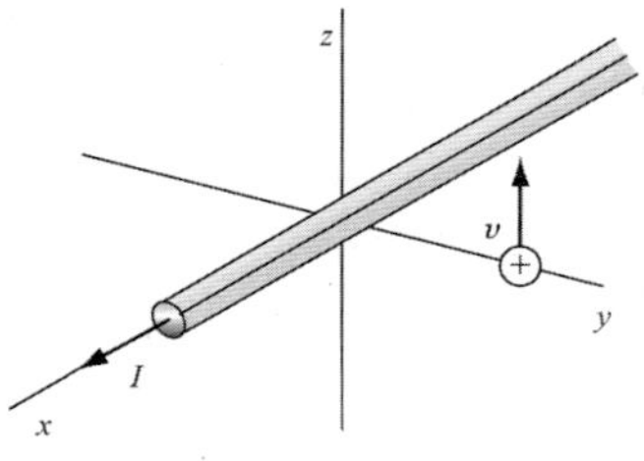

① $+x$ ② $+y$
③ $+z$ ④ $-x$
⑤ 힘을 받지 않는다.

…› • 양성자의 위치에서 직선도선에 의한 자기장의 방향은 $+z$ 방향이다.

Answers 03. ② 04. ① 05. ⑤

06 균일한 전기장 E는 아래 방향으로, 균일한 자기장 B는 지면 뒤를 향하는 방향으로 주어져 있다. 이 공간에 대전 입자가 수직으로 입사하여 등속도 운동을 하게 된다면 이 입자의 속도와 전하의 종류는?

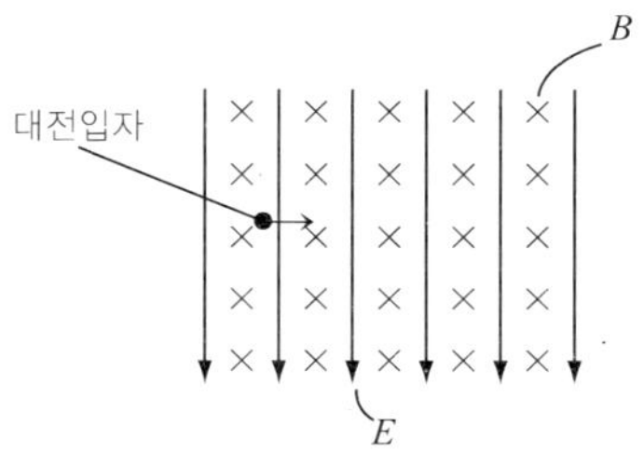

① $\frac{E}{B}$, (+) 또는 (−)
② $\frac{B}{E}$, (+) 만
③ $\frac{B}{E}$, (+) 만
④ BE, (−)만
⑤ BE, (+) 또는 (−)

···› • 전기장과 자기장 내에서 등속으로 운동하는 전하에 작용하는 전기력 qE와 자기력 qvB는 서로 평형을 이룬다. $qE=qvB$에서 $v=\frac{E}{B}$이다.

07 자기장과 대전입자의 운동에 대한 다음 설명 중 옳은 것은?

① 자기장은 운동하는 대전입자에 힘을 작용하지 않는다.
② 자기장은 대전입자의 운동량을 변화시킬 수 없다.
③ 자기장은 대전입자의 운동방향을 변화시킬 수 없다.
④ 자기장은 대전입자의 운동에너지를 변화시킬 수 없다.
⑤ 자기장은 대전입자의 속도를 변화시킬 수 없다.

···› • 자기력은 전하의 운동방향에 수직으로 작용하므로 운동방향을 변화시켜 가속도 운동을 하게 할 수는 있으나, 자기력이 한 일은 0이다.

08 평행한 4개의 직선 도선에 그림과 같이 지면 뒤쪽을 향하는 전류가 흐르고 있다. 도선 F가 받는 힘의 방향은?

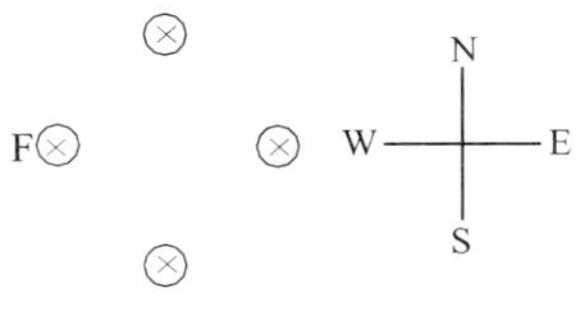

① 북쪽
② 동쪽
③ 남쪽
④ 서쪽
⑤ 힘의 합력이 0

···› • 같은 방향으로 전류가 흐르는 두 도선 사이에 인력이 작용한다.

Answers 06. ① 07. ④ 08. ②

09 그림과 같이 반지름이 r, $2r$, $3r$인 원의 일부가 한 점을 동심원으로 하는 세 도선이 있다.

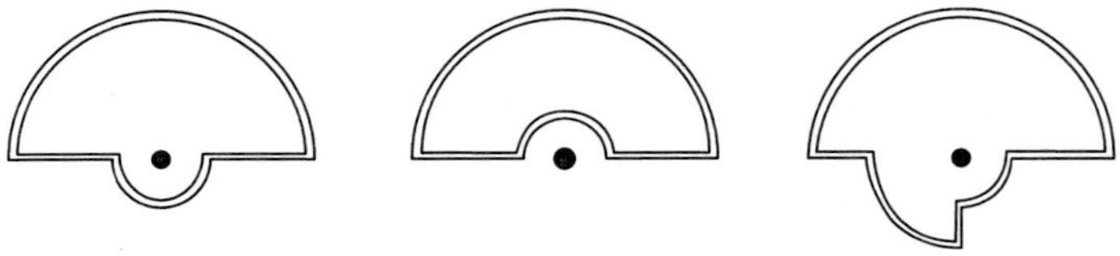

(a) (b) (c)

이 도선에 같은 세기의 전류가 흐를 때 다음 중 그림에 나타난 세 점(·)의 자기장의 세기를 바르게 비교한 것은?

① (a) > (b) > (c)
② (a) > (c) > (b)
③ (a) = (b) > (c)
④ (c) > (a) > (b)
⑤ (a) = (b) = (c)

⋯› • 전류가 흐르는 원형도선의 중심에서의 자기장 세기는 전류의 세기 I에 비례하고 원형도선의 반지름 r에 반비례한다. 반지름이 다른 각각의 원형도선에 의한 자기장은 방향이 같으면 더하고, 반대이면 빼주어야 한다. $B = k'\dfrac{I}{r}$

10 다음 표는 여섯 개의 솔레노이드에 대한 단위 길이당 감은 수(n)와 전류의 세기(I)를 나타낸 것이다.

솔레노이드의 종류	ㄱ	ㄴ	ㄷ	ㄹ	ㅁ	ㅂ
n	5	4	3	2	10	8
I	5	3	7	6	2	3

위 솔레노이드들을 같은 중심축에 연결하여 자기장의 세기를 0으로 만들 수 있는 경우의 수는 몇 가지가 되겠는가?

① 2가지
② 3가지
③ 4가지
④ 5가지
⑤ 6가지

⋯› • 솔레노이드 내부의 자기장은 단위 길이당 감은수와 전류의 세기에 비례한다. 두 코일에 흐르는 전류의 방향이 반대이면 두 자기장이 상쇄된다. (ㄴ과 ㄹ)(ㄴ,ㄹ과 ㅂ)(ㄱ,ㅁ과 ㄷ,ㅂ)(ㄱ,ㅁ과 ㄷ,ㄴ,ㄹ)(ㄱ,ㅁ,ㄴ과 ㄷ,ㅂ,ㄹ)(ㄱ,ㅁ,ㄹ과 ㄷ.ㅂ.ㄴ)

Answers 09. ② 10. ⑤

11 다음 세 그림은 대전 입자의 속도 v, 자기장 B, 대전 입자가 받는 힘 F의 방향의 화살표로 나타내고 있다.

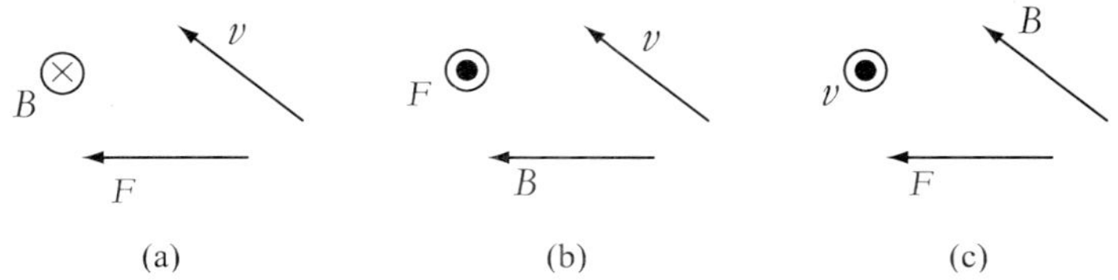

다음 중 방향이 올바르게 표시된 것을 모두 고른 것은?

① (a)
② (b)
③ (c)
④ (a), (b)
⑤ (b), (c)

···› • 오른손의 엄지손가락으로 양전하의 운동 방향을 나머지 네 손가락으로 자기장의 방향을 가리킬 때, 손바닥이 향하는 방향이 힘의 방향이 된다. (플레밍의 왼손법칙을 이용해도 된다.)

12 전하량 q인 대전입자가 자기장의 세기가 B인 균일한 자기장에 v의 속도로 수직으로 입사하면 원운동을 한다. 이 입자의 원운동의 주기를 T라고 할 때, 같은 자기장에 속력 $\frac{v}{2}$로 입사한 같은 대전입자의 원운동 주기는? (단 대전입자의 전하량과 질량은 서로 같다.)

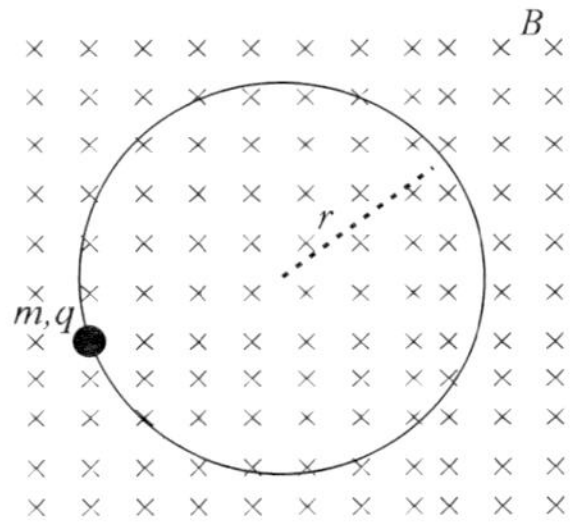

① $\frac{T}{2}$
② T
③ $2T$
④ $\frac{T}{\sqrt{2}}$
⑤ $\sqrt{2}\,T$

···› • 균일한 자기장에 수직으로 입사한 입자는 자기력이 구심력이 되며 원운동 한다.
$\frac{mv^2}{r} = qvB$ 에서 $r = \frac{mv}{qB}$, 원운동의 주기는 $T = \frac{2\pi r}{v} = \frac{2\pi m}{qB}$ 이다.

Answers 11. ② 12. ②

13 다음 그림은 균일한 자기장과 전하가 균일한 분포된 도체판 사이에서 운동하고 있는 전자의 경로를 나타낸 것이다.

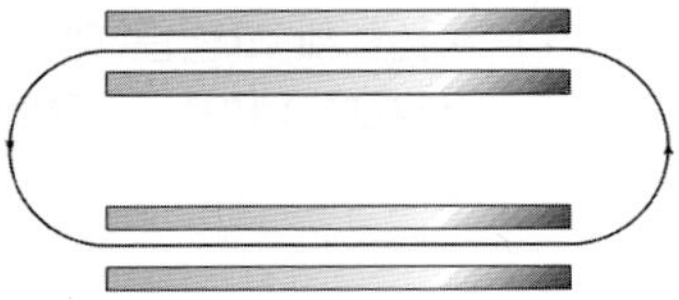

[보기]의 설명 중 옳은 내용을 모두 고른 것은?

보기
ㄱ. 위쪽 두 도체판 사이의 전기장은 아래 방향이다.
ㄴ. 아래쪽 두 도체판 사이의 전기장은 위 방향이다.
ㄷ. 자기장의 방향은 지면에 수직으로 들어가는 방향이다.

① ㄷ ② ㄱ, ㄴ
③ ㄱ, ㄷ ④ ㄴ, ㄷ
⑤ ㄱ, ㄴ, ㄷ

• 전자가 원운동을 하는 영역에서 자기력의 방향이 원의 안쪽이므로, 전자가 위쪽 두 도체판을 지날 때 전자에 작용하는 자기력은 아래로 전기력은 위로 작용한다.

14 다음 그림은 한 입자가 a, b, c, d, e, f 6개의 균일한 자기장을 통과한 후 평행한 도체판을 통과한 것을 나타낸 것이다.

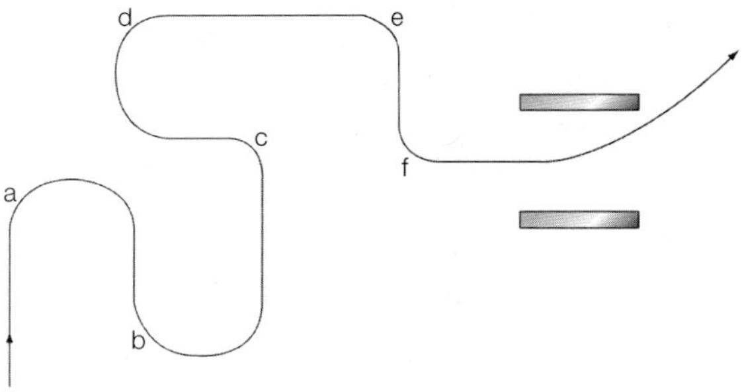

이 입자가 평행한 도체판을 통과할 때 전위가 높은 도체판을 향해 휘어져 갔다면, 자기장의 방향이 지면에 수직으로 들어가는 방향인 것만 모두 고른 것은?

① a, c, e ② a, d, e
③ b, c, f ④ b, c, e
⑤ a, b, f

• 대전입자가 전위가 높은 도체판을 향해 휘어져 갔다면, 이 입자가 띠는 전하의 종류는 음(−) 전하이다.

Answers 13. ② 14. ②

15.3 개념 서술하기

01 구름 속에서 물방울이 두 부분으로 나누어지면서 구름에 전하가 쌓이게 되는데, 양전기를 띤 부분은 대류에 의해 위로, 음전기를 띤 부분은 중력에 의해 아래쪽으로 내려오게 된다. 이때 구름의 아래 부분은 큰 음전위를 갖게 되어 구름에서 땅을 향해 번개가 내리치면서 음전하의 급격한 흐름이 일어나게 된다.

(1) 번개는 지구 자기장에서 어느 방향으로 휘어지는가?

(2) 자기장 내에서 운동하는 대전 입자가 받는 일에 대해 설명하라.

(3) 운동하는 대전 입자가 전기장과 자기장에서 각각 받는 힘이 0이 될 수 있는지 설명하라.

(4) 스핀운동을 하는 전자들은 모두 작은 자석이다. 원자는 모두 스핀 운동하는 전자를 갖고 있는데 모든 원자가 자석이 아닌 이유를 설명하라.

(5) 우주에서 지구를 향해 날아오는 우주선이 가장 적은 지역과 그 이유를 설명하라.

풀이

(1) 지구 자기장은 남쪽에서 북쪽으로 걸려 있고 번개는 음전하의 흐름이므로 서쪽으로 휜다.

(2) 항상 운동하는 방향에 수직인 힘을 받으므로 받는 일은 0이다.

(3) 없다, 자기장에 나란한 운동일 경우

(4) 대부분의 원자들은 서로 다른 방향으로 스핀 운동하여 상쇄되므로

(5) 우주선 : 우주에서 날라오는 전기를 띤 입자
적도 : 우주선이 지구 자기장 안으로 들어오면 편향되기 때문이다.

15.4 개념 심화하기

01 자기력선이 오른쪽 그림과 같은 자기장이 있다.

(1) 두 점 A, B 중에서 자기장의 세기가 더 센 곳은?

(2) A점의 자기력선의 간격이 1이라고 할 때, B점의 자기력선의 간격은 2이다. 두 점의 자기장의 세기의 비는?

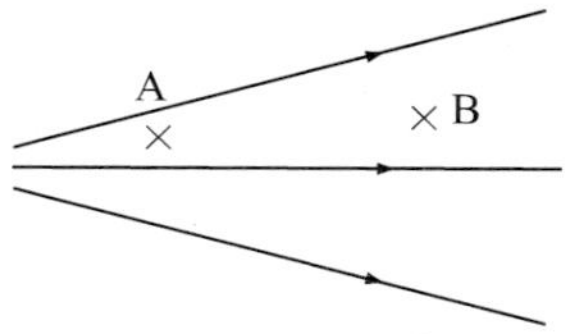

풀이

(1) 자기력선의 간격이 좁은 곳이 자기장이 더 센 곳이다. A

(2) 자기장의 세기는 단위 면적당 지나는 자기력선의 수에 비례한다.
간격의 비=1 : 2 → 면적의 비=1 : 4, 단위 면적당 자기력선 수의 비=1 : $\frac{1}{4}$=4 : 1

02 그림과 같은 장치에서 0.084g의 추를 얹었을 때 수평을 이루었다. 도선에 흐르는 전류는 1.2A이고 PQ의 길이는 25cm 이었다. 솔레노이드 내부의 자기장을 구하여라.

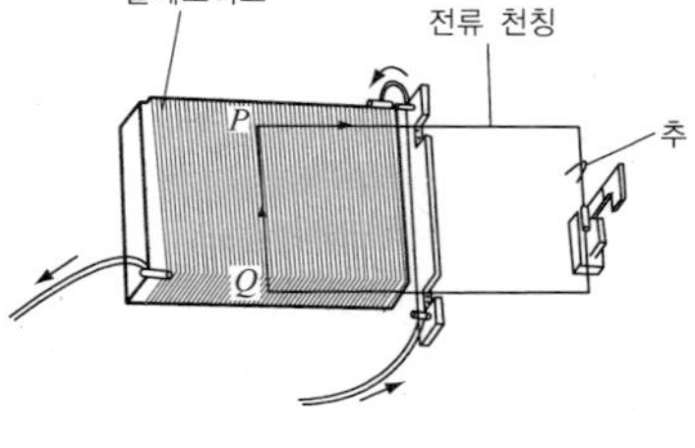

풀이

도선의 PQ부분은 자기장과 수직 방향이 되어 자기력을 받는다. 자기력은 플레밍의 왼손 법칙에 따라 아래 방향이 된다. 이 때 도선의 반대편에 추를 얹어 놓으면 힘의 균형을 이룰 수 있다.
도선 PQ가 받는 힘 $F=BIl=(0.084\times10^{-3}\text{kg})\times(10\text{N/kg})=(0.084\times10^{-2}\text{N})$
(=추의 무게)
솔레노이드 내부의 자기장 $B=\frac{F}{Il}=\frac{8.4\times10^{-4}\text{N}}{1.2\text{A}\times0.25\text{m}}=2.8\times10^{-3}\text{T}$

03 사진은 톰슨의 e/m 측정 장치의 일부를 나타내고 있다. 밝은 원형의 선은 전자의 운동 궤적이다. 이 전자가 있는 곳의 자속 밀도가 1.0×10^{-3}T일 때, 전자가 1초에 원을 그리는 횟수는 얼마나 될까? ($e=1.6\times10^{-19}$C, $m=9.1\times10^{-31}$kg)

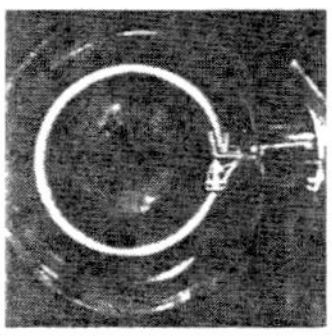

풀이

원운동의 주기 $T=2\pi\dfrac{m}{qB}$ 이므로

1초에 회전수$=\dfrac{1}{T}=\dfrac{qB}{2\pi m}=\dfrac{(1.6\times10^{19}\text{C})(1.0\times10^{-3}\text{T})}{2\times3.14\times9.1\times10^{-31}\text{kg}}=2.8\times10^{7}$번

04 그림과 같은 반원형의 도선에 전류 i가 흐르고 있다. 반원형 도선의 중심 P에서의 자기장의 세기는 얼마인가?

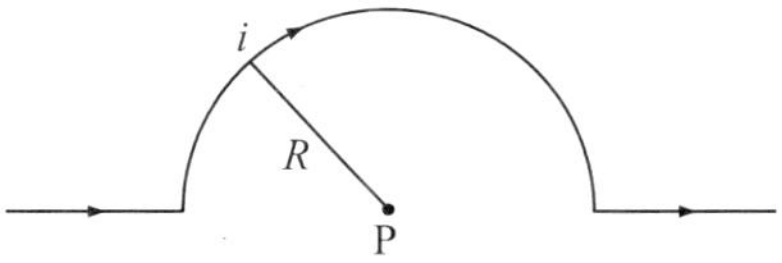

풀이

원형 전류가 만드는 자기장의 $\dfrac{1}{2}$배이다.

$B=k'\dfrac{i}{R}\times\dfrac{1}{2}=\pi\times10^{-7}\times\dfrac{i}{R}$

05 길이가 15cm인 이등변 직각 삼각형의 도선에 2A의 전류가 흐르고 있다. 크기가 $\sqrt{2}$T인 균일한 자기장이 이등변 직각 삼각형의 빗변에 수직으로 걸려 있을 때 빗변이 아닌 두 변이 받는 힘의 합력은 얼마인가?

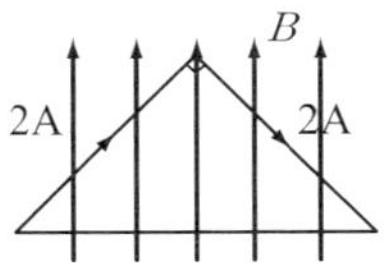

풀이

$F=Bil\sin45^\circ=\sqrt{2}\times2\times15\times10^{-2}\times\dfrac{1}{\sqrt{2}}=0.3(\text{N})\quad\therefore\sum F=0.6(\text{N})$

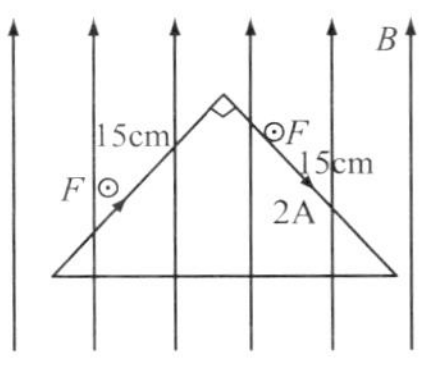

06 자기장의 세기가 B인 균일한 자기장이 지면에 수직한 방향으로 그림과 같이 놓여 있다. 운동 에너지가 E인 양성자가 오른쪽에서 왼쪽으로 진행할 때 다음 물음에 답하여라.(단, 전자의 전하량은 e, 양성자의 질량은 m이다.)

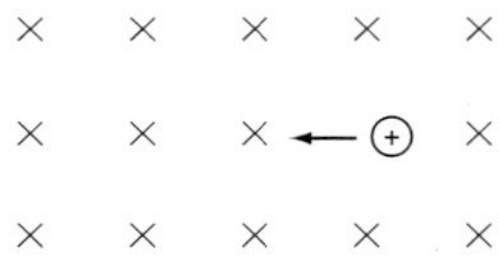

(1) 양성자가 받는 힘의 방향과 크기는?

(2) 양성자의 궤도 반지름과 주기는?

(3) 양성자가 $\frac{1}{4}$회전했을 때 양성자의 운동 에너지는?

풀이

(1) 아래 방향, $eB\sqrt{\frac{2E}{m}}$ (양성자의 속력 $v=\sqrt{\frac{2E}{m}}$)

(2) $eB\sqrt{\frac{2E}{m}}=\frac{2E}{R} \rightarrow R=\frac{\sqrt{2mE}}{eB}$, $T=\frac{2\pi m}{Be}$

(3) 대전 입자가 자기력으로부터 받는 일은 0이다. 따라서 운동 에너지는 불변이다. E

07 사이클로트론을 균일한 자기장을 이용하여 일정한 진동수로 작동시킨다. 대전 입자의 마지막 궤도 반지름이 R라면 사이클로트론을 빠져 나오는 입자의 에너지는 R과 어떤 관계인가?

풀이

$$\frac{mv^2}{R}=Bqv \rightarrow E=\frac{1}{2}mv^2=\frac{B^2q^2R^2}{2m}$$

08 거리 R만큼 떨어져 엇갈린 두 직선 도선 A, B에 세기가 각각 I, $2I$인 전류가 흐르고 있다. 도선 A는 x축을 따라 놓여 있고 도선 B는 z축을 따라 놓여 있을 때 두 도선의 가장 가까운 곳의 중점에서 자기장의 세기는 얼마인가?(단, 비례 상수는 k이다.)

풀이

각각의 전류가 만드는 자기장은 서로 수직이 되며 그 크기는

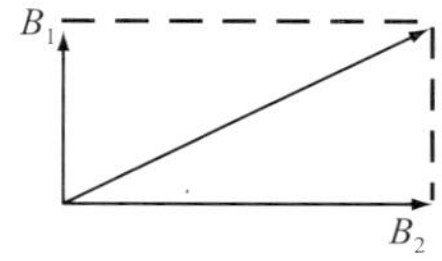

$$B_1 = 2\times10^{-7}\frac{I}{\frac{R}{2}} = 4\times10^{-7}\frac{I}{R},$$

$$B_2 = 2\times10^{-7}\frac{2I}{\frac{R}{2}} = 8\times10^{-7}\frac{I}{R}$$

$$\sum B = 4\sqrt{5}\times10^{-7}\frac{I}{R}$$

09 전하량 e, 진량 m인 전자를 균일한 자기장 B와 θ의 각을 이루면서 속도 v로 입사시켰더니 전자는 나선 운동을 하였다. 전자가 처음 속도 v와 방향이 같아지는 데 걸리는 시간은 얼마인가?(단, $0 < \theta < 90°$)

풀이

원운동의 주기를 구한다. $T = \dfrac{2\pi r}{v\sin\theta} = \dfrac{2\pi m}{qB}$

10 균일한 자기장 B와 균일한 전기장 E가 $+x$축 방향으로 같은 공간에 주어져 있다. 양(+)전기를 띤 입자를 이들 자기장과 전기장에 수직으로 입사시킨다면 이 입자는 어떤 운동을 하겠는가?

풀이

양(+)전기를 대전입자가 균일한 자기장에 수직으로 입사되면 등속 원운동을 하고, 균일한 전기장에 입사되면 전기장의 방향으로 등가속도 운동을 하므로 두 운동을 결합하면 결과적으로 간격이 점점 벌어지는 나선형 운동을 하게 된다.

CHAPTER 16

전자기 유도

16.1 개념 익히기

01 폐곡선 형태의 코일에 주어지는 자기장의 세기를 변화시키면 어떤 일이 일어날까?

① 코일에 기전력이 유도된다.
② 코일에 유도 전류가 흐른다.
③ 전자기 유도 현상이 일어난다.
④ 모두 맞다.
⑤ 모두 틀리다.

전자기 유도의 개념을 정확히 알면 해결할 수 있는 문제이다. 전자기 유도란 코일을 통과하는 자속(자속밀도×면적)이 변하면 코일에는 자속(자기장)의 변화를 방해하는 방향으로 유도 기전력(전압)이 발생하여 유도 전류가 흐르는 것을 말한다. 전자기 유도 현상은 외부의 에너지(자기장이나 자속을 변화시키는데 필요한 일이나 에너지)가 전기에너지로 전환되는 현상 즉 에너지 전환과 관련된 현상이라 할 수 있다.

02 자석을 원형 코일의 중심을 향해 가까이 가져갈 때 코일은 ______________

① 자석을 끌어당긴다.
② 자석을 밀어낸다.
③ 자석을 끌어당기기도 하고 밀어내기도 한다.

자기장의 변화를 방해하는 방향으로 유도 전류가 흐르므로 자석이 코일 가까이 다가오면 척력이, 멀어지면 인력이 작용하게 된다. 예를 들어 N(S)극이 다가오면 코일의 유도 전류는 자석을 향해 N(S)극을 만들어내고, N(S)극이 멀어지면 코일의 유도 전류는 자석을 향해 S(N)극을 만들어낸다.

Answers 01. ④ 02. ②

03 다음 중 전자기 유도 현상이 일어나는 경우는?

① 코일에 주어지는 전기장의 세기가 변할 때
② 코일에 주어지는 자기장의 세기가 변할 때
③ 코일에 걸린 전압이 변할 때

전자기 유도 현상은 반드시 자속이 변하는 경우 즉 자기장이 변하거나 코일을 통과하는 자기장의 면적이 변하는 경우에만 일어난다.

04 다음 중 코일에 유도 기전력이 생기는 경우는?

① 코일을 자석 가까이 이동시킬 때
② 자석을 코일 가까이 이동시킬 때
③ 이웃한 다른 코일에 전류가 흐르기 시작할 때
④ 모두 맞다.
⑤ 모두 틀리다.

코일에 유도 기전력 즉 유도 전압이 생기는 경우는 전자기 유도 현상이 일어날 때이다.
코일과 자석의 상대적인 운동을 통해 자기장이 변하는 경우(패러데이)나 이웃한 다른 코일에 흐르는 전류의 변화에 의해 코일을 통과하는 자기장이 변하는 경우(헨리)이다.

05 2회 감긴 코일 내부로 자석을 밀어 넣었다. 코일의 감은 수를 4회로 하고 같은 자석으로 코일 내부로 밀어 넣었을 때 유도되는 기전력의 크기는 처음과 비교하여 몇 배나 되겠는가?

① $\frac{1}{2}$배
② 같다.
③ 2배
④ 4배
⑤ 알 수 없다.

패러데이 법칙에서 유도 전압은 자속의 시간적 변화율(자기장이 변하거나 코일의 면적 변화)과 코일의 감은 수에 비례한다. 헨리의 법칙에서 유도 전압은 전류의 시간적 변화율과 유도계수에 비례한다. 두 경우 모두 다 자속의 변화를 방해하는 방향으로 유도 전류가 흐른다. 감은 수가 2배로 되면 유도 전압도 2배가 된다.

06 전기적인 에너지를 역학적인 에너지로 바꾸어 주는 전기 기구는?

① 발전기
② 전동기
③ 변압기
④ 자석

발전기는 다른 에너지(보통은 역학적 에너지)를 전기 에너지로 바꾸어주는 기구이고 전동기는 전기 에너지를 역학적 에너지로 바꾸어 주는 기구이다. 변압기는 전자기 유도 현상을 이용하여 전압을 변화시키는 장치이다.

07 변압기에서는 어떤 물리량을 변화시키는가?

① 전압
② 압력
③ 자기력선
④ 안전한 상태로의 에너지 변환

Answers 03. ② 04. ④ 05. ③ 06. ② 07. ①

변압기에서는 전압만 변화시킬 뿐 전기 에너지를 변화시키지 못한다. 변압기에서 1차 코일에 전달되는 전기 에너지에 비해 2차 코일의 전기 에너지는 1차 코일보다 클 수 없다.

08 감은 수가 많은 코일에 기전력이 작은 전지가 연결된 회로가 있다. 스위치를 열 때 코일에 높은 전압이 유도되는 이유는?

① 코일에 주어지는 자기장이 크게 변하기 때문이다.
② 전지에 저장된 에너지가 일시에 방출되기 때문이다.
③ 전지의 내부 저항이 급격히 커지기 때문이다.
④ 도선에 있던 전자들이 더 이상 이동하지 않기 때문이다.
⑤ 전지 양단의 전기장 때문이다.

스위치를 닫는 순간보다 스위치를 여는 순간 전류의 세기변화에 의한 코일에 주어지는 자기장이 급격히 변하기 때문에 코일에 높은 전압이 유도된다.

09 전력을 높은 전압으로 송전하는 이유는?

① 먼 곳까지 적절한 전압을 유지하기 위해
② 송전선에서의 전력 손실을 최소화하기 위해
③ 둘 다 맞다.
④ 둘 다 틀리다.

전력을 높은 전압으로 송전하는 이유는 송전선에서의 전력 손실을 최소화하기 위한 것이다. 일정한 전력을 공급할 때 전력은 전압과 전류의 곱인데 전압을 2배 높여서 공급하면 전류의 세기가 절반으로 감소하므로 송전선에서의 손실 전력($\Delta p = I^2 r$)은 $\frac{1}{4}$배가 된다.

10 자기장의 급격한 변화는 __________

① 더 큰 자기장을 유도한다.
② 같은 크기의 자기장을 유도한다.
③ 전기장을 유도한다.

자기장의 급격한 변화는 유도 전압 즉 전위차를 발생시키므로 전기장을 유도한다고 할 수 있다.

11 비행기 탑승객들이 공항 검색대를 지날 때 금속 탐지기가 작동하는 원리와 관계있는 법칙은?

① 옴의 법칙
② 패러데이의 법칙
③ 쿨롱의 법칙
④ 뉴턴의 법칙
⑤ 후크의 법칙

공항 검색대는 자기장을 형성하고 있어서 금속 물체가 지나가면 전자기 유도에 의한 유도 전류가 흐르면서 금속 물질을 탐지하게 된다. 따라서 패러데이 법칙과 관계가 있다.

Answers 08. ① 09. ② 10. ③ 11. ②

12 변압기를 통해 증가시키는 것은?

① 전력
② 에너지
③ 둘 다 맞다.
④ 둘 다 틀리다.

변압기는 전압만 변화시킬 뿐 전력 즉 에너지를 변화시킬 수 없다.

13 네온 등은 약 12,000V의 전압을 필요로 한다. 120V의 전원을 이용하여 12,000V까지 전압을 높이려면 변압기의 1차 코일과 2차 코일의 감은 수의 비는?

① 1 : 100 ② 100 : 1
③ 1 : 10 ④ 10 : 1
⑤ 1 : 1

변압기에서 전압은 감은 수에 비례한다. $\frac{V_1}{V_2} = \frac{N_1}{N_2}$ 에서 1 : 100 이다.

14 1차 코일과 2차 코일의 감은 수의 비가 1 : 10인 변압기에서 전력 손실을 무시한다면, 1차 코일에 100W의 전력을 공급할 때 2차 코일에서 얻을 수 있는 최대 전력은?

① 1W ② 10W
③ 100W ④ 1,000W

변압기에서 전력 손실이 없다면 1차 코일에 전달된 에너지 전부를 2차 코일에서 얻을 수 있다. 따라서 최대 전력은 100W이다.

15 4A의 전류가 흐르고 있는 1차 코일에 걸린 전압이 110V라면 2차 코일에서 얻을 수 있는 최대 전력은?

① 27.5W
② 110W
③ 440W
④ 880W

전력은 $P = VI$ 에서 4A×110V=440W이다.

16 다음 중 전자기파에 대해 바르게 설명한 것은?

① 전자기적 펄스의 흐름이다.
② 전기장과 자기장의 진동이다.
③ 높은 진동수의 중력파이다.
④ 빛에너지를 가진 입자이다.

전자기파란 전하가 가속 운동할 때 발생하며, 변하는 전기장과 변하는 자기장이 서로 원인과 결과가 되면서 공간적으로 에너지가 전달되는 것을 말한다.

17 모든 전자기파의 근원은?

① 원자의 에너지 준위의 변화
② 진동하는 원자
③ 가속 운동하는 전하

진동하는 원자나 원자의 에너지 준위의 변화에 의해 일부 전자기파가 발생될 수 있지만 모든 전자기파의 근원은 가속 운동하는 전하라고 할 수 있다.

Answers 12. ④ 13. ① 14. ③ 15. ③ 16. ② 17. ③

18 전자기파는 ____________

① 진공에서도 전달된다.
② 반드시 매질을 필요로 한다.

모든 파동은 매질이 있어야만 전달되지만 전자기파는 예외적으로 진공 중에서도 전달된다.

19 전파와 가시광선과의 가장 큰 차이점은?

① 속력
② 파장
③ 진동수
④ 모두 맞다.
⑤ 앞의 3가지 중 2가지

전자기파의 속력은 빛의 속력으로 항상 일정하며 진공 중에서 가장 빠르다(3×10^8m/s). 전자기파의 종류로 장파, 중파, 단파, 초단파, 극초단파(마이크로파는 이 영역에 속함), 적외선, 가시광선, 자외선, X선, γ선(파장이 점점 짧아지는 순서임) 등이 있다.

Answers 18. ① 19. ⑤

16.2 개념 응용하기

01 그림과 같이 두 도선의 중심에 직사각형의 도선이 놓여 있다. 전류 i_1 는 증가시키고 전류 i_2 는 일정하게 유지할 때 직사각형의 도선에 유도된 전류에 대해 옳게 설명한 것은?

① 0
② 시계 방향으로 흐른다.
③ 반시계 방향으로 흐른다.
④ i_1-i_2의 값에 따라 다르다.
⑤ i_1+i_2의 값에 따라 다르다.

⋯ • 직사각형 도선 내부에서 전류 i_1에 의해 지면에 수직으로 들어가는 방향의 자기장(자속)이 증가하므로, 이 자기장의 증가를 방해하는 방향인 반시계 방향으로 유도전류가 흐른다.

02 수평면에 평행한 원형 도선의 중심을 향해 아래쪽이 N극인 막대 자석을 떨어뜨린다. 막대 자석의 절반이 원형 도선을 통과할 때 원형 도선에 유도된 전류는 어떻게 되는가?

① 세기가 최대이고 시계 방향이다.
② 세기가 최대이고 반시계 방향이다.
③ 세기가 최소이고 시계 방향이다.
④ 세기가 최소이고 반시계 방향이다.
⑤ 유도 전류가 흐르지 않는다.

⋯ • 막대자석의 절반이 원형도선을 통과하는 순간에 자기장의 세기가 거의 일정하므로 자속의 변화는 0이라 할 수 있다.

03 단면적이 0.1m^2인 철심에 구리 도선을 100회 감고 도선을 10Ω의 저항과 연결하였다. 코일의 축을 따라 1T의 자기장을 통과시켰다가 1초만에 다시 반대 방향으로 1T의 자기장을 통과시켰다. 1초 동안 저항을 통과한 전하량은?

① 0.1C
② 1C
③ 2C
④ 10C
⑤ 20C

Answers 01. ③ 02. ⑤ 03. ③

⋯› • 유도 전기력의 크기는 코일 내부를 통과하는 자속의 시간적 변화율에 비례하고 코일을 감은 횟수에 비례한다. $V=-N\frac{S\Delta B}{\Delta t}=100\frac{0.1\times 2}{1}=20\text{V}$ 이므로 $I=\frac{V}{R}=2\text{A}$ 이므로 통과한 전하량은 $q=It=2\text{C}$ 이다.

04 그림과 같이 원형 도선의 절반은 균일한 자기장(B)에 놓여 있고, 나머지 절반은 자기장 밖에 있다. 원형 도선에 흐르는 유도 전류의 방향이 시계 방향이 되려면 원형도선을 어느 방향으로 이동시켜야 하는가?

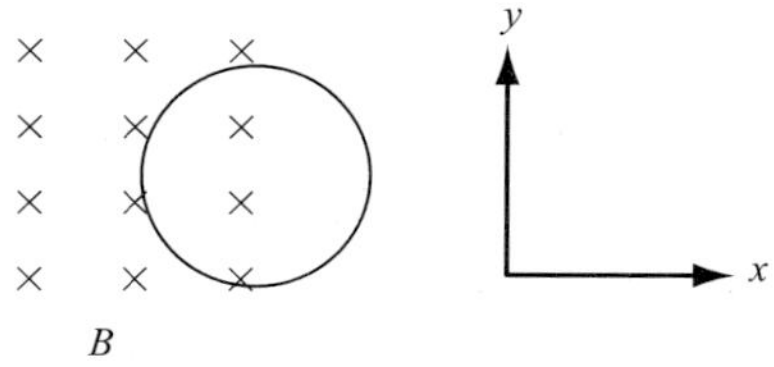

① $+x$ 방향으로 이동시킨다. ② $-x$ 방향으로 이동시킨다.
③ $+y$ 방향으로 이동시킨다. ④ $-y$ 방향으로 이동시킨다.
⑤ 자기장의 세기 B를 증가시킨다.

⋯› • 유도 전류가 시계방향으로 흐를 때는 지면에 수직으로 들어가는 방향의 자속이 감소할 때이다.

05 그림과 같이 면적이 같은 사각형 모양의 세 도선이 자기장이 없는 (가)영역에서 균일한 자기장이 있는 (나)영역으로 같은 속도 $\vec{v}$ 로 들어가고 있다.(단, 자기장은 지면에 수직으로 들어가는 방향이다.)

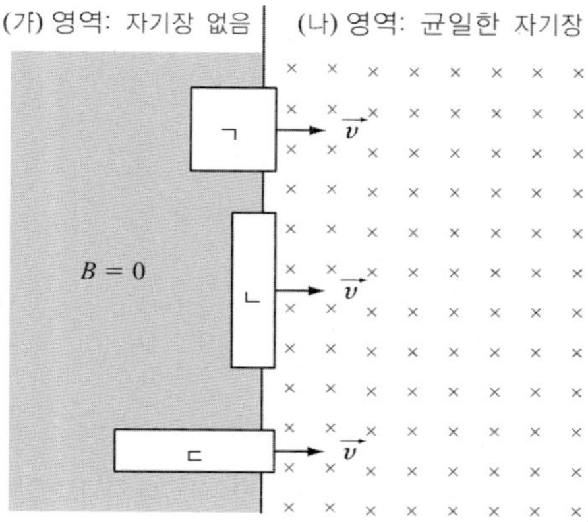

그림과 같이 (나)영역으로 들어간 직후 각 도선에서의 유도기전력이 큰 것부터 차례로 나열하면?

Answers 04. ① 05. ③

① ㄱ-ㄴ-ㄷ ② ㄱ-ㄷ-ㄴ
③ ㄴ-ㄱ-ㄷ ④ ㄴ-ㄷ-ㄱ
⑤ ㄷ-ㄴ-ㄱ

- 자기장의 세기가 B인 곳에 수직으로 길이 l 인 도선이 속력 v 로 움직일 때 유도되는 기전력은 $E = Blv$ 이므로, 사각형의 세로 길이가 길수록 유도기전력이 크다.

06 그림과 같이 균일한 자기장 속에서 도선 A, B를 운동시킬 때 도선에 A→B 방향으로 유도전류가 시간에 따라 일정하게 증가하면서 흘렀다. 도선의 운동 상태는?

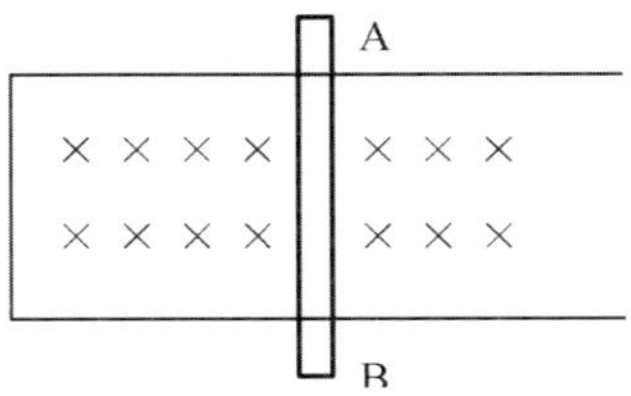

① 왼쪽으로 등속도 운동
② 왼쪽으로 속도가 증가하는 등가속도 운동
③ 오른쪽으로 등속도 운동
④ 오른쪽으로 속도가 증가하는 등가속도 운동
⑤ 오른쪽으로 속도가 감소하는 등가속도 운동

- 유도 전류가 A→B 방향으로 흐를 때는, 도선 AB와 ㄷ 자형 도선이 이루는 회로의 자속이 감소할 때이며 유도 전류가 시간에 따라 일정하게 증가하므로 유도 전압이 일정하게 증가해야 한다. 따라서 도선은 등가속도 운동을 하였다.

07 똑같은 세 개의 원형 도선이 그림과 같이 자기장 속에 놓여 있다.

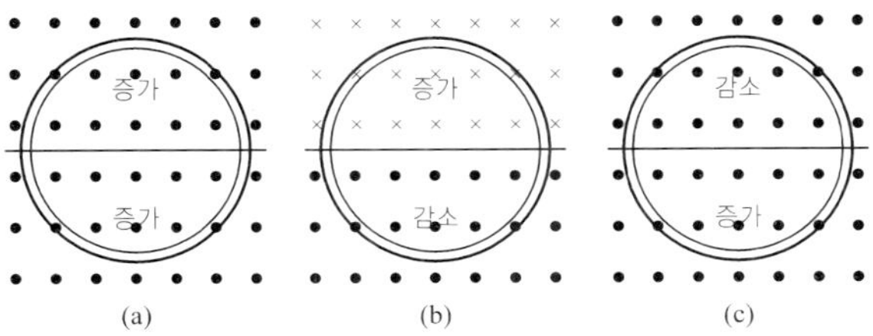

점선의 위쪽과 아래쪽의 자기장이 증가하거나 감소할 때, 다음 중 세 원형 도선에 유도되는 기전력의 크기를 바르게 비교한 것은?

① (a) > (b) > (c) ② (a) > (c) > (b)
③ (a) = (b) > (c) ④ (c) > (a) > (b)
⑤ (a) = (b) = (c)

Answers 06. ② 07. ③

⋯ • 원형도선에 흐르는 유도전류의 방향은 자속의 변화를 방해하는 방향이다. 각 원형 도선의 반원에 발생하는 유도 전압은 (a)와 (b)는 같은 방향이므로 커지며 (c)는 반대 방향이므로 상쇄된다.

08 저항 R, 길이 L인 금속 막대가 그림과 같이 균일한 자기장 속의 금속 레일 위에 놓여 있다. 자기장의 세기가 B이고 금속 레일의 저항과 마찰을 무시할 때 금속 막대를 오른쪽 방향으로 일정한 속도 v로 이동시키기 위해 금속 막대에 작용해야 할 힘의 크기는 얼마인가?

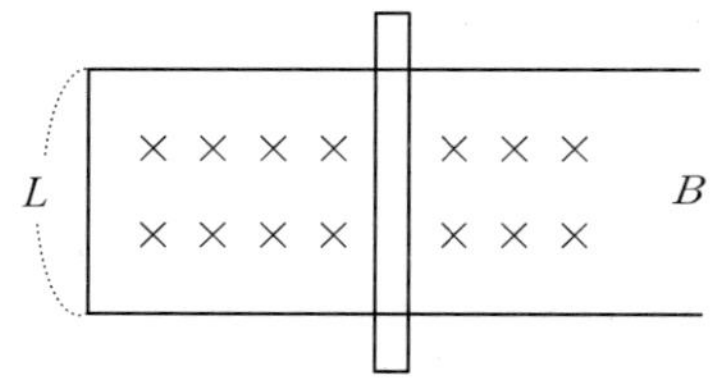

① BLv
② $\frac{BLv}{R}$
③ $\frac{B^2Lv}{R}$
④ $\frac{B^2L^2v}{R}$
⑤ $\frac{B^2L^2v^2}{R}$

⋯ • 자기장 속에서 움직이는 도선에 유도전류 $I=\frac{Blv}{R}$가 흐를 때 이 도선은 자기력 $F=BIl=\frac{B^2L^2v}{R}$을 받는다. 자기력의 방향은 운동방향과 반대 방향이므로 도선을 일정한 속도로 이동시키기 위해서는 자기력과 같은 크기의 힘을 가해야 한다.

09 그림과 같이 코일 주변에서 자석을 이동시킬 때 코일에 유도 전류 I가 흐른다. [보기]의 설명 중 옳은 내용을 모두 고른 것은?

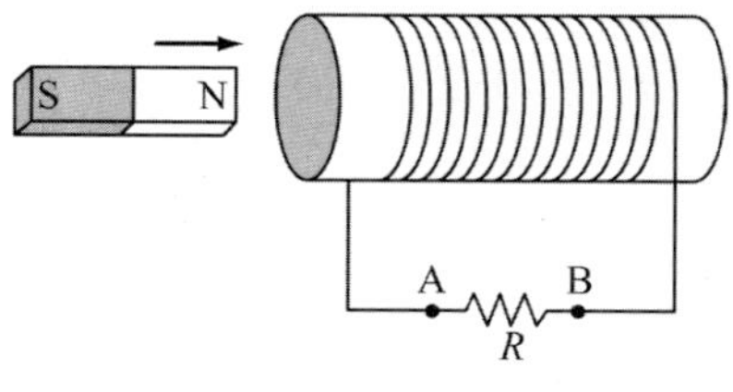

Answers 08. ④ 09. ⑤

보기

ㄱ. 저항 R에 흐르는 유도 전류는 A → B 방향이다.
ㄴ. A점의 전위는 B점의 전위보다 IR 만큼 높다.
ㄷ. 저항 R에서 소비전력은 I^2R이다.

① ㄱ
② ㄱ, ㄴ
③ ㄱ, ㄷ
④ ㄴ, ㄷ
⑤ ㄱ, ㄴ, ㄷ

…› • 솔레노이드의 왼쪽에 자기장의 N극이 만들어지는 방향으로 유도전류가 흐르며, 저항 R인 도선에 전류 I가 흐를 때 도선 양끝의 전위차는 IR이다. 또 저항 R에서 소비되는 전력은 I^2R 이다.

10 그림 (a)와 같이 솔레노이드 주위에 두 전구 A, B가 원형 도선으로 연결되어 있는 회로가 있다. 솔레노이드 내부의 자기장의 세기를 증가시켰더니, 회로에 유도 기전력이 발생하여 두 전구 A, B가 밝게 빛났다.

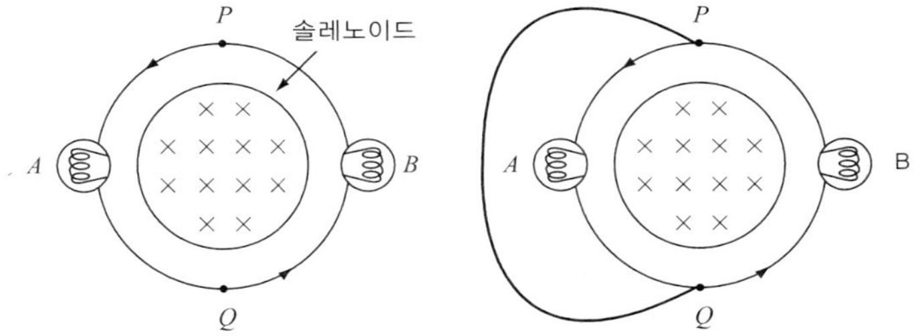

(a) (a)

그림 (b)와 같이 회로상의 두 점 P, Q를 도선으로 연결한다면 두 전구 A, B의 밝기는 어떻게 되겠는가?

① 전구A는 꺼지고, 전구B는 더욱 밝아진다.
② 전구B는 꺼지고, 전구A는 더욱 밝아진다.
③ 전구A는 꺼지고, 전구B는 더욱 어두워진다.
④ 전구B는 꺼지고, 전구A는 더욱 어두워진다.
⑤ 두 전구 모두 꺼진다.

…› • 두 점 P, Q를 도선으로 연결하면 전구 A에 걸리는 전압(유도기전력)은 0이 되고, 전구 B에 걸리는 전압은 커진다.

Answers 10. ①

11 둥근 막대 모양의 자석을 S극이 위로 오도록 하여 저울 위에 놓았더니 자석이 저울을 누르는 힘은 0.2N이었다. 자기력에 관한 실험을 하기 위해 그림과 같이 막대 자석 바로 위에 솔레노이드를 놓고 화살표 방향으로 전류를 흘렸다.

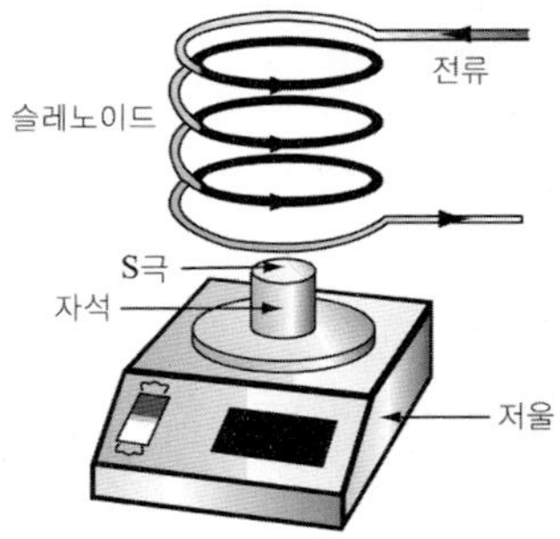

전류를 서서히 증가시켰을 때 자석이 저울을 누르는 힘의 변화를 옳게 나타낸 그래프는?(단, 저울과 자석 사이에는 자기력이 작용하지 않으며 자석은 뒤집혀지지 않는다.)

①
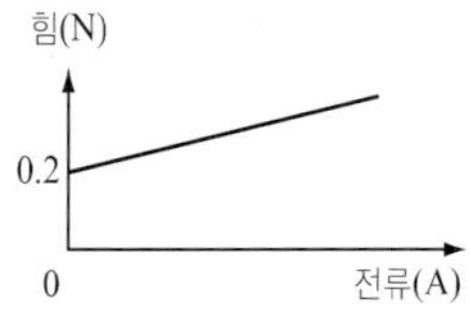

②
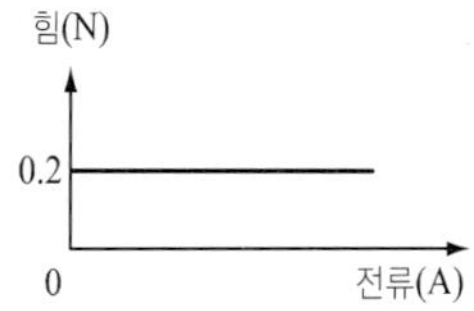

③
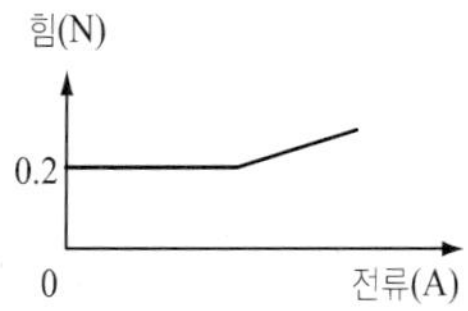

④
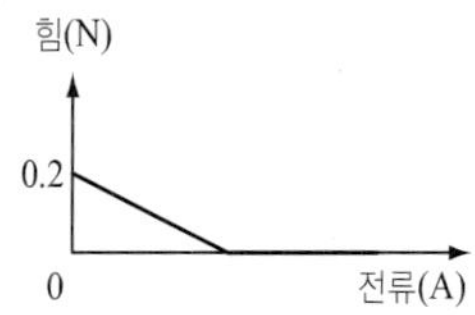

⑤
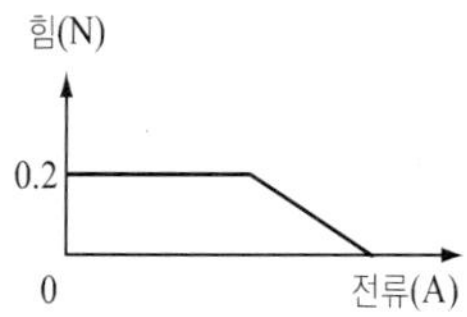

⋯› • 전류가 흐르는 솔레노이드의 아래쪽에 자기장의 S극이 만들어지므로, 솔레노이드와 자석사이에 척력이 작용하며 솔레노이드에 흐르는 전류가 증가하면 척력도 커진다.

Answers 11. ①

12 자체 유도 계수가 L인 코일과 전류계가 그림과 같이 연결되어 있다. 스위치를 닫는 순간 전류와 시간 관계가 그래프와 같이 나타났다면 회로의 전체 저항과 자체 유도 계수의 크기는 얼마인가?

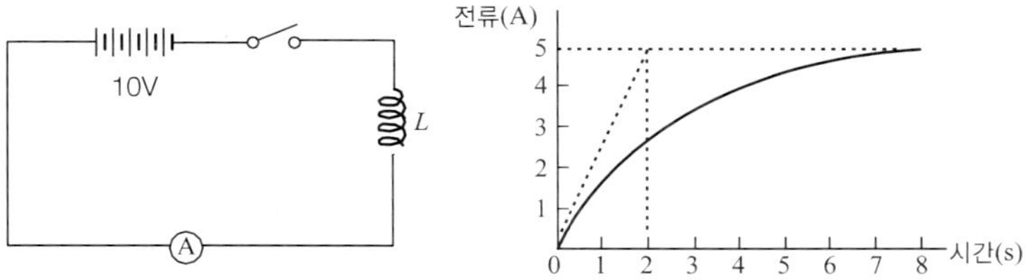

① 2Ω, 4H ② 2Ω, 2.5H
③ 2.5Ω, 4H ④ 2.5Ω, 2.5H
⑤ 2.5Ω, 5H

⋯ • 스위치를 닫는 순간($t=0$)에 $I=0$이므로, $E=-L\frac{\triangle I}{\triangle t}+IR$에서 $E=-L\frac{\triangle I}{\triangle t}$이다.
충분한 시간이 경과하면 $\frac{\triangle I}{\triangle t}=0$이므로 $E=IR$이 성립한다.

13 다음 실험에 관한 설명 중 옳은 내용은?

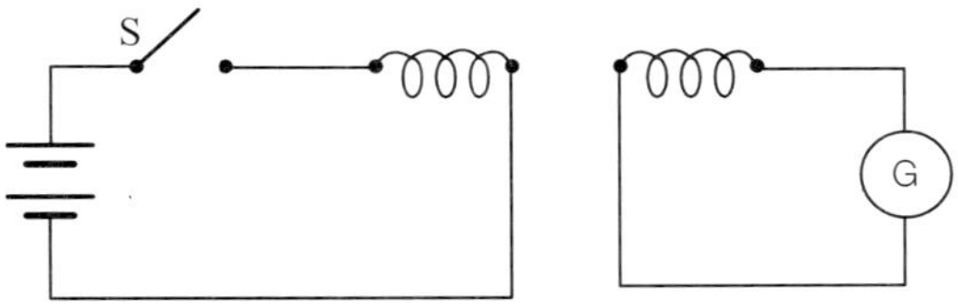

① 스위치 S가 닫혀있는 동안 검류계 Ⓖ의 바늘은 일정한 크기의 눈금을 가리킨다.
② 스위치 S가 닫혀있는 동안 유도 기전력이 발생한다.
③ 전지에 의한 전류가 검류계 Ⓖ를 통해 흐른다.
④ 스위치 S를 열거나 닫을 때 검류계 Ⓖ에 전류가 흐른다.
⑤ 그림의 두 코일이 연결되어 있지 않으므로 검류계 Ⓖ에는 전류가 흐르지 않는다.

⋯ • 2개의 코일을 가까이 놓고 한쪽 코일의 전류의 세기를 변화시키면 다른 코일에 유도기전력이 생긴다(상호유도). 전지가 연결된 회로에서는 스위치를 열거나 닫을 때에만 전류의 세기가 변한다.

Answers 12. ① 13. ④

14 그림과 같은 교류 발전기에서 코일을 시계방향으로 회전시킬 때 코일이 연직선과 90°의 각을 이루는 순간 코일의 A부분이 받는 저항력의 방향은?

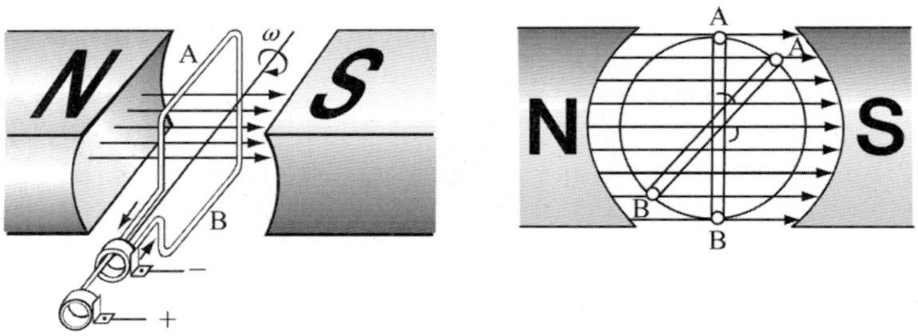

① →　　② ←
③ ↓　　④ ↑
⑤ ↘

- A부분에 흐르는 유도전류의 방향은 지면에서 수직으로 나오는 방향이며, 유도 전류가 흐를 때 받는 자기력이 저항력이다.

15 다음 설명 중 옳지 않은 것은?

① 교류 회로에서 축전기는 저항 역할을 한다.
② 교류 회로에서 코일은 전류의 흐름을 방해한다.
③ 교류는 주파수가 클수록 축전기에서 잘 흐른다.
④ 교류는 주파수가 작을수록 코일에서 잘 흐른다.
⑤ 코일과 축전기에서는 에너지를 일부만 소비한다.

- 코일과 축전기에서는 전원이 공급한 에너지를 자기장과 전기장의 형태로 저장하였다가 다시 방출하므로 평균 소비전력은 0이다.

Answers 14. ④ 15. ⑤

16 그림과 같은 교류 회로에 실효값 2A인 교류 전류가 흐를 때 저항, 코일, 축전기에 걸린 실효 전압이 각각 50V, 30V, 20V였다. 이 회로에서 소비되는 전력은 얼마인가?

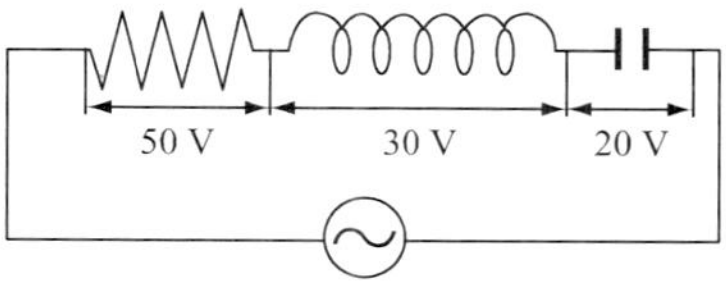

① 40W
② 60W
③ 100W
④ 200W
⑤ 300W

→ • 교류회로에서 전력은 저항에서만 소비된다. 저항에서 소비되는 전력은 $P = V_e I_e$ 이다.

17 다음 그림은 크기가 R인 저항, 자체 유도 계수 L인 코일, 용량이 C인 축전기를 교류 전원에 직렬로 연결한 전기 회로이다.

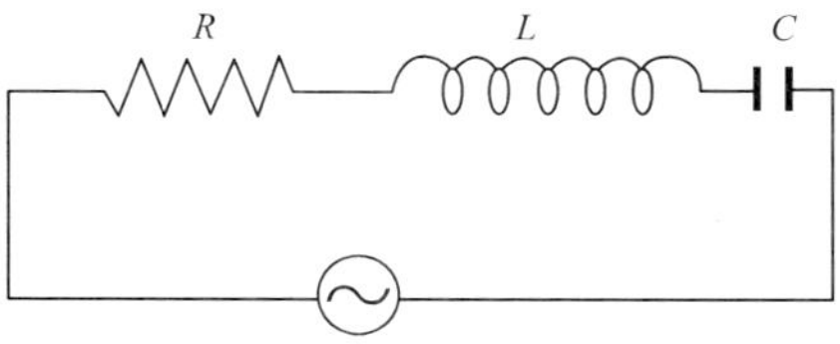

다음 [보기]에 대한 설명 중 옳은 내용을 모두 고른 것은?

보기

ㄱ. 모든 에너지는 저항에서만 소비된다.
ㄴ. 전기적인 위치 에너지는 코일과 축전기 사이에서 전기 진동한다.
ㄷ. 저항에서 소비되는 에너지는 코일과 축전기에 저장되었던 에너지가 방출되는 것이므로 전원이 하는 일은 0이다.

① ㄱ
② ㄱ, ㄴ
③ ㄱ, ㄷ
④ ㄴ, ㄷ
⑤ ㄱ, ㄴ, ㄷ

→ • 코일과 축전기에는 에너지가 일시적으로 저장되는 것이며, 저항에서만 에너지를 소비한다.

Answers 16. ③ 17. ②

18 그림과 같은 회로에서 스위치를 1에 접촉시킨 후 충분한 시간이 지났을 때 스위치를 2에 접촉시켰다. 이 회로의 주파수는 얼마인가?

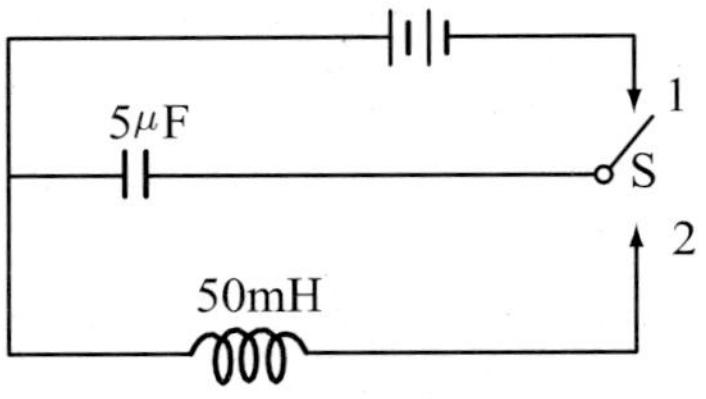

① $\frac{\pi}{1000}$　　② $\frac{\pi}{10}$

③ $\frac{1}{10\pi}$　　④ $\frac{10}{\pi}$

⑤ $\frac{1000}{\pi}$

⋯▸ • 전기진동회로에서 고유주파수는 $f=\frac{1}{2\pi\sqrt{LC}}$이다.

19 코일의 유도계수와 축전기의 전기용량이 모두 같은 세 개의 LC회로가 있다.

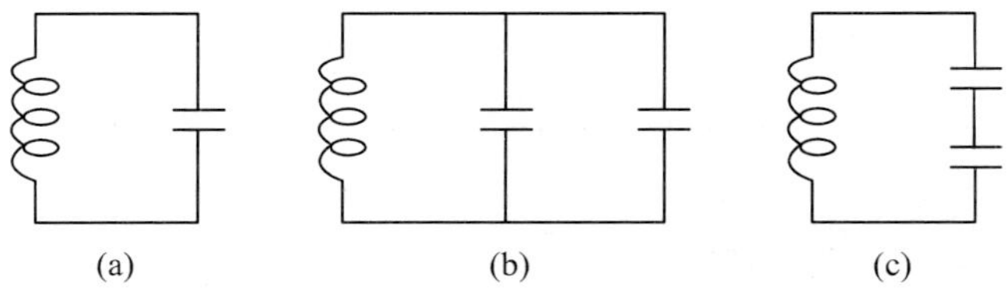

다음 중 축전기의 전하가 모두 방전하는 데 걸리는 시간을 바르게 비교한 것은?

① (a) > (b) > (c)　　② (a) > (c) > (b)

③ (c) < (b) < (a)　　④ (b) < (a) < (c)

⑤ (a) = (b) = (c)

⋯▸ • 진동회로의 주파수는 $f=\frac{1}{2\pi\sqrt{LC}}$에서 주기 $T=2\pi\sqrt{LC}$이므로, 축전기의 전기용량 C가 클수록 방전시간이 길어진다.

Answers 18. ⑤ 19. ④

20 아래의 그림은 전기장($\overrightarrow{E}$)의 방향이 $+z$ 방향이고 진행 방향이 y 방향인 전자기파를 나타내고 있다. 다음 중 자기장의 방향과 위상에 대해 옳게 설명한 것은?

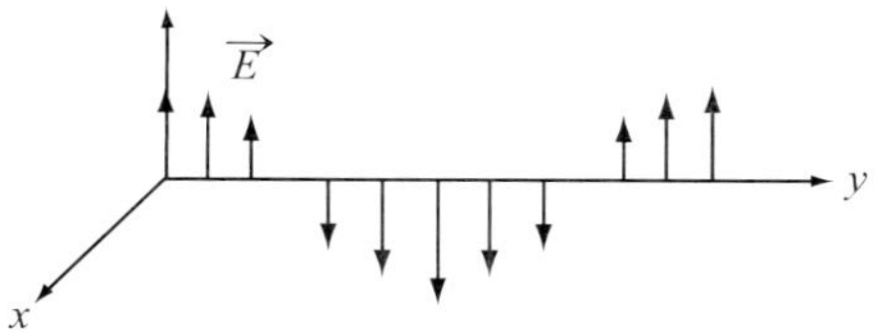

① $+x$ 방향이고 위상은 전기장과 같다.
② $-x$ 방향이고 위상은 전기장과 같다.
③ $+x$ 방향이고 위상은 전기장과 $\frac{1}{4}$파장 차이가 난다.
④ $+z$ 방향이고 위상은 전기장과 같다.
⑤ $+z$ 방향이고 위상은 전기장과 $\frac{1}{4}$파장 차이가 난다.

• 전자기파에서 전기장, 자기장, 진행방향은 서로 수직이며 동일한 위상으로 변화한다.

Answers 20. ①

16.3 개념 서술하기

01 비행기가 알래스카 위를 날고 있다. 지구 자기장의 방향이 연직 아래라면 전자가 모이는 방향은 날아가는 방향을 기준으로 할 때 오른쪽인가, 왼쪽인가, 아니면 위나 아래 방향인가?

풀이

비행기를 하나의 도선으로 생각해 보면 오른쪽이다.

02 그림과 같이 얇고 길다란 구리 조각을 O점을 중심으로 자유로이 진동하도록 만들었다. 구리조각이 지면에 수직인 자기장을 통과할 때 진동이 급격히 감쇄되는 이유를 설명하라.

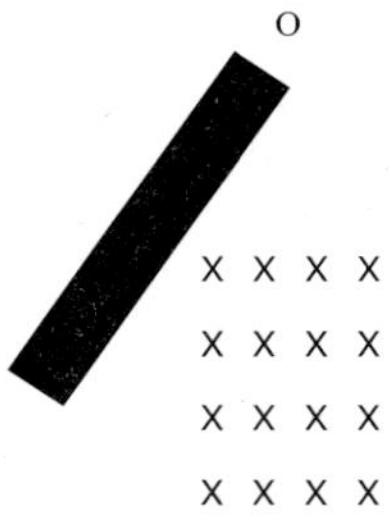

풀이

구리조각에 유도전류가 흐르게되고 자기력을 받는데 이 힘이 저항력 역할을 한다.

03 어떤 회로에서 스위치가 열릴 때 스위치의 양 극 사이에서 스파크가 일어나지만 스위치가 닫혀 있을 때에는 스파크가 일어나지 않는다. 그 이유를 설명하라.

풀이

스위치를 여는 순간 큰 유도 기전력이 생기기 때문이다.

04 그림과 같이 경사진 금속 레일 위에서 금속 막대가 미끄러져 내려온다. 모든 마찰은 무시하고 레일의 길이가 충분히 길다고 가정할 때 다음 물음에 답하라.

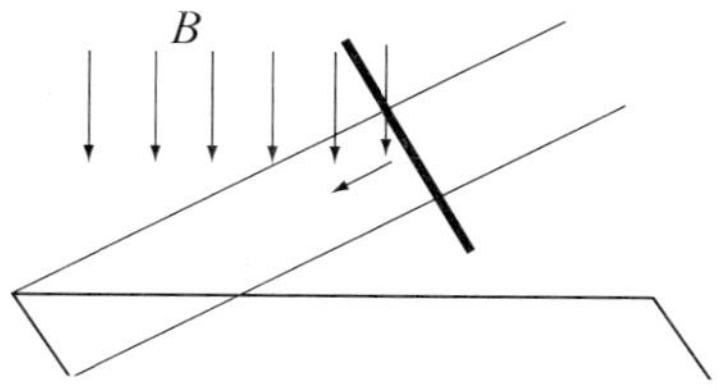

(1) 자기장의 방향이 연직 아래 방향일 때 금속 막대에 흐르는 전류의 세기와 금속 막대의 운동 상태에 대해 설명하라.

(2) 금속 막대에 흐르는 전류를 에너지 관점에서 설명하라.

(3) 장(場:field)의 개념을 이용하여 패러데이의 법칙과 맥스웰의 법칙을 비교 설명하라. 또 유도되는 전기장이나 자기장의 방향을 설명하라.

(4) 전기진동 현상을 에너지 관점에서 역학적인 진동과 비교하고, 전류나 질량 등과 같은 물리량에 서로 대응하는 물리량을 찾아보라.

(5) 전자기파는 어느 경우에 발생하는지 설명하고 전기장의 세기가 약해지는 곳에서 전파속도는 어떻게 되겠는가?

풀이

(1) 금속막대의 속도는 속도의 증가량이 점점 감소하면서 종단 속도에 이른다. 유도기전력은 속도에 비례하므로 전류는 속도에 비례해서 흐른다.

(2) 막대의 감소한 위치에너지는 전기에너지로 변환되어 전류가 흐르게 된다. 전류가 흐르게 되면 저항에서 전기에너지는 열에너지로 방출된다.

(3) 패러데이의 법칙 - 변하는 자기장은 전기장 유도,
맥스웰의 법칙 - 변하는 전기장은 자기장 유도

(4) 용수철에 매달린 추와 대응된다.
운동에너지 $\frac{1}{2}mv^2$ - 자기에너지 $\frac{1}{2}LI^2$,
질량 m - 자체유도계수 L, 속도 v - 전류 I,
위치에너지 $\frac{1}{2}kx^2$ - 전기에너지 $\frac{1}{2}\frac{q^2}{C}$
용수철 상수 k - 전기용량 역수 $\frac{1}{C}$,
변위 x - 전하량 q

(5) 전하가 가속도 운동을 할 때, 전기장의 세기는 전자기파에 영향을 미치지 않는다.

16.4 개념 심화하기

01 단면적 6×10^{-4}m^2, 감은수 50회, 저항 0.3 Ω인 코일에 자기장의 세기(B)가 그래프와 같이 시간(t)에 따라 변하고 있다. 코일에 흐르는 전류의 세기는 얼마인가?

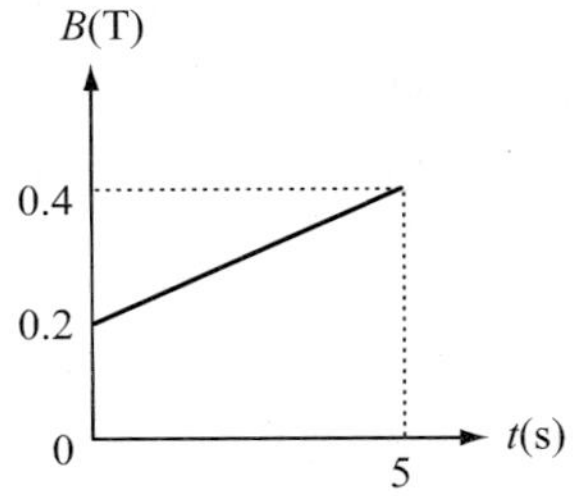

풀이

패러데이 법칙을 이용하면 유도기전력의 크기는

$$\mathcal{E} = N\frac{\Delta\Phi}{\Delta t} = NA\frac{\Delta B}{\Delta t} = 50\times 6\times 10^{-4}\frac{0.2}{5} = 1.2\times 10^{-3}\ \text{(V)}$$이므로

전류의 세기 $I = \frac{\mathcal{E}}{R} = \frac{1.2\times 10^{-3}}{0.3} = 4\times 10^{-3}$A이다.

02 그림과 같이 지면 앞쪽으로 향하고 있는 균일한 자기장(B) 내의 길이 l인 ㄷ형 도선 위에서 금속 막대 PQ를 v의 속도로 운동시킬 때 다음 물음에 답하라.

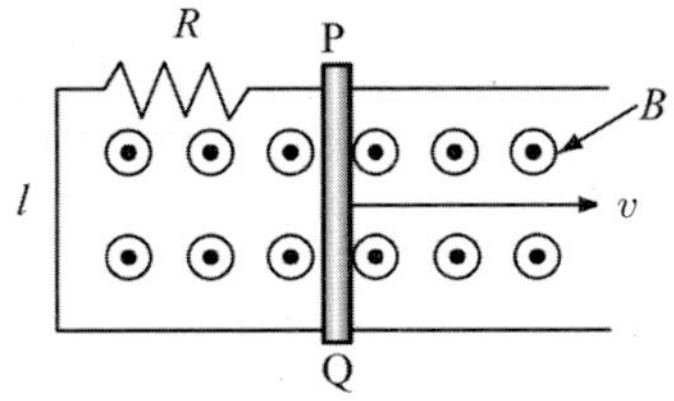

(1) 시간 t 동안 자속의 변화량은?

(2) 회로에 흐르는 전류의 세기는?

(3) 저항 R에서 소비되는 전력은?

(4) 도선 PQ를 이동시킬 때 자기장에 의한 저항력은?

(5) 이 때 일률은? 또 (3)의 전력과 비교하면 어떠한가?

(6) 도선 PQ 속의 자유전자(e)는 어느 방향으로 힘을 받는가? 또 그 힘의 크기는 얼마인가?

(7) 도선 PQ 속의 전기장의 세기는?

(8) 도선 PQ 사이의 전위차는 얼마인가? P, Q 중 어느 곳의 전위가 더 높은가?

풀이

패러데이 법칙을 이용하면 유도기전력은 Blv이다.

(1) $Blvt$ (2) $\frac{Blv}{R}$ (3) $P = VI = \frac{(Blv)^2}{R}$ (4) $F = BIl = \frac{B^2l^2v}{R}$

(5) $P = Fv = \frac{(Blv)^2}{R}$, 같다. (6) P방향, Bev (7) $F = Bev$와 $F = eE$에서 $E = Bv$

(8) Bev, Q

03 저항이 10Ω인 전기 회로에 $V = 100\sqrt{2}\sin 120\pi t$인 교류 전압을 걸어주었다. 이 회로에 흐르는 전류의 실효값과 교류 전압의 주파수, 소비전력을 구하라.

풀이

전압의 실효값이 100V이므로 전류의 실효값은 10A, $\omega = 2\pi f = 120\pi$이므로 $f = 60$Hz, 소비전력은 $P = VI = 1000$W이다.

04 그림과 같은 교류 회로에서 $R = 100\Omega$, $C = 10\mu$F, $L = 10$H, $V = 100$V, $\omega = 100$rad/s 이다. 다음 물음에 답하라.

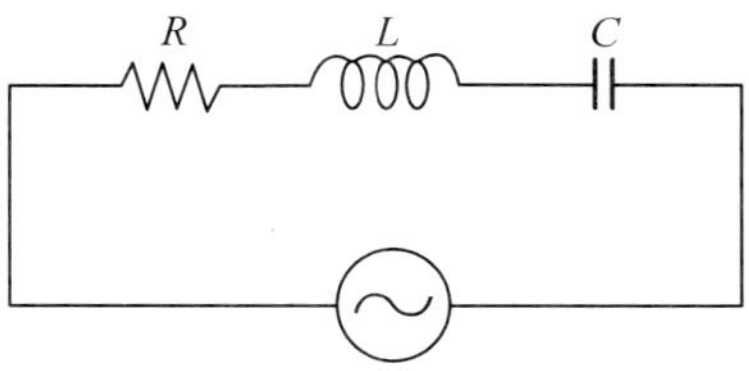

(1) 코일의 유도리액턴스는 얼마인가?

(2) 축전기의 용량리액턴스는 얼마인가?

(3) 이 회로의 임피던스는 얼마인가?

(4) 이 회로에 흐르는 전류는 얼마인가?

풀이

(1) $X_L = \omega L = 1000\Omega$

(2) $X_C = \frac{1}{\omega C} = 1000\Omega$

(3) $Z = \sqrt{R^2 + (X_L - X_C)^2} = 100\Omega$

(4) $I = \frac{V}{Z} = 1\text{A}$

05 그림과 같이 3Ω의 저항과 유도 리액턴스가 4Ω인 코일이 실효값 10V인 교류 전원에 연결되어 있다. 이 회로의 소비 전력은 몇 W인가?

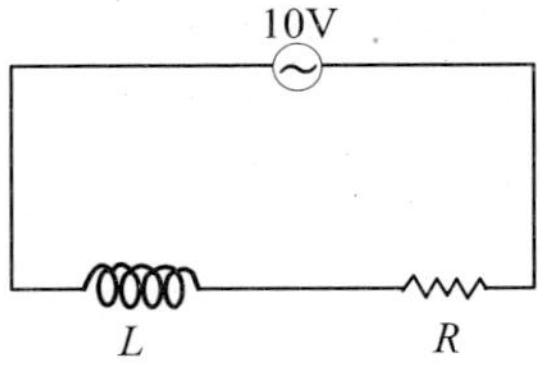

풀이

이 회로의 임피던스 $Z=\sqrt{R^2+X_L{}^2}=\sqrt{3^2+4^2}=5\Omega$, 회로 전류의 세기는

$I=\dfrac{V}{Z}=\dfrac{10\text{V}}{5\Omega}=2\text{A}$이다. 코일에서는 소비 전력이 없고 저항에서만 전력을 소비한다.

$\therefore\ P=I^2R=(2\text{A})^2\times 3\Omega=12\text{W}$

06 그림과 같은 회로에서 스위치를 1의 위치에 충분한 시간동안 두었다가 2의 위치로 옮겼다. 회로에는 진동하는 전류가 나타나는데 그 진동수는 얼마인가?

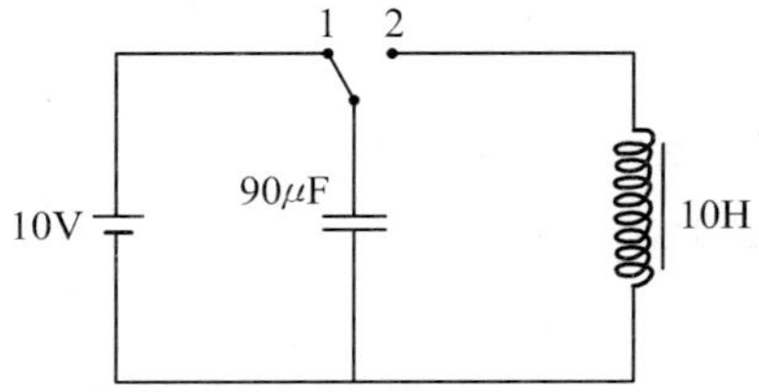

풀이

진동 회로의 주파수는 $f=\dfrac{1}{2\pi\sqrt{LC}}=\dfrac{1}{2\pi\sqrt{10\times 90\times 10^{-6}}}=\dfrac{100}{6\times 3.14}=5.3(\text{Hz})$

07 그림과 같이 감은 수가 N인 직사각형의 코일이 자기장의 세기가 B인 균일한 자기장에서 진동수 f로 회전하고 있다. 코일에 유도되는 기전력을 구하여라.

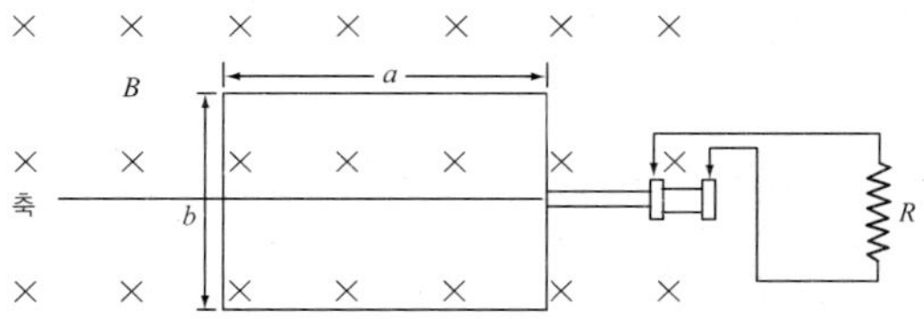

풀이

시간에 따른 자속은$\Phi(t)=Bab\cos\omega t=Bab\cos 2\pi ft$이므로 패러데이 법칙에 따라

유도 기전력은 $\mathcal{E}=-N\dfrac{d\Phi}{dt}=NBab(2\pi f)\sin 2\pi ft$

08 그림과 같이 단위 길이당 10g, 가로 12cm, 세로 6cm인 직사각형의 도선이 균일한 자기장으로부터 연직 방향으로 높이 h인 곳에서 자유 낙하하고 있다. 도선의 저항이 0.1Ω, 자기장의 세기가 0.5T, 중력 가속도가 9.8m/s^{2}일 때 도선이 자기장에 입사하는 순간부터 등속도로 낙하하기 위한 높이 h를 구하여라.

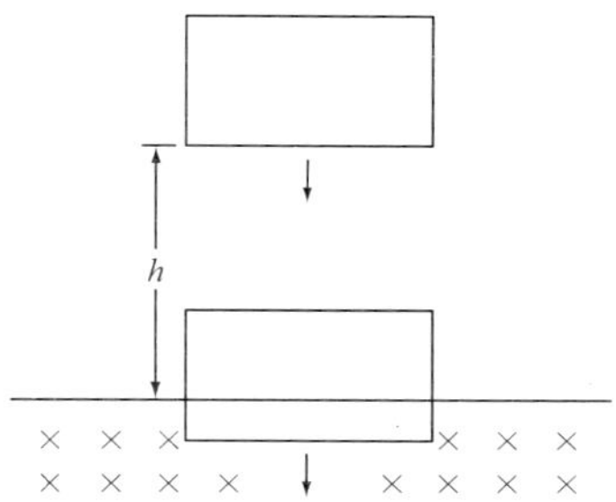

또, 가로와 세로를 바꾸어서 자유 낙하시킬 때 자기장에 입사하는 순간 도선이 받는 저항력과 도선의 가속도를 구하여라.

풀이

중력과 유도 전류가 받는 자기력의 크기가 같을 때 등속도 운동을 한다.

$mg = BIl_{가로}$, 유도 기전력은 $\mathcal{E} = Bl_{가로}v$, $I = \dfrac{Bl_{가로}v}{R}$ 이므로 $\therefore mg = \dfrac{B^2 l_{가로}^2 v}{R}$

$v = \dfrac{mgR}{B^2 l_{가로}^2} = \sqrt{2gh}$ 이므로 $\therefore h = \dfrac{m^2 g R^2}{2B^4 l_{가로}^4} = 4.9\text{cm}$

09 지면에 수직하게 들어가는 방향으로 향하고 있는 균일한 자기장에 그림과 같은 회로가 놓여 있다. 자기장의 세기를 매초당 150T를 감소시킬 때 회로에 흐르는 전류의 세기는?

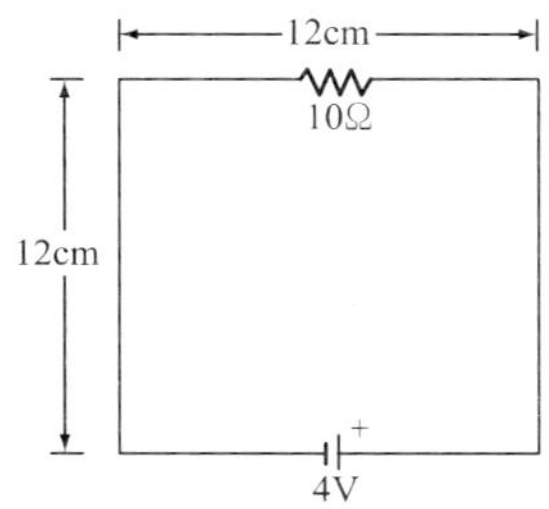

풀이

유도 기전력은 전지의 기전력과 반대 방향이 된다.

$|\mathcal{E}| = \left|\dfrac{d\Phi}{dt}\right| = A \times 150 = 12 \times 12 \times 10^{-4} \times 150 = 2.16(\text{V})$이므로

$I = \dfrac{4 - \mathcal{E}}{R} = \dfrac{4 - 2.16}{10} = 0.184(\text{A})$

10 그림과 같은 변압기에서 1차 코일의 전압이 100V, 2차 코일의 전압이 10V이고 1차 코일의 전력이 220W일 때 2차 코일의 저항 R_s는 얼마인가?

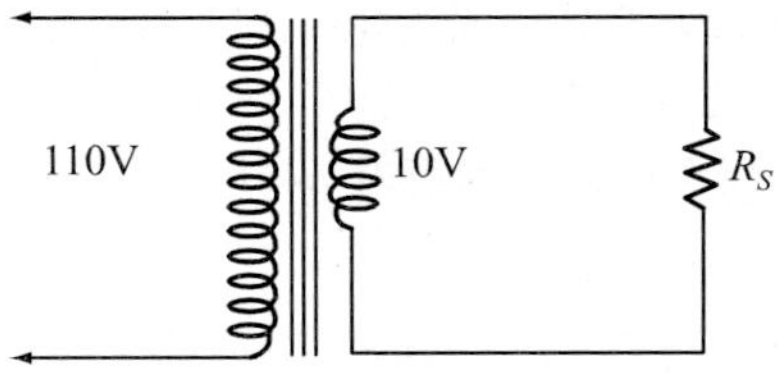

풀이

변압기에서 에너지 손실이 없다면 $P_1 = P_2 = \frac{10^2}{R_s}$, $R_s = \frac{100}{220} = \frac{5}{11}(\Omega)$

11 그림과 같은 회로에서 스위치 S를 a에 연결하였다가 충분한 시간이 지난 후 b에 연결하였다.

(1) 단자 c와 d를 오실로스코프에 연결하였을 때 cd 사이에 나타나는 전압의 파형은? (단, 오실로스코프의 내부 저항은 무한히 크다.)

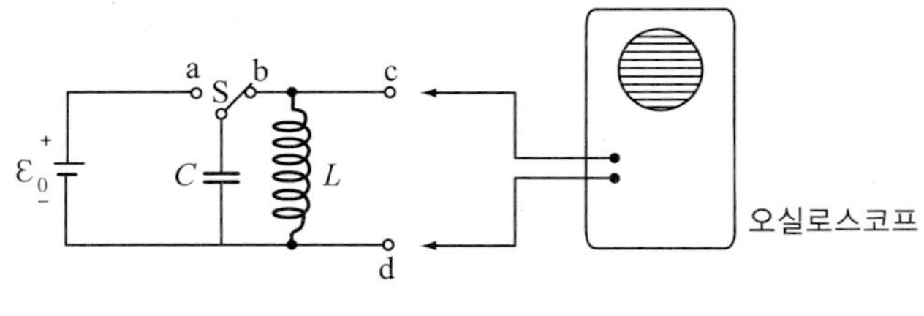

(2) (1)에서 나타나는 파형의 주기는?

(3) 축전기에 저장된 최대 전하량은?

(4) 회로에 흐르는 최대 전류는?

(5) 축전기에 저장된 전하량이 최대값의 $\frac{1}{2}$일 때 전기장에 저장된 에너지와 자기장에 저장된 에너지와의 비는?

(6) 전기장에 저장된 에너지와 자기장에 저장된 에너지가 각각 최대값의 $\frac{1}{2}$일 때 오실로스코프에 나타난 전압의 크기는?

(7) 회로에 흐르는 진동 전류의 진동수를 크게 하려면 어떻게 해야 하는가?

풀이

(1) $\mathcal{E} = \mathcal{E}_0\cos(2\pi ft)$, $f = \dfrac{1}{2\pi\sqrt{LC}}$ (2) LC 진동 회로의 주기 $T = 2\pi\sqrt{LC}$ (3) $C\mathcal{E}_0$

(4) $\dfrac{1}{2}C\mathcal{E}_0^2 = \dfrac{1}{2}LI^2$(전기장 에너지가 모두 자기장 에너지로 바뀔 때 최대 전류가 흐른다.)

$I_{\max} = \sqrt{\dfrac{C}{L}}\,\mathcal{E}_0$

(5) 1 : 3 (6) $\mathcal{E} = \dfrac{\mathcal{E}_0}{\sqrt{2}}$ (7) LC를 감소시킨다.

12 길이가 L, 질량이 M, 저항이 R인 금속 막대가 저항과 마찰을 무시할 수 있는 레일 위에서 그림과 같이 미끄러져 내려온다. 레일은 수평면과 α의 각을 이루고 있으며 균일한 자기장 B가 연직 위로 향하고 있다.(단, 중력 가속도는 g이다.)

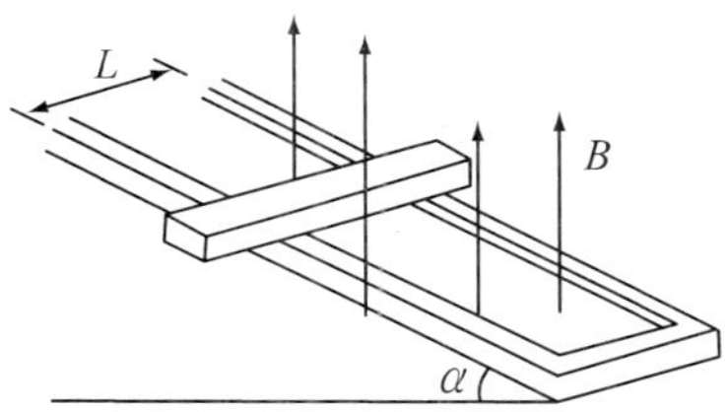

(1) 금속 막대가 등속도로 운동할 때 흐르는 전류의 세기와 막대의 속도를 구하여라.

(2) (1)의 경우 에너지 보존 법칙이 성립함을 증명하여라.

(3) 자기장 B가 연직 아래로 향하는 경우 어떤 변화가 있는가?

풀이

(1) $Mg\sin\alpha = BIL\cos\alpha$, $I = \dfrac{Mg}{BL}\tan\alpha = \dfrac{\mathcal{E}}{R} = \dfrac{BLv\cos\alpha}{R}$

$v = \dfrac{MgR\sin\alpha}{B^2L^2\cos^2\alpha}$ $\Phi = BLS\cos\alpha$, $\mathcal{E} = BLv\cos\alpha$

(2) $F \cdot v = Mg\sin\alpha \cdot v = BIL\cos\alpha \cdot v = \mathcal{E}I = \dfrac{\mathcal{E}^2}{R}$

(3) 전류의 방향만 변한다.

13 그림과 같이 N번 감은 직사각형의 코일에 자속이 Φ_1에서 Φ_2로 변했다면 이 때, 저항 R를 통과한 전하량을 구하여라. 또 감은 수가 n, 반지름이 r, 길이가 L인 솔레노이드에 흐르는 전류가 $\dfrac{dI}{dt} = \alpha$ 로 변하고 있다면 저항 R에 흐르는 전류의 세기는 얼마인가?(단, $a \ll L$이다.)

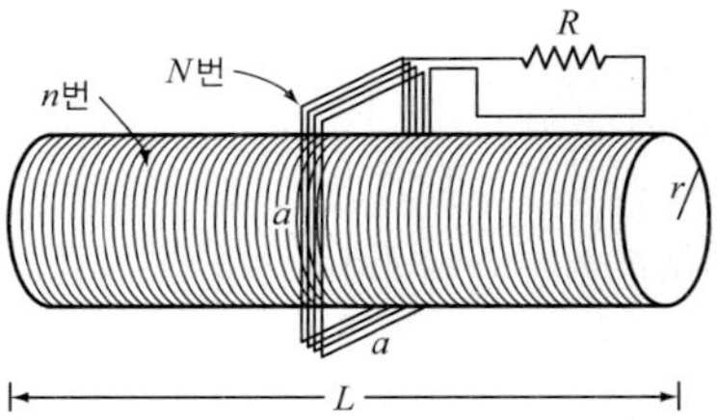

풀이

(1) $q = i\Delta t = \dfrac{\mathcal{E}}{R}\Delta t = \dfrac{1}{R}N\dfrac{\Delta\Phi}{\Delta t}\cdot\ \Delta t = \dfrac{N(\Phi_2 - \Phi_1)}{R}$

(2) 솔레노이드의 자기장 비례 상수는 $4\pi\times10^{-7} = \mu_0$ 이다.

$\Phi = \mu_0\dfrac{n}{L}I\pi r^2$, $\varepsilon = N\dfrac{d\Phi}{dt} = N\dfrac{n}{L}\mu_0\dfrac{dI}{dt}\pi r^2 = \dfrac{Nn\mu_0}{L}\alpha\pi r^2$이므로 $I = \dfrac{\mathcal{E}}{R} = \dfrac{Nn\mu_0\alpha\pi r^2}{RL}$

14 질량 m, 길이 l인 금속 막대가 저항을 무시할 수 있는 마찰이 없는 레일 위를 움직인다. 그림과 같이 레일의 끝에는 크기 R의 저항이 있다. 균일한 자기장이 레일의 면에 수직으로 걸려있다. 막대의 초기의 속력은 v_o이다.

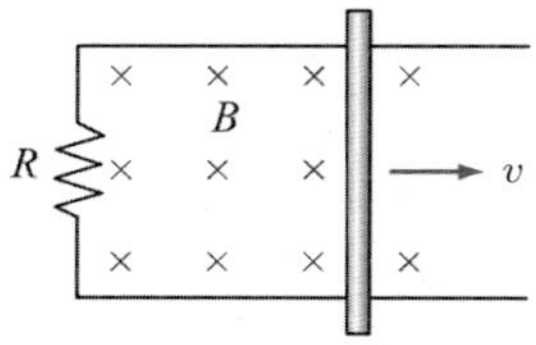

(1) 막대의 속력을 시간의 함수로 나타내라.

(2) 막대가 정지할 때까지 이동한 거리를 구하라.

(3) 저항 R에서 소비된 전기 에너지를 구하라.

풀이

(1) 유도기전력의 크기

$\mathcal{E} = \dfrac{d\Phi}{dt} = Blv$, $F = -BIl = -Bl\dfrac{\varepsilon}{R} = -\dfrac{B^2l^2}{R}v = ma = m\cdot\dfrac{dv}{dt}$ 이므로

$\dfrac{dv}{dt} = -\dfrac{B^2l^2}{mR}v$에서 $v = v_0e^{-\frac{B^2l^2}{mR}t}$

(b) $s = \displaystyle\int_0^\infty v\cdot dt = -v_0\frac{mR}{B^2l^2}e^{-\frac{B^2l^2}{mR}t}\Big|_0^\infty = \frac{mRv_0}{B^2l^2}$

(c) 에너지

$= \displaystyle\int Pdt = \int\frac{\mathcal{E}^2}{R}dt = \int\frac{(Blv)^2}{R}dt = \frac{(Blv_0)^2}{R}\int e^{-\frac{2B^2l^2}{mR}t}dt = \frac{1}{2}mv_0^{\ 2}$

CHAPTER 17

파 동

17.1 개념 익히기

01 시간에 따라 흔들리는 것 또는 요동치는 것은 ______________

① 진동이다.
② 파동이다.

물체가 하나의 점을 중심으로 흔들리는 것을 진동 또는 요동이라 하고, 이 진동 상태가 물질을 따라 공간으로 퍼져나가는 것을 파동이라 한다.

02 파동 운동의 근원은?

① 파동의 모양
② 조화를 이루는 물체
③ 진동하는 물체
④ 압력이 변화하는 곳

파동은 한 장소에 존재하는 것이 아니라 한 장소에서 다른 장소로 퍼져나가야 하며, 파동은 물질을 따라 진동상태가 퍼져나가는 것이므로 파동 운동의 근원은 진동하는 물체라 할 수 있다. 여기서 파동을 전달해 주는 물질을 매질이라 한다.

03 횡파의 경우에 존재하지만 종파의 경우에는 존재하지 않는 물리량은?

① 진폭
② 진동수
③ 파장
④ 속력
⑤ 모두 존재한다.

횡파와 종파는 단순히 파동의 진행방향과 매질의 진동방향이 서로 수직 또는 평행인가를 구분하는 것이다. 횡파는 서로 수직인 파동이며, 종파는 서로 평행인 파동이다. 둘다 파동이 갖는 모든 성질을 공유한다.

Answers 01. ① 02. ③ 03. ⑤

04 종파의 경우 밀한 곳과 소한 곳이 진행하는 방향은?

① 서로 같은 방향
② 서로 반대 방향

횡파는 파동의 진행방향에 수직으로 진동하므로 높낮이가 있다 해서 고저파라 부르기도 하며, 종파는 파동의 진행방향에 평행하게 진동하면서 매질의 밀한 상태와 소한 상태가 나타나므로 소밀파라 부르기도 한다. 이때 밀한 상태와 소한 상태가 파동의 진행방향과 같은 방향으로 진행한다.

05 다음 중 횡파가 아닌 것은?

① 음파
② 빛
③ 라디오파
④ 모두 횡파다.
⑤ 모두 횡파가 아니다.

횡파의 종류로는 전자기파(빛), 지진파의 S파 등이 있고, 종파의 종류로는 음파, 초음파, 지진파의 P파 등이 있다.

06 횡파의 진동 방향은 파동의 진행 방향과 어떤 관계가 있는가?

① 평행하다.
② 수직이다.

전자기파와 같이 파동의 진행방향과 매질의 진동방향이 서로 수직인 파동을 횡파(고저파)라 한다.

07 종파의 진동 방향은 파동의 진행 방향과 어떤 관계가 있는가?

① 평행하다. ② 수직이다.

소리(음파)와 같이 파동의 진행방향과 매질의 진동방향이 서로 나란한 파동을 종파(소밀파)라 한다.

08 101MHz의 라디오파의 진동수는?

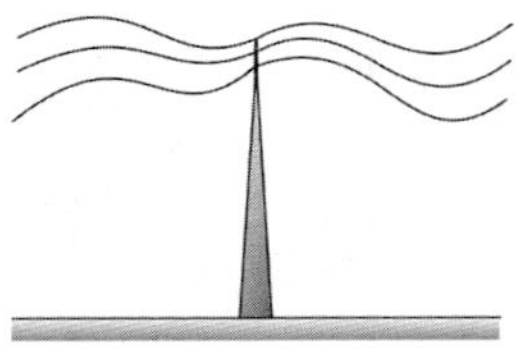

① 101,000,000Hz보다 작다.
② 101,000,000Hz
③ 101,000,000Hz보다 크다.

M(메가)는 10^6 즉 백만을 나타낸다. 진동수는 1초 동안 진동한 횟수를 의미하며 단위는 Hz(헤르츠)이다.

09 진동수가 10Hz인 파동이 있다. 주기는?

① 0.1초
② 10초
③ 100초

주기(T)는 1회 진동하는 동안 걸린 시간을 의미하며 진동수(f)와 역수 관계이다.

$T = \frac{1}{f} = \frac{1}{10}$ 초이다.

Answers 04. ① 05. ① 06. ② 07. ① 08. ② 09. ①

10 1초에 60회 진동을 하고 1초에 30m를 진행하는 파동이 있다. 이 파동의 전파 속도와 파장은?

① 60m/s, 0.5m
② 30m/s, 0.5m

속력은 단위 시간 동안 이동한 거리를 말한다. 파동의 전파속력은 동일한 매질에서 항상 일정한 값을 갖는데, 파동은 매질이 1회 진동하는 동안 또는 한 주기(T) 동안 한 파장의 거리를 진행한다. 따라서 파동의 전파속력은 $v = \frac{\lambda}{T} = f\lambda$ 이다. 1초에 30m를 진행했으므로 파동의 전파속력은 30m/s이고, 1초에 60회 진동했으므로 진동수는 60Hz이다. 따라서 1회 진동하는 동안 파동이 진행한 거리 즉 파장은 0.5m이다.

11 두 파동의 위상이 서로 다르다는 것은 무엇을 의미하는가?

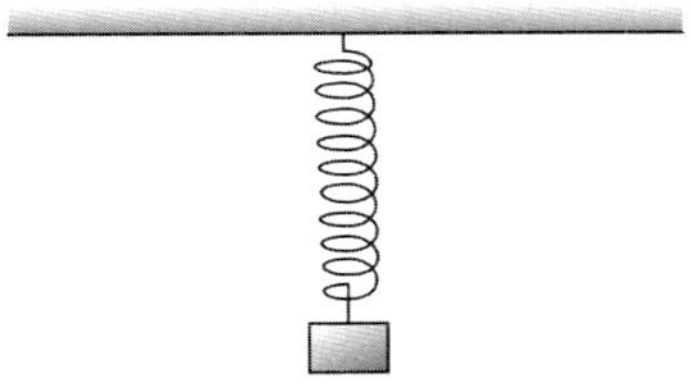

① 진폭이 서로 다르다는 것을 의미한다.
② 진동수가 서로 다르다는 것을 의미한다.
③ 파장이 다르다는 것을 의미한다.
④ 진동 상태가 다르다는 것을 의미한다.
⑤ 4가지 모두 맞다.

위상이란 매질의 위치 또는 진동상태를 나타내는데, 파동은 사인파와 같은 주기 함수이므로 위상의 단위는 각도 또는 파장의 비로 나타낸다. 따라서 두 파동의 위상이 서로 다르다는 것은 진동상태가 다르다는 것을 의미한다.

12 다음 중 간섭을 일으키는 파동은?

① 음파
② 빛
③ 수면파
④ 모두 간섭을 일으킨다
⑤ 모두 간섭을 일으키지 않는다.

파동은 반사, 굴절, 회절, 간섭과 같은 여러 현상을 일으키는데, 횡파와 종파 구분없이, 횡파동은 이와 같은 파동의 성질을 공통적으로 갖는다.

13 정상파가 생기는 경우는?

① 두 파동이 겹칠 때
② 파동이 고정단이나 자유단에서 반사할 때
③ 파동의 속력이 0이거나 0에 가까워질 때
④ 파동의 진폭이 파장보다 클 때

정상파란 똑같은 두 파동이 서로 반대 방향으로 진행하다가 중첩되어 배와 마디가 나타나면서 정지해 있는 상태처럼 보이는 파동 현상을 말한다. 파동이 고정단이나 자유단에서 반사될 때 입사파와 반사파 즉 똑같은 두 파동이 중첩되므로 정상파가 나타난다. 고정단이란 실을 벽에 매단 것처럼 고정된 끝을 말하며, 자유단은 끝이 자유로이 움직일 수 있는 상태를 말한다. 고정단에서의 반사는 위상이 180°(반대) 바뀌며, 자유단에서의 반사는 위상이 변하지 않는다.

Answers 10. ② 11. ④ 12. ④ 13. ②

14 마디는 어떤 지점을 말하는가?

① 진폭이 최소인 점이다.
② 진폭이 최대인 점이다.
③ 위의 2가지 모두 생기는 점이다.
④ 위의 2가지 모두 생기지 않는 점이다.

정상파에서 배가 나타나는 부분은 두 파동이 항상 같은 위상(진동상태)으로 겹치면서 진폭이 2배가 되는 곳이며, 마디가 나타나는 부분은 두 파동이 항상 반대 위상으로 겹치면서 진폭이 0이 되어 진동하지 않는 곳이다.

15 수면파가 지나감에 따라 물 위에 떠 있는 나뭇잎이 매초마다 2번 위아래로 진동했고 수면파의 파장이 10m이다. 이 수면파의 전파속도는?

① 2m/s
② 10m/s
③ 20m/s
④ 40m/s
⑤ 40m/s보다 크다.

매초 2번 위아래로 진동했으므로 진동수는 2Hz이고, 파장이 10m이므로 파동의 전파속력은 $v = f\lambda = 2\times10 = 20$m/s이다.

❖ [16–17]

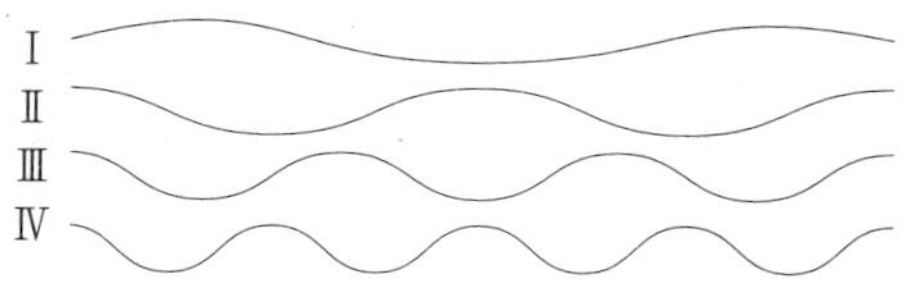

16 그림에서 파동들의 속도가 모두 같다면 진동주기가 가장 큰 경우는?

① Ⅰ ② Ⅱ
③ Ⅲ ④ Ⅳ

파동들의 속도가 같다면 $v = \frac{\lambda}{T}$에서 주기와 파장의 관계는 비례관계이므로 파장이 가장 긴 파동의 주기가 가장 길다.

17 그림에서 파동들의 진동수가 모두 같다면 파동의 전파속도가 가장 큰 경우는?

① Ⅰ
② Ⅱ
③ Ⅲ
④ Ⅳ
⑤ 모두 같다.

파동들의 진동수가 같다면 $v = f\lambda$에서 속도와 파장의 관계는 비례관계이므로 파장이 가장 긴 파동의 속도가 가장 크다.

18 수면파가 지나감에 따라 물 위에 떠 있는 나뭇잎이 1초 동안 2번 위아래로 진동할 때, 수면파의 진동수는?

① 0.5Hz
② 1Hz
③ 2Hz
④ 3Hz
⑤ 6Hz

1초 동안 2번 위아래로 진동했으므로 진동수는 2Hz이다.

Answers 14. ① 15. ③ 16. ① 17. ① 18. ③

19 평균적으로 1초에 6m 진행하는 파동의 전파속도는?

① 1m/s
② 3m/s
③ 6m/s
④ 6m/s보다 크다.

1초에 6m 진행하므로 전파속도는 6m/s이다.

20 1초에 1m 진행하고 1회 진동하는 파동의 진폭은?

① 1m보다 작다.
② 1m
③ 1m보다 크다.
④ 더 많은 정보가 있어야 한다.

진폭은 파동의 전파속도나 진동수, 주기와는 관계가 없으므로 알 수 없다.

21 시계의 초침의 진동수는?

① 1Hz　　② $\frac{1}{60}$Hz
③ 60Hz

초침은 60초에 1회전하므로 주기는 60초이다. 따라서 진동수는 $\frac{1}{60}$Hz이다.

22 시계의 초침의 주기는?

① 1초　　② $\frac{1}{60}$초
③ 60초　　④ 3600초
⑤ 12시간

주기는 진동수와 역수관계에 있다.

23 진폭이 1m인 파동이 있다. 마루와 골까지의 진동폭은?

① 0.5m　　② 1m
③ 2m　　④ 알 수 없다.

진폭은 진동중심에서 최대 변위까지의 거리이므로 진동폭은 2m이다.

24 진동하는 물체의 진동수를 2배로 증가시키면 진동 주기는 몇 배가 되는가?

① 2배　　② $\frac{1}{2}$배
③ $\frac{1}{4}$배

진동수와 주기는 역수 관계이므로 진동수가 2배가 되면 주기는 $\frac{1}{2}$배가 된다.

25 그림과 같이 손가락으로 수면파를 만들어 본다. 손가락의 움직이는 횟수를 증가시키면 수면파의 파장은?

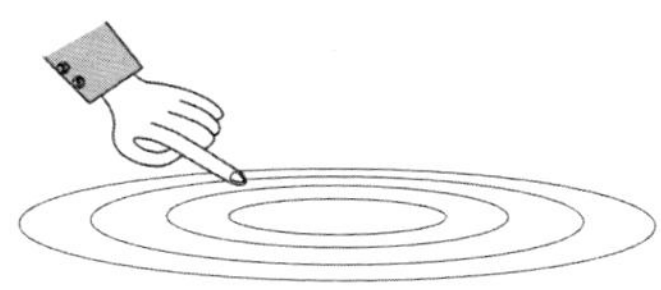

① 짧아진다.　　② 길어진다.
③ 변함없다.

Answers 19. ③ 20. ④ 21. ② 22. ③ 23. ③ 24. ② 25. ①

동일한 매질에서 전파속력은 일정하다. 전파속력은 진동수와 파장의 곱이므로 진동수를 증가시키면 파장은 짧아진다.

26 한 주기 동안 파동이 진행하는 거리는?

① 반 파장
② 한 파장
③ 두 파장

파동의 파장은 마루와 마루, 골과 골 즉 위상(진동상태)이 같은 이웃한 두 점 사이의 거리를 말하며, 매질이 1회 진동하는 거리 또는 한 주기 동안 파동이 진행하는 거리와 같다.

27 파장이 5m인 수면파 위에 떠 있는 물체가 1초에 2회 진동할 때 이 수면파의 전파속도는?

① 2m/s
② 5m/s
③ 10m/s
④ 15m/s

$v = f\lambda =$ 2×5 = 10m/s

28 1초에 2회 진동하는 파동이 있다. 이 파동이 평균적으로 1초에 6m를 진행한다면 이 파동의 파장은?

① 0.5m ② 1m
③ 2m ④ 3m
⑤ 6m

진동수가 2Hz, 파동의 전파속력은 6m/s이므로 $\lambda = \frac{v}{f} = \frac{6}{2}$=3m이다.

29 라디오파는 빛의 속도(30만km/s)로 전파된다. 라디오파의 진동수가 100MHz라면 파장은 얼마인가?

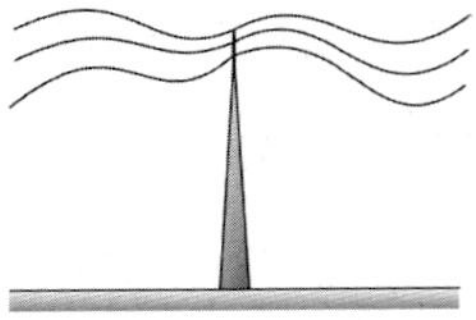

① 0.3m ② 3m
③ 30m ④ 300m

진동수가 100MHz = 10^8Hz, 파동의 전파속력은 30만km/s = 3×10^8m/s 이므로 $\lambda = \frac{v}{f} =$ 3m이다.

30 물 위에 떠 있는 코르크 마개가 수면파가 진행함에 따라 1초에 1회 진동한다. 수면파의 파장이 2m라면 이 파동의 전파속도는?

① 0.25m/s
② 0.5m/s
③ 1m/s
④ 2m/s
⑤ 4m/s

진동수가 1Hz, 파장이 2m이므로 $v = f\lambda =$ 2m/s이다.

Answers 26. ② 27. ③ 28. ④ 29. ② 30. ④

31 선장이 파도의 마루가 돛과 연결된 쇠줄을 통과한 후 다음 마루가 통과할 때까지 걸린 시간을 측정하였더니 5초였고 마루 사이의 거리가 15m였다. 파도의 진행속도는?

① 3m/s ② 5m/s
③ 15m/s ④ 알 수 없다.

주기가 5초이고 이웃한 마루와 마루 사이의 거리 즉 파장이 15m이므로 전파속력은 $v = \frac{\lambda}{T}$ = 3m/s이다.

32 "그림과 같은 두 파동이 서로 반대방향으로 진행하다가 중첩되었을 때 합성파의 진폭은 항상 0이다."라는 설명의 진위는?

① 맞다.
② 틀리다.

두 파동(여기서는 펄스)이 서로 같은 위상으로 중첩되므로 합성파의 진폭은 2배가 된다.

Answers 31. ① 32. ②

17.2 개념 응용하기

01 다음 그림에서 PQ의 간격을 옳게 나타낸 것은?

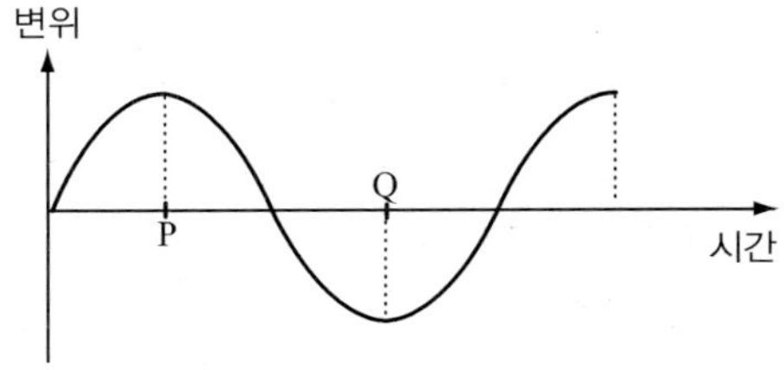

① 파장의 $\frac{1}{2}$
② 주기의 $\frac{1}{2}$
③ 한 파장
④ 한 주기
⑤ 진폭의 $\frac{1}{2}$

⋯ • 파동의 주기는 매질의 각점이 1회 진동하는데 걸리는 시간이다.

02 그림과 같이 줄을 따라 진행하는 사인파가 있다. 줄의 한 점 P에 대한 설명 중 옳은 것은?

① 파동이 진행하는 방향과 같은 방향으로 진행한다.
② 현재 아래로 내려가고 있는 상태에 있다.
③ 파동의 진동수와 다른 진동수로 단진동한다.
④ 순간 속력이 0이다.
⑤ 순간 가속도가 최대이다.

⋯ • 잠시 후의 파동을 그려보면 P점은 아래 방향으로 진동하고 있다는 것을 알 수 있다.

Answers 01. ② 02. ③

03 그림과 같이 어떤 파동이 화살표 방향으로 진행하고 있다. 어느 순간 실선의 상태에 있다가 1.5초 후에 점선의 상태로 되어 마루 P는 P'의 위치까지 나아갔다. 이 파동의 진폭, 파장, 속력은 각각 얼마인가?

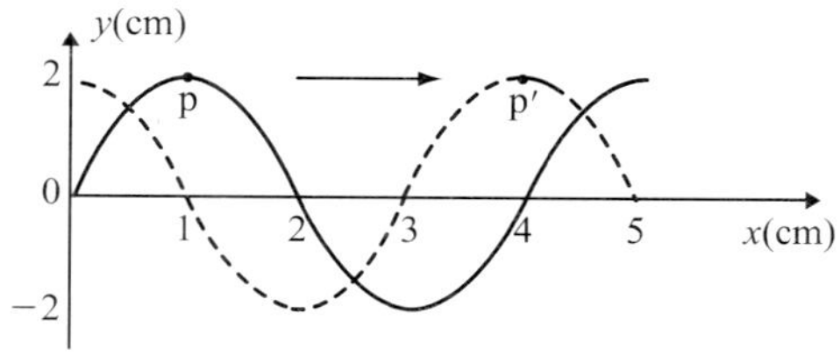

	①	②	③	④	⑤
진폭(cm)	2	4	2	4	4
파장(cm)	2	4	4	2	4
속력(cm/s)	1	2	2	4	4

⋯› • 그래프에서 진폭은 2cm, 파장은 4cm이고, 1.5초 동안 3cm 이동했으므로 파종의 속력은 2cm/s이다.

04 그림은 종파를 횡파로 나타낸 것이다. 파동이 오른쪽으로 진행하고 있을 때 다음 설명 중 옳지 않은 것은?

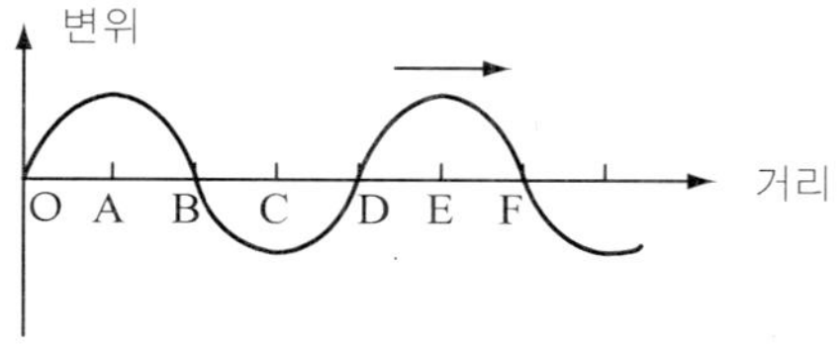

① 매질이 밀한 곳은 B, F이다.
② 매질이 소한 곳은 O, D이다.
③ 매질의 속력이 최대인 곳은 A, E이다.
④ 매질의 가속도가 오른쪽 방향으로 최대인 곳은 C이다.
⑤ 이 파동의 파장은 OD사이의 거리이다.

⋯› • B점(또는 F점)을 기준으로 왼편의 매질은 오른쪽으로, 오른편의 매질은 왼편으로 이동하였으므로 이곳은 밀한 곳이며, O점(또는 D점)은 이와 반대가 된다. 매질의 각 점이 단진동할 때 속도가 최대인 곳은 변위가 0인 점이며, 가속도가 최대인 곳은 변위가 최대인 지점이다.

Answers 03. ③ 04. ③

05 그림과 같이 반대 방향으로 진행하는 두 펄스가 어느 순간 중첩을 일으켜서 펄스의 모양이 완전히 없어졌다. 이 경우 에너지 보존 형태는 어떻게 되겠는가?

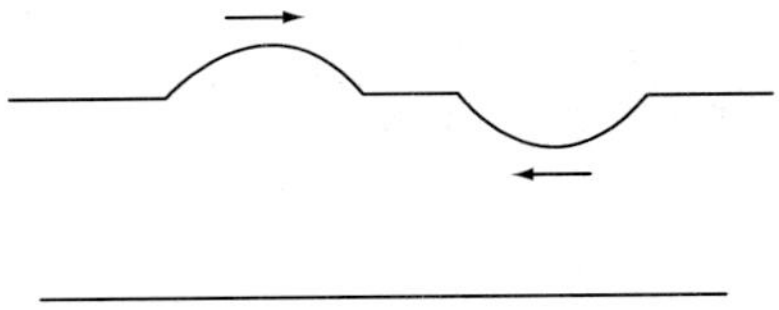

① 모두 운동 에너지의 형태로 남아·있다.
② 두 파동이 중첩되는 과정에서 마찰에 의한 열로 모두 손실되었다.
③ 에너지는 시간에 따라 주기적으로 변하므로 이 순간의 에너지는 0이다.
④ 두 파동이 사라지면서 공간을 통해 에너지가 모두 전달되었다.
⑤ 왼쪽으로 가려는 파동과 오른쪽으로 가려는 파동에 의해서 줄에 장력이 생겨서 위치 에너지의 형태로 남아 있다.

⋯ • 매질의 각 점이 평형위치를 지날 때 운동에너지가 최대이다.

06 그림은 물결파가 두 매질의 경계면에서 굴절되는 파면의 모양을 나타낸 것이다. 매질 1과 매질 2에서의 진동수와 속도를 각각 f_1, v_1 및 f_2, v_2라 할 때 이들 사이의 관계를 바르게 나타낸 것은?

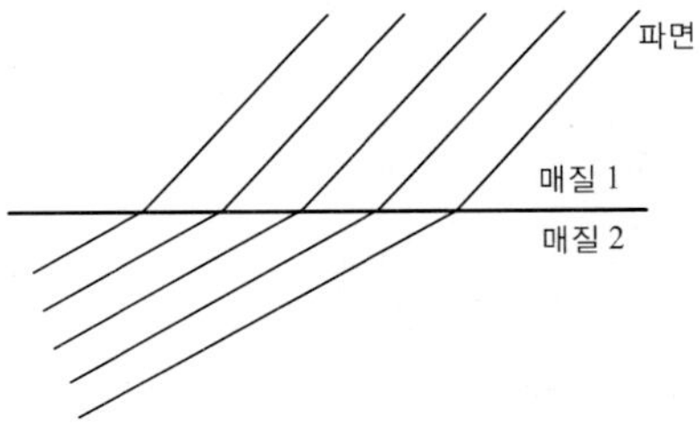

① $f_1 > f_2,\ v_1 > v_2$
② $f_1 = f_2,\ v_1 > v_2$
③ $f_1 < f_2,\ v_1 = v_2$
④ $f_1 = f_2,\ v_1 = v_2$
⑤ $f_1 > f_2,\ v_1 = v_2$

⋯ • 진동수는 파원의 특성에 관계되므로 매질이 달라지더라도 변하지 않으며, $v = f\lambda$에서 진동수가 f가 일정할 때 파동의 속력 v는 파장 λ에 비례한다.

Answers 05. ① 06. ②

07 오른쪽 그림은 a, b점이 최대 변위의 위치에 있는 순간의 정상파의 모습이다. 이 순간에서 $\frac{3}{4}$주기 후의 정상파의 모습은?

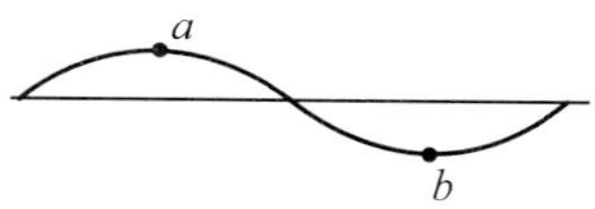

① 

② 

③ 

④ 

⑤

⋯ • 매질의 각 점은 1주기 동안 1회 진동하므로, 정상파를 이루는 매질의 모든 점들은 $\frac{1}{4}$주기마다 배(보강)와 마디(상쇄)가 번갈아가면서 나타난다. 따라서 $\frac{3}{4}$주기 후에는 평형점의 위치에 있게 된다.

08 줄의 양 끝을 벽에 고정시키고 진동시켰을 때 생기는 정상파 중 파장이 가장 긴 정상파의 파장과 두 번째로 긴 정상파의 파장 사이의 비는?

① 3:1
② 2:1
③ 1:1
④ 5:3
⑤ 3:2

⋯ • 양 끝을 고정시킨 줄에 생긴 정상파에서 파장의 가장 긴 경우는 기본진동으로 줄의 길이 l에 반파장($\frac{\lambda}{2}$)의 정상파가 생길 때이며, 두 번째로 파장이 긴 경우는 줄의 길이 l에 한 파장(λ)의 정상파가 생길 때이다.

09 파장이 2cm, 진폭 1cm인 두 물결파가 A, B로부터 같은 진동 상태로 동시에 전파되고 있다. A, B로부터 각각 12cm, 8cm 떨어진 P점의 진폭은 얼마인가?

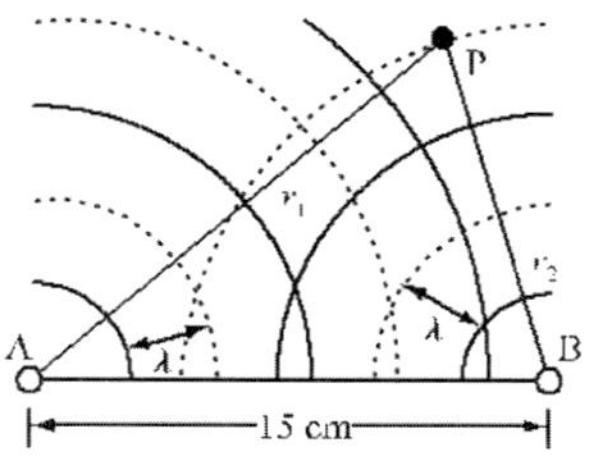

① 0
② 0.5cm
③ 1cm
④ 2cm
⑤ 4cm

⋯ • A, B에서 발생한 파동이 P점에서 만날 때 생기는 경로차는 12cm − 8cm = 4cm = 2λ이므로 반파장의 짝수배이다. 따라서 P점에서 보강 간섭이 일어나 진폭이 2배가 된다.

Answers 07. ⑤ 08. ② 09. ④

10 수면파 발생 장치의 두 파원 P, Q에서 진동수가 10Hz인 수면파가 만들어지고 있다. 그림과 같이 두 파원 사이의 직선상에 마디선이 1cm 간격으로 만들어졌을 때 수면파의 속력은?

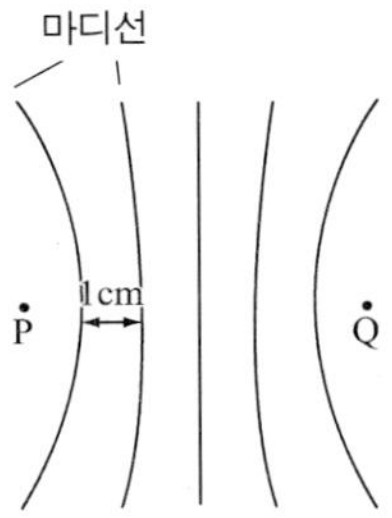

① 2.5cm/s
② 5cm/s
③ 10cm/s
④ 20cm/s
⑤ 40cm/s

→ • 두 파원사이에서 마디선과 마디선사이의 거리는 $\frac{\lambda}{2}=1$cm이므로 $\lambda=2$cm이다.

11 물결통 실험 장치에서 수면에 조그만 종이 조각을 띄워놓고 평면파 발생기를 이용하여 그림과 같은 물결파를 만들어 실험하였다. 이 실험의 관찰 결과와 일치하는 것을 다음 [보기]에서 모두 고르면?

보기

ㄱ. 1초 동안에 평면파 발생기가 수면을 두드리는 횟수를 증가시켰더니 물결파의 진동수가 커졌다.
ㄴ. 1초 동안에 평면파 발생기가 수면을 두드리는 횟수를 증가시켰더니 물결파의 파장이 짧아졌다.
ㄷ. 물결파가 발생되는 동안 수면의 종이 조각은 물결파와 같은 속도로 멀어져 갔다.

① ㄱ
② ㄴ
③ ㄷ
④ ㄱ, ㄴ
⑤ ㄴ, ㄷ

→ • 물결파가 진행하는 동안 속력이 일정하므로, $v=f\lambda$에서 파장은 진동수에 반비례한다.

Answers 10. ④ 11. ④

12 그림과 같은 장치로 물의 굴절률을 측정하는 실험을 하였다.

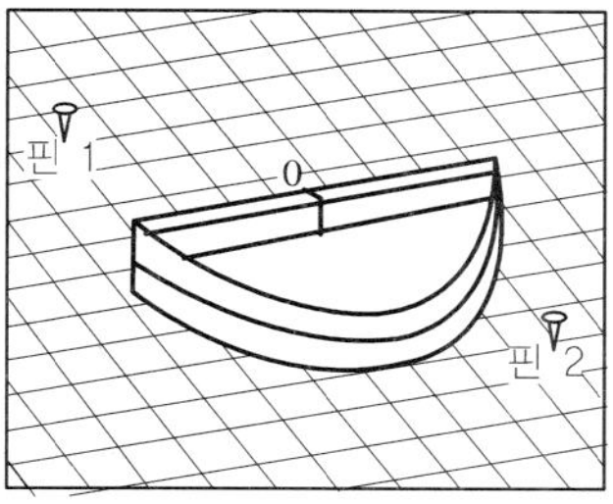

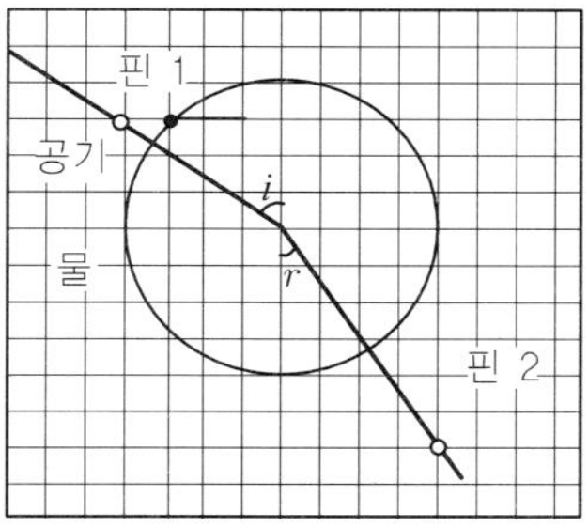

위 실험 장치에서 한쪽 면이 둥근 반원통을 사용하는 이유는?

① 빛의 전반사를 막기 위해서
② 빛을 구면파로 만들기 위해서
③ 굴절되는 빛의 양이 최소가 되는 곳이므로
④ 빛의 회절이 일어나지 않는 곳이므로
⑤ 빛이 물에서 공기로 나올 때 굴절을 막기 위해서

⋯ • 반원통을 사용하는 이유는 O점에서 굴절한 빛이 물에서 공기로 빠져나올 때 직진하도록 하기 위해서이다.

13 그림 Ⅰ, Ⅱ, Ⅲ, Ⅳ는 각각 어느 한 순간의 파동을 나타낸 것이다. 보기의 설명 중 옳은 것을 모두 고른 것은

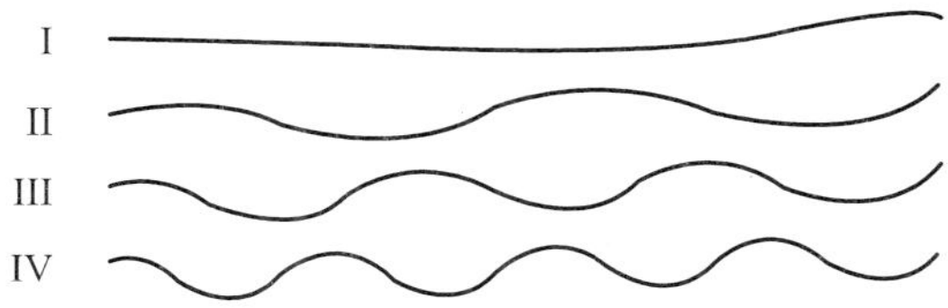

보기

ㄱ. 파동들의 전파 속력이 모두 같다면 진동 주기가 가장 큰 경우는 I 이다.
ㄴ. 파동들의 진동수가 모두 같다면 파동의 전파 속력이 가장 큰 경우는 IV이다.
ㄷ. 파동 II의 파장은 파동 III의 파장보다 약 2배 길다.

① ㄱ ② ㄴ
③ ㄷ ④ ㄱ, ㄴ
⑤ ㄴ, ㄷ

Answers 12. ⑤ 13. ①

···▸ • 파동들의 속도가 같다면 $v=\dfrac{\lambda}{T}$에서 주기와 파장의 관계는 비례관계이므로 파장이 가장 긴 파동의 주기가 가장 길다. 파동들의 진동수가 같다면 $v=f\lambda$ 에서 속도와 파장의 관계는 비례관계이므로 파장이 가장 긴 파동의 속도가 가장 크다.

14 그림의 사각형 ABCD는 수면파 실험을 위한 물결통이다. 물결통 ABCD의 한 끝을 약간 들어올린 상태에서 손가락으로 점 P에 수면파를 만들었더니 제 2의 파면이 그림과 같이 원이 약간 찌그러진 상태로 나타났다.

[보기]의 설명 중 옳은 것을 모두 고른 것은?

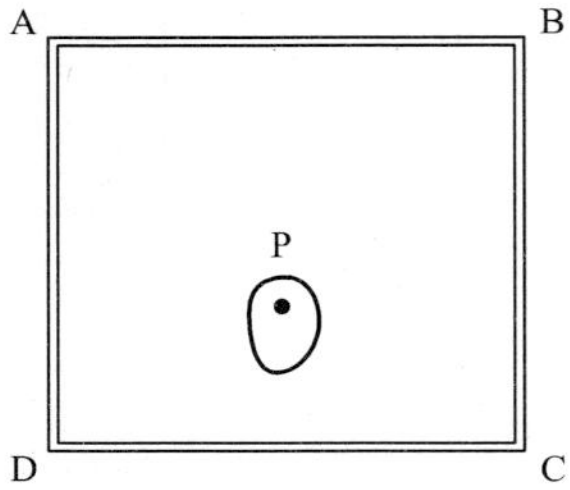

보기

ㄱ. 제 2의 파면이 원이 약간 찌그러진 형태로 나타난 이유는 물의 깊이가 달라졌기 때문이다.
ㄴ. 물결통이 올라간 면은 AB면이다.
ㄷ. 물의 깊이가 달라지더라도 수면파의 전파 속력은 변함이 없다.

① ㄱ ② ㄴ
③ ㄷ ④ ㄱ, ㄴ
⑤ ㄴ, ㄷ

···▸ • 수면파의 속력($v \propto \sqrt{h}$)은 깊이가 깊을수록 빠르므로, 파면 사이의 거리가 길수록 상대적으로 깊은 물이다.

15 다음 그림은 뷰렛을 통해 일정한 시간 간격으로 물방울이 수면 위에 떨어지면서 수면파를 일으키는 모습을 그린 것이다. 오른쪽 그림은 어느 한 순간에 수면파의 마루가 진행하고 있는 모습을 한 눈금이 1cm인 모눈 종이에 나타낸 것이다.

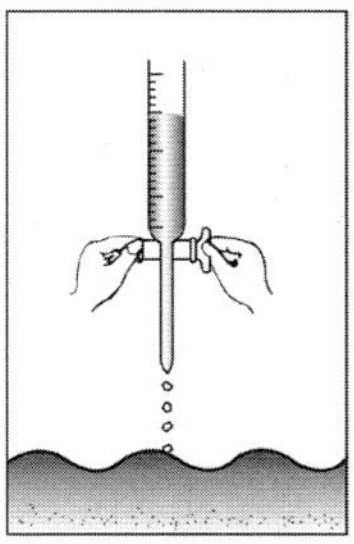

그림 (가)

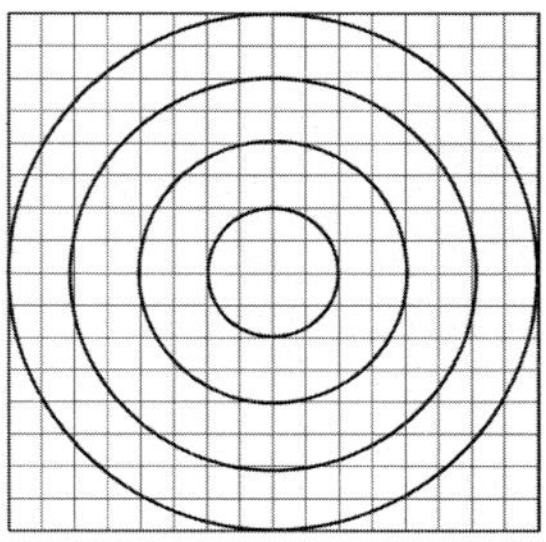

그림 (나)

Answers 14. ④ 15. ①

수면파의 전파 속력이 0.2m/s라면 뷰렛에서 1초 동안 떨어지는 물방울의 수는 얼마인가?

① 10개 ② 20개
③ 30개 ④ 40개
⑤ 50개

…› • 모눈종이에 나타난 마루와 마루사이으 거리가 수면파의 파장이며, 수면파의 진동수($f = \frac{v}{\lambda}$)는 1초 동안 떨어지는 물방울의 수와 일치한다.

16 그림과 같이 두 점파원 S_1, S_2에서 파장 λ, 진폭 A인 똑같은 두 수면파가 동일한 위상으로 발생하고 있다.

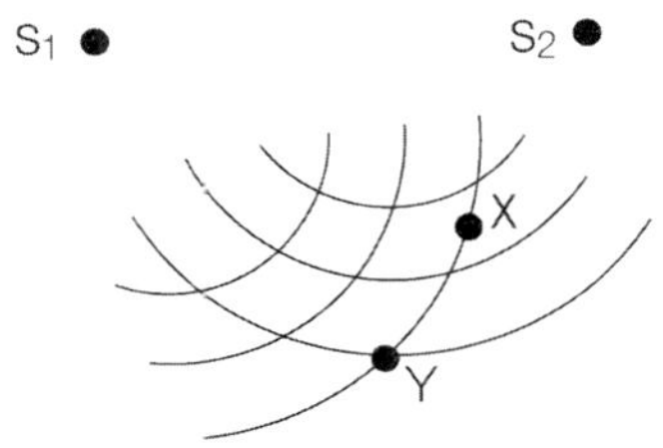

그림에서 실선은 파동의 마루를 나타낸다. [보기]의 설명 중 옳은 것을 모두 고른 것은?

보기
ㄱ. 점 X는 상쇄 간섭이 나타나는 점이다.
ㄴ. 점 Y에서의 파장은 2λ이다.
ㄷ. S_1과 S_2 사이의 거리가 λ일 때 간섭 무늬는 가장 크게 나타난다.

① ㄱ ② ㄱ, ㄴ
③ ㄱ, ㄷ ④ ㄴ, ㄷ
⑤ ㄱ, ㄴ, ㄷ

…› • 경로차가 반파장의 짝수배이면 보강간섭(진폭 : 2배), 반 파장의 홀수배이면 상쇄간섭(진폭 : 0)을 일으킨다.

Answers 16. ①

17.3 개념 서술하기

01 돌멩이를 연못에 던지면 동심원의 파동이 만들어진다. 파동은 멀리 갈수록 진폭이 작아져서 약해지고 마침내 소멸된다.

(1) 이 과정을 에너지 관점에서 설명하라.

(2) 파동이 전파될 때 매질은 파동과 함께 이동하지 않고 제자리에서 진동한다. 이때 매질의 가속도와 속도가 최대인 경우 매질의 변위는 어떤 값을 갖는가?

(3) 입사파가 매질의 경계면에서 반사될 때 위상이 반대로 바뀌는 과정은 뉴턴의 어느 운동법칙으로 설명되는가? 또 위상이 변하지 않는 경우는?

풀이

(1) 돌멩이가 떨어지면서 물을 아래쪽으로 밀어낼 때 물이 한 일은 두 가지 형태로 전파되는데, 하나는 물기둥이 계속적으로 상하 운동시키는데 필요한 에너지고, 다른 하나는 원의 형태로 파동이 퍼져나가면서 전달되는 에너지다. 이때 원형 물결파의 반지름이 증가하면 원주의 길이도 커지게 되므로 원주의 단위 길이당 전달되는 에너지는 점차 작아지게 된다. 결국 퍼져나가는 파동을 따라 상하 운동을 하는데 이용할 수 있는 에너지도 점차 감소하게 되므로 물결파의 높이나 진폭도 점차 줄어들어 마침내 물결파는 사라지게 된다.

(2) 변위가 최대일 때, 변위가 0일 때

(3) 파동이 소한 매질에서 밀한 매질로 진행하다가 반사할 때 위상이 반대(180°변함)가 되는 현상은 작용 반작용의 법칙으로 설명되며 이러한 반사를 고정단 반사라 한다. 파동이 밀한 매질에서 소한 매질로 진행하다가 반사할 때 위상이 변하지 않는 것을 자유단 반사라 한다. 자유단 반사는 관성의 법칙으로 설명된다.

02 정상파는 똑같은 두 파동이 서로 반대 방향으로 진행하다가 중첩되어 배와 마디가 나타나는 현상을 말한다. 정상파의 예로 기타줄의 진동이나 관악기의 진동 등이 있다.

(1) 정상파의 파장이 연속적인지, 아니면 불연속적인지 설명하라. 또 배와 배 사이의 거리는 몇 파장인지 말하라.

(2) 지나가는 대양의 파도가 가끔 항구 안의 바닷물에 큰 진동을 일으키는 경우가 있다. 왜 이런 일이 일어나는지 설명하라.

풀이

(1) 불연속적이다. 반 파장

(2) 밀려오는 파도와 항구 안에서 반사되는 파도가 정상파를 이룬다.

03 두 파동이 간섭현상을 일으키기 위한 조건에 대해 설명하고, 두 파동이 간섭을 일으킬 때 에너지의 손실이 있는지를 설명하라.

풀이

위상차가 일정해야 한다. 에너지손실은 없다. 에너지 분포가 달라질 뿐이다.

04 물결파의 간섭실험에서 보강간섭을 일으키는 지점의 물결파의 모양에 대해 설명하고, 두 물결파 사이에서 만들어지는 마디선의 수를 두 파원 사이의 거리와 관련지어 설명하라.

풀이

진폭이 큰 진동을 한다. 마디는 중심에서 $\frac{\lambda}{4}$ 떨어진 지점부터 $\frac{\lambda}{2}$ 간격으로 존재 한다.

따라서 마디선의 개수는 $\left[\frac{(\frac{L}{2}-\frac{\lambda}{4})}{(\frac{\lambda}{2})}+1\right]\times 2$ ([ ] 는 가우스 기호)

05 파동의 회절 현상과 관련 있는 두 물리량을 말하고, 물체의 크기와 파장이 회절 현상에 어떤 영향을 미치는지 설명하라.

풀이

파장, 슬릿의 크기이다. 물체의 크기는 슬릿의 크기로 생각할 수 있으며, 물체의 크기가 파장보다 크면 회절현상이 거의 일어나지 않는다.

17.4 개념 심화하기

01 그림은 일정한 진폭으로 진행하는 파의 모양이다. 어느 순간에 실선의 상태에 있던 파동이 0.5초 후에 점선과 같이 되었다.

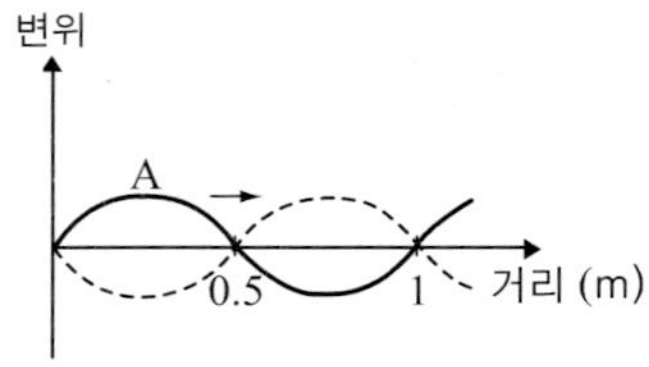

(1) 이 파동의 파장은?

(2) 이 파동의 주기는?

(3) 점 A가 1초 동안에 진동하는 횟수는?

풀이

(1) 마루에서 이웃한 마루까지의 거리가 파장이므로 파장은 1m

(2) 파동 위에 매질이 한 번 진동하는 데 걸리는 시간이 주기이다. 그런데 이 파동이 실선의 상태에서 점선의 상태로 0.5m의 거리를 가는 데 0.5초가 걸렸고 그 동안에 A 상태에 있던 매질은 최하로 내려갔으며, 다시 올라오는 데 걸리는 시간도 0.5초. 그러므로 한 번 진동하는 데 걸린 시간은 1초

(3) 주기와 진동수는 역수의 관계에 있다. $f=\frac{1}{T}=1\text{Hz}$

02 줄을 통해 전달되는 파동의 식이 다음과 같다. 이 파동의 진폭, 파장, 진동수, 주기, 파동의 속력을 구하여라. 여기서 모든 길이의 단위는 cm이다.

$$y=2\sin 2\pi(200t-0.5x)$$

풀이

일반적인 파동 방정식 $y=A\sin 2\pi(\frac{t}{T}-\frac{x}{\lambda})$의 형태로 위 식을 변형하면

$y=2\sin 2\pi(200t-0.5x)=2\sin 2\pi(\frac{t}{1/200}-\frac{x}{2})$

그러므로 $A=2\text{cm}$, $T=\frac{1}{200}$초, $f=200\text{Hz}$, $\lambda=2\text{cm}$, $v=\frac{\lambda}{T}=f\lambda=4\text{m/s}$

03 수심이 깊은 곳에서 파장이 1cm인 수면파가 얕은 곳에서 파장이 0.75cm로 변하였다. 수면파가 깊은 곳에서 얕은 곳으로 진행할 때 깊은 곳에 대한 얕은 곳의 굴절률은?

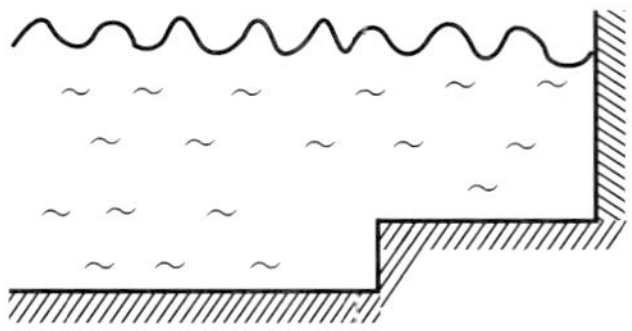

풀이

$$n = \frac{v_{깊}}{v_{얕}} = \frac{\lambda_{깊}}{\lambda_{얕}} = \frac{1}{0.75} = \frac{4}{3}$$

04 어떤 파동이 매질 A에서 매질 B로 진행할 때 굴절률이 1.5이다. 매질 A에서 이 파동의 진동수를 f, 파장을 λ라 할 때 매질 B에서 파동의 전파속력은 얼마인가?

풀이

진동수는 그대로 f 이고, 파장은 $\frac{\lambda}{1.5} = \frac{2}{3}\lambda$, $v' = f\lambda' = \frac{2}{3}f\lambda$

05 그림과 같이 길이가 1m인 줄의 한 쪽 끝을 고정시키고 다른 쪽 끝에는 1kg의 추를 매달았다.

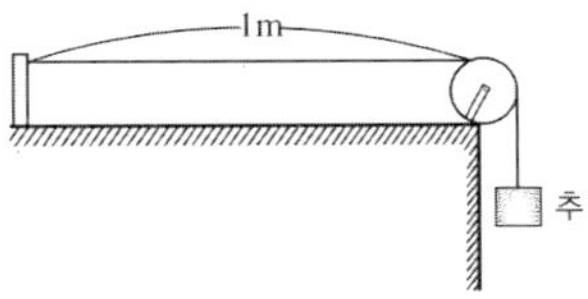

(1) 줄을 진동시켰을 때 만들어질 수 있는 정상파 중에서 파장이 가장 긴 정상파의 파장은?

(2) 추의 질량을 $\frac{1}{4}$배로 한 후 같은 진동수로 줄을 진동시켰을 때 만들어지는 정상파의 파장은?

풀이

(1) 양 끝이 고정된 줄에서 양 끝은 마디가 되어야 한다. 양 끝이 마디가 되게 정상파를 그렸을 때 파장이 가장 긴 정상파는 기본 진동의 경우이므로 $\frac{\lambda}{2} = L$(줄의 길이)에서 $\lambda = 2L = 2\text{m}$

(2) 추의 질량을 $\frac{1}{4}$배로 하면 장력이 $\frac{1}{4}$배로 되므로 $v = \sqrt{\frac{T}{\rho}}$ 에서 파의 속력이 $\frac{1}{2}$배가 된다. $v = f\lambda$에서 진동수는 일정하고 파의 속력은 $\frac{1}{2}$배가 되었으므로 파장은 $\frac{1}{2}$배로 된다. 이 때 만들어진 정상파는 배가 두 개 나타난다.

06 두 점파원 S_1, S_2에서 똑같은 물결파가 같은 위상으로 발생되고 있다. 그림에서 실선과 점선은 각각 어느 순간의 마루와 골을 나타낸다. 다음 물음에 답하라.

(1) P, Q, R점에서 각각 어떤 간섭이 일어나는가?

(2) P점과 Q점의 위상차는 얼마인가?

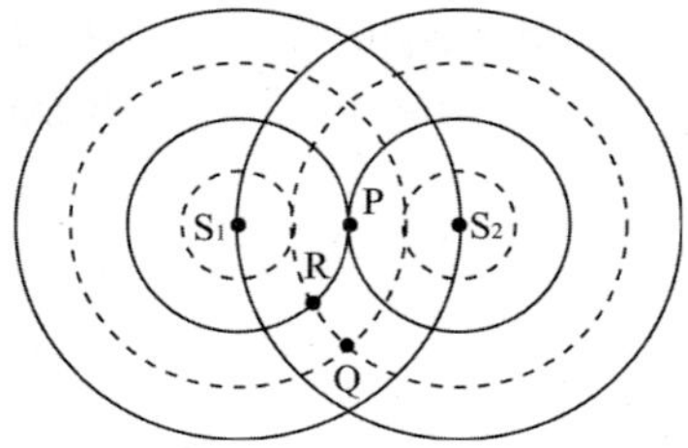

풀이

(1) P, Q점은 두 파원으로부터 경로차가 0인 점이므로 보강 간섭을 하고, R점은 경로차가 반파장인 점이므로 상쇄 간섭을 한다. 따라서 P, Q점은 진폭이 2배. R점은 진폭이 0이다.

(2) 이웃하는 마루와 골이므로 위상차는 180°이다.

07 y축상에 서로 4m 떨어진 두 송출기 S_1, S_2에서 파장이 똑같이 1m인 전자기파가 같은 위상으로 방출되고 있다. 전자기파 검출기를 S_2에서 x축을 따라 이동시킬 때 두 번째로 전자기파가 세게 감지되는 위치를 구하여라.

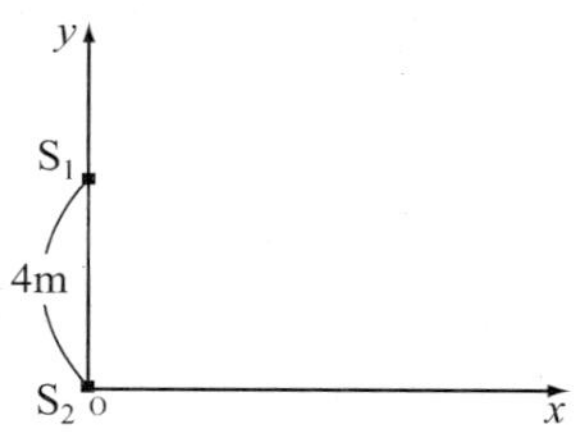

풀이

경로차 : $S_1P - S_2P = \frac{\lambda}{2}(2m)$: 보강 간섭

$\sqrt{x^2+4^2} - x = \frac{1}{2} \times 2 \times 2$에서 x를 구하면 $x = 3\text{m}$

08 총질량이 m, 길이 L인 줄이 연직으로 걸려 있다. 한 끝에서 횡파 펄스를 보낼 때 다른 끝에 도달하는 데 걸리는 시간을 구하라. 단, 중력가속도는 g이다.

풀이

줄의 맨 아래에서 x만큼 올라온 지점에서의 장력은$(\mu x)g$ 이다.

$$v = \sqrt{\frac{T}{\mu}} = \sqrt{\frac{\mu g x}{\mu}} = \sqrt{gx}$$

$$t = \frac{L}{v} = \int_0^L \frac{dx}{\sqrt{gx}} = \left[2\frac{\sqrt{x}}{\sqrt{g}}\right]_0^L = 2\sqrt{\frac{L}{g}}$$

CHAPTER 18

소 리

18.1 개념 익히기

01 모든 소리의 근원은?

① 진동
② 이동
③ 가속
④ 단진동
⑤ 에너지 방출

모든 파동의 근원이 물체의 진동인 것처럼 소리의 근원은 진동이라 할 수 있다.

02 진동수가 큰 소리는 어떤 소리인가?

① 전파속도가 빠른 소리
② 진폭이 큰 소리
③ 높은 음의 소리
④ 3가지 모두 맞다.
⑤ 3가지 모두 틀리다.

소리의 높낮이는 진동수와 관련 있고, 소리의 세기는 진폭과 관련 있다. 소리의 속도는 매질의 상태에 따라 다르다. 일반적으로 기체보다는 액체에서, 액체보다는 고체에서 전파속도가 더 빠르다.

03 소리의 진동수가 2배로 될 때 다음 중 2배로 증가하는 물리량은?

① 파장
② 전파속도
③ 진폭
④ 3가지 모두 맞다.
⑤ 3가지 모두 틀리다.

진동수의 변화는 전파속도, 진폭과는 관계가 없다. 같은 매질에서 진동수가 증가하면 파장은 감소한다.

Answers 01. ① 02. ③ 03. ⑤

04 사람이 들을 수 있는 가청 주파수의 범위는?

① 10Hz – 10,000Hz
② 20Hz – 20,000Hz
③ 40Hz – 40,000Hz
④ 사람에 따라 다르다.

사람이 들을 수 있는 소리의 진동수 즉 가청주파수는 대략 20 – 20,000Hz이다.

05 우리가 가장 잘 들을 수 있는 음파는?

① 가청 주파수 이하의 음파
② 초음파
③ 둘다 맞다.
④ 둘다 틀리다.

사람은 가청주파수 이하 또는 이상의 소리 즉 초저주파 또는 초음파는 듣지 못한다.

06 음파는 다음 중 어떤 파동에 속하는가?

① 종파 ② 횡파
③ 정상파 ④ 충격파

음파(소리)는 파동의 진행방향과 매질의 진동방향이 나란한 종파에 속한다.

07 소밀파는 어떤 파동을 말하는가?

① 종파
② 횡파
③ 둘다 맞다.
④ 둘다 틀리다.

횡파는 파동의 진행방향에 수직으로 진동하므로 높낮이가 있다 해서 고저파라 부르기도 하며, 종파는 파동의 진행방향에 평행하게 진동하면서 매질의 밀한 상태와 소한 상태가 나타나므로 소밀파라 부르기도 한다.

08 소밀파가 전파될 때 소한 부분과 밀한 부분이 진행하는 방향은?

① 같은 방향
② 반대 방향

밀한 상태와 소한 상태는 파동의 진행방향과 같은 방향으로 진행한다.

09 다음 중 소리의 속도가 가장 빠른 매질은?

① 공기
② 물
③ 강철
④ 진공
⑤ 모두 같다.

소리 즉 종파는 매질을 구성하는 입자들의 충돌에 의해 파동이 전달되므로 분자 사이의 거리가 짧은 고체에서 가장 빠르다.

10 다음 중 소리가 전달되지 못하는 매질은?

① 공기
② 물
③ 강철
④ 진공
⑤ 모두 전달될 수 있다.

Answers 04. ② 05. ④ 06. ① 07. ① 08. ① 09. ③ 10. ④

모든 파동은 매질이 없으면 전달되지 못하지만 예외적으로 전자기파는 진공 중에서도 전달된다.

11 공기 중에서 소리의 속도와 관계되는 물리량은?

① 진동수 ② 파장
③ 공기의 온도 ④ 모두 맞다.
⑤ 모두 틀리다.

모든 파동은 매질의 상태 즉 밀도, 온도, 압력 등에 따라 전파속도가 달라진다.

12 공기 중에서 소리의 속도는 ________

① 공기가 차가울 때 더 빠르다.
② 공기가 더울 때 더 빠르다.
③ 항상 같다.

공기의 온도가 높을 때보다 낮을 때 분자 사이의 거리가 더 가깝다. 따라서 공기의 온도가 낮을 때 전파속력은 더 빠르다.

13 다음 중 굴절 현상과 관계되는 물리량은?

① 진동수
② 파장
③ 전파속도
④ 3가지 모두
⑤ 모두 관계없다.

파동이 서로 다른 매질로 전파될 때, 매질의 전파속력이 다르기 때문에 매질의 경계면에서 파동의 진행방향이 변하는 현상을 굴절이라 한다.

14 지표면 근처의 소리의 속도가 더 빠를 때 소리는 어느 쪽으로 휘는가?

① 위로
② 아래로

매질의 속도가 느려지는 쪽으로 파동이 진행하면 파동은 법선(매질의 경계면에 수직으로 세운 선)에 가까워지는 방향으로 휘어지며, 매질의 속도가 빨라지는 쪽으로 파동이 진행하면 파동은 법선에 멀어지는 방향으로 휘어진다. 낮에는 지표면에 가까운 곳이 온도가 높으므로 전파속력이 더 빠르다. 따라서 소리는 위쪽으로 휘어져 전달된다. 밤에는 지표면에 가까운 곳이 온도가 낮으므로 더 느리다. 따라서 소리는 아래쪽으로 휘어져 전달된다.

15 소리의 굴절이 일어날 수 있는 곳은?

① 공기 중 ② 물 속
③ 둘 다 맞다. ④ 둘다 틀리다.

굴절은 전파속력이 달라지는 경계면에서 항상 일어난다.

16 들리는 얘기에 의하면 성악가 카루소는 그의 목소리로 크리스탈 샹들리에를 깨뜨렸다고 한다. 이는 어떤 증거인가?

① 메아리 ② 소리의 굴절
③ 맥놀이 ④ 공명
⑤ 간섭

Answers 11. ③ 12. ② 13. ③ 14. ① 15. ③ 16. ④

강제로 진동시킨 어떤 물체의 진동수(주파수)가 그 물체의 고유 진동수와 같을 때 진폭은 엄청나게 커진다. 이러한 현상을 공명이라 한다. 예를 들어 그네 타기를 할 때 그네의 고유 진동수에 잘 맞춰 힘을 주게 되면 즉 힘을 주는 시기(타이밍)를 잘 맞추어 힘을 가하면 힘이 약하더라도 그네의 진동폭은 매우 커지게 된다.

17 "음파가 서로 간섭하여 소리가 안 들리는 곳이 존재할 수 있다."라는 설명의 진위는?

① 맞다. ② 틀리다.

똑같은 두 파동이 진행하다가 중첩되어 파동이 보강되거나 소멸(상쇄)되는 현상을 파동의 간섭이라 하는데, 보강될 때 파동의 진폭은 2배가 되며 소멸될 때 진폭은 0이 된다. 소리(음파)의 경우 소멸 간섭을 일으키는 지점에서는 소리가 들리지 않는다.

18 다음 중 성질이 다른 하나는?

① 초저주파
② 초음파
③ 전파
④ 충격파
⑤ 종파

초음속 비행기가 날아갈 때 날카롭게 찢어지는 듯한 소리를 듣게 되는데 이것을 소닉붐 또는 충격파라 한다. 초저주파, 초음파, 충격파, 종파는 음파와 관련된 물리량이며 전파는 전자기파의 일종이다.

19 라디오의 FM에서 F가 의미하는 것은?

① 진동수
② 공명이 일어나는 강제 진동
③ 혼란

FM은 frequency modulation(진동수 변조)의 약자이다.

20 지표면 근처의 온도가 차가울 때 소리는 어느 쪽으로 휘는가?

① 위
② 아래
③ 직진한다.

매질의 속도가 느려지는 쪽으로 파동이 진행하면 파동은 법선(매질의 경계면에 수직으로 세운 선)에 가까워지는 방향으로 휘어지므로 아래쪽으로 휘어지게 된다.

21 소리의 굴절의 원인은?

① 소리의 속도가 일정하기 때문
② 소리의 속도가 변하기 때문
③ 소리의 속도가 진동수에 비례하기 때문
④ 소리의 속도가 파장에 반비례하기 때문

파동의 굴절은 매질에 따라 전파속도가 다르기 때문에 매질의 경계면에서 파동의 진행방향이 변하는 현상을 말한다.

Answers 17. ① 18. ③ 19. ① 20. ② 21. ②

22 진동수가 340Hz이고 전파속도가 340m/s인 음파의 파장은?

① 1m ② 10m
③ 100m ④ 1000m

$\lambda = \frac{v}{f} = 1\text{m}$

23 소리가 가장 빨리 전달되는 매질은?

① 수증기 ② 물
③ 얼음 ④ 김(steam)
⑤ 모두 같다.

소리의 속도는 매질의 상태에 따라 다르다. 일반적으로 기체보다는 액체에서, 액체보다는 고체에서 전파속도가 더 빠르다.

24 헬륨기체를 흡입하고 소리를 내면 음의 높이가 높아진다. 그 이유는 소리의 속도가 ______________

① 공기보다 헬륨에서 더 느리기 때문이다.
② 공기보다 헬륨에서 더 빠르기 때문이다.
③ 헬륨에서 같으나 파장이 더 길기 때문이다.

같은 온도에서 분자량이 작은 헬륨의 기체의 속도가 빠르다. $v = f\lambda$에서 헬륨기체를 흡입하게 되면 소리의 속도가 빨라져 진동수가 커지는 효과를 가져오므로 도널드덕과 같은 높은 음의 이상한 소리가 나게 된다.

25 34km 떨어진 곳에서 폭발이 일어났다. 소리의 속도가 340m/s 라면 폭발음이 전달되는 시간은?

① 0.1초
② 1초
③ 10초
④ 20초
⑤ 20초보다 많이 걸린다.

$t = \frac{s}{v} = \frac{34{,}000\text{m}}{340\text{m/s}} = 100$초

26 유리컵에 물을 채우면서 숟가락으로 계속 유리컵을 두드릴 때 소리의 높이는 어떻게 되는가?

① 높아진다. ② 낮아진다.
③ 변함없다.

컵에 물을 채우면 물체의 크기가 점점 커지게 되면서 진동수가 작아지게 되어 낮은 음의 소리가 난다.

27 네온과 헬륨 기체의 온도와 압력이 같을 때 소리의 전파속도가 더 빠른 기체는?

① 네온
② 헬륨
③ 같다.
④ 음원의 진동수에 따라 다르다.

같은 온도에서 분자량이 작을수록 분자들의 속도가 빠르다. 따라서 소리의 전파속도도 빠르다.

Answers 22. ① 23. ③ 24. ② 25. ⑤ 26. ② 27. ②

18.2 개념 응용하기

01 어느 음원으로부터 발생된 소리가 공간의 모든 방향으로 손실 없이 균등하게 퍼져 나아간다. 이 음원으로부터 거리 r만큼 떨어져 있는 사람의 귀에 도달하는 에너지는 거리 $2r$만큼 떨어진 사람의 귀에 도달하는 에너지의 몇 배인가?

① 2배 ② 4배
③ 6배 ④ 8배
⑤ 16배

⋯▸ • 점파원에서 공간으로 퍼져나가는 파동에너지의 세기는 거리의 제곱에 반비례한다. 물결파처럼 평면으로 퍼져나가는 파동에너지의 세기는 거리에 반비례한다.

02 오른쪽 그림과 같이 기체와 액체가 접하고 있다. 기체 내에서의 음속을 v_g라 하고 액체 내에서의 음속을 V_l 라 할 때 $v_l = 4v_g$ 이라 한다. 한편 기체 내에서 음원 S가 $\frac{v_g}{21}$의 속도로 아래로 움직이고 있을 때 액체 내의 Q점에서 관찰되는 진동수는 원래 몇 배가 되겠는가?

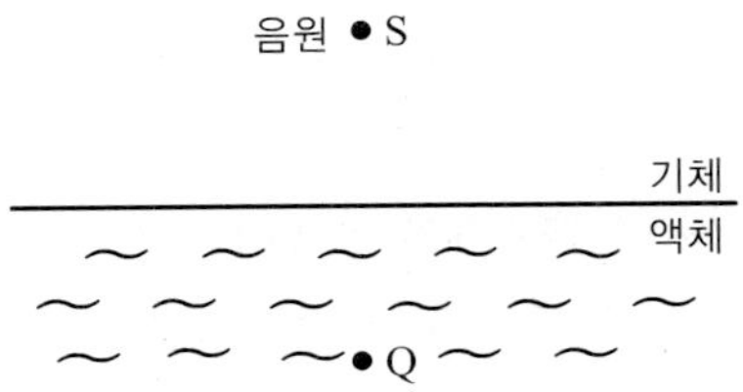

① $\frac{20}{21}$ ② $\frac{21}{20}$
③ $\frac{4}{21}$ ④ $\frac{21}{4}$
⑤ $\frac{21}{16}$

⋯▸ • 음원이 v_s의 속도로 다가오는 경우 관측자가 듣는 소리의 진동수는 $f' = \frac{v}{v - v_s}f$ 이다(도플러 효과). 액체속에서도 진동수는 변함이 없으므로 $f' = \frac{v_g}{v_g - \frac{v_g}{21}}f = \frac{21}{20}$의 진동수로 관찰된다.

03 오른쪽 그림과 같이 길이가 L인 줄의 한 쪽 끝은 고정시키고 다른 쪽 끝은 추를 매달아서 줄을 진동시켰다. 현재 100Hz에서 기본 진동하고 있다. 50Hz에서 기본 진동의 정상파가 생기려면?

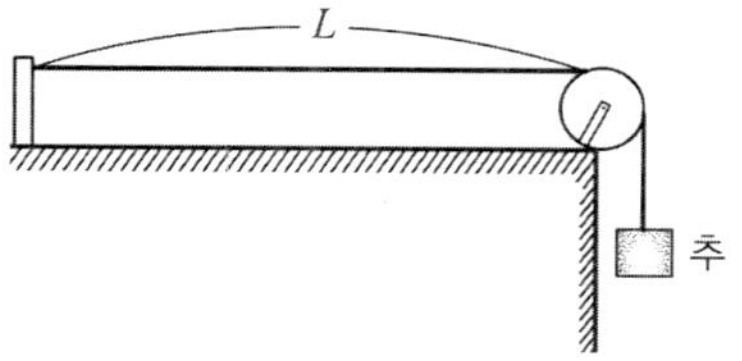

① 줄의 길이를 반으로 줄인다.
② 추의 질량을 반으로 줄인다.
③ 줄의 지름을 두 배로 한다.
④ 줄의 길이를 두 배로 한다.
⑤ 추의 질량을 두 배로 한다.

- 기본 진동일 때 정상파의 파장 $\lambda = 2L$이다. 줄에서 파동의 속도는 $v = \sqrt{\frac{T}{\rho}} = \sqrt{\frac{mg}{\rho}}$이므로 진동수는 $f = \frac{v}{\lambda} = \frac{1}{2L}\sqrt{\frac{mg}{\rho}}$이다.

04 그림과 같이 한 학생이 콜라가 일부 들어 있는 병의 윗부분을 향해 훅하고 불었을 때 공명 현상이 일어났다. 병의 윗부분에서 콜라의 표면까지 5cm이고 소리의 속도가 340m/s라면 공명하는 소리의 파장과 진동수로 가능한 것은?

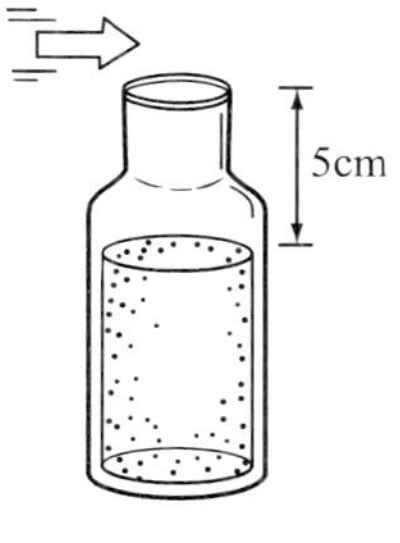

① 0.05m, 340Hz
② 0.1m, 680Hz
③ 0.1m, 1700Hz
④ 0.2m, 680Hz
⑤ 0.2m, 1700Hz

- 콜라병 안의 공기기둥에 정상파가 생길 때 병의 윗부분에는 배가, 콜라의 표면에는 마디가 생긴다. 기본 진동이라면 $\frac{\lambda}{4} = L = 5\text{cm}$의 관계가 있다.

Answers 03. ④ 04. ⑤

05 물결파 실험을 하여 [보기]와 같은 현상이 관찰되었다. 빛에 비해서 소리는 잘 퍼진다. 야외 음악회에서 사용하는 확성기의 소리가 나오는 나팔 부분은 높이가 1.0m, 폭 0.3m인 직사각형 모양의 슬릿으로 되어 있다. 나팔 부분이 상하로 긴 이유는 수평면으로 소리가 더 잘 퍼지게 하기 위한 것이다. 다음 [보기] 중에서 이 사실과 관계있는 현상끼리 묶은 것은?

보기

가. 같은 파장의 물결파를 틈이 크고 작은 슬릿을 통하여 보내면 틈이 큰 슬릿 쪽에서 회절이 잘 안 된다.
나. 두 개의 파원에서 물결파를 보내면 어둡고 밝은 마디선이 생긴다.
다. 깊은 곳에서 얕은 곳으로 물결파를 보내면 굴절된다.
라. 같은 슬릿을 통해 크고 작은 파장의 물결파를 보낼 때 큰 파장의 물결이 크게 회절한다.
마. 물결파를 큰 슬릿을 통해 보내면 더 많은 물결파가 들어온다.

① 가, 나　　② 가, 다
③ 가, 라　　④ 나, 다
⑤ 나, 라

…› • 파동이 장애물을 만났을 때 그 모서리에서 휘어져 장애물의 뒤쪽까지 전달되는 현상을 회절이라고 하며, 파장이 길수록 슬릿의 틈이 좁을수록 회절이 잘 일어난다.

06 파장이 λ, 진폭이 A인 똑같은 두 음파(소리)가 두 음원 S_1, S_2에서 울려 퍼지고 있다. 그림과 같이 두 음원을 중심으로 가상의 원을 그렸더니 a, b점에서는 두 음원의 경로차가 0이였고, c, d점에서는 1.5λ였다. 원 위에 쓰여진 0, 1.0λ, 1.5λ는 두 음원 S_1, S_2의 경로차를 나타낸다.

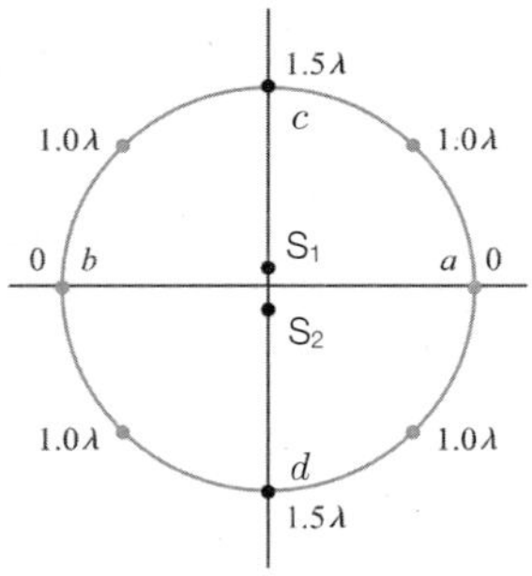

위 그림에 대한 [보기]의 분석 중 옳은 내용을 모두 고르면?

보기

ㄱ. a점에서 음파의 진폭은 2A이다.
ㄴ. d점에서 음파의 파장은 $\frac{\lambda}{2}$이다.
ㄷ. a점에서 시작하여 원을 한바퀴 도는 동안 소리가 크게 들리는 경우는 4번이다.

① ㄱ　　② ㄴ
③ ㄷ　　④ ㄱ, ㄴ
⑤ ㄱ, ㄷ

Answers 05. ④ 06. ①

⋯▸ • 두 파원으로부터의 경로차가 0이거나 반파장의 짝수배일 때는 보강간섭이 일어나 진폭이 2배가 되며, 반파장의 홀수배일 때는 상쇄간섭이 일어나 진폭이 0이 된다.

07 철수는 소리의 반사가 일어나지 않는 방에서 그림과 같이 동일한 스피커 두 개에서 같은 파장의 소리가 나오도록 하고, 아래와 같은 과정으로 실험을 하려고 한다.

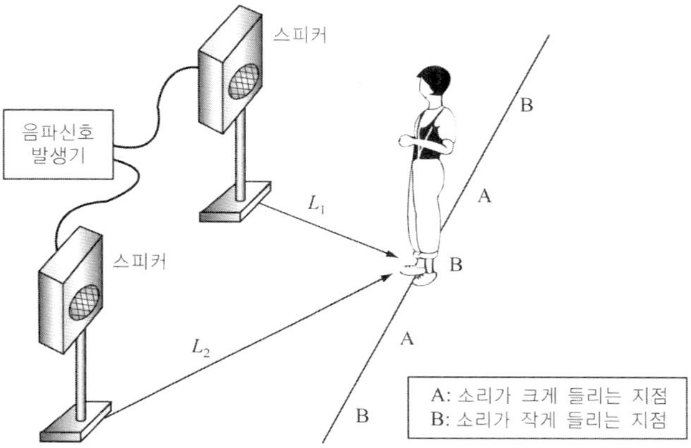

보기

- 점선을 따라 천천히 왔다 갔다 하면서 소리가 크게 들리는 지점들(A)과 작게 들리는 지점들(B)을 찾는다.
- 크게 들리는 지점(또는, 작게 들리는 지점)에서 거리 L_1과 L_2를 측정한다.
- L_1과 L_2의 차이가 스피커에서 나오는 소리 파장의 몇 배 정도인지 알아본다.

이 실험은 음파의 어떠한 현상을 조사하기 위한 것인가?

① 회절 ② 간섭
③ 굴절 ④ 흡수
⑤ 편광

⋯▸ • 두 파동이 중첩되어 더욱 강해지거나 약해지는 현상을 파동의 간섭이라고 하며, 두 파동이 같은 위상으로 만날 때 보강간섭이 반대 위상으로 만날 때는 상쇄간섭이 일어난다.

Answers 07. ②

08 초음파 진단과 관련해서 철수는 다음의 사실을 알게 되었다.

보기
- 초음파가 공기에서 인체 내부로 들어갈 때 초음파의 속도는 변하고 진동수는 변하지 않는다.
- 초음파는 인체 내부에서 흡수되거나 분산되어 세기가 약해지는데 진동수가 높을수록 더 빨리 약해진다.

위 내용에 기초하여 철수가 추론한 것으로 옳은 것을 [보기]에서 모두 고른 것은?

보기
ㄱ. 공기에서 인체 내부로 비스듬히 입사한 초음파는 굴절할 것이다.
ㄴ. 초음파가 공기에서 인체 내부로 들어갈 때 초음파의 파장은 변하지 않을 것이다.
ㄷ. 같은 세기의 초음파를 사용하면 진동수가 낮을수록 초음파가 인체 내부로 더 깊이 들어갈 수 있을 것이다.

① ㄱ ② ㄴ
③ ㄱ, ㄴ ④ ㄱ, ㄷ
⑤ ㄴ, ㄷ

···› • 매질의 경계면에서 파동의 속력이 달라져 진행방향이 변하는 현상을 굴절이라 한다.
$v = f\lambda$에서 진동수가 일정할 때 속력이 변하면 파장도 변한다.

09 소음원에서 나오는 소음의 크기와 사람이 실제로 느끼는 소리의 크기는 다르다. 오른쪽 그래프에서 곡선 A, B는 사람이 실제로 느끼는 소리의 크기(단위는 폰)가 같은 지점들을 각각 연결한 선이다. 즉, 곡선 A의 각 지점에서는 사람이 실제로 느끼는 소리의 크기가 60폰으로 일정하다. 다음 [보기]의 그래프에 대한 옳은 설명을 모두 고른 것은?

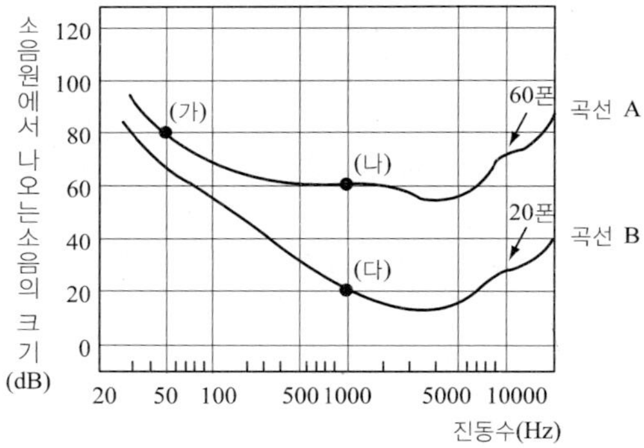

보기
ㄱ. 사람은 (가)와 (다)의 소리를 같은 크기로 느낀다.
ㄴ. 사람은 (나)의 소리를 (다)의 소리보다 크게 느낀다.
ㄷ. 50~1000Hz 구간에서 사람은 같은 60dB의 소음이라도 진동수가 높을수록 작은 소리(폰)로 느낀다.

Answers 08. ④ 09. ②

① ㄱ　　② ㄴ
③ ㄷ　　④ ㄱ, ㄴ
⑤ ㄱ, ㄷ

- 사람이 실제로 느끼는 소리의 크기는 주파수에 따라 다르다. 1000Hz로(기준음)의 소리의 세기와 같은 크기로 들리는 소리를 나타내는 단위가 폰이다. 예를 들어 100Hz, 40dB의 소리는 1000Hz, 10dB 소리와 같은 크기로 들리므로 10폰이다. 50–1000Hz 구간에서는 같은 크기의 소리라도 진동수가 클수록 큰 소리로 느낀다.

10 그림은 소음 발생기와 소음 측정기를 사용하여 방음판 A, B, C의 방음 효과를 알아보는 것을 나타낸 것이고, 표는 소음 발생기의 수와 방음판을 달리하였을 때 소음 측정기가 나타낸 값이다.

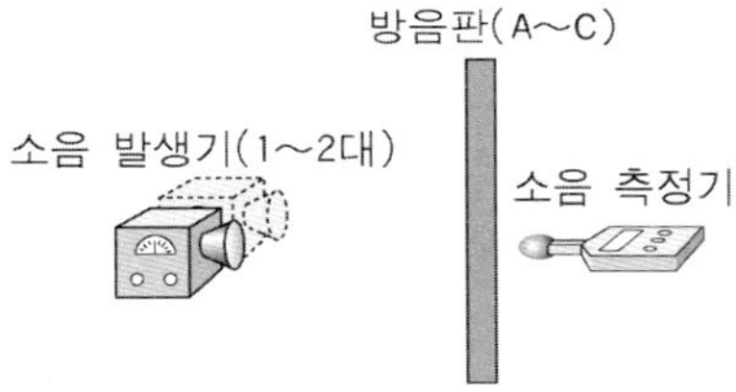

단위 : dB(데시벨)

방음판 / 소음 발생기의 수	없음	A	B	C
1대	70	67	64	61
2대	73	70	67	64

이 결과에 대한 해석으로 옳은 것을 [보기]에서 모두 고른 것은?(단, 소음 발생기를 2대 사용하면 소음의 세기가 2배로 되며, 각 방음판을 설치하는 위치와 방법은 같다.)

보기

ㄱ. A, B, C 중 방음 효과가 가장 좋은 것은 C이다.
ㄴ. B는 소음의 세기를 약 $\frac{1}{4}$배로 줄인다.
ㄷ. 소음 발생기가 1대일 때 A와 B를 겹쳐 설치하면 소음 측정기에 나타난 값이 64 dB일 것이다.

① ㄱ　　② ㄴ
③ ㄱ, ㄴ　　④ ㄴ, ㄷ
⑤ ㄱ, ㄴ, ㄷ

- 소리의 세기(dB)= $10\log_{10}(\frac{I}{I_0})$이므로 측정하고자 하는 소리 I가 기준이 되는 소리 I_0보다 2배 큰 소리이면 $10\log_{10}2 = 3$ dB 만큼 차이가 난다. 따라서 3dB차이나는 소리는 2배 큰 소리이고, 6dB 차이나는 소리는 2×2=4배 큰 소리이다.

Answers 10. ③

11 그림은 공기가 있는 유리 상자와 진공 상태의 유리 상자 속에 있는 스피커가 같은 진동수로 진동할 때, 어느 순간의 유리 상자 밖 공기 입자의 분포를 나타낸 것이다.

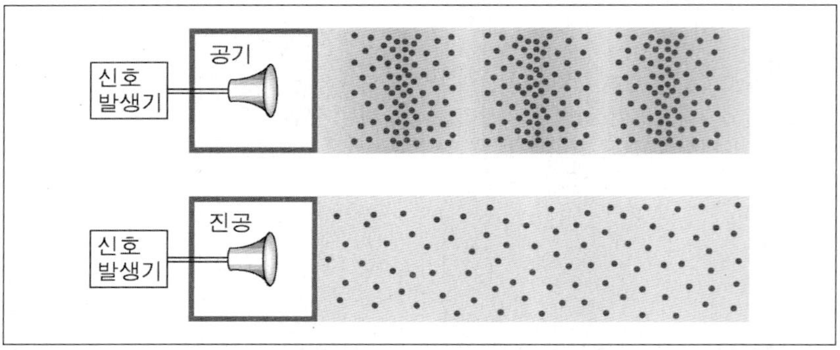

위 자료를 바탕으로 알 수 있는 소리의 성질에 관한 설명으로 옳은 것을 [보기]에서 모두 고른 것은?

보기

ㄱ. 소리는 종파이다.
ㄴ. 소리는 진공에서 전달되지 않는다.
ㄷ. 소리의 진행 방향과 공기 입자의 진동 방향은 서로 수직이다.

① ㄱ
② ㄴ
③ ㄱ, ㄴ
④ ㄴ, ㄷ
⑤ ㄱ, ㄴ, ㄷ

··· 소리는 진행방향과 매질의 진동방향이 나란한 종파이며, 진공 중에서는 전달되지 않는다.

Answers 11. ③

18.3 개념 서술하기

01 한 공상 과학 영화에 멀리 떨어진 외계에서 터진 폭발을 폭발과 동시에 보기도 하고 듣기도 하는 장면이 있다. 다음 물음에 답하라.

(1) 위 설명에서 물리학적 오류를 찾아라.

(2) 소음의 단위로 데시벨(dB)을 사용한다. 소음을 정의하고 데시벨(dB)의 단위에 대해 설명하라. 0dB과 10dB, 10dB과 30dB의 경우, 소리의 세기가 각각 몇 배인지 설명하라.

(3) 소리의 속도가 물질의 상태나 온도에 따라 어떻게 달라지는지 설명하라.

풀이

(1) 소리보다 빛이 빠르다. 폭발을 본 후 들을 수밖에 없다.

(2) 사람이 느끼는 소리의 크기는 소리의 세기의 상용로그 값에 비례한다. 사람이 들을 수 있는 최소의 세기 즉 소리의 한계를 0 dB로 정의한다. 10배, 100배

(3) 소리는 분자들의 충돌에 의해 전달되므로 고체에서 가장 빠르고(고체〉액체〉기체), 온도가 높을수록 분자 운동이 활발하므로 소리의 속도도 빨라진다.

02 빛은 진공 속을 통과한다. 이는 우리가 태양과 달을 볼 수 있다는 사실로 증명할 수 있다. 그렇다면 소리도 진공 속을 통과할 수 있는지 알아보려고 한다.

(1) 소리가 진공 속을 통과할 수 있을까? 통과할 수 없다면 그 이유는 무엇일까?

(2) 헬륨 가스를 흡입하고 소리를 내면 '도널드 덕'과 같은 이상한 소리가 난다. 그 이유는 무엇일까? 소리의 높이와 세기는 어떤 물리량과 관계가 있을까?

(3) 요즘엔 수동식 굴착기처럼 소음이 큰 장치에 마이크로폰을 장착해서 소음을 방지하기도 한다. 어떤 원리를 이용하는 것인지 설명하라.

풀이

(1) 통과할 수 없다. 소리는 매질이 필요한 파동이다.

(2) 헬륨기체의 분자량이 작아서 속도가 빨라지므로 진동수가 커진다.
높이-진동수, 세기-진폭

(3) 위상이 반대인 파를 발생시켜 상쇄간섭 시킨다.

03 관현악단이 연주하기 전에 워밍업을 하지 않는다면, 연주하는 동안 현악기는 음이 내려가고 관악기는 음이 올라간다. 그 이유를 설명하라.

풀이

현악기는 줄이 느슨해져서 음이 낮아지고, 관악기는 악기 안의 기체 온도가 높아져 음이 높아지게 된다.

04 높은 진동수의 소리와 낮은 진동수의 소리가 길모퉁이 뒤에 숨어있는 사람에게 전파되고 있다. 어느 쪽이 더 잘 들리는지 설명하라.

풀이

낮은 진동수의 소리, 파장이 길어 회절이 더 잘 된다.

18.4 개념 심화하기

01 공기 중에서 물속으로 음파가 진행할 때 음파의 굴절률은 0.25이다. 공기 중에서의 음속을 340m/s라고 할 때 진동수가 1000Hz인 음파에 대하여 다음 물음에 답하여라.

(1) 공기 중에서의 파장은 몇 m인가?

(2) 물속에서의 속도는 몇 m/s인가?

(3) 물속에서의 파장은 몇 m인가?

(4) 물속에서의 진동수는 몇 Hz인가?

풀이

(1) $v = f\lambda$에서 $340 = 1000\lambda \rightarrow \lambda = 0.34$(m)

(2) $0.25 = \dfrac{v_{공}}{v_{물}} = \dfrac{340}{v_{물}} \rightarrow v_{물} = \dfrac{340}{0.25} = 1360$(m/s)

(3) $v = f\lambda$에서 $1360 = 1000\lambda \rightarrow \lambda = 1.36$(m)

(4) 진동수는 불변 $\therefore f = 1000$(Hz)

02 대기 중의 음원에서 발생한 진동수가 일정한 소리가 수면에서 굴절하여 물속으로 들어가는 경우, 다음 물음에 답하여라.(대기 중에서의 음속은 340m/s이고 물속에서의 음속은 1430m/s이다.)

(1) 물속에서 이 소리의 파장은 대기 중에서의 파장의 몇 배인가?

(2) 수면에서 굴절할 때 입사각(i)과 굴절각(r)과의 관계를 구하여라.

풀이

$$n = \frac{\sin\theta_1}{\sin\theta_2} = \frac{v_1}{v_2} = \frac{\lambda_1}{\lambda_2}$$

(1) $\dfrac{\lambda_{대}}{\lambda_{물}} = \dfrac{340}{1430}$에서 $\lambda_{물} = \dfrac{1430}{340} = \lambda_{대}$ $\therefore \dfrac{143}{34}$(배)

(2) $\dfrac{\sin i}{\sin r} = \dfrac{340}{1430} = \dfrac{34}{143}$

03 그림과 같이 유리관 속에 물을 넣고 물의 높이를 조절할 수 있게 하였다. 유리관 입구에 진동수가 500Hz인 소리굽쇠를 진동시켜서 유리관 입구에 가까이 가져간 후 물의 높이를 변화시키면서 소리가 크게 들리는 위치(공명이 일어나는 위치)를 찾았더니 다음과 같았다.

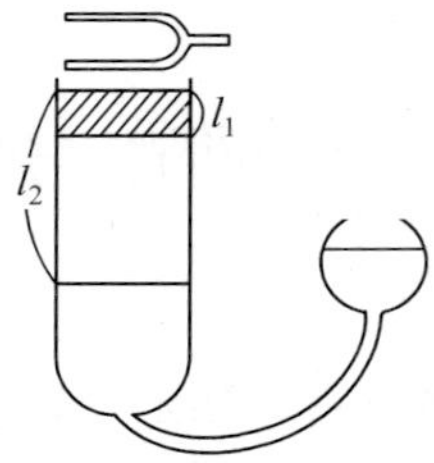

〈실험 결과〉
제1공명점 15.0cm
제2공명점 49.0cm
제3공명점 83.0cm

(1) 관 속에서 생길 수 있는 여러 정상파의 모양을 그려라.

(2) 이 실험에서 구한 음파의 속력은?

풀이

(1) 유리관의 열린 끝은 배이고 수면 부분은 마디가 된다.

(2) 위 자료에서 $\frac{\lambda}{2}=34\text{cm}$이므로 $\lambda=68\text{cm}$이고 $v=f\lambda$에서 $v=500\times0.68=340(\text{m/s})$

04 3m 떨어진 두 개의 소리굽쇠에서 파장이 1m인 소리가 나오고 있다. 이 두 소리굽쇠 사이에서 서로 간섭하여 소리가 약해지는 점들이 있다. 이 점들을 모두 구하여라.

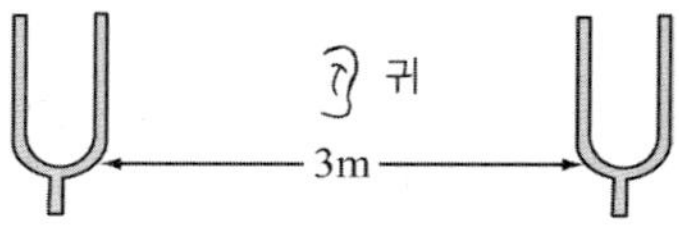

풀이

파장이 같은 두 파가 서로 반대 방향으로 진행하다 겹치면 정상파가 만들어진다. 이 때 진동하지 않는 점들이 마디이고 소리가 약해지는 점들이다.

소리굽쇠가 있는 부분은 최대로 진동하는 배가 되는 부분이므로 양 끝이 배가 되게 정상파를 그려 보면 그림과 같다.

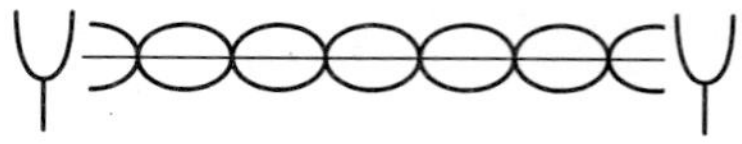

여기서 마디 사이의 간격은 파장의 $\frac{1}{2}$이므로 마디 사이의 간격은 $\frac{1}{2}\text{m}$이다.

따라서 $\frac{1}{4}\text{m}$, $\frac{3}{4}\text{m}$, $\frac{5}{4}\text{m}$, $\frac{7}{4}\text{m}$, $\frac{9}{4}\text{m}$, $\frac{11}{4}\text{m}$의 6개의 점이 있다.

[별해] 상쇄 간섭이 일어나는 점들은 경로차가 반파장의 홀수 배가 되는 점들이다. 그러므로 두 파원으로부터의 거리가 각각 r_1, r_2라면

$r_1+r_2=3$, $|r_1-r_2|=\frac{\lambda}{2}(2m+1)$을 만족시키는 점을 찾으면 된다. 여기서 $\lambda=1\text{m}$을 대입하면 위의 6개의 점이 나온다.

05 오른쪽 그림과 같이 두 개의 스피커 A, B를 3m의 간격을 두고 마주 보게 놓았다. 이 때 A와 B는 동일한 주파수와 위상으로 일정한 음파를 발생시키고 있는데 A는 B보다 4배의 세기를 가지고 있다. 이 때 두 개의 스피커 사이의 직선상의 어떤 지점에서 소리를 전혀 들을 수 없었다면 그 위치를 구하고 가능한 파장들을 구하여라.

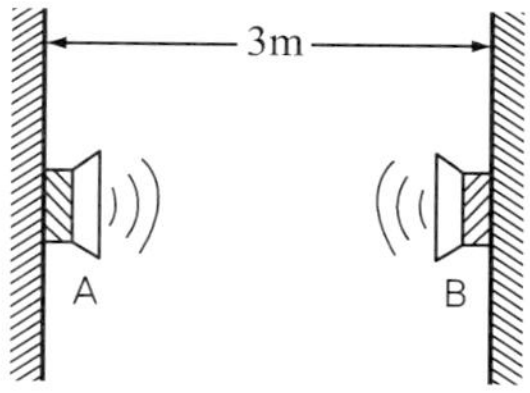

풀이

A에서 x거리에 있는 점 P에서 소리가 들리지 않았다면 그림에서 두 스피커에서 나온 소리의 세기가 같아야 완전히 상쇄된다.

$\dfrac{4I_0}{x^2} = \dfrac{I_0}{(3-x)^2}$ 에서 $x = 2$ 또는 6 $\therefore x = 2(\mathrm{m})$

경로차 $= \mathrm{AP} \sim \mathrm{BP} = 1 = \dfrac{\lambda}{2} \times (2m-1)$ 에서 $\lambda = \dfrac{2}{2m-1}$, $\lambda = 2\mathrm{m}$, $\dfrac{2}{3}\mathrm{m}$, $\dfrac{2}{5}\mathrm{m}$

06 한 쪽 끝이 막혀 있는 어떤 파이프 오르간의 기본 진동수가 150Hz일 때 다음 물음에 답하여라.

(1) 이 파이프의 길이는 얼마인가?

(2) 이 기본음의 바로 다음 번의 화음은 몇 Hz인가?(단, 음속은 300m/s로 한다.)

풀이

(1) $v = f\lambda$에서 $300 = 150\lambda \to \lambda = 2\mathrm{m}$, 폐관의 경우 $\dfrac{(2n-1)}{4}\lambda = L$이므로

$L = \dfrac{(2 \times 1 - 1)}{4} \times 2 = 0.5(\mathrm{m})$

(2) $\dfrac{(2n-1)}{4}\lambda = L$에서 $n = 2$ 이면 $\lambda = \dfrac{4L}{3} = \dfrac{2}{3}$

$\therefore v = f\lambda \to 300 = \dfrac{2}{3} f \to f = 450(\mathrm{Hz})$

07 진동수가 182Hz인 두 개의 똑같은 음원이 있다. 이들은 각각 v_A, v_B의 등속도로 운동하는 자동차 A, B에 실려져 있다. 자동차 A에 타고 있는 사람이 1초에 두 번의 맥놀이 현상이 일어남을 관측하였다. 자동차 A의 속력은 v_A =18m/s로 B보다 빠르며 음속은 360m/s라 할 때 다음 물음에 답하시오.

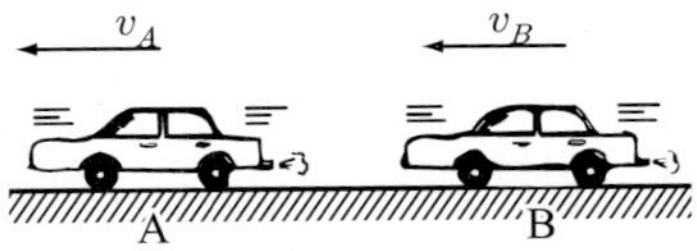

(1) 자동차 A에 탄 사람이 듣는 자동차 B에 실린 음원의 진동수는?

(2) 자동차 B의 속력 v_B는?

풀이

(1) 진동수의 차이만큼 맥놀이 현상이 일어난다. $2=182-f \rightarrow f=180\text{Hz}$

(2) 관측자와 음원이 다 움직이고 있으므로

$$f'=\frac{V\pm u}{V\pm v}f=\frac{V-v_A}{V-v_B}f=\frac{360-18}{360-v_B}\times 182=180$$ 에서 $v_B=14.2\text{m/s}$

08 선질량밀도가 2g/m인 길이 52cm의 기타줄이 기본 진동수 400Hz로 진동한다. 열린 파이프가 그 기본 진동수에서 공명을 일으켜 4Hz의 맥놀이 진동수를 들었다.

(1) 이 파이프에서 공명 가능한 진동수들은 얼마인가?

기타줄의 장력을 증가하였더니 맥놀이 진동수가 감소하였다.

(2) 기타줄의 원래 장력은 얼마인가?

(3) 파이프의 길이는 얼마인가?(공기 중에서 음속은 340m/s이다.)

풀이

(1) 404Hz 또는 396Hz

(2) $v=f\lambda=f\cdot 2L=\sqrt{\frac{F}{\mu}}$ 에서 $F=(2Lf)^2\mu=346\text{N}$

(3) $f=404\text{Hz}=\frac{v}{2L}$ 에서 $L=42.1\text{cm}$

CHAPTER 19

빛(I)

19.1 개념 익히기

01 전자기파는 _____(으)로 구성되어 있다.

① 전자기적 펄스의 밀과 소
② 진동하는 전기장과 자기장
③ 광에너지를 갖는 입자들
④ 고에너지의 중력파

전자기파는 진동하는 전기장과 자기장이 서로 원인과 결과가 되면서 공간적으로 에너지를 전달하는 것이며 전하가 가속도 운동을 할 때 발생한다.

02 모든 전자기파의 근원은?

① 원자 에너지 준위의 변화이다.
② 진동하는 원자들이다.
③ 가속운동하는 전하들이다.
④ 결정체의 요동이다.

모든 전자기파의 근원 가속도 운동하는 전하이다.

03 전자기파는 ____________

① 진공에서도 전파될 수 있다.
② 반드시 매질을 필요로 한다.

모든 파동은 반드시 매질을 필요로 하지만 전자기파의 경우는 예외적으로 진공 중에서도 전달된다.

04 다음의 전자기파 중 파장이 가장 짧은 것은?

① 라디오파 ② 적외선
③ X선 ④ 자외선
⑤ 가시광선

Answers 01. ② 02. ③ 03. ① 04. ③

전자기파의 종류로 장파, 중파, 단파, 초단파, 극초단파(마이크로파), 적외선, 가시광선, 자외선, X선, γ선 등이 있다. 오른쪽 방향으로 파장이 점점 짧아진다. 전자기파의 속도는 빛의 속도와 같으며 진공 중에서 가장 빠르다 (3×10^8m/s).

05 전하가 진동하면 ____________

① 소리가 방출된다.
② 질량이 줄어든다.
③ 빛이 방출된다.
④ 자기장이 만들어진다.

전하가 진동하면 전하는 가속도 운동을 하는 것이므로 전자기파가 방출된다.

06 전자가 1초에 1000번 진동할 때 발생하는 전자기파의 ____________

① 주기는 1000초이다.
② 속력은 1000m/s이다.
③ 파장은 1000m이다.
④ 진동수는 1000Hz이다.

1초 1000번 진동하므로 진동수는 1000Hz이다.

07 다음 중 성질이 다른 하나는?

① 음파 ② X선
③ γ선 ④ 빛
⑤ 라디오파

음파를 제외한 나머지는 전자기파이다.

08 유리 내부에서의 빛의 속력을 공기 중에서의 빛의 속력과 비교하면?

① 빠르다.
② 느리다.
③ 같다.

빛의 속력은 진공에서 가장 빠르며 공기보다는 물에서, 물보다는 유리에서 더 느리다.

09 다음 중 진공 속을 통과할 수 없는 것은?

① 빛
② 음파
③ 전파

소리(음파)나 모든 파동은 매질이 없이 전달될 수 없지만 전자기파(빛)는 예외적으로 진공 속으로 전달된다.

10 전파와 음파의 주된 차이점으로 가장 적절한 것은?

① 진동수
② 파장
③ 에너지
④ 진폭
⑤ 근본적인 성질

전파는 전자기파의 일종이며 음파와는 근본적으로 성질이 다른 파동이다. 전자기파는 횡파지만 음파는 종파이며, 전자기파는 진공에서도 전달되지만 소리는 매질이 없이는 전달되지 못한다.

Answers 05. ③ 06. ④ 07. ① 08. ② 09. ② 10. ⑤

11 태양이 방금 사라졌어도 우리는 8분 동안 이를 알지 못한다. 그 이유는?

① 태양이 사라지는데 8분이 걸리므로
② 어두움을 인식하는 데 8분이 걸리므로
③ 빛이 태양에서 지구로 도달하는데 8분이 걸리므로

태양이 지평선 너머로 방금 사라졌어도 우리는 8분 동안 이를 알지 못하는 이유는 빛이 태양에서 지구로 도달하는데 8분 정도 걸리기 때문이다. 태양과 지구 사이의 거리는 약 1억 5천만km이고 빛의 속도는 30만km/s이므로 $t = \frac{s}{v} = \frac{1억\ 5천만 km/s}{30만 km/s}$ =500초=약 8분

12 진동수가 1Hz인 전자기파의 파장은?

① 1m보다 작다.
② 1m
③ 1m보다 훨씬 크다.

빛의 속도는 $c = f\lambda$에서 $3\times10^{8} = 1\times\lambda$이므로 $\lambda = 3\times10^{8}$m이다.

13 다음 중 빛이 방출되는 경우는?

① 전자가 진동할 때
② 원자핵이 진동할 때
③ 물질로부터 전자기파가 방출될 때
④ 높은 진동수의 음파가 물질과 충돌할 때

빛 즉 전자기파가 방출되는 경우는 전하(대전입자)가 가속도 운동을 하는 경우이므로 전자가 진동할 때이다.

14 빛이 한 곳에서 다른 곳으로 이동할 때 어떤 경로를 따르는가?

① 최소 거리 ② 최소 시간
③ 최소의 노력 ④ 최소의 경비

빛이 한 곳에서 다른 곳으로 이동할 때 최소 시간의 경로를 따른다(페르마의 원리). 빛이 반사나 굴절을 할 때도 항상 최소 시간의 경로를 따른다(반사의 법칙, 굴절의 법칙).

15 입사 광선과 반사 광선, 법선은 ________

① 같은 평면에 존재한다.
② 꼭 같은 평면에 존재하는 것은 아니다.
③ 서로 수직한 평면에 존재한다.

입사광선과 반사광선, 법선은 항상 동일 평면상에 존재한다.

16 평면거울에서 물체와 상의 위치는?

① 같은 평면에 존재한다.
② 거울면으로부터 같은 거리에 존재한다.
③ 서로 수직으로 놓여 있다.
④ 모두 맞다.
⑤ 모두 틀리다.

상이란 물체에서 나온 빛이 다른 경로를 거쳐 실제 위치가 아닌 다른 곳에 그 물체가 존재하는 것으로 보이는 것을 말하며, 실제 빛이 모여 이루어진 상을 실상, 빛이 가상의 물체에서 나오는 것처럼 보이는 상을 허상이라 한다. 평면거울에서 물체와 거울, 거울과 상까지의 거리는 항상 같다.

Answers 11. ③ 12. ③ 13. ① 14. ② 15. ① 16. ②

17 반사의 법칙이 성립하는 경우는?

① 평면거울 ② 구면거울
③ 둘다 맞다. ④ 둘다 틀리다.

반사의 법칙은 '입사각(입사광선과 법선이 이루는 각)과 반사각(반사광선과 법선이 이루는 각)이 항상 같다.'라는 것이다. 반사의 법칙은 예외없이 항상 성립한다.

18 빛이 반사할 때 변하는 물리량은?

① 진동수
② 파장
③ 전파속도
④ 모두 변한다.
⑤ 모두 변하지 않는다.

반사란 파동이 진행하다가 다른 매질에 도달했을 때 매질의 경계면에서 원래의 매질로 되돌아오는 현상이다. 고정단에서 반사하는 경우에만 위상이 반대가 될 뿐 진동수, 파장, 전파속도는 변하지 않는다.

19 거울 앞에 서 있는 사람이 일정한 속도 v로 걸어갈 때 걸어가는 사람에 대한 상의 속도는?

① $\frac{1}{2}v$ ② v
③ $2v$ ④ 답이 없다.

평면거울에서 물체와 거울, 거울과 상까지의 거리는 항상 같으므로 물체의 속력과 상의 속력은 같다. 물체가 다가가면 상도 다가온다. 따라서 사람의 대한 상의 상대속도는 물체의 속도의 2배가 된다.

20 자기 자신을 모두 비춰볼 수 있는 거울의 크기는 자신의 키의 몇 배인가?

① $\frac{1}{3}$배
② $\frac{1}{2}$배
③ $\frac{3}{4}$배
④ 1배
⑤ 거울로부터 사람의 위치에 따라 다르다.

자신의 키의 절반 정도 크기의 거울만 있으면 자신을 모두 비춰볼 수 있다.

21 빛이 법선과 10°의 각을 이루고 입사되었다면 반사한 빛이 법선과 이루는 각은?

① 10°보다 작다.
② 10°
③ 10°보다 크다.

반사의 법칙이 항상 성립하므로 반사각은 입사각과 같다.

22 비 오는 날 밤에 운전을 하면 앞이 잘 보이지 않는다. 그 이유는?

① 빗방울에 빛이 산란되면서 눈에 도달하는 빛을 차단하기 때문에
② 앞유리의 표면이 응축되기 때문에
③ 앞유리의 수막이 빛이 더 많이 반사시키기 때문에
④ 도로면의 수막이 덜 산란시키기 때문에

Answers 17. ③ 18. ⑤ 19. ③ 20. ② 21. ② 22. ④

비오는 날에는 도로면이 매끈해지므로 난반사 즉 산란이 적게 일어나므로 도로면이 잘 보이지 않는다.

23 잔잔한 호수가에 서 있으면 호수를 통해 반사되어 거꾸로 된 호수 건너편의 경치를 보게 된다. 우리 눈에 보이는 호수 속의 경치는 어떻게 보이는가?

① 실제 경치와 똑같이 보인다.
② 반사되는 호수면에 있는 것처럼 보인다.
③ 수면으로부터 위치한 높이만큼 똑같이 물 속 아래에 있는 것처럼 보인다.
④ 호수가 가까이에 있는 것처럼 보인다.

반사의 법칙에 따라 수면으로부터 위치한 높이만큼 똑같이 물속 아래에 있는 것처럼 보인다. 예를 들어 그냥 바라볼 때는 나무의 겉을 보지만 물속에 비춰진 나무는 나무의 안쪽이 비춰진 모습이다.

24 거울면을 θ만큼 회전시키면 반사 광선은 얼마만큼 회전하는가?

① θ
② 2θ
③ $\frac{1}{2}\theta$
④ 4θ

반사의 법칙을 이용하면 반사광선은 2배만큼 회전하게 된다.

25 빛이 굴절할 때 휘어지는 것은?

① 진행 시간을 짧게 하는 것이다.
② 진행 시간을 길게 하는 것이다.
③ 진행 시간과 관계 없다.

빛은 최소시간의 경로를 따른다.

26 빛이 유리창을 빠져나올 때 빛이 법선과 이루는 각의 크기는?

① 일반적으로 입사각보다 작다.
② 항상 입사각보다 작다.
③ 입사각과 같다.
④ 일반적으로 입사각보다 크다.
⑤ 항상 입사각보다 크다.

스넬의 법칙을 이용하면 빛이 공기에서 유리로 진행할 때 입사각과 빛이 유리에서 공기로 빠져나올 때의 굴절각은 같다. 굴절률이 큰 물질로 빛이 진행하면 굴절각은 작아지고 굴절률이 작은 물질로 빛이 진행하면 굴절각은 커진다. $n_1\sin\theta_1 = n_2\sin\theta_2$

27 다음 중 빛이 가장 빨리 진행하는 곳은?

① 따뜻한 공기
② 차가운 공기
③ 진공

빛의 속력은 진공에서 30만km/s이며 가장 빠르다.

Answers 23. ③ 24. ② 25. ① 26. ③ 27. ③

28 대기에 의한 굴절은 낮의 길이에 어떤 영향을 미치는가?

① 약간 길게 한다.
② 약간 짧게 한다.
③ 여름에는 길게 하고 겨울에는 짧게 한다.

대기에 의한 빛의 굴절은 해가 사라진 후에도 얼마동안 빛을 비추게 되므로 낮의 길이를 약간 길게 한다.

29 신기루는 대기의 어떤 현상과 관계 있는가?

① 반사 ② 굴절
③ 산란 ④ 분산
⑤ 수차

신기루는 지표면 근처에서 온도차에 의한 빛의 굴절 현상 때문에 나타나는 현상이며, 공간적으로 빛이 휘어지므로 실제 물체의 위치를 알 수가 없다.

30 별의 깜박거림(반짝임)은 대기의 어떤 현상과 관계 있는가?

① 반사 ② 굴절
③ 산란 ④ 분산
⑤ 수차

별의 깜박거림은 대기의 밀도차에 의한 굴절 때문에 나타나는 현상이다. 바람 등에 의해 공기의 밀도가 순간적으로 달라지면 방금 전에 보였던 별이 안 보이게 될 수도 있다.

31 빛의 굴절현상의 원인은?

① 진동수가 달라지기 때문이다.
② 입사각이 달라지기 때문이다.
③ 속력이 달라지기 때문이다.
④ 모두 맞다.
⑤ 모두 틀리다.

빛의 굴절현상은 매질에 따라 빛의 속력이 달라서 매질의 경계면에 빛의 진행방향이 변하는 현상이다.

32 빛이 공기에서 유리로 진행할 때 굴절이 일어나는 이유는?

① 빛의 세기가 유리보다 공기에서 더 크기 때문
② 빛의 세기가 공기보다 유리에서 더 크기 때문
③ 빛의 진동수가 유리보다 공기에서 더 크기 때문
④ 빛의 진동수가 공기보다 유리에서 더 크기 때문
⑤ 빛의 속력이 공기보다 유리에서 더 느리기 때문

모든 굴절현상은 매질에 따라 파동의 전파속력이 다르기 때문에 일어난다.

33 빛이 물에서 공기로 빠져나올 때 진행방향은?

① 법선쪽으로 휘어진다.
② 법선과 멀어지는 쪽으로 휘어진다.

Answers 28. ① 29. ② 30. ② 31. ③ 32. ⑤ 33. ②

밀한 매질에서 소한 매질 즉 굴절률이 큰 매질에서 작은 매질로 빛이 진행하면 굴절각이 커지므로 법선과 멀어지는 쪽으로 휘어진다.

34 빛이 물에서 공기로 빠져나올 때 속력의 변화는?

① 증가한다.
② 감소한다.
③ 같다.

굴절률이 큰 매질에서 작은 매질로 진행하면 빛의 속력은 증가하며 진공 중에서 가장 빠르다.

35 굴절은 풀장의 바닥을 실제보다 ______

① 깊게 보이도록 한다.
② 얕게 보이도록 한다.
③ 같다.

우리 눈은 빛이 진행해 온 연장선상에서 물체가 있는 것으로 인식한다. 빛이 물에서 공기로 빠져나올 때 법선과 멀어지는 쪽으로 휘어지므로 물 속에 있는 물체는 떠 보이게 된다.

36 투명한 물질의 임계각이란 빛이 물질 내부에서 모두 ______

① 굴절하기 위한 최소각이다.
② 반사하기 위한 최소각이다.
③ 흡수하기 위한 최소각이다.
④ 분산하기 위한 최소각이다.
⑤ 산란하기 위한 최소각이다.

임계각이란 빛이 굴절률이 큰 매질에서 작은 매질로 진행할 때 매질의 경계면에서 굴절되지 않고 모두 반사하기 위한 최소의 각을 말한다.

37 다음 중 임계각이 가장 작은 물질은?

① 유리　　② 물
③ 다이아몬드　　④ 진공

스넬의 법칙을 이용하면 $n = \dfrac{1}{\sin i_c}$ (i_c는 임계각)이므로 굴절률이 가장 큰 물질이 임계각은 가장 작다.

38 광섬유 내부에서 빛은 실제로 ______

① 광섬유의 중심축과 평행하게 곡선운동을 하는 것이다.
② 여러 개의 직선이 연속적으로 이루어진 경로를 따라 진행한다.
③ 광섬유의 바깥 표면을 따라 진행하는 것이다.
④ 광섬유의 종류에 따라 다르다.

광섬유는 빛의 전반사 현상을 이용하며 광섬유 내부로 빛을 전달되므로 빛은 여러 개의 직선이 연속적으로 이루어진 경로를 따라 진행한다고 할 수 있다.

39 평면 거울에 의한 상의 종류는?

① 허상이다.
② 실상이다.
③ 둘다 생긴다.

Answers 34. ① 35. ② 36. ② 37. ③ 38. ② 39. ①

평면거울에 의한 상은 실제로 빛이 모여 이루어진 상이 아니므로 항상 허상이다.

40 평행광선을 발산시키는 렌즈는?

① 볼록 렌즈
② 오목 렌즈
③ 볼록 렌즈와 오목 렌즈의 조합

볼록렌즈를 향해 평행광선을 비추면 한 점을 향해 빛이 모이므로 볼록렌즈는 빛을 수렴시키는 렌즈이며, 오목렌즈를 향해 평행광선을 비추면 한 점에서 빛이 퍼져나가므로 오목렌즈는 빛을 발산시키는 렌즈이다.

41 스크린 위에 상이 맺히는 경우는?

① 실상 ② 허상
③ 둘다 맞다. ④ 둘다 틀리다.

스크린 위에 상이 맺히는 것은 실제로 빛이 모여서 이루어진 상이므로 실상이다.

42 한 점에 태양빛을 모으는 데 사용하는 렌즈는?

① 볼록 렌즈
② 오목 렌즈
③ 둘다 맞다
④ 둘다 틀리다.

돋보기와 같은 볼록렌즈는 한 점을 향해 빛이 모이므로 태양빛을 모으는 데 사용될 수 있다.

43 볼록 렌즈에 의한 태양의 상은?

① 렌즈와 초점 사이에 생긴다.
② 초점에 생긴다.
③ 초점 바깥쪽에 생긴다.

태양에서 오는 빛은 아주 멀리서 오는 빛이므로 평행광선이라 해도 무방하다. 따라서 평행광선이 볼록렌즈에 비춰지면 초점에 모이므로 태양에 의한 상은 초점에 맺힌다.

44 바늘구멍 사진기에 의한 상은?

① 항상 도립이다.
② 항상 도립은 아니다.
③ 항상 정립이다.

바늘구멍사진기는 빛의 직진현상을 이용한 것이므로 항상 거꾸로 된 도립상이 맺힌다.

45 색수차가 일어나지 않는 경우는?

① 볼록 렌즈 ② 오목 렌즈
③ 거울

색수차는 빛의 색깔에 따라 빛의 파장이 다르므로 굴절률이 달라지는 현상이므로 빛의 반사와 관련된 거울과는 무관하다.

46 물 바깥에 있는 물고기는 어떤 보호 안경을 써야 하는가?

① 옅은 푸른색
② 반원형
③ 물이 가득 차 있는 것
④ 눈부실 정도로 빛나는 것

Answers 40. ② 41. ① 42. ① 43. ② 44. ① 45. ③ 46. ③

물고기는 물속에서 물체를 바라보는데 익숙해져 있으므로 물이 가득차 있는 보호안경을 써야 한다.

47 빛이 물에서 공기로 진행하는 경로를 가장 잘 나타낸 것은?

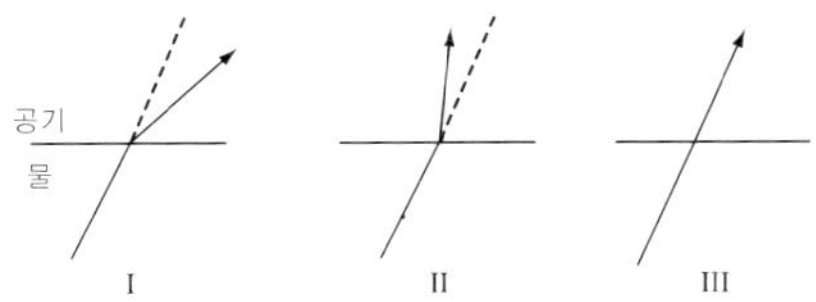

① Ⅰ
② Ⅱ
③ Ⅲ
④ 모두 전반사된다.

빛이 물에서 공기로 진행할 때 속력이 빨라지므로 굴절각은 커진다.

48 빛의 속도가 매질에 따라 다르기 때문에 나타나는 현상은?

① 신기루
② 무지개
③ 전반사
④ 모두 맞다.
⑤ 모두 틀리다.

빛의 속도가 매질에 따라 다르기 때문에 일어나는 현상은 주로 굴절 현상이며, 무지개가 나타나는 분산 현상도 빛의 색깔에 따라 굴절률이 다르기 때문에 여러 가지 색깔로 나누어지기 때문이다.

49 지구에서는 별빛이 깜박거린다. 달에서의 별빛은?

① 더욱 깜박거린다.
② 덜 깜박거린다.
③ 깜박거리지 않는다.

달의 경우 달을 둘러싸고 있는 대기가 존재하지 않으므로 대기에 의한 굴절현상이 일어나지 않는다. 따라서 별빛은 깜박거리지 않는다.

50 백색광을 유리 조각에 비출 때 가장 빨리 빠져나오는 빛의 색깔은?

① 빨강 ② 주황
③ 초록 ④ 보라
⑤ 모두 같다.

굴절률이 가장 작은 적색광의 속력이 가장 빠르므로 유리 조각을 가장 먼저 빠져나온다.

51 연못 속의 물고기가 물 표면과 45°의 각으로 위로 바라볼 때 무엇을 보겠는가?

① 연못의 바닥
② 연못 속의 물고기
③ 하늘과 연못가의 풍경
④ 물표면
⑤ 아무것도 보이지 않는다.

물의 임계각은 약 48도이다. 따라서 물고기가 물표면과 48° 보다 큰 각도로 바라볼 때 전반사 현상 때문에 연못의 바닥만을 보게 된다. 다른 각도에서는 하늘과 연못가의 풍경이 보인다.

Answers 47. ① 48. ④ 49. ③ 50. ① 51. ③

52 풀장에서 물에 허리 정도 잠긴 사람의 다리를 보면 실제보다 짧아 보인다. 그 이유는 무엇 때문인가?

① 빛의 반사
② 빛의 흡수
③ 빛의 간섭
④ 빛의 회절
⑤ 빛의 굴절

물속에 있는 물체는 굴절 현상에 의해 떠 보이므로 짧아 보인다.

53 투명한 물질 내부에서는 빛의 색깔에 따라 다른 속도로 진행한다. 진공에서는 빛의 색깔에 따라 속력이 ________

① 다르다.
② 같다.

물질 내부에서는 색깔에 따라 굴절률이 달라져 빛의 속력이 달라지지만 진공에서는 모든 빛의 속력은 30만km/s로 같다.

54 백색광이 공기에서 물로 진행할 때 가장 많이 휘는 색깔은?

① 빨강
② 주황
③ 초록
④ 보라

굴절률이 가장 큰 보라색광이 가장 많이 휘어지며 속력도 가장 많이 느려진다.

55 다이아몬드에서 빛의 굴절은 파장과 어떤 관계가 있는가?

① 빛의 파장이 길수록 더 크게 일어난다.
② 빛의 파장이 짧을수록 더 크게 일어난다.
③ 항상 같다.

파장이 가장 짧은 보라색광의 굴절률이 가장 크다.

56 무한히 먼 곳에 있는 물체가 볼록 렌즈에 맺히는 상의 위치는?

① 초점 바깥쪽
② 초점
③ 초점 안쪽

무한히 먼 곳에 있는 물체에서 오는 빛은 평행광선이므로 볼록렌즈의 초점에 상이 맺힌다.

57 창을 이용하여 물고기를 잡으려고 한다. 어느 쪽으로 창을 던져야 하는가?

① 눈에 보이는 곳으로
② 눈에 보이는 곳보다 위쪽으로
③ 눈에 보이는 곳보다 아래쪽으로

물고기에서 나온 빛이 공기로 빠져나올 때 법선과 멀어지는 쪽으로 휘어지므로 눈에 보이는 곳보다 아래쪽으로 창을 던져야 물고기를 잡을 수 있다.

Answers 52. ⑤ 53. ② 54. ④ 55. ② 56. ② 57. ③

58 같은 광원에서 나온 청색광과 적색광이 렌즈를 통과하였다. 같은 위치에 상이 맺히는가?

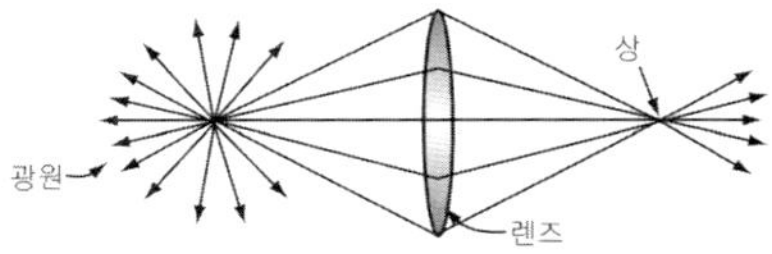

① 그렇다.
② 아니다. 청색광이 렌즈와 가까운 쪽에 상을 맺는다.
③ 아니다. 적색광이 렌즈와 가까운 쪽에 상을 맺는다.

청색광의 굴절률이 적색광보다 크므로 청색광이 렌즈와 가까운 쪽에 상을 맺는다.

59 빨간빛 레이저총으로 빨간색의 물고기를 잡으려고 한다. 어느 쪽으로 레이저를 조준해야 하는가?

① 눈에 보이는 곳으로
② 눈에 보이는 곳보다 위쪽으로
③ 눈에 보이는 곳보다 아래쪽으로

빨간빛 레이저총은 빨간색의 물고기에서 나온 빛과 같은 경로를 따라 굴절되어 진행하므로 눈에 보이는 곳으로 조준하면 된다.

60 빨간빛 레이져총으로 파란색의 물고기를 잡으려고 한다. 어느 쪽으로 레이저를 조준해야 하는가?

① 눈에 보이는 곳으로
② 눈에 보이는 곳보다 위쪽으로
③ 눈에 보이는 곳보다 아래쪽으로

빨간빛 레이저총은 파란색의 물고기에서 나온 빛보다 굴절률이 작으므로 눈에 보이는 곳보다 아래쪽으로 조준하여야 한다.

61 공기보다 물 속에서 더 선명한 상을 볼 수 있는 사람은?

① 근시안
② 원시안
③ 둘다 아니다.

근시안은 안구의 깊이가 깊거나 수정체가 두꺼워 상이 망막 앞에 맺히는 경우이다. 따라서 근시안의 경우 공기보다는 굴절이 덜 되는 물 속에서는 상이 망막에 잘 맺힐 수 있다.

62 빛이 굴절될 때 변하는 물리량은?

① 진동수
② 파장
③ 둘다 맞다.
④ 둘다 틀리다.

굴절이 일어날 때 진동수, 주기, 위상은 변하지 않는다. 굴절은 매질에 따라 전파속력(파장)이 다르기 때문에 일어나는 현상이다.

Answers 58. ② 59. ① 60. ③ 61. ① 62. ②

19.2 개념 응용하기

01 아래 표는 빛이 진행할 때 여러 가지 물질의 절대 굴절률을 나타낸 것이다.

물질	공기	얼음	물	유리
굴절률	1.00	1.31	1.33	1.55

다음 중 옳은 진술을 모두 고르면?

① 유리에 대한 물의 굴절률은 0.858이다.
② 빛의 속도는 공기 중에서보다 얼음 속에서 더 빠르다.
③ 빛의 진동수는 얼음에서보다 물속에서 더 크다.
④ 빛이 유리에서 물로 진행할 때 전반사가 일어날 수 있다.
⑤ 빛의 파장은 유리에서보다는 물속에서 더 짧다.

⋯ • 매질 1에 대한 매질 2의 상대 굴절률은 $n_{12}=\dfrac{n_2}{n_1}=\dfrac{v_1}{v_2}=\dfrac{\lambda_1}{\lambda_2}$의 관계가 있으므로, 상대굴절률이 클수록 빛의 속도가 느려지며 파장이 짧아진다. 전반사는 굴절률이 큰 매질에서 굴절률이 작은 매질로 진행할 때 일어날 수 있다.

02 공기에 대한 굴절률이 2.5인 다이아몬드의 내부에서 공기를 향하여 빛이 진행하고 있다. 각 a, b, c, d에 대한 sin 값의 비를 옳게 나타낸 것은?

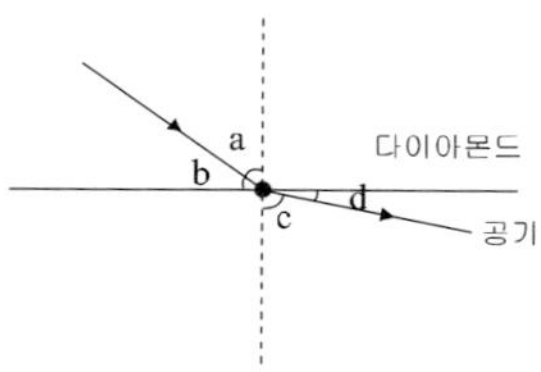

① $\dfrac{\sin a}{\sin b}=2.5$
② $\dfrac{\sin b}{\sin d}=2.5$
③ $\dfrac{\sin a}{\sin c}=\dfrac{1}{2.5}$
④ $\dfrac{\sin a}{\sin d}=\dfrac{1}{2.5}$
⑤ $\dfrac{\sin b}{\sin c}=\dfrac{1}{2.5}$

⋯ • 입사각 a와 굴절각 c의 사인값의 비는 다이아몬드에 대한 공기의 굴절률과 같다.

$\dfrac{\sin a}{\sin c}=\dfrac{n_{공기}}{n_{다이아}}$

Answers 01. ①④ 02. ③

03 다음 그림은 진공에서 유리를 통과하여 다시 진공으로 빠져나오는 빛의 경로를 나타낸 것이다. 그림에서 입사각 θ를 0°에서 90°로 변화시켰을 때 다음 중 $\sin\theta$와 $\sin\alpha$ 와의 관계를 옳게 그린 것은?

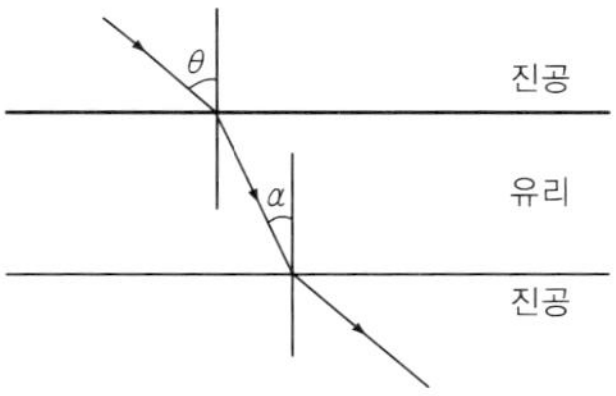

①
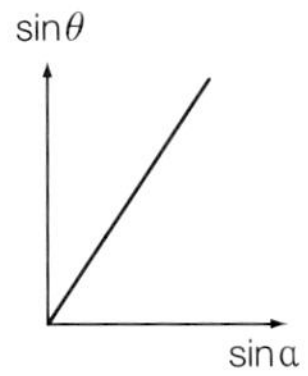

②
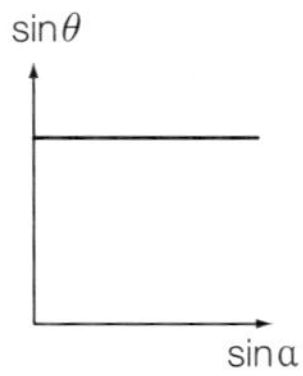

③
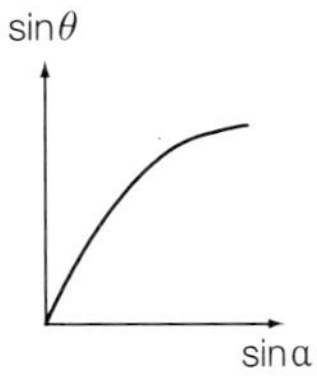

④
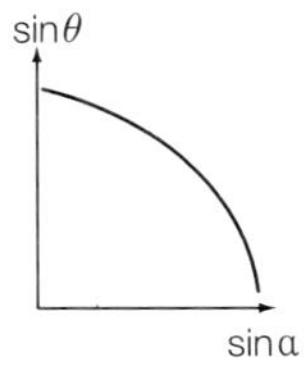

⑤
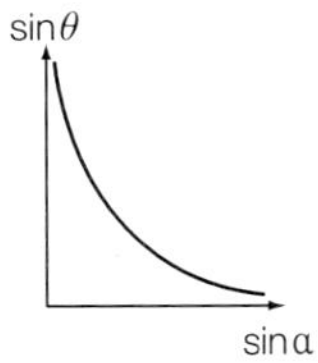

⋯ • 빛이 진공에서 유리로 진행할 때 입사각 θ와 굴절각 α의 사인값의 비는 일정하다.

$$\frac{\sin\theta}{\sin\alpha} = n = \text{일정}$$

04 초점 거리가 50cm인 볼록 렌즈 A와 초점 거리가 25cm인 오목 렌즈 B가 그림과 같이 25cm 떨어진 상태에 있다. 렌즈 A를 향해 평행 광선을 입사시키고 렌즈 B를 렌즈 A 쪽으로 천천히 이동시키면 렌즈 B를 통과한 광선은 어떻게 되겠는가?

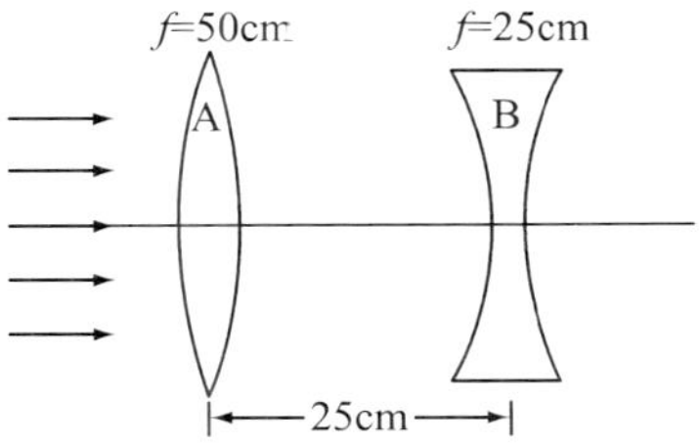

Answers 03. ① 04. ①

① 처음에는 평행 광선, 나중에는 발산한다.
② 항상 발산한다.
③ 처음에는 수렴하다가 나중에는 평행 광선
④ 항상 평행 광선
⑤ 처음에는 수렴하다가 나중에는 발산한다.

→ • 처음에 볼록렌즈와 오목렌즈의 초점이 일치하므로 볼록렌즈에서 굴절한 빛은 오목렌즈의 반대편 초점으로 향하는데, 오목렌즈의 초점을 향해서 들어온 빛은 평행하게 나아간다.

05 그림 1)과 같이 얇은 유리로 만들어진 속이 빈 렌즈가 있다. 렌즈의 내부를 굴절률이 1인 공기, 굴절률이 1.3인 물, 굴절률이 1.6인 이황화탄소(CS_2)로 채울 때 렌즈를 향해 입사된 평행 광선이 그림 2)와 같이 굴절되어 진행한다면 다음 중 어떤 조건을 만족해야 하는가?(단, 얇은 유리에 의한 굴절은 무시한다.)

그림 1)

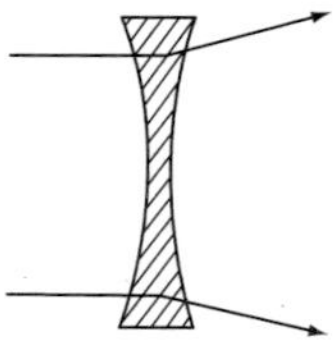
그림 2)

① 공기를 채운 렌즈를 공기 중에 놓았을 때
② 공기를 채운 렌즈를 물 속에 놓았을 때
③ 물을 채운 렌즈를 이황화탄소 속에 놓았을 때
④ 이황화탄소를 채운 렌즈를 물 속에 놓았을 때
⑤ 이황화탄소를 채운 렌즈를 이황화탄소 속에 놓았을 때

→ • 렌즈 안의 물질의 굴절률이 렌즈 밖의 물질의 굴절률보다 클 때, 평행하게 들어온 빛이 렌즈를 통과 후 발산한다.

06 얇은 볼록 렌즈 앞에 촛불을 놓았더니 반대편의 스크린에 도립 실상이 선명하게 생겼다. 그림과 같이 렌즈의 일부를 조리개로 가릴 때 일어나는 현상은?

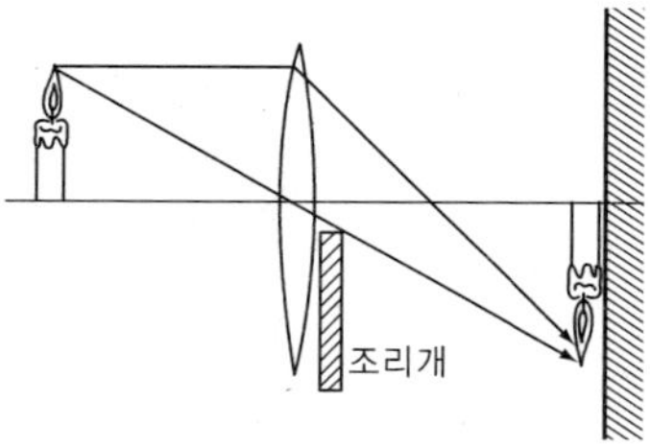

① 상의 일부가 가려진다.
② 상의 크기가 줄어든다.
③ 상의 밝기가 전체적으로 줄어든다.
④ 초점 거리가 변하여 선명도가 떨어진다.
⑤ 초점 거리가 변하여 선명도가 높아진다.

Answers 05. ④ 06. ③

···› • 렌즈의 윗부분을 통과한 광선만으로도 촛불의 상이 만들어지며, 렌즈의 일부가 가려지면 스크린에 도달하는 빛의 양이 줄어들어 전체적으로 어두운 상이 만들어진다.

07 그림은 물이 들어 있는 육면체의 용기의 중앙에 막대가 담겨 있는 모양을 나타내고 있다.

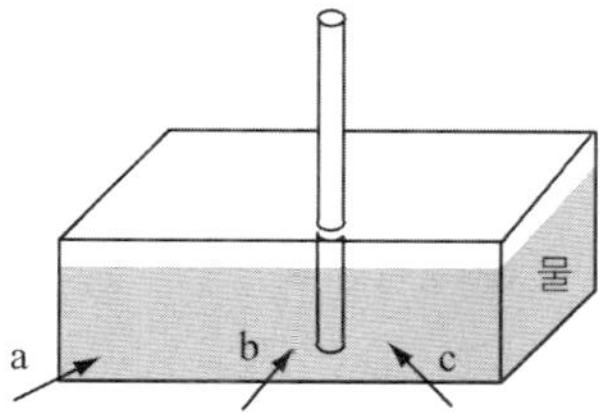

아래의 그림은 용기의 앞쪽에서 들여다 볼 때 나타나는 막대의 모양들이다. 바라보는 방향과 나타나는 모양을 바르게 짝지어 놓은 것은?

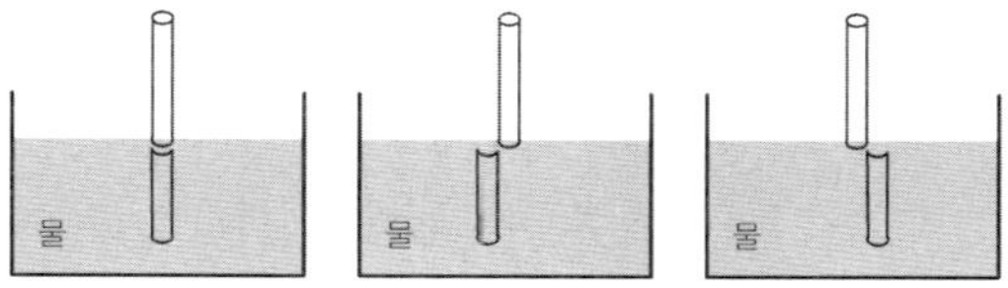

I II III

① a − Ⅰ
② a − Ⅱ
③ b − Ⅱ
④ c − Ⅱ
⑤ c − Ⅲ

···› • 물에 잠긴 막대의 일부분에서 반사된 빛이 굴절의 법칙을 따라 눈으로 들어올 때, 굴절된 광선의 연장선에서 막대가 있는 것으로 보인다.

08 임계각이 θ인 이등변삼각형 모양의 프리즘이 있다. 그림과 같이 프리즘의 한 면에 수직으로 입사한 광선이 프리즘 내부의 A점에서 전반사하기 위한 각 α의 최소값은 얼마인가?

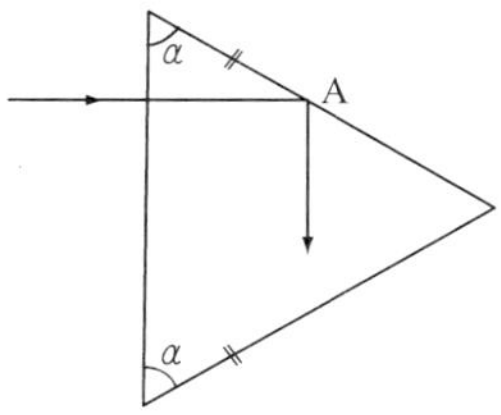

① θ
② $180° - \theta$
③ $180° - 2\theta$
④ 2θ
⑤ 4θ

···› • A점으로 향하는 빛의 입사각의 크기는 α와 같다.

09 그림 (가)는 각막 앞에서 램프를 켰을 때 각막에 비친 램프의 상을 나타낸 것이며, 이 때 각막은 볼록거울의 역할을 한다. 그림 (나)는 이에 대한 모식도로, a는 램프와 각막 사이의 거리이고 d는 램프의 상과 중심선 사이의 거리이다.

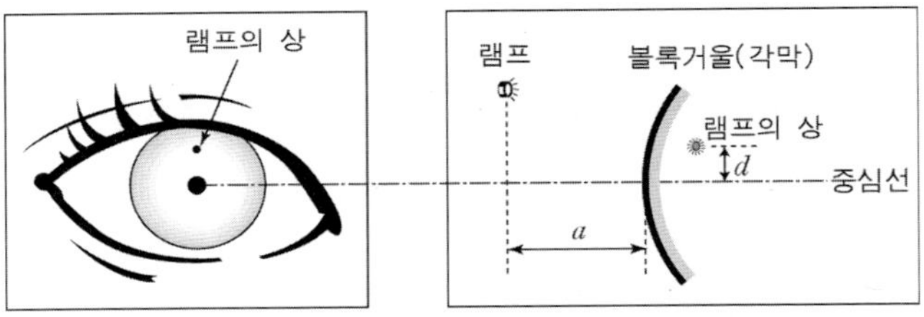

(가) (나)

램프의 상에 대한 설명으로 옳은 것을 [보기]에서 모두 고른 것은?(단, 중심선에서 램프까지의 거리는 일정하다.)

보기

ㄱ. (가)에서 램프의 상은 허상이다.
ㄴ. (나)에서 a가 증가하면 d가 증가한다.
ㄷ. (나)에서 초점거리가 달라지면 d가 달라진다.

① ㄱ ② ㄴ
③ ㄷ ④ ㄱ, ㄴ
⑤ ㄱ, ㄷ

··· • 볼록 거울에 의한 상은 항상 축소된 정립허상이며, 거울에서 멀어질수록 상의 크기가 작아진다.

10 다음 그림은 굴절률 n, 평균 곡률 반지름이 S인 균질한 유리 섬유의 단면을 나타낸 것이다. 이 유리 섬유는 광학적 신호를 운반해 주는 광도파관을 만드는데 사용되며, 이러한 유리 섬유를 광섬유라 한다.

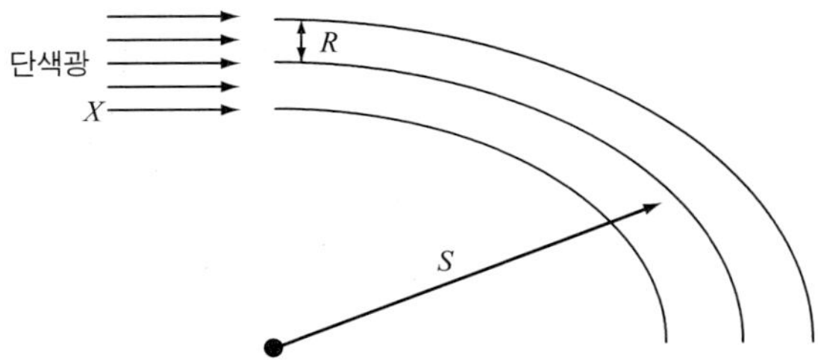

Answers 09. ⑤ 10. ②

왼쪽에서 평행한 단색광을 입사시킬 때 다음 중 광선 X가 광섬유 내부에서 전반사하기 위한 조건을 바르게 구한 것은?

① $n < \dfrac{(S+R)}{(S-R)}$ ② $n > \dfrac{(S+R)}{(S-R)}$

③ $n < \dfrac{(S-R)}{(S+R)}$ ④ $n > \dfrac{(S-R)}{(S+R)}$

⑤ $n > \dfrac{S}{R}$

···› • $\sin\theta = \dfrac{S-R}{S+R}$, $\sin\theta_c = \dfrac{1}{n}$($\theta$: 입사각, θ_c : 임계각), 앞의 두 식에서 $\theta \geq \theta_c$일 때 전반사가 일어난다.

11 평행 광선이 유리에서 물로 입사하고 있다. 여기서 KL은 입사파의 파면이고 MN은 굴절파의 파면이다. 다음 중 옳은 것은?

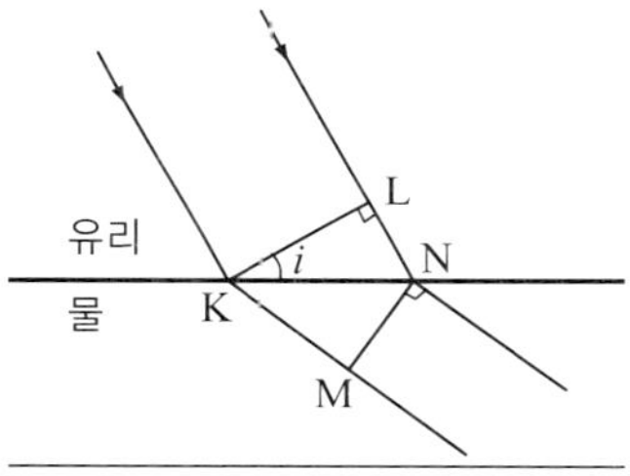

① 입사각 i가 0°가 되면 경계면을 통과할 때 파의 속력은 변하지 않는다.

② 이 경우 경계면에서 전반사되는 것은 불가능하다.

③ L이 N까지 진행하는 동안에 K는 M까지 진행한다.

④ 유리에 대한 물의 상대 굴절률은 $\dfrac{\text{KM}}{\text{LN}}$이다.

⑤ 유리에서의 빛의 파장은 물 속에서의 빛의 파장보다 길다.

···› • 그림에서 입사각보다 굴절각이 크므로, 유리의 굴절률보다 물의 굴절률이 더 작다. 따라서 유리보다 물에서 빛의 속력과 파장이 더 크다.

Answers 11. ③

12 그림은 공기 중에서 빛이 꼭지각이 각각 90°, 45°인 이등변 프리즘에 입사하는 모양을 나타내고 있다. 프리즘을 통과하는 동안과 그 후의 파면의 모양을 나타낸 것으로서 옳은 것은?(단, 입사하는 빛은 평면파이다)

① 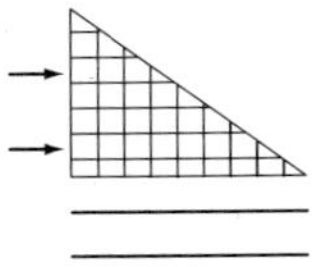

② 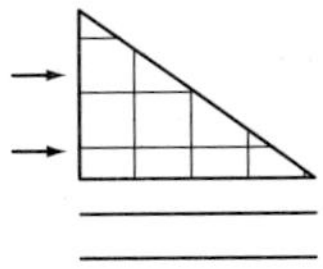

③ 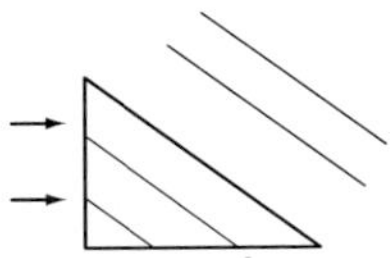

④ 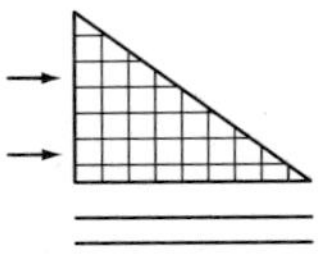

⑤ 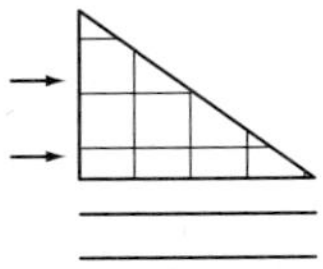

⋯▸ • 공기의 굴절률보다 유리의 굴절률이 더 크므로, 공기보다 유리에서의 빛의 파장이 더 짧으며, 유리의 임계각이 약 42° 이므로 입사각이 45° 일 때 전반사가 일어난다.

13 물이 들어 있는 유리컵을 위에서 바라본 그림이다.

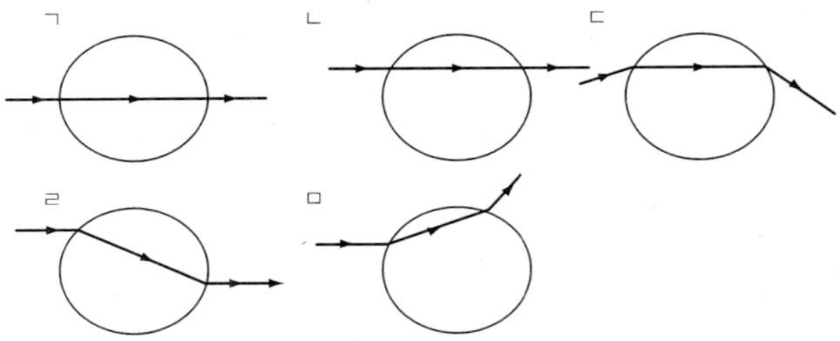

유리컵에 빛이 입사할 때 빛의 진행 경로를 바르게 나타낸 것을 모두 짝지어 놓은 것은?

① ㄱ, ㄴ
② ㄱ, ㄷ
③ ㄴ, ㄹ
④ ㄷ, ㄹ
⑤ ㄹ, ㅁ

⋯▸ • 빛이 굴절률이 작은 매질에서 큰 매질로 입사할 때 굴절광선이 법선에 가까운 쪽으로 휘어지며, 굴절률이 큰 매질에서 작은 매질로 입사할 때는 굴절광선이 법선에서 멀어지는 쪽으로 휘어진다.

Answers 12. ① 13. ②

14 한 관찰자가 그림과 같이 비스듬히 놓인 투명한 플라스틱 조각을 통해 종이 위에 그려진 두 선분을 보고 있다.

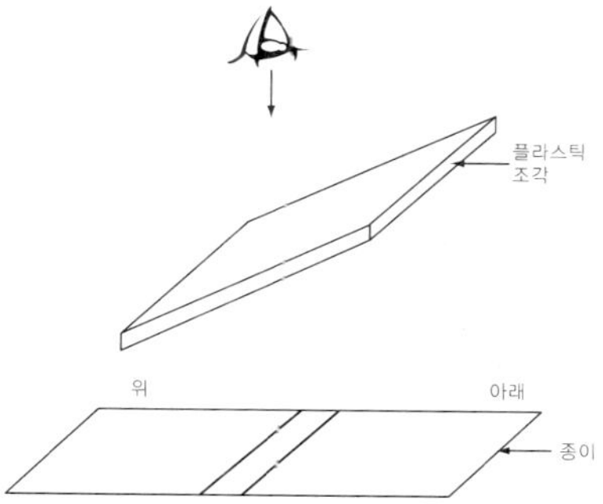

다음 중 관찰자에게 보여지는 현상을 가장 바르게 설명한 것은?

① 두 선분이 위쪽으로 이동한 것으로 브임
② 두 선분이 아래쪽으로 이동한 것으로 보임
③ 두 선분의 간격이 실제보다 더 넓어 보임
④ 두 선분의 간격이 실제보다 더 좁아 보임
⑤ 플라스틱 조각이 없을 때와 아무런 차이가 없다.

···› • 플라스틱 조각에서 굴절되어 눈으로 들어오는 빛의 연장선은 두 선분이 있는 지점보다 더 위쪽에서 종이와 만난다.

15 다음 그림은 유리로 만들어진 물통의 일부분을 나타낸 것이다. 면 AB에 수직하게 입사한 광선이 면 BC에서 전반사하려면 sinθ는 어느 값보다 커야 한다. 다음 중 그 값을 바르게 구한 것은?(단, 공기의 굴절률은 1, 물의 굴절률은 $\frac{4}{3}$, 유리의 굴절률은 $\frac{3}{2}$이다.

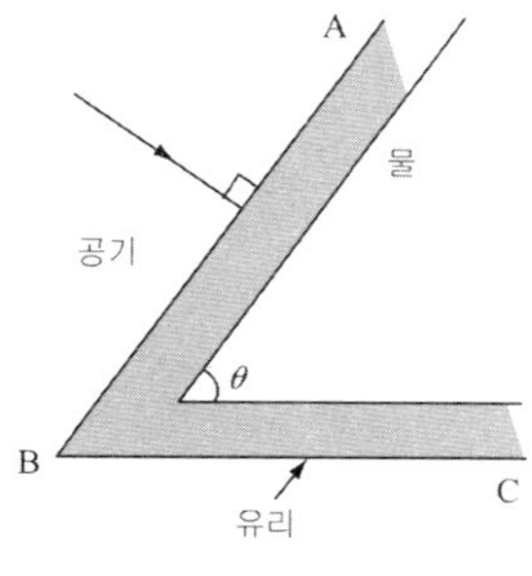

① $\frac{2}{3}$ ② $\frac{4}{3}$
③ $\frac{3}{2}$ ④ $\frac{3}{4}$
⑤ $\frac{8}{9}$

Answers 14. ① 15. ④

⋯→ • 면 AB에 수직으로 입사한 광선은 직진하여 유리와 물을 통과한 후 다시 유리를 통과할 때 입사각이 θ가 된다. 유리에서의 굴절각 θ'은 $\frac{\sin\theta}{\sin\theta'}=\frac{\text{유리의 굴절률}}{\text{물의 굴절률}}=\frac{9}{8}$

BC에서 전반사하려면 $\frac{\sin\theta'}{\sin 90°}=\frac{\text{공기의 굴절률}}{\text{유리의 굴절률}}=\frac{2}{3}$ 이어야 하므로

$\sin\theta \geq \frac{9}{8}\cdot\frac{2}{3}=\frac{3}{4}$ 이다.

16 공기 중에서 볼록 렌즈에 평행 광선을 비추었더니 평행 광선은 그림 1과 같이 어느 한 점에 모인 후 다시 퍼져나갔다. 이번에는 그림 2와 같이 물이 가득찬 어항 속에 볼록 렌즈를 넣고 평행 광선을 비추었다. 어항 속에서 평행 광선의 경로에 대한 다음 설명 중 옳은 것은?(단, 유리의 굴절률은 물의 굴절률보다 크고, 물의 굴절률은 공기의 굴절률보다 크다.)

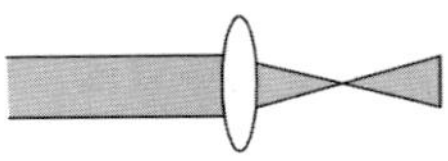
그림 (가)

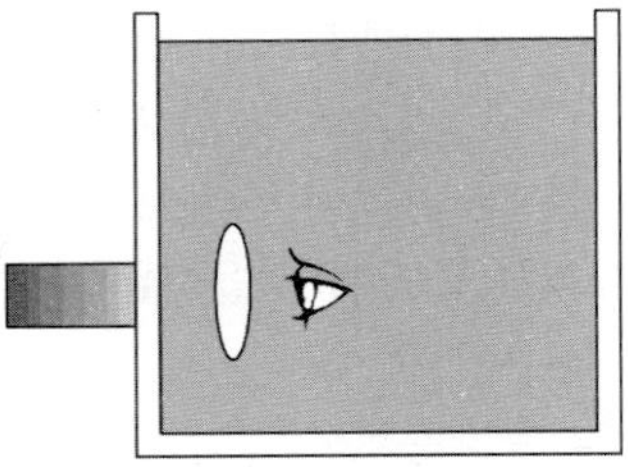
그림 (나)

① 원래 그대로 진행한다.
② 공기 중에서 진행하는 것과 똑같다.
③ 볼록렌즈를 통과하는 즉시 퍼져나간다.
④ 공기 중에서 진행하는 것보다 더 먼 곳에 평행광선이 모인 후 다시 퍼져나간다.
⑤ 공기 중에서 진행하는 것보다 더 가까운 곳에 평행광선이 모인 후 다시 퍼져나간다.

⋯→ • 물에 대한 유리의 굴절률이 공기에 대한 유리의 굴절률보다 더 작으므로, 물 속에서 렌즈로 입사한 빛이 굴절되는 정도는 공기에서 렌즈로 입사한 빛이 굴절되는 정도보다 더 작다.

Answers 16. ④

17 세 물질 a, b, c를 그림과 같이 맞대어 놓고 물질 a에서 물질 b를 향해 빛을 입사시켰더니 빛은 화살표와 같은 방향으로 반사 또는 굴절하였다.

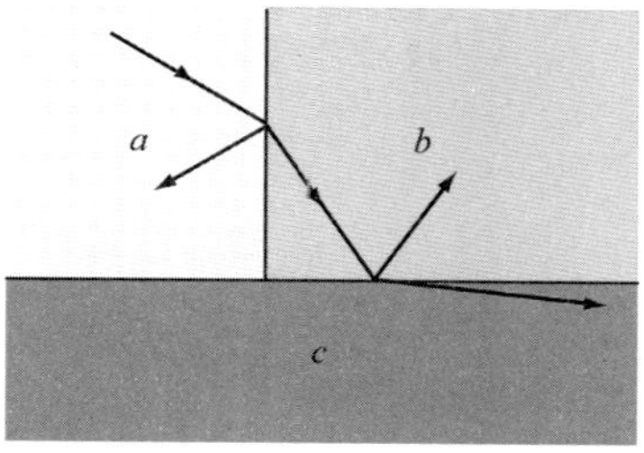

세 물질 a, b, c의 굴절률을 n_a, n_b, n_c라 할 때 다음 중 세 물질의 굴절률을 바르게 비교한 것은?

① $n_a < n_b < n_c$
② $n_a > n_b > n_c$
③ $n_a = n_b = n_c$
④ $n_a = n_b < n_c$
⑤ $n_a < n_b = n_c$

⋯ • 입사각보다 굴절각이 더 클 때는 굴절률이 더 작은 물질로 빛이 진행할 때이다.

Answers 17. ②

19.3 개념 서술하기

01 광섬유의 코아는 굴절률이 더 작은 물질인 클래딩으로 둘러싸여 있다. 광통신은 광섬유를 이용하여 소리나 영상 자료들을 전송하고 있다. 전형적인 광섬유의 지름은 60μm라고 한다. 다음 물음에 답하라.

(1) 빛이 광섬유 밖으로 빠져나가지 않고 광섬유 내부를 통하여 전달되는 원리를 설명하라.

(2) 광섬유내에서 빛이 전반사될 때 임계각을 작게 만들면 더 큰 범위의 각도로 빛을 입사시킬 수 있다. 이를 위해서 광섬유의 코어를 둘러싸고 있는 클래딩의 굴절률을 더 크게 해야 하는가, 더 작게 해야 하는가?

(3) 굴절이 일어나는 원인에 대해 간단히 설명하고, 의사들이 몸 속을 진단하는데 사용하는 내시경의 원리에 대해 설명하라. 내시경은 두 가닥의 케이블로 이루어져 있다고 한다.

(4) 신기루는 반사에 의한 것인가, 아니면 굴절에 의한 것인가? 설명하라.

(5) 굴절률이 큰 물질일수록 임계각이 작다고 한다. 다이아몬드가 눈부시게 빛나는 이유에 대해 설명하라.

(6) 물고기가 물 밖을 본다면 물 밖의 세상은 어떤 형태로 보이겠는가?

(7) 우리가 밤에 유리창을 통하여 밖을 볼 때 가끔 이중으로 보이는 자기 자신의 상을 발견하게 된다. 그 이유를 설명하라.

풀이

(1) 전반사, 매질이 큰 물질에서 작은 물질로 빛이 갈 때 임계각인 입사각에서 굴절각은 90°가 되고 임계각 이상의 빛은 모두 반사된다.

(2) 임계각과 굴절률과의 관계를 이용하면 굴절률을 작게 해야 한다.

(3) 1개의 케이블은 신호를 보내는데 나머지는 받는데 쓰인다.

(4) 굴절, 빛이 공기층의 밀도가 변함에 따라 굴절되면서 생긴다.

(5) 다이아몬드 안으로 모든 각의 빛이 들어가나 나오는 빛은 임계각이하로 입사된(표면에) 다이아몬드 원석을 가공할 때 한 면으로 들어간 빛이 보통 여러번의 전반사를 거쳐 빛의세기가 줄어들지 않은 채로 같은 면으로 모두 나오게 만든다.

(6) 원형의 형태로 보인다.

(7) 유리창 앞면에서 반사된 상, 유리창 뒷면에서 반사된 상

02 광학적 하루는 태양이 수평선 위에서 관측될 때의 순간과 태양이 수평선 아래로 사라지는 순간 사이의 시간 간격으로 정의되고, 기하학적 하루는 실제적으로 태양이 수평선에 나타나는 순간과 태양이 수평선에서 사라지는 순간 사이의 시간 간격으로 정의된다. 다음 물음에 답하라.

(1) 광학적 하루와 기하학적 하루 중 어느 쪽이 더 긴가? 그 이유를 설명하라.

(2) 굴절이 일어나는 원인과 굴절이 일어날 때 변하는 물리량을 설명하라.

(3) 바닷가에서 구조 요청을 하는 사람을 구하기 위해 안전요원이 모래사장에서 바다를 향해 뛰어간다. 어떤 경로로 가야만 최단시간에 구조를 할 수 있는지 스넬의 법칙을 이용하여 설명하라.

풀이

(1) 광학적 하루, 굴절

(2) 파동의 전파속도의 차이 때문에 일어난다. 파장, 속도 등

(3) 빛이 굴절률이 다른 매질로 진행하는 경로를 고려하여 구조 경로를 결정한다.

03 그림과 같이 반원 형태의 유리조각의 중심을 향해 백색광이 입사되고 있다. 입사광선의 입사각을 점점 크게 했을 때 나타나는 여러 현상을 알아보려고 한다.

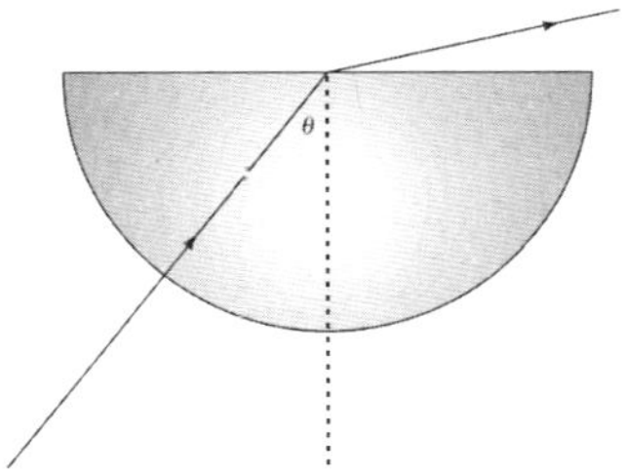

1) 굴절된 빛이 수평면에 거의 나란하게 되면 그 빛은 붉어진다. 그 이유를 설명하라.

2) 입사각(i)의 크기를 증가시키면 굴절각(r)의 크기도 증가한다. 이때 $\frac{\sin i}{\sin r}$의 값은 어떻게 되는가?

3) 빛의 분산과 스펙트럼의 종류에 대해 설명하라.

풀이

(1) 나머지 빛은 모두 전반사 되었다.

(2) n이 일정하므로 변함이 없다.

(3) 빛의 분산 : 빛이 진동수에 따라 다르게 굴절하면서 여러 색깔의 빛으로 분리되는 현상. 선스펙트럼, 연속 스펙트럼, 흡수스펙트럼

04 그림 (a)와 같이 한 면은 평평하고 다른 면은 볼록한 유리로 된 평볼록렌즈를 그림 (b), (c)와 같이 물로 채워진 수족관 유리에 붙인다.

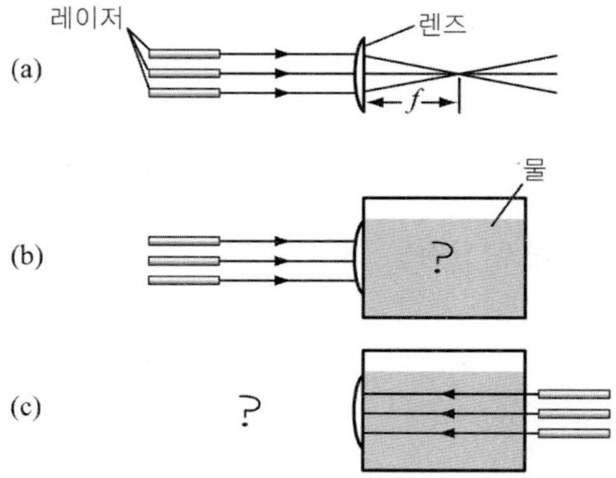

(1) 광학적으로 밀한 매질을 향해 빛이 입사할 때 빛의 속도는 어떻게 변하는지 설명하라.

(2) 그림 (b), (c)와 같이 세 개의 레이저 광선을 볼록렌즈를 향해 입사시켰을 때 볼록렌즈와 물을 통과한 세 광선의 진행경로를 그림 (a)와 비교하여 설명하라.

(3) 구면 거울과 렌즈를 물 속에 넣었다. 각각의 경우 초점거리는 어떻게 변하는지 설명하라.

(4) 호이겐스는 위치에 따라 굴절률이 변하는 매질에서의 광선의 경로를 연구했다. 이러한 매질에서 광선은 굴절률이 증가하는 방향으로 휘는가, 아니면 굴절률이 감소하는 방향으로 휘는가?

풀이

(1) 느려진다.

(2) 굴절률 차이가 작을수록 덜 휘어 초점거리 길어진다.

(3) 렌즈는 렌즈와 밖의 굴절률 차이가 줄어들어 굴절각이 작아져 초점거리가 길어진다. 구면 거울은 변함이 없다.

(4) 굴절률이 증가하는 쪽으로 휜다.

19.4 개념 심화하기

01 두 개의 평면 거울 A, B 가 90°의 각을 이루고 있다. 그림과 같이 빛이 거울 A와 30°를 이루면서 입사했다. 이 빛이 거울 A에서 반사된 후 다시 거울 B에서 반사될 때 반사 광선이 거울 B와 이루는 각 θ의 크기는?

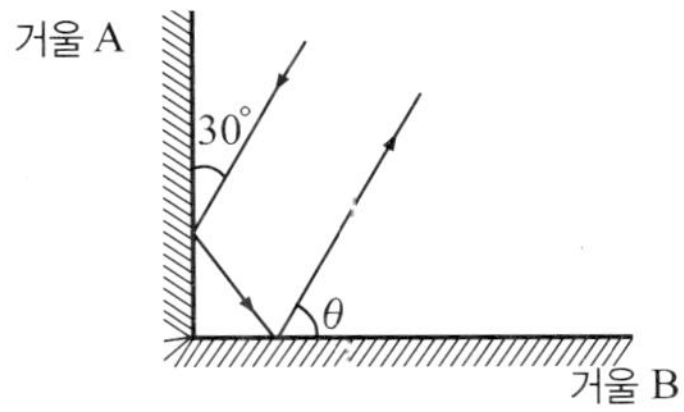

풀이

그림에서 반사의 법칙을 적용해 보면 60°가 된다.

02 금속으로 된 물탱크의 한 쪽 구석에 어떤 물체가 놓여 있다. 눈이 물탱크의 꼭대기와 같은 높이에 있을 때 이 물체는 보이지 않는다. 그러나 이 물탱크에 투명한 액체를 채웠더니 물체를 겨우 볼 수가 있었다. 물탱크의 크기가 그림과 같을 때 이 액체의 굴절률은?

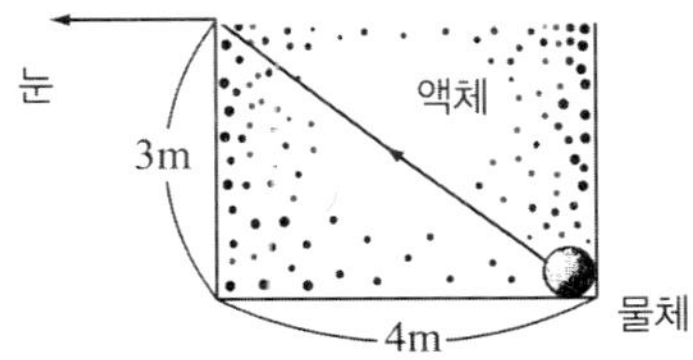

풀이

$$n=\frac{\sin\theta_1}{\sin\theta_2}=\frac{1}{\left(\frac{4}{5}\right)}=\frac{5}{4}=1.25$$

03 깊이가 32cm인 물통에 깊이가 20cm 되게 물을 붓고 그 위에 물과 섞이지 않고 위로 뜨는 투명한 액체를 12cm 부었다. 물의 굴절률이 $\frac{4}{3}$, 투명한 액체의 굴절률을 $\frac{3}{2}$이라 할 때

(1) 바닥의 겉보기 깊이는?

(2) 겉보기 깊이가 22cm로 보이려면 두 액체를 각각 얼마의 깊이로 부어야 하겠는가?

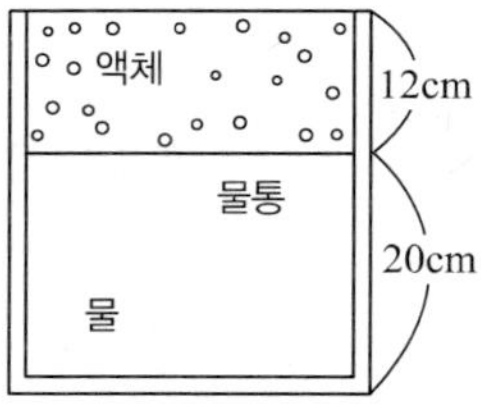

풀이

(1) 겉보기 깊이 $= \dfrac{\text{실제 깊이}}{\text{굴절률}}$에서 겉보기 깊이 $= \dfrac{20\text{cm}}{\frac{4}{3}} + \dfrac{12\text{cm}}{\frac{3}{2}} = 23\text{cm}$

(2) 물의 깊이를 x, 투명한 액체의 부피를 y라 할 때 $x+y=32$, $\dfrac{x}{\frac{4}{3}} + \dfrac{y}{\frac{3}{2}} = 22$에서

$x = 8\text{cm}$, $y = 24\text{cm}$

04 굴절률이 1.3인 물질로 된 광섬유 속에서 진행하는 빛이 광섬유 내에서 전반사할 θ의 조건을 구하여라.

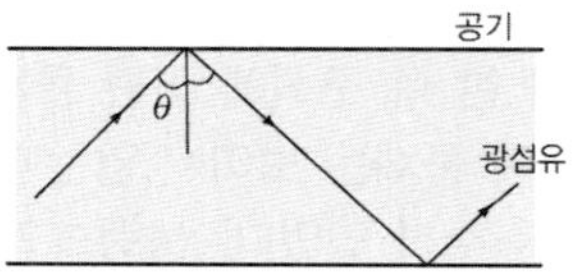

풀이

전반사가 일어나려면 입사각이 임계각보다는 커야 한다.

$\theta \geqq \theta_c \rightarrow \sin\theta \geqq \sin\theta_c = \dfrac{1}{1.3} \quad \therefore \ \sin\theta \geqq \dfrac{1}{1.3}$

05 그림과 같이 직각 이등변 프리즘에 수직으로 입사한 빛을 프리즘 내에서 전반사시키려 할 때 프리즘 굴절률의 최소값을 구하여라.

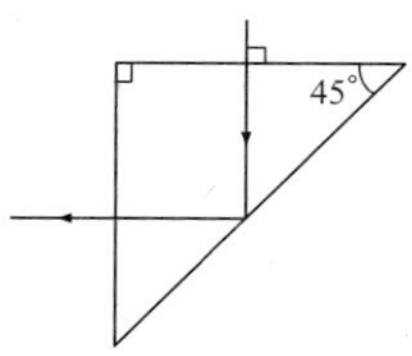

풀이

전반사가 일어나려면 입사각이 임계각보다는 커야 하므로

$45° \geqq i_c \rightarrow \sin 45° \geqq \sin i_c = \dfrac{1}{n} \quad \therefore \ \dfrac{1}{\sqrt{2}} \geqq \dfrac{1}{n} \rightarrow n \geqq \sqrt{2}$

06 어떤 물체의 실상을 만드는 렌즈가 있다. 물체로부터 렌즈까지의 거리를 $x$cm, 렌즈에서부터 상까지의 거리를 $y$cm라 할 때 x, y의 관계가 그래프와 같았다. 이 렌즈의 종류와 초점 거리를 구하여라.

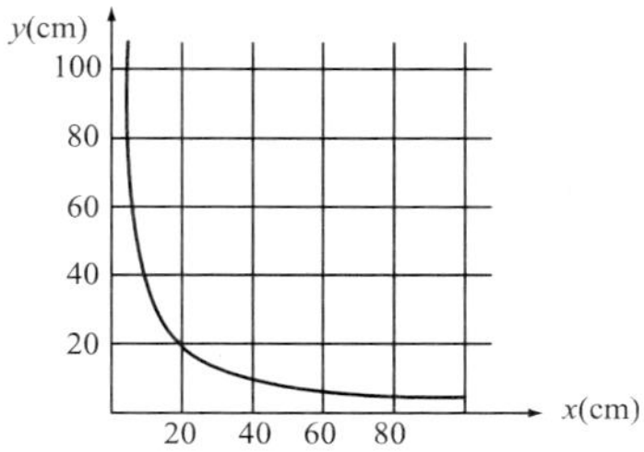

풀이

이 그래프에서 좌표를 확실히 읽을 수 있는 값은 $x=y=20$이다.

이 값을 렌즈의공식 $\frac{1}{a}+\frac{1}{b}=\frac{1}{f}$에 대입하면 $f=+10\text{cm}$

그러므로 초점 거리가 10cm인 볼록 렌즈이다. 볼록 렌즈라는 사실은 문제 내용 중에서 실상이라는 점에서도 알 수 있다. 오목 렌즈는 실상을 만들지 못한다.

07 초점 거리가 20cm인 오목 렌즈 앞에 물체를 놓았더니 렌즈로부터 12cm 되는 곳에 상이 생겼다. 다음 물음에 답하여라.

(1) 렌즈에서 물체까지의 거리를 구하여라.

(2) 상의 배율을 구하여라.

(3) 이 렌즈에 의해서 만들어지는 상을 그려보아라.

풀이

(1) 렌즈의 공식에서 $f=-20\text{cm}$, $b=-12\text{cm}$이므로
$\frac{1}{a}-\frac{1}{12}=-\frac{1}{20}$에서 a를 구하면 $a=30\text{cm}$

(2) 배율 $m=\left|\frac{b}{a}\right|$에서 0.4배

(3)

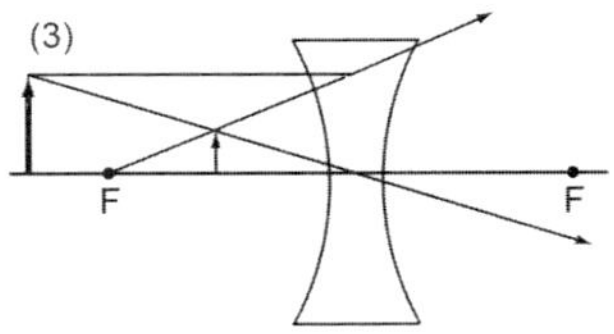

08 키가 1m인 어린이의 사진을 바늘구멍 사진기로 찍었다. 바늘 구멍으로부터 어린이까지의 거리가 2.5m이고 바늘 구멍에서 필름까지의 거리가 10cm일 때 다음 물음에 답하라.

(1) 필름에 맺힌 상의 크기는?

(2) 이 사진기의 바늘 구멍을 크게 한 후 구멍의 위치에 초점 거리가 9.8cm인 볼록 렌즈를 부착하였다. 필름에 어린이의 상이 선명하게 맺히려면 렌즈에서 어린이까지의 거리는 얼마로 하여야 하는가?

풀이

(1) 문제에서 1 : 2.5 = x : 10 → x = 4cm

(2) 렌즈의 공식 $\frac{1}{a}+\frac{1}{b}=\frac{1}{f}$에 b = 10cm, f = 9.8cm를 대입하면 a = 490cm = 4.9m, 어린이가 카메라 렌즈로부터 4.9m인 곳에 위치하면 선명한 상이 필름에 맺히게 된다.

09 보통의 현미경의 경우 경통 거리는 약 18cm이다. 대물 렌즈의 초점 거리가 1.5cm이고 대안 렌즈의 초점 거리가 2.0cm일 때 다음 물음에 답하여라.

(1) 대물 렌즈의 배율은?

(2) 대안 렌즈의 배율은?

(3) 이 현미경의 배율은?

풀이

(1) 대물 렌즈의 배율은 $\frac{L}{f_0}=\frac{18}{1.5}$ = 12(배)

(2) 대안 렌즈의 돋보기 역할을 하므로 돋보기의 배율과 같다. 즉 $\frac{25}{f_e}=\frac{25}{2.0}$ = 12.5(배)

(3) 그러므로 현미경의 배율은 $\frac{L \cdot D}{f_0 f_e}=\frac{18\times 25}{2.0\times 1.5}$ = 150(배)

10 다음에 주어진 렌즈를 이용하여 전체 망원경을 만들려고 한다. 배율이 가장 크고 상이 선명한 망원경을 만들려고 할 때 대물 렌즈와 대안 렌즈를 선택하여라.

렌즈	초점 거리(mm)	지름(mm)
1	50	20
2	100	10
3	200	30
4	200	50

풀이

망원경의 배율 $\frac{f_0}{f_e}$에서 대물렌즈의 초점 거리가 길수록, 대안렌즈의 초점 거리가 짧을수록 배율이 크고, 대물렌즈의 지름이 클수록 상이 밝다. 그러므로 4번 렌즈를 대물렌즈로, 1번 렌즈를 대안렌즈로 사용하면 된다.

11 볼록 거울과 오목 거울이 그림과 같이 60cm 떨어져 있다. 두 거울의 곡률 반지름이 40cm이고 광원이 오목 거울로부터 x만큼 떨어져 있다. 광원에서 나온 광선이 볼록 거울에서 반사한 다음 다시 오목 거울에서 반사하여 광원이 있는 곳에 상을 맺는다. 거리 x를 구하여라.

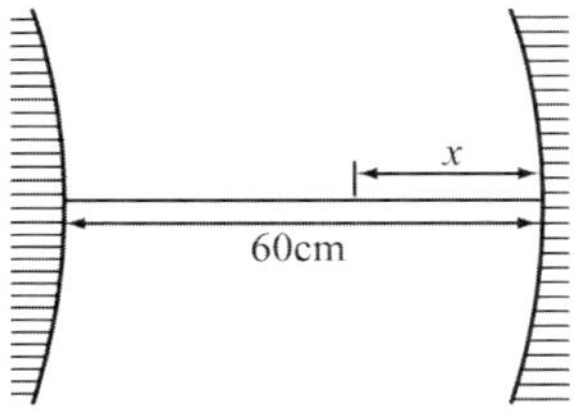

풀이

$\frac{1}{a}+\frac{1}{b}=\frac{1}{f}$ 에서 $b=\frac{af}{a-f}=-0.2\frac{0.6-x}{0.8-x}<0$

$a'=0.6+0.2\frac{0.6-x}{0.8-x}=\frac{0.6-0.8x}{0.8-x}$ 이므로 $\frac{0.8-x}{0.6-0.8x}+\frac{1}{x}=\frac{1}{0.2}$ 이며

$x=\frac{1-\sqrt{0.2}}{2}=0.276(\mathrm{m})$

12 그림과 같이 물의 표면으로부터 2m 아래쪽에 점광원이 있다. 이 점광원은 물 위에서 보았을 때 원의 형태로 빛을 방출한다. 물의 굴절률이 $\frac{4}{3}$일 때 이 원의 반지름을 구하여라.

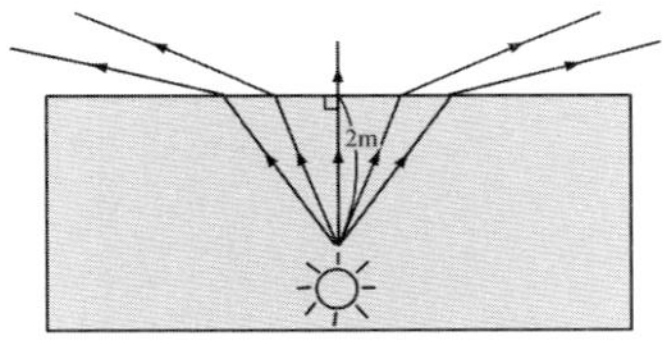

풀이

원의 반지름을 x, 임계각을 θ_c라 하면

$\sin\theta_c=\frac{1}{n}=\frac{x}{\sqrt{x^2+2^2}}=\frac{3}{4}$

여기서 x를 구하면 $x=\frac{6}{\sqrt{7}}(\mathrm{m})$

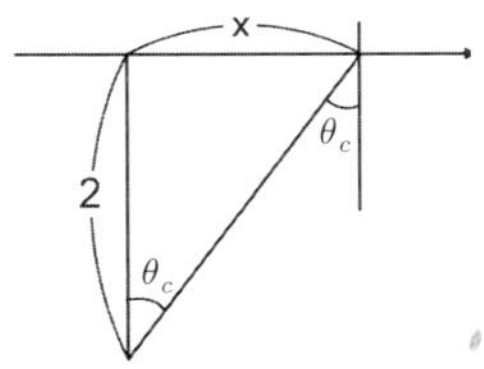

13 초점 거리가 20cm인 볼록 렌즈와 초점 거리가 60cm인 오목 렌즈를 그림과 같이 배열하고 볼록 렌즈 앞 30cm 되는 곳에 물체를 놓았다. 이 때 최종적인 상의 위치와 배율은?

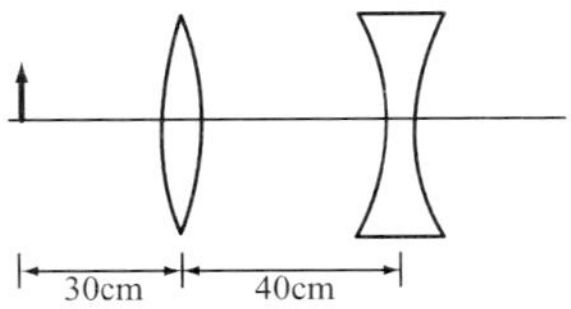

풀이

볼록 렌즈에 의한 상 : $\frac{1}{30}+\frac{1}{b}=\frac{1}{20}\rightarrow b=60\mathrm{cm}$, 배율 2

오목 렌즈에 의한 상 : 오목 렌즈의 오른쪽 20cm 되는 곳에 상이 생기고 이것은 허광원이므로

$-\frac{1}{20}+\frac{1}{b}=-\frac{1}{60}$ 에서 $\therefore$ b=30cm , 배율 $=\frac{3}{2}$

그러므로 최종적인 상의 위치는 오목 렌즈의 오른쪽 30cm 되는 곳, 배율은 $2\times\frac{3}{2}=3$배

14 그림과 같이 풀장 속에서 수영하는 사람이 있다. 이 사람이 안전 요원으로부터 수평으로 1m 떨어진 곳에서 안전 요원의 전체 모습을 보려고 한다. 수영하는 사람의 눈의 위치는 물의 표면으로부터 얼마나 떨어진 곳인가? (단, 물의 굴절률은 $\frac{4}{3}$이다.)

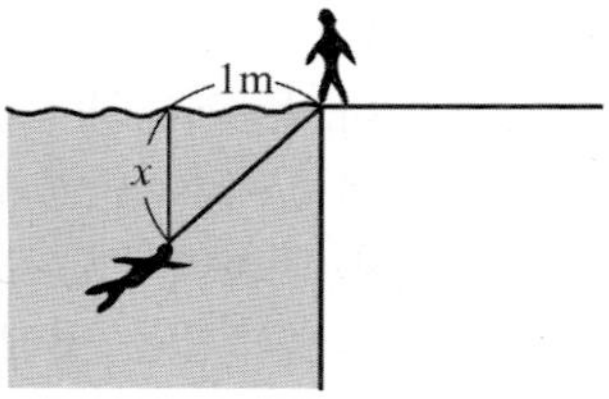

풀이

$$\sin\theta_c = \frac{1}{n} = \frac{1}{\sqrt{x^2+1}} = \frac{3}{4} \to x = \frac{\sqrt{7}}{3}$$

15 그림은 굴절률이 n인 직각 프리즘의 평면 A에 평행 광선이 입사각 θ_i로 입사하여, B에서 전반사하는 모습을 보여 주고 있다. $0 < \theta_i < \frac{\pi}{2}$의 범위에서 θ_i의 값에 관계없이 항상 전반사가 일어나기 위한 n의 최소값을 구하여라.(단, 공기의 굴절률은 1로 본다.)

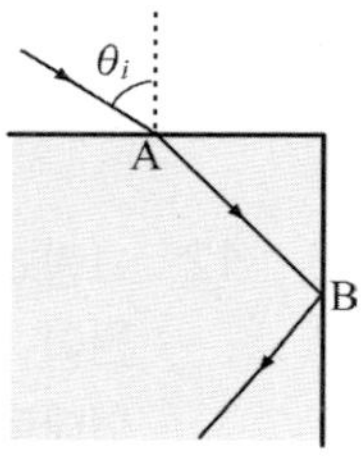

풀이

프리즘의 굴절률을 n이라 하고, 빛의 굴절각을 r라 하면 $n = \frac{\sin\theta_i}{\sin r}$ ⋯ ①,

그리고 $90° - r \geq \theta_c$에서 전반사가 일어나므로 $\cos r = \sin(90° - r) \geq \sin\theta_c = \frac{1}{n}$ ⋯ ②

$①^2 + ②^2 \to 1 \geq \frac{1}{n^2} + \frac{\sin\theta_i}{n^2}$ 이므로 $n \geq \sqrt{1+\sin^2\theta_i}$, 그런데 $0 < \theta_i \leq \frac{\pi}{2}$

$\sin\theta_i$의 최대값은 1이므로 $n \geq \sqrt{2}$

16 평면경에서 10cm 되는 곳에서 작은 물체가 있다. 만약 거울에서 30cm 떨어진 곳에서 평면 거울에 비친 물체의 상을 들여다본다면 눈은 몇 cm 거리에 초점을 맞추어야 하겠는가?

풀이

물체의 상이 평면거울 아래쪽 10cm되는 곳에 생기고, 눈은 물체의 상을 보아야 하므로 물체의 상에 눈의 초점을 맞추어야 한다. 눈에서 물체의 상까지의 거리가 (10cm+30cm)=40cm되는 곳에 눈의 초점을 맞추어야 한다.

17 그림은 빛이 거울에 반사된 후 점 A에서 점 B로 진행하는 경로를 나타내고 있다. 페르마의 원리를 이용하여 입사각과 반사각이 같음을 증명하라.

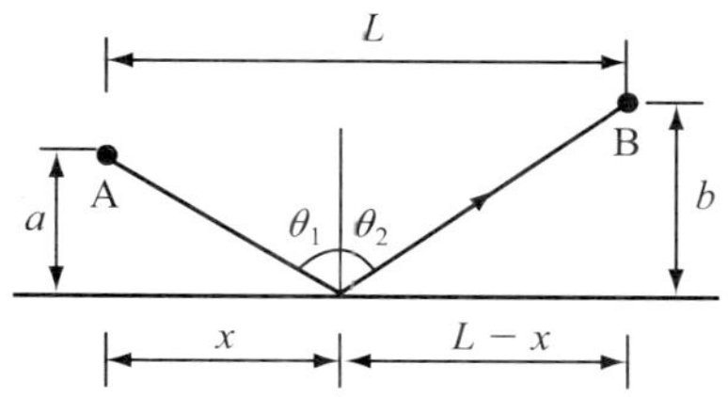

풀이

빛의 속도를 v라 하면 그림에서 $t=\dfrac{\sqrt{a^2+x^2}}{v}+\dfrac{\sqrt{b^2+(L-x)^2}}{v}$

$$\frac{dt}{dx}=\frac{x}{v\sqrt{a^2+x^2}}-\frac{(L-x)}{v\sqrt{b^2+(L-x)^2}}=\frac{1}{v}(\sin\theta_1-\sin\theta_2)$$

$\dfrac{dt}{dx}=0$에서 $\sin\theta_1=\sin\theta_2$ $\therefore\ \theta_1=\theta_2$

18 굴절률 n_1인 물질로 만들어진 얇은 렌즈가 굴절률 n_2인 매질로 둘러싸여 있다. 초점거리 f를 구하라. 단, R_1과 R_2는 양면의 곡률 반지름이다.

풀이

렌즈 공식에서 n은 공기의 굴절률을 1로 보았을 때의 공기에 대한 렌즈의 상대 굴절률이다. 이 문제의 경우 n은 $\dfrac{n_1}{n_2}$로 바뀐다. $\dfrac{1}{f}=\left(\dfrac{n_1}{n_2}-1\right)\left(\dfrac{1}{R_1}-\dfrac{1}{R_2}\right)$

CHAPTER 20

빛(II)

20.1 개념 익히기

01 빛의 속력이 가장 빠른 곳은?

① 빨간 유리　　② 노란 유리
③ 푸른 유리　　④ 파란 유리
⑤ 모두 같다.

색유리는 색유리가 갖고 있는 색깔의 빛과 투과시키므로 굴절률이 가장 작은 빨간 유리 안에서 빛의 속력이 가장 빠르다.

02 프리즘에 의해 빛이 여러 가지 색깔로 나누어지는 것은 프리즘 내부에서 빛의 색깔에 따라 무엇이 달라지기 때문인가?

① 진동수
② 속력
③ 방향
④ 에너지
⑤ 모두 틀리다.

빛의 분산이란 빛의 색깔에 따라 굴절률이 달라서 여러 색깔로 나누어지는 현상인데 색깔에 따라 프리즘 내부에서 속력이 달라지기 때문이다.

03 일반적으로 무지개가 완전한 원형으로 보이지 않는 이유는?

① 중간에 지면이 있기 때문
② 실제로는 타원형이다.
③ 원래 반원이다.
④ 물방울이 완전한 원형이 아니기 때문

일반적으로 무지개가 완전한 원형으로 보이지 않는 이유는 중간에 지면이 있기 때문이며 비행기를 타고 밖을 보면 가끔 완전한 원형의 무지개를 볼 수 있다.

Answers　01. ①　02. ②　03. ①

04 비행기에서 무지개를 볼 때 가끔 완전한 원으로 나타나는 경우가 있다. 이 때 비행기의 그림자는 어디에 나타나는가?

① 무지개의 중앙
② 무지개의 아랫부분
③ 무지개의 윗부분
④ 무지개의 바깥쪽
⑤ 나타나지 않는다.

우리가 무지개를 볼 때 태양을 등지고 있다는 사실을 알면 비행기의 그림자는 무지개의 중앙에 있다는 사실을 알 수 있다.

05 태양빛이 하나의 물방울에 비춰지면 ______________

① 한 가지 색깔의 빛만 빠져나온다.
② 대부분 가장 낮은 진동수 혹은 높은 진동수 혹은 중간 진동수의 빛 중 한 가지만 빠져나온다.
③ 무지개 색깔로 분산된다.

태양빛은 백색광이므로 태양빛이 물방울에 비춰졌을 때 무지개 색깔로 분산된다. 그러나 우리가 무지개를 보는 것은 한 물방울에서 나오는 무지개 색깔을 보는 것이 아니라 각도를 달리하는 여러 물방울에서 나오는 무지개 색깔을 동시에 보는 것이다.

06 호이겐스의 원리에 따르면, 파면상의 모든 점들을 무엇이라고 할 수 있는가?

① 회절의 근원이다.
② 새로운 파원이다.
③ 파동의 다른 부분과 중첩된 곳이다.
④ 모두 맞다.
⑤ 모두 틀리다.

파동이 전파될 때 파면상의 모든 점들은 하나의 점파원이 되어 그들의 공통접선인 새로운 파면을 형성하고 이 새로운 파면은 계속해서 또다른 파면을 형성하면서 진행해 나아간다. 이를 호이겐스의 원리라 한다.

07 작은 틈을 가진 장애물을 향해 평면파가 입사하고 있다. 작은 틈을 통과한 후 평면파는 어떤 모양으로 진행하는가?

① 모양을 그대로 유지하면서 계속 진행한다.
② 부채꼴의 형태로 퍼져나간다.
③ 어느 한 곳에 모이게 된다.
④ 편광된다.

회절현상은 파동이 진행하다가 장애물을 만났을 때 장애물의 뒤쪽까지 휘어져 전달되는 현상을 말하며 평면파가 작은 틈을 통과하게 되면 부채꼴의 형태로 퍼져나간다.

08 회절은 상대적으로 틈이 ___ 잘 일어난다.

① 좁을수록
② 넓을수록
③ 같다.

파동은 파장이 길수록 틈(슬릿)이 좁을수록 회절이 잘 일어난다.

Answers 04. ① 05. ③ 06. ② 07. ② 08. ①

09 회절은 파장이 ____ 잘 일어난다.

① 짧을수록 ② 길수록
③ 같다.

파동은 파장이 길수록 틈(슬릿)이 좁을수록 회절이 잘 일어난다.

10 작은 건물 주위에서 회절 효과가 잘 일어나는 것은?

① AM ② FM
③ 같다.

일반적으로 AM에 사용되는 전파가 FM에 사용되는 전파보다 파장이 더 길다. 따라서 AM이 회절효과가 더 잘 일어난다.

11 돌고래는 주위를 더욱 자세히 보기 위해 ____________ 음파를 방출한다.

① 낮은 진동수의
② 높은 진동수의
③ 세기가 큰
④ 세기가 작은

돌고래는 주위의 물체나 먹이를 찾기 위해 짧은 파장의 초음파를 사용한다. 파장이 짧을수록 직진성이 강하며 반사가 잘 일어난다.

12 작은 물체를 현미경으로 볼 때 회절 현상이 __________

① 도움이 된다.
② 방해가 된다.

현미경은 회절 현상 때문에 배율에 한계가 있다.

13 방송을 수신하는데 회절 현상이 ______

① 도움이 된다.
② 방해가 된다.

회절 현상이 없다면 보이지 않는 곳에서는 소리를 들을 수 없고, 전파도 수신할 수 없게 되다.

14 회절무늬는 _____의 결과이다.

① 굴절 ② 반사
③ 간섭 ④ 편광
⑤ 분산

회절무늬는 간섭현상에 의해 나타나는 것이며 보강 간섭을 일으키면 진폭은 2배, 상쇄 간섭을 일으키면 진폭은 0이 된다.

15 간섭은 _____의 속성이다.

① 빛
② 음파
③ 수면파
④ 모든 파동
⑤ 두 가지만

간섭 및 회절 현상은 파동만이 가지는 특성이다.

Answers 09. ② 10. ① 11. ② 12. ② 13. ① 14. ③ 15. ④

16 물 위의 기름막에 형성된 색깔은 ____때문이다.

① 굴절
② 반사
③ 분산
④ 편광
⑤ 간섭

얇은 막에 의해 간섭을 일으키면 무지개 색깔과 같은 다양한 색깔의 무늬가 만들어진다. 예를 들어 백색광이 얇은 막에 입사되어 빨간빛이 상쇄간섭을 일으키면 빨간빛의 보색인 청록색을 보게 된다.

17 전복 껍질에서 보여지는 무지개 색깔은 ______때문이다.

① 굴절 ② 회절
③ 분산 ④ 편광
⑤ 간섭

껍질과 같이 얇은 막에 의해 간섭을 일으키면 무지개 색깔과 같은 다양한 색깔의 무늬를 볼 수 있다.

18 편광은 _____의 속성이다.

① 횡파
② 종파
③ 둘다 맞다.
④ 둘다 아니다.

편광이란 한쪽방향으로만 진동하는 빛을 말한다. 편광 현상을 통해 빛은 종파가 아니라 횡파임을 증명할 수 있다.

19 빛이 두 장의 편광판을 통과하지 못하는 경우에 두 편광판의 편광축의 방향은?

① 서로 나란하다.
② 서로 수직이다.
③ 서로 45°의 각을 이룬다.
④ 위의 2가지
⑤ 모두 맞다.

편광판은 분자배열이 한쪽방향으로만 이루어져 있어 편광판을 통과한 빛은 한쪽방향으로만 진동하게 된다. 두 편광판이 서로 직각을 이룰 때 빛은 통과하지 못한다.

20 수면상에 나타나는 빛의 번뜩임의 원인은?

① 수평 방향으로 편광된 빛 때문이다.
② 수직 방향으로 편광된 빛 때문이다.
③ 편광되지 않은 빛 때문이다.

저수지나 강가에서 돌을 던져 물위에서 돌이 튕기도록 해 본적이 있을 것이다. 이때 돌을 어떤 돌을 어떻게 던지는가? 납작한 돌을 수면에 나란하게 던졌을 때 수면에서 잘 튕긴다는 것을 알고 있다. 일반적인 빛은 모든 방향으로 진동하는데 표면에서 반사될 때는 면에 나란하게 진동하는 빛들이 주로 반사되는데 이 빛이 우리 눈에 눈부심을 주게 된다. 차를 타고 갈 때 지면에서 반사된 빛이 눈부심을 일으키는 것도 이와 동일한 이유 때문이다.

21 일반적으로 선글라스의 편광축의 방향은?

① 연직 방향이다.
② 수평 방향이다.
③ 양쪽이 서로 수직이다.

Answers 16. ⑤ 17. ⑤ 18. ① 19. ② 20. ① 21. ①

선글라스는 어느 표면에서 반사되는 빛의 눈부심을 감소시키기 위한 것이므로 축의 방향이 면에 수직인 방향이어야 한다.

22 입체 영화를 보여주는 특수 안경의 편광축의 방향은?

① 연직 방향이다.
② 수평 방향이다.
③ 양쪽이 서로 수직이다.

입체 영화는 편광축이 서로 수직인 2대 이상의 영사기로 촬영하므로 입체영화를 보려면 양쪽의 편광축이 서로 수직인 특수 안경을 써야 한다.

23 비누막에 나타난 간섭무늬의 색깔로부터 알 수 있는 것은?

① 비누막이 두 개의 반사면을 가지고 있다.
② 비누막이 얇다.
③ 위의 2가지

얇은 막에 의한 간섭현상은 막의 바깥면과 안쪽면에서 반사된 두 빛이 간섭을 일으키는 것이며 막이 두꺼우면 간섭 현상이 일어나지 않는다.

24 비누막의 간섭무늬 색깔이 긴 파장의 빛이라면 어떤 빛이 상쇄된 것인가?

① 긴 파장의 빛
② 짧은 파장의 빛
③ 둘다 아니다.

서로 보색관계가 되어야 하므로 짧은 파장의 빛이 상쇄되면 긴 파장의 빛을 보게 된다.

25 단색광은 ____이(가) 하나다.

① 파장
② 진동수
③ 색깔
④ 모두 맞다.
⑤ 모두 틀리다.

단색광은 말 그대로 하나의 색깔이며, 색깔에 따라 파장과 진동수가 결정된다.

26 젖은 도로 위의 기름막에서 간섭무늬가 만들어질 때 물은 어떤 역할을 하는가?

① 기름을 얇게 퍼지게 한다.
② 기름이 증발되는 것을 억제시킨다.
③ 기름과 화학적 결합을 한다.
④ 2차 반사면을 만든다.

공기와 기름막의 바깥면은 1차 반사면을 만들고, 물과 기름막의 안쪽면은 2차 반사면을 만든다.

27 백색광을 비추었더니 얇은 막에 나타난 간섭무늬의 색깔이 파란색이었다. 상쇄 간섭을 일으킨 색깔의 빛은?

① 빨강　② 초록
③ 흰색　④ 파랑
⑤ 노랑

Answers 22. ③ 23. ③ 24. ② 25. ④ 26. 27. ⑤

빛의 삼원색은 빨강, 파랑, 초록 이므로 파랑의 보색은 빨강과 초록의 합성인 노랑이다.

28 이중 슬릿에 의한 간섭 실험에서 간섭무늬의 간격이 커지는 경우는?

① 슬릿 사이의 간격이 좁아질 때
② 슬릿 사이의 간격이 넓어질 때
③ 더 짧은 파장의 빛을 사용할 때
④ 스크린을 가까이 가져올 때

이중 슬릿에 의한 간섭에서 간섭무늬 사이의 간격이 넓어지는 경우는 긴 파장의 빛을 사용할 때, 이중 슬릿 사이의 간격을 좁힐 때, 슬릿과 스크린 사이의 간격이 멀어질 때이다.

29 막이 두꺼우면 간섭무늬가 나타나지 않는다. 그 이유는?

① 바닥면에서 반사된 빛이 너무 약하기 때문에
② 반사된 빛이 많이 분산되므로
③ 반사된 빛의 위상이 모두 같아지므로
④ 간섭무늬의 간격이 너무 좁아서 보이지 않기 때문에
⑤ 간섭성을 잃기 때문에

가까이 입사하는 두 빛은 서로 간섭현상을 일으킬 수 있지만 서로 멀리 떨어져서 입사하는 두 빛은 간섭현상을 일으킬 수 없다.

30 매우 가까이 있는 두 별로부터 온 빛이 지상에 도달했을 때 간섭무늬를 거의 만들지 않는다. 그 이유는?

① 간섭성이 없기 때문
② 대기의 불안정성 때문

두 빛이 간섭현상을 일으키려면 두 빛의 위상 즉 진동상태가 동일해야만 한다. 가까이 입사하는 두 빛이나 위상이 같은 두 빛을 간섭성이 있는 빛이라고 한다.

Answers 28. ① 29. ④ 30. ①

20.2 개념 응용하기

01 초록색 단색 점광원을 이용하여 영의 실험을 하였더니 스크린에 나타난 간섭 무늬가 너무 가까이 붙어 있어서 관찰하기가 곤란하였다. 간섭 무늬 사이의 간격을 증가시키는 방법은 다음 중 어느 것인가?

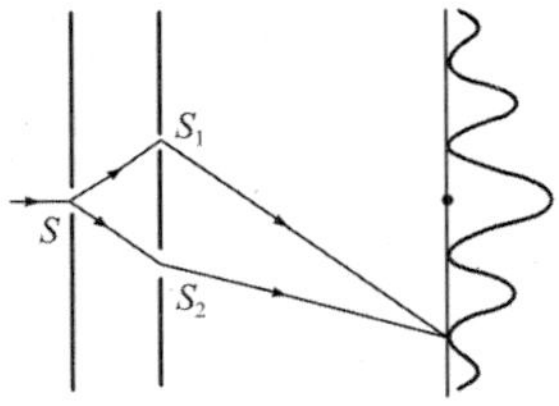

① 광원과 슬릿 사이의 거리를 증가시킨다.
② 두 슬릿 사이의 간격을 증가시킨다.
③ 각 슬릿의 폭을 증가시킨다.
④ 광원을 붉은색의 단색광으로 바꾼다.
⑤ 이중 슬릿과 스크린 사이의 간격을 감소시킨다.

⋯› • 간섭무늬의 간격은 $\triangle x = \dfrac{L\lambda}{d}$ 이므로, 간격을 크게 하려면 이중 슬릿과 스크린사이의 거리 L 을 증가시키거나 파장 λ가 긴 빛을 사용하거나 슬릿의 간격 d 가 작은 것을 사용한다.

02 그림과 같은 영의 이중 슬릿 실험 장치에 대한 설명 중 옳은 것은?

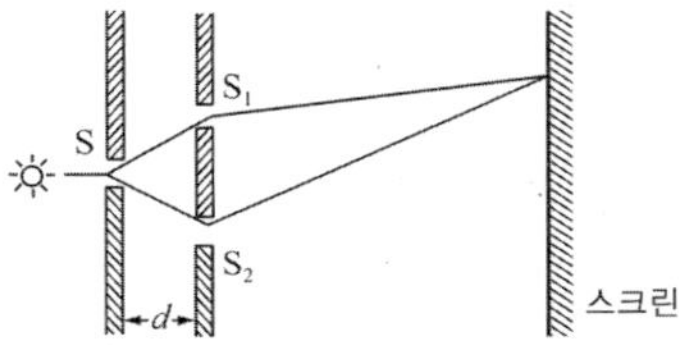

① 단일 슬릿 S를 놓은 주된 이유는 S_1과 S_2로 들어가는 두 빛의 세기를 갖도록 해주기 위해서이다.
② 슬릿 S와 이중 슬릿 S_1, S_2 사이의 d를 조금 변화시키면 스크린 사이의 간섭 무늬의 간격이 변한다.
③ 광원으로 사용하는 전구가 단색광을 낸다면 단일 슬릿 S를 놓을 필요가 없다.
④ 광원으로 사용하는 전구 대신에 레이저를 광원으로 사용한다면 단일 슬릿 S를 놓을 필요가 없다.
⑤ 두 슬릿과 스크린 사이의 거리를 증가시키면 간섭 무늬의 간격이 좁아진다.

Answers 01. ④ 02. ④

⋯ • 이중슬릿 앞에 단일 슬릿을 놓는 이유는 두 슬릿을 통과하는 빛의 위상을 같게(위상차를 일정하게) 하기 위해서이다. 레이저에서 나오는 빛들의 위상은 모두 같으므로 단일 슬릿이 필요없다.

03 쌍안경이나 현미경에 사용되는 렌즈는 입사된 광선이 아주 많이 투과되도록 렌즈 앞에 그림과 같이 투명하고 얇은 막을 입히는 경우가 있다. 다음 중 그 이유를 가장 잘 설명한 것은?

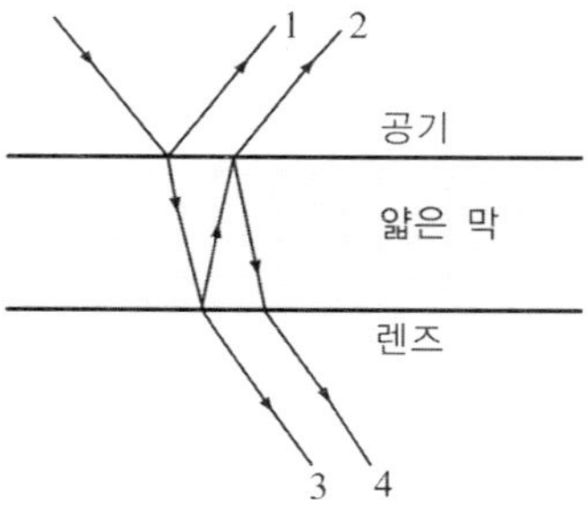

① 광선 1과 광선 2가 서로 보강 간섭을 일으키기 위한 것이다.
② 얇은 막을 입혔을 때 렌즈가 더욱 투명해지기 때문이다.
③ 광선 3과 광선 4가 서로 소멸 간섭을 일으키기 위한 것이다.
④ 얇은 막을 입혔을 때 렌즈를 통과하는 빛의 속도가 더욱 느려지기 때문이다.
⑤ 광선 1과 광선 2가 서로 상쇄 간섭을 일으키기 위한 것이다.

⋯ • 광선 1,2가 상쇄간섭을 일으키면 광선 3,4는 보강간섭을 일으켜 많은 양의 빛이 투과한다.

04 그림 I, II, III과 같이 얇은 막에 의한 간섭 현상을 실험하고 있다. 막의 두께는 t, 막 내부에서의 빛의 파장이 λ일 때 다음 중 관찰자의 눈에 빛의 세기가 강해지는 경우는?

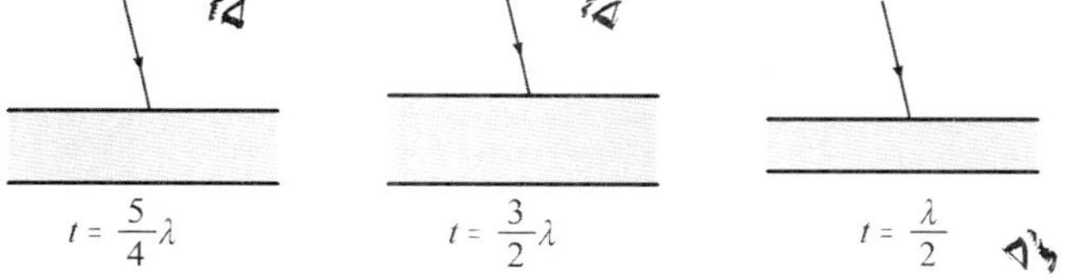

① I ② II
③ III ④ I, II
⑤ II, III

⋯ • 두 빛의 위상이 반대일 때 경로차 $\triangle = 2t = \frac{\lambda}{2}(2m+1)$일 때 보강간섭을 일으킨다. I, II의 경우 막내부에서 반사된 후 통과한 빛의 위상은 변하지 않는다. III의 경우 눈의 위치를 고려하면 막을 투과한 빛과 막내부에서 반사된 빛은 위상변화가 없다.

Answers 03. ⑤ 04. ④

05 그림과 같이 슬릿 간격 d가 5.0×10^{-4}m인 4중 슬릿에 파장이 6000Å인 단색 평면파가 입사하여 거리가 1.0m 떨어진 스크린에 간섭무늬를 만들었다. 스크린 중앙의 밝은 점 Q에서 첫 번째 어두운 무늬가 나타나는 점 P까지의 거리 x는?

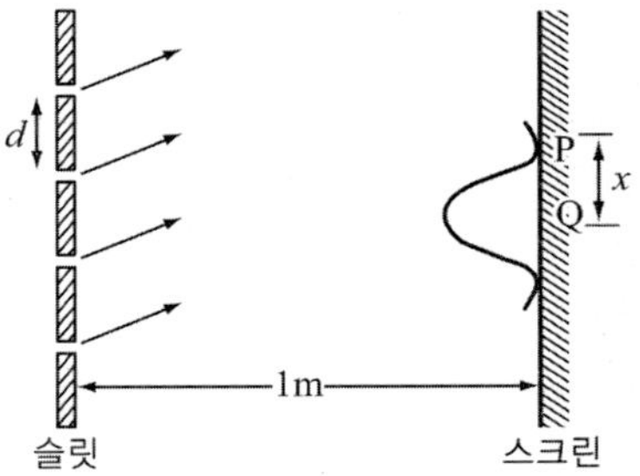

① 1.0×10^{-5}m
② 3.0×10^{-4}m
③ 5.0×10^{-4}m
④ 1.0×10^{-3}m
⑤ 3.0×10^{-3}m

⋯› • 네 광선이 상쇄되려면 이웃하는 두 광선의 위상차가 90°(경로차가 $\frac{\lambda}{4}$)인 경우이다. $d\frac{x}{l}=\frac{\lambda}{4}$를 이용하면 x를 구할 수 있다.

06 두께가 4×10^{-5}cm, 굴절률이 1.5인 얇은 비누막이 있다. 비누막에 수직한 빛을 비추었을 때 다음 중 보강 간섭을 일으킬 수 있는 빛의 파장으로 짝지어진 것은?

① 4000Å, 6000Å
② 4800Å, 8000Å
③ 3600Å, 5330Å
④ 4000Å, 8000Å
⑤ 5100Å, 7200Å

⋯› • 비누막 속에서의 빛의 파장은 $\lambda'=\frac{\lambda}{n}$이다. 비누막의 윗면에서 반사된 빛의 위상이 180° 변하므로 보강간섭을 일으킬 조건은 $2d=\frac{\lambda'}{2}(2m+1)$이다. 즉, $2nd=\frac{\lambda}{2}(2m+1)$이다.

Answers 05. ② 06. ②

07 단일 슬릿에 단색광의 빛을 비추고 슬릿으로부터 약간 떨어진 곳에 스크린을 설치하여 스크린에 나타난 회절 무늬를 관찰하였다. 오른쪽 그림은 스크린에 나타난 간섭 무늬를 나타낸 것이다. 중앙의 밝은 무늬의 간격을 W라 할 때 W를 증가시키기 위한 방법으로 타당한 것을 모두 열거한 것은?

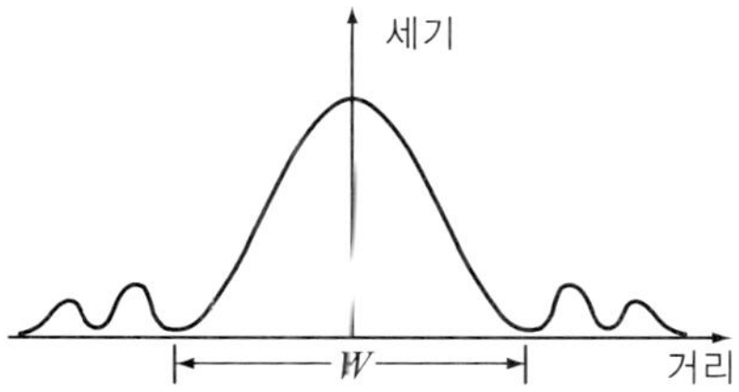

① 빛의 파장을 증가시킨다.
② 슬릿의 폭을 증가시킨다.
③ 빛의 파장과 슬릿으로부터 스크린까지의 거리를 증가시킨다.
④ 슬릿의 폭과 슬릿으로부터 스크린까지의 거리를 증가시킨다.
⑤ 빛의 파장, 슬릿의 폭, 슬릿으로부터 스크린까지의 거리를 증가시킨다.

• $\triangle x = \dfrac{L\lambda}{d}$이므로 밝은 무늬의 간격을 넓히기 위해서는 빛의 파장을 증가시키거나 슬릿의 폭을 감소시키거나 스크린을 멀리한다.

08 그림과 같이 두 장의 유리판 사이에 가느다란 머리카락을 끼우면 유리판 사이의 얇은 공기층에 의해서 간섭무늬가 나타낸다. 이 실험에서 공기 대신 굴절률이 $\dfrac{4}{3}$인 액체를 채웠을 때 어두운 무늬 사이의 간격은 어떻게 되겠는가?

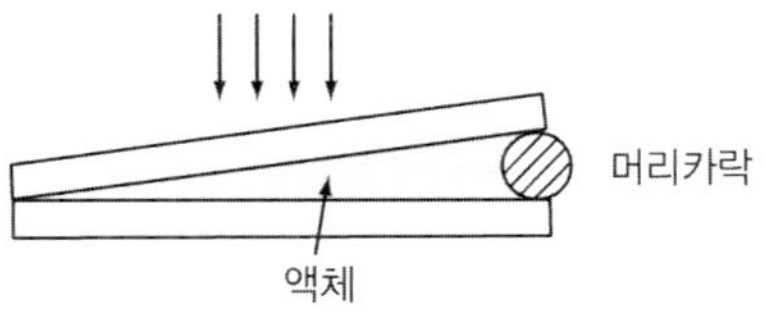

① $\dfrac{4}{3}$배가 된다.
② 3배가 된다.
③ $\dfrac{3}{4}$배가 된다.
④ $\dfrac{1}{3}$배가 된다.
⑤ 변함없다.

• 공기층의 두께를 d라 할 때 광로차는 $\triangle = 2d$이며, 공기층의 아랫면에서 반사된 빛의 위상이 180° 변하므로, $2d = \dfrac{\lambda}{2}(2m)$일 때 상쇄간섭이 일어나 어두운 무늬가 만들어진다.
어두운 무늬사이의 간격을 $\triangle x$, 이웃한 어두운 줄무늬를 이루는 공기층의 두께를 각각 d_1, d_2

Answers 07. ③ 08. ③

를 할 때 $2(d_2-d_1)=\lambda$, $d_2-d_1=\triangle x\tan\theta=\dfrac{\lambda}{2}$이다. 공기대신 굴절률 n인 액체를 채우면 $\triangle x\tan\theta=\dfrac{\lambda'}{2}=\dfrac{\lambda/n}{2}$이다.

09 굴절률 1.50인 두꺼운 유리판 위에 투명한 물질인 황화아연을 코팅하려고 한다. 그림은 코팅의 두께를 측정하기 위하여 파장을 알고 있는 빛을 유리면에 수직으로 비추어 반사되는 빛의 세기를 측정하는 모양을 나타낸다.

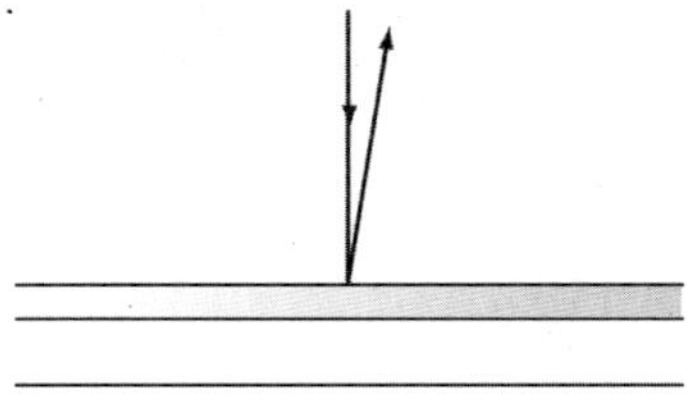

아래의 그림은 파장이 500nm인 빛을 유리면에 수직으로 비추면서 코팅을 시작한 후 시간에 따라 반사하는 빛의 세기를 그래프로 나타낸 것이다.

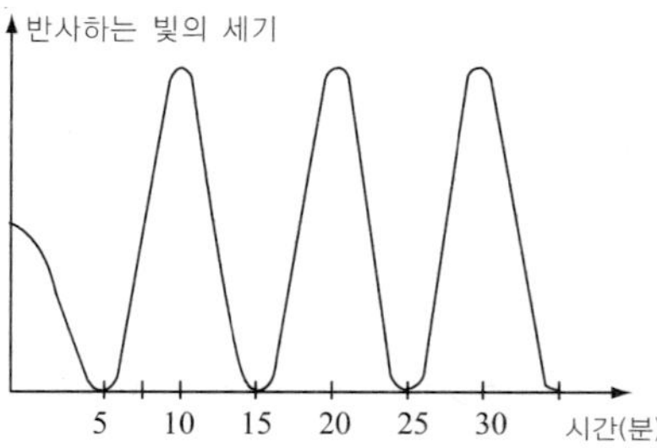

15분이 지났을 때 황화아연 막의 두께는 얼마인가?(단, 황화아연의 굴절률은 1.25이다.)

① 100 nm ② 125 nm
③ 200 nm ④ 300 nm
⑤ 375 nm

⋯▸ • 황하아연막의 윗면과 아랫면에서 반사한 빛이 모두 위상이 180° 변하므로, 상쇄간섭이 일어날 조건은 $2d=\dfrac{\lambda'}{2}(2m+1)=\dfrac{\lambda/n}{2}(2m+1)$에서 두 번째 상쇄간섭이 일어날 때 $m=1$이다.

$\therefore\ d=\dfrac{3\lambda}{4n}$

Answers 09. ④

10 그림은 한 학생이 회절격자를 통해 헬륨 광원을 바라보는 모습을 나타내고 있다. 이 학생은 빨간색 빛, 노란색 빛, 초록색 빛이 자의 눈금에 겹쳐 보이는 것을 관찰하였다.

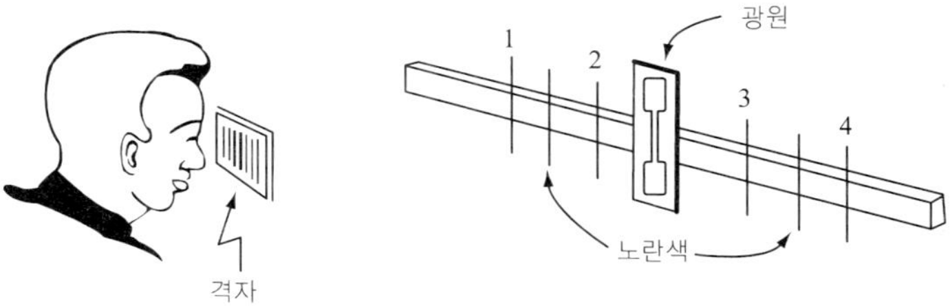

그림에서 표시 된 지점에서 노란색 빛을 볼 수 있었다. 다른 빛의 위치를 설명한 것으로 옳은 것은?

① 1과 2는 초록색, 3과 4는 빨간색
② 1과 4는 빨간색, 2와 3은 초록색
③ 1과 4는 초록색, 2와 3은 빨간색
④ 1과 3은 빨간색, 2와 4는 초록색
⑤ 1과 3은 초록색, 2와 4는 빨간색

⋯ • 파장이 길수록 회절이 더 잘 일어나므로 파장이 가장 긴 빨간색이 양쪽 바깥쪽에 나타나고 파장이 가장 짧은 보라색이 가장 안쪽에 나타난다.

11 그림 1과 같이 이중 슬릿을 향해 평면 형태의 광파를 비추면 스크린에 밝고 어두운 간섭 무늬가 나타난다. 그림 2와 같이 이중 슬릿 중의 하나에 얇은 유리판을 놓으면 이중 슬릿을 빠져나오는 두 광파의 위상이 달라지는데, 그 이유는 유리 내부에서 광파의 파장이 짧아지기 때문이다. 만일 두 광파의 위상차가 180°라면 스크린에 나타나는 간섭 무늬는 어떻게 되겠는가?

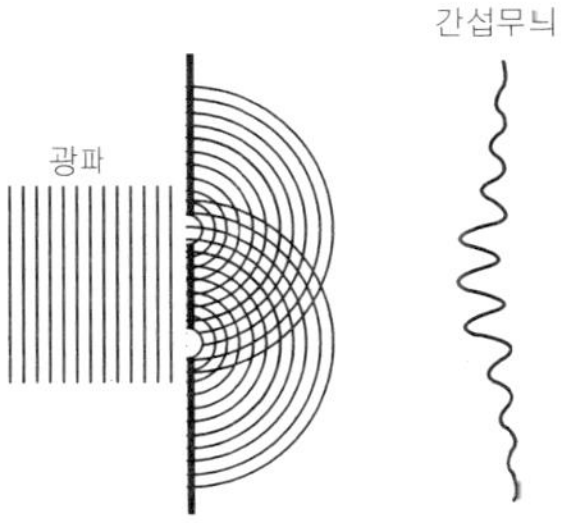

그림 (가)

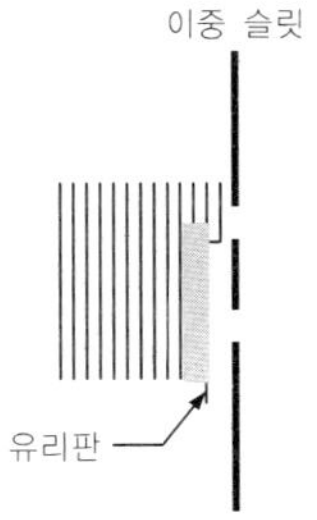

그림 (나)

Answers 10. ② 11. ⑤

① 변함이 없다.
② 간섭 무늬가 사라진다.
③ 간섭 무늬의 간격이 좁아진다.
④ 간섭 무늬의 간격이 넓어진다.
⑤ 밝고 어두운 무늬가 나타나는 곳이 서로 바뀐다.

…› • 두 슬릿을 통과하는 빛의 위상이 반대이면 스크린의 중앙에서 상쇄간섭이 일어나 어두운 무늬가 생긴다.

12 그림과 같이 파장이 λ 인 똑같은 두 광선이 거울을 향해 입사되고 있다. 한 광선은 네 거울에서 반사되고, 다른 한 광선은 두 거울에서 반사되어 두 광선이 간섭 현상을 일으킨다.

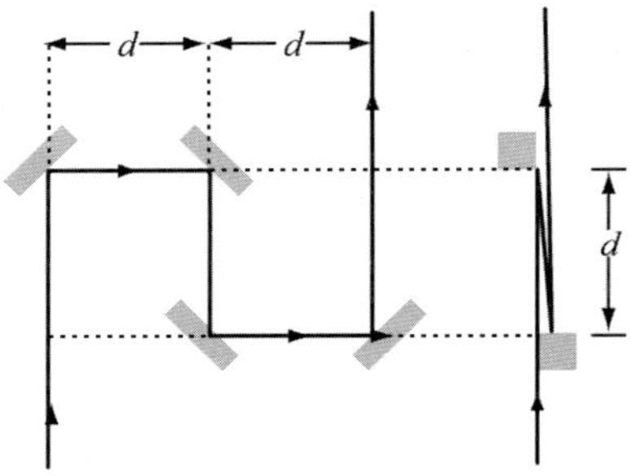

두 광선의 간섭 현상에 대한 [보기]의 설명 중 옳은 내용을 모두 고르면?

보기
ㄱ. 두 광선의 경로차는 $2d$이다.
ㄴ. $2d = \frac{\lambda}{2}$(짝수)일 때 간섭을 일으킨 두 광선의 진폭은 2배가 된다.
ㄷ. 두 광선의 위상이 반대라면 항상 소멸 간섭을 일으킨다.

① ㄱ
② ㄱ, ㄴ
③ ㄱ, ㄷ
④ ㄴ, ㄷ
⑤ ㄱ, ㄴ, ㄷ

…› • 두 광선의 위상이 반대이면, 경로차 $2d = \frac{\lambda}{2}(2m+1)$일 때 보강간섭을 일으킨다.

Answers 12. ②

13 백열등 S와 고온의 기체 G에서 나오는 빛의 세기를 파장에 따라 조사하여 아래와 같이 (가)와 (나)의 그래프를 얻었다.

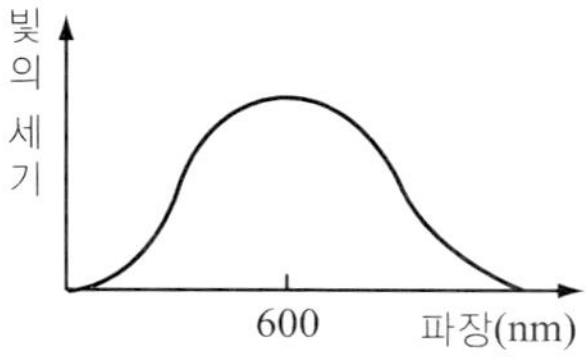

(가) 백열등 S에서 나오는 빛

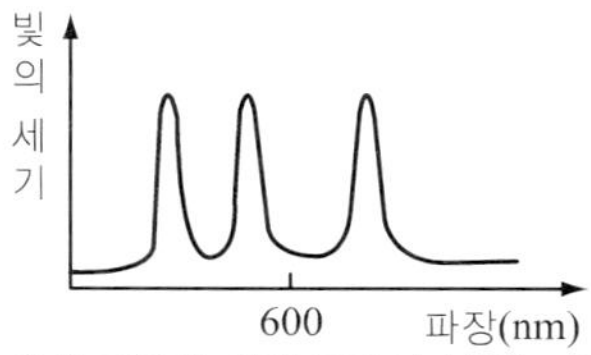

(나) 고온의 기체 G에서 나오는 빛

고온의 기체 G를 충분히 냉각시킨 후, 아래 그림과 같이 백열등 S에서 나오는 빛을 통과시켜 분광기로 관찰하였다.

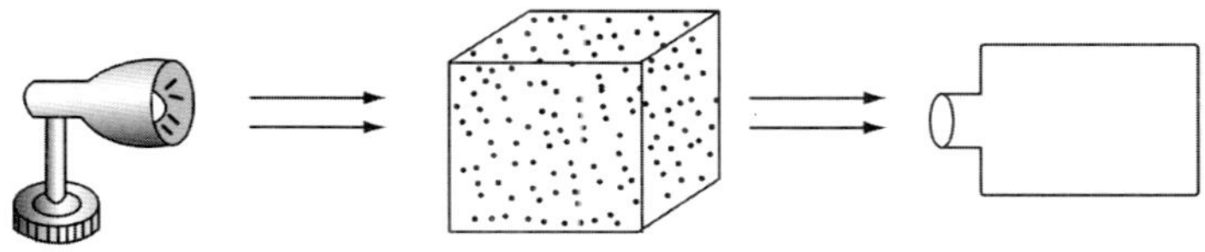

냉각된 기체 G를 통과하여 분광기에 도착하는 빛의 세기를 파장에 따라 가장 잘 나타낸 그래프는?

① 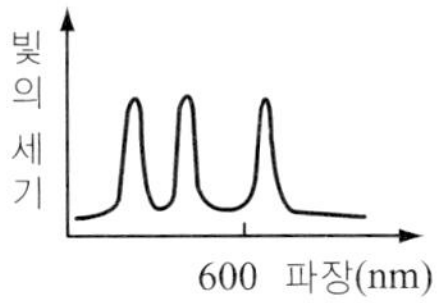

② 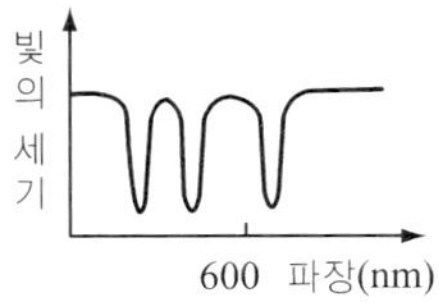

③ 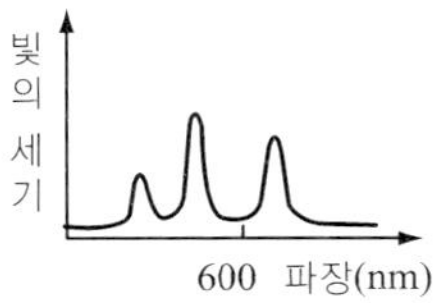

④ 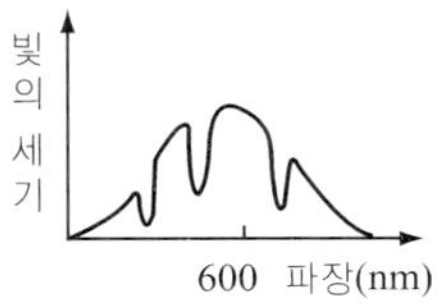

⑤ 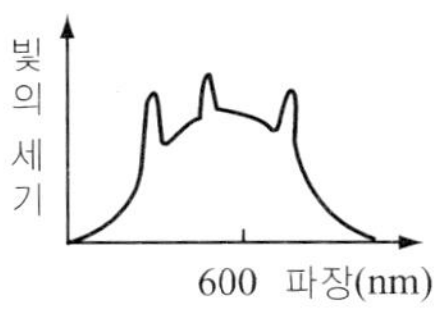

⋯ • 고온의 물체에서 나온 연속스펙트럼을 저온의 기체층에 통과시키면 그 기체가 고온이었을 때 내는 선 스펙트럼이 위치해 있던 자리에 검은 띠가 나타나며, 이 검은선은 그 파장에 해당하는 빛이 저온의 기체 원자에 흡수되어 나타난 것으로 이런 스펙트럼을 흡수스펙트럼이라고 한다.

Answers 13. ④

14 그림과 같이 가로, 세로의 길이가 각각 L, $2L$인 네 개의 슬릿 (a), (b), (c), (d)가 있다.

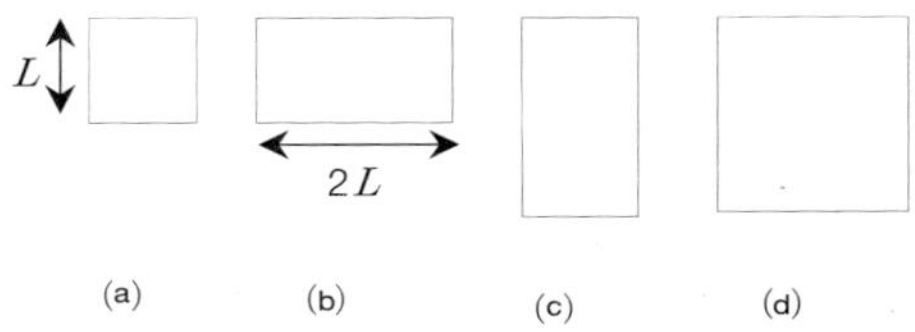

슬릿을 통해서 빛의 회절이 잘 일어난다고 할 때, 다음 중 슬릿을 통한 가로 방향의 회절 무늬 간격의 크기를 바르게 비교한 것은?

① (a)>(c)>(b)>(d)
② (a)=(c)>(b)=(d)
③ (a)>(b)=(c)>(d)
④ (b)=(c)>(a)>(d)
⑤ (b)=(c)>(d)>(a)

⋯› • 슬릿의 폭이 좁을수록 회절이 잘 일어나 무늬의 간격이 넓어진다.

15 두 장의 유리판 사이의 얇은 공기층에 의한 간섭 실험에서 공기 중의 빛의 파장이 4800Å이라면 유리판이 서로 접촉해 있는 곳으로부터 6번째 어두운 무늬와 16번째 어두운 무늬가 나타난 공기층의 두께의 차는 얼마인가?

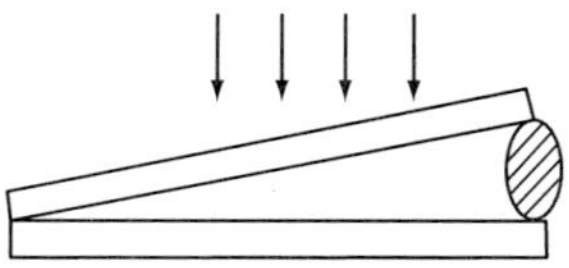

① 2400Å
② 3600Å
③ 4800Å
④ 24000Å
⑤ 48000Å

⋯› • 얇은 공기층에 의한 간섭무늬에서 어두운 무늬가 생길 조건은 $2d_m = \frac{\lambda}{2}(2m)$이다.
$d_m = \frac{\lambda}{2}m$에서 $\therefore d_{16} - d_6 = 5\lambda$이다.

Answers 14. ② 15. ④

16 그래프는 어떤 물질에 대하여 빛의 파장에 따른 굴절률의 변화를 나타낸 것이다.

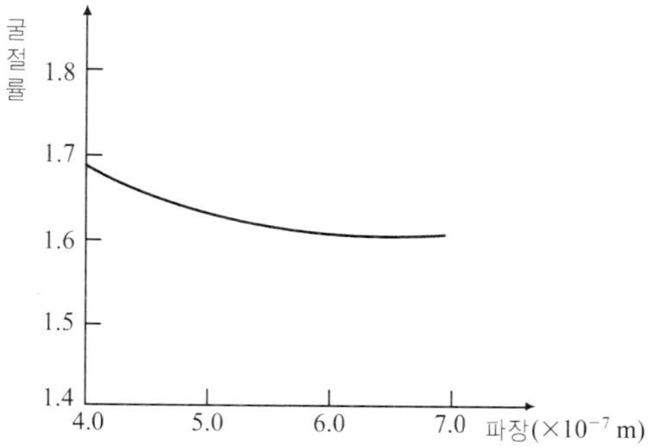

보기

ㄱ. 공기보다 굴절률이 작다.
ㄴ. 빨간색과 보라색 광선에 대한 굴절률은 같다.
ㄷ. 이 물질로 만든 프리즘에 백색 광선을 통과시키면 여러 가지 색깔이 나타난다.

이 물질의 성질에 관해 바르게 설명한 것은 [보기]에서 모두 고른 것은?

① ㄱ　　② ㄴ
③ ㄷ　　④ ㄱ, ㄷ
⑤ ㄴ, ㄷ

- 빛의 파장에 따라 굴절률이 달라져 백색광을 프리즘에 통과시킬 때 여러 가지 색으로 나뉘어지는 현상을 빛의 분산이라고 한다. 빛의 파장이 짧을수록 굴절되는 정도가 크다.

Answers 16. ③

20.3 개념 서술하기

01 레이저 광선이 매우 근접한 두 슬릿을 통과하여 스크린 위에 선명한 간섭 무늬를 만들고 있는 이중슬릿에 의한 간섭 실험을 생각해 보자. 이때 이중슬릿과 스크린 사이에 연기 입자가 있다고 가정한다.

(1) 이중슬릿과 스크린 사이의 공간에서 간섭효과를 볼 수 있겠는가, 아니면 스크린 위에서만 간섭효과를 볼 수 있겠는가? 그 이유를 설명하라.

(2) 스크린 위에 생기는 간섭 무늬의 간격과 관계 있는 물리량에 대해 설명하라.

(3) 간격이 일정하고 매우 근접한 세 개의 슬릿을 통과한 세 개의 광선이 스크린 위에서 소멸간섭을 했다면 이웃한 두 광선의 위상차는 얼마인가?

(4) 불투명한 미지의 상자를 향해 백색광을 입사시켰더니 스크린 위에 여러 색깔의 띠를 만들었다. 상자 안에 프리즘이 들어있는지, 회절 격자가 들어있는지 어떻게 알 수 있는가?

(5) 영의 실험에서 얇은 유리판을 이중 슬릿 S_1, S_2 중 슬릿 S_1앞에 놓았을 때 스크린에 나타나는 간섭 무늬는 어떻게 변하는지 설명하라.

풀이

(1) 연기 입자가 스크린 역할을 해서 스크린 사이에서도 볼 수 있다.

(2) 무늬 사이의 간격= $\frac{\lambda L}{d}$(여기서 λ :빛의 파장, L: 스크린과 광원사이 거리, d: 슬릿의 크기)

(3) $\frac{2\pi}{3}$씩 차이 난다.

(4) 프리즘은 파장이 큰 순서대로 분리 되어 나온다. 회절격자에서는 파장이 긴 빨강의 회절무늬가 가장 넓게 나타난다.(양쪽으로)

(5) 유리판은 경로가 길어지는 효과를 가져오므로 S_1쪽으로 이동한다

02 콤팩 디스크(CD)의 표면에서 반사된 빛들을 보면 여러 가지 색깔로 나타난다.

(1) 나타나는 색깔이 광원과 눈의 위치에 따라 다르게 나타나는데 그 이유를 설명하라.

(2) 빛의 반사를 최소화하기 위해 디스크에 얇은 막을 입혔다. 이전에 반사되던 빛은 어떻게 되었는가?

풀이

(1) CD표면의 모양은 회절격자의 모양과 비슷하다. 작은 홈들에서 반사되어 나오는 빛들이 회절현상을 일으킨다.

(2) 막 위에서 반사된 빛과 소멸 간섭되면서 막에 흡수되었다..

03 자연광선을 나란히 놓인 두 개의 편광판에 입사시켰더니 광선이 통과되지 못했다. 두 개의 편광판 사이에 또 다른 편광판을 끼운다면 자연 광선은 세 개의 편광판을 통과할 수 있겠는가?

풀이

통과할 수 있다.

20.4 개념 심화하기

01 직각 프리즘에 수직으로 들어온 빛이 그림과 같이 분산되어 나왔다. 굴절률이 가장 큰 빛의 굴절률은 굴절률이 가장 작은 빛의 굴절률의 몇 배인가?

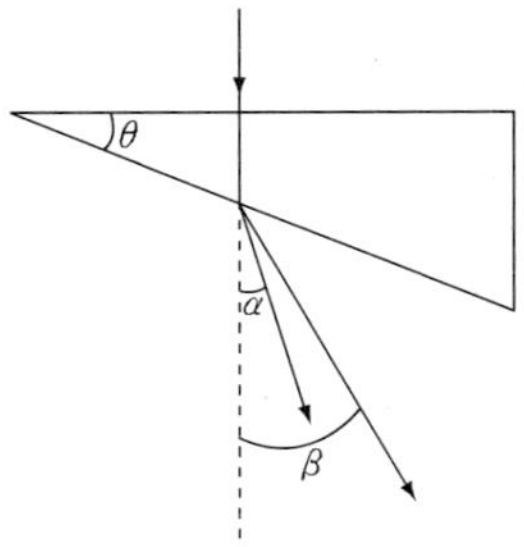

풀이

원래 진행 방향과 α, β의 각만큼 굴절한 빛의 굴절률은 그림에서

$$n_\alpha = \frac{\sin(\alpha+\theta)}{\sin\theta},\ n_\beta = \frac{\sin(\beta+\theta)}{\sin\theta}\quad \therefore \frac{n_\beta}{n_\alpha} = \frac{\sin(\beta+\theta)}{\sin(\alpha+\theta)}$$

02 폭이 0.1mm인 단일슬릿에 파장이 6000Å인 단색광을 비추었다. 슬릿으로부터 40cm 떨어진 스크린에 생긴 회절 무늬를 관찰할 때 중앙의 밝은 무늬에서부터 세 번째 밝은 무늬까지의 거리는 얼마인가?

풀이

보강 간섭이 일어날 조건은 $\mathrm{BP}' - \mathrm{AP}' = d\sin\theta = \frac{\lambda}{2}(2m+1)$

여기서 L에 비하여 x나 d는 훨씬 작으므로 $d\sin\theta \fallingdotseq d\tan\theta \fallingdotseq \frac{dx}{L} = \frac{\lambda}{2}(2m+1)$

이 식에 $m=3$을 대입하면 $x = 8.4\mathrm{mm}$

03 파장이 6000Å인 단색광과 슬릿 사이의 간격이 1mm인 이중 슬릿을 이용하여 영의 실험을 하였다. 이 때 이웃한 밝은 무늬 사이의 간격이 1.18mm였다. 이번에는 이중 슬릿을 슬릿 사이의 간격이 다른 것으로 바꾼 후 파장이 6400Å인 단색광을 비추었더니 이웃한 밝은 무늬 사이의 간격이 3.0mm였다. 두 번째로 사용된 이중 슬릿에서 슬릿 사이의 간격은?

풀이

스크린에 나타난 무늬 사이의 간격을 $\Delta x = \dfrac{L\lambda}{d}$ 이다. 이 식에 처음 실험에서 주어진 값을 대입하면 $1.18\text{mm} = \dfrac{L \times 6000\,\text{Å}}{1\text{mm}}$ 이 되며 여기서 슬릿에서 스크린까지의 거리 L을 구하면 $L = \dfrac{1.18\text{mm} \times 1\text{mm}}{6000\,\text{Å}}$ 가 된다.

두 번째 실험에서는 $3\text{mm} = \dfrac{L \times 6400\,\text{Å}}{d}$ 에서

$d = \dfrac{L \times 6400\,\text{Å}}{3\text{mm}} = \dfrac{6400\,\text{Å}}{3\text{mm}} \times \dfrac{1.18\text{mm}}{6000\,\text{Å}} \times 1\text{mm}$

두 식에서 d를 구하면 $d = 4.2 \times 10^{-4}\text{m}$ 가 된다.

04 굴절률이 1.50인 두꺼운 유리판 위에 굴절률이 1.25인 기름막을 만들었다. 이 막에 수직으로 파장이 6000 Å 인 빛을 비추었더니 반사광이 상쇄 간섭을 일으켰고 7000 Å 의 빛을 비추었더니 반사광이 보강 간섭을 일으켰다. 다음 물음에 답하여라.

(1) 보강 간섭과 상쇄 간섭이 일어날 조건을 구하여라.

(2) 위의 조건을 이용하여 기름막의 두께를 계산하라.

풀이

(1) 공기 중에 막이 떠 있는 경우는 제1반사 광선만 위상이 180°바뀌나, 이 경우는 기름막보다 굴절률이 더 큰 유리가 밑에 있으므로 제1반사 광선과 제2반사 광선 모두 위상이 180°바뀐다.

그러므로 $2nd = \dfrac{\lambda}{2}(2m) \quad (m = 0, 1, 2, 3, \ldots)$: 보강 간섭

$2nd = \dfrac{\lambda}{2}(2m+1) \quad (m = 0, 1, 2, 3, \ldots)$: 상쇄 간섭

(2) 위 식을 동시에 만족하는 m을 구하면

$\dfrac{6000\,\text{Å}}{2}(2m+1) = \dfrac{7000\,\text{Å}}{2}(2m)$ 에서 $m = 3$

그러므로 $2 \times 1.25 \times d = \dfrac{7000}{2} \times 10^{-10} \times 6$ 에서 $d = 8.4 \times 10^{-7}\text{m}$

05 그림과 같이 길이가 L인 두 개의 평평한 유리가 한쪽 끝은 붙어 있고 다른 쪽 끝은 h만큼 떨어져 있다. 유리판 사이의 공기층에 의해 간섭을 일으킬 때 밝은 무늬 사이의 간격은 얼마인가?(간섭에 사용된 빛의 파장은 λ이다.)

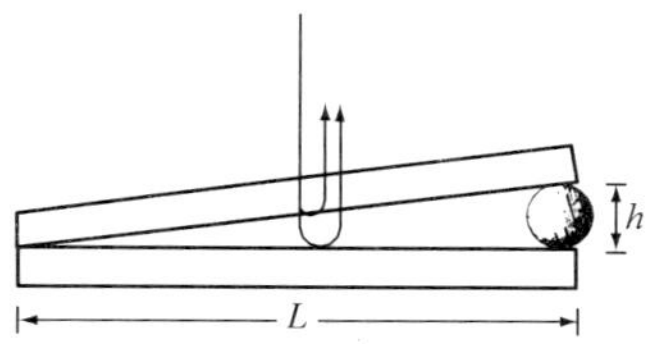

풀이

그림에서 ②광선이 위상 변화를 하므로 $2d=\frac{\lambda}{2}(2m)$: 상쇄 간섭

$2d=\frac{\lambda}{2}(2m+1)$: 보강 간섭($m=0,\ 1,\ 2....$)

여기서 d는 유리판 사이의 공기층의 두께이다. 무늬 사이의 간격을 Δx라 하면

$\Delta x : \frac{\lambda}{2}=L : h \rightarrow \Delta x=\frac{L\lambda}{2h}$

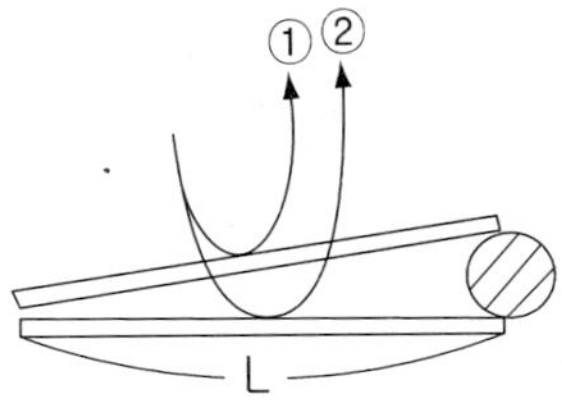

06 반지름이 1.5m인 평볼록 렌즈가 있다. 빛의 파장이 6000Å일 때 링의 중심으로부터 세 번째 밝은 무늬가 나타나는 링의 반지름을 구하여라.(평볼록 렌즈와 바닥 사이의 공기층은 충분히 얇다.)

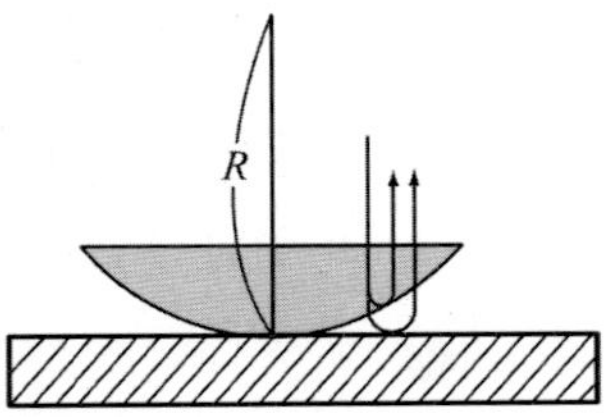

풀이

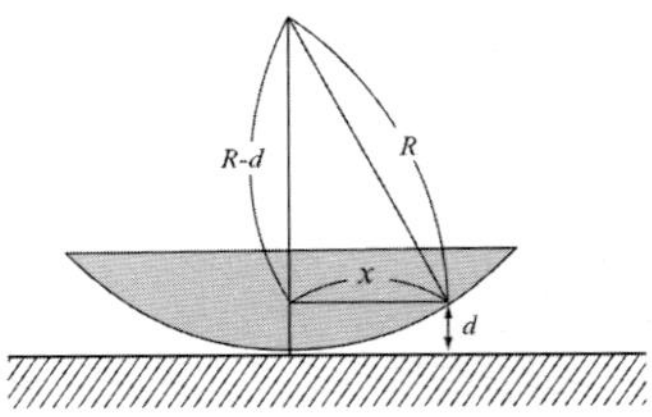

$R^2=(R-d)^2+x^2$

$2d=\frac{\lambda}{2}\times(2m+1)$, ($m=0,\ 1,\ 2\ \cdots$)

$2Rd=x^2+d^2 \fallingdotseq x^2 \quad \therefore\ x=\sqrt{2Rd}$

$=\sqrt{2\times1.5\times\frac{6000\times10^{-10}\times(2m+1)}{4}}$

$m=2$를 대입하면 $x=\sqrt{\frac{3\times6000\times10^{-10}\times5}{4}}=1.5\times10^{-3}(\text{m})=1.5\text{mm}$

07 그림에서 1차 무지개의 편향각 $\delta=\pi+2i-4r$임을 증명하고 δ의 최소값을 구하라. 단, 물의 굴절률은 $\frac{4}{3}$이다

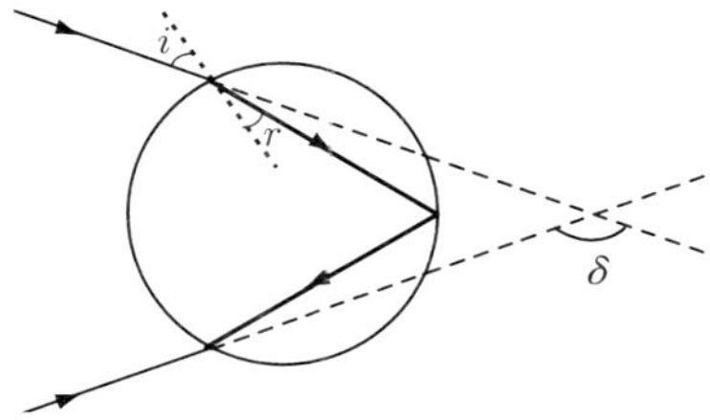

풀이

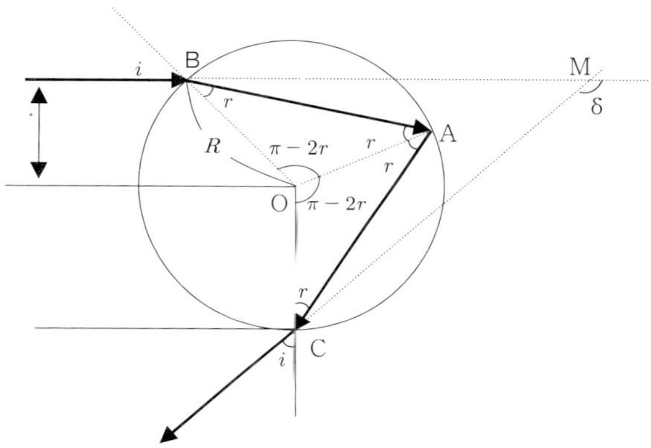

$\angle BOC=4r$, $\angle MBO=\angle MCO=i$

$\delta=\angle MBC+\angle MCB=\angle MBO+\angle OBC+\angle OCB+\angle MCO=i+(\pi-4r)+i$
$=\pi+2i-4r$

δ의 최소값을 구하기 위해서 $\frac{d\delta}{di}=0$을 취하면 $\frac{d\delta}{di}=2-4\frac{dr}{di}=0$에서 $\frac{dr}{di}=\frac{1}{2}$

스넬의 법칙에서 $\sin r=\frac{\sin i}{n}$이고,

양변을 i에 관해 미분하면 $\cos r\frac{dr}{di}=\frac{\cos i}{n}$, $\cos r=\frac{2\cos i}{n}$

양변을 제곱한 후 $\sin^2 r+\cos^2 r=1$을 이용하면 r을 소거 할 수 있다.

$\frac{4\cos^2 i}{n^2}+\frac{\sin^2 i}{n^2}=1$, 또 $\cos^2 i=1-\sin^2 i$을 대입하면 $\sin i=\sqrt{\frac{4-n^2}{3}}$

$\sin r=\sqrt{\frac{4-n^2}{3n^2}}$, $n=\frac{4}{3}$을 대입하면 $i=59.4°$, $r=40.2°$이고 $\delta=\pi+2i-4r=138°$

CHAPTER

21 빛과 물질의 이중성

21.1 개념 익히기

01 $E = hf$ 에서 f 가 나타내는 것은?

① 진동수
② 파장
③ 빛의 속력

플랑크의 양자가설에 의하면 전자기파가 갖는 에너지는 hf의 크기를 갖는 불연속적인 에너지 양자의 모임이다. $E = nhf$, 여기서 n은 양자수, h는 플랑크상수, f는 전자기파의 진동수이다.

02 광자의 에너지가 더 작은 것은?

① 빨간빛
② 파란빛
③ 둘다 같다.

아인슈타인은 플랑크의 양자가설을 이용하여 빛은 hf의 크기를 갖는 불연속적인 에너지 양자의 모임이며 이 에너지 양자를 광자(광량자)라 하였다. 빛의 에너지의 대한 표현은 플랑크의 양자가설과 동일하다($E = nhf = nh\frac{c}{\lambda}$, n은 광자수). 광자의 에너지는 진동수가 클수록 파장이 짧을수록 크다. 빛의 속력은 $c = f\lambda$로 일정하므로 파장이 긴 빨간빛은 파장이 짧은 파란빛보다 진동수가 더 작다.

03 다음 중 광자의 에너지가 가장 큰 것은?

① 적외선
② 빨간빛
③ 파란빛
④ 초록빛
⑤ 자외선

적외선, 가시광선, 자외선 순으로 진동수가 더 크다.

Answers 01. ① 02. ① 03. ⑤

04 고체를 가열시킬 때 맨 처음 방출되는 빛 색깔은?

① 빨강 ② 노랑
③ 백색 ④ 초록

온도가 낮을 때 광자의 에너지가 작은 빨간빛이 방출된다.

05 광전효과를 통해 알 수 있는 것은?

① 빛의 파동성
② 빛의 입자성
③ 둘다 맞다.
④ 둘다 틀리다.

광전효과와 콤프턴 효과는 빛의 입자성을 증명해 주는 현상이다.

06 광전효과에서 빛의 밝기를 증가시킬 때 금속표면으로부터 튀어나오는 전자에 대한 설명 중 옳은 것은?

① 수가 증가한다.
② 속력이 빨라진다.
③ 둘다 맞다.
④ 둘다 틀리다.

빛의 밝기 즉 세기를 증가시키면 광자의 수가 증가하므로 금속표면으로부터 방출되는 전자의 수도 증가한다. 빛의 밝기(세기)는 광자의 수와 관계있고, 광자의 에너지와는 무관하므로 방출되는 전자의 운동에너지나 속력에 영향을 미치지 않는다.

07 빛이 갖는 에너지 덩어리(알갱이)를 무엇이라 부르는가?

① 양자
② 광자
③ 양성자

빛이 갖는 에너지 덩어리(알갱이)를 광자 또는 광량자라 부른다.

08 빛의 입자성을 가장 잘 보여주는 현상은?

① 광전효과
② 이중슬릿에 의한 간섭
③ 둘다 틀리다.

빛의 간섭과 회절 현상은 빛의 파동성을 증명해 주는 현상이며, 광전효과와 콤프턴 효과는 빛의 입자성을 증명해주는 현상이다. 빛은 파동성과 입자성을 동시에 갖고 있으므로 빛의 이중성이라 한다.

09 이중 슬릿에 의한 간섭 실험에서 빛 대신 전자를 이용한다면 ＿＿＿＿＿＿

① 간섭무늬가 생기지 않는다.
② 입자와 같이 행동하면서 결국 간섭무늬의 형태를 만든다.

물질(입자)도 운동을 하면 파동성을 갖게 되므로 간섭이나 회절 현상을 일으킨다. 물질이 파동성을 갖고 있으므로 물질의 이중성이라 한다.

Answers 04. ① 05. ② 06. ① 07. ② 08. ① 09. ②

10 에너지가 같은 적색광과 청색광 중에서 광자의 수가 더 많은 빛은?

① 적색광 ② 청색광
③ 같다

$E = nhf$를 이용하면 에너지 E는 갖지만 적색광은 진동수가 작으므로 광자 하나의 에너지도 작다. 따라서 광자의 수는 적색광이 더 많다.

11 다음 중 양자화되지 않은 물리량은?

① 에너지
② 복사 에너지
③ 교실에 있는 학생들의 수
④ 전하량
⑤ 모두 양자화되어 있다.

미시적인 관점에서 모든 물리량은 양자화되어 있다고 보아도 무방하다. 양자화되어 있다고 말하는 것은 모든 물리량이 연속적이지 않고 불연속적이라는 것을 의미한다. 플랑크 상수 h가 6.63×10^{-34}J · s로 아주 작아서 실제로는 관측하기가 거의 불가능하다.

12 같은 파장의 두 광자에 대한 설명 중 옳은 것은?

① 진동수가 같다. ② 에너지가 같다.
③ 둘다 맞다. ④ 둘다 틀리다.

빛의 속력은 $c = f\lambda$로 일정하므로 파장이 같으면 진동수도 같고, 광자의 에너지는 진동수나 파장에 의해 결정되므로 진동수나 파장이 같으면 에너지도 같다.

13 어떤 금속에 청색광을 비추었더니 금속표면으로부터 전자가 방출되었다. 청색광의 세기를 증가시키면 어떻게 되겠는가?

① 방출되는 전자의 수가 증가한다.
② 방출되는 전자의 운동에너지가 증가한다.
③ 방출되는 전자의 한계진동수가 커진다.
④ 방출되는 전자의 시간 간격이 좁아진다.

빛의 세기를 증가시키면 광자의 수가 증가하므로 방출되는 전자의 수가 증가한다. 한계진동수는 금속의 종류에 따라 다르며 광자의 에너지가 크면 방출되는 전자의 최대운동에너지가 증가한다. 방출되는 전자의 최대 운동에너지 = 광자의 에너지 - 일함수, 일함수는 금속표면으로부터 전자를 떼어내는데 필요한 에너지이며 한계진동수(파장)에 해당하는 광자의 에너지와 같다. 광전효과가 일어나려면 한계진동수이상, 한계 파장이하의 빛을 금속 표면에 비추어야 한다.

14 전자와 야구공이 같은 속력으로 운동하고 있다면 어느 것의 파장이 더 긴가?

① 전자
② 야구공
③ 둘다 같다.

물질파의 파장은 $\lambda = \dfrac{h}{p} = \dfrac{h}{mv}$이므로 질량이 작은 전자의 경우 파장이 더 길다. 플랑크 상수가 매우 작기 때문에 실제로 일상생활에서는 물질파의 파장을 인식하지 못한다.

Answers 10. ① 11. ⑤ 12. ③ 13. ① 14. ①

15 양성자와 전자가 같은 운동량을 갖고 있다면 어느 것의 파장이 더 긴가?

① 양성자
② 전자
③ 둘다 같다.

운동량(p)이 같으면 물질파의 파장도 같다.

16 광전효과에서 방출된 전자의 운동 에너지는 흡수된 광자의 에너지보다(와) ________

① 크다.
② 작다.
③ 같다.

에너지 보존 법칙을 이용하면 전자의 최대 운동에너지는 광자의 에너지보다 클 수 없다.

17 다음 중 정지전압에 대해 옳게 설명한 것은?

① 금속으로부터 전자를 방출시키는데 필요한 전압
② 방출된 전자의 최대 운동에너지
③ 방출된 전자의 위치에너지
④ 광자 1개의 에너지
⑤ 전자의 흐름을 멈추게 하는 전압

광전효과 실험에서 방출된 전자의 운동을 정지시키는데 필요한 전압을 정지 전압이라 한다. 이 실험을 통해서 실험에 사용된 빛의 종류와 세기를 비교할 수 있다.

18 다음 중 물질의 파동성을 가장 잘 보여주는 현상은?

① 광전효과
② 콤프턴효과
③ 복사이론
④ 전자의 운동량과 에너지와의 관계
⑤ 결정체에서 전자들의 반사

결정체에서 반사되는 전자들의 회절 현상과 전자선을 얇은 금속박에 통과시킬 때 나타나는 회절 무늬를 통해 물질파 이론을 실험적으로 증명하였다.

19 일정한 전압에서 가속된 전자들이 단일 슬릿을 향해 입사되고 있다. 전압을 높여 입사되는 전자들의 에너지를 증가시킬 때 스크린의 중앙에 나타난 밝은 무늬는 어떻게 되겠는가?

① 넓어진다.
② 좁아진다.
③ 변함없다.
④ 좁아지다가 넓어진다.
⑤ 넓어지다가 좁아진다.

전압을 높여 전자들의 운동에너지를 증가시키면 전자들의 속력이 빨라지므로 물질파 파장은 짧아진다. 따라서 간섭 무늬는 좁아진다.

20 콤프턴 효과에서 정지한 전자에 대해 광자의 산란각도가 얼마일 때 파장의 변화가 가장 크겠는가?

① 0° ② 45°
③ 90° ④ 180°
⑤ 270°

Answers 15. ③ 16. ② 17. ⑤ 18. ⑤ 19. ② 20. ④

운동량 보존과 에너지 보존을 이용하면 산란각이 180° 일 때 파장의 변화가 가장 크다.

21 X선 발생실험에서 방출되는 광자의 최대 운동에너지는 다음 중 어떤 물리량과 같은 값을 갖는가?

① 표적 금속에 존재하는 전자들의 총 에너지
② 표적 금속에 입사된 전자의 운동에너지
③ 표적 금속에 입사된 전자의 정지질량에너지
④ 표적 금속에 존재하는 전자들의 위치에너지
⑤ 표적 금속에 존재하는 전자 1개의 운동에너지

X선 발생 실험에서 입사된 전자의 운동에너지가 광자의 에너지로 전환된다.

Answers 21. ②

21.2 개념 응용하기

01 60W의 전구에서 6000Å의 빛이 비춰질 때 1초에 몇 개의 광자가 방출되는가? 단, 플랑크 상수는 $h=6\times10^{-34}$J · s, 빛의 속력은 3×10^{8}m/s이다.

① 10^{10}개 ② 10^{14}개
③ 2×10^{18}개 ④ 2×10^{20}개
⑤ 2×10^{22}개

⋯ • 빛 에너지는 $E=nhf=nh\frac{c}{\lambda}$이므로 $60=n\times6\times10^{-34}\frac{3\times10^{8}}{6\times10^{-7}}$에서 $n=2\times10^{20}$개이다.

02 다음 그림은 어떤 금속에 빛을 비추었을 때 방출되는 광전자의 최대 운동에너지(E_k)와 빛의 진동수(f)의 관계를 나타낸 그래프이다. 이 그래프를 분석할 때 알 수 없는 것은? 단, 빛의 속력은 알고 있다고 가정한다.

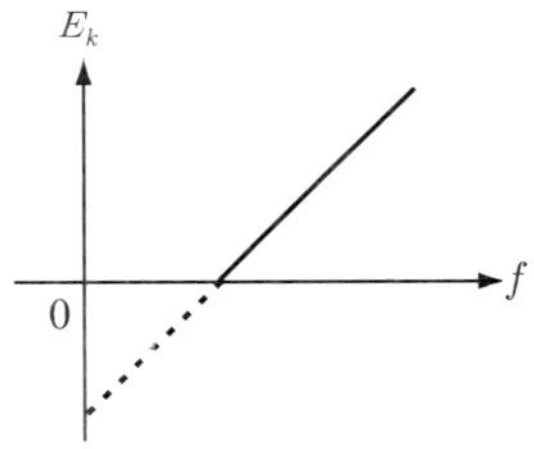

① 금속의 일함수 ② 한계 진동수
③ 플랑크 상수 ④ 빛의 세기
⑤ 한계파장

⋯ • $E_k=hf-W$의 그래프에서 기울기는 플랑크 상수 h, 세로축의 절편은 일함수 W를 나타낸다. 일함수는 한계진동수 또는 한계파장에 해당하는 광자의 에너지와 같다.

Answers 01. ④ 02. ④

03 빛이 금속 표면에 부딪쳐 광전자가 방출될 때 광전자의 최대 운동에너지(E_k)와 빛의 파장(λ)과의 관계를 바르게 나타낸 그래프는?

①
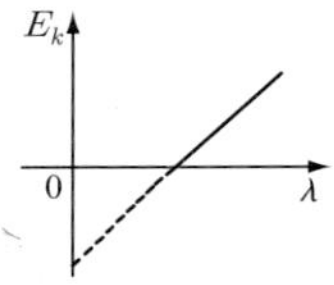

②
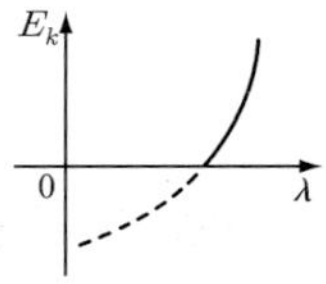

③
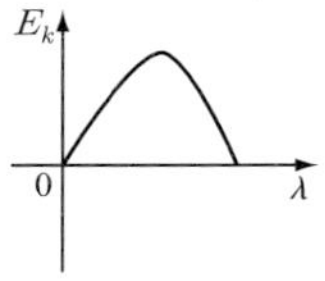

④
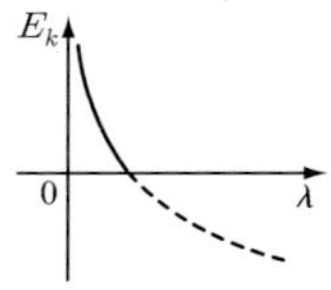

⑤
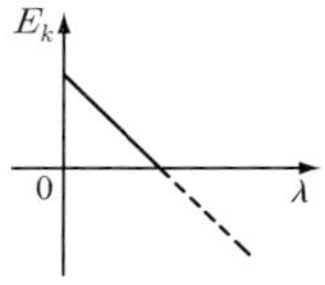

…→ • $E_k = h\nu - W = \dfrac{hc}{\lambda} - W$

04 두 금속 A와 B에 진동수 ν인 빛을 비추어줄 때 금속 A의 일함수가 B의 2배라면 A와 B에서 각각 방출되는 광전자의 운동에너지(E_k)와 빛의 진동수(ν)의 관계를 바르게 나타낸 그래프는?

①
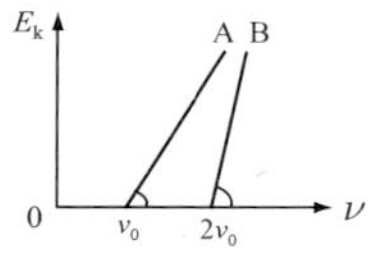

②
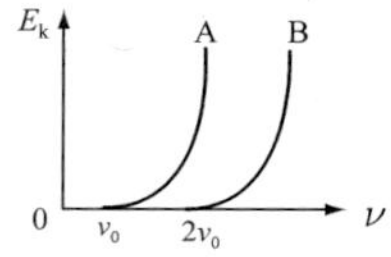

③
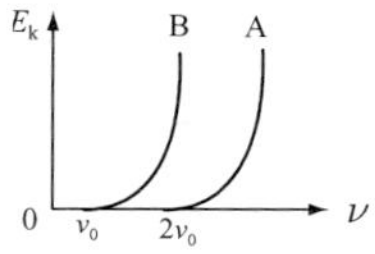

④
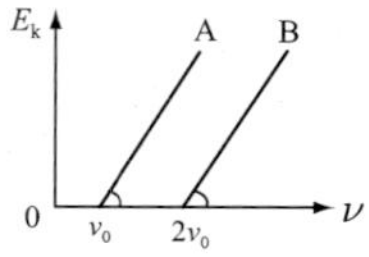

⑤
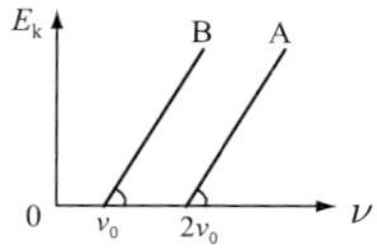

…→ • 광전자의 운동에너지와 빛의 진동수의 관계($E_k = h\nu - W$)를 나타낸 그래프에서 기울기는 플랑크 상수 h로 일정하며, 세로축의 절편은 일함수 W를 나타낸다.

Answers 03. ④ 04. ⑤

05 일함수가 W인 금속판이 있다. 이 금속판에 에너지 $2W$인 빛을 비추었을 때 튀어나오는 광전자의 속도(v_1)와 $3W$인 빛을 비추었을 때 튀어나오는 광전자의 속도(v_2)의 비는?

① $1 : \sqrt{2}$　　② $1 : 2$
③ $\sqrt{2} : \sqrt{3}$　　④ $2 : 3$
⑤ $4 : 9$

- $\frac{1}{2}mv_1^2 = hf - W = 2W - W = W$, $\frac{1}{2}mv_2^2 = 3W - W = 2W$이므로 $\frac{1}{2}mv_1^2 : \frac{1}{2}mv_2^2 = 1 : 2$, 따라서 속도의 비는 $v_1 : v_2 = 1 : \sqrt{2}$ 이다.

06 그림과 같이 $\frac{hc}{\lambda}$의 에너지를 갖는 광자가 정지해 있는 전자와 충돌하면 전자는 에너지를 얻는다. 다음 중 입사 광선의 파장 λ와 산란 광선의 파장 λ'을 바르게 비교한 것은? 단, 플랑크 상수는 h, 빛의 속도는 c이다.

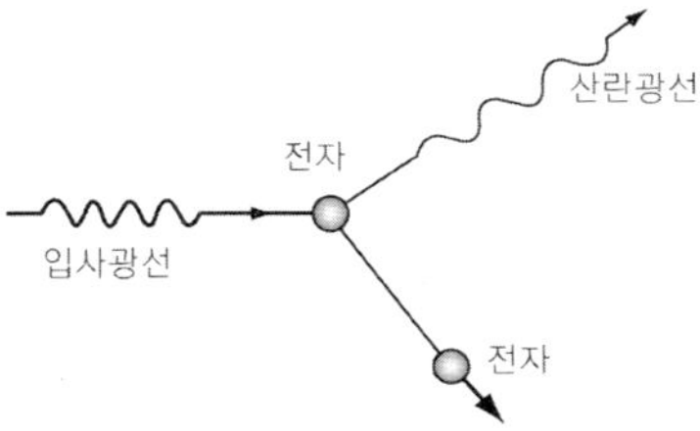

① $\lambda' < \lambda$　　② $\lambda' = \lambda$
③ $\lambda' > \lambda$　　④ $\lambda' \geq \lambda$
⑤ $\lambda' \leq \lambda$

- 입사된 광자의 에너지 일부가 전자에게 전달되므로, 산란된 광자의 에너지 $E' = h\frac{c}{\lambda'}$는 입사된 광자의 에너지 $E = h\frac{c}{\lambda}$보다 작다. $\therefore h\frac{c}{\lambda} > h\frac{c}{\lambda'}$

07 다음 그림과 같이 진공 중에서 이중 슬릿 A, B와 형광판을 장치하고 전자총에서 나오는 전자선을 이중 슬릿 A, B에 통과시킬 때 스크린의 형광판에 나타나는 전자의 분포에 따른 형광의 밝기는?

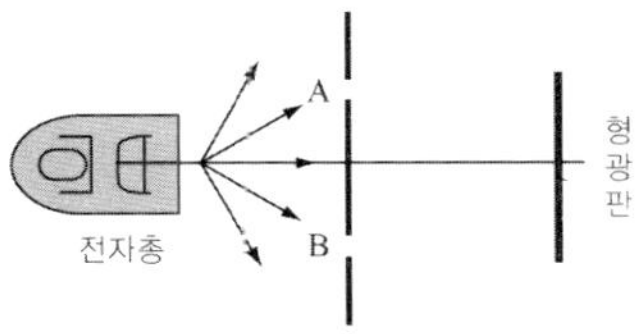

Answers 05. ① 06. ③ 07. ④

①
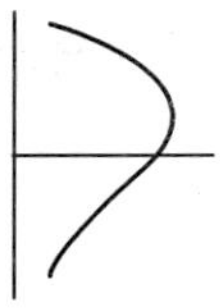

②
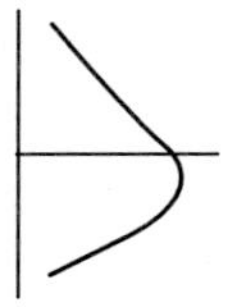

③
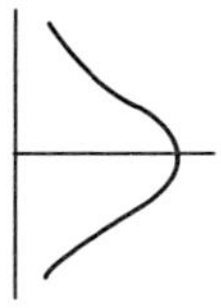

④
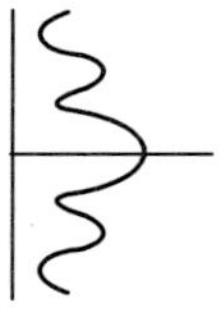

⑤
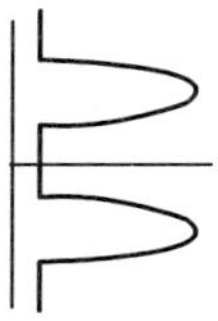

⋯› • 물질 입자도 파동성을 나타내므로, 이중슬릿에 통과시켰을 때 회절 간섭무늬를 나타낸다.

08 Na 금속과 Zn 금속의 표면에서 빛의 진동수와 튀어나온 전자의 운동 에너지를 각각 조사하였더니 그림과 같았다. 다음 설명 중 <u>옳지 않은</u> 것은?

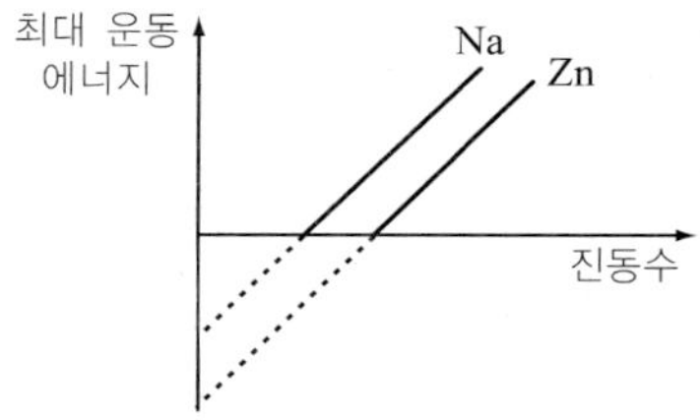

① 같은 진동수의 빛을 두 금속에 비추었을 때 Na에서 튀어나온 전자의 운동 에너지가 Zn에서 튀어나온 전자의 운동 에너지보다 크다.

② 같은 진동수의 빛을 두 금속에 비추었을 때, 한 금속에서 전자가 튀어나오더라도 다른 금속에서는 전자가 튀어나오지 않을 수 있다.

③ Na에서 전자를 떼어 내는 데 필요한 에너지는 Zn 금속의 경우보다는 크다.

④ 그래프의 기울기는 금속의 종류에 상관없이 같다.

⑤ 튀어나오는 전자의 최대 운동 에너지는 두 금속에 비추어지는 빛의 세기에 무관하다.

⋯› • 광전자의 최대운동에너지-진동수의 그래프에서 세로축의 절편은 일함수 W를 나타내므로 Na의 일함수는 Zn의 일함수보다 작다.

Answers 08. ③

09 금속박 검전기를 이용하여 광전효과 실험을 하려고 한다. 처음에는 검전기를 양으로 대전시킨 상태에서 실험을 하였고 나중에는 검전기를 음으로 대전시킨 상태에서 실험하였다. 세 종류의 빛을 다연으로 된 금속판에 오랫동안 비추었을 때 금속박의 벌어지는 정도가 표와 같았다.

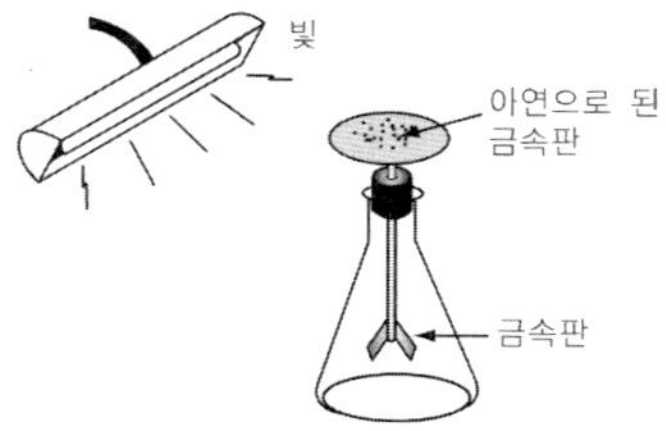

빛의 종류	검전기를 양으로 대전시켰을 때	검전기를 음으로 대전시켰을 때
자외선	a. 더욱 벌어진다.	d. 오므라든다.
노란 광선	b. 변함없다.	e. 변함없다.
적외선	c. 변함없다.	f. 변함없다.

[보기]의 설명 중 옳은 것을 모두 고른 것은?

보기

ㄱ. 위 실험 결과는 빛이 입자임을 보여준다.
ㄴ. 표에서 a, d와 같은 결과가 나온 이유는 아연판으로부터 전자가 튀어나오기 때문이다.
ㄷ. 표에서 f와 같이 금속박에 아무런 변화가 없는 이유는 적외선의 진동수가 아연판의 한계 진동수보다 작기 때문이다.

① ㄱ
② ㄱ, ㄴ
③ ㄱ, ㄷ
④ ㄴ, ㄷ
⑤ ㄱ, ㄴ, ㄷ

• 한계진동수 이상의 빛을 금속표면에 쪼일 때 전자가 튀어나오는 광전효과는 빛이 입자임을 나타내주는 결과이다.

❖ **[10–11] 광전 효과 실험에서 음극의 금속판에 자외선을 비추었더니 광전류의 세기(I)와 전압(V)와의 관계가 아래 그림의 곡선 AD와 같았다.**

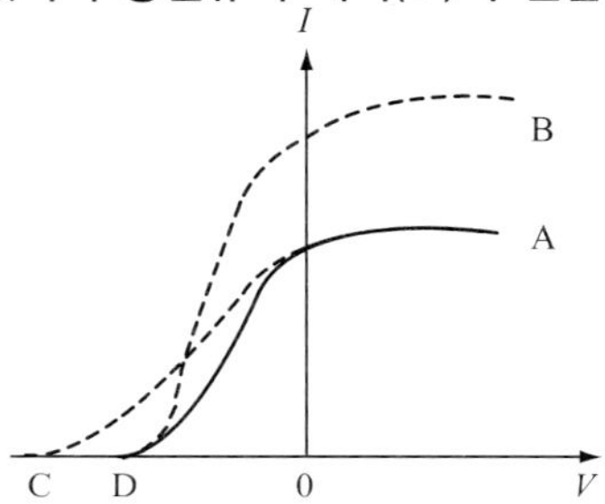

10 곡선 AC로 변화시키기 위한 설명 중 올바른 것은?

① 빛을 비추어주는 시간을 길게 한다.
② 빛의 파장을 길게 한다.
③ 빛의 세기를 증가시킨다.
④ 빛의 진동수를 크게 한다.
⑤ 광전 효과 실험 장치의 가속 전압을 크게 한다.

Answers 09. ⑤ 10. ④

⋯› • 광전류의 세기가 0이 되는 전압을 정지 전압 V_0라 하며 이는 광전자의 최대운동에너지와 관계되고, 빛의 진동수가 클수록 크다.

$$\frac{1}{2}mv^2 = eV_0 = hf - W$$

11 곡선 BD로 변화시키기 위한 설명 중 올바른 것은?

① 빛을 비추어주는 시간을 짧게 한다.
② 빛의 파장을 짧게 한다.
③ 빛의 세기를 증가시킨다.
④ 빛의 진동수를 크게 한다.
⑤ 광전 효과 실험 장치의 가속 전압을 낮춘다.

⋯› • 광전류의 세기는 광전자의 개수에 비례하며, 이는 빛의 세기에 관계된다.

12 오른쪽 그림의 사진 1은 얇은 알루미늄박을 투과한 X선이 스크린 위에 만드는 무늬이다. 사진 2는 전압 V로 가속된 전하량 e인 전자가 같은 알루미늄박을 투과한 후 같은 거리에 있는 사진 건판에 만드는 무늬이다.(무늬의 반지름은 서로 같다.)

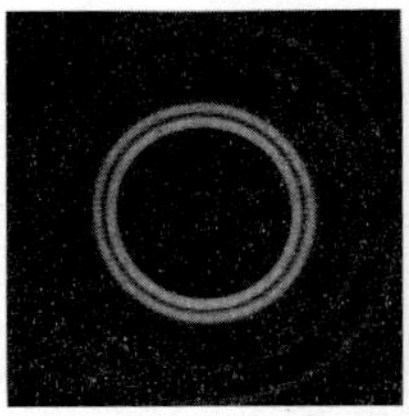
사진 1

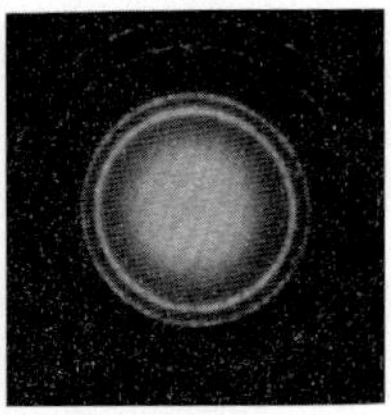
사진 2

앞에서 사용된 X선의 파장을 나타내는 표현식으로 가장 옳은 것은?
(단, 전자의 질량은 m이고 플랑크 상수는 h이며, 두 사진의 축척은 서로 같다.)

① $\dfrac{h}{mV}$　　② $\dfrac{h}{\sqrt{mV}}$
③ $\dfrac{h}{\sqrt{2meV}}$　　④ $\sqrt{eV}$
⑤ $hmeV$

⋯› • 전압 V에서 가속된 전자의 운동에너지는 $\frac{1}{2}mv^2 = eV$이고 물질파 파장 $\lambda = \frac{h}{mv} = \frac{h}{\sqrt{2meV}}$이다.

Answers 11. ③ 12. ③

13 금속 표면에 빛을 쪼이면 전자가 방출된다. 빛의 에너지를 E_p, 금속의 일함수를 W, 방출된 전자의 운동에너지를E_k 라 할 때 이들 사이에는 $E_k \le E_p - W$의 관계가 성립한다. 따라서 방출된 전자가 가질 수 있는 가장 큰 운동에너지는 $E_p - W$이다. 어떤 금속에 에너지가 10eV 인 빛을 쪼일 때 방출된 전자의 운동에너지와 그 에너지를 가진 전자의 수를 측정하여 다음의 그래프를 얻었다. 이 금속의 일함수는?

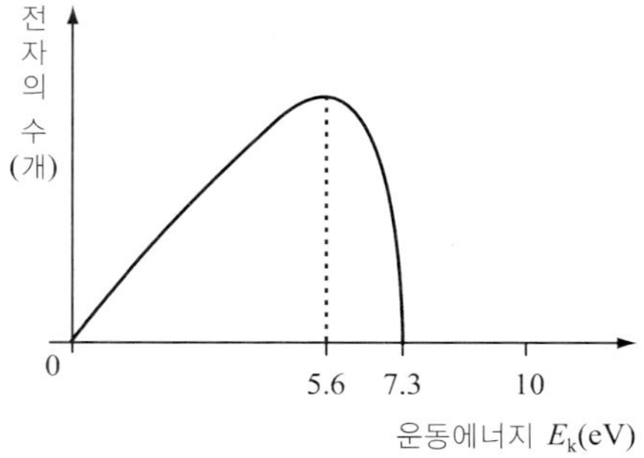

① 2.7eV　　② 4.4eV
③ 5.6eV　　④ 7.3eV
⑤ 10eV

⋯ • 그래프에서 전자의 최대운동에너지 $E_k = 7.3eV$이다. $E_k = E_p - W \therefore W = E_p - E_k$

14 실험 (가)의 아연판은 빛에 의해서, 실험 (나)의 텅스텐판은 전자의 충돌에 의해서 각각 A와 B를 방출하게 된다.

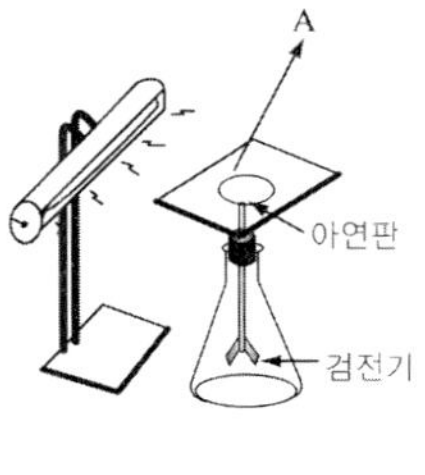

(가)

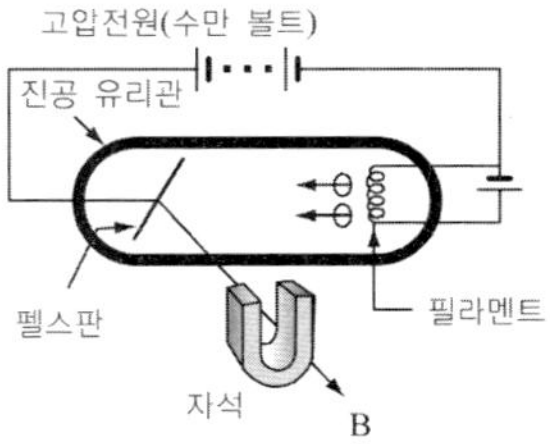

(나)

A와 B를 바르게 짝지은 것은?

	A	B		A	B
①	전자	X선	②	양성자	X선
③	감마(γ)선	알파(α)선	④	베타(β)선	알파(α)선
⑤	전자파	중성자			

⋯ • 그림 (가)는 광전효과 실험을, 그림 (나)는 X선 발생장치를 나타낸다.

Answers 13. ① 14. ①

15 그림은 헬륨 이온(He^+) 에너지 준위의 일부이다.

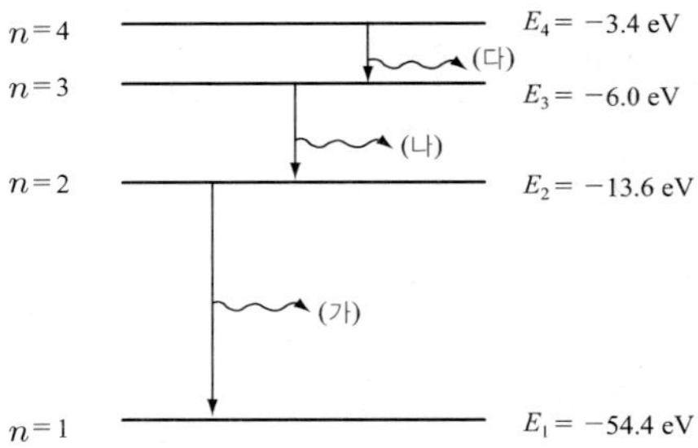

일함수가 2.75eV인 나트륨 금속 표면에 위의 전이 과정에서 방출되는 빛 (가), (나), (다)를 각각 입사시켰다. 이 때 일어나는 광전 효과에 대한 [보기]의 설명 중 옳은 것을 모두 고르면?

보기

ㄱ. (가)에 의해 방출되는 광전자의 최대 운동 에너지는 (나)에 의한 것보다 크다.
ㄴ. (나)의 광자수를 증가시켜도 광전류의 세기는 변하지 않는다.
ㄷ. (다)는 광전자는 방출시키지 못한다.

① ㄱ ② ㄴ
③ ㄱ, ㄴ ④ ㄱ, ㄷ
⑤ ㄴ, ㄷ

⋯› • 빛 (가), (나), (다)의 에너지는 각각 40.8eV, 7.6eV, 2.6eV이다. 이 중에서 빛 (다)의 에너지는 나트륨 금속의 일함수 보다 작으므로, 광전자를 방출시키지 못한다.

16 사진 필름 표면에는 AgBr 화합물이 입혀져 있다. 필름에 입사하는 빛이 AgBr 화합물을 분해시키기에 충분한 에너지를 가졌다면 AgBr 화합물은 Ag와 Br으로 분해된다. 이것을 감광 현상이라 한다. 이때 AgBr 화합물이 Ag와 Br으로 분해되는 데 필요한 최소한의 에너지는 0.6eV이다. 필름을 감광시킬 수 있는 빛의 최소 진동수는 대략 얼마일까?(단, 플랑크 상수는 6.63×10^{-34}J · s이고 1eV$=1.6\times10^{-19}$J이다.)

① 1.4×10^{13}Hz ② 7.0×10^{13}Hz
③ 1.4×10^{14}Hz ④ 7.0×10^{14}Hz
⑤ 1.4×10^{15}Hz

⋯› • $E=hf$ 에서 $f=\dfrac{E}{h}=\dfrac{0.6\times1.6\times10^{-19}}{6.63\times10^{-34}}$$=1.4\times10^{14}$Hz이다.

Answers 15. ④ 16. ③

21.3 개념 서술하기

01 아인슈타인은 광전효과에서 빛에 관한 그의 양자 이론을 입증해 줄 근거를 찾았다. 광전 효과란 어떤 금속에 빛을 쪼여줄 때 금속표면으로부터 전자가 튀어나오는 현상을 말한다. 다음 물음에 답하라.

(1) 광전효과 외에 금속판으로부터 전자가 방출될 수 있는 여러 경우를 설명하라.

(2) 빛의 광량자설, 한계진동수(한계파장), 정지전압에 대해 각각 설명하라.

(3) 광(량)자와 물질 입자와의 차이점을 설명하라.

(4) 입자가 운동할 때 물질파를 형성하기 위해서 꼭 전기를 띠고 있어야 하는가? 또 자동차의 물질파를 관찰할 수 없는 이유는?

풀이

(1) 금속에 열을 가할 때(열전자), 유리관 내의 압력을 낮게 하고 높은 전압을 걸어줄 때(음극선) 등

(2) 광전효과는 빛의 파동성으로 설명하기 힘들다. 따라서 빛을 광량자라는 입자로 생각하면 광전효과를 설명할 수 있다. 이때 한계진동수이상 한계파장 이하의 빛을 쪼여야 광전효과가 일어난다. 정지전압은 전자의 운동에너지에 비례한다. $eV_0 = \frac{1}{2}mv^2$

(3) 광자 - 빛의 속도, 정지질량 없다, 물체에 닿으면 소멸한다.
물질 입자 - 빛의 속도보다 작다, 질량 존재, 소멸되지 않는다.

(4) 아니다. 파장이 매우 짧기 때문이다.

02 콤프턴 효과는 광자들이 서로 다른 각도로 산란될 때 파장의 변화가 생기는 것이다. 한 물체에 빛을 비추어 빛의 방향에 대해 서로 다른 각도로 물체를 본다고 하자.

(1) 우리는 산란된 빛의 파장이 변하는 것에 해당하는 색깔의 변화를 볼 수 있는가?

(2) 콤프턴 효과를 에너지 보존과 운동량 보존 관점에서 설명해 보라.

(3) 빛의 파동성과 입자성을 증명할 스 있는 현상을 각각 예를 들어 설명하라.

(4) 양극의 도체 표면에서 X선이 방출되고 있다. 전자의 속도를 증가시킬 때 방출되는 X선의 진동수와 속도는 어떻게 변하는가?

풀이

(1) 볼수 없다. 콤프턴 효과는 X선을 이용한다.

(2) 파장이 길어져 에너지가 감소한 광자에너지는 전자의 운동에너지가 된다.

(3) 파동성-간섭, 회절, 입자성-광전효과, 콤프턴 효과

(4) 커진다, 변함 없다.

21.4 개념 심화하기

01 지구 둘레를 도는 인공 위성에는 보조 동력원으로 태양 전지판이 설치되어 있다. 이 태양 전지판은 태양 광선에 대하여 항상 수직인 상태를 유지하도록 되어 있다. 면적이 1m^2인 태양 전지판에 2kW의 태양 광선이 비추어지고 있다. 파장이 6600Å인 단색광이 태양 전지판에 비추어진다고 했을 때 1초당 태양 전지판에 도달하는 광량자의 개수는 대략 몇 개인가?(단, 플랑크 상수는 $6.6\times10^{-34}\text{J}\cdot\text{s}$이고 빛의 속도는 $3\times10^{8}\text{m/s}$이다.)

풀이

빛 알갱이 하나의 에너지를 구하면 $E=h\nu=\dfrac{hc}{\lambda}=\dfrac{6.6\times10^{-34}\times3\times10^{8}}{6600\times10^{-10}}=3\times10^{-19}(\text{J})$

태양 전지판에는 1초당 2000J의 에너지가 도달하므로 빛 알갱이의 총수는

$\dfrac{2000}{3\times10^{-19}}=6.7\times10^{21}$(개)

02 에너지가 큰 광자가 정지하고 있는 전자에 충돌한 후 에너지 E를 잃었다. 다음 물음에 답하라. 단, 빛의 속도는 c, 플랑크 상수는 h, 전자의 질량은 m이다.

(1) 광자의 진동수의 변화량은 얼마인가?

(2) 충돌 후 전자의 운동량은 얼마인가?

풀이

(1) $hf-hf'=E$에서 $\Delta f=f-f'=\dfrac{E}{h}$

(2) 광자가 잃은 에너지는 전자가 얻은 운동에너지와 같으므로 $E=\dfrac{1}{2}mv^2$, $p=mv=\sqrt{2mE}$

03 파장이 0.1Å인 X선이 전자와 정면 충돌하며 입사 방향과 정반대 방향으로 반사되어 나갔다.

(1) X선 파장의 변화량을 구하여라.

(2) X선 에너지의 변화량을 구하여라.

(3) X선이 전자에 준 에너지를 구하여라

풀이

(1) 충돌 전 X선의 파장을 λ, 충돌 후 X선의 파장을 λ'이라 할 때 파장의 변화량은

$$\Delta\lambda = \lambda' - \lambda = \frac{2h}{mc} = \frac{2\times 6.63\times 10^{-34}}{9.1\times 10^{-31}\times 3\times 10^{8}} = 4.8\times 10^{-12}(\text{m})$$

(2) 충돌 전 X선의 에너지는

$$E = h\nu = \frac{hc}{\lambda} = \frac{6.63\times 10^{-34}\times 3\times 10^{8}}{0.1\times 10^{-10}} = 1.99\times 10^{-14}(\text{J}) = 1.24\times 10^{5}(\text{eV})$$

충돌 후 X선의 파장은 1.48×10^{-11}m이므로 에너지는

$$E = \frac{6.63\times 10^{-34}\times 3\times 10^{8}}{1.48\times 10^{-11}} = 1.34\times 10^{-14}(\text{J}) = 8.4\times 10^{4}(\text{eV})$$

그러므로 줄어든 에너지는 -40keV

(3) X선의 줄어든 에너지는 전자의 운동 에너지로 전달되었으므로 $+40$keV

04 2mm 떨어진 평행한 두금속판에 20V의 전압을 걸어서 균일한 전기장을 만들었다. 이 전기장 속에서 전자가 정지 상태에서부터 출발하여 가속될 때, 전자가 금속판에 부딪히는 데 걸린 시간과 부딪히는 순간의 속력을 구하여라.

(단, 전자의 전하량은 -1.6×10^{-19}C이고 질량은 9.0×10^{-31}kg이다.)

풀이

전기장의 세기는 $E = \dfrac{V}{d}$에서 $20/2.0\times 10^{-3} = 1.0\times 10^{4}\text{V}\cdot\text{m}^{-1}$

이 전기장 속에서 전자가 받는 힘은 $F = qE = 10^{4}\times 1.6\times 10^{-19}\text{N} = 1.6\times 10^{-15}\text{N}$

전자의 가속도는 $a = \dfrac{F}{m} = 1.6\times 10^{-15}/9.0\times 10^{-31} = 1.78\times 10^{15}$

$s = v_0 t + \dfrac{1}{2}at^2$에서 $s = 2\times 10^{-3}$m 이고 처음 속도 v_0는 0이므로 금속판에 도달하는 데 걸리는 시간은 $2.0\times 10^{-3} = \dfrac{1}{2}\times\dfrac{16}{9}\times 10^{15}\times t^2$, 여기서 $t = 1.5\times 10^{-9}$초

최종 속력은 $v = v_0 + at$에서 $v = 2.7\times 10^{6}\text{m/s}$

[별해] $\dfrac{1}{2}mv^2 = eV$에서 $m = 9.0\times 10^{-13}$kg, $e = 1.6\times 10^{-19}$C, $V = 20$V를 대입하면 $v = 2.7\times 10^{6}\text{m/s}$ 이 전자는 평균 $v/2$의 속력으로 2×10^{-3}m의 거리를 t초 동안 날아갔으므로 $\dfrac{vt}{2} = d$에서 t를 구하면 $t = 1.5\times 10^{-9}$초

05 그림과 같이 d 만큼 떨어져 있는 두 평행한 금속판에 일정한 전압 V가 걸려 있다. 왼쪽 금속판에서 정지해 있던 전자가 두 금속판 사이에서 균일한 전기장에 의하여 오른쪽 금속판을 향하여 움직인다. 왼쪽 금속판에서 x 거리에 있는 점을 통과할 때의 전자의 드브로이파 파장을 h, d, v, x, e, m 의 함수로 구하여라. 여기서 h는 플랑크 상수, m은 전자의 질량, e는 전자의 전하량이다.

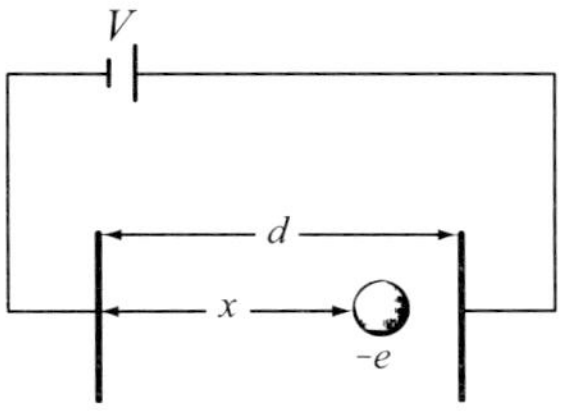

풀이

평행판 사이에서의 전기장의 세기는 $E=\dfrac{V}{d}$ 이고 전기장 속에서 전자가 받는 힘은 $F=qE=e\left(\dfrac{V}{d}\right)=ma$ 이고, 가속도는 $a=\dfrac{eV}{md}$, $v^2-v_0^2=2aS$ 에서 처음 속도는 0이고 이동 거리가 x 이므로 $v^2=2\left(\dfrac{eV}{md}\right)x \rightarrow v=\sqrt{\dfrac{2eVx}{md}}$,

따라서 물질파의 파장은 $\lambda=\dfrac{h}{mv}=\dfrac{h}{m\sqrt{\dfrac{2eVx}{md}}}=h\sqrt{\dfrac{d}{2meVx}}$

06 X선관 내에서 전자가 2900V의 전위차에 의해서 가속되고 있다. 단, 플랑크 상수는 6.6×10^{-34}J · s, 전자의 질량은 9.1×10^{-31}kg, 전자의 전하량은 1.6×10^{-19}C이다.

(1) 이 경우 전자가 양극에 도달할 때의 최대 속도는 몇 m/s인가?

(2) 이 전자선의 드브로이 파장은 몇 Å인가?

(3) 이 때 발생하는 X선의 파장은 얼마인가?

풀이

(1) $\dfrac{1}{2}mv^2=qV$ 에서 $v=\sqrt{\dfrac{2qV}{m}}=\sqrt{\dfrac{2\times1.6\times10^{-19}\times2900}{9.1\times10^{-31}}}=3.2\times10^7\text{m/s}$

(2) $\lambda=\dfrac{h}{mv}$ 에서 $\lambda=\dfrac{6.6\times10^{-34}}{9.1\times10^{-31}\times3.2\times10^7}=0.23\times10^{-11}(\text{m})=0.023\,\text{Å}$

(3) $qV=\dfrac{1}{2}mv^2=h\nu=\dfrac{hc}{\lambda}$ 에서 $\lambda=\dfrac{hc}{qV}=\dfrac{6.6\times10^{-34}\times3\times10^8}{1.6\times10^{-19}\times2900}\fallingdotseq4.27\times10^{-9}(\text{m})$

07 여러 파장의 빛을 내는 어떤 아크등(P=100W)에서 특정 파장(λ)과 빛의 세기를 측정하여 다음과 같은 결과를 얻었다.(단, 도표에서 세기는 전체 아크등의 밝기에 대한 백분율이다.)

파장(nm)	600	580	540	400	360
세기(%)	3	4	4	3	2

(1) 1초당 방출되는 광자의 수(N)가 $N=\lambda\dfrac{P}{hc}$ 임을 보여라.

(2) 가장 많은 광자를 방출하는 파장은 어떤 것이며, 이 때 1초당 방출되는 광자의 수를 구하여라.

풀이

(1) 1초당 방출하는 에너지는 P=(광자 한 개의 에너지)×(1초당 방출되는 광자 수)

$\therefore\ P = hf \cdot N \rightarrow N = \dfrac{P}{hf} = \dfrac{P\lambda}{hc}$

(2) $N \propto P\lambda$이므로 580nm일 때 가장 많은 광자를 방출,

$N = \dfrac{P\lambda}{hc} = \dfrac{4 \times 580 \times 10^{-9}}{6.63 \times 10^{-34} \times 3 \times 10^{8}} = 1.17 \times 10^{19}$(개)

08 폭이 2×10^{-4}m인 단일 슬릿에 단일 파장의 빛을 내서, 슬릿으로부터 1m 떨어진 스크린에 회절 무늬를 얻었다.

(1) 중앙으로부터 첫 번째 어두운 무늬까지의 거리가 3mm이면 빛의 파장은 얼마인가?

(2) 같은 슬릿에 전자를 보내어 같은 회절 무늬를 얻기 위해서는 전자의 속력은 얼마로 해야 하는가?

풀이

(1) 단일 슬릿에서 어두운 무늬의 간섭 조건 : 경로차$\Delta = \dfrac{dx}{L} = \dfrac{\lambda}{2}(2m) = m\lambda$

$\therefore\ \lambda = \dfrac{dx}{mL} = \dfrac{2 \times 10^{-4} \times 3 \times 10^{-3}}{1 \times 1} = 6 \times 10^{-7}$(m)

(2) 물질파 파장은 $\lambda = \dfrac{h}{mv}$이므로 $v = \dfrac{h}{m\lambda} = \dfrac{6.6 \times 10^{-34}}{9 \times 10^{-31} \times 6 \times 10^{-7}} \fallingdotseq 1.2 \times 10^{3}$(m/s)

CHAPTER 22

원자모형

22.1 개념 익히기

01 들뜬 상태의 수소 원자는 ________ 방출할 수 있다.

① 단일 진동수의 빛만을
② 세 종류의 진동수를 가진 빛을
③ 여러 진동수의 빛을

수소원자에는 전자가 1개만 있지만 전자가 존재할 수 있는 불연속적인 에너지 준위가 무수히 많기 때문에 다양한 진동수의 빛을 방출할 수 있다.

02 보어의 수소 원자모형에서 전자의 원 궤도가 __________일 때 궤도 반지름과 에너지 준위는 불연속적인 값을 갖는다.

① 진동수의 정수배
② 물질파 파장의 정수배

보어의 양자조건을 물질파를 이용해서 다시 표현하면 원궤도 둘레의 길이가 물질파 파장의 정수배임을 알 수 있다.

$$mvr = \frac{nh}{2\pi} \rightarrow 2\pi r = \frac{nh}{mv} = n\lambda$$

03 다음 중 이중 슬릿에 의한 간섭 현상이 나타나는 경우는?

① 빛
② 소리
③ 전자선
④ 모두 맞다.
⑤ 두 가지만 맞다.

물질파를 포함한 모든 파동은 간섭과 회절현상을 일으킨다.

Answers 01. ③ 02. ② 03. ④

04 전자선은 어떤 성질을 갖는가?

① 파동성을 갖는다.
② 입자성을 갖는다.
③ 둘다 맞다.
④ 둘다 틀리다.

전자선 즉 전자로 이루어진 빔은 입자(물질)이지만 파동성(물질파)도 갖는데 이를 물질의 이중성이라 한다.

05 원자핵이 α 입자를 밀어내는 이유는?

① 두입자 사이에 서로 밀어내는 상호작용을 하기 때문에
② 두 입자 사이에는 서로 접근하는 것이 허용되지 않기 때문에
③ 두 입자의 전기적 부호가 같기 때문에

원자핵과 α 입자는 둘다 양전기를 띠고 있으므로 척력이 작용한다.

06 금박을 통과한 대부분의 α 입자들이 그대로 직진하는 이유는?

① 금 내부의 전기장이 0이기 때문에
② 금 원자들은 다른 원자들과는 달리 서로 멀리 떨어져 있으므로
③ 금 원자들은 다른 원자들처럼 대부분 비어있는 공간을 갖고 있으므로
④ 금 원자들의 알짜 전하량은 0이므로

원자핵의 대략적인 크기는 10^{-14}~10^{-15}m이고 원자의 크기는 약 10^{-10}m 정도이다. 따라서 원자들은 대부분 비어있는 공간을 갖고 있다.

07 발머, 리드베리 등이 발견한 과학적 사실은?

① 모든 원자들의 크기는 비슷하다.
② 원자 스펙트럼의 수학적인 규칙성
③ 전자들의 파동성

발머는 수소 원자 스펙트럼의 가시광선 영역에 규칙성이 있음을 발견하였으며 리드베리는 이 규칙성과 관련된 상수를 발견하였다.

08 보어의 원자모형은 ______과 유사하다.

① 태양계의 행성모델
② 수박에 씨가 박힌 모형
③ 중앙의 무거운 공과 주위의 가벼운 공들이 용수철에 매달린 모형

보어의 원자모형은 태양계의 행성모델처럼 원자핵 주위를 전자들이 공전하는 모형이다.

09 헬륨 원자의 지름은 수소 원자의 지름보다(과) _____

① 크다.
② 작다.
③ 같다.

원자번호가 증가함에 따라 원자핵의 양전하가 증가하고 전자들의 음전하가 증가하므로 핵에 의한 전기적인 인력이 증가하여 궤도의 크기가 작아진다.

Answers 04. ③ 05. ③ 06. ③ 07. ② 08. ① 09. ②

10 무거운 원자가 가벼운 원자보다 그리 크지 않다. 그 이유는 무거운 원자핵의 ______

① 질량이 더 크기 때문이다.
② 전하량이 더 많기 때문이다.
③ 핵자들이 더 많기 때문이다.
④ 모두 맞다.

무거운 원자가 가벼운 원자보다 그리 크지 않은 이유는 원자번호가 증가함에 따라 핵과 전자 사이의 전기력이 증가하기 때문이다.

11 궤도 전자들은 소용돌이치며 원자핵과 충돌하지 않는다. 그 이유는 ______ 때문이다.

① 전자기력
② 각운동량보존
③ 핵의 크기가 전자에 비해 크기
④ 전자의 파동적 성질

궤도둘레의 길이가 전자의 물질파 파장의 정수배이므로 정상파를 이루면서 에너지의 이동이 없다. 따라서 궤도 둘레를 도는 전자는 안정된 상태에 있게 된다.

12 전자가 원자 주위의 불연속적인 궤도에 존재하는 주된 이유는 ______ 때문이다.

① 에너지 준위가 양자화되어 있기
② 전기력이 양자화된 거리에 작용하기
③ 전자들은 불연속적인 입자이기
④ 궤도의 길이가 전자의 물질파 파장의 정수배이기

궤도 둘레의 길이가 전자의 물질파 파장의 정수배를 이루어 정상파를 형성하면서 이때 빛을 방출 또는 흡수하지 않는다.

13 수소 원자 내의 전자에 대한 양자역학적 확률구름의 평균 반지름을 보어가 예견한 것과 비교하면?

① 전혀 다르다. ② 거의 일치한다.

거의 일치하였기 때문에 보어의 원자모형에 대한 연구는 훌륭한 업적으로 남아있다.

14 수소 원자에서 바닥상태의 에너지 준위는 −13.6eV이다. 여기서 (−)가 의미하는 것은?

① 운동에너지가 음이다.
② 위치에너지가 양이다.
③ 전자가 원자로부터 탈출할 수 있다.
④ 전자와 양성자가 서로 속박되어 있다.
⑤ 모두 맞는 내용이다.

음(−)의 에너지는 입자가 속박되어 있음을 의미한다.

15 바닥상태에 있는 수소 원자의 대략적인 지름은?

① 10^{-33}m ② 10^{-19}m
③ 10^{-15}m ④ 10^{-10}m
⑤ 10^{-7}m

보어의 원자모형을 이용하여 수소 원자의 크기를 구하면 약 1.06×10^{-10}m이다.

Answers 10. ② 11. ④ 12. ④ 13. ② 14. ④ 15. ④

22.2 개념 응용하기

01 그림과 같이 처음에 음극에 정지해 있던 전자(e)가 100V의 전압으로 가속되었다. 이 전자가 양극에 도달했을 때 운동에너지는 몇 eV(전자볼트)인가? 단, 전자의 전하량 $e = 1.6 \times 10^{-19}$C이다.

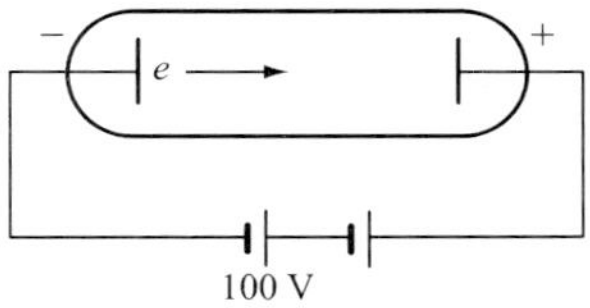

① 1.6eV
② 100eV
③ 1600eV
④ 1.6×10^{-18}eV
⑤ 1.6×10^{-19}eV

··· • 정지하고 있는 전자를 전위차 V로 가속시켜 속력이 v가 되었다면 $\frac{1}{2}mv^2 = eV$이다.

02 러더퍼드는 α입자 산란 실험을 통해서 원자 내부에는 원자 질량의 대부분을 차지하며 양전하의 집합체인 원자핵이 존재한다는 사실을 알아냈다. 다음 그림들은 α입자가 무거운 원자핵 X를 향해 여러 각도로 입사한 후 산란되고 있는 경로를 그린 것이다. α입자의 운동 경로 ㉠, ㉡, ㉢, ㉣, ㉤ 중에서 타당한 경우를 모두 고른 것은?

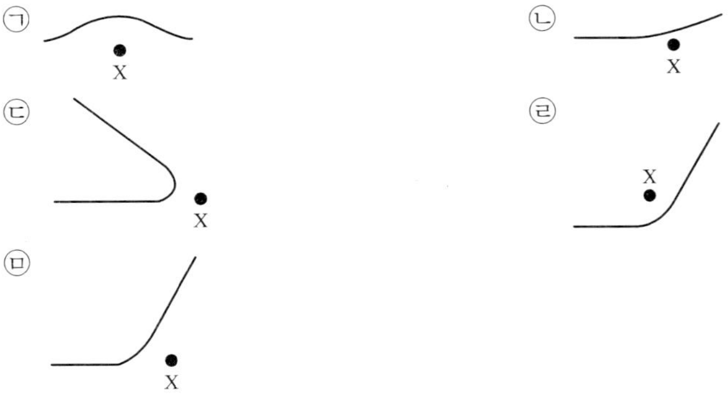

① ㉠, ㉢
② ㉡, ㉣
③ ㉢, ㉤
④ 모두 타당하다.
⑤ 모두 타당하지 않다.

··· • (+) 전하를 띤 무거운 원자핵과 입사된 α 입자 사이에 작용하는 전기적 척력때문에, 원자핵의 정면에 가깝게 입사되는 α 입자일수록 큰 각도로 산란된다.

Answers 01. ② 02. ③

03 그림은 수소 원자의 에너지 준위를 나타낸 것이다. 파장이 가장 긴 복사선을 방출할 때의 전이는?

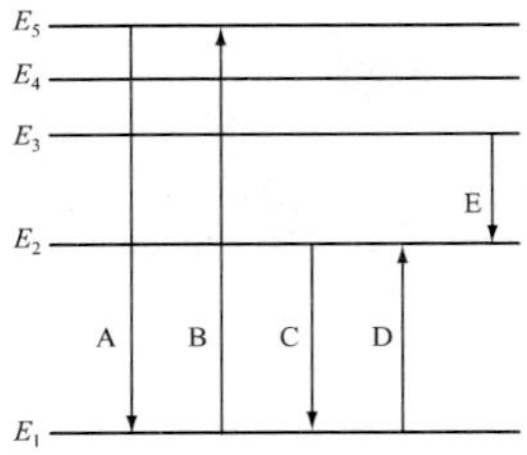

① A ② B
③ C ④ D
⑤ E

→ • 전자가 한 정상상태에서 다른 정상상태로 옮겨갈 때 두 상태의 에너지 차이에 해당하는 에너지를 광자로 방출 또는 흡수한다. $E_n - E_m = hf = \frac{hc}{\lambda}$에서 파장이 길수록 두 상태의 에너지 차이는 작다.

04 다음 그림은 프랑크-헤르츠 실험 결과를 나타낸 것이다. 이 실험으로 알 수 있는 것은?

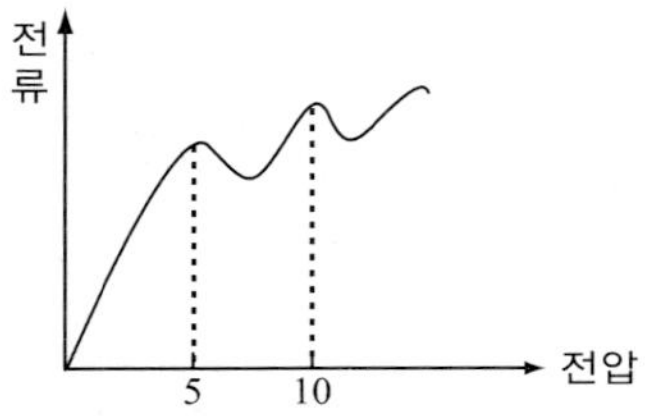

① 원자가 갖는 에너지 준위의 불연속성
② 원자의 파동성
③ 원자의 궤도 전자수
④ 원자의 운동량 보존
⑤ 원자의 전하량 보존

→ • 프랑크-헤르츠 실험은 4.9eV의 정수배인 에너지 상태에서 전자가 수은 원자에 에너지를 잃게 되므로, 수은 원자 내에 어느 특정한 에너지 준위가 있음을 밝혀주었다.

05 다음 그림과 같은 에너지 준위를 갖는 원자가 있다고 하자. 이 원자에서 파장이 6.6×10^{-7}m인 빛이 방출되었다면 전자는 어느 상태로 전이했는가? 단, 플랑크 상수는 6.6×10^{-34}J·s, 빛의 속력은 3×10^{8}m/s이다.

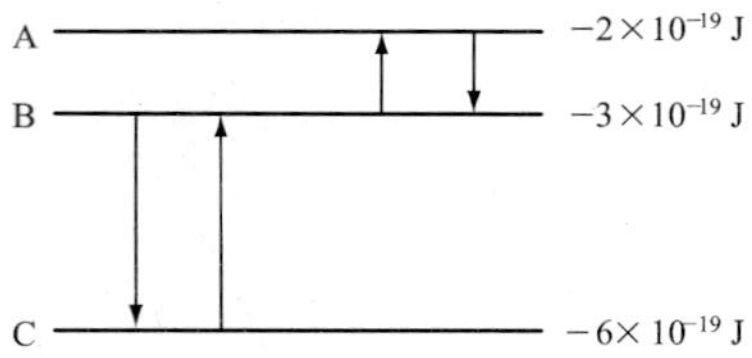

① C→B ② B→A
③ A→B ④ B→C
⑤ C→A

→ • 빛이 방출될 때는 에너지가 높은 상태에서 낮은 상태로 전자가 전이할 때이며, 파장 λ인 빛이 방출될 때 두 에너지 준위의 차이는 $\triangle E = \frac{hc}{\lambda}$이다.

Answers 03. ⑤ 04. ① 05. ④

06 원자의 두 에너지 준위 사이를 전자가 전이함으로써 방출되는 광자의 에너지는 실제로 두 에너지 준위 차이보다 작다. 이 사실에 대한 설명으로 맞는 것은 어느 것인가?

① 광자는 실제로 파동이므로 입자인 원자와 함께 에너지 보존 법칙을 만족시켜야 할 필요가 없다.

② 전자는 실제로 일정한 에너지 준위를 가질 수 없는 구름 형태로 되어 있으므로 에너지가 불확실하다.

③ 질량-에너지 등가성 원리에 의해 이 에너지 차이는 관찰되지 않는 작은 입자로 만들어졌을 것이다.

④ 운동량 보존 법칙에 의해 원자는 광자의 방향과 반대 방향으로 움직이므로 에너지 차이는 이 원자의 운동 에너지가 되었을 것이다.

⑤ 감소한 에너지는 원자의 열에너지로 전환되었을 것이다.

⋯ • 원자의 경우 운동량 보존법칙과 에너지 보존법칙이 성립한다.

---

07 그림과 같이 질량 m인 전자가 속도 u로 운동하다가 한 원자와 충돌한 후 속도 v로 운동하게 되었다.

원자의 속도는 변하지 않고 원자 내의 전자가 들뜬 상태로 전이했다가 원래의 상태로 전이하면서 광량자를 방출하였다. 플랑크 상수가 h이고 $u>v$라면 다음 중 광량자의 진동수를 바르게 나타낸 식은?

① $\dfrac{m(u^2-v^2)}{2h}$　　② $\dfrac{m(u^2-v^2)}{4h}$

③ $\dfrac{m(u^2+v^2)}{2h}$　　④ $\dfrac{m(u^2+v^2)}{4h}$

⑤ $\dfrac{mv^2}{2h}$

⋯ • 전자의 운동에너지 차이만큼의 에너지를 흡수하여 들뜬 상태로 전이했다가 원래의 상태로 전이했을 때, 방출되는 광자의 에너지는 $\dfrac{1}{2}m(u^2-v^2)=hf$이다.

---

08 어떤 원자가 양자론적 원자 모형에 따르는 3가지 에너지 준위 X, Y, Z를 갖는다. 이 원자의 전자가 X에서 Z로 전이할 때 방출하는 빛의 파장은 280nm이고, Y에서 Z로 전이할 때 방출하는 빛은 200nm이다. [보기]의 설명 중에서 옳은 것을 모두 고른 것은?

Answers 06. ④ 07. ① 08. ①

보기

ㄱ. 에너지 준위 Y는 X, Z보다 더 높다.
ㄴ. 에너지 준위 X는 Y, Z보다 더 높다.
ㄷ. 전자가 X와 Y사이에서 전이할 때는 80nm의 빛을 방출하거나 흡수한다.

① ㄱ
② ㄴ
③ ㄷ
④ ㄱ, ㄷ
⑤ ㄴ, ㄷ

⋯ • 두 에너지 준위사이를 전자가 전이할 때 방출되는 광자의 에너지 $\triangle E = \triangle E_1 + \triangle E_2$일 때 $h\frac{c}{\lambda} = h\frac{c}{\lambda_1} + h\frac{c}{\lambda_2}$이므로 $\frac{1}{\lambda} = \frac{1}{\lambda_1} + \frac{1}{\lambda_2}$의 관계가 있다.

09 다음 그림은 수소 원자 주위를 돌고 있는 전자가 에너지 준위가 높은 궤도에서 에너지 준위가 낮은 궤도로 전이하고 있는 여러 경우를 나타낸 것이다.

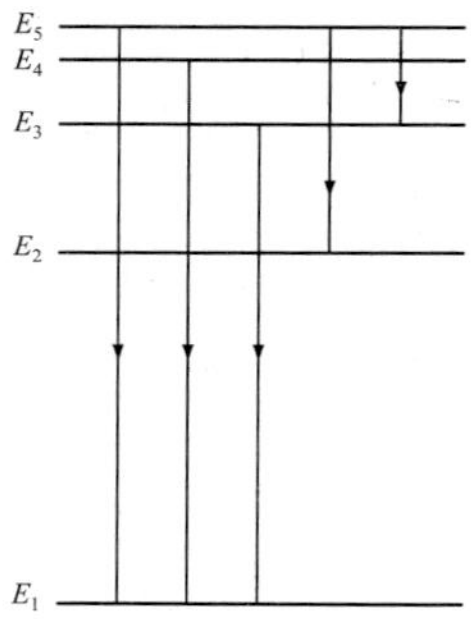

그림에서 전자의 에너지 준위를 고려했을 때 진동수에 따른 스펙트럼의 분포를 옳게 나타낸 그림은?

①
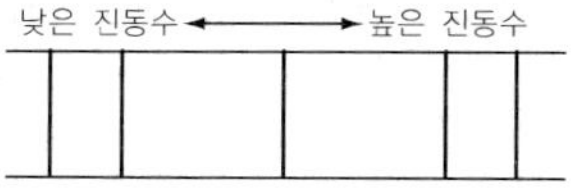

②
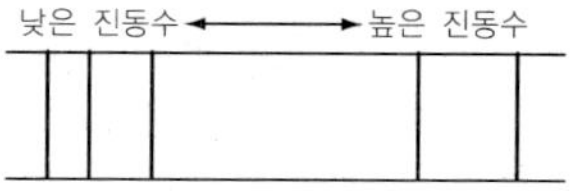

③
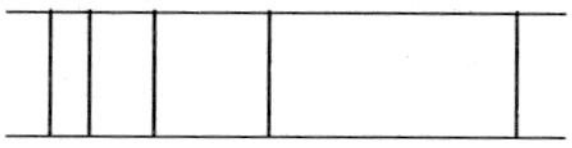

④
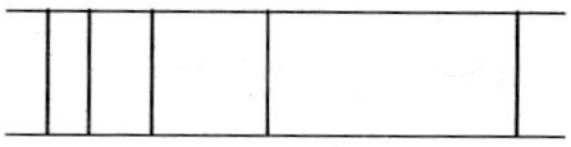

⑤
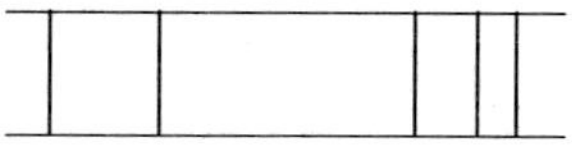

⋯ • $\triangle E = hf$에서 $\triangle E \propto f$ 이므로 에너지 준위의 차이가 큰 3개의 전이로부터 진동수가 큰 3개의 선과 에너지 준위의 차이가 작은 2개의 전이로부터 진동수가 작은 2개의 선으로 이루어진 스펙트럼이 관찰됨을 알 수 있다.

Answers 09. ⑤

10 다음의 내용은 드브로이의 양자 조건이 나오게 된 배경을 설명하고 있다.

(보어가 제시한 원자의 행성 모델은 원자의 선 스펙트럼과 특정한 진동수의 전자기파(빛)가 방출되는 현상에 대해 적절히 설명할 수 있지만 전자는 왜 에너지 준위가 불연속적인 궤도에만 존재하는가를 설명하기에는 미흡한 점이 있었다. 예를 들어 태양계의 궤도 어디에서나 물체가 공전할 수 있는 궤도는 항상 존재할 수 있는 것이다. 우리는 핵 주위를 도는 전자를, 태양 주위를 공전하는 행성처럼 입자로서가 아니라 파동으로 생각하여 불연속적인 궤도가 존재하는 이유를 정확히 이해할 수가 있다.)

위 내용을 고려하여 수소 원자 모형에 대한 [보기]의 설명 중 옳은 것을 모두 고른 것은?

보기

ㄱ. 전자 궤도의 길이는 물질파 파장의 정수배이다.
ㄴ. 전자의 물질파 파장은 양자수에 반비례한다.
ㄷ. 전자의 물질파가 정상파의 형태를 이루기 때문에 정상 상태에서는 전자기파를 방출 또는 흡수하지 않는다.

① ㄱ ② ㄱ, ㄴ
③ ㄱ, ㄷ ④ ㄴ, ㄷ
⑤ ㄱ, ㄴ, ㄷ

• 전자궤도의 길이가 전자 물질파 파장의 정수배이면, 이 궤도에서 전자의 물질파가 정상파로 만들며 에너지가 이동하지 않고 갇히게 되므로 전자는 에너지를 방출하지 않고 안정한 상태를 이룬다. $2\pi r = n\lambda$과 $r \propto n^2$에서 $\lambda \propto n$이다.

11 그림과 같이 단일 기체가 들어 있는 기체 방전관에서 방출되는 빛의 스펙트럼을 조사하였다.

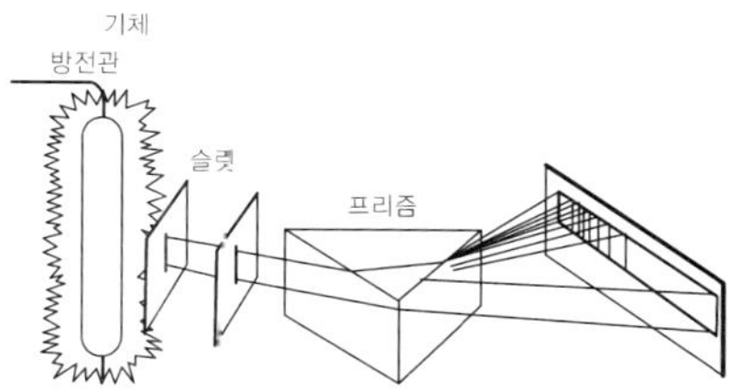

세 종류의 기체 A, B, C가 각각 들어 있는 방전관에 방출된 빛의 스펙트럼이 다음과 같았다.

Answers 10. ③ 11. ③

투명한 유리 용기에 담겨 있는 혼합기체의 종류를 밝히고자 다음과 같은 실험을 하였다. 백열등 앞에 용기를 놓고 통과한 빛을 분광기를 이용하여 관찰하였더니 아래와 같은 스펙트럼을 얻었다.

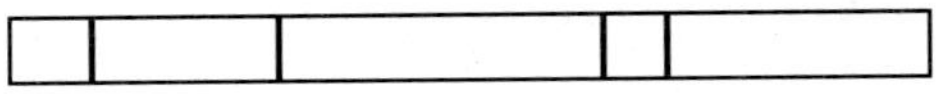

혼합기체의 구성 성분을 모두 나열한 것은?

① A ② A, B
③ A, C ④ B, C
⑤ A, B, C

⋯ • 저온의 혼합기체에 고온의 물체(백열등)에서 나오는 빛이 통과할 때 특정한 파장의 빛만 흡수되는데, 이것은 그 기체가 고온이었을 때 방출하는 선스펙트럼의 파장과 동일하다. 즉 같은 기체의 선스펙트럼과 흡수 스펙트럼에서 방출, 흡수되는 빛의 파장은 동일하다.

12 그림은 두 원자 A, B의 에너지 준위를 나타내고 있다.

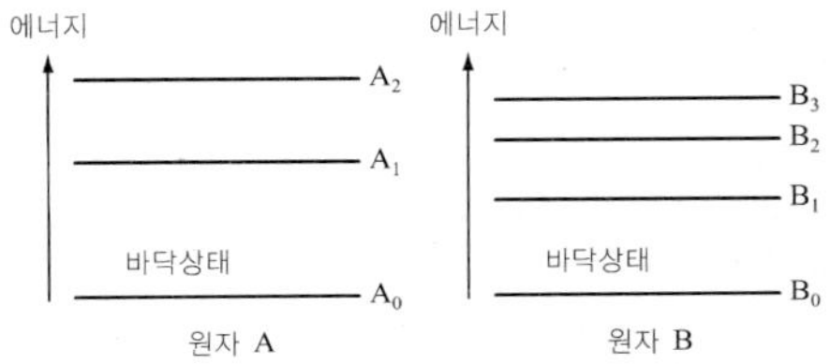

보기

ㄱ. A원자는 전자가 A_1에서 A_0로 전이할 때 가장 짧은 파장의 빛을 방출한다.
ㄴ. B원자는 전자가 B_3에서 B_2로 전이할 때 가장 긴 파장의 빛을 방출한다.
ㄷ. A원자가 방출하는 파장이 다른 빛은 3가지이다.
ㄹ. B원자가 흡수할 수 있는 빛의 종류는 3가지이다

두 원자의 전자는 모든 궤도들 사이로 전이할 수 있다고 할 때 다음 [보기]의 설명 중에서 옳은 것으로만 짝지어진 것은?

① ㄱ, ㄴ ② ㄱ, ㄷ
③ ㄴ, ㄷ ④ ㄴ, ㄹ
⑤ ㄷ, ㄹ

⋯ • $\triangle E = h\frac{c}{\lambda}$에서 두 에너지 준위의 차 $\triangle E$는 방출 또는 흡수되는 빛의 파장 λ에 반비례한다 ($\triangle E \propto \frac{1}{\lambda}$). B원자가 흡수할 수 있는 빛의 종류는 6가지이다.

Answers 12. ③

22.3 개념 서술하기

01 1912년 보어는 러더퍼드의 연구실에서 원자의 행성 모델이 갖고 있는 결점들과 그 증거를 확인하게 되었고, 두 가지 간단한 가설에 기초를 둔 수소 원자모형을 발전시켰다. 다음 물음에 답하라.

(1) 수소 원자 모형에 대한 러더퍼드와 보어의 관점을 설명하고 보어 가설을 제시하라. 또 양자화된 물리량의 예를 몇 가지단 들어 설명하라.

(2) 한 개의 전자만 갖고 있는 수소 원자에 많은 선의 스펙트럼이 존재하는 이유를 설명하라.

(3) 수소 원자 모형에서 정상상태에 있는 물질파의 파장, 전자의 속력, 궤도 반지름이 양자수와 어떤 관련이 있는지 설명하라.

(4) 들뜬 상태에 있는 전자가 바닥상태로 전이하면서 방출된 에너지는 실제로 두 에너지 준위의 차보다 작다 그 이유를 설명하라.

(5) 헬륨 이온(+1가)의 경우 바닥상태에서 에너지 준위는 수소 원자의 몇 배인가?

(6) 프랑크-헤르츠 실험에 대해 간단히 설명하고, 수소 원자가 X선을 방출할 수 있는지 근거를 제시하여 설명해 보라.

풀이

(1) 러더퍼드 - 핵 주위를 전자가 원운동한다. 모든 궤도 가능
보어 - 정해진 안정된 궤도를 따라 원운동.
양자조건 - 원자 내 전자는 특정한 조건을 만족하는 원궤도를 따라 회전하게 되며 이 궤도를 따라 운동하는 전자는 전자기파를 방출하지 않고 안정된 운동을 계속한다.
진동수조건 - 전자는 한 안정된 궤도에서 다른 안정된 궤도로 옮겨 갈 때에 두 궤도의 에너지 차이만큼의 광자를 방출하거나 흡수한다.
양자화된 물리량 - 궤도 반지름, 에너지 준위, 전자의 파장, 물질이 갖는 전하량

(2) 에너지 준위의 차는 하나의 값이 아닌 무수히 많은 다양한 값을 갖는다.

(3) 파장은 n에 비례, 전자의 속력은 n에 반비례, 궤도반지름은 n^2에 비례

(4) 운동량 보존법칙을 고려하면 충돌 후 원자의 속도가 변하기 때문이다.

(5) 4배

(6) 기체를 넣고 전압을 높여주면 전류가 증가하다가 특정한 전압이 되면 전류가 급격히 감소한다. 수소 원자에서 방출되는 광자의 최대 에너지는 13.6eV인데 이 값은 자외선 영역에 해당한다.

02 길이가 L인 상자 안에 질량 m인 전자가 운동하고 있다. 이 전자는 충돌에 의한 에너지 손실이 없으며 직선상을 따라 운동하고 있다. 플랑크 상수는 h, 양자수는 n이다.

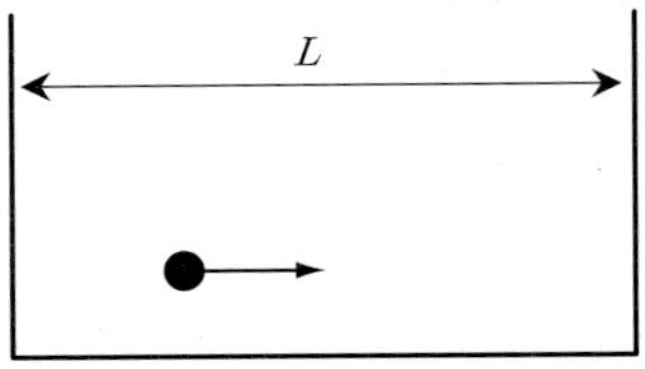

(1) 전자가 가질 수 있는 물질파 파장은 얼마인가?

(2) 전자가 가질 수 있는 에너지 준위는? 단, 상자 안에서 전자의 위치에너지는 0이라 한다.

(3) 전자가 기본 진동에서 2배 진동으로 진동하기 위한 에너지는 얼마인가?

풀이

(1) $\lambda = \dfrac{2L}{n}$

(2) $p = \dfrac{h}{\lambda},\ E = \dfrac{p^2}{2m} = \dfrac{n^2h^2}{8mL^2}$

(3) $E_{n=2} - E_{n=1} = \dfrac{3h^2}{8mL^2}$

22.4 개념 심화하기

01 밀리컨의 기름방울 실험에서 판 사이의 거리가 12mm인 평행한 금속 도체판 사이에 1500V의 전압을 걸어 주었다. 질량이 1.0×10^{-14}kg인 기름방울이 스위치를 열었을 때에는 4×10^{-4}m/s의 일정한 속력으로 떨어지는 것이 관측되었다. 스위치를 닫았더니 이번에는 8×10^{-5}m/s의 일정한 속력으로 상승하는 것이 관측되었다. 중력 가속도가 10m/s^2일 때, 기름방울의 전하량을 구하여라.(단, 공기의 저항은 속력에 비례하고 공기의 부력은 무시한다.)

풀이

기름 방울의 질량이 10^{-14}kg이므로 무게 mg는 10^{-13}N이다. 기름 방울이 떨어질 때 등속 운동하고 있으므로 기름 방울에 작용하는 알짜힘은 0이다. 즉, 위로 작용하는 공기 저항력과 아래로 작용하는 무게는 같다. $10^{-13}=kv_1=4\times10^{-4}k$ ... ①

스위치를 닫았을 때 평행판 사이에는 전기장이 형성되고 이 전기장 속에서 전하가 받는 전기력 F는 전하량을 q, 전기장의 세기를 E라 할 때 $F=qE$이다. 이 때에도 기름 방울은 위쪽으로 등속 운동을 하고 있으므로 기름 방울에 작용하는 알짜힘은 0이다. 즉 위로 작용하는 전기력 qE와 아래로 작용하는 〈무게+공기 저항〉의 크기가 같다.

$qE=10^{-13}+kv_2=10^{-13}+8\times10^{-5}k$ ... ②

식 ①에서 구한 k값을 식 ②에 대입하여 q를 구하면

$\dfrac{1.5\times10^3}{12\times10^{-3}}q=10^{-13}+0.25\times10^9\times8\times10^{-5}$이므로 $\therefore\ q=9.6\times10^{-19}\text{C}$

02 7.7MeV의 에너지를 가진 α입자가 금의 원자핵에 가까이 접근했을 때의 거리를 구하여라. 단, 금의 원자 번호는 79이고 α입자의 전하량은 $+2e$이다.

풀이

α입자가 멈추었을 때가 최대의 핵에 접근하는 순간이다. 이 때에는 α입자의 운동 에너지가 전부 위치 에너지로 바뀐 상태이므로 $k\dfrac{(Ze)\times(2e)}{r_0}=E$에서 $r_0=\dfrac{2kZe^2}{E}$

α선 산란 실험에 사용된 α입자의 에너지는 7.7MeV였고, 표적핵으로 사용된 원자는 원자번호가 79인 금(Ag)이었다. 이 경우에는 핵과 α입자 간의 최단 거리는

$r_0=\dfrac{2kZe^2}{E}=\dfrac{2\times(9\times10^9)\times79\times(1.6\times10^{-19})^2}{(7.7\times10^6)\times(1.6\times10^{-19})}=3.0\times10^{-14}(\text{m})$로 원자의 대략 크기인 10^{-10}m보다 훨씬 작다.

03 전자와 중성자가 서로 만유인력에 의해 결합된 원자를 형성할 수 있다고 하자. 전자가 중성자 주위를 원운동할 때, 보어의 양자 조건을 만족한다고 하면 이 때 바닥상태에서의 궤도 반지름은?(단, m은 전자의 질량, M은 중성자의 질량, h는 플랑크 상수, G는 만유인력 상수이다.)

풀이

전자와 중성자 사이에 작용하는 만유 인력이 구심력이므로

$G\frac{Mm}{r^2}=\frac{mv^2}{r} \rightarrow \frac{GM}{r}=v^2$ ...... ①

보어의 양자 조건 $mvr=\frac{nh}{2\pi}$에서 $v=\frac{nh}{2\pi rm}$ ...... ②

①, ②에서 $\frac{GM}{r}=\left(\frac{nh}{2\pi rm}\right)^2 \rightarrow r=\frac{n^2h^2}{4\pi^2 GMm^2}=\frac{h^2}{4\pi^2 GMm^2}$ (바닥 상태이므로 $n=1$)

04 발머 계열에서 나타나는 선스펙트럼의 파장은 다음의 관계식을 만족한다.

$$\frac{1}{\lambda}=R(\frac{1}{2^2}-\frac{1}{n^2})$$

(1) 발머 계열에서 나타나는 선스펙트럼 중에서 제일 긴 파장은?

(2) 발머 계열에서 나타나는 선스펙트럼 중에서 제일 짧은 파장은?

풀이

전자가 두 번째 궤도로 전이할 때 생기는 스펙트럼이므로

(1) 세 번째 궤도에서 두 번째 궤도로 전이할 때 가장 긴 파장의 빛이 나온다.

$\frac{1}{\lambda}=R(\frac{1}{2^2}-\frac{1}{3^2}) \rightarrow \lambda=\frac{36}{5R}$

(2) 무한대 번째 궤도에서 두 번째 궤도로 전이할 때 가장 짧은 파장의 빛이 나온다.

$\frac{1}{\lambda}=R(\frac{1}{2^2}-\frac{1}{\infty^2}) \rightarrow \lambda=\frac{4}{R}$

05 수소 원자에서 핵 주위를 도는 전자의 바닥상태 에너지 준위를 E_0라 한다. 이제 수소 원자핵 주위를 전자 대신 전자와 전하량이 같고 질량이 전자 질량의 200배인 입자가 보어의 양자 조건을 만족하는 궤도 운동을 한다고 할 때 입자의 바닥상태의 에너지 준위는?

풀이

$E_n=-\frac{2\pi^2k^2me^4}{h^2}\cdot\frac{1}{n^2}$에서 에너지는 질량에 비례한다.

그러므로 질량이 200배가 되면 에너지도 200배가 된다.

위 식에서 질량은 핵의 질량이 아니라 핵 주위를 도는 입자의 질량임에 유의하라.

06 수소 원자가 바닥 상태에 있을 때 전자의 궤도 반지름이 a라고 하자. 이 수소 원자가 10.2eV의 에너지를 가진 광자를 흡수하여 들뜬 상태의 에너지 준위로 전이하였다. 들뜬 상태에 있는 수소 원자의 전자 궤도 반지름은 얼마인가?

풀이

수소 원자의 에너지 준위는 $E_n = -\frac{13.6}{n^2}$ 으로 주어진다. 그러므로 바닥상태에서의 에너지는 $E_1 = -\frac{13.6}{1} = -13.6(\text{eV})$, 10.2eV의 에너지를 흡수하면 원자의 에너지는 $(-13.6\text{eV})+(10.2\text{eV}) = -3.4\text{eV}$가 되는데 이것은 전자가 두 번째 궤도에 있을 때의 에너지이다.

즉, $E_2 = -\frac{13.6\text{eV}}{2^2} = -3.4\text{eV}$

수소 원자의 궤도 반지름은 $r_n = a(n)^2$(a : 바닥 상태의 궤도 반지름)으로 표시되므로 두 번째 궤도의 반지름은 $r_2 = a(2)^2 = 4a$

07 전자 한 개를 잃어 버린 헬륨 이온은 핵의 전하량이 수소 원자핵의 두 배인 것을 제외하고는 수소 원자와 유사한 점이 많다. 다음 물음에 답하여라.

(1) 헬륨 이온의 에너지 준위는 수소 원자의 몇 배인가?

(2) 리드베리 상수의 값은 어떻게 변하는가?

(3) 양자수 n인 헬륨 이온의 궤도 반지름은 양자수 n인 수소 원자의 반지름의 몇 배인가?

풀이

(1) 수소 원자의 에너지 준위는 $E_n = -\left(\frac{2\pi^2 k^2 m e^4}{h^2}\right)\frac{1}{n^2}$

헬륨 이온의 에너지 준위는 $E_n{}' = -\left(\frac{8\pi^2 k^2 m e^4}{h^2}\right)\frac{1}{n^2}$ 이므로 4배

(2) $E_n - E_m = \frac{hc}{\lambda} = -\frac{\square}{n^2} + \frac{\square}{m^2}$ 이므로 $\frac{1}{\lambda} = \frac{\square}{hc}\left(\frac{1}{m^2} - \frac{1}{n^2}\right)$가 되므로 이 식에서 □값에 따라서 R값도 같이 변한다. □값이 4배이므로 리드베리 상수의 값도 4배이다.

(3) 수소 : $r_n = \frac{h^2 n^2}{4\pi^2 k m e^2}$, 헬륨 : $r_n{}' = \frac{h^2 n^2}{8\pi^2 k m e^2}$ 이므로 $\frac{1}{2}$배

08 수소 원자는 전자와 양성자로 이루어져 있다. 전자는 양성자 주위를 원궤도를 그리면서 돌고 있다.

(1) 이 때 최소 회전 반경 a_0가 $a_0 = \dfrac{h^2}{4\pi^2 mke^2}$ 이고, 그 회전 속도 v가 $v = \dfrac{2\pi re^2}{h}$ 임을 보여라.
(여기서 h : 프랑크 상수, m : 전자의 질량, e : 전자의 전하량, k : 쿨롱 법칙의 비례 상수)

2) 이 때 회전하는 전자에 의한 전류의 세기는 얼마인가?
($a_0 = 5.3\times10^{-11}$m, $v = 2.2\times10^{6}$m/s를 이용하여라.)

3) 회전하는 전자의 운동으로부터 양성자 위치에 생기는 자기장의 크기는 얼마인가?
(자기장의 세기는 전류와 거리의 함수이고 이 때 비례 상수는 6.3×10^{-7}N/A^{2}이다.)

풀이

(1) 핵 주위를 전자가 원운동할 때 구심력이 전기력이므로 $k\dfrac{e^2}{a_0^2} = \dfrac{mv^2}{a_0} \cdots$①

양자조건 $2\pi a_0 = n\lambda = \dfrac{h}{mv}$ ⋯ ②, 식 ①과 ②에서 $v = \dfrac{2\pi ke^2}{h}$, $a_0 = \dfrac{h^2}{4\pi^2 kme^2}$

(2) 전자가 원운동할 때 주기는 $T = \dfrac{2\pi a_0}{v}$, 원궤도 상의 어느 한 점은 T시간 동안에 전자가 한 번 지나가므로 전류의 세기는

$$I = \frac{e}{T} = \frac{e}{\frac{2\pi a_0}{v}} = \frac{ev}{2\pi a_0} = \frac{1.6\times10^{-19}\times2.2\times10^{6}}{2\pi\times5.3\times10^{-11}} = 1.1\times10^{-3}(\mathrm{A})$$

이 때 전자의 회전 방향과 전류의 방향이 반대임을 유의할 것

(3) 원형 전류가 흘러갈 중심에서의 자기장의 세기는 $B = k\dfrac{I}{r}$ 이므로

$$B = 6.3\times10^{-7}\frac{1.1\times10^{-3}}{5.3\times10^{-11}} = 13(\mathrm{N/A\cdot m})$$

09 매우 강한 자기장에서 수직으로 움직이는 전자가 운운동을 하고 있다. 균일한 자기장의 세기를 B, 전자의 질량을 m, 전자의 전하량을 $-e$, 그리고 플랑크 상수를 h라 하고 전자의 속력은 매우 느려서 상대론적 효과는 무시할 수 있을 때 다음 물음에 답하여라.

(1) 전자의 회전 반경을 r라 할 때 전자의 드브로이 과장을 h, r, e, B로 표현하여라.

(2) 보어(Bohr)의 양자 조건을 이용하여 가능한 최소의 회전 반경을 h, e, B의 함수로 나타내어라.

(3) 이 때 전자의 운동 에너지를 h, e, m, B의 함수로 나타내어라

(4) 보어의 양자 조건을 이용하지 않고 고전적인 전자가 이론을 적용한다면 모든 전자의 회전 반경은 시간이 지남에 따라 결국 0이 된다. 그 이유를 설명하여라.

풀이

(1) 로렌츠 힘이 구심력 역할을 하므로 $evB = \frac{mv^2}{r} \rightarrow mv = Ber$에서 드브로이 파장은

$\lambda = \frac{h}{mv} = \frac{h}{Ber}$

(2) 보어의 양자 조건에서 $2\pi r_n = n\lambda = n\frac{h}{Ber_n}$, 여기서 $r_n^2 = \frac{nh}{2\pi Be}$

$r=1$에서 궤도 반경이 최소이므로 $r_1 = \sqrt{\frac{h}{2\pi Be}}$

(3) 운동 에너지 $E_k = \frac{1}{2}mv^2 = \frac{(mv)^2}{2m} = \frac{(Ber)^2}{2m} = \frac{B^2e^2r^2}{2m} = \frac{B^2e^2}{2m} \cdot \frac{h}{2\pi Be} = \frac{Beh}{4\pi m}$

(4) 전자기 이론에 의하면 전자가 가속도 운동을 한다면 전자기파를 방출하여 에너지가 감소하여야 한다. 등속원운동도 방향이 계속 변하는 가속도 운동이므로 핵 주위를 원운동하는 전자는 전자기파를 방출하여 에너지를 잃고 핵과 충돌해야 한다.

10 수소 원자에서 전자가 반지름 5×10^{-11}m인 원궤도를 돌고 있다. 이 전자의 드브로이 파장이 원궤도의 길이와 같다. 다음 물음에 답하여라.

(단, 전자의 질량은 10^{-30}kg, 플랑크 상수는 6×10^{-34}J · s, 1J $=5\times10^{18}$eV, 원주율 $\pi =$ 3으로 계산한다.)

(1) 전자의 운동량은 몇 kg · m/s인가?

(2) 전자의 운동 에너지는 몇 eV인가?

풀이

(1) $\lambda = 2\pi r$과 $\lambda = \frac{h}{mv}$에서 $mv = \frac{h}{\lambda} = \frac{h}{2\pi r} = \frac{6\times10^{-34}}{2\times3\times5\times10^{-11}} = 2\times10^{-24}(\text{kg}\cdot\text{m/s})$

(2) $E_k = \frac{1}{2}mv^2 = \frac{(mv)^2}{2m} = \frac{(2\times10^{-24})^2}{2\times10^{-30}}(\text{J}) = \frac{(2\times10^{-24})^2}{2\times10^{-30}}\times5\times10^{18}(\text{eV}) = 10(\text{eV})$

11 수소 원자에서 원자핵 주위에 있는 전자를 뮤우 중간자(질량은 전자의 약 207배이고 전하량은 전자와 같다.)로 바꾸었을 경우, 뮤우 중간자의 바닥 상태에서 궤도의 반경은 전자의 경우와 비교해서 어떻게 되겠는가?

풀이

수소 원자의 궤도 반경은 $r_n = \frac{n^2h^2}{4\pi^2mke^2}$으로 표시되므로 질량이 전자의 207배인 뮤우 중간자의 궤도 반경은 전자의 $\frac{1}{207}$배가 된다.

CHAPTER 23

원자핵과 방사능

23.1 개념 익히기

01 X선은 어떤 파동인가?

① 높은 진동수의 음파다.
② 높은 진동수의 전자기파다.
③ 둘다 맞다.
④ 둘다 틀리다.

X선은 γ선 다음으로 파장이 짧고 진동수가 큰 전자기파이다.

02 다음 중 X선과 성질이 같은 것은?

① α선 ② β선
③ γ선 ④ 모두 맞다.
⑤ 모두 틀리다.

X선과 γ선은 둘다 전자기파의 일종이므로 성질이 같다고 할 수 있다.

03 다음 중 전기를 띠고 있지 않은 것은?

① α선 ② β선
③ γ선 ④ 모두 맞다.
⑤ 모두 틀리다.

α선은 헬륨의 원자핵이므로 양전기를 띠고 있고, β선은 전자이므로 음전기를 띠고 있지만 γ선은 전자기파이므로 전기를 띠고 있지 않다.

04 다음 중 γ선의 근원은?

① 원자핵
② 전자구름
③ 둘다 맞다,
④ 둘다 틀리다.

γ선은 파장이 가장 짧고 진동수가 가장 큰 전자기파이다.

Answers 01. ② 02. ③ 03. ③ 04. ①

05 핵자의 질량은 대략 전자의 몇 배인가?

① 전자의 2배이다.
② 전자의 4배이다.
③ 전자의 1천배다.
④ 전자의 2천배다.

핵을 구성하는 양성자와 중성자를 핵자라 하며 전자 질량의 약 2000배이다.

06 핵 주위에 있는 α 입자는 ______

① 그 주위를 자유롭게 운동한다.
② 원자핵에 빠르게 구속된다.
③ 전기적인 반발력을 받는다.

α 입자는 헬륨의 원자핵이므로 양전기를 띠고 있고 핵도 양전기를 띠고 있으므로 서로 전기적인 반발력(척력)을 받는다.

07 원자핵이 β 선을 방출하면 원자번호는?

① 변하지 않고 질량수가 변한다.
② 변하지 않고 질량수도 변하지 않는다.
③ 변하고 질량수는 변하지 않는다.
④ 변하고 질량수도 변한다.

β 선은 중성자가 양성자로 변환되는 핵반응이므로 질량수는 변함이 없고 원자번호만 1 증가한다.

08 전자수와 양성자 수가 다른 원자를 ______(이)라 한다.

① 하드론 ② 경입자
③ 이온 ④ 동위원소

전자를 잃거나 얻은 원자를 이온이라 한다.

09 다음 중 원자번호와 같은 수를 가진 입자는?

① 양성자
② 중성자
③ 핵자

일반적으로 모든 원자는 중성의 상태에 있으므로 양성자수와 전자수가 같다. 또한 양성자수는 원자번호와 같다.

10 원소의 질량수는 ____와 같다.

① 양성자수
② 중성자수
③ 핵자의 수

질량수는 양성자수와 중성자수의 합을 말한다.

11 동위원소는 ____수가 다른 원소이다.

① 양성자 ② 하드론
③ 광자 ④ 중성자

동위원소는 양성자수는 같고 중성자수가 달라서 질량수가 다른 원소이다. 따라서 물리적 성질은 다르지만 화학적 성질은 같다.

Answers 05. ④ 06. ③ 07. ③ 08. ③ 09. ① 10. ③ 11. ④

12 원자핵 내의 전기력은 ______________

① 서로 끌어당기려는 경향이 있다.
② 서로 밀어내려는 경향이 있다.

원자핵 내의 전기력은 양성자 사이의 반발력(척력)만 존재한다.

13 일반적으로 원자핵이 커질수록 ______이 증가한다.

① 안정성　② 불안정성
③ 상관이 없다.

원자핵이 커질수록 양성자 사이의 전기력과 양성자와 중성자 사이의 핵력이 불균형을 이루기 때문에 불안정성이 증가한다.

14 반감기가 하루인 동위원소가 있다. 이틀이 지났을 때 남은 양은?

① 0　② $\frac{1}{2}$
③ $\frac{1}{4}$　④ $\frac{1}{8}$

반감기는 처음 양의 반으로 되는데 걸리는 시간이므로 $(\frac{1}{2})^2 = \frac{1}{4}$ 배이다.

15 다음 중 방사능 물질의 반감기와 관계가 없는 것을 모두 골라라.

① 물질 내에 존재하는 원자의 수
② 물질이 순수한 것인지 혼합물인지의 여부
③ 물질의 온도
④ 물질의 생성시기
⑤ 모두 관계가 없다.

반감기는 물리적 화학적 변화와 관계없이 일정하다.

16 원소가 핵변환을 하면 무엇이 되는가?

① 동위원소가 된다.
② 같은 원소로 이루어진 이온이 된다.
③ 완전히 다른 원소가 된다.

핵변환의 종류에 따라 차이는 있지만 일반적으로 원자번호나 질량수가 다른 완전히 다른 원소가 된다.

17 핵으로부터 α입자가 방출될 때 감소하는 물리량은?

① 질량　② 전하량
③ 둘다 맞다.　④ 둘다 아니다.

α입자는 헬륨의 원자핵이므로 양성자수와 중성자수 둘다 2 감소하므로 질량과 전하량 둘다 감소한다.

18 핵으로부터 β입자가 방출될 때 증가하는 물리량은?

① 질량
② 전하량
③ 둘다 맞다.
④ 둘다 아니다.

Answers　12. ②　13. ②　14. ③　15. ⑤　16. ③　17. ③　18. ②

β입자의 본질은 전자이며 β붕괴는 중성자가 양성자로 변환되는 핵반응이므로 질량수는 변함이 없고 원자번호만 1 증가한다.

19 핵으로부터 γ 선이 방출될 때 감소하는 물리량은?

① 질량
② 전하량
③ 둘다 맞다
④ 둘다 아니다.

γ선의 본질은 광자 즉 전자기파이고 γ붕괴는 질량수나 원자번호가 변하지 않는 핵변환이다.

20 우라늄은 최종적으로 어떤 원소가 되겠는가?

① α입자와 β입자
② 철
③ 납

우라늄계열의 방사성 원소가 계속 붕괴를 하면 최종적으로 납이 된다.

21 우주선의 근원은?

① 지구 ② 구름
③ 태양 ④ 우주

우주선(cosmic ray)은 우주로부터 지구에 날아오는 대전입자나 방사선을 말한다.

22 순수한 원소가 완전히 다른 원소로 변환될 수 있는가?

① 변환될 수 있다.
② 변환될 수 없다.

핵변환을 통해서 완전히 다른 원소로 변환될 수 있다.

23 다음 중 방사성 동위원소는?

① ^{12}C
② ^{14}C
③ 둘다 맞다.

^{14}C는 ^{12}C와 중성자수가 다르고 방사선을 방출하는 동위원소다. 방사성^{14}C는 공기 중의 질소와 우주에서 날아오는 중성자와 충돌하여 만들어진다.

24 다음 중 ^{14}C를 더 많이 함유하고 있는 것은?

① 죽은 지 오래되지 않은 동물의 뼈
② 죽은 지 오래된 동물의 뼈
③ 둘다 같다.

살아있는 식물들은 이산화탄소를 끊임없이 취하게 되므로 체내의 ^{14}C와 ^{12}C의 비율은 늘 일정하게 유지되지만 식물이나 동물이 죽으면 방사성^{14}C를 재공급할 수 없어 그 비율이 감소하기 시작한다.

Answers 19. ④ 20. ③ 21. ④ 22. ① 23. ② 24. ①

25 대기 중에서 만들어지는 ^{14}C는 주로 ___에 의한 것이다.

① 식물과 동물
② 우주선의 흡수
③ 광합성

방사성 ^{14}C 는 공기 중의 질소와 우주에서 날아오는 중성자와 충돌하여 만들어진다.

26 천연 우라늄 광석에 감지할 수 있을 정도로 존재하고 있는 물질은?

① 철
② 납
③ 금
④ 모두 맞다.

우라늄은 매우 느리게 붕괴하여 납 동위원소로 변환된다.

27 우리가 쏘이고 있는 대부분의 방사선은 ______에서 온다.

① 핵무기 ② 핵발전소
③ X선 ④ 자연환경

우리가 쏘이고 있는 대부분의 방사선은 우주선이나 지구의 광물에 의한 자연 방사선이며 약 56%이상을 차지한다. 그 다음으로 약 42% 정도의 의학용으로 사용되는 X선이다.

28 전기장 내에서 가장 큰 전기력을 받는 입자는?

① α입자 ② β입자
③ γ 선 ④ 모두 같다.

전하량이 가장 큰 입자는 α입자$(+2e)$이므로 가장 큰 전기력을 받는다.

29 어떤 방사성 동위원소가 처음 양의 $\frac{1}{16}$이 되는데 8시간이 걸렸다. 이 동위원소의 반감기는?

① 8시간 ② 6시간
③ 4시간 ④ 2시간

처음양의 반으로 되는데 걸리는 시간이 반감기이므로 $\frac{1}{16}$이 되려면 반감기의 4배 되는 시간이 필요하다.

30 핵 내부의 전기력은 핵을 ____하게 한다.

① 안전
② 불안정
③ 불안정 또는 안정

원자핵이 커질수록 양성자 사이의 반발력은 핵을 불안정하게 한다.

31 ^{235}U, ^{238}U, ^{239}U는 다른 _____이다.

① 원소 ② 이온
③ 동위원소

원자번호는 같고 질량수만 다르므로 동위원소이다.

Answers 25. ② 26. ② 27. ④ 28. ① 29. ④ 30. ② 31. ③

32 핵분열과 핵융합 반응에서 에너지로 전환되는 질량의 양은?

① 1% 이하이다. ② 약 10%이다.
③ 약 20%이다. ④ 30% 이상이다.

핵분열이나 핵융합 과정에서 방출되는 에너지의 양 즉 질량결손은 1% 미만의 극히 작은 양이다.

33 우라늄이 분열된 후의 총질량을 분열되기 전의 질량과 비교하면?

① 작다. ② 크다.
③ 같다.

핵반응이 일어나면서 고에너지가 방출되는데 이는 핵반응 전에 비해 핵반응 후의 질량이 감소(질량결손)하기 때문이다.

34 핵분열에서 연쇄반응의 원인은?

① 엄청난 에너지 방출때문에
② 붕괴된 산물의 운동 에너지 때문에
③ 방출된 중성자들 때문에
④ 질량 에너지 등가원리 때문에

중성자 1개가 우라늄과 충돌한 후 3개의 중성자가 방출되면서 핵반응이 연속적으로 이루어진다.

35 원자로에서 흑연의 기능은?

① 빠른 중성자를 흡수한다.
② 빠른 중성자를 속도를 느리게 한다.
③ 빠른 중성자를 방출한다.
④ 우라늄 동위원소를 제어한다.

원자로는 감속제와 연결된 핵연료 부분, 제어봉, 원자로에 발전기까지 열을 보내는데 사용되는 물과 같이 세 가지 주요 부분으로 이루어져 있다. 흑연은 감속제로 사용되며 빠른 중성자의 속도를 느리게 하는 역할을 한다.

36 ^{238}U가 중성자를 흡수하면 ________

① 핵분열이 일어난다.
② β붕괴를 한다.
③ α붕괴를 한다.

^{238}U이 중성자를 흡수하면 β입자를 방출하면서 넵트늄으로 변한다.

37 넵트늄이 β붕괴를 하면 ________

① 넵트늄의 동위원소가 된다.
② 우라늄이 된다.
③ 플루토늄이 된다.

넵트늄이 β붕괴를 하면 플루토늄이 된다.

38 다음 중 가장 강하게 결합하고 있는 핵은?

① 헬륨 ② 철
③ 납 ④ 우라늄

핵자당 결합에너지가 가장 큰 원소는 철이다.

Answers 32. ① 33. ① 34. ③ 35. ② 36. ② 37. ③ 38. ②

39 핵분열과 핵융합 반응에서 질량은 ______________

① 에너지로부터 창조된다.
② 운동에너지의 형태로 전환된다.
③ 변함이 없다.

핵반응이 일어나면서 질량결손에 의해 방출된 에너지는 운동에너지의 형태로 전환된다.

40 태양에서 방출되는 에너지는 ______에 의한 것이다.

① 핵분열 반응
② 핵융합 반응
③ 둘다 맞다.
④ 둘다 틀리다.

태양이나 수소폭탄에서 방출되는 에너지는 핵융합 반응에 의한 것이고, 원자폭탄과 원자로는 핵분열 반응에 의한 것이다.

41 우주에서 가장 흔한 원소는?

① 수소 ② 헬륨
③ 납 ④ 우라늄

우주에서 가장 흔한 원소는 수소이며 우주 질량의 약 75%를 차지하고 있다.

42 기체 상태에서 ^{238}U의 평균속력은 ^{235}U보다

① 작다. ② 크다.
③ 같다.

같은 온도에서 기체 분자의 평균 속력은 질량의 제곱근에 반비례한다.

43 다음 중 완전히 다른 원소로 변환되는 과정은?

① 핵분열 ② 핵융합
③ 둘다 맞다 ④ 둘다 틀리다

대부분의 핵반응에서 핵반응 후에 다른 원소로 변환되는데 특히 핵분열과 핵융합 반응 후에는 완전히 다른 원소로 변환된다.

44 핵의 질량은 기본 입자 중 ______들의 질량의 합과 같다.

① 양성자
② 중성자
③ 핵자
④ 모두 맞다
⑤ 모두 틀리다.

핵의 질량은 핵자들이 핵으로 융합되면 질량결손이 일어나므로 개별 핵자들의 질량의 합보다 작다.

45 $^{238}_{92}U$이 α입자를 방출하였을 때 핵속에 남아있는 양성자의 수는?

① 90 ② 91
③ 92 ④ 93
⑤ 94

Answers 39. ② 40. ② 41. ① 42. ① 43. ③ 44. ⑤ 45. ①

양성자수가 2 감소하므로 양성자수는 92-2 = 90 이다.

46 $^{235}_{92}U$가 핵분열을 하여 두 개의 핵으로 갈라졌다. 반응 후 양성자의 총수는?

① 90 ② 91
③ 92 ④ 93
⑤ 94

핵반응 전후에 전하량 즉 양성자수가 보존되므로 변함이 없다.

47 두 개의 중수소가 헬륨핵으로 융합될 때 ________

① 에너지를 흡수한다.
② 에너지를 방출한다.
③ 에너지를 방출하거나 흡수하지 않는다.

핵융합될 때 핵자당 결합에너지가 증가하므로 질량 결손에 의한 에너지가 방출된다.

48 철 원자핵이 핵분열하려면________

① 에너지를 흡수해야 한다.
② 에너지를 방출해야 한다.
③ 에너지를 방출하거나 흡수할 필요가 없다.

철은 핵자당 질량이 가장 작아서 가장 안정된 원소이므로 어느 쪽으로 핵반응(핵분열 또는 핵융합)이 일어나도 에너지를 방출하지 않는다. 그러나 핵자들을 떼어내기 위해서는 결합 에너지에 해당하는 만큼 에너지를 흡수해야만 한다.

49 금이 핵연료로 사용된다면 어떤 반응을 이용해야 하는가?

① 핵분열 반응을 이용해야 할 것이다.
② 핵융합 반응을 이용해야 할 것이다.

철보다 무거운 원소는 철보다 핵자당 결합에너지가 작으므로 핵분열을 통해 에너지를 방출하게 된다.

50 탄소가 핵연료로 사용된다면 어떤 반응을 이용해야 하는가?

① 핵분열 반응을 이용해야 할 것이다.
② 핵융합 반응을 이용해야 할 것이다.

철보다 가벼운 원소는 철보다 핵자당 결합에너지가 작으므로 핵융합을 통해 에너지를 방출하게 된다.

Answers 46. ③ 47. ② 48. ① 49. ① 50. ②

23.2 개념 응용하기

01 그림은 질량 분석기를 이용하여 동위 원소를 식별하는 과정을 그린 것이다. 전기장과 자기장으로 이루어진 속도 선택기에서 똑같은 속도로 운동하는 이온들이 슬릿 S를 통과한 후 자기장 B에 수직으로 입사되어 각각 a, b, c점에 도달하였다. 다음 중 이들 질량의 관계를 바르게 비교한 것은?

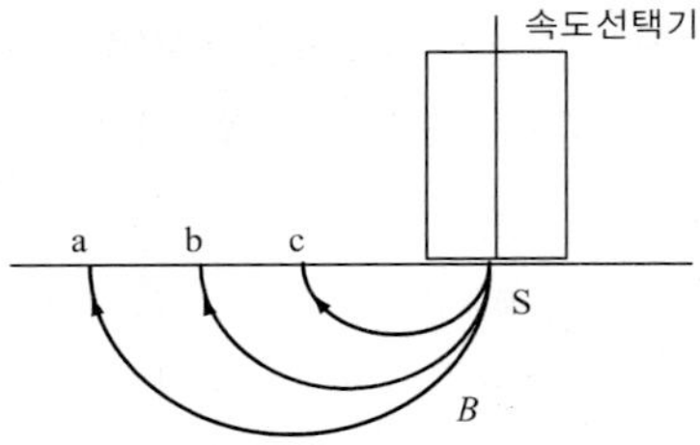

① a>b>c　　② a<b<c
③ a=b=c　　④ b>a>c
⑤ c>a>b

⋯› • 자기장에서 전하를 띤 입자가 운동할 때 로렌츠 힘이 구심력 역할을 한다. $qvB=\frac{mv^2}{r}$

$\therefore r=\frac{mv}{qB}$, $r \propto m$

02 다음 중에서 세 방사선 α, β, γ이 지면 뒤로 향하는 자기장을 통과했을 때 그들의 진행경로를 바르게 나타낸 것은?

①
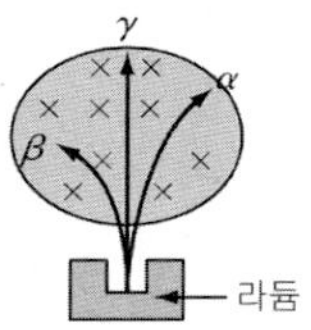

②
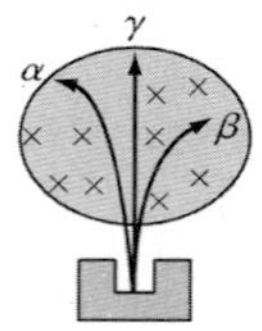

③
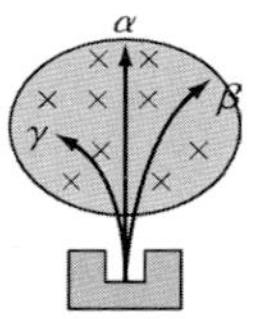

④
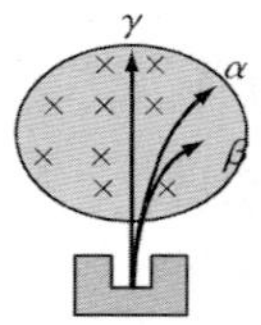

⑤
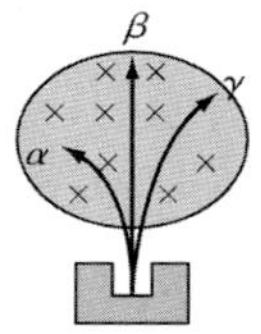

Answers 01. ① 02. ②

⋯ • α 입자는 자기장내에서 (+)전하가 받는 힘의 방향으로 휘어지며, β 입자는 α 입자와 반대방향으로 힘을 받고 γ 입자는 직진한다.

03 방사성 원소에서 방출되는 방사선의 진행 경로에 그림과 같이 $+x$ 방향으로 전기장(E)을, $-x$ 방향으로 자기장(B)을 걸어주었을 때 α 선의 통과하는 곳은?

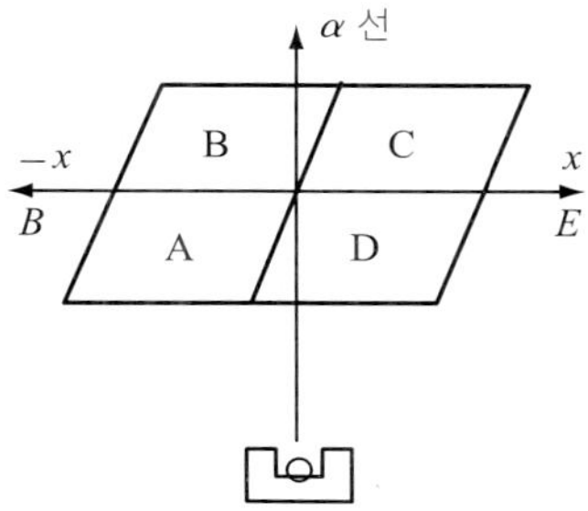

① A ② B
③ C ④ D
⑤ 그대로 직진한다.

⋯ • α 입자는 전기장의 방향인 $+x$방향으로 전기력을 받음과 동시에 자기장의 방향과 수직인 방향으로 로렌츠 힘을 받는다.

04 다음 그림은 원자핵의 안정곡선이다. 불안정한 원자핵 A, B, C는 방사선을 방출하고 화살표 방향으로 변한다. 이때 β선을 방출하는 경우는?

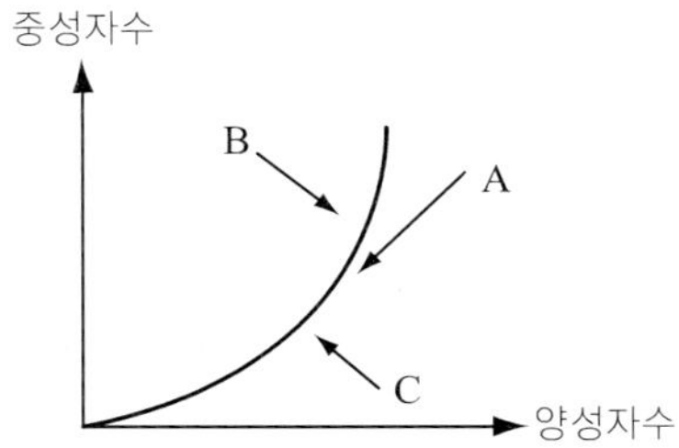

① A
② B
③ C
④ A, C
⑤ B, C

⋯ • β 붕괴는 핵내부에서 중성자 1개가 양성자로 변할 때 1개의 전자가 발생되어 원자핵 밖으로 방출되는 것이다.

Answers 03. ④ 04. ②

05 정지하고 있는 π중간자의 질량은 2×10^{-28}kg이고 평균 수명은 10^{-6} 초이다. 이 입자가 붕괴하여 두 개의 광자로 된다면 이 때 만들어지는 광자 한 개의 에너지는? 단, 빛의 속도는 3×10^{8}m/s이다.

① 1.08×10^{-11}J ② 1.6×10^{-11}J
③ 1.8×10^{-11}J ④ 9.0×10^{-12}J
⑤ 1.8×10^{-12}J

··· • 질량 결손 $\triangle m$에 해당하는 에너지 $E=\triangle mc^2$이며, 이는 광자 2개의 에너지와 같다.

06 정지해 있던 중성자가 붕괴하여 양성자와 전자로 되어 멀리 튀어나갔다. 이 경우 양성자와 전자의 운동 에너지의 합은 대략 얼마인가?
(단, 중성자의 질량 $=1.6749\times10^{-27}$kg, 양성자의 질량 $=1.6729\times10^{-27}$kg, 전자의 질량 $=9\times10^{-31}$kg, 광속 $c=2.0\times10^{8}$m/s)

① 1×10^{-13}J ② 1.8×10^{-11}J
③ 2×10^{-9}J ④ 2×10^{-7}J
⑤ 3×10^{-9}J

··· • 질량결손 $\triangle m$=중성자의 질량−(양성자의 질량+전자의 질량)이므로 양성자와 전자의 운동에너지의 합은 $E=\triangle mc^2$이다.

07 다음의 β붕괴에서 β입자는 어디에서 나오는 것인가?

$$^{14}_{6}\mathrm{C}\rightarrow\,^{14}_{7}\mathrm{N}+\,^{0}_{-1}\mathrm{e}$$

① 붕괴 전 탄소 원자의 핵 주위를 돌고 있던 6개의 전자 중 하나이다.
② 붕괴 전 탄소 원자의 핵에 있던 6개의 양성자 중 하나가 중성자로 변환하는 과정에서 새로 생성된 전자이다.
③ 붕괴 전 탄소 원자의 핵에 있던 8개의 중성자 중 하나가 양성자로 변환하는 과정에서 새로 생성된 전자이다.
④ 붕괴를 하는 탄소 원자 주위에 있는 다른 탄소 원자의 핵 주위를 돌던 전자 중의 하나이다.
⑤ β붕괴를 하는 탄소 원자 주위에 있는 자유 전자 중의 하나이다.

··· • β 붕괴는 핵 내부에서 중성자가 양성자로 변하는 과정이다.

Answers 05. ④ 06. ① 07. ③

08 방사성 원소가 붕괴할 때, 남은 방사성 원스의 양 N과 시간 t의 관계를 바르게 나타낸 것은?

①
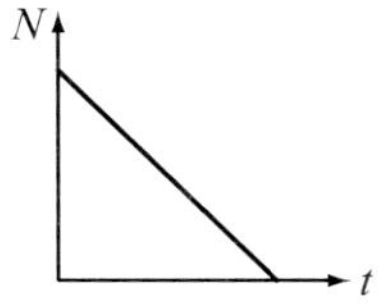

②
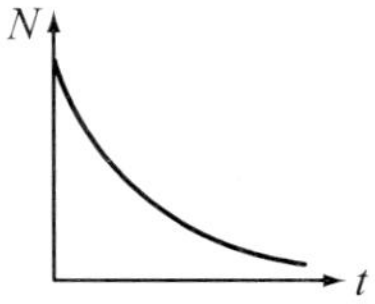

③
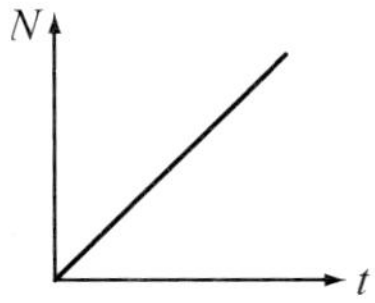

④
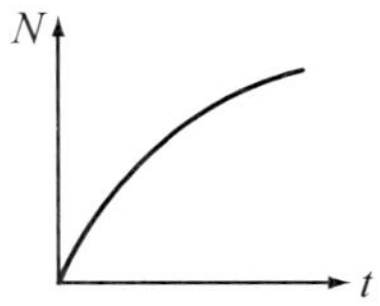

⑤
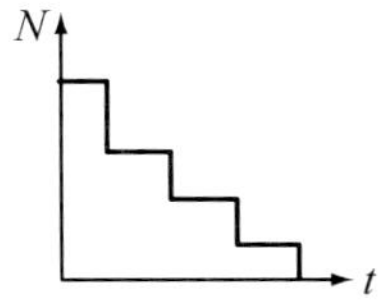

⋯ • 현재 반감기 T인 방사성 원소의 양이 N_0일 때 t초 후에 남은 원소의 양은 $N = N_0(\frac{1}{2})^{\frac{t}{T}}$이다.

09 $^{14}_{7}\mathrm{N}$의 질량은 14.003074u이고 $^{1}_{1}\mathrm{H}$와 $^{13}_{6}\mathrm{C}$ 원자핵의 질량의 합은 14.011179u이다. 다음과 같은 핵반응에 대하여 옳게 진술한 것은?

$$^{1}_{1}\mathrm{H} + ^{13}_{6}\mathrm{C} \rightarrow ^{14}_{7}\mathrm{N}$$

① 에너지만 공급되면 일어날 수 있다.
② 결코 일어날 수 없다.
③ 무중력 상태에서만 일어날 수 있다.
④ 다른 입자를 방출하면서 일어날 수 있다.
⑤ 에너지를 방출하면서 일어날 수 있다.

⋯ • 질량결손에 해당하는 에너지를 방출하면서 핵반응이 일어난다.

Answers 08. ② 09. ⑤

10 방사성 붕괴를 일으키면 처음 원자핵에는 양성자수와 질량수의 변화가 일어난다. 원자핵이 다음의 방사능 붕괴를 하였을 때 최종 원자핵이 처음 원자핵의 동위원소가 되는 경우는?

① $\alpha+\alpha+\alpha+\alpha+\beta$ ② $\alpha+\beta$
③ $\alpha+\beta+\beta$ ④ $\alpha+\beta+\beta$
⑤ $\beta+\beta+\beta+\beta+\beta$

⋯ • 동위원소는 원자번호가 같다. α 붕괴는 원자번호가 2감소하고, β 붕괴는 원자 번호가 1증가한다.

11 원자핵을 구성하고 있는 핵자들을 분리시키는 데 필요한 에너지를 결합 에너지라 하면 결합 에너지를 핵자의 수로 나눈 값을 핵자당 결합 에너지라 한다. 그림은 원자핵의 질량수 A와 핵자당 결합 에너지 E와의 관계를 나타낸 것이다. 다음 설명 중 옳지 못한 것은?

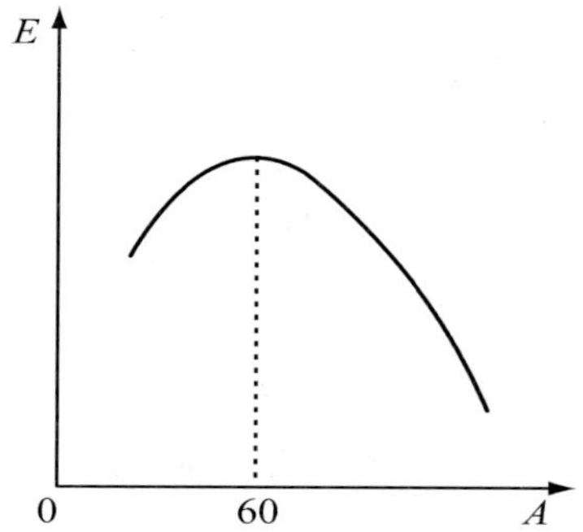

① 질량수가 작을수록 안정된 원자핵이다.
② 핵자당 결합 에너지가 클수록 안정하다.
③ 질량수가 60보다 아주 큰 원자핵은 분열하여 안정성을 갖게 된다.
④ 수소와 같이 질량수가 작은 원자핵은 융합하여 안정성을 갖게 된다.
⑤ 질량수가 60인 부근에서 원자핵이 가장 안정하다고 할 수 있다.

⋯ • 핵자당 결합에너지가 클수록 안정된 원자핵이므로 질량수 60근처의 원자핵이 가장 안정하며 질량수가 60보다 큰 원자핵은 불열하여 가벼운 원자핵이 되는 것이, 질량수가 60보다 작은 원자핵은 융합하여 무거운 핵이 되는 것이 안정하다.

Answers 10. ④ 11. ①

12 영희는 다음과 같은 핵연료 재처리 문제를 다룬 신문 기사를 읽고 관련된 자료를 찾아 보았다.

보기

〈신문 기사〉

…

원자로에서 사용된 핵연료봉에서 플루토늄($^{239}_{94}\mathrm{Pu}$)을 추출할때 분출되는 크립톤85($^{85}_{36}\mathrm{Kr}$)의 수치가 상승하고 있음을…

〈자료〉

- 핵연료봉의 주 재료는 $^{235}_{92}\mathrm{U}$ 과 $^{238}_{92}\mathrm{U}$ 이다.
- $^{235}_{92}\mathrm{U}$ 은 중성자를 흡수하여 핵분열을 한다.
- $^{238}_{92}\mathrm{U}$ 은 중성자를 흡수하여 방사성 붕괴를 한다.

위 기사와 자료를 근거로 영희가 원자로에서 일어나는 핵반응에 대해 설명한 것으로 옳은 것을 [보기]에서 모두 고른 것은?

보기

ㄱ. $^{235}_{92}\mathrm{U}$ 이 중성자를 흡수한 후 핵분열하여 $^{85}_{36}\mathrm{Kr}$ 이 생성될 때 원자번호 56인 바륨(Ba)도 같이 생성된다.
ㄴ. $^{238}_{92}\mathrm{U}$ 이 중성자를 흡수하여 베타(β)붕괴를 두 번 하면 $^{239}_{94}\mathrm{Pu}$ 이 생성된다.
ㄷ. $^{85}_{36}\mathrm{Kr}$ 과 $^{148}_{56}\mathrm{Ba}$ 이 반응하여 $^{235}_{92}\mathrm{U}$ 으로 된다.

① ㄱ　　② ㄴ
③ ㄱ, ㄴ　　④ ㄴ, ㄷ
⑤ ㄱ, ㄴ ,ㄷ

…› • 핵반응에서 반응전후에 운동량, 전하량, 질량수가 보존된다.

Answers 12. ③

23.3 개념 서술하기

01 금으로 된 상을 안고 있는 유골이 나무로 만들어진 관 속에서 발견되었다. 금, 유골, 나무 중 이들 세 가지 물질이 얼마나 오래되었는지 연대를 측정하려고 한다. 다음 물음에 답하라.

(1) 이들 세 가지 물질 모두 연대를 측정할 수 있는가? 측정할 수 있다면 그 방법을 설명하라.

(2) 죽은 지 오래된 생물의 뼈에서 뽑은 탄소 시료가 방출하는 방사능이 갓 죽은 생물체의 뼈에서 추출한 탄소에서 방출되는 방사능에 비해 1/4 정도라고 하면 죽은 지 오래된 생물의 뼈는 얼마나 오래된 것일까? 단, 방사성 동위원소인 탄소의 반감기는 5730년이다.

(3) 방사선을 정의하고, 방사선의 종류와 투과력, 그 특징에 대해 간단히 설명하라.

(4) 기체, 액체, 고체 상태의 방사성 폐기물의 처리에 대해 간단히 설명하라.

(5) 원자핵의 안정곡선을 그려보고 그래프를 이용하여 α, β, γ 붕괴를 각각 설명해 보라.

풀이

(1) 가능, 방사성 동위원소의 반감기 이용, 금은 불가능 하다.
(2) 반감기가 2번 지났으므로 11460년
(3) 방사선 : 불안정한 원자핵이 안정한 상태로 변하면서 방출하는 입자나 빛
종류 및 특징

종류	본질	전하량	투과력	특징
α선	헬륨 원자핵의 흐름	$+2e$	작다	전자기장의 영향으로 조금 휜다.
β선	전자의 흐름, 중성자가 양성자되면서 방출됨	$-e$	중간	많이 휜다.
γ산	전자기파	0	크다	영향 안 받는다.

(4) 기체 - 여과기로 방사능 입자 제거후 대기로 방출
액체 - 여과기나 이온교환수지를 통과, 물 재사용 또는 방출
농축액은 폐기물 드럼에 시멘트와 함께 고체화
고체 - 차폐용기에 넣어 폐기물창고에 보관
종이, 장갑, 걸레 등은 폐기물 드럼에 넣어 임시저장소에 보관한다.

(5) α붕괴 - 원자번호 2감소 질량수 4감소
β붕괴 - 원자번호 1증가
γ붕괴 - 질량수, 원자번호 변함없다.

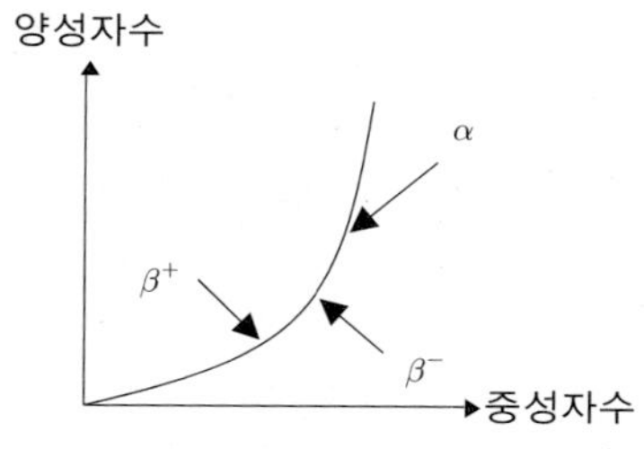

02 질량 분석기는 자기장을 이용하여 이온들을 편향시켜 원운동을 하게 한다. 이온의 질량이 클수록 원의 반지름이 커지게 되어 질량에 따른 이온들을 분리시킬 수 있다.

(1) 질량분석기의 원리와 용도에 대해 간단히 설명하라.

(2) 질량결손과 결합에너지에 대해 설명하고, 어떤 원자핵이 가장 안정된 원자핵인지 설명하라.

(3) 원자핵 반응에서 보존되는 물리량을 설명하라.

(4) 핵분열과 핵융합 반응에서 막대한 에너지가 방출되는 근거를 제시하라.

풀이

(1) 동위 원소의 분류나 전자의 질량을 무시한 원자질량을 측정하는데 이용한다. 자기장에 같은 속력을 가진 이온을 입사시켜 원운동 시킨 후 반지름을 측정해 질량을 구한다.

$$\frac{mv^2}{r} = qvB,\ r = \frac{mv}{qB}$$

(2) 양성자와 중성자가 결합하여 원자핵을 이룰 때 그 질량은 따로따로 존재할 때의 질량 합보다 작다. 질량결손과 같은 에너지크기는 결합에너지와 같다. 결합에너지가 가장 큰 원자핵이 가장 안정하다.

(3) 질량수의 합, 원자번호의 합, 운동량

(4) $E = mc^2$

23.4 개념 심화하기

01 질량이 2.6×10^{-26}kg이고 전하량이 1.6×10^{-19}C인 이온이 그림과 같이 자기장과 전기장이 수직으로 걸려 있는 속도 선택기에 자기장과 전기장에 수직인 방향으로 입사한 후 직진하였다. 전기장의 세기가 4.0kV/m이고 자기장의 세기가 0.1T일 때 다음 물음에 답하여라.

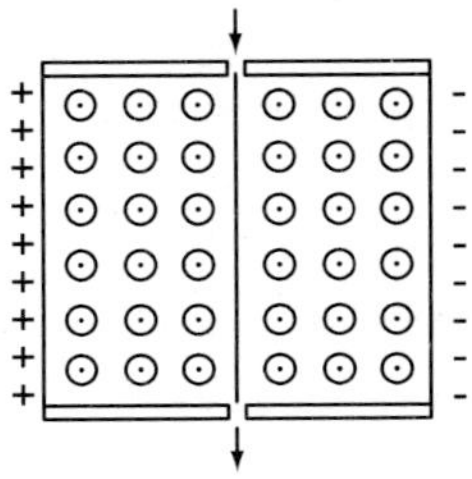

(1) 이 이온의 속력은 몇 m/s인가?

(2) 속도 선택기를 통과한 후 세기가 0.05T인 균일한 자기장에 수직으로 입사했다면 이 이온이 그리는 원의 반지름은 몇 m인가?

풀이

속도 선택기 속에서 이온이 직진하였으므로 전기장과 자기장에 의해서 이온이 받는 힘의 크기가 같다. $qvB=qE$

(1) 여기서 속력 v는 $v=\dfrac{E}{B}=\dfrac{4.0\times10^3}{0.10}+4.0\times10^4\text{m/s}$

(2) 원운동할 때 구심력은 qvB이므로

$qvB=\dfrac{mv^2}{r}$에서 $r=\dfrac{mv}{qB}=\dfrac{(2.6\times10^{-26})\times(4\times10^4)}{0.05\times1.6\times10^{-19}}=0.13(\text{m})$

02 어떤 전자와 광자의 파장이 모두 λ이고 그들의 에너지가 각각 E_e, E라고 하자. 둘 사이의 비 $\dfrac{E_e}{E}$를 전자의 질량 m, 플랑크 상수 h, 광속 c 및 파장 λ로 나타내라.

풀이

$$E_e=\frac{1}{2}mv^2=\frac{(mv)^2}{2m}=\frac{1}{2m}\left(\frac{h}{\lambda}\right)^2=\frac{h^2}{2m\lambda^2}$$

$$E=\frac{hc}{\lambda}\quad \therefore \frac{E_{전}}{E}=\frac{h}{2m\lambda c}$$

03 우라늄($^{238}_{92}\mathrm{U}$)이 여러 번의 α붕괴의 β붕괴 과정을 거쳐 납($^{206}_{82}\mathrm{Pb}$)이 되었다. 우라늄이 납이 되기까지 몇 번의 α붕괴와 β붕괴가 일어났겠는가?

풀이

α 붕괴를 하면 원자 번호가 2 감소하고 질량수는 4 감소한다. β 붕괴를 하면 원자 번호만 1 증가하고 질량수에는 변화가 없다. α 붕괴의 횟수를 x,β붕괴의 횟수를 y라 하면 다음의 식이 성립한다. $238-4x=206$, $92-2x+y=82$, 여기서 x, y를 구하면 $x=8$, $y=6$이므로 8번의 α 붕괴와 6번의 β 붕괴가 일어났다.

04 상대성 이론에 의하면 운동하는 물체의 질량은 정지해 있는 물체의 질량보다 크다. 정지 질량이 m_0인 어떤 입자를 가속시켜서 질량이 정지 질량의 2배가 되게 하려고 한다.

(1) 이 입자의 속력은?

(2) 이 입자에 공급한 에너지는?

풀이

(1) $m=\dfrac{m_0}{\sqrt{1-(v/c)^2}} \rightarrow 2=\dfrac{1}{\sqrt{1-(v/c)^2}} \rightarrow 1-(\dfrac{v}{c})^2=\dfrac{1}{4} \rightarrow \dfrac{v}{c}=\sqrt{\dfrac{3}{4}}=\dfrac{\sqrt{3}}{2}$

그러므로 $v=\dfrac{\sqrt{3}}{2}c$

(2) 처음 이 입자의 에너지는 $E_{처}=m_0c^2$, 가속된 후 이 입자의 에너지는

$E_{나}=mc^2=2m_0c^2$

그러므로 증가된 에너지는 $\Delta E=2m_0c^2-m_0c^3=m_0c^2$

05 운동 에너지가 거의 없는 질량이 2.0141u인 중양성자가 질량이 6.0155u인 리튬에 흡수된 후 질량이 4.0026u인 두 개의 α입자로 붕괴하였다. 생성된 α입자의 운동 에너지를 구하여라.

(1u=1.66×10^{-27}kg이고 빛의 속도는 3×10^8m/s이다.)

풀이

반응이 일어나기 전의 두 입자의 질량은 2.0141u+6.0155u=8.0296u

생성된 두α 입자의 질량의 합은 2×4.0026u=8.0052u

그러므로 질량 결손은 8.0296u−8.0052u=0.0244u=$0.0244\times1.66\times10^{-27}$kg=$4.0\times10^{-29}$kg

이 질량 결손에 등가인 에너지가 α 입자의 운동 에너지로 나타났다.

$E=mc^2$에서 $E=4.0\times10^{-29}\times(3\times10^8)^2=3.6\times1^{-12}$(J)

그러므로 α 입자 한 개당 운동 에너지는 1.8×10^{-12}J

06 전하를 띠지 않은 어떤 입자를 양성자($^1_1\mathrm{H}$)에 충돌시켰더니 양성자가 3.3×10^7m/s의 속력으로 튀어나갔다. 이번에는 같은 입자를 같은 속력으로 질소 원자핵($^{14}_7\mathrm{N}$)에 충돌시켰더니 질소 원자핵이 0.44×10^7m/s의 속력으로 튀어나갔다. 이 입자의 질량은?

풀이

어떤 입자의 질량을 m, 표적핵의 질량을 M, 충돌 전 입자의 속력을 v, 충돌 후 표적핵의 속력을 V라 하면 운동량 보존 법칙과 에너지 보존 법칙에서 $V = \dfrac{2m}{(m+M)}v$

양성자의 질량을 1이라 하면 질소 원자핵의 질량은 14이다. 어떤 입자의 질량이 양성자 질량의 x배라 하면 위 식은 $3.3 \times 10^7 = \dfrac{2x}{(x+1)}v$, $\quad 0.44 \times 10^7 = \dfrac{2x}{(x+14)}v$

두 식에서 x를 구하면 $x=1$, 즉 이 입자는 질량이 양성자와 같다. 따라서 이 입자는 중성자이다.

07 입자와 반입자의 관계에 있는 전자와 양전자가 충돌하여 소멸하면서 에너지가 아주 큰 두 개의 γ선을 방출하였다.(단, 전자와 양전자는 질량이 다같이 9.1×10^{-31}kg이다.)

(1) 이 때 방출되는 γ선의 에너지는 얼마인가?

(2) 이 γ선의 파장은?

풀이

(1) 방출되는 총에너지는 $2mc^2 = 2 \times (9.1 \times 10^{-31}) \times (3 \times 10^8)^2$에서 1.64×10^{-13}(J)
그러므로γ 선 하나가 가지는 에너지는 8.2×10^{-14}(J)

(2) $E = h\nu = \dfrac{hc}{\lambda}$에서 $\lambda = \dfrac{hc}{E} = \dfrac{6.63 \times 10^{-34} \times 3 \times 10^8}{8.2 \times 10^{-14}} = 2.4 \times 10^{-12}$(m)

08 진공 중에서 전자, 양성자, α입자를 같은 전압으로 가속시킬 때 다음 물음에 답하여라.

(1) 가장 큰 운동 에너지를 얻는 것은 어느 입자인가?

(2) 가장 큰 속도로 운동하는 것은 어느 입자인가?

(3) 전기장 대신에 세기가 일정한 자기장 속으로 같은 속도로 입사시켜 원운동시킬 때 가장 반지름이 큰 것은 어느 입장인가?

풀이

(1) 전하가 얻게 되는 운동에너지는 $\dfrac{1}{2}mv^2 = qV$이므로 같은 전압에서는 전하량이 클수록 큰 운동 에너지를 얻게 된다. 전하량이 가장 큰 입자는 α입자이다.

(2) $\dfrac{1}{2}mv^2 = eV$에서 $v = \dfrac{\sqrt{2eV}}{m}$, 전하량은 전자가 -$e$, 양성자가 $+e$, α입자가 $+2e$인데 질량은 전자가 훨씬 작으므로 전자가 가장 빠른 속력을 얻게 된다. α입자는 양성자에 비해서 전하량은 두 배인데 질량은 4배이므로 양성자보다 느린 속력을 갖게 된다.

(3) $qvB = \frac{mv^2}{r}$에서 $r = \frac{mv}{qB}$. 여기서 v와 B가 일정 하므로 m과 q만 고려하면 된다.
따라서 α입자이다.

09 암석 속의 방사능 물질인 $^{40}_{19}\mathrm{K}$가 안정된 동위 원소인 $^{40}_{18}\mathrm{Ar}$으로 붕괴되는 것을 분석함으로써 암석 시료가 얼마나 오래 전에 생상되었는지를 측정하려고 한다.

시료 속의 $^{40}_{19}\mathrm{K}$의 붕괴율=0.16회/s

시료 속의 $^{40}_{19}\mathrm{K}$의 질량=0.60×10^{-6}g

시료 속의 $^{40}_{18}\mathrm{K}$의 질량=4.2×10^{-6}g

아보가드로 수=6.0×10^{23}/mol

(1) $^{40}_{19}\mathrm{K}$의 반감기는?

(2) 암석 시료가 생성될 당시 18K이 전혀 암석 속에 존재하지 않았다고 가정했을 때 암석의 나이는?

풀이

(1) $\frac{dN}{dt} = -\lambda N = 0.16$

K의 수 : 1mol의 40g이므로 $40 : 6\times10^{23} = 0.6\times10^{-6} : N$에서 $N = 9\times10^{15}$개

Ar의 수 : 위와 같은 방식으로 구하면 63×10^{15}개

$N = N_0 e^{-\lambda t}$에서 반감기가 경과한 후이는

$\frac{N_0}{2} = N_0 e^{-\lambda T} \rightarrow\ T = \frac{1n2}{\lambda} \rightarrow T = 3.88\times10^{16}$초

(2) 암석 생성시 K의 개수는 $(9\times10^{15} + 63\times10^{15})$이므로 $9\times10^{15} = 72\times10^{15}\times\left(\frac{1}{2}\right)^{\frac{t}{T}}$에서

$t = 3T = 1.16\times10^{17}$초

10 다음과 같은 핵반응에서 18MeV의 에너지가 운동 에너지의 형태로 방출된다. 반응 후 핵자당 평균 운동 에너지는?

$$^{2}_{1}\mathrm{H} + ^{3}_{1}\mathrm{H} \rightarrow ^{4}_{2}\mathrm{He} + ^{1}_{0}\mathrm{n}$$

풀이

$\frac{18\mathrm{MeV}}{\text{핵자 수}} = \frac{18\mathrm{MeV}}{5} = 3.6\mathrm{MeV}$

물리학 길라잡이 워크북 개정판

2006년　3월 20일 1판　　1쇄 인쇄
2009년 10월 20일 개정판 1쇄 인쇄
2009년 10월 30일 개정판 1쇄 발행
2016년　6월 20일 개정판 2쇄 발행

저　자　남 철 주
발행인　연 규 산
발행처　청범출판사
등　록　1991년 8월 13일 NO. 5-282
주　소　서울시 성북구 화랑로 32다길 6-18
전　화　02-971-5385
팩　스　02-977-8967
ISBN　978-89-88247-58-7 03420